制冷与空调自动化

主编　秦黄辉
参编　闫　伟　靳辰浩　季　禹　茆沐嘉
主审　邹俊杰

HEUP 哈爾濱工程大學出版社

内容简介

全书力求从制冷空调装置的特性及运行过程控制着手，在介绍自动控制原理基础理论、控制的方法和专业控制元器件工作原理与控制线路分析的基础上，重点介绍了自动控制在制冷装置和空调工程中的应用技术。通过本书的学习，读者能较好地认知与掌握制冷空调装置的控制技术，初步达到对制冷空调装置自动控制系统进行分析、控制方案拟订和正确选择应用调节设备的基本要求，提高其制冷空调装置的设计和运行管理能力。

本书可作为高等职业技术学院制冷空调相关专业教材，也可供制冷空调专业的本科生、工程技术人员参考使用。

图书在版编目(CIP)数据

制冷与空调自动化/秦黄辉主编. —哈尔滨：哈尔滨工程大学出版社，2017.1(2018.7 重印)

ISBN 978 - 7 - 5661 - 1444 - 0

Ⅰ.①制… Ⅱ.①秦… Ⅲ.①制冷系统 - 自动化 ②空气调节系统 - 自动化 Ⅳ.①TB663

中国版本图书馆 CIP 数据核字(2016)第 319909 号

责任编辑 雷 霞
封面设计 语墨弘源

出版发行 哈尔滨工程大学出版社
社 址 哈尔滨市南岗区东大直街 124 号
邮政编码 150001
发行电话 0451 - 82519328
传 真 0451 - 82519699
经 销 新华书店
印 刷 哈尔滨市石桥印务有限公司
开 本 787 mm×1 092 mm 1/16
印 张 20
字 数 511 千字
版 次 2017 年 1 月第 1 版
印 次 2018 年 7 月第 2 次印刷
定 价 45.00 元
http://www.hrbeupress.com
E-mail:heupress@hrbeu.edu.cn

前　言

随着人民生活水平的提高和科学技术的进步,制冷与空调技术得到飞速发展,自动控制技术在制冷空调装置中的运用越来越显示出其在该领域的重要地位,控制技术对保证制冷空调装置的正常、可靠、高效运行起到了举足轻重的作用。制冷装置的制造成本、市场竞争力、运行的经济性和可靠性与其机电一体化技术(即自动控制技术)的实际应用密切相关。从事制冷与空调专业的技术人员,不但要熟悉制冷空调的基本原理和工艺过程,还必须了解和掌握自动控制理论与技术。

本书主要从新时期社会对应用型人才需求出发,在结合我们多年教学实践的基础上编写而成。全书力求从制冷空调装置的特性及运行过程控制着手,在介绍自动控制原理基础理论、控制的方法和专业控制元器件工作原理与控制线路分析的基础上,重点介绍了自动控制在制冷装置和空调工程中的应用技术。通过本书的学习,读者能较好地认知与掌握制冷空调装置的控制技术,初步达到对制冷空调装置自动控制系统进行分析、控制方案拟订和正确选择应用调节设备的基本要求,提高其制冷空调装置的设计和运行管理能力。

本书内容深入浅出,与工程实际结合紧密,并注重教材本身的科学性、启发性和实用性。全书共分六个章节,具体内容如下:

第一章以自动调节经典理论为基础,从制冷空调装置的工作特点和基本要求出发,着重介绍制冷空调装置自动控制系统的结构和分类、控制品质和调节对象特性分析的基本方法;同时,从制冷空调装置控制技术的实际应用出发,以 PID 调节器为基础,重点介绍常用回路的基本调节结构原理、调节器及其作用规律、传感器和相关执行机构。

第二章以计算机网络控制为出发点,着重讲述了计算机网络基础知识,单片微型计算机、可编程控制器(PLC)的基本知识,并简单介绍了计算机网络的其他基本概念和特点。

第三章、第四章在介绍了制冷与空调装置常用电器控制器件与基本电路的基础上,详细介绍了制冷与空调系统的自控基本回路与专用控制部件,并分析了实用制冷、空调系统自动调节的基本方法。

第五章主要从应用角度介绍了定频房间空调器、变频 VRV 空调器两类常用设备系统的控制功能、要求和控制逻辑,以及实现控制功能的基本方法。特别介绍了空调系统冷热源及水系统的监控和空调机组的监控及配置。

第六章具体介绍典型的制冷空调装置的自动控制案例,对其基本控制原理进行分析,使我们能够更为贴切地理解制冷空调系统的控制,以便在以后更方便地展开操作。

本书选材广泛、内容新颖、图文并茂、文体规范、难度适中,注重专业知识服务于实际应用。本书可作为高等职业技术学院制冷空调相关专业教材，也可供制冷空调专业的本科生、工程技术人员参考使用。

本书由南通航运职业技术学院秦黄辉老师主编和统稿，由闫伟、靳辰浩、季禹、茆沐嘉等老师参编，邹俊杰老师主审。

本书在编写过程中参考或引用了国内一些专家学者的论著，在此表示感谢。

由于书中内容广泛，编者水平有限，不当之处在所难免，恳请读者批评指正。

编　者

2016 年 10 月

目　录

第一章　自动控制系统基础知识

第一节　自动控制系统的基本概念

一、自动控制系统的组成

所谓自动控制，是指在没有人直接参与的情况下，利用外加的设备或装置，使机器、设备或生产过程的某个工作状态或参数自动地按照预定的规律运行。被控制的机器设备或物体，称为控制对象；所用的控制装置，常称为控制器。

现以如图1-1所示的定值水位自动控制系统为例，对自动控制和自动控制系统进行介绍。

水位自动控制的目的是维持水箱内水位恒定。当水的流入量与流出量平衡时，水箱水位维持在预定的高度上，该高度由自动控制器刻盘上的指针标定。当水流出量增大或流入量减少（例如水压下降）时，平衡被破坏，水箱水位下降，出现偏差，该偏差由浮子检测。自动控制器在偏差作用下，使阀门开大，增大水的流入量，力图维持水位不变。反之，当水流出量减小或流入端水压升高时，水位上升，反向偏差则使阀门开小些，减少水的流入量，从而达到自动控制水箱水位不变的目的。

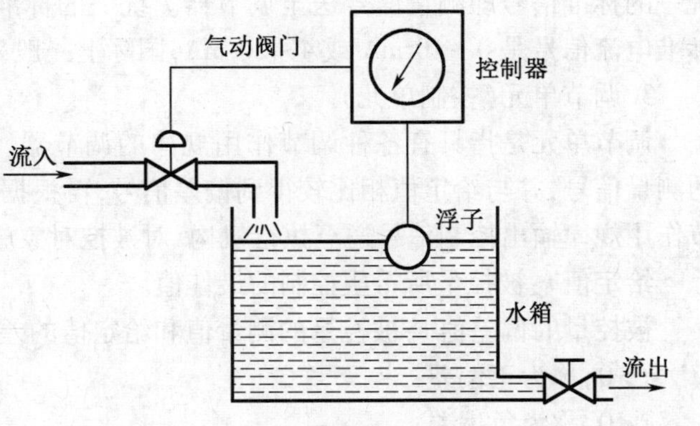

图1-1　水位自动控制

在本例中，水箱和供水系统就是控制对象。由以上分析可以看出，要实现系统的自动控制应至少包括以下几个部分：控制对象、执行机构、调节机构和测量单元。图1-2表示了四者之间的关系。由图1-2可见，系统的输入是作用于系统的激发信号，其中使系统具有预定性能或预定输出的称为控制输入、指令输入或参考输入。干扰或破坏系统具有预定性能或预定输出的称为扰动输入。根据具体情况，扰动输入可有不同的作用点。系统的输出即被控量参数，它表征对象或过程的状态和性能。在冷库温度自动控制系统中，人为设定的温度为参考输入，库房内温度或高或低地变化，阻碍了库房温度保持在一定数值，就是扰动输入，而库房实际温度值即为系统的输出。有一定的输入，就有相应的输出，这个系统的输出，常常叫作系统对输入的响应，是一个时间的函数。自动控制就是为了一定目的，保证对输入要有满意的响应，即保证系统输出具有控制输入指定的数值，保证系统输出尽量不受扰动的影响。上述水位自动控制系统的任务就是保证水箱水位尽量不受流量影响，保持参考输入规定的输出值不变。

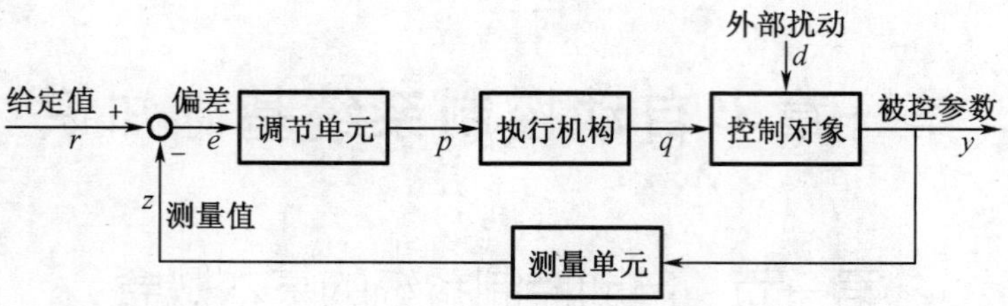

图 1-2　控制系统结构方框图

1. 控制对象

控制对象是控制系统所要控制的机器、设备或装置,其被控量即为控制系统所要控制的工况参数。在冷库温度控制系统中,冷库是控制对象,库内温度是被控量参数。

2. 测量单元

测量单元一般由测量元件(传感器)和变送器组成,其作用是将被控量成比例地转换成统一的标准信号即测量信号送至调节器。统一的标准气压信号为 0.02~0.1 MPa;统一的标准电流信号是 0~10 mA 或 4~20 mA,国际上一般采用 4~20 mA。

3. 调节单元(控制单元)

调节单元是指具有各种调节作用规律的调节器。调节器接收测量单元送来的被控量的测量信号,并与给定值相比较得到偏差信号,再根据偏差信号的大小和方向,依据某种调节作用规律输出控制信号送至执行机构,对被控对象施加调节作用。

给定值 r:被控量所希望控制的最佳值。

被控量的偏差值 e:被控量的测量值和给定值的差值,即 $e=r-z$。

$e>0$,称为正偏差;

$e<0$,称为负偏差;

$e=0$,称为无偏差。

4. 执行机构

执行机构的输入量是调节单元输出的控制信号,执行机构的输出量通常是调节阀的开度。调节单元输出的控制信号经执行机构直接改变调节阀的开度,从而可改变流入控制对象的物质或能量流量,使之能符合控制对象负荷的要求,进而使被控量保持在给定值或给定值附近。实际的执行机构主要有气动薄膜调节阀、三相伺服电机等。

二、自动控制系统的分类

随着自动控制理论和自动控制技术的不断发展,自动控制系统也在日益发展和完善,目前已出现了各种新型的自动控制系统。因此,很难确切地列举它们的全部分类,下面仅介绍几种常用的分类方法。

1. 按自动控制系统是否形成闭合回路分类

在此分类方法中,自动控制系统可以分为开环控制系统及闭环控制系统。

(1)开环控制系统

如果控制系统的方框图中没有反馈回路,这种系统称为开环控制系统。如图 1-3 所示,该系统控制对象是加热炉,被控量参数是炉内温度,执行机构是调压器(输入电压调节器)。由于电源波动和加热炉负荷的扰动,实际炉温与期望的温度(给定值)会出现偏差。

但该系统无法根据偏差的存在而自动调节调压器来消除温度偏差。即输出量对系统输入量的控制作用没有任何影响。其系统方框图如图 1 – 4 所示。

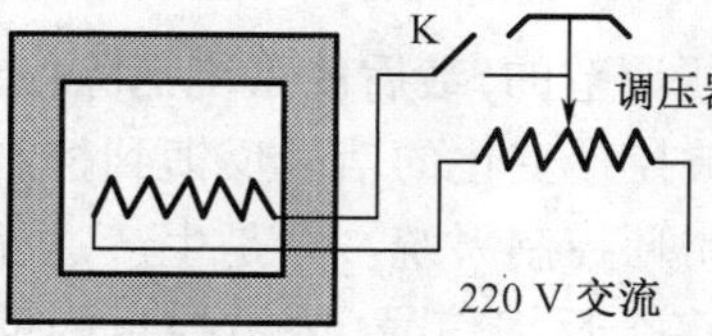

图 1 – 3　电加热炉控制原理图

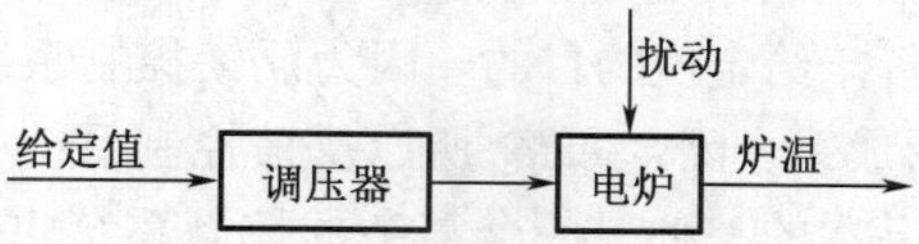

图 1 – 4　炉温开环控制方框图

开环控制系统易受各种干扰的影响，其控制精度较低，但结构简单、成本低，也容易实现，所以可用于对控制要求不高的小型机器设备。而对控制要求较高的大型装置和设备，则需要采用闭环控制。

（2）闭环控制系统

闭环控制的特点是在控制器与被控对象之间，不仅存在着正向作用，而且存在着反馈作用，即系统的输出量对输入量有直接影响。闭环控制系统的示意框图如图 1 – 5 所示。

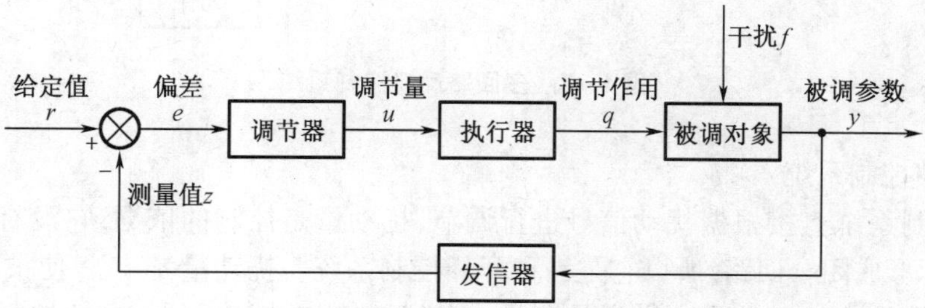

图 1 – 5　闭环控制系统方框图

在比较元件中，给定值信号与反馈信号进行比较，其差值输出即为偏差信号，偏差信号是控制器的输入。由此可见，系统中控制信号的流动形成了闭合回路，故称闭环控制系统。

将检测出来的输出量送回到系统的输入端，并与输入量比较的过程称为反馈。若反馈信号与输入信号相减，则称为负反馈；反之，若相加，则称为正反馈。输入信号与反馈信号之差，称为偏差信号。偏差信号作用于控制器上，使系统的输出量趋向于给定的数值。闭环控制的实质，就是利用负反馈的作用来减小系统的误差，因此闭环控制又称为反馈控制。闭环控制系统是基于偏差的调节系统，由于偏差包含了所有的干扰信息，因而具有较强的抗干扰能力。

图 1 – 6 所示为一冷库温度闭环控制系统原理图。其工作原理是：发信器测得库房温度 z，经反馈通道与给定值 r 比较得到温度偏差 e，调节器基于偏差，并按照设定的调节规律输出调节量 u，执行器完成给定的调节动作 q 以消除或减少偏差，保

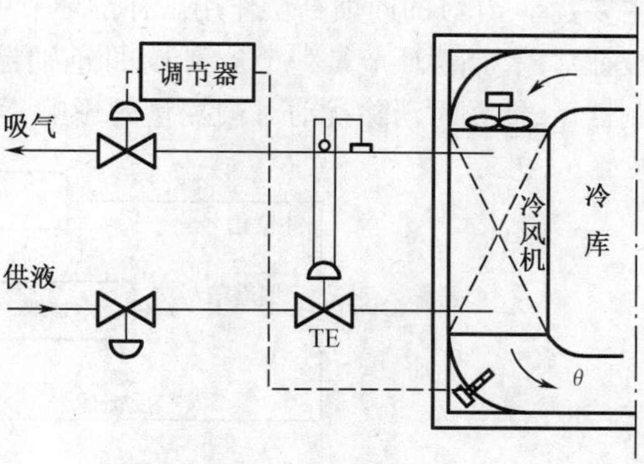

图 1 – 6　冷库温度闭环控制系统

持制冷量与热负荷的动态平衡。

2. 按信号的结构特点分类

(1)反馈控制系统

反馈控制系统是根据被控量和给定值的偏差进行调节的，最后使系统消除偏差，达到被控量等于给定值的目的。因为反馈控制系统是将被控量变化的信号反馈到控制器的输入端，形成一个闭合回路，所以反馈控制系统一定是闭环控制系统。它是生产过程控制系统中最基本的一种。一个复杂的控制系统也可能有多个反馈信号（除被控量的反馈信号外，还有其他的反馈信号），组成多个闭合回路，称为多回路反馈控制系统，如图 1 - 7 所示。

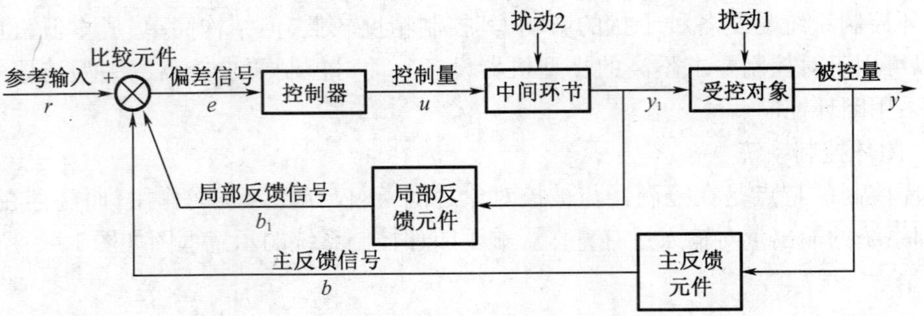

图 1 - 7　多回路反馈控制系统

(2)前馈控制系统

前馈控制系统直接根据扰动信号进行调节，扰动量是控制的依据，它没有被控制量的反馈信号，不形成闭合回路，所以它是一种开环控制系统。扰动量 $d(t)$ 将使被控量 $y(t)$ 发生变化。扰动量 $d(t)$ 经测量变送元件测量、变送后送入前馈控制器，前馈控制器根据扰动量 $d(t)$ 的大小发出控制作用 $w(t)$ 到被控对象，及时抵消扰动量 $d(t)$ 对被控对象的影响，从而使被控量 $y(t)$ 保持不变。由于前馈控制是一种开环控制系统，没有被控量的反馈作用，就不能保持被控量控制的精度（例如当有其他不可测量的扰动影响被控对象时，被控量的变化无法被抵消），所以在实际生产过程自动控制中是不能单独使用的。一般在反馈控制系统中加入前馈控制作用，构成前馈 - 反馈复合控制系统，达到兼取两者优点的目的。

(3)前馈 - 反馈控制系统

图 1 - 8 是前馈 - 反馈复合控制系统的方框图。它是在反馈控制系统的基础上增加了对主要扰动 $d(t)$ 的前馈补偿作用。补偿环节可以是一个较简单的环节，对于控制要求较高的被控对象，补偿环节是一个控制器，即前馈控制器。当扰动 $d(t)$ 发生后，补偿信号作用到控制器后，能及时消除扰动对被控量的影响，而反馈回路的作用将保证被控量能较精确地

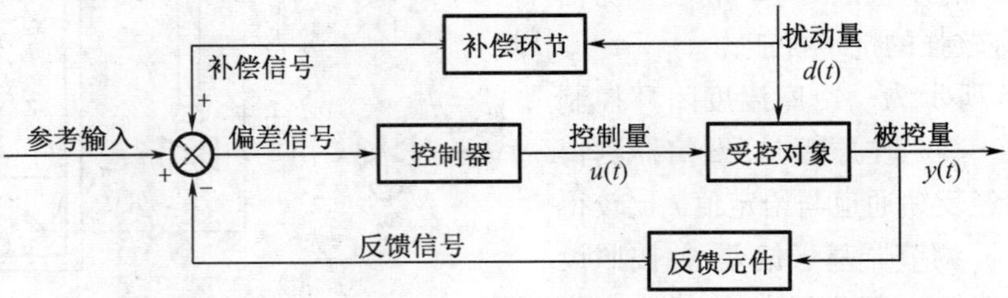

图 1 - 8　前馈 - 反馈复合控制系统方框图

等于给定值，改善被控量参数 $y(t)$ 的控制精度。

3. 按给定值信号的特点分类

(1) 定值控制系统

若自动控制系统的任务是保持被控量恒定不变，即被控量在控制过程结束时，被控量等于给定值，又称为恒值控制系统。这是生产过程中用得最多的一种控制系统，例如发电机电压控制，电动机转速控制，电力网的频率控制，各种恒温、恒压、恒液位等控制都属于定值控制系统。

(2) 随动控制系统

随动控制系统简称随动系统，它是给定信号随时间的变化规律事先不能确定的控制系统。随动控制系统的任务是在各种情况下快速、准确地使被控量跟踪给定值的变化。例如自动化仪表中的显示记录功能就属于随动控制系统。

(3) 程序控制系统

在程序控制系统中，它的给定值按事先预定的规律变化，是一个已知的时间函数，控制的目的是要求被控量按确定的给定值的时间函数来改变，例如无霜冰箱的融霜，多数采用时间控制。

(4) 自适应控制系统

它能自动地测量被控对象当前状态的连续信息以辨识对象，并用当前系统的性能与期望的或最优的性能进行比较，利用差值以改变控制系统的可调特性参数，或产生一个控制信号，从而保证不论外界干扰如何变化，自适应控制系统的输出都能使被调对象处于最佳运行状态。

在制冷空调装置控制系统中，定值控制系统较为普遍。近年来，程序控制系统、自适应控制系统和模糊控制系统等智能控制系统已得到越来越多的应用，并获得了良好的控制品质。

三、自动控制系统的动态过程及其品质指标

1. 自动控制系统的动态过程

当自动控制系统受到各种干扰（扰动）或人为要求给定值（参考输入）改变时，被控量就会发生变化，偏离给定值。通过系统的自动控制作用，经过一定的过渡过程，被控量又恢复到原来的稳态值或稳定到一个新的给定值。这时系统从原来的平衡状态过渡到一个新的平衡状态，我们把被控量在变化中的过渡过程称为动态过程（即随时间而变的过程），而把被控量处于平衡状态时的状态称为静态或稳态。

对自动控制系统最基本的要求是必须稳定，同时要求控制系统被控量的稳态误差（偏差）为零或在允许的范围之内。对于一个好的自动控制系统来说，一般要求稳态误差越小越好，最好稳态误差为零。但在实际生产过程中往往做不到完全使稳态误差为零，只能要求稳态误差越小越好。一般要求稳态误差在被控量额定值的 2% ~5% 之内，当然系统过渡过程时间也应该尽可能短。

在具体介绍自动控制系统基本性能要求之前，先了解一下控制系统动态过程的类型。一般的自动控制系统被控量变化的动态特性有以下几种。

(1) 单调过程

单调过程是指被控量 $y(t)$ 单调变化（即没有“正”“负”的变化），缓慢地到达新的平衡

状态(新的稳态值),也称非周期振荡过程。如图1-9(a)所示,一般这种动态过程具有较长的动态过程时间(即到达新的平衡状态所需的时间)。

(2)衰减振荡过程

衰减振荡过程是指被控量$y(t)$的动态过程是一个振荡过程,但是振荡的幅度在不断衰减,到过渡过程结束时,被控量会达到新的稳态值。这种过程的最大幅度称为超调量,如图1-9(b)所示。

(3)等幅振荡过程

等幅振荡过程是指被控量$y(t)$的动态过程是一个持续等幅振荡过程,始终不能达到新的稳态值,如图1-9(c)所示。这种过程如果振荡的幅度较大,生产过程不允许,即认为是一种不稳定的系统;如果振荡的幅度较小,生产过程可以允许,即认为是稳定的系统。

(4)渐扩振荡过程

渐扩振荡过程是指被控量$y(t)$的动态过程不但是一个振荡的过程,而且振荡的幅度越来越大,以致会大大超过被控量允许的误差范围,也称发散振荡,如图1-9(d)所示。这是一种典型的不稳定过程,设计自动控制系统要绝对避免产生这种情况。

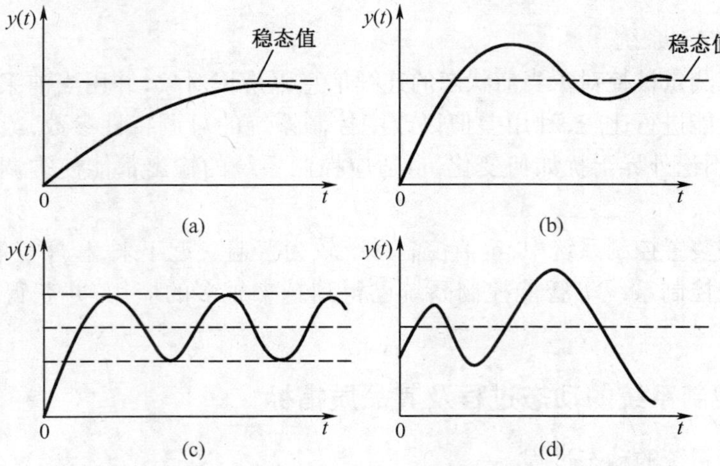

图1-9　自动控制系统被控量的动态特性

(a)非周期振荡;(b)衰减振荡;(c)等幅振荡;(d)渐扩振荡

2. 自动控制系统的品质指标

一般说来,自动控制系统如果设计合理,其动态过程多属于图1-9(b)的情况。为了满足生产过程的要求,我们不仅希望控制系统的动态过程是稳定的,并且希望过渡过程时间(又称调整时间)越短越好,振荡幅度越小越好,衰减得越快越好。通常情况下,对于一个自动控制系统的性能要求可以概括为三个方面,即稳定性、精确性和快速性。

(1)稳定性指标

①衰减率Ψ

所谓“衰减率”就是指每经过一个周期以后,波动幅度衰减的百分数。其计算公式为

$$\Psi = \frac{A - B}{A} \times 100\% \tag{1-1}$$

式中,A是指扰动出现后,被调量偏离给定值的最大值,即衰减曲线上所出现的第一个波的

峰值；B 是指与第一个波峰同相的第二个波的峰值，如图 1－10 所示。

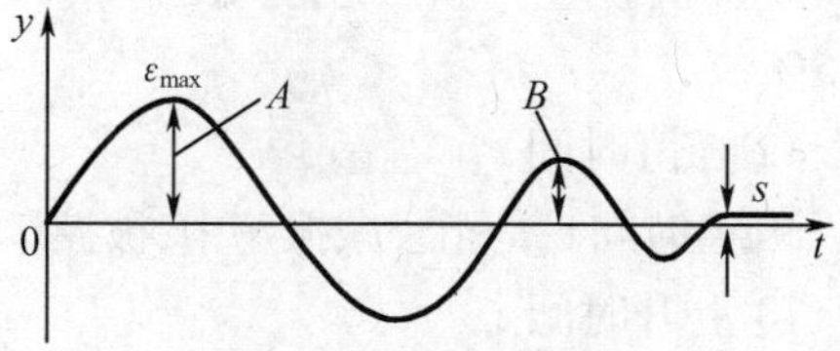

图 1－10　给定值不变控制系统动态过程示意图

衰减率 Ψ 是衡量系统稳定性的指标，要求 $\Psi=75\%\sim90\%$。当 $\Psi=75\%$ 时，A 是 B 的 4 倍，此时衰减比为 4∶1。Ψ 不能小于 75%，否则系统动态过程的振荡倾向增加，降低了系统稳定性，过渡过程时间也因振荡不息而加长。特别是当 $\Psi=0$ 时，其动态过程是等幅振荡，系统变为不稳定系统。

②振荡次数 N

振荡次数 N 是指在衰减振荡中，被控量的振荡次数。一般要求被控量振荡 2～3 次就应该稳定下来。

（2）精确性指标

①最大动态偏差 y_{max}

最大动态偏差 y_{max} 是指在调节过程中被调参数偏离给定值的最大幅度，如图 1－11 所示。调节系统应保证被调量的动态偏差即使在可能出现的最大扰动作用下，也不应超过工作过程所允许的变动范围，否则有可能破坏设备或阻碍生产工艺正常进行。

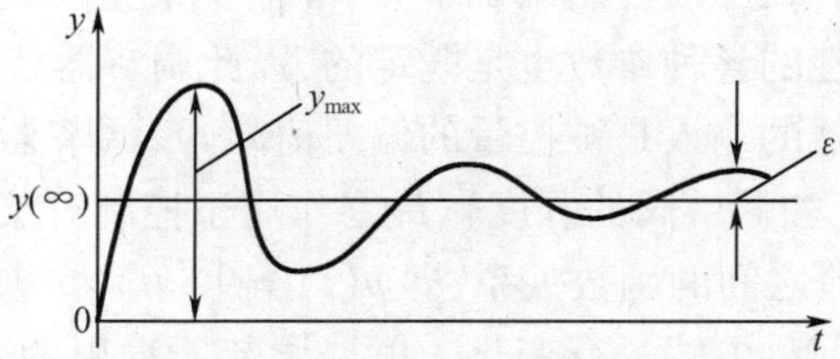

图 1－11　改变给定值控制系统动态过程示意图

②静态偏差 ε

静态偏差 ε 是指在扰动和调节的共同作用下，调节过程结束后，被调参数的稳定值与给定值之间偏差的大小，如图 1－11 所示。静态偏差也称残余偏差。显然，静态偏差越小，系统的静态精度越高。

③超调量 σ

超调量 σ 是指在衰减振荡过程中，第一个波峰值 y_{max} 减去新稳态值 $y(\infty)$ 与新稳态值 $y(\infty)$ 之比的百分数，即

$$\sigma=\frac{y_{max}-|y(\infty)|}{|y(\infty)|}\times100\% \tag{1－2}$$

超调量是评定控制系统动态精度的指标。超调量太大，说明被控量偏离规定的状态太远，对于一些要求比较严格的场合，都有允许的最大超调量要求。在实际系统的过渡过程中，一般要求 $\sigma<30\%$。

（3）快速性指标

①过渡过程时间 t_s

过渡过程时间 t_s 是指从控制系统受到扰动开始到被控量重新稳定下来所需的时间，理论上讲，这个时间是无穷大的。因此，通常这样定义过渡过程时间：当 $t\geqslant t_s$ 时，满足

$$\frac{|y(t)-y(\infty)|}{y(\infty)}\leqslant\delta \tag{1－3}$$

式中，$y(t)$ 是系统受到扰动后，在时间为 t 时的被控量值；$y(\infty)$ 是被控量的最终稳定值；δ 是选定的任意小的值，一般取 $\delta=0.02$ 或 $\delta=0.05$。式（1－3）的物理意义是，当 $t\geqslant t_s$ 的所有

时间内，被控量 $y(t)$ 的波动值 $|y(t)-y(\infty)|$ 均小于或等于最终稳态值 $y(\infty)$ 的 2% 或 5%。

②峰值时间 t_p

峰值时间 t_p 是指衰减振荡中，被控量从初始平衡状态达到第一个波峰峰值所需要的时间。

③上升时间 t_r

在讨论随动控制系统时，通常还用到上升时间 t_r 和峰值时间 t_p。所谓上升时间 t_r，是指在衰减振荡中，被控量从初始平衡状态第一次达到新稳态值 $y(\infty)$ 所需的时间。

t_p 和 t_r 都是反映动态过程进行快慢的指标。t_p 和 t_r 越小，说明系统惯性越小，动态过程进行得越快。

第二节　调节器及其调节作用规律

在反馈控制系统中，调节器是最重要的组成单元。当控制对象确定后，反映控制对象特性的各种参数也是既定的，因此调节器就对控制系统的动态品质起着决定性的影响。调节器的输入是被控量的偏差值 $e(t)$，调节器的输出是控制量 $p(t)$，用于改变执行机构的位置（如调节阀的开度），最终作用于控制对象。调节器的作用规律是指输出量 $p(t)$ 与输入量 $e(t)$ 之间的函数关系，即 $p(t)=f[e(t)]$，也就是说给调节器施加一个输入信号后，其输出量按何种方式进行变化。根据调节器输出的变化方向，调节器有两种类型：一种是随着测量值的增加，调节器的输出也增加，称为正作用式调节器；另一种是随着测量值增加，调节器的输出减小，称为反作用式调节器。

目前在自动控制领域常用的调节器作用规律有双位作用规律、比例（P）作用规律、比例积分（PI）作用规律、比例微分（PD）作用规律、比例积分微分（PID）作用规律五种。本节将对以上五种调节规律及其调节过程特点进行分析和比较。

一、双位式调节作用规律

双位式调节器的输出只有两个状态，它不能使被控量稳定在某一个值上，而只能保持在一个范围之内（上限和下限之间）。当被控量下降到下限值时，调节器的输出接通电源使电动机转动或令电磁阀通电使阀门全开；当被控量上升到上限值时，调节器动作使电动机停转或令电磁阀断电使阀门全关；当被控量在上、下限之间变化时，调节器输出状态不变，如图 1－12 所示。

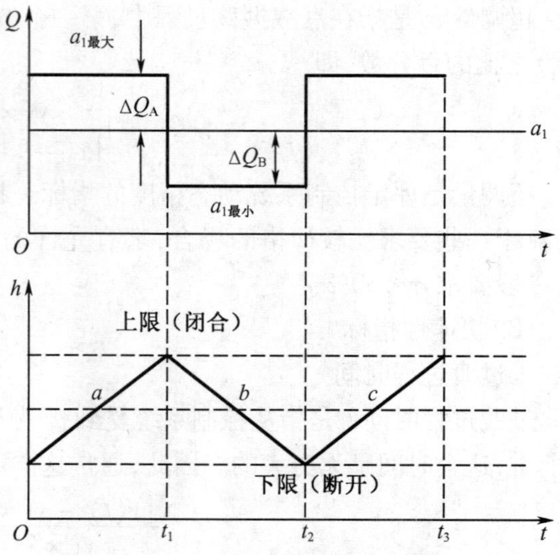

图 1－12　理想的双位调节过程

双位控制广泛应用于允许被控量在一定范围内波动的控制系统中，例如各种液位、压力和温度等的双位控制。下面以浮子式水位控制系统和双位式压力调节器为例加以说明。

1. 浮子式水位双位控制系统

图 1-13 所示为双位式水位调节器的原理图。这种调节器有一个浮子室，其上下部各有一根管子分别与锅炉的汽空间和水空间连接。这样，浮子室的水位就能反映锅炉的实际水位。当锅炉水位发生变化时，浮子室的水位也跟着变化，于是浮子 1 便随水位上下移动。因为调节板框架 2 与磁铁 5 是连在一起并套合在枢轴 3 上的，所以在浮子上下移动时，只有碰到调节板框架上的销钉 4，才能带动调节板框架和磁铁 5 一起移动。比如，当水位上升到上限水位时，浮子杆与调节板框架的上部销钉相碰，带动磁铁 5 向下移动，一直到同极性磁铁 5，6 相遇。由于同极相斥，磁铁 6 带动开关 8 绕轴 9 向反时针方向转动，这时 7，8 触点断开，水泵电机停止转动，给水结束；随着用气量不断增加，水位逐渐下降，当降到下限水位时，浮子杆与调节板框架的下部销钉相遇，带动调节板框架和磁铁 5 绕轴 3 顺时针转动。当 5，6 相遇时，磁铁 6 带动开关的可动触头 8 与静触头 7 闭合，电动机启动，重新供水，直到上限水位时电动机停转。改变两个销钉的位置，上下限水位的位置也随之改变，从而改变了锅炉水位的波动范围。

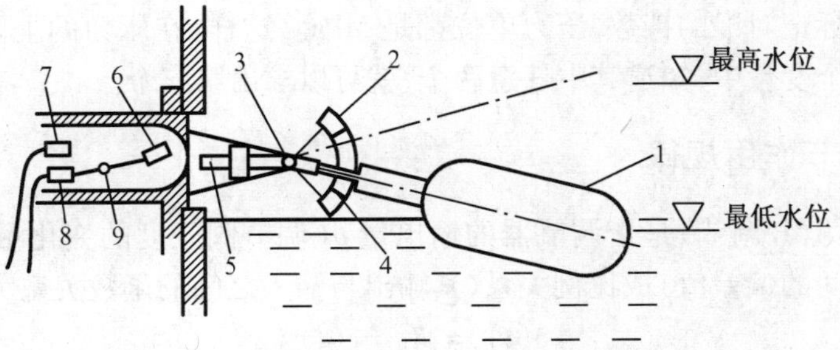

图 1-13　双位式水位调节系统

双位调节由于其调节过程为等幅振荡过程，故调节精度低，仅限于在一些调节质量要求较低的自动调节过程中使用。

2. 双位式压力调节器

压力调节器也称为压力控制开关，YWK-50-C（原型号为 YT-1226）式压力调节器的原理图如图 1-14 所示。该调节器根据力矩平衡原理工作，在比较杠杆 9 上，对支点 8 作用有三个力矩并相互平衡。这三个力矩分别是：由测量波纹管 11 产生的测量力矩、由给定弹簧 16 产生的给定力矩、由幅差弹簧 13 产生的幅差力矩。当输入信号 p_{in} 达到下限值时，杠杆在三个力矩的作用下处于水平位置。此时动触点 2 离开静触点 1 而紧压在静触点 3 上，螺钉 15 离开幅差弹簧盘一段距离，幅差弹簧 13 对杠杆 9 不起作用。当输入信号 p_{in} 增加时，杠杆 9 绕支点 8 逆时针转动，通过拨臂使舌簧 5 的下边框左移，跳簧 4 被压缩，储存弹性能。同时，螺钉 15 逐渐与

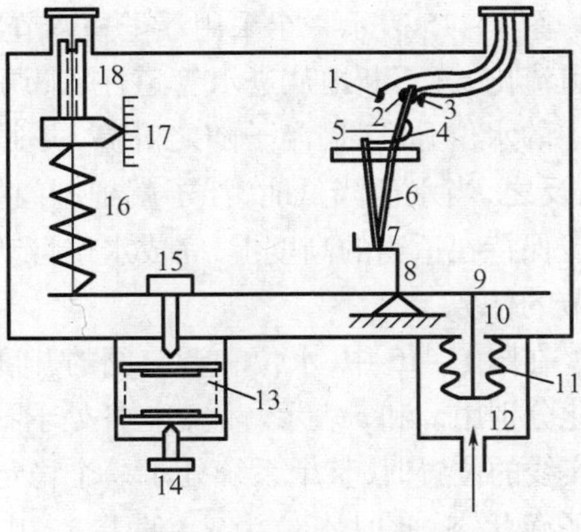

图 1-14　压力调节器结构原理图

1，3—静触点；2—动触点；4—跳簧；5—舌簧片；6—跳簧支点；7—拨臂；8—支点；9—比较杠杆；10—顶杆；11—波纹管；12—测量室；13—幅差弹簧；14—幅差调整旋钮；15—作用螺钉；16—给定弹簧；17—给定值指示器；18—给定值调整螺钉

幅差弹簧盘接触，杠杆9再转动时，不仅要克服给定力矩，还要克服幅差力矩。当杠杆9转过 α 角时，输入信号 p_{in} 达到上限值，舌簧5的下边框正好与跳簧4在同一平面，跳簧4有了释放所储存弹性能的机会，迅速把舌簧5弹开，使动触点2离开静触点3而紧压在静触点1上。当 p_{in} 降低时，杠杆9绕支点8顺时针转动，只有杠杆9转到水平位置时，舌簧5下边框顺时针转过 α 角时，使舌簧与跳簧4处于同一平面，跳簧再次把舌簧弹开，使动触点2离开静触点1而紧压在静触点3上，杠杆回到水平位置。输入信号 p_{in} 在上下限之间变化时，跳簧保持原状态不变，也就是调节器输出状态不变。

扭动螺钉18可以调整给定弹簧16的预紧力，亦即调整触点动作的压力下限值 p_L，其大小可由指示器17指示。调整旋钮14可调整幅差弹簧的预紧力，亦即调整触点动作的压力上限值 p_H。$\Delta p = p_H - p_L$ 称为幅差。幅差调整旋钮14有一个红色标记，在它旁边的圆柱面上有0～10挡刻度，红色标记对准0挡时，$\Delta p = 0.07$ MPa；红色标记对准10挡时，$\Delta p = 0.25$ MPa。红色标记对准其他不同挡时，其 Δp 的计算公式为

$$\Delta p = p_H - p_L = 0.07 + (0.25 - 0.07)\frac{x}{10} \tag{1-4}$$

其中 x 表示红色标记对准的挡数，压力单位都是MPa。这样，在压力的上限值、下限值及所对应的挡数 x 三个变量中，知道其中任意两个，就可以求出第三个。

二、比例调节作用规律

比例作用规律（P调节）是指调节器的输出量 p（调节阀开度的变化量）随输入量 e（给定值与测量值之间的偏差值）成比例关系，其输出与输入之间的函数关系为

$$p(t) = K_P \cdot e(t) \tag{1-5}$$

其中，K_P 称为比例调节器的放大倍数。K_P 值越大，比例作用越大；K_P 值越小，比例作用越小。

比例调节器是一种只考虑"偏差大小"因素的调节器，它把测量信号与给定信号加以比较，得出偏差信号，然后发出一个与偏差信号的大小成比例的调节信号去控制执行机构。

1. 比例调节器实例分析

图1－15表示一个采用浮子式调节器的水位自动调节系统。水柜中的水不断地从排出管道流出，又不断地从进水管道注入，调节器的作用是把水位保持在适当的高度上。当水柜中的水位升高时，浮子随之升高，并通过杠杆的作用使阀门杆向下移动，把阀门关小一些；反之，当水位降低时，浮子就把阀门杆提起来，把阀门开大一些。这样就可以自动地把水位保持在适当的高度上，完成水位自动调节的任务。

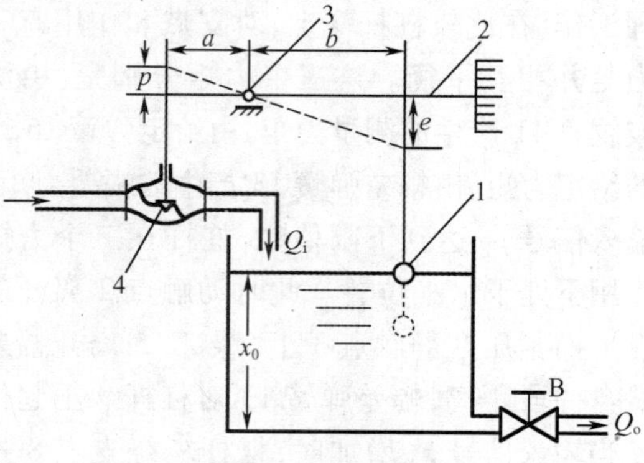

图1－15　浮子式水位比例控制系统

1—浮子；2—杠杆；3—可调支点；4—调节阀阀芯

在图1－15中，水位和调节阀的开度变化分别用 x_0 和 p 表示。假定杠杆处于图中实线的位置时，整个系统处于一个稳定的平衡状态，此时水位为 x_0，偏差 $e = 0$。如果突然开大出水阀，出水流量 Q_o 增大，由于给水量 Q_i 暂时不变，水位和浮子、浮子杆一起下降。杠杆绕支点顺时针转动，开大给水调节阀，增大对水柜的给水流量 Q_i，直到 $Q_i = Q_o$。假若水位在其变化过程

中降低了 e，那么调节阀门就要开大 p，此时，杠杆的位置如图 1－15 中虚线所示。由图可见，$p=\frac{a}{b}\cdot e=K_P\cdot e$。由此可知，比例调节器的输出量 p 和它的输入量 e 是成正比的。改变杠杆上可调支点的位置就可以改变 K_P 值。若将可调支点左移，a 减小，b 增大，则 K_P 值减小，调节器比例作用减弱；反之，若可调支点右移，a 增大，b 减小，则 K_P 增大，调节器比例作用增强。K_P 值大时，只要出现一个较小的偏差 e 值，调节阀的开度变化就比较大，给水量流量的变化也比较大，克服扰动能力就强。反之，K_P 值小，克服扰动能力就较弱。

比例作用规律的优点是：调节阀的开度可以及时地反映控制对象负荷的大小。负荷变化大，出现的偏差 $e(t)$ 就大，调节阀开度的变化 p 就成比例地增大，对被控参数进行调节控制。基于这个原因，比例调节器的应用十分广泛。但是，比例调节器也存在明显的缺点，那就是当控制对象受到扰动后，在比例调节器的控制作用下，被控量不能完全回到给定值，而只能回到给定值附近，即其稳态值和给定值之间会存在较小的静态偏差，这是比例调节器固有的、不可克服的缺点。因为，若进水量受到一个阶跃扰动后，Q_o 增大，为了达到平衡，进水量 Q_i 必须增加到 Q_o。进水量 Q_i 的增加意味着调节器阀门开度必须增加，才可以达到新的平衡，要使阀门开度增大，水位（被控量）必然要降低，稳态时的水位必然偏离原稳态值，这就是比例调节器存在静态偏差的根本原因。要减小静态偏差，可以增大 K_P 值，这时，调节过程结束后，水位有较小的变化（静差），就可以使 $Q_i=Q_o$。

2. 比例带 δ

在实际应用时，K_P 并不能作为所有比例调节器的通用参数。这是因为：

（1）大部分比例调节器的放大倍数 K_P 是有量纲的。不同类型的比例调节器，p 和 e 的单位均不同，所以求出的 K_P 的单位也不统一，各种类型的比例调节器的 K_P 就无法加以比较。

（2）放大倍数 K_P 等于比例调节器绝对输出量与绝对输入量之比，至于输出（输入）的绝对变化值占其最大变化范围的百分比，K_P 是无法表达清楚的。

为了解决上述问题，通常采用比例带作为比例调节器的通用参数，它等于比例调节器的相对输入量和相对输出量之比，通常用 δ（或 PB）表示，即

$$\delta=\frac{e/\Delta X_{max}}{p/p_{max}}\times 100\%=\frac{p_{max}}{\Delta X_{max}}\cdot\frac{e}{p}\times 100\%=\frac{R}{K_P}\times 100\% \tag{1-6}$$

式中，e 是被控量的变化量（偏差值）；ΔX_{max} 是被控量允许变化的最大范围（全量程）；p 是调节阀开度的变化量；p_{max} 是调节阀开度的最大变化量（全行程，即由全开到全闭或由全闭到全开）；$R=p_{max}/\Delta X_{max}$ 是量程系数。

在单元组合仪表中，由于仪表采用统一标准信号（如气动单元组合仪表为 0.02～0.1 MPa，电动单元组合仪表为 0～10 mA 或 4～20 mA），因此调节器的输入、输出信号最大变化范围都是一样的，亦即常数 $R=1$，故：

$$\delta=\frac{1}{K_P}\times 100\% \tag{1-7}$$

由上式可知，比例带与放大系数 K_P 值成反比。比例带越大，意味着比例调节器在相同的相对输出量时，所需要的相对输入量越大，这时，输入量对输出量的控制作用越小，也就是比例调节作用越弱；相反，比例带越小，比例调节作用越强。

由于比例带是比例调节器相对输入量与相对输出量之比，所以它是一个无量纲的百分

数。它不仅反映出比例调节作用的对应关系，而且能确切地说明每一个比例调节器的性能。比如，$\delta=100\%$ 的比例调节器，说明它的输入信号变化为全量程的100%时，其输出信号变化为全行程；$\delta=50\%$ 的比例调节器，说明只要输入信号为全量程的50%，其输出就可达到全行程，如图1－16所示。这样，不论比例调节器结构上差别有多大，不论调节的是何种参数，只要调节器的比例带数值相同，在比例调节作用强弱这一点上都是一样的。

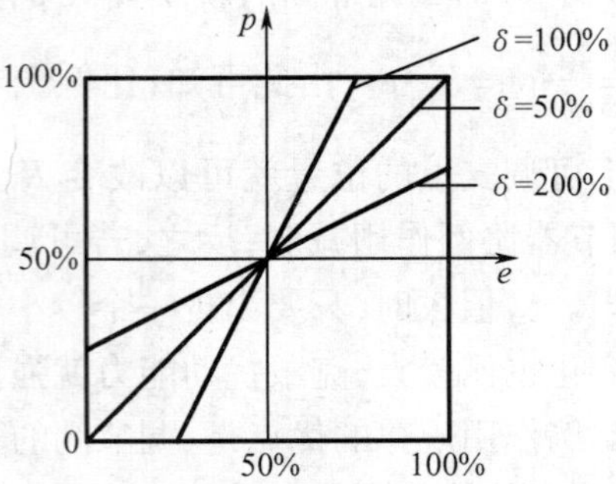

图1－16　比例带大小与输入输出信号的关系

3. 比例带大小对系统动态过程的影响

当控制对象确定之后，控制对象的特性参数已经确定，比例带的大小对控制系统的动态过程品质有决定性的影响。如图1－17所示，若比例带太小，系统将出现不稳定的发散振荡过程（曲线1）；当比例带减小到某一数值时，系统将出现等幅振荡，这时的比例带称为临界比例带（曲线2）；若比例带选得较小，比例作用很强，调节阀开度的变化量会过头，从而导致被控量的大起大落，系统的振荡倾向加剧，降低了系统的稳定性，同时使调节时间 t_s 增加（曲线3）。若比例带选得很合适，则输出特性比较平稳而稳态偏差又不太大（如曲线4）。若比例带选得太大，比例作用很弱，克服扰动能力就很弱，动态过程虽然很稳定，没有波动，但最大动态偏差 e_{max} 增大，过渡过程时间 t_s 拖得很长（曲线6）。所以要正确地选用比例带，最合理地利用比例调节作用。总之，从稳定性要求看，希望 δ 大一些好，但从准确性要求看，却希望 δ 小一些好。由此可见，自动调节系统的准确性与稳定性之间存在着一定的矛盾，需在两者之间进行权衡。对于一般的调节器，比例带的选择范围为5%～300%。

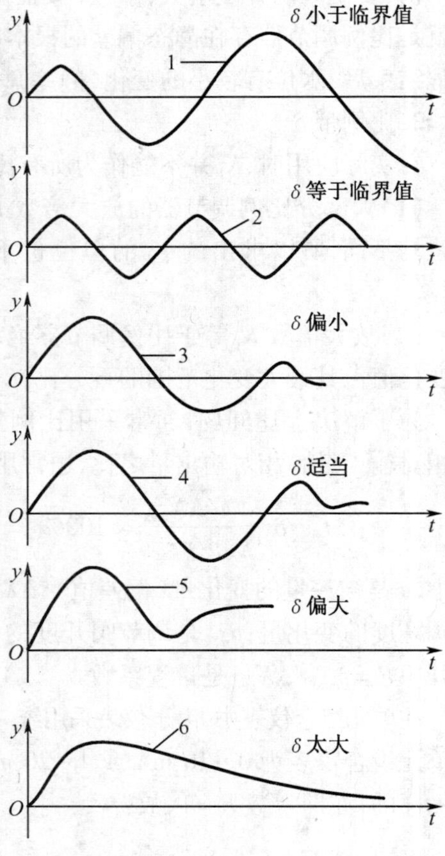

图1－17　比例带大小对动态过程的影响

4. 比例调节作用的特点

通过以上的分析可以知道，比例调节规律具有以下两个特点：

（1）比例调节作用具有克服干扰的立即性，而且这种克服能力会随着被控参数的偏差增大而增大；

（2）比例调节结束后，被控参数将出现静态偏差，这是其不可克服的缺点。

三、比例积分调节作用规律

比例积分作用规律（PI 调节）是指调节器的输出随输入按比例积分规律变化，这种调节器称为比例积分调节器。在比例积分调节器中，既有比例调节作用又有积分调节作用。

1. 积分调节作用规律（I 调节）

对于比例调节器而言，被控量偏差越大，调节器输出的调节作用越大，调节阀（朝着消除偏差的方向）动得也越多。但是，纠正偏差依靠的是偏差本身，调节阀开度与被控量之间有着一一对应的硬性关系，因此会产生静差，这是比例调节作用不可避免的缺点。要想避免稳态误差，就必须采用积分调节规律。积分调节规律的输出 $p(t)$ 与偏差输入 $e(t)$ 对时间的积分成正比，其数学表达式为

$$p = K_{\mathrm{i}}\int e\mathrm{d}t \tag{1-18}$$

式中，K_{i}是积分速度。显然，积分调节器的输出不仅取决于偏差的大小，而且取决于偏差存在的时间长短。

对上式两边求导后，可以得到积分调节作用规律的另一种表述方式，即

$$\frac{\mathrm{d}p}{\mathrm{d}t} = K_{\mathrm{i}} \cdot e \tag{1-19}$$

即积分调节器输出（调节阀开度）的变化速度与输入偏差信号成正比。被控量的偏差越大，调节阀朝着消除偏差方向动得越快，偏差为零，调节阀才停止变化。

积分调节器是一种考虑了“偏差是否存在”因素的自动调节器，它把测量值与给定值加以比较得出偏差值，然后发出与偏差对时间的积分成正比例的调节信号。

只要偏差存在，调节器的输出 $p(t)$ 就会不断变化，执行机构就会不断动作。只有当偏差消除（即 $e(t)=0$）时，输出信号才不再变化，系统才稳定下来。换言之，积分控制作用将最终导致系统的稳态偏差等于零。

2. 积分调节器实例及其特点

图 1－18 表示采用积分调节器的水位控制系统。积分调节器由浮子、杠杆和滑阀组成，属液动式调节器。当水柜内的水位等于给定值时，滑阀 2 正好将通往伺服油缸的上下油口 A，B 遮住，伺服活塞不动，系统处于平衡状态。设在某一时刻，流出量突然减少 ΔQ_{o}，水柜内水位上升，杠杆 ABO 以支点 O 为转动中心顺时针转动一个角度，同时将滑阀 2 向上提起，于是伺服油缸上面的油口 A 与进油管连通，压力油进入伺服油缸的上腔，而下腔则与回油管路接通，向外排油。这时在伺服油缸的上下腔便出现压力差，此压力差推动活塞下行，关小调节阀，减小流入量 Q_{i}，直到流入量与流出量相等，而且水位也回到起始给定值时，调节系统才重新建立平衡。水位偏离给定值越大，滑阀将上下油口开得越大，伺服油缸上、下腔的压力差也越大，则调节阀移动的速度也就越大，符合式（1－18）所描述的积分动作规律，所以，它是一个积分调节器。不难看出，只要水位与其给定值之间还有误差存在，滑阀就不能把通往伺服油缸的上、下两个油口完全遮住，调节过程就要一直进行下去，直到水位又回到初始给定值，调节才停止，系统重新建立平衡。所以采用积分调节器可以消除被控量的稳态偏差，实现无差调节。这是积分调节器的主要特点，也是它的优点。

采用积分调节器时，被控量的偏差与调节阀的位移之间没有一一对应的关系。由图 1－18 可以看到，在调节过程中，只要水位变到等于给定值（滑阀正好将 A，B 口遮住），且水

柜的流入水量等于流出水量时，那么不管伺服活塞处在什么位置上，调节阀都会停止不动。因此，采用积分调节时，被控量在任何负荷下的稳态值都等于它的给定值。

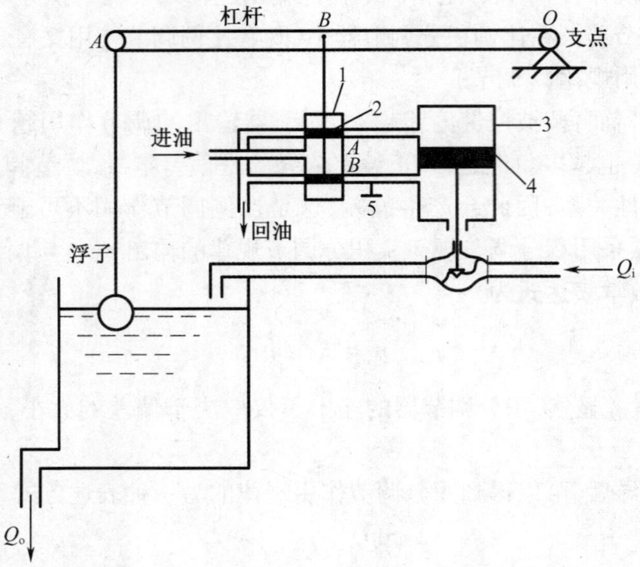

图 1－18　采用积分调节的水位控制系统

1—滑阀室；2—滑阀；3—伺服活塞室；4—伺服活塞

此外，从式(1－9)可以看出，调节阀的动作速度的大小及方向决定于偏差 e 的大小及正负，而不考虑偏差变化速度的大小及方向，这是积分作用在调节中造成过调现象的根本原因。如图 1－19 所示，在 a，b 两点上，被控量与给定值之间的偏差大小一样且都是正偏差。对应于 a，b 两点，调节阀的移动速度的大小及方向（关小）都一样，但 a，b 两点被控量变化速度的大小及方向却是不一样的。在 a 点，被控量处于上升变化阶段，此时流入量大于流出量，积分作用以某个速度去关小调节阀的动作是正确的；而在 b 点，被控量已处于下降变化阶段，此时流入量已小于流出量。调节器正确的调节作用应该是开大调节阀或暂时停止调节阀动作。然而，积分作用不考虑被控量变化速度的大小及方向，只要偏差一样，它就以同样大小的速度去继续关小调节阀，这就产生了过调现象。过调的结果，扩大了流入量与流出量的差值，引起被控量的振荡，大大降低了控制系统的稳定性。这是积分作用规律的另一个特点，也是其缺点。

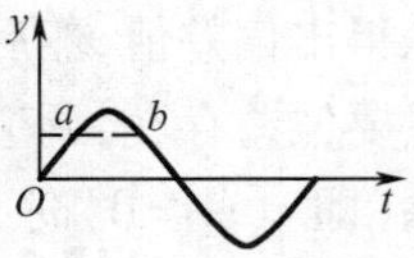

图 1－19　积分作用产生过调的原因

积分调节器的优点是没有稳态偏差，但是由于需要一定的时间才能把调节阀开大或关小，所以它总是滞后于偏差信号的变化，从而导致调节过程比较缓慢。同时，由于调节的滞后，系统的动态过程容易发生振荡，甚至不稳定。图 1－20 给出了控制系统在相同扰动情况下，分别采用比例调节器和积分调节器的动态过程曲线。在出现偏差的初期，曲线 b 由于积分控制作用很不及时，所以最大动态偏差 e_{max} 较大，后期由于积分作用越来越强，造成被控量的振荡。而

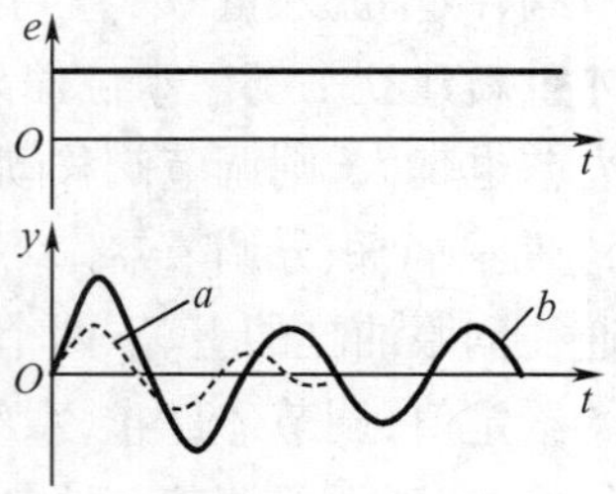

图 1－20　比例作用与积分作用的比较

曲线 a，由于比例控制作用比较及时，故最大动态偏差 e_{max} 较小，振荡小，但是最后存在静态偏差。由于积分作用的以上缺点，积分调节器很少单独使用，而经常作为一种辅助作用加以利用，以发挥其优点。

3. 比例积分调节作用规律（PI 调节）

在 PI 调节器中，比例作用是主要的，它能使调节阀的开度随时适应偏差量的变化，控制比较及时，这样就具有了较好的动态特性。积分作用是辅助的，用它来消除静态偏差。PI 调节器的输出和输入之间的关系为

$$p = K_P\left(e + \frac{1}{T_i}\int e\mathrm{d}t\right) \tag{1-10}$$

式中　K_P——PI 调节器的放大倍数；

T_i——PI 调节器的积分时间。

若给比例积分调节器施加一个阶跃的偏差信号（在实际系统中，偏差信号是不会阶跃变化的，但在开环实验中人为地给 PI 调节器施加一个阶跃信号是容易实现的），则有

$$p = K_P\left(e + \frac{1}{T_i}\int e\mathrm{d}t\right) = K_P\left(e + \frac{e}{T_i}\int \mathrm{d}t\right) = K_Pe\left(1 + \frac{t}{T_i}\right) \tag{1-11}$$

PI 调节器的输出分为两个部分：第一项是比例输出，在阶跃输入瞬间，比例作用把输入量 e 放大 K_P 倍后阶跃输出；第二项是积分输出，该输出与时间 t 保持线性关系，其斜率为 K_P/T_i。从图 1－21 中可以看出，积分输出取决于偏差和时间两个因素。当时间 $t=0$ 时，不论偏差多大，积分输出为零，以后随着时间的增长，积分输出随时间呈线性关系上升。当 $t=T_i$ 时，$p(T_i)=2K_P\cdot e$，即比例输出等于积分输出，调节器的输出是比例输出的两倍，$BC=AB$。由此可以看出，积分时间的物理意义是：在给 PI 调节器输入一个阶跃信号情况下，积分输出等于比例输出所需要的时间就是积分时间 T_i。积分时间越小，积分输出上升到比例输出所花时间就越短，积分作用就越强。

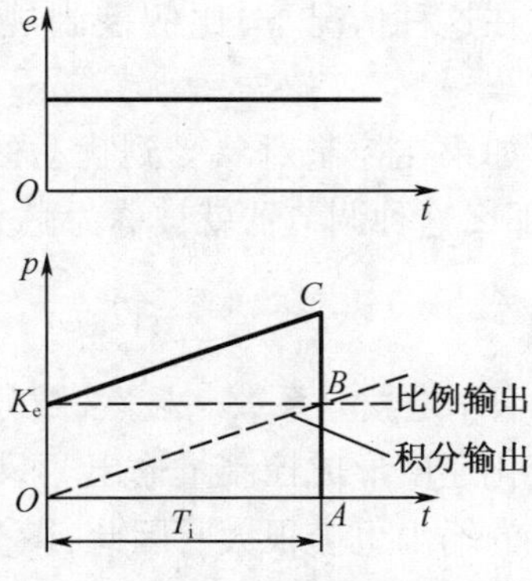

图 1－21　比例积分调节器的输出特性

4. 积分时间对调节过程的影响

图 1－22 所示为同一比例带 δ 下不同 T_i 值对调节过程曲线的影响。曲线 a 表示 T_i 太小，积分作用很强，消除静差的能力很强，同时动态偏差也较小，但振荡过程加剧，稳定性降低。曲线 b 表示 T_i 合适，经 2～3 个波过程就结束。曲线 c 表示 T_i 太大，积分作用减弱，消除稳态偏差的能力变弱，调节过程时间变长，同时动态偏差也增大，但振荡减少，稳定性提高。曲线 d 表示 $T_i\to\infty$，即没有积分作用，这时调节器只剩下比例作用，被控量有静差。

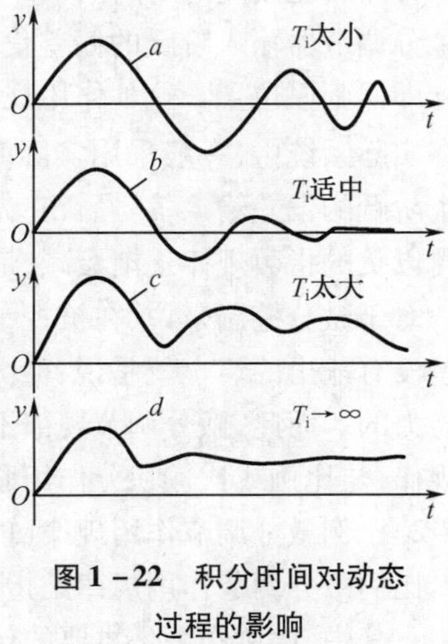

图 1－22　积分时间对动态过程的影响

由于比例积分调节器具有比例调节反应快、无滞后的优点，又具有积分调节可以消除稳态偏差的优点，因

此适用面比较广泛，多数系统都可以采用。

在 PI 调节器上设有两个旋钮，一个用于调整比例带 δ，另一个用于调整积分时间 T_i。T_i 被调整为合适的值时，既能保证控制系统稳定性的要求又能在较短的时间内使系统消除静态偏差值。在调整 T_i 时，切忌把 T_i 值整定得太小，否则由于积分作用过于强烈将导致系统的激烈振荡，调节时间大大增加，这是对控制不利的。如果 T_i 不能准确地确定，那么在选取 T_i 值时，要宁大勿小，这只是增加了系统消除稳态偏差的时间而没有其他影响。对控制对象惯性大的控制系统，选取 T_i 值要大一点；反之，则选取 T_i 值可以小一点。当 $T_i = \infty$ 时，就相当于切除积分调节作用，而成为纯比例调节器。

四、比例微分调节作用规律

1. 微分调节作用规律（D 调节）

由以上分析可知，比例作用对系统的控制比较及时，调节阀的开度能适应负荷的变化，但这是相对的。在控制对象受到很大扰动时，特别是在控制对象惯性比较大的情况下，在短时间内，被控量不会出现较大的偏差 e。比例调节作用的输出是与偏差大小成正比的，因此在短时间内，调节阀的开度 p 不可能适应扰动的要求。这样，被控量就会出现较大的偏差。在这种情况下，比例控制规律就显得不够及时了。控制对象惯性越大，这种现象越严重。

如果在控制对象受到扰动的瞬间，调节器的输出 p 与偏差的变化速度 $\mathrm{d}e(t)/\mathrm{d}t$ 成比例，那么这种调节器就被称为微分调节器。其作用规律为

$$p(t) = K_d \cdot \frac{\mathrm{d}e(t)}{\mathrm{d}t} \tag{1-12}$$

式中，K_d 是微分系数。显然，微分作用的输出与偏差的绝对值大小没有关系，而是根据偏差的变化速度形成控制量输出。只要偏差的变化速度足够大，哪怕此时偏差绝对值很小，调节器的输出也会很大。因此，微分作用可以对系统受到的扰动实现超前调节，从而克服扰动，使被控量不会出现大的偏差。换言之，微分作用有抵制偏差出现的能力。

理想微分作用的调节器在实际系统中是不能直接使用的。因为，如果在 $t=0$ 时刻对微分调节器输入一个阶跃的偏差信号 e，e 是常数，即 $\mathrm{d}e = e$，此时 $\mathrm{d}t = 0$，所以调节器的输出 $p \to \infty$；然后在极短的时间内，$\mathrm{d}t \neq 0$，而 $\mathrm{d}e = 0$，则调节器的输出 $p = \mathrm{d}e/\mathrm{d}t$，迅速减小为零，即对微分调节器输入阶跃的偏差信号后，调节器指挥调节阀马上从原来位置达到全开，接着又立即回到原位置。这种作用规律在工程上是不可实现的，就是实现也没有实用价值。所以在实际系统中，一般采用实际微分作用。给实际微分调节器施加一个阶跃的偏差输入信号后，它先有一个较大的阶跃输出，然后微分输出以负的指数规律逐渐衰减，最后消失在零上，如图 1-23 所示。

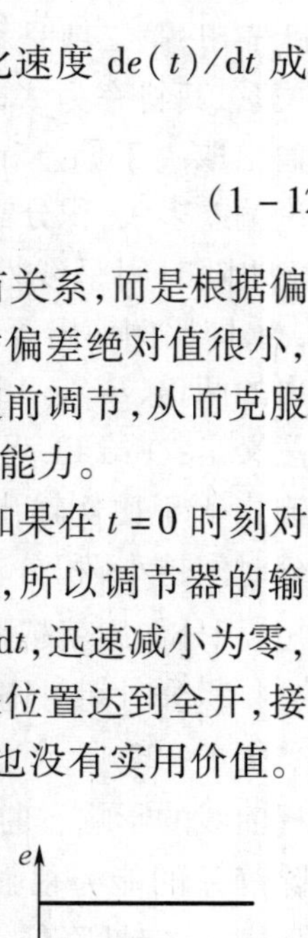

图 1-23 实际微分作用的输出特性

对于微分控制来说，在被控参数偏差存在但是不变化时，微分作用是没有输出的。也就是说，微分控制对恒定不变的偏差是没有克服能力的。因此，微分调节规律不能单独使用，而只作为一种辅助调节规律，与比例或比例积分作用联合使用。

2. 比例微分调节作用规律（PD 调节）

比例微分调节作用规律是指调节器的输出包括比例作用和微分作用。其中，比例作用是主要的作用，它最终决定了调节阀开度的变

化量；微分作用是辅助的，它只起到超前调节的作用。比例微分作用规律可以表述为

$$p = K_P\left(e + T_d\frac{de}{dt}\right) \tag{1-13}$$

式中，T_d是 PD 调节器的微分时间。由上式可以看出，放大倍数 K_P既影响比例部分，也影响微分部分。也就是说，K_P不仅将偏差的放大倍数增大了，同样也把偏差的变化速度放大了。

给比例微分调节器施加一个阶跃的偏差输入信号后，它首先有一个阶跃的比例加微分的输出，然后微分输出部分逐渐消失，最后消失在比例输出上，如图 1-24 所示。微分时间 T_d表示微分输出消失的时间。T_d较大，则微分输出保留的时间比较长，说明微分作用较强；反之，则说明微分作用比较弱。因此，微分时间 T_d的大小是衡量微分作用强弱的参数。微分作用不能太强，如果 T_d过大，将会使调节器的输出剧烈变化，不但不能提高系统的稳定性，反而会引起被控参数剧烈振荡；微分作用也不能太弱，如果 T_d太小，对系统的动态品质改善不显著。当 $T_d=0$ 时，$p(t)=K_P\cdot e(t)$，即此时只有比例作用。

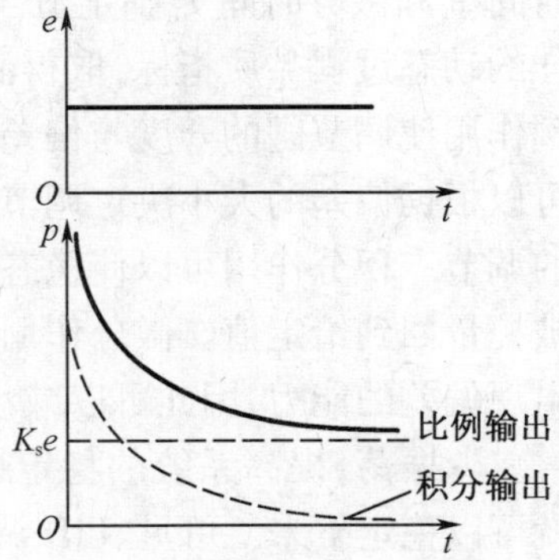

图 1-24 比例微分调节器的输出特性

在 PD 调节器上有两个旋钮，一个是比例带 δ 调整旋钮，另一个是微分时间 T_d调整旋钮。一般来说，对于控制对象惯性比较小的控制系统，其采用的调节器可以不加入微分作用。而控制对象惯性较大的控制系统（如温度控制系统），调节器加入微分作用，其控制效果的改进是十分显著的。在 PD 调节器中，如果已加入微分作用，比例带 δ 的值可以比纯比例控制时的值调得小一些。因为微分作用可以实现超前调节，具有抵制偏差出现的能力，所以尽管 δ 比较小，即比例作用比较强，也能够保证系统动态过程的稳定性，且 δ 较小时，稳态偏差的值也会小一点。

五、比例积分微分调节作用规律

1. 比例积分微分调节作用规律（PID 调节）

比例积分微分调节器是把比例、积分、微分三种调节作用结合起来组成的调节器，也称三作用调节器，或简称 PID 调节器。

在这种作用规律中，仍然以比例作用为主，积分调节作用规律主要是用于消除静态偏差，而微分作用用来实现超前调节，因而是一种功能最完善的经典调节规律。PID 调节作用规律可以表述为

$$p = K_P\left(e + \frac{1}{T_i}\int e\cdot dt + \frac{1}{T_d}\frac{de}{dt}\right) \tag{1-14}$$

调节器输出的调节信号等于比例作用、积分作用和微分作用三部分输出变化之和。当给 PID 调节器输入一个阶跃的偏差信号时，调节器的输出的变化如图 1-25 所示。

开始时，微分作用变化得最快，它使输出信号发生突然的大幅度的变化，产生一个强烈的超前调节作用，这种控制作用可以看成“预调”。然后微分作用又慢慢地下降直到消失，而随着时间的积累，积分作用就越来越大地起了主导作用。只要偏差信号不消失，$e\neq 0$，积分输出 $\left(\frac{1}{T_i}\int e dt\right)$ 就不等于零，积分作用就不断增加，直至调节器的输出达到饱和；只有偏差

完全消失，积分作用才会停止，这种控制作用可以看成“细调”。而在调节的整个过程中，比例作用一直是与偏差成正比关系的，它是整个调节器中最主要的调节作用。

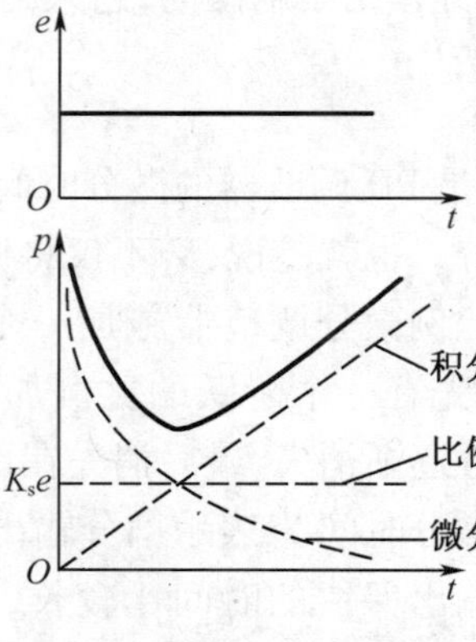

图 1－25　PID 调节器输出特性

在 PID 调节器中，如果把三个参数，即比例带 δ、积分时间 T_i 和微分时间 T_d 整定适当，控制系统就可以获得最佳的动态过程品质指标，取得满意的调节效果。由于比例作用使调节阀的开度与偏差值成正比，因此比例作用可以根据偏差的大小决定调节阀的最终开度，实现及时的调节。积分作用可以使稳态偏差等于零，即最终使得被控量回到给定值。微分作用有超前控制能力，即抵制出现偏差的能力，因此可以减小系统的最大动态偏差 e_{max}，减少振荡，提高系统的稳定性，使被控量波动 2～3 次就可以稳定下来。可见，PID 调节器是控制系统理想的调节单元，使用得当可以取得满意的调节效果。但是 PID 调节器结构比较复杂，从节省投资和便于维修的角度考虑，在能满足调节要求的前提下，应选用最简单的调节器。此外，PID 调节器对干扰信号非常敏感。比如机舱中的液位系统，由于船舶周期性的稳性变化（摇摆），将导致 PID 调节器中的微分作用发出较大的阶跃信号，使调节阀开度突然变化很大。也就是本来不需要调节的系统，由于微分作用的超前调节，使阀门开度忽而大开、忽而大关，破坏了系统的平衡。所以对于液位控制系统，调节器不能加入微分作用，只能选择双位式调节规律、比例调节规律或比例积分调节规律。

2. 数字 PID 调节器

除了气动和常规电动控制系统之外，控制工程中越来越多的参数控制系统都采用微型计算机进行控制。在计算机控制系统中，调节器的作用规律通过软件编程来实现，故被称为数字调节器。

图 1－26 所示是一个由单片机组成的反馈控制系统结构框图，它与气动或常规电动系统的最大区别是控制单元采用了单片机系统。被控对象输出的被控量由测量单元和信号处理电路转换成标准电压信号，再经过单片机系统的模/数（A/D）转换电路转换成数字量。设定值可以通过键盘与显示装置进行设定。单片机将设定值与测量值比较获得偏差，调用控制算法程序计算出控制量，并由数/模（D/A）转换电路转换成模拟量输出，经放大后驱动执行机构动作，作用于被控对象，形成闭环控制。

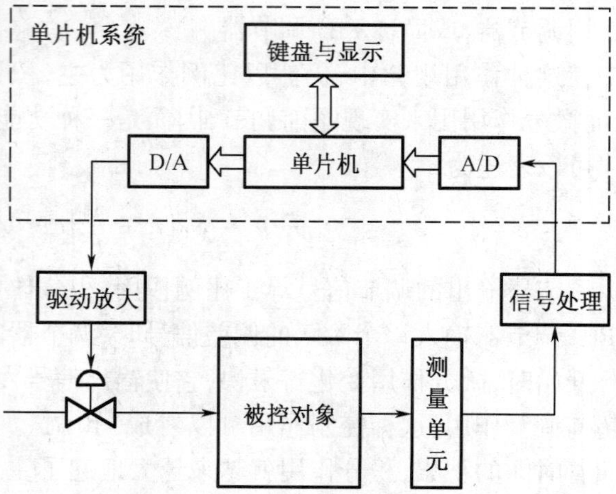

图 1－26　数字式反馈控制系统结构框图

计算机执行控制过程并不是像模拟仪表那样连续进行的，而是每隔一定的周期（称为采样周期）进行一次测量采样和控制量输出计算，称为采样控制。由于计算机只能根据采样时刻的偏差值计算控制量,因此控制规律中的积分项和微分项不能直接地进行准确计算,只能用数值计算的方法逼近。PID 的控制算法包括位置式 PID 控制算法和增量式 PID 控制算法,由于增量式算法只需保留当前时刻及其之前两个时刻的偏差值,有利于简化编程和避免累计误差,因此在实际中应用更为广泛。

与常规的气动或电动系统相比,采用计算机控制的反馈控制系统具有更高的控制精度和丰富的附加功能。例如通过键盘(实际上往往只是几个功能按钮)操作,可以在显示器(通常为数码显示器或者液晶显示器)上方便地查看和修改被控量的设定值,查看和修改比例带、积分时间、微分时间和采样周期等参数,以及查看被控量的测量值。此外,通过软件编程,还易于实现调节器的参数自整定以及模糊控制和神经网络控制等智能控制算法。

OMRON 公司的 E5EN 型智能调节器采用单片机控制,以数字方式实现调节规律,并具有丰富的数字显示和菜单操作功能。通过按键式菜单操作和数码显示器可以选择调节器的输入信号类型(热电阻、热电偶、4 ~ 20 mA 等)、输出信号类型(触点、脉冲、4 ~ 20 mA 等)、调节规律(位式、PID、模糊控制等)和报警输出形式(常开、常闭)等。

如图 1 - 27 所示,在 E5EN 型调节器的操作面板上,两个显示器均为 4 位带小数点的数码显示管,“显示 1”显示过程值(Process Value,PV,即测量点的实际值),“显示 2”显示被控量的当前设定值(Set Value,SV)。在进行内部参数修改时,“显示 1”和“显示 2”分别显示参数名称和对应的参数值。

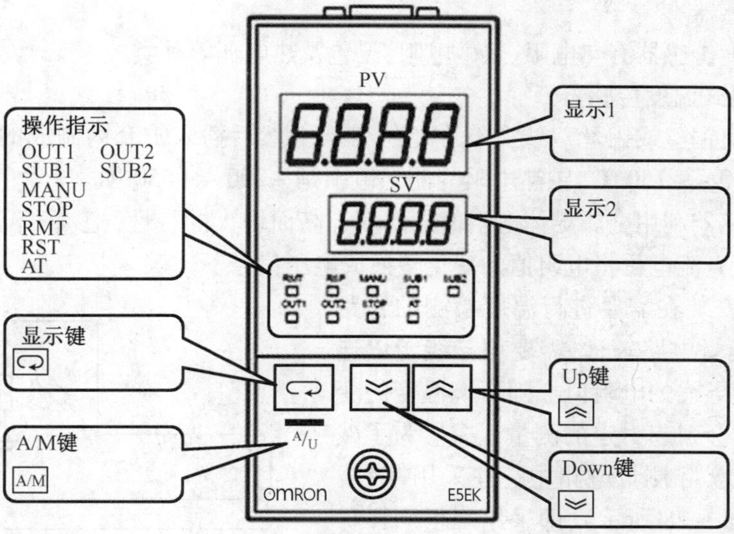

图 1 - 27　E5EN 型智能调节器面板

控制器通电后的状态为默认状态,通过显示键“ ”和“UP”键、“DOWN”键等可以进行菜单切换、参数滚动和参数修改。显示键 用于参数的滚动与选择。短按该键(少于 1 s)进入参数调整菜单,用 选择所需要的参数,例如比例带、积分时间和微分时间等;长按该键(大于 1 s)进入参数显示菜单。参数设定值的大小可通过“UP”键和“DOWN”键调整。再次按下 键,则退出参数调整状态。在参数调整期间,调节器的控制功能继续有效。A/M 键用于“自动”和“手动”控制方式的切换。

面板上各 LED 指示灯的作用如表 1 - 1 所示。

表 1－1　面板上各 LED 指示灯的作用

指示灯	作用	指示灯	作用
OUT1	控制回路 1 输出时灯亮	RMT	遥控运行时灯亮
OUT2	控制回路 2 输出时灯亮	AT	参数自整定期间灯闪光
SUB1	辅控制回路 1 输出时灯亮	RSP	远程 SP 运行时灯亮
SUB2	辅控制回路 2 输出时灯亮	STOP	停止运行时灯亮
MANU	手动控制时灯亮		

第三节　传感器与变送器

一、常用传感器

传感器用来检测被监视的工况参数，并将其变换成电信号后传送到调节器或显示仪表。传感器可分为模拟量和开关量传感器两大类。模拟量传感器用来把被测参数变换成连续变化的信号，开关量传感器用来把被测参数是否越限变换成触点的断开或闭合，即 On－Off 信号。它仅适用于运行设备鉴别，而不能用于参数的测量显示。

1. 温度传感器

常用的温度传感器有热电阻、热敏电阻、温包及热电偶等种类。

(1)热电阻式温度传感器

热电阻是由铜丝或铂丝双线并绕在绝缘骨架上然后插入护套内制成的。铜热电阻的测温范围是－50～＋150 ℃，铂热电阻的测温范围是－200～＋650 ℃。

热电阻传感器利用金属导体电阻值随温度升高而增大的特性，把被测温度转换成相应的电阻值，再由直流电桥将电阻值的变化转换成电压信号。

热电阻 R_t 安装在需要进行温度检测的管路或设备中，离测量电路较远，需要用导线予以连接。但是，连接导线的电阻值会随环境温度的变化而变化，这样会引起一定的测量误差。为了减小测量误差，在实际测量电路中往往采用“三线制”接法(如图 1－28 所示)，即采用三根同样材料、同样长度、同样截面积的导线，使热电阻的两根连接导线(电阻为 R_{1a}，R_{1b})分别被分配在电桥两个相邻的桥臂中，两根连接导线的电阻值便可抵消。当环境温度变化时，电桥的输出电压 U_{ab} 得以保持不变，从而保证测量结果不受环境温度变化的影响。电桥电路中的 R_0 是调零电位器，电位器 R_W 用于量程调整。

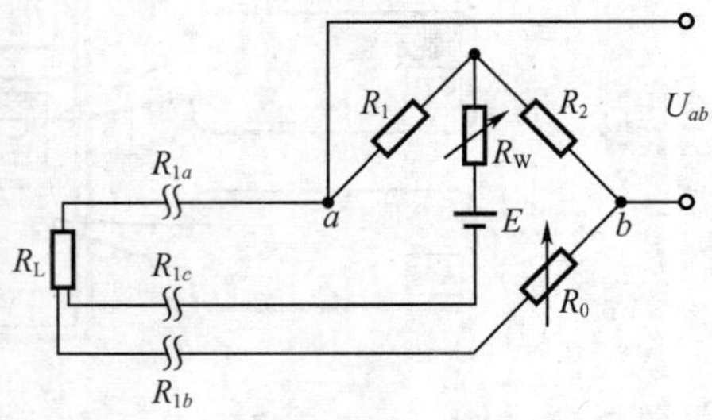

图 1－28　热电阻的三线制测温原理

(2)热电偶式温度传感器

热电偶由两种不同的金属导体或半导体材料焊接而成。焊接端称为热端，与导线连接端称为冷端(或自由端)。热端插在需要测温的管路中，冷端置于室温中。若冷、热两端温度不同，则在热电偶回路中会产生热电势 e_t(也称为温差电动势)，温差越大，则热电势 e_t 越大。e_t为毫伏级电压，可用数字式万用表测量。

当冷端温度不变时，热电势 e_t 只随热端温度的升高而增大。热电势 e_t 是热端温度的单值函数。然而，冷端温度是随环境温度变化的，它的变化势必造成热、冷端之间的温度差产生变化，进而导致热电势 e_t 产生变化，这就影响了测量精度。为了克服这种影响，必须采取补偿措施。譬如，在冷端串接一个直流电桥，如图 1－29 所示。图中，R_1，R_2 和 R_0 是电阻值不随温度变化的锰铜电阻；R_{Cu} 是铜电阻，其阻值随温度升高而增大。测量回路的输出为：$U_o = e_t + U_{ab}$。假若热端测量温度不变而冷端温度升高，这时 e_t 减小，但同时 R_{Cu} 阻值变大，致使 U_{ab} 升高，因此可以维持输出电压 U_o 基本不变。

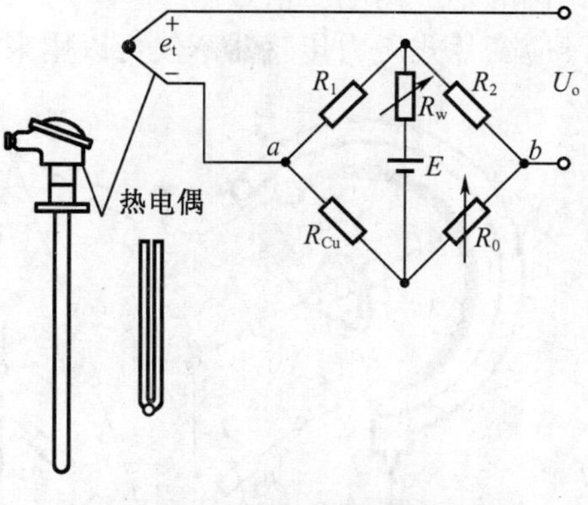

图 1－29　热电偶及冷端温度补偿电路

R_{Cu} 被称为补偿电阻。显然，不同种类的热电偶需要配用不同的补偿电阻，因此 R_{Cu} 是不能随便混用的。此外，为了保证测量精度，在热电偶传感器与相关电路或显示仪表连接时，必须采用材料性质与热电偶相近的连接导线（称为补偿导线，有颜色标记），否则在连接处会产生附加电势，影响测量结果。

使用时要注意热电偶的正、负极性标记。正、负极性的判断有两种方法：一是根据导体材料的颜色，如镍铬（黑，正）－镍铬硅（褐绿，负）；二是采用热电势判断法，即给热端加温，两个冷端接毫伏表，若读数增加，则接仪表正端为正极，另一端为负极。显然，补偿导线的极性需与热电偶的极性相同。

热电偶适用于检测高温信号。常用的热电偶有：镍铬－铐铜（测温范围为 0～1 300 ℃）、镍铬－镍硅（测温范围为 0～1 300 ℃）、铂铑－铂（测温范围为 0～1 600 ℃）和铂铑$_{30}$－铂铑$_6$（测温范围为 0～1 800 ℃）型热电偶。

2. 压力传感器

压力传感器种类很多，以下仅介绍电阻式、应变片式和电磁感应式压力传感器。

（1）电阻式压力传感器

电阻式压力传感器由弹簧管、传动机构、电位器及测量电桥组成，其结构和工作原理如图 1－30 所示。弹簧管又称波登管，它是弯成 C 形的空心管，用来将压力信号转换成自由端的位移。滑针把电位器电阻分成两部分：一部分串联在 R_4 的桥臂上，另一部分串联在 R_3 的桥臂上。当测量的压力变化时，通过弹簧管和传动机构使滑针绕轴转动，改变两个相邻桥臂的电阻值，使测量电桥输出的电压信号 U 与压力变化成比例。

由于弹簧管和传动机构存在滞后现象，因而这种传感器一般多用于静态压力的测量，不宜用于动态压力的测量。

（2）应变片式压力传感器

应变片有金属式和半导体式两种。将铜镍或镍铬等金属丝绕成栅状，用黏结剂贴在基板上，两端焊接镀银或镀锡铜线作为引出线，这样便构成了金属应变片。应变片粘贴在压力感受器的测压部分。应变片具有一定的电阻值，它可以作为测量电桥的一个桥臂，如图 1－31 所示。当被测压力为零时，电桥处于平衡状态，输出电压为零。当压力信号增大时，应变片发生弯曲变形，栅状金属丝被拉长使其电阻值增大，电桥失去平衡并输出一个与压力成比例的不平衡电压信号。

应变片式压力传感器不仅可以用来测量静态压力，也可用来测量动态压力。

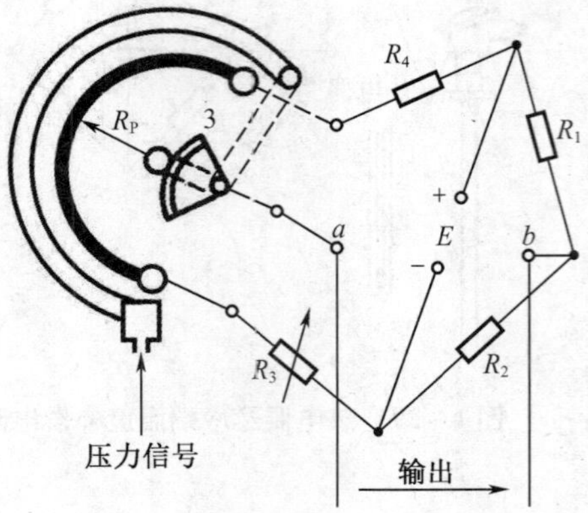

图 1－30　电阻式压力传感器原理图

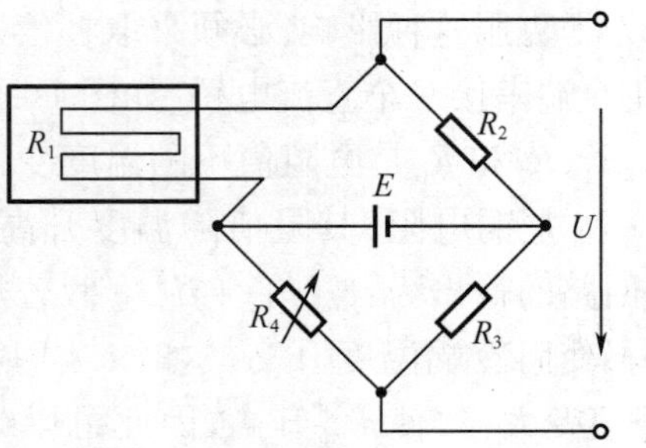

图 1－31　应变片压力传感器原理图

(3)电磁感应式压力传感器

图 1－32 所示是电磁感应式压力传感器的原理图，它由弹性元件和差动变压器组成。常用的弹性元件有波纹管和弹簧管，其中，波纹管适用的测量范围为 0 ~ 0.3 MPa，弹簧管则适用于0.6 MPa以上的压力检测。

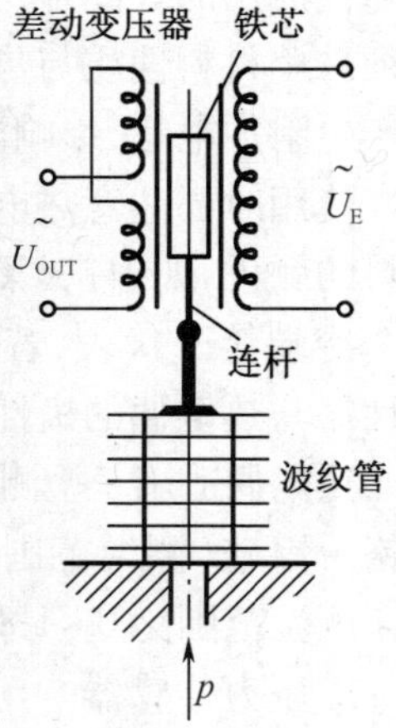

图 1－32　电磁感应式压力传感器

差动变压器由一个初级线圈、两个线径和圈数都相等的次级线圈以及活动铁芯等组成。初级线圈加上交流电源成为一个激磁绕组。次级线圈之间采用反向串联连接，它们分别安排在支架的上下两侧。铁芯在弹性元件控制下，在线圈骨架内产生与压力大小成正比的位移。差动变压器的初级与次级之间的互感系数将随铁芯的位移变化而变化。铁芯处于中间位置时，通过两个次级线圈的磁力线相同，其感应电势是等量的，由于两个次级线圈采用反相连接，因此差动变压器的输出电压 U_{OUT} 为零。如果铁芯离开中间位置，它可以使一个次级线圈的互感系数增大，另一个互感系数减小，致使它们的感应电势一个加大，另一个减小，于是差动变压器输出电压 U_{OUT} 随之按比例增大。

3. 液位传感器

液位传感器有浮子式、变浮力式、电容式等多种类型。

(1)变浮力式液位传感器

这种传感器的结构原理如图 1－33 所示，它主要由浮筒、弹簧和差动变压器组成。当液位变化时浮筒浸没在液体中的体积发生变化，浮筒受到的浮力 F 也随之变化(图中 W 是浮筒重力)，于是浮筒会克服弹簧张力使差动变压器的铁芯产生位移，差动变压器就会输出一个与液位成比例的电压信号，经整流后输出标准信号用于控制和显示。

差动变压器的初级线圈通常接中频交流电，次级两个对称线圈采用反向串联，使得输出电压 $U_o = U_1 - U_2$。当液位最低时，差动变压器的铁芯在中间位置，次级两个线圈中的感应电压大小相同，亦即 $U_1=U_2$，$U_o=0$。当液位升高时，铁芯上移，使得 $U_1>U_2$，$U_o>0$。在量程范围内，液位越高，U_o越大。

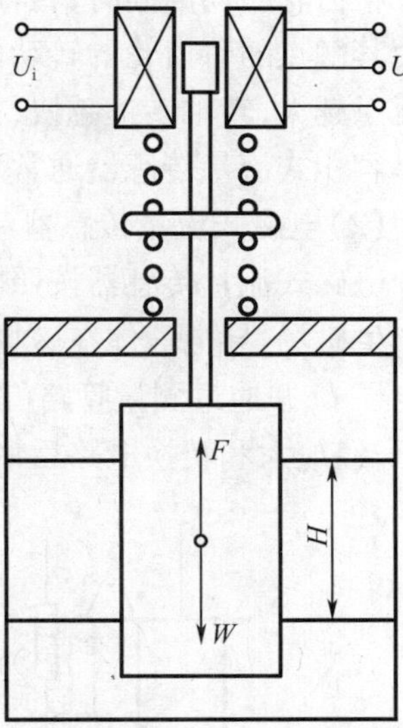

图1－33　变浮力式液位传感器原理图

(2)电容式液位传感器

电容式液位传感器通常利用电容量随极板间介质的变化而改变的原理工作。

图1－34(a)所示为测量非导电液体液位的原理示意图，传感器主要由金属制成的内电极和与之相互绝缘的同轴金属套筒制成的外电极组成。外电极上开有许多孔，于是被测液体能自由地流进两个电极之间的空间，从而在被测液位高度内形成一个以被测液体为介质的同轴圆筒形电容器。当液面高度上升到 H 时，电容可视为上下两段，上段以空气为介质，下段以液体为介质。由于液体的介电常数比空气的大得多，因而在液位升高时，使两电极间的电容量增大，用测量电路测出电容量的变化即可得到液位值。

图1－34(b)所示为测量导电液体液位的原理示意图。内电极1用铜或不锈钢材料制成，外面套上塑料套管或涂以搪瓷作为绝缘层2。若外壳3是用金属制作的，则外壳就可作为电容的外电极。当导电液体的液面(如辅锅炉水位)上升到 H 时，由于液体的导电作用，相当于将外电极由容器壁移近到内电极的绝缘层上，电容量大大增加且与液位高度呈线性关系，经放大电路处理后形成4～20 mA标准信号输出。

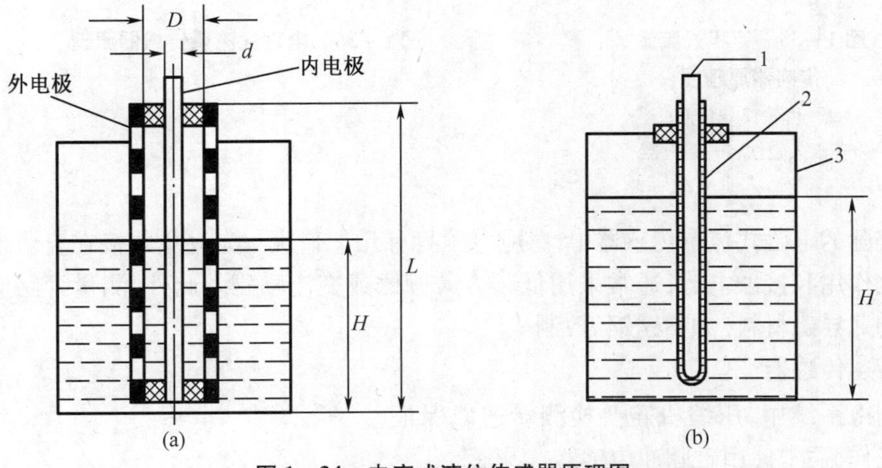

图1－34　电容式液位传感器原理图

1—内电极；2——绝缘层；3—外壳

4. 流量传感器

流量传感器有容积式、电磁式、压差式、涡流式等种类。

(1)容积式流量传感器

如图1－35所示，这种传感器的测量部分由壳体和两个互相啮合的椭圆形齿轮组成，流体流过仪表时，因克服阻力而在入口和出口之间形成压力差 p_1-p_2，在此压差作用下推动椭圆形齿轮旋转，不断地将充满在齿轮与壳体之间所形成的半月形计量室中的被测液体排出。在齿轮转动的同时，转轴 2 上部的永久磁铁 3 随之转动，不断地靠近或离开干簧继电器 4，使其触点随着齿轮的转动而闭合或断开，进而通过检测电路输出方波脉冲信号。被测介质流量越大，转轴转速越快，方波脉冲的频率就越高。

容积式流量传感器通常用于油流量和冷却水流量的测量。

(2) 电磁式流量传感器

电磁式流量传感器按照电磁感应原理工作。如图 1－36 所示，传感器的励磁线圈通电后产生磁场，导电液体在磁场中垂直于磁通方向流动时切割磁力线，于是在液体中产生感应电压 U_e 并通过测量管路（图中未画出）上的两个电极引出，电压大小与液体的容积流量成正比，经放大和转换电路后输出 4～20 mA DC 的标准信号。

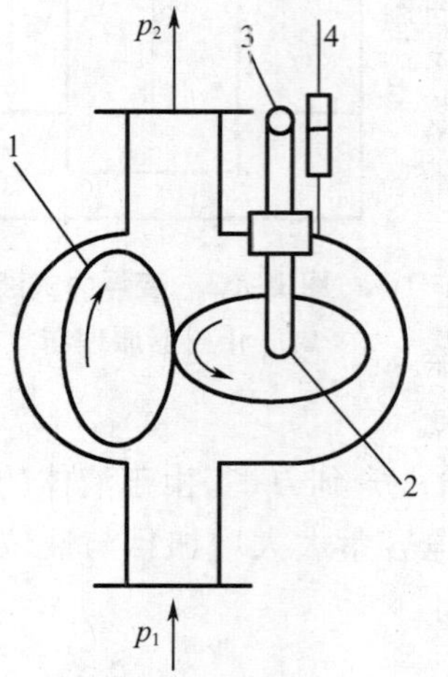

图 1－35　容积式流量传感器原理图

1—齿轮；2—转轴；
3—永久磁铁；4—继电器

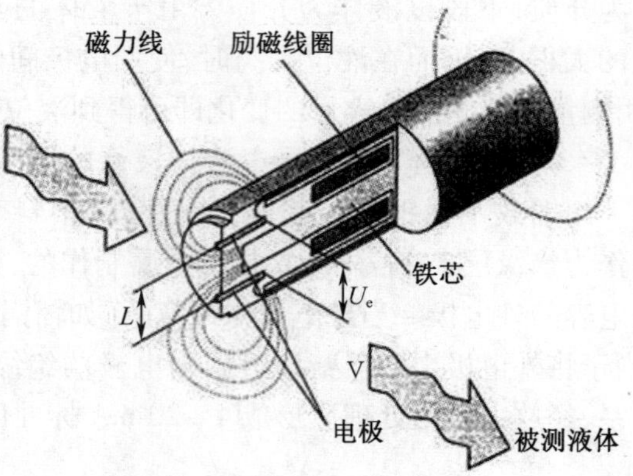

图 1－36　电磁式流量传感器原理

在实际的电磁式流量传感器中，感应电压只有几十毫伏。为避免电极在直流电作用下发生极化作用和接触电势，通常采用低频方波励磁或交流励磁。此外，测量管路应使用高电阻率的非导磁材料（如不锈钢等）制成。

5. 转速传感器

在制冷系统中，压缩机需要检测转速以保证其正常工作，通常使用磁脉冲传感器。

磁脉冲式转速传感器属于非接触式装置，它没有运动部件，不会发生磨损，所以这种传感器使用寿命长，检测精度高。磁脉冲式转速传感器由磁脉冲探头、脉冲整形放大电路、频率－电压转换电路及滤波电路等组成。其中，磁脉冲探头是产生脉冲信号的部件，由永久磁铁 1、软磁芯 2、线圈 3、非导磁性外壳 4 等组成，其结构原理如图 1－37 所示。

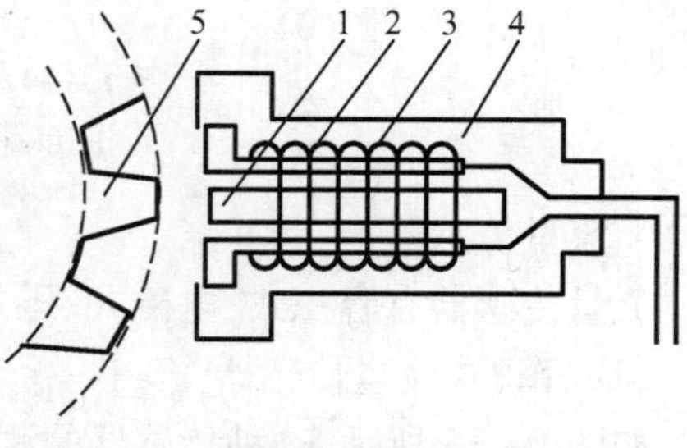

图 1－37　磁脉冲探头结构原理图

1—永久磁铁；2—软磁芯；
3—线圈；4—非导磁性外壳

在压缩机的转轴上安装一个由铁磁材料制成的测速齿轮5，把探头对准齿轮的齿顶固定，并与齿顶之间保持一个较小的间隙(1～5 mm)。电动机转动时，齿轮随之转动。当齿顶对准探头时，间隙小，磁阻小，通过探头线圈中的磁通量增强；当齿根对准探头时，间隙变大，磁阻变大，通过探头线圈中的磁通量减弱。

因此，当转轴转动时，探头将交替对准测速齿轮的齿顶和齿根，磁阻大小不断变化，引起线圈内磁通的不断变化而产生感应电动势。每转过一个齿，探头就产生一个脉冲，脉冲频率f满足：

$$f = \frac{Zn}{60} \quad (\text{Hz}) \tag{1-15}$$

式中，Z为齿轮的齿数，n为转速。当齿数等于60时，便有$f=n$。因此，通常不是用感应电动势的幅值大小而是用其频率来表示转速的高低。

磁脉冲探头所获得的感应电动势的脉冲信号较弱，其波形也不理想，所以还要把其输出的脉冲信号送入整形放大电路进行处理，使其转换成同频率、有较大幅值的矩形波。然后，把矩形波再送入频率/电压(f/v)转换电路变换成连续的电压信号，也就是把转速脉冲信号按比例转换成连续的电压信号，该电压信号的大小就反映了转速的高低，两者之间呈线性关系。

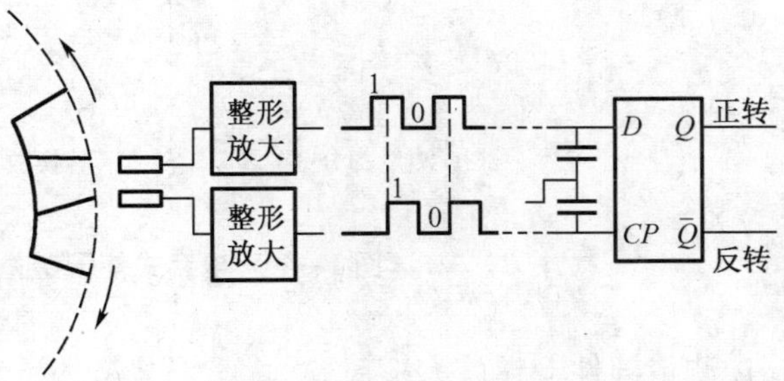

图1-38　磁脉冲传感器检测电机转向原理图

如果需要检测电机的转向，需要安装两个磁脉冲探头。两个探头在空间位置上相距1/4齿距，这样在相位上就相差1/4(或3/4个)周期。两个磁脉冲探头输出的脉冲信号经整形放大后分别送至D触发器的D输入端和CP时钟脉冲输入端，由触发器的输出端Q和$\bar{Q}$哪个是1信号来判断电机正转或反转。如图1-38所示，当正转时，触发器D端的正脉冲总比CP端的正脉冲超前1/4个周期，即CP端来正脉冲时，D端总是1信号，所以D触发器的输出端Q保持1信号，$\bar{Q}$端保持0信号，表示电机正转运行。当反转时，D触发器CP端的正脉冲总是超前D端1/4个周期，即CP端正脉冲到来时D端必定是0信号，所以D触发器输出端Q保持0信号，$\bar{Q}$端保持1信号，表示电机在反转运行。

二、变送器

变送器属于测量仪表，在自动控制系统中用于测量各种运行参数(温度、压力、流量、液位、黏度等)，并把这些参数的变化成比例地转换成统一的标准信号输出，将这个输出信号送至调节器和显示仪表。根据运行参数的性质不同，变送器又有温度变送器、压力变送器及差压变送器等。尽管变送器的种类和结构形式很多，但它们的基本工作原理是相同的，其中以差压变送器最具有典型性。本节主要介绍电动差压变送器的结构、工作特性及管理要点。掌握了差压变送器，其他类型的变送器也就容易理解了。

电动差压变送器将被测量转化为 4 ~ 20 mA 的标准电流信号输出。目前,电动差压变送器以电容式为主,如图 1 – 39 所示。

图 1 – 39　电容式差压变送器外观

电容式差压变送器的基本组成如图 1 – 40 所示,其可以分为测量和转换放大两部分。输入差压 Δp 作用于测量部件的感压膜片,使其产生位移,从而使感压膜片(即可动电极)与两固定电极所组成的差动电容器之电容量发生变化。此电容变化量由电容/电流转换电路转换成直流电流信号,电流信号与调零信号的代数和同反馈信号进行比较,其差值送入放大电路,经放大得到变送器的输出电流 I_o。

电容式差压变送器的整个结构无机械传动与调整装置。它采用差动电容作为检测元件,并用全封闭焊接的方式将测量部分进行固体化。因此,仪表结构简单,整机性能稳定、可靠,且具有较高的精度。

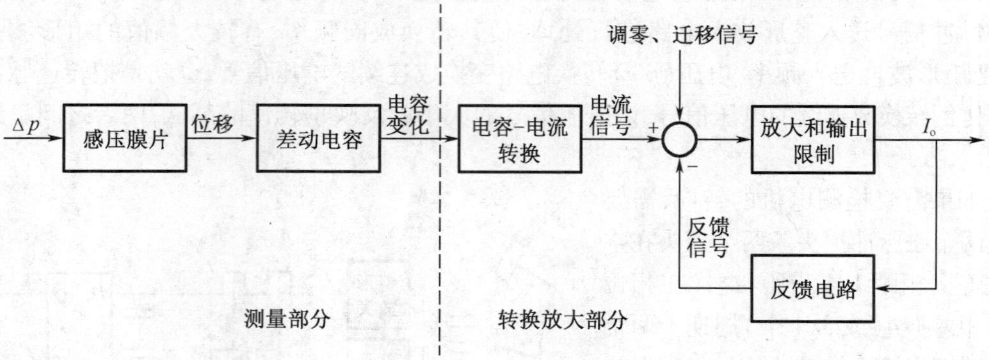

图 1 – 40　电容式差压变送器的组成框图

1. 测量部件

测量部件的作用是把被测差压 Δp 转换成电容量的变化,其核心是差动电容敏感元件。如图 1 – 41 所示,差动电容敏感元件包括:中心测量膜片(可动电极);正、负压侧弧形电极(固定电极),电极引线;正压侧、负压侧隔离膜片和基体等。在两个凹面电极合拢形成的空腔内充有硅油,用以传递压力。中心测量膜片和其两边的正、负压侧弧形电极形成电容 C_H 和 C_L,当作用在正、负两侧隔离膜片上的压力相等时,$C_H = C_L$。

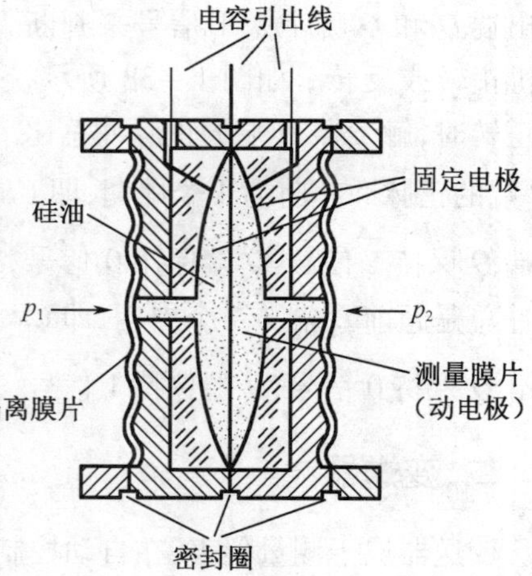

图 1 – 41　电动差压变送器的敏感元件

差动电容敏感元件将测量室分割成正、负压室,当正、负压室引入的被测压力 $p(+)$ 和 $p(-)$ 作用于正、负压侧隔离膜片上时,$p(+)$ 和 $p(-)$ 通过硅油的传递,分别引入到中心测量弧形电极的间距不相等,结果使一个电容(C_H)的容量减小,另一个电容(C_L)的容量增加。

由于膜片的位移很小(<0.1 mm),因而膜片在差压作用下的位移量 Δs 与差压 Δp 之间

近似为线性关系，即 $\Delta s = K_1 \cdot \Delta p$。

当 $\Delta p = 0$ 时，测量膜片与两弧形电极间的距离相等，设其间距为 s_0，而当 $\Delta p \neq 0$ 时，设测量膜片与两弧形电极间的距离分别为 s_1 和 s_2，则有：$s_1 = s_0 + \Delta s$，$s_2 = s_0 - \Delta s$。若不考虑边缘电场影响，测量膜片与两边弧形电极构成的电容 C_H 和 C_L，可近似地看作平板电容器。由于填充介质均为硅油（介电常数 $\varepsilon_1 = \varepsilon_2 = \varepsilon$），且弧形电极板的面积相等（$A_1 = A_2 = A$），故电容量可分别表示为

$$C_H = \frac{\varepsilon_1 A_1}{s_0 + \Delta s} = \frac{\varepsilon A}{s_0 + \Delta s}$$

$$C_L = \frac{\varepsilon_2 A_2}{s_0 - \Delta s} = \frac{\varepsilon A}{s_0 - \Delta s}$$

若取两电容量之差与两电容之和的比值，则有

$$\frac{C_H - C_L}{C_H + C_L} = \frac{\varepsilon A\left(\frac{1}{s_0 + \Delta s} - \frac{1}{s_0 - \Delta s}\right)}{\varepsilon A\left(\frac{1}{s_0 + \Delta s} + \frac{1}{s_0 - \Delta s}\right)} = -\frac{\Delta s}{s_0} = K_2 \Delta s = K_1 K_2 \Delta p$$

式中，K_1，K_2 为比例系数。

由此可以得到以下结论：

（1）差动电容的相对变化值 $\frac{C_H - C_L}{C_H + C_L}$ 与 Δp 呈线性关系，可以通过转换电路将这一相对变化值转换为与 Δp 呈线性关系的标准电流信号；

（2）$\frac{C_H - C_L}{C_H + C_L}$ 与介电常数 ε 无关，从原理上消除了填充介质介电常数的变化引起的测量误差；

（3）$\frac{C_H - C_L}{C_H + C_L}$ 的大小与 s_0 有关，s_0 减小，差动电容的相对变化量越大，即灵敏度越高。

2. 转换放大电路

转换放大电路的作用是将差动电容的相对变化值转换成标准的电流输出信号，此外还具有零点调整、量程调整、正负迁移和阻尼调整等功能。其原理框图如图 1－42 所示。

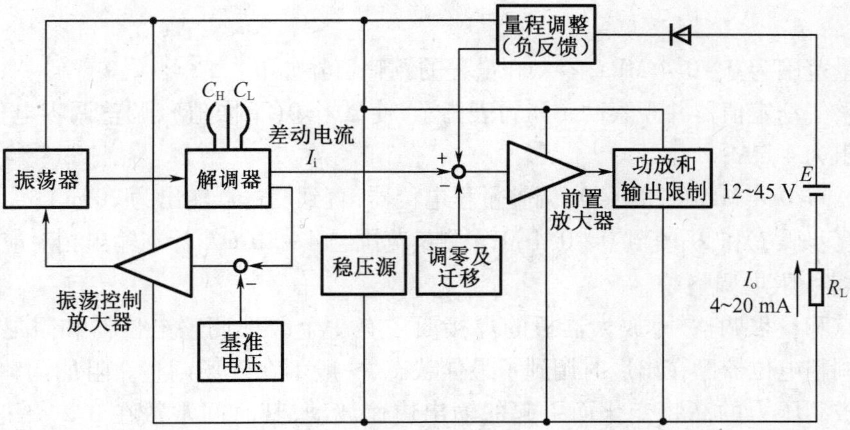

图 1－42　电容式差压变送器的转换放大电路原理框图

该电路包括电容/电流转换电路及放大电路两部分。电容/电流转换部分主要有振荡器、解调器、振荡控制放大器，它的作用是将差动电容的相对变化值成比例地转换成差动电流信号 I_i，并实现非线性补偿。放大电路部分主要由前置放大器、调零与零点迁移电路、量程调整电路、功放与输出限制电路等组成，该部分电路的作用是将差动电流 I_i 进行放大，输出 4 ~ 20 mA 的直流电流。

3. 电容式差压变送器零点和量程的调整

下面以 1151 系列变送器为例说明电容式差压变送器零点和量程的调整方法。

(1)气路与电路连接

图 1 – 43 所示为气路与电路连接方法。气路连接的目的是给变送器提供被测差压信号，信号大小由气动定值器调定。变送器电气壳体端盖上有上、下两排接线端子：上排标有“signal”字样，电源正极接至“signal”的“+”端，“signal”的“–”端经负载接电源负极；下排有“Test”字样，接内阻小于 8 Ω 的电流表（也可不接）。切勿将电源接到“TEST”端子，以免损坏仪表。

(2)零点和量程的调整

在变送器的转换电路中设有两个电位器分别用于调整零点和量程，它们位于电气壳体的铭牌后面，移开铭牌即可调整，如图 1 – 44 所示。调零电位器旁标有“Z”，量程电位器旁标有“R”。

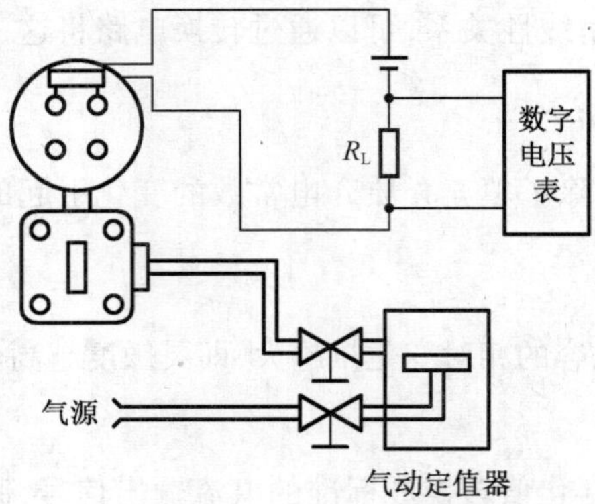

图 1 – 43　电动差压变送器气路与电路的连接

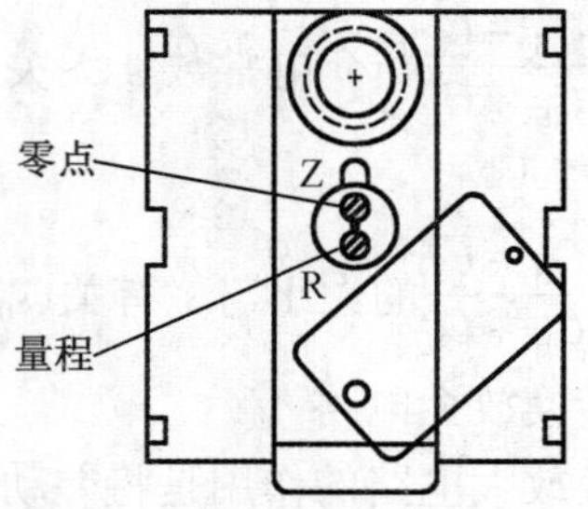

图 1 – 44　零点和量程调整电位器

设测量范围为 0 ~ 0.4 MPa，零点和量程的调整步骤如下：

①调整气动定值器并观察两个压力表指示，使 $\Delta p = 0$（下限值），调整调零电位器，直到变送器输出为 4 mA；

②使 $\Delta p = 0.4$ MPa（上限值），调整量程电位器，直到变送器输出为 20 mA；

③重复步骤①和②，直到 0 ~ 0.4 MPa 测量范围与 4 ~ 20 mA 标准输出相对应。

(3)线性、阻尼调整

除零点和量程调整外，放大器板的焊接面还有一个线性调整电位器和阻尼调整电位器。线性调整电位器已在出厂时调到了最佳状态，一般不在现场调整。阻尼调整电位器用来抑制由被测压力的高频变化而引起的输出快速波动，其时间常数在 0.2 s（正常值）和 1.67 s 之间。出厂时，阻尼器调整到逆时针极限的位置上，时间常数为 0.2 s。最好选择最短的时间常数，时间常数调节不影响变送器的零点和量程，可在现场进行阻尼调整。

第四节 执行机构

执行机构的作用就是根据调节器输出的控制信号改变进入或排出控制对象的物质或能量，满足控制对象符合变化的要求，实现参数自动控制任务。执行机构按其所使用的能源形式可分为三类，即气动、电动和液压执行器。本节只介绍制冷系统中常用的电动执行器。

电动执行机构接收的是调节器输出的0~10 mA或4~20 mA直流信号，并将其转换成相应的机械位移，以实现自动调节。

电动执行机构主要分为两大类：直行程式与角行程式。前者用于操纵直行程调节机构，后者操纵转角式调节机构，两者都是以伺服电机为动力的位置伺服机构。角行程式执行机构可分为单转式和多转式。单转式输出的角位移一般小于360°，通常简称为角行程式执行机构；多转式输出的角位移超过360°，可达数圈，故称为多转式电动执行机构，它和闸阀等多转式调节阀配套使用。

一、基本结构和工作原理

电动执行机构由伺服放大器和执行单元两大部分组成，其结构原理方框图如图1－45所示。伺服放大器将输入信号I_i和反馈信号I_f相比较，得到偏差信号ΔI。当偏差信号$\Delta I > 0$时，ΔI经伺服放大器功率放大后，驱动伺服电机转动，再经机械减速后，使输出转角e增大。输出轴转角位置经位置发送器转换成相应的反馈电流，反馈到伺服放大器的输入端使ΔI减小，直至$\Delta I = 0$时伺服电机才停止转动，输出轴就稳定在与输入信号相对应的位置上。反之，当$\Delta I < 0$时，伺服电机反方向转动，输出轴转角θ减小，I_f也相应减小，直至使$\Delta I = 0$时伺服电机才停止转动，输出轴稳定在另一新的位置上。

图中的毫安表用于输出位置指示，电动操作器用于自动控制失灵的情况下进行手动操作。

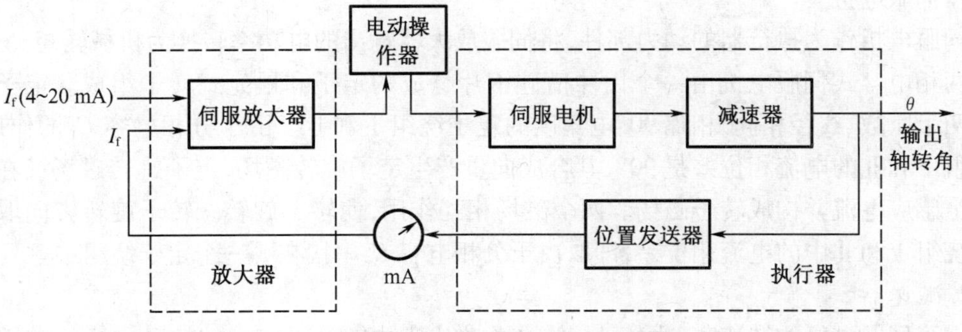

图1－45 电动执行机构结构原理框图

二、伺服放大器

伺服放大器主要由前置放大器、触发器和可控硅交流开关等构成。它与电机配合工作的伺服驱动电路如图1－46所示。

前置放大器是一个增益很高的放大器，根据输入信号与反馈信号相减所得的偏差极性，a，b 两端输出不同极性的电压。当前置放大器输出电压的极性为 $a(+)$，$b(-)$时，触发电路 1 可控硅 SCR_1 导通，桥式整流器的 c，d 两端接通，220 V 的交流电压直接接到伺服电机的绕组Ⅰ，并经分相电容 C_F 加到绕组Ⅱ上。这样，绕组Ⅱ中的电流相位比绕组Ⅰ超前 90°，形成旋转磁场，使电机朝一个方向转动。若前置放大器的输出电压极性与上述相反，即 $a(-)$，$b(+)$时则触发电路 2 使可控硅 SCR_2 导通，使另一桥式整流器的两端 e，f 接通，电源电压直接加于电机绕组Ⅱ，并经分相电容 C_F 加到绕组Ⅰ上，电机朝另一个方向转动。由于前置放大器的增益很大，只要偏差信号大于不灵敏区，触发电路便可使可控硅导通，电动机以全速转动，这里可控硅作为无触点开关使用。当 SCR_1 和 SCR_2 都不导通时，伺服电机停止转动。

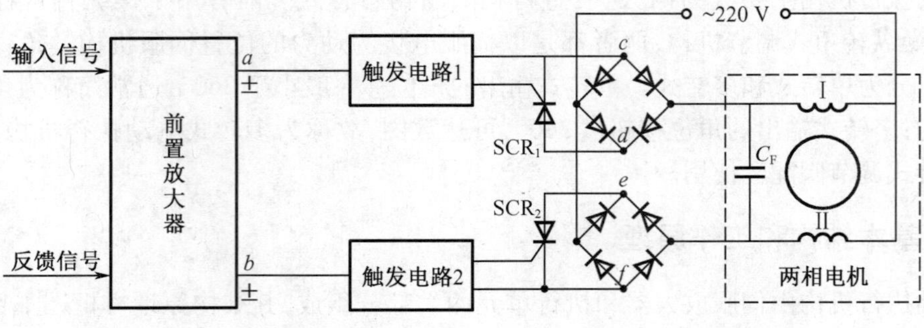

图 1-46　伺服放大器组成示意图

三、执行器

执行器由伺服电机、机械减速器和位置发送器三部分组成。执行器接收伺服放大器或电动操作器的输出信号，控制伺服电机的正、反转，经机械减速器减速后输出力矩推动调节机构动作。与此同时，位置发送器将调节机构的角位移转换成相对应的 0 ~ 10 mA 直流信号，作为阀位指示，并反馈到前置放大器的输入端作为位置反馈信号以平衡输入信号。

1. 伺服电机

伺服电机作为执行器的动力部件，将伺服放大器输出的电功率转换为机械转矩。

两相电容式伺服电机由一个用冲槽硅钢片叠成的定子和鼠笼式转子组成。定子上均布着两个匝数、线径相同，相隔 90°电角度的定子绕组Ⅰ和Ⅱ。由于分相电容 C_F 的作用，定子绕组Ⅰ和Ⅱ的电流相位差是 90°，其合成向量产生定子旋转磁场，定子旋转磁场又在转子内产生感应电流并构成转子磁场。两个磁场相互作用，使转子旋转。转子旋转方向取决于定子绕组Ⅰ和Ⅱ中的电流相位差，即取决于分相电容 C_F 串接在哪一个定子绕组中。

2. 减速器

交流伺服电机的转速高、力矩小，必须经过减速才能获得较大的转动力矩。常用的减速器有行星齿轮和蜗轮蜗杆两种，其中行星齿轮减速器由于体积小、传动效率高、承载能力大、单级速比可达 100 倍以上，获得广泛的应用。

3. 位置发送器

位置发送器的作用是将电动执行机构输出轴的位移转变为 0 ~ 10 mA 直流反馈信号，其主要部分是差动变压器，如图 1-47 所示。差动变压器的铁芯与凸轮斜面靠弹簧相互压紧，当输出轴转动时带动凸轮使铁芯左右移动，凸轮斜面在设计上能保证铁芯位置与输出轴之转角呈线性关系，因此，变压器副边的输出电压将与输出轴的转角呈线性关系。这一交流信号经进一步处理后可获得 0 ~ 10 mA 的直流信号。

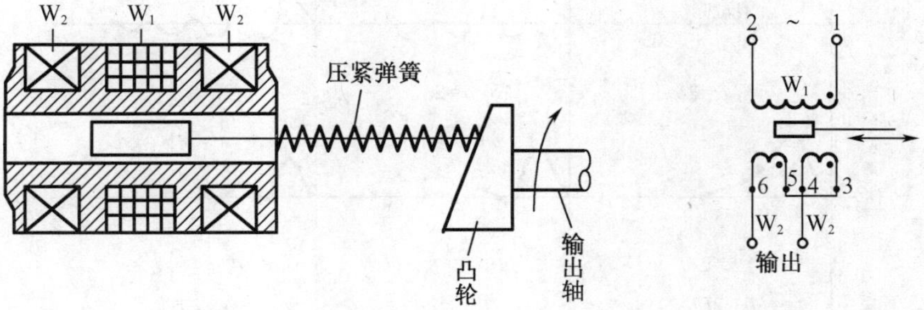

图 1 - 47　执行机构的位置反馈原理图

第五节　反馈控制系统的参数调整

在反馈控制系统中，一旦各个组成环节安装完成，并且测量单元和执行机构调试完毕，唯一可调的只有调节器的参数。为了获得理想的控制效果，只能调整调节器的参数值，即调节器的比例带、积分时间和微分时间。因此，在对调节器进行更换或维修之后，或由于长期运行导致系统性能降低时，都需要对调节器的参数进行调整，确定能获得满意控制效果的调节器参数值。通常也把这种确定调节器参数值的过程称为自动控制系统的整定或调节器参数的整定。

但调节器参数的整定也不是万能的，它必须以测量单元和执行机构的正常工作为前提。如果测量单元的量程不对、执行机构动作失灵或动作不到位，那么仅仅通过整定调节器的参数值也难以达到满意的效果。

调节器的参数整定方法有理论计算和工程整定两种。理论计算涉及控制系统的模型辨识问题，难度较大，不适宜在工业现场进行，因此，在实际中通常采用工程整定的方法。

一、调节器参数对控制系统动态过程的影响

δ，T_i 和 T_d 是表示调节器调节作用强弱的三个重要参数，对控制系统动态过程的品质有很大影响。在实际使用中往往是两个或三个参数联合运用，在这种情况下，调节器参数对控制过程的影响更为复杂。由于 PI 调节器应用比较广泛，下面着重分析 δ 和 T_i 联合运用时对控制过程的影响。

图 1 - 48 所示为一个采用 PI 作用规律的控制系统，通过改变 δ 和 T_i 所得到的控制过程曲线图谱。图中曲线(5)表示 δ 和 T_i 整定合适时控制过程的情况。其他曲线表示 δ 和 T_i 在 δ_0 和 T_{i0} 附近改变之后控制过程的变化情况。图中从右到左 δ 值逐渐增大；从上到下 T_i 值逐渐增大。比较这些曲线可得到如下结论：

(1) δ 和 T_i 增大都会使控制作用减弱，控制过程更加稳定，但被控量的最大动态偏差增大。在这方面 δ 要比 T_i 的影响强烈得多。若 T_i 偏大，在控制过程开始阶段，积分作用几乎不起作用，只有等到比例作用基本结束后，才慢慢显出消除静差的积分作用，整个过程时间很长，如图 1 - 48 中曲线(7)(8)(9)所示。

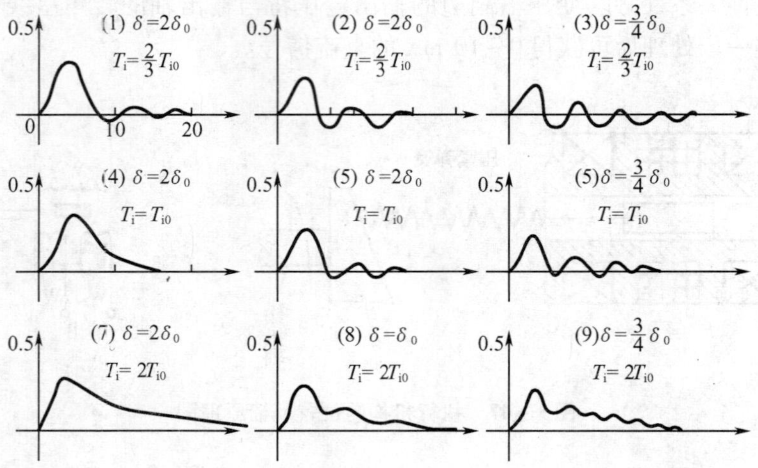

图 1－48　δ 和 T_i 改变时控制过程曲线图谱(控制对象 $\tau/T=0.22$)

(2)δ 和 T_i减小都意味着控制作用增强。减小 δ 可显著减小最大动态偏差,而减小 T_i对减小最大动态偏差作用不明显。

(3)由于 δ 对控制过程的影响比 T_i大,因此要求 δ 的值整定得准确一些,而 T_i值的准确度可稍差一些。T_i的值宁可偏大一些不允许偏小,因为 T_i的值小对减小最大动态偏差作用不大,但系统的稳定性却会有明显降低。

二、PID 调节器参数的工程整定方法

工程整定就是把调节器参数先调整在一个初值上,然后给控制系统施加一个扰动,观察控制系统的过渡过程曲线。若不理想则调整参数,然后重复上述过程,通过反复采取“加扰动,看曲线,调参数”的步骤进行调试,直到获得最满意的过渡过程。

1. 经验法

经验法又叫现场凑试法,是广泛采用的一种参数整定方法。凑试时先确定调节器的 δ 和 T_i,通过改变给定值对控制系统施加一个扰动,现场观察判断控制曲线形状。若曲线不够理想,可改变 δ 和 T_i,再进行试验,经反复凑试直到控制系统符合动态过程品质要求为止,这时的 δ 和 T_i就是最佳值。如果调节器是 PID 三作用式的,那么应该在整定好的 δ 和 T_i的基础上加进微分作用。由于微分作用有抑制偏差出现的能力,所以确定一个 T_d值后,可把整定好的 δ 和 T_i值减小一点再进行现场凑试,直到获得 δ,T_i和 T_d最佳值为止。显然用经验法整定的参数值是准确的,但花时间较多。为缩短整定时间,在凑试过程中应注意以下几点:

(1)根据控制对象特性确定好调节器的初始参数值。如果有同类型的控制系统在实际运行,调节器的初始参数可选用运行系统所整定的参数。若没有同类型的控制系统供参考,可根据表 1－2 给出的范围进行选择。总之,所选择的初始参数应尽量接近最佳参数,这样可以大大减少现场凑试的次数。

(2)在凑试过程中,如果发现被控量变化缓慢,不能较快地达到稳定值,这是由于 δ 过大或 T_i过长引起的。但两者有区别:若 δ 过大,曲线漂移较大,变化不规则;若 T_i过长,曲线带有振荡分量,接近给定值很缓慢。这样可根据曲线的形状来改变 δ 或 T_i。

表 1-2　经验法经验参数表

被控量	控制对象特点及 PID 使用要点	δ/%	T_i/min	T_d/min
流量	对象 T 较小，δ 应较大，T_i 较短，不用 D	40 ~ 100	0.1 ~ 1.0	
温度	对象 T 较大，τ 不太大，常用 D	20 ~ 60	3.0 ~ 10	0.5 ~ 3
压力	对象 T，τ 都不大，不用 D	30 ~ 70	0.4 ~ 3.0	
液位	在允许有静差时，不用 I，D	20 ~ 80		

注：τ 为控制对象的延迟，是从控制量发生变化到被控量开始发生变化所需的时间。

(3) δ 过小、T_i 过短和 T_d 过长都能导致振荡衰减变慢，甚至不衰减。其区别是：δ 过小，振荡周期较短；T_i 过短，振荡周期较长；T_d 过长，振荡周期最短。

(4) 如果在整定过程中出现等幅振荡，并且通过改变调节器参数值不能消除这一现象时，应该检查和调校各有关仪表。变送器和调节器的放大器没有调校好、阀门定位器调校不准、调节阀尺寸过大或传动部分有间隙等都可能引起被控参数出现等幅振荡。

2. 衰减曲线法

衰减曲线法是以 4∶1 衰减比作为整定要求的。先切除调节器的积分和微分作用（将 T_i 调至∞或最大位置，将 T_d 调至 0），用凑试法整定纯比例控制作用的 δ（比同时凑试两个或三个参数要简单得多）使之符合 4∶1 衰减比的要求，记下此时的 δ_s 和振荡周期 T_s。然后根据表 1-3 提供的经验公式加上积分和微分作用。若按上述方法整定后控制过程曲线不够理想，应再按曲线形状做适当的调整。有些控制对象控制过程较快，难以从记录曲线上找出衰减比，这时只要被控量波动 2 次就能达到稳定状态，就可近似认为是 4∶1 衰减过程，其波动一次的时间即为 T_s。

表 1-3　衰减曲线法经验公式表

控制规律	δ/%	T_i/min	T_d/min
P	δ_s		
PI	$1.2\ \delta_s$	$0.5\ T_s$	
PID	$0.8\ \delta_s$	$0.3\ T_s$	$0.1\ T_s$

3. 临界比例带法

切除调节器的积分和微分作用，让控制系统以较大的比例带在纯比例控制作用下运行，然后逐渐减小 δ，每减小一次都要仔细观察过程曲线，直到达到等幅振荡，此时的比例带称为临界比例带。记下等幅振荡时的比例带 δ_k 和振荡周期 T_k，然后按照表 1-4 给出的经验公式求出调节器的参数值。把比例带放在比计算值稍大一点的值上，把 T_i 和 T_d 放在计算值上，进行现场运行观察，如果 δ 可以减小，再将 δ 放在计算值上。这种整定方法简单，应用比较广泛，但对 δ_k 很小的控制系统不适用。

表 1-4　临界比例带法经验公示表

控制规律	δ/%	T_i/min	T_d/min
P	$2\delta_k$		
PI	$2.2\delta_k$	$0.85T_k$	
PID	$1.7\delta_k$	$0.5\ T_k$	$0.125T_k$

此外,微机控制的智能调节器具有参数自整定(Auto Tuning)功能。调节器可以根据动态过程的特性快速自行计算并生成符合设定值,不会产生过大超调量的控制参数,然后操作者可以根据实际调节效果再对参数进行适当的修正,以获得最佳调节效果。参数自整定方式可以使操作者用一种简单和直接的方式来调节系统。

常规的 PID 控制规律是最早发展起来的控制策略之一,也是迄今为止最通用的控制方法,其算法简单、可靠性高,尤其适用于可建立精确数学模型的控制系统。而在生产实际中,许多系统是非线性的,难以建立精确的数学模型,整定参数十分困难,无法达到理想的控制效果。随着控制理论和计算机技术的发展,出现了许多采用包括参数自整定功能在内的新技术的 PID 控制器,为解决复杂系统的控制提供了新途径。

第二章　计算机及计算机网络基础

在计算机技术迅猛发展的今天,制冷空调装置的控制都采用了计算机控制技术。

随着大规模集成电路技术的发展,如今可以将 CPU、RAM、ROM、定时器、计数器以及输入/输出接口电路等主要计算机部件集成在一块电路芯片上。这样所组成的芯片级的微型计算机,称为单片微型计算机(Single Chip Microcomputer,SCM),即单片微机或单片机。虽然单片机只是一个芯片,但从组成和功能上看,它已具有了微机系统的含义。

单片机从功能和形态来说都已经满足了控制领域应用的要求,而设计发展到新一代系列单片机时,在其中又着力扩展了各种控制功能,如 A/D、PWM、PCA 计数器捕获/比较逻辑、高速 I/O 接口等,已突破了传统微型计算机的内容,所以更准确地反映单片机本质的叫法是微控制器(MCU)。微控制器已广泛地应用到制冷空调装置中,如常用的单元式房间空调器等。

对于大型制冷装置,如离心式、螺杆式、活塞式电动冷水机组,由于附件多,系统庞大,系统被检测的参数多,控制功能更为复杂。微控制器的 I/O 通道数量、内存容量、通信能力等已不能满足监控要求,故对于大型制冷装置大多采用可编程逻辑控制器(PLC)作为系统控制器件。

在建筑物中,空调制冷系统则是由多个制冷装置、冷热量输送系统、空气处理装置所组成,同时建筑物中还包括给排水系统、供配电系统、照明系统等其他机电设备系统。所有这些机电设备系统都需要统一进行监控管理。作为建筑物机电设备系统的管理平台,现在主要采用计算机网络控制技术来实现,即楼宇自动化系统(Building Automation System,BAS)。楼宇自动化系统的基本架构是通过计算机网络连接起现场的各个小型控制器,组成一个控制网。其能够实现分散控制、集中管理的功能,将建筑机电设备系统的控制管理提高到一个新的层次。

本章将逐个介绍微型计算机、单片机、可编程控制器以及计算机网络的基础知识。

第一节　微型计算机的基本概念

微型计算机(Microcomputer)产生于 20 世纪 70 年代初期,它与大、中、小型计算机的主要区别在于其中央处理器(Central Processing Unit,CPU)采用了大规模或超大规模集成电路技术,其他类型计算机的 CPU 则是由相当多的分离元件电路或集成电路所组成。为了区分这两种 CPU,通常把微型计算机的 CPU 芯片称为微处理器。

一、微型计算机的硬件结构

微型计算机的典型硬件结构如图 2－1 所示,它由运算器、控制器、存储器、输入设备和输出设备五部分组成。其中,微处理器包含运算器和控制器,它通过地址总线 AB、数据总线 DB 和控制总线 CB 与存储器和输入/输出接口(简称 I/O 接口)相连;存储器包括 RAM 和 ROM,分别用于存储数据和程序;输入、输出设备通过 I/O 接口进行数据的输入与输出。

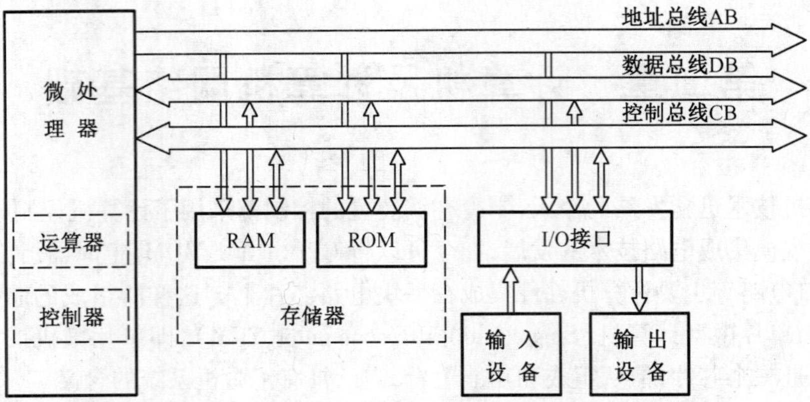

图2-1 微型计算机结构框图

1. 微处理器

微处理器是微型计算机的运算和控制中心。不同型号的微型计算机,其性能的差别主要体现在其微处理器性能的不同。而微处理器性能又与它的内部结构、硬件配置有关。每种微处理器都有其特有的指令系统。但无论哪种微处理器,其内部基本结构都是相似的。概括起来说,它们都有以下基本结构。

(1)运算器

运算器在控制器控制下,对二进制数进行算术和逻辑运算。运算器通常由算术逻辑单元(Arithmetic Logic Unit,ALU)、累加器(Accumulator,A)、通用寄存器和标志寄存器等部件组成。其中,ALU是运算器的核心,在控制信号的作用下可完成加、减、乘、除四则运算和各种逻辑运算;累加器配合ALU工作,它寄存参与运算的一个操作数,送给ALU进行运算,并寄存ALU的中间结果;通用寄存器可寄存参与运算的一个操作数,或寄存ALU运算的中间结果,或寄存参与运算的一个操作数所在存储单元的地址;标志寄存器用于记录运算结果的状态特征。

(2)控制器

控制器协调整个微型计算机的有序工作,是整个微处理器的指挥控制中心。主要包括指令寄存器(Instruction Register,IR)、指令译码器(Instruction Decoder,ID)和操作控制器(Operation Controller,OC),它根据用户预先编好的程序,依次从存储器中取出各条指令,放在指令寄存器IR中,通过指令译码(分析)确定应该进行什么操作,然后通过操作控制器OC,按确定的时序,向相应的部件发出控制信号。

(3)寄存器阵列

寄存器阵列实际上是微处理器内部的一组RAM单元,可以单个使用,也可以成对使用(即寄存器组),并可定义为各种特定的名称。寄存器或寄存器组用于存储控制器或运算器所需的各类信息,如操作数、地址和中间结果等。由于受芯片面积的影响,其数量不可能太多,是微处理器的重要资源。

(4)内部总线

内部总线是连接微处理器内部各个功能部件之间的一组公共信号线,可以传输数据、地址或控制信息。但在同一时刻,总线上流动何种信息,则由指令决定。

2. 存储器

存储器又叫内存或主存，是微型计算机的存储和记忆部件，用以存放数据和程序。微型机的内存都是半导体存储器。

(1)内存单元的地址和内容

内存中存放的数据和程序从形式上看都是二进制数。内存是由一个个内存单元组成的，每一个内存单元中一般存放一个若干位的二进制信息。

在计算机中，8 位二进制数称为一个字节(Byte，B)；2 个字节，即 16 位二进制数称为字(Word，W)；2 个字，即 32 位二进制数称为双字(Double Word，DW)。

内存单元的总个数称为内存的容量。2^{10}(即 1024)个字节称为 1 千字节，记作 1 KB；2^{10}KB 称为 1 兆字节，记作 1MB；2^{10}MB 称为 1 GB；2^{10}GB 称为 1TB。

微型机通过给各个内存单元规定不同地址来管理内存。注意，内存单元的地址和内存单元的内容是两个完全不同的概念。

(2)内存操作

CPU 对内存的操作有读、写两种。读操作是 CPU 将内存单元的内容读入 CPU 内部，而写操作是 CPU 将其内部信息传送到内存单元保存起来。显然，写操作的结果改变了被写单元的内容，而读操作则不改变被读单元中原有内容。

(3)内存分类

按工作方式不同，内存可分为两大类，即随机存取存储器(Random Access Memory，RAM)和只读存储器(Read - Only Memory，ROM)。

RAM 可以被 CPU 随机地读和写，所以又称为读写存储器。这种存储器用于存放用户装入的程序、数据及部分系统信息，当机器断电后，所存信息消失。

ROM 中的信息只能被 CPU 随机读取，而不能由 CPU 任意写入，机器断电，信息并不丢失。所以，这种存储器主要用来存放那些固定不变、不需修改的程序和数据。ROM 中的内容是由生产厂家或用户使用专用设备写入固化的。

3. I/O 接口

I/O 接口是微型计算机系统与外部设备之间的桥梁，外部输入设备和输出设备要通过 I/O 接口才能与计算机进行信息交换，完成实际工作任务。常用输入设备有键盘、鼠标器、扫描仪等；常用输出设备有显示器、打印机、绘图仪等。磁盘和光驱既是输入设备，又是输出设备。

4. 三总线结构

所谓三总线，指的是微型计算机系统中连接微处理器、存储器和 I/O 接口的三组总线，即数据总线(Data Bus，DB)、地址总线(Address Bus，AB)和控制总线(Control Bus，CB)。在图 2 - 1 中，三总线都画成宽线，表示不止 1 根线，至少包含 2 根以上。其中，数据总线宽度取决于 CPU 的数据宽度，一般为 8 的倍数，如 8 位、16 位和 32 位等；地址总线宽度取决于 CPU 的寻址能力，对于 8 位机而言，地址线宽度一般为 16 位；控制总线实际上都是单根信号线，数量取决于不同的 CPU 类型。

(1)数据总线

数据总线用来传输数据信息，是双向总线。CPU 既可通过 DB 从内存或输入设备读入数据，又可通过 DB 将内部数据送至内存或输出设备。

(2)地址总线

地址总线用于传送 CPU 发出的地址信息,是单向总线。目的是指明与 CPU 交换信息的内存单元或 I/O 设备。

(3)控制总线

控制总线用来传送控制信号、时序信号和状态信息等。其中有些是 CPU 向内存和外设发出的信息,有些则是内存或外设向 CPU 发出的信息。因此,CB 中每一根控制线的方向是一定的、单向的。在图 2-1 中将控制总线画成双向,是因为将之视为一个整体。

二、微型计算机系统

微型计算机系统是以微型计算机为核心,再配以相应的外围设备、电源、辅助电路和控制微型计算机工作的软件而构成的完整的计算机系统。

在计算机中,数据和程序均以二进制代码的形式不加区别地存放在存储器中,存放位置由地址指定,地址码本身也为二进制。

计算机软件分为系统软件和应用软件两大类。系统软件是用来支持应用软件的开发与运行的,它包括操作系统、标准实用程序和各种语言处理程序等。应用软件是用来为用户解决具体应用问题的程序及有关的文档和资料。

第二节　单片微型计算机基础知识

单片机是最简单的微型计算机,它在一块芯片上集成了中央处理部件(CPU)、存储器(RAM,ROM)、定时器/计数器和各种输入/输出(I/O)接口(如并行 I/O 口、串行 I/O 口和 A/D 转换器)等,单片机也因此得名。由于单片机通常是为实时控制应用而设计制造的,因此又称为微控制器(MCU)。

单片机在智能化仪器仪表、家用电器和其他各种嵌入式系统中获得了广泛的应用。制冷系统中广泛采用了单片机技术。单片机的类型很多,但其工作原理大致相同,这里仅以 Intel 公司的 MCS-51 系列单片机为例简要阐述单片机的相关基础知识。

一、单片机系统

1. MCS-51 单片机及其外部引脚

MCS-51 系列单片机内部集成了 CPU、存储器、I/O 接口、定时器/计数器和中断系统等功能部件,其基本型号为 8031,8051 和 8751。它们在内部结构及应用特性方面存在一些差异,如 8051 和 8751 包含内部程序存储器,对于小型应用系统,无须外挂程序存储器。但它们的引脚与指令系统完全兼容,图 2-2 给出了其双列直插式封装的引脚名称及分配情况。下面以 8031 为例,介绍其主要引脚的功能。

(1)电源及时钟引脚

8031 的工作电源是 5 V(DC)。VCC(40 脚)和 VSS(20 脚)为电源引脚,用于接入工作电源,其中 VCC 接电源 +5V(DC),VSS 接地。

计算机的工作是在时钟脉冲控制下有序进行的。$XTAL_1$ 和 $XTAL_2$ 为时钟引脚,它们外接振荡晶体与片内的电路构成振荡器,为单片机提供时钟控制信号。

(2)控制引脚

此类引脚提供控制信号,有的还具有复用功能,即在不同情况下具有不同的功能。

①RST(9 脚)　复位信号引脚。当振荡器运行时,在此引脚上加上一定时长的高电平将使单片机复位(RESET),即恢复到出厂时的默认状态。

②ALE(30 脚)　地址锁存允许。当访问单片机外部存储器时,ALE 输出脉冲的下跳沿用于地址锁存控制。

③$\overline{\text{PSEN}}$(29 脚)　外部程序存储器的读选通信号。当 CPU 从外部程序存储器取指令或数据时,$\overline{\text{PSEN}}$有效(低电平),以实现对外部程序的读操作。

④$\overline{\text{EA}}$(31 脚)　当保持低电平时,CPU 只访问外部程序存储器。对于 8031 来说,因其无内部程序存储器,所以该引脚必须接地。

(3)I/O 口引脚

MCS－51 单片机共有 4 个 8 位的 I/O 口,分别为 P_0,P_1,P_2和 P_3。从图 2－2 中可以看出,每个 I/O 口都占用了 8 根引脚。每根引脚上出现的电平可以是高电平(代表二进制数"1"),也可以出现低电平(代表二进制数"0"),因此每个 I/O 口各引脚状态组合在一起就表示一个 8 位的二进制数。$P_{X.7}$($X=0\sim3$)代表 8 位二进制数的最高位,$P_{X.0}$($X=0\sim3$)代表最低位。

①P_0口($P_{0.7}\sim P_{0.0}$)

MCS－51 单片机具有 16 位外部地址的寻址能力,即可以同时输出 16 位二进制数作为地址信息,用于确定某个具体地址。每个不同的 16 位二进制数都对应一个唯一的地址,因此共有 2^{16}(64K)个地址。这 16 位地址信息中的低 8 位由 P_0口输出。

MCS－51 单片机如果要和片外的存储器或设备进行并行数据传输,那么数据只能从 P_0口进行输入或输出。这里提到的并行传输,是指同时进行多位二进制数(如 8 位)传输,区别于串行传输(逐位传输)。

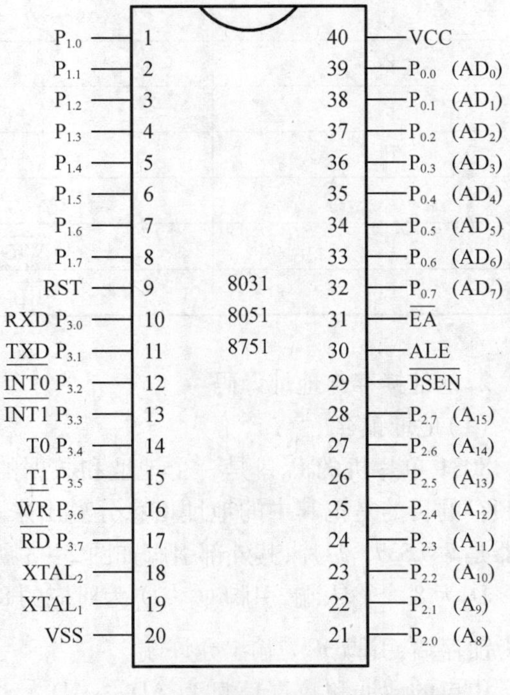

图 2－2　MCS－51 双列直插式封装与引脚分配

可见,P_0口既要传送地址信息又要传送数据信息。为避免信息冲突,只能采用分时传送的办法,也就是说在不同的时刻传送不同的信息类型(地址或数据),称为分时复用。当 P_0口输出地址信息时,单片机的 ALE 引脚会输出一个正脉冲信号,利用这个脉冲信号的下跳沿可以将地址信息通过锁存器锁存起来,实现地址和数据的分离。

在 8031 中,由于没有内部程序存储器,程序代码必须存储在外部存储器中,CPU 必然要通过 P_0口输出地址信息,找到相应的地址单元,并将其中的程序代码(二进制数)通过 P_0口输入。

因此，在 8031 中，P_0口被用作地址总线（低 8 位）及数据总线的分时复用口，在访问（读或写，即输入或输出）外部存储器或外部设备时，分时地切换为地址总线低 8 位和数据总线。正因为这个缘故，$P_{0.7}$ ~ $P_{0.0}$通常记作 AD_7 ~ AD_0（Address Data）。

②P_1口（$P_{1.7}$ ~ $P_{1.0}$）

P_1 口为通用 I/O 口。在 8031 中，P_1 口是 4 个 I/O 口中唯一一个可以直接使用的输入/输出口。它的每根引脚都可直接接入反映外部状态的 0 ~ 5 V 电平信号，如开关状态等；也可以用作输出直接驱动小功率负载，如发光二极管等。若要驱动大功率负载，则需要通过驱动放大电路连接。

③P_2口（$P_{2.7}$ ~ $P_{2.0}$）

P_2口被用作高 8 位地址口。它输出高 8 位地址 A_{15} ~ A_8。A_{15} ~ A_8与 P_0口输出的经锁存分离的低 8 位地址 A_7 ~ A_0一起形成 16 位地址信息 A_{15} ~ A_0。

④P_3口（$P_{3.7}$ ~ $P_{3.0}$）

P_3口被用作多用途端口，其每一位的功能都不相同，引脚的具体功能如表 2 - 1 所示。

表 2 - 1　8031 单片机 P_3口引脚功能表

引脚	功能
$P_{3.0}$	RxD——串行输入（数据接收）口
$P_{3.1}$	TxD——串行输出（数据发送）口
$P_{3.2}$	$\overline{INT0}$——外部中断 0 输入线
$P_{3.3}$	$\overline{INT1}$——外部中断 0 输入线
$P_{3.4}$	T0——定时器 0 外部输入
$P_{3.5}$	T1——定时器 1 外部输入
$P_{3.6}$	$\overline{WR}$——外部数据存储器写选通信号输出
$P_{3.7}$	$\overline{RD}$——外部数据存储器读选通信号输入

2. 地址锁存与地址译码

（1）地址锁存

8031 单片机的 P_0口是一个地址和数据的分时复用口，地址锁存的目的是把其中的地址信息分离出来。常用的地址锁存器是 74LS373 芯片，其外部引脚如图 2 - 3 所示。图中，引脚 D_7 ~ D_0为 8 个输入端，引脚 Q_7 ~ Q_0为对应的 8 个输出端，引脚 C 为锁存端，引脚$\overline{OC}$为输出允许端。

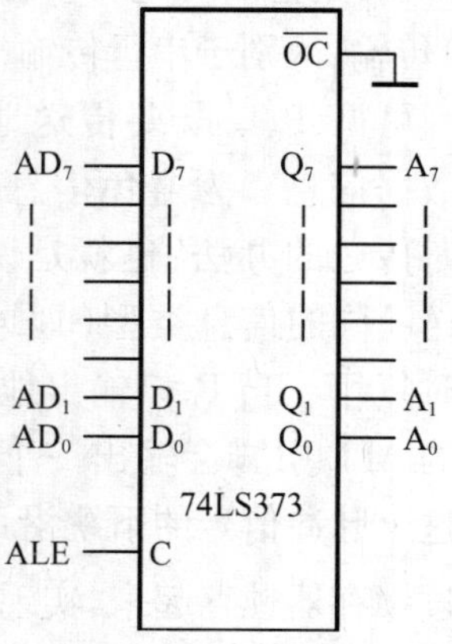

图 2 - 3　373 锁存器

P_0口的地址和数据信息为 AD_7 ~ AD_0。送至锁存器的输入端，ALE 信号接到锁存端 C。当 P_0口输出的是地址信息时，单片机会同时在 ALE 引脚上输出一个正脉冲作用到 C 端，并在脉冲的上升沿将输入端的地址信息送入锁存器内部。输出允许端$\overline{OC}$的作用是控制制锁存器内部信息的输出，当它为低电平时，允许输出。在图中，$\overline{OC}$直接接地，一直处于低电平状态,因此进入锁存器的地址信息将直接送至输出端 $Q_7 \sim Q_0$。

当脉冲信号消失,在 C 端出现低电平时,锁存器的内部状态不再随输入的变化而变化,其输出也不再变化。随后,P_0口上出现的是数据信息,但由于 ALE 的下降沿已过,数据信息不会影响锁存器的输出状态。

由此可见,地址锁存器在 ALE 信号的时序配合下,能够把来自单片机 P_0口分时复用总线的地址和数据信息进行分离。应特别注意到,锁存器输入端的信号是 $AD_7 \sim AD_0$,而输出端则是 $A_7 \sim A_0$,是纯粹的地址信息。这个地址信息可以和来自单片机 P_2 口的高 8 位地址一起形成 16 位地址。

(2)地址译码

计算机送出的地址信息实际上是一个二进制编码,例如某个 8 位地址为 10001101B(以 B 结尾表示这个数是一个二进制数),它表示的地址号为 141,这个地址号要么对应存储器的某个存储单元,要么对应一个外部器件。但如何才能找到这个存储单元或外部器件呢?其方法是对这个地址编码进行翻译,翻译成相应的逻辑操作。这个过程称为地址译码。

对于存储器,存储器内部都有自身的译码电路,只要把来自计算机的地址线和存储器的地址线按位连接即可。对于外部器件,则通常采用译码器进行译码,由译码器的输出线找到相应器件。

图 2-4 所示是一个最简单的译码器,它有 2 个输入,4 个输出,所以称为二四译码器。芯片 139 是一种专门的集成芯片,它包含两个二四译码器,图中只画出其中一个。

图 2-4 中 $\overline{G}$ 是 139 译码器的使能端,低电平有效,即只有在 $\overline{G}$ 端接入低电平时,译码器才能工作。B 和 A 是地址信息的输入引脚,$\overline{y_3} \sim \overline{y_0}$是译码输出,低电平有效。表 2-2 给出了输入与输出之间的关系,数字逻辑电路的这种输入输出关系表习惯上被称为真值表。

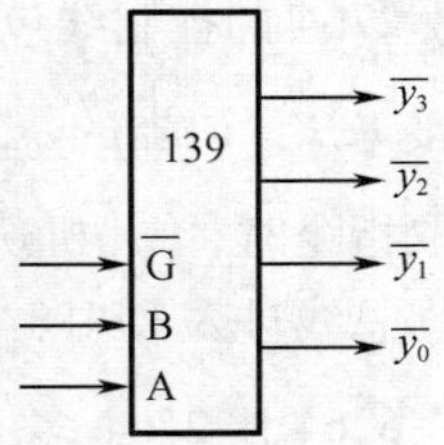

图 2-4　二四译码器

表 2-2　二四译码器真值表

输入			输出			
使能	选择					
$\overline{G}$	B	A	$\overline{y_3}$	$\overline{y_2}$	$\overline{y_1}$	$\overline{y_0}$
1	*X*	*X*	1	1	1	1
0	0	0	1	1	1	0
0	0	1	1	1	0	1
0	1	0	1	0	1	1
0	1	1	0	1	1	1

从表 2-2 中可以看出,如果 $\overline{G}$ 端为高电平(逻辑 1),那么不论 B 和 A 的状态是什么(*X* 表示任意状态),译码器的输出都全部为 1,只有当 $\overline{G}$ 端为低电平(逻辑 0)时,输出端的状态才能随输入端的变化而变化。B 和 A 两位地址信息的变化组合有 4 个,即 00,01,10 和 11,

对应的有效输出分别为$\overline{y_0}$,$\overline{y_1}$,$\overline{y_2}$和$\overline{y_3}$。若将输出$\overline{y_0}$接到某个芯片的使能端(通常也叫片选端,低电平有效),则只要 B 和 A 的状态为 00,就能使该芯片进入可工作状态,而 B 和 A 的其他任何状态都不可能。假设 CPU 只有 2 根地址线,那么就可以说该芯片的地址是 00B。依此类推,与$\overline{y_1}$,$\overline{y_2}$和$\overline{y_3}$连接的器件地址分别为 01B,10B 和 11B。

3. 单片机系统

虽然单片机是一个高度集成的芯片,它集成了微型计算机的主要组成部分,但要组成一个实际的单片微机系统,还需要一些外部电路的支持。特别是 8031 单片机,由于没有片内程序存储器,至少需要有一定数量的外部程序存储器,用以存储工作程序。另外,片内 RAM 的数量也有限,一般还需要有外部数据存储器。图 2 – 5 给出了一个简单的 8031 单片机系统,其中,373 为地址锁存器,在 8031 单片机的 ALE 信号配合下,对在 P_0口上出现的地址信息进行锁存。2764 是一个容量为 8 KB 的 EPROM 程序存储器;6264 是一个容量为 8 KB的 RAM 数据存储器;139 为地址译码器。单片机可以通过 P_1 口和外界联络。

存储器和 8031 单片机的连接信号包括地址总线、数据总线和控制线。地址总线上的信息经过存储器内部地址译码可以找到与地址内容相对应的存储单元(每个单元存储 8 位二进制数,即 1 个字节),这个过程称为寻址。数据总线用于将被寻址存储单元的存储内容送入单片机(读数据)或从单片机送入被寻址单元(写数据)。

2764 的控制线包括片选信号$\overline{CE}$(Chip Enable)和输出允许信号$\overline{OE}$(OutPut Enable),CE 连接 139 译码器的$\overline{y_0}$,只有$\overline{y_0}$有效时,2764 才工作;$\overline{OE}$连接单片机的$\overline{PSEN}$,当 CPU 从 2764 读取指令时,单片机从$\overline{PSEN}$发出低电平信号,使$\overline{OE}$为低电平,允许存储器内容输出,并通过数据总线进入 CPU。

6264 比 2764 多一个写允许信号$\overline{WE}$(Write Enable),与单片机的写控制引脚$\overline{WR}$连接,当单片机要往 6264 写数据时,WRTX – 输出低电平,使得 CPU 从数据总线输出的数据能够进入 6264 中被寻址的存储单元。6264 的$\overline{OE}$与单片机的读控制引脚$\overline{RD}$而连接,当 CPU 从存储器读数据时,$\overline{RD}$输出低电平,使被寻址单元的数据内容经数据总线进入 CPU。片选信号$\overline{CE}$和 2764 一样,也是连接 139 译码器的$\overline{y_0}$,它们不会同时工作而导致数据混乱,因为单片机访问程序存储器时,$\overline{RD}$和$\overline{WR}$无效,而在访问数据存储器时,$\overline{PSEN}$无效。这是由所执行的指令性质所决定的。

2764 和 6264 的存储容量均为 8 KB,因此它们都有 13 根地址线($2^{13}=8$ K),在图 2 – 5 中标为 $A_0\sim A_{12}$。其中,低 8 位($A_0\sim A_7$)来自地址锁存器 373,高 5 位($A_8\sim A_{12}$)来自 8031 的 P_2口($P_{2.0}\sim$P2.4)。8031 单片机的地址线 $A_{13}\sim A_{14}$($P_{2.5}\sim P_{2.6}$)接 139 二四译码器,参加译码。译码器的$\overline{y_0}$输出用作存储器的片选信号。地址线 A_{15}($P_{2.7}$)控制译码器的使能端 $\overline{G}$,由于 $\overline{G}$ 是低电平有效,因此译码器工作的前提是最高位地址为“0”。而 2764 和 6264 工作的前提是 $P_{2.6}P_{2.5}=00$。有兴趣的读者可以自行分析一下 2764 和 6264 的地址范围。

图 2 – 5 所示的单片机系统只是一个简单示例,唯一一个能与外界进行信息输入和输出的通道是单片机的 P_1口。根据实际需要,单片机可以通过 P_1 口输入外界信息,或者对外输出信息。若 P_1口不够用,则还需进行 I/O 口扩展,这个内容不予展开。

作为一个单片机系统,硬件只是其中的一个组成部分,除此之外,还需要有软件(程序)

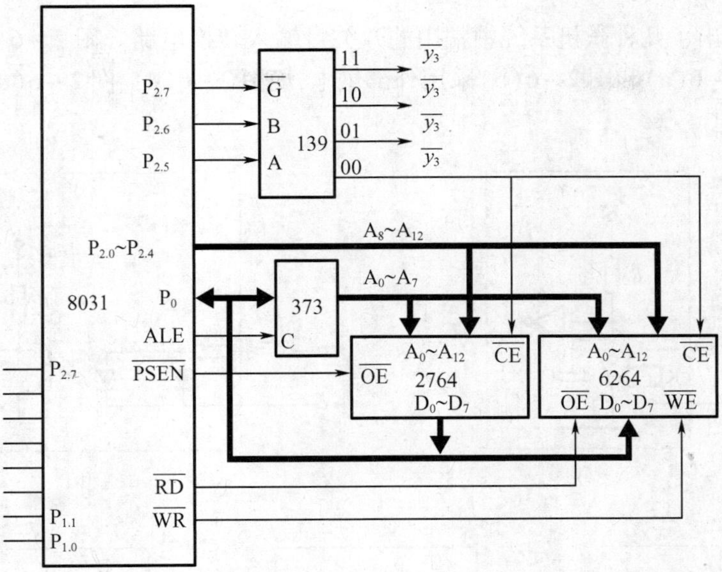

图 2-5　8031 单片机系统

的支持。软件编程可在 PC 机上通过专门软件运行，调试好的程序通过专门的设备写入到程序存储器中，再把程序存储器插到单片机系统的电路板上。

在上述系统中，程序存储器是 2764，因此程序软件是以二进制的形式存储在 2764 中的。单片机上电时，CPU 会自动地从 2764 存储器中第一个存储单元（单元地址为 0000H）开始读取并执行程序指令。

二、开关量输入/输出接口

在计算机系统中，通常用开关量来表示一些非此即彼的状态信号，如开关的闭合和断开、马达的启动和停止、阀门的打开和关闭等，它只有两种状态。在计算机内部，这两种状态分别用二进制数的“0”和“1”表示。

1. 开关量输入

单片机应用于工业现场的检测与控制时，总会涉及对现场设备状态的检测或接收来自外部的逻辑命令信号。不论是设备的状态信号还是逻辑命令信号，它们都属于开关量信号。为使单片机能够识别这些信号，一种方法是将这些开关量信号通过电平转换后送至单片机的某个字节位中，通过判断该字节位是“0”或是“1”来识别其状态。若是“0”，则表明与该位二进制数对应的输入电平为低电平，反之则为高电平。这就是开关量输入的基本原理。

（1）开关量转换电路

在制冷机组中，开关量往往来自控制台的按钮、转换开关、继电器，或来自现场的行程开关等的触点，而且伴有不同的电平输出和干扰噪声，因此首先必须经过电平转换电路将触点的通断转换成计算机电路能够接收的逻辑电平，同时还要考虑滤波、去抖动以及信号隔离等措施，然后再由单片机进行输入。对于 MCS - 51 单片机，其工作电平是 TTL（Transistor-Tran-sistor Logic）电平，高于 2.4 V 为高电平，表示逻辑 1，低于 0.4 V 为低电平，表示逻辑 0。

图 2－6 画出了几种微机系统中常用的开关量输入转换电路。图 2－6 中，虚线框表示内部电路，图 2－6(a)和图 2－6(b)采用外部供电，而图 2－6(c)、图 2－6(d)和图 2－6(e)则采用内部供电。

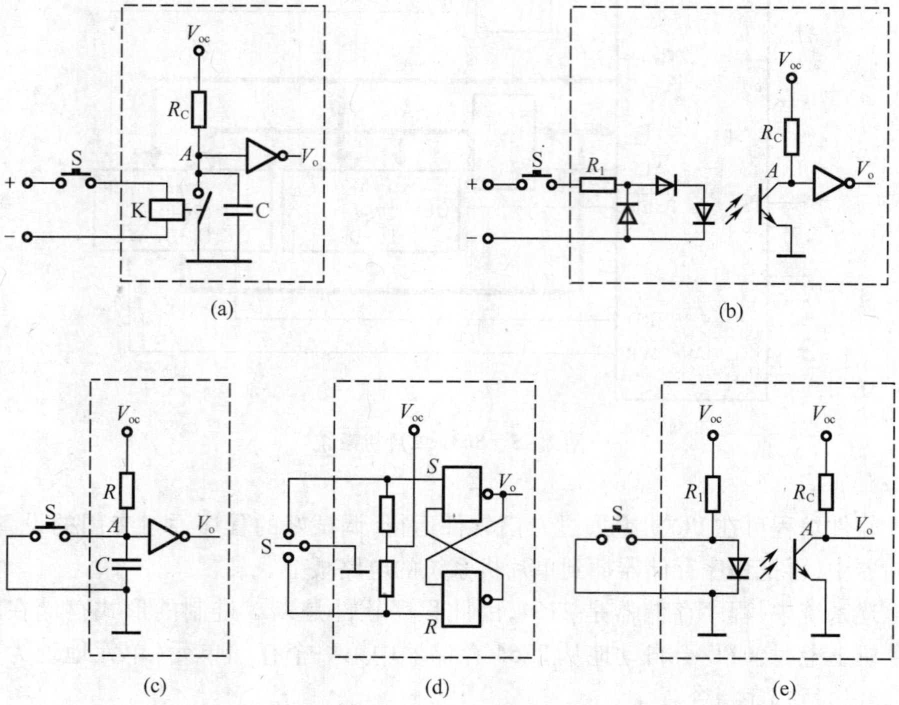

图 2－6　开关量输入转换电路

图 2－6(a)具有继电器隔离和电容滤波功能。当开关 S 闭合时，继电器 K 得电，其常开触头闭合，A 点电位为 0，经反相后 K 输出为 1；若开关 S 断开，则 V_o 输出为 0。

图 2－6(b)采用了光电隔离技术。当开关 S 闭合时，光电耦合管导通，A 点接地，经反相 V_o 输出为 1；若开关 S 断开，则光电耦合管截止，A 点为高电平，V_o 输出为 0。

图 2－6(c)与图 2－6(a)类似，区别在于没有采用继电器隔离。

图 2－6(d)中，开关 S 具有上、中、下三个位置，并具有自动回中的功能。当 S 打到上方时，RS 触发器的 S 端为 0，V_o 输出为 1；当 S 打到下方时，RS 触发器的 R 端为 0，V_o 输出为 0。

图 2－6(e)中，外部开关 S 直接控制内部电路中的光电隔离管，当 S 闭合时，光电管截止，V_o 输出为 1；当开关 S 断开时，光电管导通，V_o 输出为 0。

(2)开关量输入接口

图 2－7(a)所示电路是一个采用 373 锁存器进行开关量输入和输出的典型接口电路。图中，S_7～S_0代表 8 个外部设备的开关状态，经光电隔离转换电路后送至锁存器的输入端。锁存器输入端的状态反映了开关的状态，如当 S_7闭合时，光电隔离器输出“1”(高电平)；反之，当 S_7断开时，光电隔离器输出“0”(低电平)。由于计算机的数据宽度一般都是 8 的整数倍，例如 MCS－51 单片机为 8 位，因此一般把需要输入的开关量按每 8 个为一组进行组合。这样一来，计算机每次输入的实际上是 8 个开关量。从图 2－7 中可以看出，373 锁存器的

G 端已接 +5 V 高电平,8 个输入端的信息可以直接进入到锁存器内部,但什么时候可以送至输出端,则由 CPU 根据程序指令来控制。

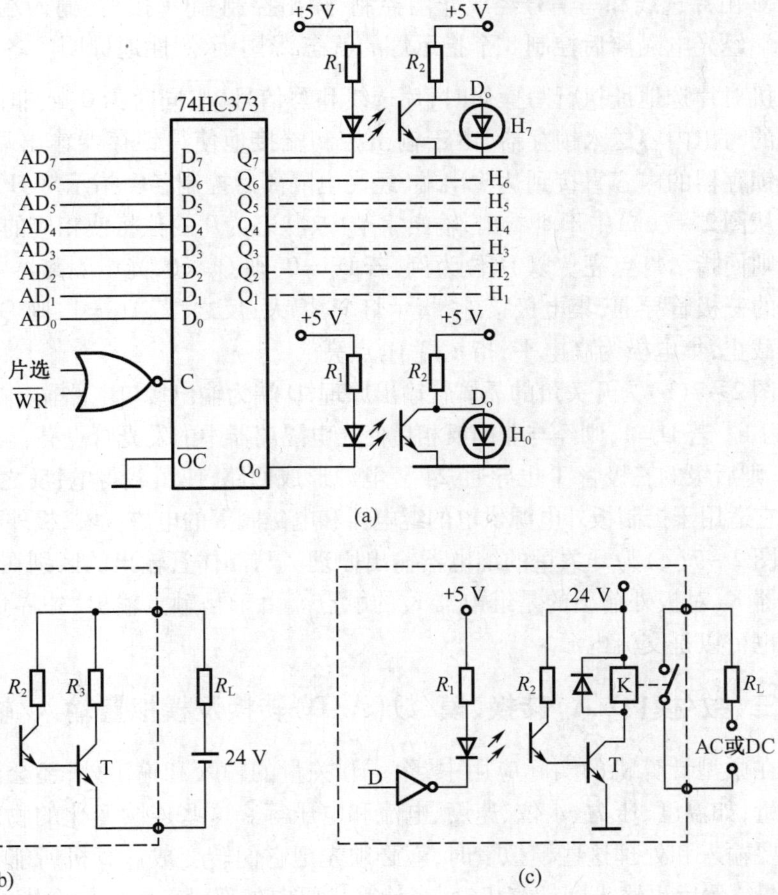

图 2-7　开关量输出电路

(a)开关量输入输出电路;(b)(c)开关量输出转换电路

当 CPU 执行某条指令,需要对这组开关量进行输入时,通过地址译码会使图 2-7 中的片选线为低电平(逻辑“0”),由于 CPU 执行的是输入指令(即读操作),$\overline{RD}$也为低电平(逻辑“0”),或非门输出逻辑“0”,锁存器的输出允许端$\overline{OE}$有效,反映锁存器输入端状态的内部信息送至输出端,再经由 CPU 的数据总线送入 CPU。

开关量输入的结果是以字节的形式出现的,字节中每一位的状态(是 0 还是 1)反映了开关的状态(即是断开还是闭合)。例如,若某次输入的结果为 11H(00010001B),则说明 S_0 和 S_4 是闭合的,其余开关都是断开的。

2. 开关量输出

开关量输出是指计算机向外界输出一个“0”或“1”信号,用于控制外部设备的启停或进行状态指示等。通常有 TTL 电平输出、电子无触点开关输出和继电器输出等几种形式。为保证计算机安全、可靠地工作,输出部分要加光电隔离电路,同时为了驱动继电器或其他执行部件,输出通道一般都要设置功率放大电路。

图 2-7 所示为几种典型的开关量输出电路。其中,图 2-7(a)为采用 373 锁存器作为输出接口的 TTL 电平输出电路,输出可以直接驱动发光二极管等低功率负载。锁存器的时钟端 C 由片选线和写信号经或非门控制,输出控制端$\overline{OC}$接地,输入端来自 CPU 数据总线,输出端经光电隔离后控制 8 个指示灯的状态,图中示例性地标明了各个指示灯的含义。当计算机对片选地址执行写操作时,片选线和写信号$\overline{WR}$同时为 0,或非门输出 1,将来自数据总线的写出内容送入锁存器,由于输出控制端接地使得锁存器输出端处于常开状态,因此送入锁存器的内容直接到达输出端,经光电隔离后控制各个指示灯 H 的状态。

从图 2-7(a)中不难看出,输出字节中,状态为 0 的位将使相应的指示灯熄灭,状态为 1 的位则使指示灯点亮。以 D_7位为例,若 $D_7=0$,则 $Q_7=0$,光电隔离器中的发光管点亮,与其配对的三极管导通,集电极接地,指示灯 H_7熄灭;反之,若 $D_7=1$,则 $Q_7=1$,发光管熄灭,三极管截止,集电极为高电平,指示灯 H_7点亮。

图 2-7(b)为开关量的晶体管输出原理,D 端为输出接口电路输出的某个字节位,光敏为 0 或为 1。若 D=1,则经与非门反相后使光电隔离器中的发光管点亮,与其配对的光敏三极管导通,则后级的三极管 T 也导通,24 V 电源形成回路,使负载得电;反之,三极管 T 截止,R_L失电。它适用于控制板外电源供电的继电器和电磁阀等的电磁线圈,板外电源必须是直流电源。

图 2-7(c)为开关量的继电器输出原理。与晶体管输出的区别在于三极管 T 驱动的是继电器 K,对板外输出的是继电器 K 的触点。由于是触点输出,外界负载 R_L既可以是直流电源也可以是交流电源。

三、数/模(D/A)转换、模/数(A/D)转换及模拟量输入/输出接口

在微型计算机的实际应用中,除了开关量的输入和输出外,还会涉及很多连续变化的物理量,如温度、压力、水位、速度、电流和电压等。这些连续变化的物理量称为模拟量。计算机要输入和处理这些模拟量时,就必须先把它们转变成计算机所能识别的二进制形式的数字量,然后再输入到计算机;而当计算机要向外部设备输出一个模拟量时,必须把计算机输出的数字量转换成模拟量。

为了实现把模拟量转换成数字量,需要采用一种叫作模/数(A/D)转换器的器件;而把数字量转换成模拟量,则需要采用数/模(D/A)转换器。图 2-8 所示为一个包含模拟量输入和输出的单片机应用系统框图。

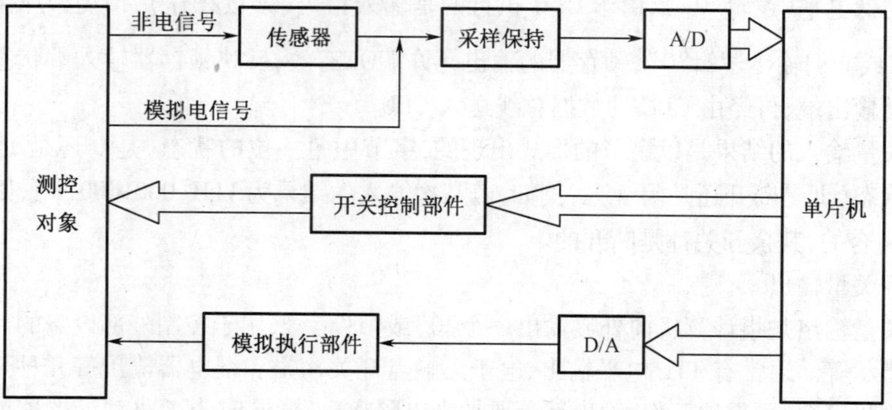

图 2-8　具有模拟量输入/输出的单片机系统

1. 数/模(D/A)转换

(1)D/A 转换原理

实现 D/A 转换的方法有多种，这里采用“权电阻解码网络”方法阐述 D/A 转换的基本原理。图 2-9 所示为这种 D/A 转换器的原理图。其基本原理是利用权电阻网络，将输入的二进制数按照其每位的权数（前一位是后一位的 2 倍），将数字量转变为与之相对应的模拟量（例如变为相应的电流大小），然后对每一位所转变成的模拟量求和，这一总的模拟量（电流）就与输入的数字量成正比。

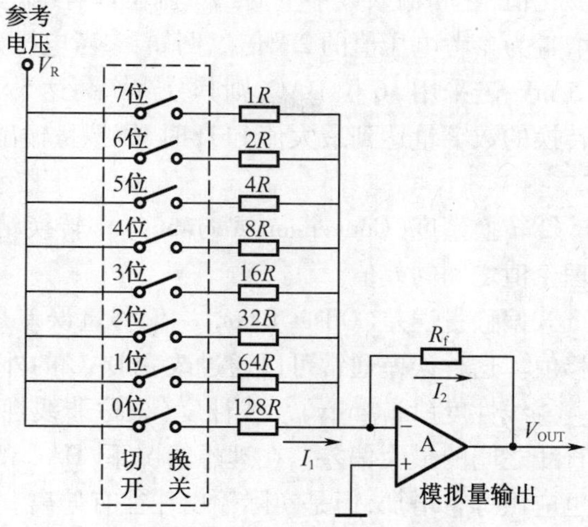

图 2-9　8 位 D/A 转换器原理图

转换器有 8 个权电阻，即 $1R$，$2R$，$4R$，$8R$，$16R$，$32R$，$64R$，$128R$。待转换的 8 位二进制数控制 8 个电子开关 $K_7 \sim K_0$，这 8 个开关接到同一个标准的电源电压 V_R（称为参考电压）。解码网络输出端（也是公共端）接到运算放大器 A 的反相端，经比例运算后得到模拟量输出 V_{OUT}，运算放大器 A 的反馈电阻 $R_f = R/2$，由于运放器的反相输出特性，A 的输出是一个负电压，其电压值的大小与待转换的数字量成比例。若想要得到正极性电压，则可再加一级反相。

D/A 转换器的模拟量输出与输入数字量的绝对值大小关系可用以下公式计算：

$$V_{OUT} = \frac{B}{2^n} \times V_R$$

式中，V_R为参考电压，也是 D/A 转换器的量程；B 为数字量，是一个二进制数，通常为 8 位、12 位和 16 位等，由 D/A 转换器的芯片型号决定；n 为 D/A 转换器的位数。

假设参考电压为 +5 V，则当输入不同的二进制数时，D/A 转换器的输出将是一个 -5 ~ 0 V 的电压输出。表 2-3 给出了一些转换结果示例。

表 2-3　D/A 转换结果示例

数字量输入		模拟量输出
十六进制	二进制	
00H	00000000B	0 V
08H	00001000B	-0.16 V
10H	00010000B	-0.31 V
7FH	01111111B	-2.48 V
FFH	11111111B	-4.98 V

(2)D/A 转换器的性能指标

D/A 转换器的性能指标是选用 DAC(Digital Analog Converter，D/A 转换器)芯片型号的依据，也是衡量芯片质量的重要参数，主要指标有以下四个：

①分辨率(Resolution)　分辨率是指 DAC 输入数字量的最低有效位(Least Significant Bit，LSB)发生变化时，所对应的输出模拟量的变化量。分辨率反映了 DAC 输出模拟量的最

小变化值，它和输入数字量的二进制位数有确定关系。一个 n 位的 DAC 所能分辨的最小电压增量为参考电压值的 2^{-n} 倍。例如：参考电压为5 V的 8 位 DAC 芯片的分辨率为 $5\times2^{-8}=19.5$ mV；若采用 16 位 DAC，则其分辨率高达 $5\times2^{-16}=76.29$ μV。从表 2－3 可以看出，当被转换的数字量达到最大值 FFH 时，模拟量输出的绝对值不到 5 V，这正是由于分辨率的缘故。

②转换精度（Conversion Accuracy）　转换精度是指满量程时，DAC 的实际模拟输出值和理论值之间的差值。

③偏移量误差（Offset Error）　偏移量误差是指输入数字量为零时，输出模拟量对零的偏移值。这种误差通常可以通过改变 DAC 的外接参考电压 V_R 和电位计加以调整。

④线性度（Linearity）　线性度（也称非线性误差）是指 DAC 的实际转换特性曲线和理想直线之间的最大偏差。在理想情况下，DAC 的数字输入量做等量增加时，其模拟输出电压也应做等量增加，但是实际输出往往有偏离。

除上述指标外，转换速度（Conversion Rate）和温度灵敏度（Temperature Sensitivity）也是 DAC 的重要技术参数。

2. 计算机的模拟量输出

计算机的模拟量输出是依靠 D/A 转换器来实现的。作为计算机来说，不论是单片机还是其他微型计算机，只要以适当的方式把数字量送入 D/A 转换器即可，D/A 转换器会自动把送来的数字量转换为相应的模拟量输出。

DAC0832 是一种常用的模拟量输出芯片，它是一个 8 位的 DAC 芯片，有多种工作方式。图 2－10 所示是 DAC0832 的一种用法，在这种连接方式下，只要将数字量送至其输入引脚（$DI_7\sim DI_0$），与之相连的运放器 A 就会输出与该数字量相对应的模拟电压。

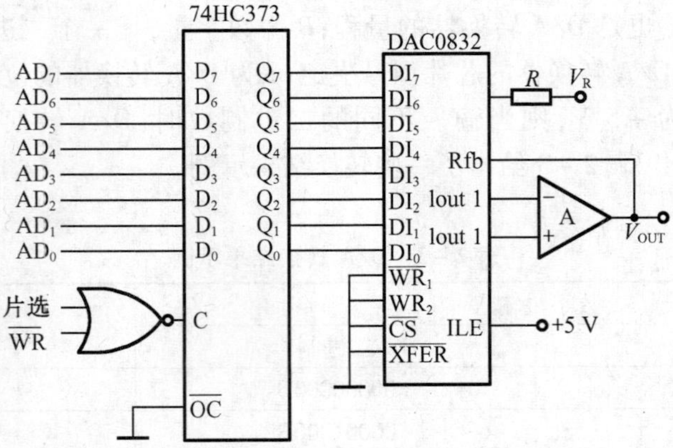

图 2－10　模拟量输出原理

图 2－10 中，锁存端 C 由译码电路产生的片选地址信号和计算机的读控制信号 $\overline{WR}$ 联合控制。只要计算机对片选地址进行一次写操作，就能把要输出的数字量存入锁存器中。由于锁存器的输出控制端 $\overline{OC}$ 已接地，因此存入的内容将直接送至 DAC0832 进行 D/A 转换。

3. 模/数（A/D）转换

（1）A/D 转换原理

A/D 转换的功能与 D/A 转换相反，它是将连续变化的模拟量信号转换为二进制的数字量信号,便于计算机进行处理。

A/D 转换的实现方法很多,常用的一种方法称为逐次逼近法。图 2-11 给出了逐次逼近法的基本原理。其转换的基本思路是,将要转换的模拟电压信号 V_X 送至比较器 A,与 DAC 输出的模拟电压 V_C 进行比较,而 DAC 的输入来自控制逻辑电路的输出。控制逻辑电路先将 10 位二进制数($D_9 \sim D_0$)的最高位 D_9 假设为"1",其余各位假设为"0",经 D/A 转换后与 V_X 比较,若 $V_X > V_C$,则说明 D_9 位假设正确,保留为"1";反之,则说明假设错误,将 D_9 位置"0"。并以同样的方法对 $D_8 \sim D_0$ 进行逐位假设和判断,直到最低位为止。最终得到的二进制数即为与 V_X 对应的数字量转换结果。

在逐次比较过程中,每次都要用 DAC 进行 D/A 转换,DAC 需要一个参考电压。显然,被转换的模拟电压 V_X 不能超过 DAC 的参考电压,因此这一内部 DAC 的参考电压也称作 ADC(Analog Digital Converter)的参考电压。假设参考电压为 +5 V, V_X = 3.75 V,则经逐次比较的结果所转换成的 10 位数字量应为 1100000000(768)。当 10 位均比较完毕时,控制逻辑停止 A/D 转换,这时 10 位二进制数正好与输入的模拟量电压信号 V_X 相对应。

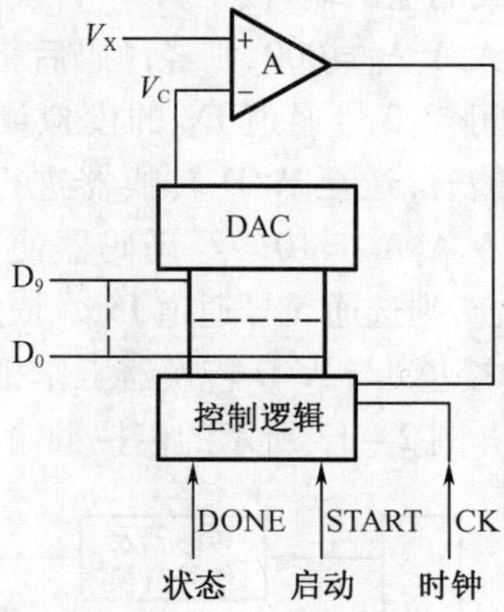

图 2-11　逐次逼近法 A/D 转化方框图

图 2-11 中,CK 为时钟信号,ADC 的每次比较都在时钟控制下进行,CK 端来一个脉冲,控制逻辑电路就进行一次比较;START 为启动信号,用于触发控制逻辑电路开始转换过程;DONE 为转换结束状态信号,用于表示转换结束。

(2)A/D 转换的性能指标

ADC 的性能指标是正确选用 ADC 芯片的基本依据,也是衡量 ADC 质量的关键问题。ADC 性能指标包括分辨率、转换精度、线性度、偏移误差、温度灵敏度、转换速度和功耗等。

①分辨率(Resolution)　ADC 的分辨率是指为使输出数字量的最低有效位(LSB)发生变化所需输入模拟电压的变化量。习惯上用数字量的位数表示,如 8 位、10 位、12 位、16 位分辨率等。若分辨率为 8 位,则它可以对全量程的(1/256)增量做出反应。分辨率越高,ADC 对输入量变化的反应越灵敏。

②转换速度(Conversion Rate)　转换速度是指完成一次 A/D 转换所需时间的倒数。ADC 型号不同,转换速度差别很大。通常,8 位逐次比较式 ADC 的转换时间为 100 μs 左右。

③转换精度(Conversion Accuracy)　ADC 的转换精度由模拟误差和数字误差组成。模拟误差是比较器、解码网络中电阻值以及基准电压波动等引起的误差。数字误差主要包括丢失码误差和量化误差,前者属于非固定误差,由器件质量决定,后者和 ADC 输出数字量位数有关,位数越多,误差越小。

ADC 其他性能指标与 DAC 类似,这里不再复述。

4. 计算机的模拟量输入

计算机对开关量的输入相对简单,只要对开关量接口芯片(例如图 2-3 所示的锁存器芯片)进行读操作即可,但对模拟量的输入则要复杂些。

在实际应用中,为了节约硬件成本,往往多个模拟量共用一个 A/D 转换器。但在同一时刻，A/D 转换器只能对一个模拟量进行 A/D 转换。其解决办法通常是采用一个多路转换开关对多路模拟量信号进行分时切换。多路转换开关的结构框图如图 2-12 所示，图中 $IN_7 \sim IN_0$ 是 8 个模拟量输入通道；EN 是多路转换开关的片选端，高电平有效；$A_2 \sim A_0$ 是 CPU 发出的通道选择信号，经译码器可译出 8 种状态；OUT 是转换开关的输出端，接至 A/D 转换器的输入端。若 $A_2A_1A_0 = 000$，则经译码后将使电子开关 K_5 闭合，0 号通道 IN_0 的模拟量信号与 OUT 端接通，送至 A/D 转换器进行 A/D 转换；若 $A_2A_1A_0 = 101$，经译码器使电子开关 K_5 闭合，则选通 5 号通道 IN_5，依此类推。经过多路开关选通的信号往往还要进行放大处理，使之达到与 A/D 转换器工作相适应的电压级别。

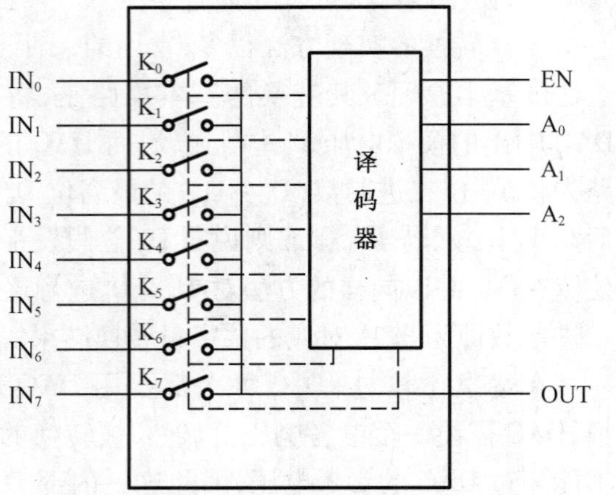

图 2-12　多路转换开关结构框图

图 2-13 所示的模拟量输入通道原理框图是常用的方案。各个组成部分的功能如下：

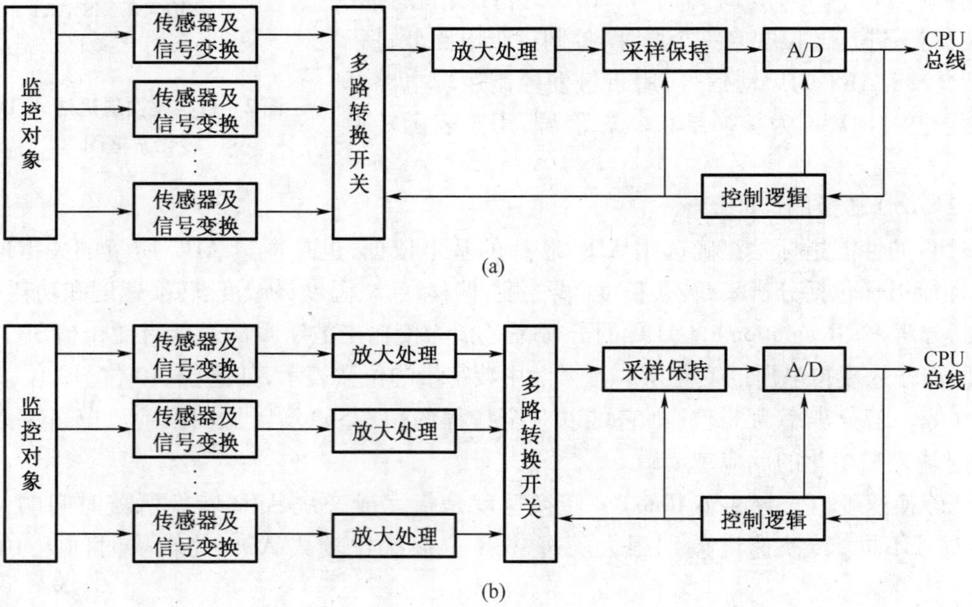

图 2-13　模拟量输入通道原理框图

(a)公共放大；(b)多路放大

(1)传感器及信号转换

将来自监控对象的物理量转换为电信号，必要时还必须包含滤波电路和线性补偿电路。

(2)放大电路

对微弱的电信号进行放大，为后端数据采集提供标准范围。如果各个通道的信号性质相同，例如都是来自 PT100 传感器的冷却水温度信号，则可采用单路公共放大，见图 2-13

(a);如果各个输入通道的信号性质各异,则一般采用多路放大,见图 2-13(b)。

(3)多路转换开关

多路切换开关也称为多路转换器或采样单元,它的作用是在控制逻辑的协调下把多个输入信号接到放大器或采样保持器,达到 CPU 对各路模拟量进行分时采样的目的。

(4)采样保持器

可以形象地理解为对模拟信号的暂时存储,以保证在 A/D 转换期间保持采样信号不变,减少采样误差。有些 A/D 转换器自带采样保持功能,此时采样保持器可以省略。

(5)A/D 转换器

A/D 转换器将模拟信号转换为计算机可以识别的二进制数字量。

(6)接口电路

提供模拟输入通道与计算机之间的控制信号和数据传输通路。

四、计算机串行通信的基本概念

计算机通信是指计算机与外界的信息传输,既包括计算机与计算机之间的信息传输,也包括计算机与外部设备,如显示器、磁盘和打印机之间的信息传输。信息的实体是数据,因此信息传输最终的表现形式是数据通信。

1. 并行通信与串行通信

计算机的数据通信有两种方式,一是并行通信,另一种是串行通信。所谓并行通信,是指采用并行的多根数据线同时传输多位二进制数,一般都以字节(即 8 位二进制数)为单位。而串行通信则是使用一根数据线,在发送端将字节拆开后按顺序一位一位地传输,接收端逐位接收,接收完后再对字节进行组装复原。

并行通信的优点是控制简单、传递速度快;缺点是数据有多少位,就至少需要多少根数据传送线。串行通信的突出优点是只需一对传送线,大大降低了传送成本,特别适用于远距离通信;其缺点是控制较为复杂,传送速率较低。但是随着技术的不断发展,串行通信的速度不断提高,被越来越广泛地应用到远距离数据通信中,是目前通信网络中主要采用的数据传输模式。

2. 串行通信的通道形式

串行通信共有以下几种数据通道形式:

(1)单工通信(Simplex)

单工形式的数据或信号传送是单向的。通信双方中一方固定为发送端,另一方则固定为接收端。单工形式的串行通信,只需要一条数据或信号通道,如图 2-14(a)所示。

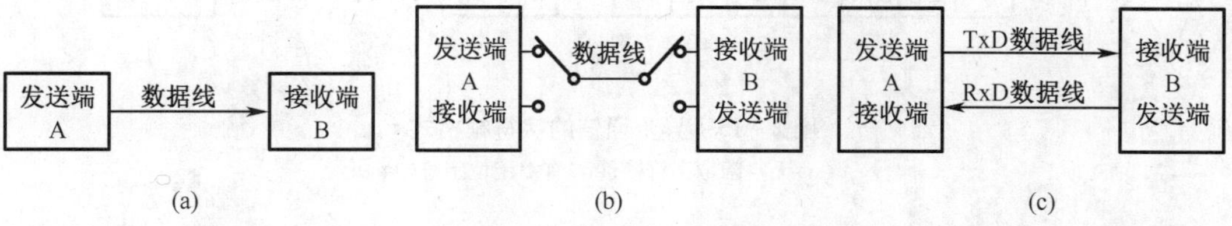

图 2-14　串行数据通信的通道形式

(a)单工通信;(b)半双工通信;(c)全双工通信

(2)半双工通信(Half-Duplex)

半双工形式的数据或信号传送是双向的,但任何时刻只能由其中的一方发送数据或信号,另一方接收数据或信号。因此,半双工形式既可以使用一条数据通道,也可以使用两条数据通道,如图 2-14(b)所示是采用一条数据通道。两个开关同时向上时,A 发 B 收;两个开关同时向下时,B 发 A 收。

(3)全双工通信(Full-Duplex)

全双工形式的数据或信号传送也是双向的,且可以同时发送和接收数据或信号。因此,全双工形式的串行通信至少需要两条数据或信号通道,如图 2-14(c)所示。

3. 串行通信的分类

根据串行数据的传送方式,串行通信可以分为同步通信和异步通信两类。

(1)异步通信(Asynchronous Communication)

在异步通信中,数据通常是以字符(或字节)为单位组成字符帧传送的。字符帧由发送端一帧一帧地发送,通过传输线为接收设备一帧一帧地接收。发送端和接收端可以有各自的时钟来控制数据的发送和接收,这两个时钟源彼此独立,互不同步。

那么,究竟发送端和接收端依靠什么来协调数据的发送和接收呢?也就是说接收端怎么会知道发送端何时开始发送和何时结束发送呢?这是由字符帧格式规定的。平时发送线为高电平(逻辑“1”),每当接收端检测到传输线上发送过来的低电平逻辑“0”(字符帧中起始位)时就知道发送端已开始发送,每当接收端接收到字符帧中停止位时就知道一帧字符信息已发送完毕。

在异步通信中,字符帧格式和波特率是两个重要指标,由用户根据实际情况选定。

①字符帧(Character Frame)　也叫数据帧,由起始位、数据位、奇偶校验位和停止位四部分组成,如图 2-15 所示。

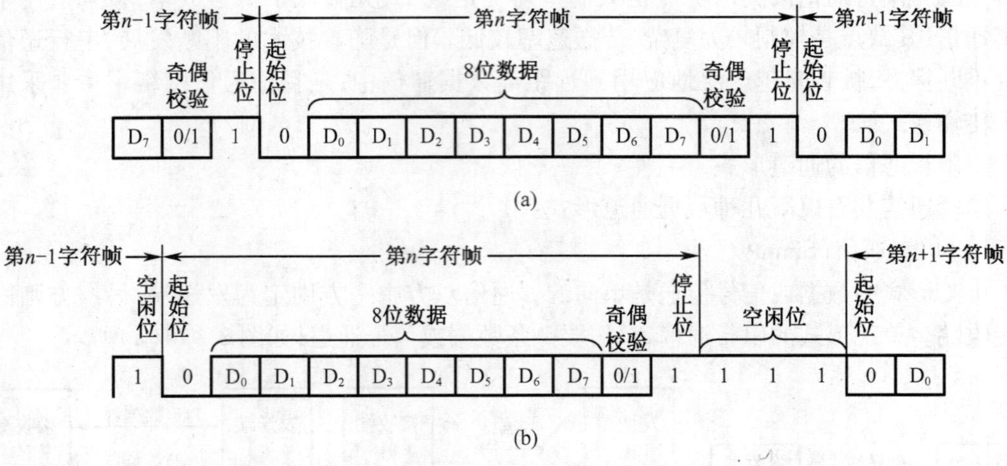

图 2-15　异步通信的字符帧格式

(a)无空闲位字符帧;(b)有空闲位字符帧

②波特率(Baud Rate)　波特率的定义为每秒钟传送二进制数码的位数(亦称比特数),单位是 bit/s,即位/秒。波特率是串行通信的重要指标,用于表征数据传送的速度。波特率越高,数据传输速度越快。通常异步通信的波特率为 50~9 600 bit/s。

异步通信的优点是不需要传送同步脉冲，字符帧长度也不受限制，故所需设备简单；缺点是字符帧中因包含有起始位和停止位而降低了有效数据的传输速率。

(2)同步通信

同步通信是一种连续串行传送数据的通信方式，一次通信只传送一帧信息。这里的信息帧和异步通信中的字符帧不同，通常含有若干个数据字符。

同步通信的数据传输速率较高，通常可达56 000 bit/s或更高。同步通信的缺点是要求发送时钟和接收时钟保持严格同步，故发送时除应和发送波特率保持一致外，还要求把它同时传送到接收端去。

4. 错误校验

数据在长距离传送过程中必然会发生各种错误，奇偶校验是一种最常用的校验数据传送错误的方法。奇偶校验分奇校验和偶校验两种。

若采用偶检验，则发送端电路会自动检测发送字符位中“1”的个数，并在奇偶校验位上添加“1”或“0”，使得“1”的总和(包括奇偶校验位)为偶数。接收端电路会对字符位和奇偶校验位中“1”的个数加以检测，若“1”的个数为偶数，则表明数据传输正确；若“1”的个数为奇数，则表明数据在传送过程中出现了错误。

若采用奇校验，则相反。

5. MCS－51 单片机的串行通信

MCS－51 单片机内部集成了一个可编程的全双工串行通信接口，具有异步接收/发送的全部功能。该串行口由单片机内部的串行口控制寄存器 SCON 及发送和接收电路组成，其串行接收和发送引脚分别为 $P_{3.0}$(RxD)和 $P_{3.1}$(TxD)。

6. 串行通信总线标准

在单片机应用系统中，数据通信主要采用的是异步串行通信方式。在设计通信接口时，必须根据应用需求选择标准接口，并考虑电平转换、传输介质等问题。目前，异步串行通信常用接口主要有以下几种：

(1)TTL 电平直接连接

TTL 电平直接连接是将两个设备的接收端和发送端用数据线直接交叉连接。由于存在线路损失，传输距离很短，比较适合于电路板内或控制箱内的数据通信。

(2)RS－232C 串行通信总线

RS－232C 简称为 RS－232，是一种最早而且使用最多的串行通信总线标准，它由美国电子工业协会(EIA)于 1962 年公布，1969 年最后修订而成。其中 RS 是 Recommenced Standard 的缩写，232 是该标准的标号，C 表示最后一次修订版本。由于很多生产厂商都生产与 RS－232 标准相兼容的设备，只要它们都具有 RS－232C 标准接口，则不需要任何附加转换电路，就可以进行互相插接。因此，RS－232 已作为一种串行通信标准在微机通信接口中广泛采用。例如，目前 PC 机提供的 COM1 和 COM2 串行接口就是 RS－232 接口。

RS－232 标准仅保证硬件兼容而没有软件兼容，也就是说标准中只包含机械指标和电气指标，没有定义具体的通信协议。机械指标规定了 RS－232 接口通向外部的连接器(插针和插座)的标准；电气规范则定义了信号形式等内容。

①RS－232 的信号线与物理连接

一个完整的 RS－232 接口有 22 根线，采用一种 25 针的标准“D”型插头 DB－25。但通常采用的是 9 针“D”型插头 DB－9，其信号线的名称、功能和引脚排列如表 2－4 所示。其中，数据信号线用于数据的串行发送和接收，而联络信号线是为了正确无误地传输数据而设计的联络信号。根据不同的应用场合，不是所有的信号线都要采用，尤其是在近距离传输时，只需“发送数据 TxD”“接收数据 RxD”和“信号地 GND”三根线，称为三线制连接。最常采用的是传输电缆屏蔽双绞线，并把屏蔽层用作信号地线。其连接方法参考图 2－16。

表 2－4　RS－232 的信号线及其功能

信号类型	信号名称	信号功能	DB－9 引脚（针）排列
数据信号	TxD	Transmitting Data，发送数据（输出）	
	RxD	Receiving Data，接收数据（输入）	
联络信号	RTS	Request To Send，请求发送数据（输出）	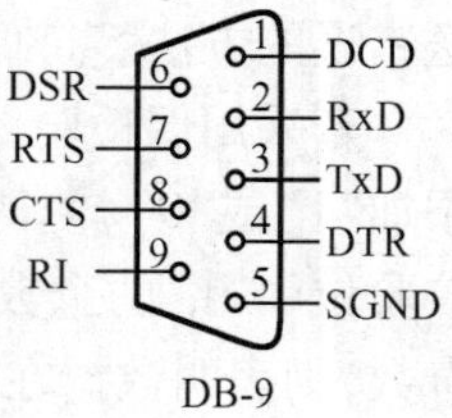
	CTS	Clear To Send，允许发送数据（输入）	
	DSR	Data Set Ready，对方准备好（输入）	
	DTR	Data Terminal Ready，本地准备好（输出）	
	DCD	Data Carrier Detect，数据载波监测信号（输入）	
	RI	Ring Indication，振铃呼叫信号（输入）	
地址号	SGND	Signal Ground，信号地（无方向）	

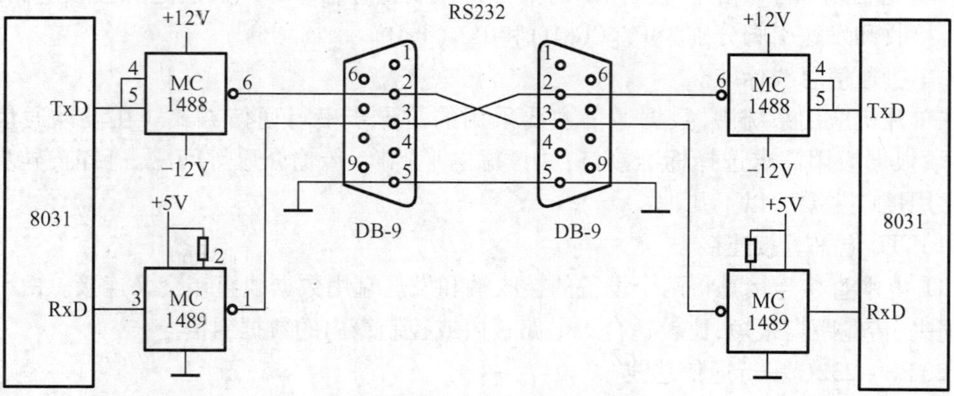

图 2－16　RS－232 与 TTL 电路之间的电平和逻辑转换原理

②RS－232 的电气特性

RS－232 是以电压的正、负来表示逻辑状态的。对于数据信号，规定 －15 ~ －3 V 表示逻辑 1，+3 ~ +15 V 表示逻辑 0，这是一种负逻辑；对于控制信号，规定 +3 ~ +15 V 表示有效，－15 ~ －3 V 表示无效，采用的是正逻辑；介于 －3 ~ +3 V 之间的电压以及低于 －15 V 或高于 +15 V 的电压被认为无意义。在实际中，RS－232 的信号电压一般在 －12 ~ +12 V 之间。

然而，微型计算机中的信号电平通常是 0 ~5 V 的 TTL 电平，即高于 2.4 V 表示逻辑 1，低于 0.4 V 表示逻辑 0。显然，这与 RS－232 采用正、负电压来表示逻辑状态是不同的。因此，为了能够同计算机接口或终端的 TTL 器件连接，必须在 RS－232 与 TTL 电路之间进行电平和逻辑关系的变换。实现这种变换的方法可用分立元件，也可用集成电路芯片。图

2－16所示为采用一对集成芯片 MC1488 和 MC1489 来实现电平转换的电路。

采用 MC1488 和 MC1489 集成芯片进行电平和逻辑转换的主要缺点是需要为 MC1488 提供正、负电源，为设计带来不便。因此，当前流行的方法是采用单电源转换芯片，例如 MAXIM 公司生产的 MAX232 等。这类芯片内部设有电压倍增电路和转换电路，只需提供 5 V电源即可完成 RS－232 电平和 TTL 电平之间的双向转换，应用起来非常方便。

由于 RS－232 接口标准出现较早，难免有不足之处，主要有以下几个方面：

a. 接口的信号电平值较高，易损坏接口电路的芯片，又因为与 TTL 电平不兼容，需使用电平转换电路方能与 TTL 电路连接。

b. 接口使用一根信号线和一根信号返回线而构成共地的传输形式，由于不同电源地之间存在电平差异，这种共地传输容易产生共模干扰。

c. 当信号穿过电磁干扰环境时，可能会因附加的干扰信号电平使发送的逻辑 0 变为逻辑 1，或由逻辑 1 变为逻辑 0，因此传输速率较低。

d. 传输距离有限。在通信速率低于 20 kbit/s 时，RS－232 所能直接连接的最大传输距离约为 15 m。虽然这只是一种保守距离，在实际中可以适当延长，但最长物理距离为 50 m 左右。

e. RS－232 只能实现两台设备之间的点对点传输。

③RS－232 和 RS－485 串行通信总线

针对 RS－232 的不足，EIA 陆续发布了其他一些串行接口标准，如 RS－422 和 RS－485 串行通信总线。与 RS－232 不同，RS－422 和 RS－485 的数据信号采用差动传输方式，也称作平衡传输，如图 2－17 所示。图中，D 为发送驱动器（Driver），R 为差动放大接收器（Receiver），Y，Z 为驱动器的两线输出，A，B 为接收器的差分输入，TxD 和 RxD 分别为 TTL 电平的串行发送和接收信号，虚框表示集成芯片。

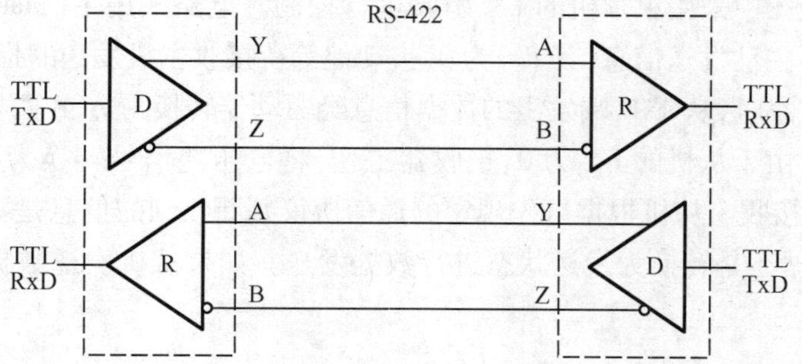

图 2－17　RS－422 总线传输原理

所谓平衡传输是指在发送端由发送驱动器将 TTL 电平转换为 Y，Z 两线之间电压差，这一差值电压经传输电缆送至接收端的接收输入端 A 和 B，经接收放大器 R 进行差动放大后还原成 TTL 电平信号。在发送端，当 TxD 为逻辑 1 时，D 的输出端 Y 为高电平，Z 为低电平，按 RS－ 422 标准的规定，Y 与 Z 之间的电压差应为＋2～＋6 V；当 TxD 为逻辑 0 时，Y 为低电平，Z 为高电平，Y 与 Z 之间的电压差应为－2～－6 V。在接收端，只要 A 比 B 高 200 mV 以上便被视为逻辑 1，即 RxD 为 1；只要 A 比 B 低 200 mV 以上便被视为逻辑 0，即 RxD 为 0。由于集成转换芯片均为单电源供电，因此在实际中，Y 与 Z 之间的电压差绝对值能否达到6 V 还取决于芯片的电源电压。

从图 2－17 可以看出，当采用 RS－422 总线实现计算机之间的数据双向传输时，至少需要 4 根信号线，一般采用 2 对双绞线。但出于抗干扰的考虑，还应加上 1 根信号地线。电缆连接器多采用 9 针“D”型插头，连接器的引脚定义如图 2－18 所示，其中信号地线 SGND 可以是额外的一条线，也可以是屏蔽双绞线的屏蔽层。

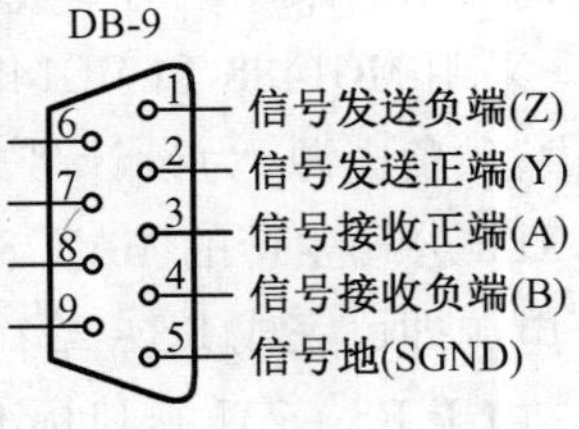

图 2－18　RS－22 的 DB－9 引脚定义

由于 RS－422 采用平衡驱动和双端输入的差动放大，一方面使得传输距离比 RS－232 要大大增加，另一方面差动输入能对共模干扰起到很好的吸收作用，使得数据的传输更加可靠，传输速率大大增加。在电缆长度小于 120 m 时，RS－422 的最大传输速率为 10 Mbit/s；如采用较低的传输速率如 9 600 bit/s，则传输距离可达 1 200 m。

RS－422 允许在总线上挂接 1 个发送器和多个接收器（多至 10 个），从而实现单机发送、多机接收的数据传输，但 RS－422 并不能构成真正意义上的多点总线。多点总线应该由连接至单总线的多个驱动器和接收器构成，且其中任何一个均可发送或接收数据。另外，采用 RS－422 进行双向数据传输时至少需要 4 根连接线，导致布线成本增加。为此，EIA 在 RS－422 的基础上又提出了 RS－485 标准。

RS－485 是在 RS－422 的基础上改进的，保留了 RS－422 的所有电气特性，同样具有良好的抗干扰性能和长距离传输能力，且允许在 2 条连接线上实现数据的双向传输。图 2－19所示为单片机采用 MAX485 芯片构成的 RS－485 半双工点对点通信电路。数据的发送和接收方式与 RS－422 相同，但由于要在同一总线上实现数据的双向传输，因此增加了驱动使能 DE（Driver Enable）和接收使能$\overline{RE}$（Receiver Enable）两个控制信号，分别为高电平和低电平有效，在图中采用单片机的 $P_{1.0}$引脚进行控制。电路采用主（Master）从（Slave）通信方式，即从机不主动发送信息，其 $P_{1.0}$为 0，被动地等待接收主机发送的指令。主机发送信息的同时使其 $P_{1.0}$为 1，从 TxD 端发出的数据信息经驱动器转换为 A，B 两根线的电压差，送至从机的接收端，由于从机的 $P_{1.0}$为 0，接收器工作，将电压差信号转换为 TTL 电平信号由从机的 RxD 引脚接收。从机根据事先规定的通信协议判断收到的信息是数据还是指令，决定是继续接收数据还是转换为发送状态进行数据发送。如果从机发送数据，那么主机相应地转换为接收状态。

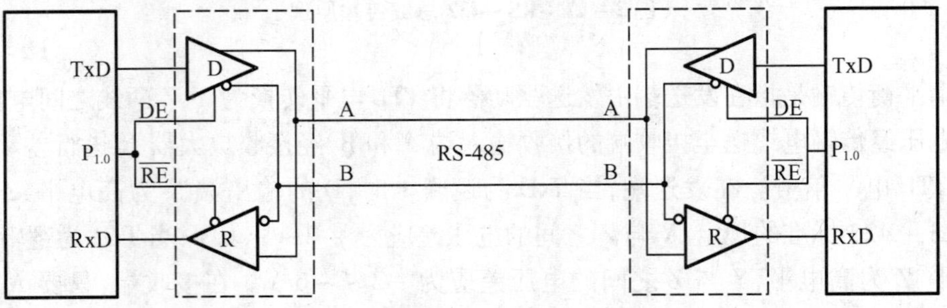

图 2－19　RS－485 总线传输原理

以上数据传输过程表明，不论是主机还是从机，在某一时段内，要么是发送数据，要么是接收数据，无法在同一时间内既进行发送又进行接收，因此是一个半双工过程。

RS－485 还具有多站功能，允许至少 32 个设备并接在总线上，而且每个设备均可进行数据的发送和接收，因而可以实现真正的多点总线结构。总线上允许挂接的最大节点数取决于驱动芯片，最多可达 128 个甚至更多。因此在工业上常采用 RS－485 来组建半双工网络，如图 2－20 所示。网络只能以单主多从的方式进行通信，从机之间的互通信息必须通过主机中转才能实现。

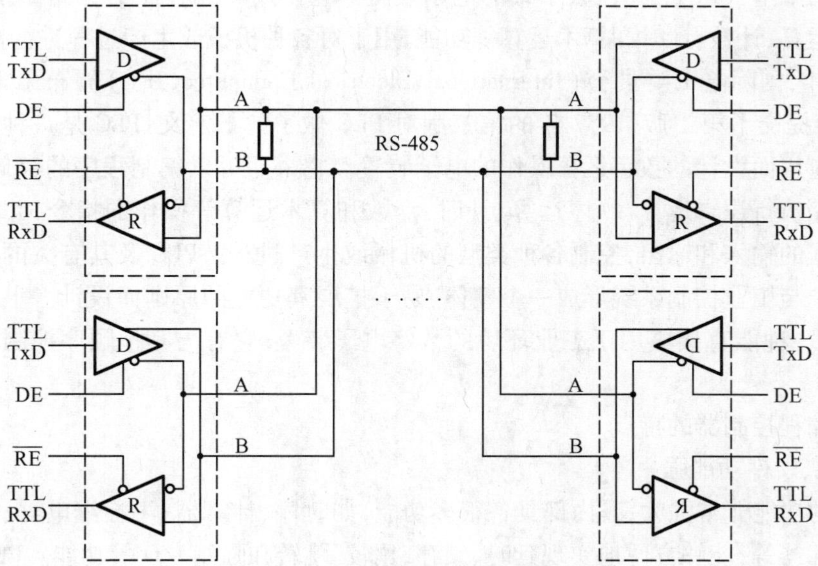

图 2－20　RS－485 总线网络连接

理论上，RS－485 总线只需要两根连接线，但在实际连接中，为了抑制共模干扰，往往还要将各个设备的信号地连接起来。因此，RS－485 的连接电缆一般由 3 根线组成，最常采用的还是屏蔽双绞线，并把屏蔽层用作数字地线。电缆连接器一般采用 9 针“D”型插头，其引脚定义如图 2－21 所示。

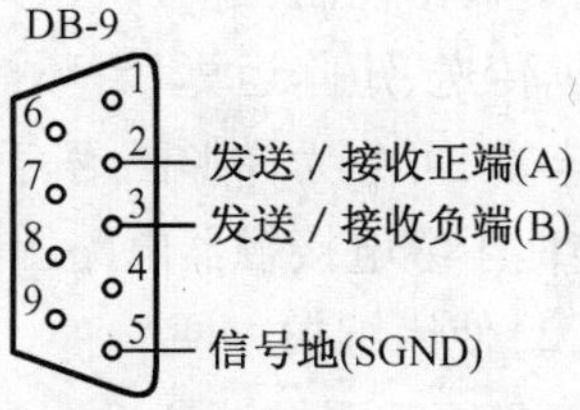

图 2－21　RS－485 的 DB－9 引脚定义

第三节　可编程控制器(PLC)的基本知识

世界上第一台可编程序控制器(Programmable Logic Controller，PLC)是由美国数字设备公司于 1969 年研制成功的。当时的研制目的是取代通用汽车公司生产线上的继电器控制系统。

可编程序控制器是一种专门为在工业环境下应用而设计的数字运算操作的电子装置。PLC 除了具有工业控制微机的优点外，还具有自身的一些特点。在硬件方面，PLC 采用模块化结构，而且能方便地增加或更换模块，使 PLC 的功能扩展和维修变得十分简单。在软件方面，由于可采用通俗易懂的符号语言，用户可方便灵活地编制和修改控制程序。正是由于这种软、硬件上的高度灵活性，PLC 能适应各种控制对象，得到了越来越广泛的应用。

一、概述

1. 可编程控制器的定义

1980 年美国电气制造商协会(National Electric Manufacturer Association，NEMA)对 PLC 所做的定义如下：PLC 是一种数字式的电子装置。它使用可编程序的存储器来存储指令，实现逻辑运算、计数、计时和算术运算等功能，用于对各种机械或生产过程进行控制。

1982 年，国际电工委员会(International Electrical Committee，IEC)颁布了 PLC 标准草案，1985 年提交了第二版，1987 年的第三版对 PLC 做了如下定义：PLC 是一种专门为在工业环境下应用而设计的数字运算操作的电子装置。它采用可以编制程序的存储器，用来在其内部存储执行逻辑运算、顺序运算、计时、计数和算术运算等操作的指令，并能通过数字式或模拟式的输入和输出，控制各种类型的机械或生产过程。PLC 及其有关的外围设备都应按照易于与工业控制系统形成一个整体、易于扩展其功能的原则而设计。上述的定义表明：PLC 是一种能直接应用于工业环境的数字电子装置，它有与其他顺序控制装置不同的特点。

2. 可编程控制器的特点

(1)软、硬件功能强

PLC 的功能非常强大，其内部具备很多功能，如时序、计算器、主控继电器、移位寄存器及中间寄存器等，能够方便地实现延时、锁存、比较、跳转和强制 I/O 等功能。PLC 不仅可进行逻辑运算、算术运算、数据转换以及顺序控制，还可以实现模拟运算、显示、监控、打印及报表生成等功能，并具有完善的输入输出系统。PLC 能够适应各种形式的开关量和模拟量的输入、输出控制，还可以和其他计算机系统、控制设备共同组成分布式控制系统，实现成组数据传送、矩阵运算、闭环控制、排序与查表、函数运算及快速中断等功能。PLC 的编程语言丰富，可分为梯形图语言、语句表以及控制系统流程图等多种。特别是梯形图，直观方便，类似于继电接触器电路图，很适合电气工程技术人员使用。

(2)使用维护方便

PLC 不需要像计算机控制系统那样在输入输出接口上做大量的工作。PLC 输入输出接口是已经按不同需求做好的，可直接与控制现场的设备相连接的接口。如输入接口可以与各种开关、传感器连接；输出接口具有较强的驱动能力，可以直接与继电器、接触器、电磁阀等连接。PLC 具有很强的监控功能，利用编程器、监视器或触摸屏等人机界面可对 PLC 的运行状态、内部数据进行监视或修改，从而增加了调试工作的透明度。PLC 控制系统的维护也非常简单，只要利用其自诊断功能和监控功能，就可以迅速查找到故障并及时给予排除。

PLC 的接线十分简单，只需将输入设备(按钮、开关等)与 PLC 输入端子连接；接收输出信号执行控制功能的执行元件(接触器、电磁阀等)与 PLC 输出端子连接即可。

(3)运行稳定可靠

由于 PLC 采用了微电子技术，大量的开关动作由无触点的半导体电路来完成，同时还采用了屏蔽、滤波、隔离等抗干扰措施,对高频传导干扰信号具有良好的抑制作用。其平均无故障时间在 2 万小时以上。特别是在制造工艺上加强了抗干扰措施,例如输入输出都采用光电隔离,能有效地隔离 PLC 内部电路与输入输出电路之间的联系,从而避免了由输入输出通道串入的干扰信号引起的误动作。所有这一切措施,都有效地保证了 PLC 在恶劣环境下能正常稳定地运行。

3. 可编程控制器的功能

(1)开关量的开环控制

开关量的开环控制是 PLC 的最基本的控制功能,包括时序、组合、延时、计数、计时等。PLC 控制的输入输出点数可以不受限制,少则十点或几十点,多则成千上万点,并可通过联网来实现控制。

(2)模拟量的闭环控制

对于模拟量的闭环控制系统,除了要有开关量的输入输出点以实现某种顺序或逻辑控制外,还要有模拟量的输入输出点,以便采样输入和调节输出,实现过程控制中的 PID 调节或模糊控制调节,形成闭环系统。这类 PLC 系统能实现对温度、流量、压力、位移、速度等参量的连续调节与控制。

(3)数字量的智能控制

利用 PLC 能实现接收和输出高速脉冲的功能,而这个功能在实际中用途很大。在配备相应的传感器或脉冲伺服装置后,PLC 控制系统就能实现数字量的智能控制。较高级的 PLC 还专门开发了数字控制模块、运动单元模块等,可实现曲线插补功能。最近新出现的运动控制单元,还提供了数字控制技术的编程语言, 为 PLC 进行数字量控制提供了更多方便。

(4)数字采集与监控

由于 PLC 在控制现场实现控制,所以把控制现场的数据采集下来,做进一步分析研究是很重要的。对于这种应用,目前较普遍采用的方法是 PLC 加上触摸屏,这样既可随时观察采集下来的数据,又能及时进行统计分析。有的 PLC 本身就具有数据记录单元,此时可利用一般的便携计算机的存储卡插入到该单元中保存采集到的数据。

PLC 的另一个特点是自检信号多,利用这个特点,PLC 控制系统可实现自诊断式的监控, 以减少系统的故障,提高平均累计无故障运行时间,同时还可减少故障修复时间,提高系统的可靠性。

(5)联网、通信及集散控制

PLC 的联网、通信能力很强,可实现 PLC 与 PLC、PLC 与上位计算机之间的联网和通信,由上位计算机来实现对 PLC 的管理和编程。PLC 也能与智能仪表、智能执行装置(如变频器等) 进行联网和通信,互相交换数据并实施 PLC 对其的控制。

利用 PLC 的强大联网通信功能,把 PLC 分布到控制现场,实现各 PLC 控制站间的通信以及上、下层间的通信,从而实现分散控制集中管理的目的。

4. 可编程控制器的分类

PLC 的种类很多,其实现的功能、内存容量、控制规模、外形等方面均存在较大差异。因此,PLC 的分类没有严格的统一标准,可以按照结构形式、控制规模、实现的功能等进行大致的分类。

(1)按结构分类

PLC 按照其硬件的结构形式可以分为整体式和组合式。整体式 PLC 外观上是一个箱体,又称箱体式 PLC。组合式 PLC 在硬件构成上具有较高灵活性,由各种模块组成,可进行组合以构成不同控制规模和功能的 PLC,也称模块式 PLC。

①整体式 PLC　整体式 PLC 的 CPU、存储器、输入输出都安装在同一机体内,如西门子(SIEMENS)公司 S7－200 等产品。这种结构的特点是结构简单,体积小,价格低,输入输出点数固定,实现的功能和控制规模固定,但灵活性较低。

②组合式 PLC　组合式(模块式)PLC 采用总线结构,即在一块总线底板上有若干个总线槽(或采用总线连接器),每个总线槽上安装一个或数个模块,不同模块实现不同功能。PLC 的 CPU 和存储器设计在一个模块上,有时电源也放在这个模块上,该模块一般被称为 CPU 模块,在总线上的位置是固定的。其他还有输入输出、智能、通信等模块,根据控制规模、实现的功能不同进行选择,并安排在总线槽中。组合式 PLC 的特点是系统构成的灵活性较高,可构成不同控制规模和功能的 PLC,维护维修方便,但价格相对较高。

(2)按控制规模分类

PLC 的控制规模主要是指开关量的输入输出点数及模拟量的输入输出路数,但主要以开关量的点数计数。模拟量的路数可折算成开关量的点数,一般一路模拟量相当于 8～16 点开关量。根据 I/O 控制点数的不同,PLC 大致可分为超小型、小型、中型、大型及超大型。具体划分见表 2－5。

表 2－5　PLC 按规模分类表

类型	I/O 点数	存储器容量/KB	机型
超小型	64 以下	1～2	西门子 S7－200、S5－90U,三菱 F10 等
小型	64～128	2～4	西门子 S5－100U,三菱 F40、F－60 等
中型	128～512	4～16	西门子 S7－300、S5－115U,三菱 K 系列等
大型	512～8192	16～64	西门子 S5－135U、S7400,三菱 A 系列等
超大型	大于 8192	64～128	西门子 S5－155U,A－B 公司 PLC－3 等

二、PLC 系统的基本结构

1. PLC 的基本结构

可编程序控制器实质上是一种专用的计算机控制系统,它具有比一般计算机更强的与工业过程相连的接口,具有更适用于控制要求的编程语言。所以,可编程序控制器与一般的计算机控制系统一样,也具有中央处理单元(CPU)、存储器、输入/输出模块(I/O)、通信接口和电源等部分。其结构框图如图 2－22 所示。

(1)中央处理单元(CPU)

可编程序控制器中常用的 CPU 主要采用通用微处理器、单片机和双极型微处理器。通用微处理器如 INTEL 公司的 8080,8086,80286,80386 等,单片机如 8031,8096 等,位片式微处理器如 AM2900,AM2901,AM2903 等。可编程序控制器的档次越高,CPU 的位数越多,运算速度越快,功能指令也越强。

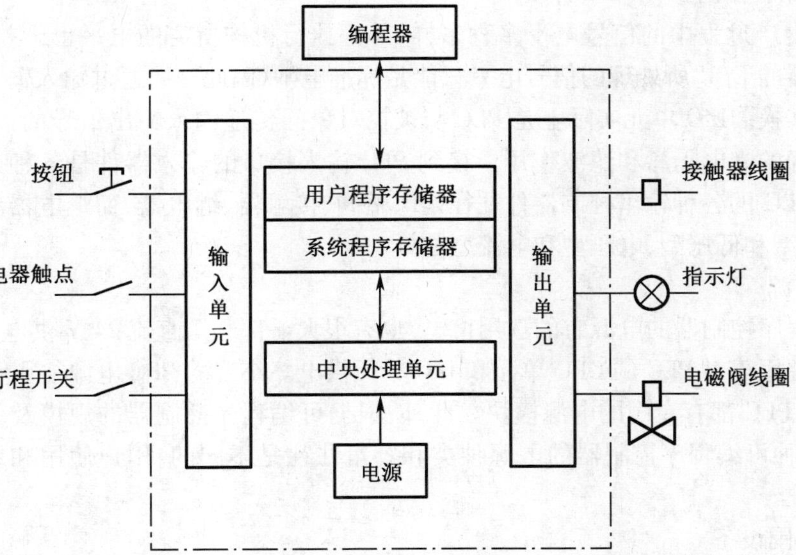

图 2－22　可编程控制器基本结构框图

PLC 的硬件是一种模块式的结构，它的核心部件是中央处理模块。整个可编程序控制器的工作过程都是在 CPU 的统一指挥和协调下进行的。它的主要任务是按一定的规律或要求读入被控对象的各种工作状态，然后根据用户所编制的应用程序的要求去处理有关数据，最后再向被控制对象送出相应的控制信号。它与被控对象之间的联系是通过各种 I/O 接口实现的。

可编程序控制器中的中央处理模块与一般计算机系统中的 CPU 的概念不同，后者常用 CPU 表示一个中央处理器，即它是一块集成芯片。而在一个中型或大型可编程序控制器的中央处理模块里，不仅有 CPU 集成芯片（可能不止一片），而且还有一定数量的 EPROM（存储系统的操作系统）和 RAM（存储少量的数据或用户程序）。

可编程序控制器的 CPU 模块完成下述各项工作：

①接收用户从编程器输入的用户程序，并将它们存入用户存储区；

②用扫描方式接收源自被控对象的状态信号，并存入相应的数据区；

③用户程序的语法错误检查，并给出错误信息；

④系统状态及电源系统的监测；

⑤执行用户程序，完成各种数据的处理、传输和存储等功能；

⑥根据数据处理的结果，刷新输出状态表，以实现对各种外部设备的实时控制和其他辅助工作（如显示和打印等）。

（2）存储器

可编程序控制器的存储器分为两种：系统存储器和用户存储器。系统存储器存放系统管理程序，用户存储器存储用户程序。

常用的存储器有 RAM 和 EPROM，EEPROM。RAM 是一种可进行读写操作的随机存储器，存放用户程序，生成用户数据区。存放在 RAM 中的用户程序可以方便地修改。为防止 RAM 中存放的程序和数据在掉电时丢失，可用锂电池作后备电源。EPROM 和 EEPROM 都是只读存储器，往往用这些类型存储器固化系统管理程序和用户程序。

(3)输入/输出单元(I/O单元)

实际生产过程中的信号电平多种多样,外部执行机构所需的电平也千差万别,而可编程序控制器的CPU所处理的信号电平只能是标准电平,因此需要通过输入输出单元实现这些电平的转换。I/O单元实际上是PLC与被控对象间传递输入输出信号的接口部件。I/O单元有良好的光电隔离和滤波作用。接到PLC输入接口的输入器件是各种开关、按钮、传感器等。PLC的各种输出控制器件往往是电磁阀、接触器、继电器,而继电器有交流型和直流型、高压型和低压型、电压型和电流型之分。

(4)电源

可编程序控制器的电源有的选用市电,也有很大一部分用直流24 V供电。PLC内有一个稳压电源用于对PLC的CPU单元和I/O单元供电。小型的PLC电源往往和CPU合为一体,中大型PLC都有专门的电源模块。此外,根据可编程序控制器的规模及所允许扩展接口板数,各种可编程序控制器的电源种类和容量往往是不同的,用户使用和维修时应该注意这点。

(5)外围设备

PLC的外围设备主要有编程器、文本显示器、操作面板、人机界面和打印机等。

编程器是一种手持设备,也是PLC的最重要的外围设备,分为简易型和智能型。小型PLC常使用简易型编程器,大中型PLC多用智能型。

对PLC的编程有两种方法:一是采用上述的编程器进行编程,但由于编程器体积小,所能显示的信息有限,适用于编程人员或管理人员在生产现场对PLC进行管理维护;另一种方法是采用PC机编程界面,在个人计算机上接入适当硬件,安装软件包,并通过编程电缆与PLC的通信接口相连,即可在PC机上对PLC编程。

编程器或编程界面有两种工作方式,即编程工作方式和监控工作方式。编程工作方式的主要功能是输入新的控制程序,或者对已有的程序进行编辑。监控工作方式是对运行中的可编程序控制器的工作状态进行监视和跟踪。

以上是PLC的重要组成部分,除此之外,PLC往往还包括以下部分,在需要时选用。

(1)通信接口

实现"人—机"或"机—机"之间的对话,通过通信接口可以与监视器、打印机、其他可编程序控制器和计算机等相连。

当与打印机相连时,可将过程信息、系统参数等输出打印;当与监视器相连时,可将过程图像显示出来,它既可以显示静态图像,也可以显示动态图像,它与其他可编程序控制器相连时,可组成多级控制系统,实现过程控制、数据采集等功能。

使用通信接口,使可编程序控制器与外围设备的连接能力进一步加强,从而也丰富了可编程序控制器的各种功能。

(2)智能I/O

为满足更加复杂控制功能的需要,可编程序控制器配有许多智能I/O接口。为满足模拟量闭环控制的需要,配有闭环控制模板。为了对频率超过100 Hz的脉冲进行计数和处理,配有高速计数模板,还有其他一些智能模板。所有这些智能模板都带有其自己的处理器系统。

使用智能I/O接口,可编程序控制器不仅可用于顺序控制,还可用于闭环控制等一些复杂的控制场合。

可编程序控制器的总线多为基板形式。无论电源模板、CPU 模板、各种输入输出模板都可插入这个基板上的相应位置，基板上各相应位置之间通过印刷电路板实现电气连接。

2. 可编程控制器的工作原理

PLC 程序运行的基本方式是采用扫描原理，把用户程序从第一条语句到最末一条语句逐次扫描处理，直到程序结束之处，然后再返回到第一条语句开始新的一轮扫描处理。PLC 这样周而复始地重复上述的扫描循环。除了执行用户程序之外，在每次扫描过程中还要完成自诊断、与外设通信、读入现场信号、执行用户程序和输出结果等。扫描一次所需要的时间称为扫描周期。扫描周期与用户程序的长短和扫描速度有关，范围一般为 1 ~ 100 min。

图 2 - 23 所示的是 PLC 扫描过程示意图。在系统软件的管理下，PLC 按图中所画的扫描顺序工作。合上电源后，它首先进行自诊断，包括检查 PLC 硬件本身是否正常，将监控定时器复位等。在与外设通信阶段，CPU 与其他带微处理器的智能装置通信，响应编程器键入的命令，更新编程器的显示内容。在读入现场信号阶段，CPU 对全部的输入通道信号进行采样，并将采样结果储存在内存的输入信息状态区。在执行用户程序阶段，CPU 逐条解释和处理用户程序，需要使用输入通道信息时，则从内存的输入信息状态区读入。程序执行以后得出的运算结果，立即送至内存中输出信号状态缓冲区。当全部程序执行完毕，CPU 才做向外输出结果的工作，即把输出信号状态缓冲区的内容送至输出通道的对应端口上，经输出模块隔离和功率放大后驱动外部负载。

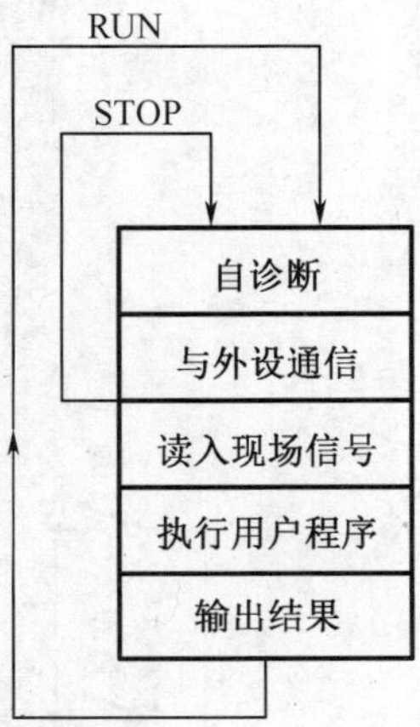

图 2 - 23　PLC 扫描过程示意图

以上是 PLC 处于运行(RUN)状态时，CPU 的扫描过程。若 PLC 处于停止运行(STOP)状态，CPU 就只执行自诊断及与外设通信两部分程序，并不断地进行循环扫描过程。

如果整个程序扫描一次所需要的时间超过监控定时器的设定值，则定时器动作，发出 CPU 故障信号，并对系统采取应有的保护措施。

三、PLC 的输入/输出接口电路

1. 输入接口电路

各种 PLC 的输入电路大多都相同，主要有两种类型：一种是直流(12 ~ 24 V)输入；另一种是交流(100 ~ 120 V，200 ~ 240 V)输入。

图 2 - 24 所示为直流输入接口电路。PLC 输入电路有光电耦合器隔离，并设有 *RC* 滤波器，可以消除输入触点的抖动和外部噪声干扰。当输入开关闭合时，一次电路中有电流流过，输入指示 LED 灯亮，光电耦合器被激励，三极管从截止状态变为饱和导通状态，这一状态经滤波电路和输入选择器由 I/O 总线进行输入。

由于采用的是双向光耦，因此外部接线没有极性要求，即公共端子 COM(SIEMENS PLC 的公共端标记为 M)既可以接在电源的正极，也可以接在负极(如图中虚线电源所示)。

图 2 - 25 所示为交流输入接口电路，输入原理与直流输入相似。图中，电容 *C* 起高通滤波的作用。

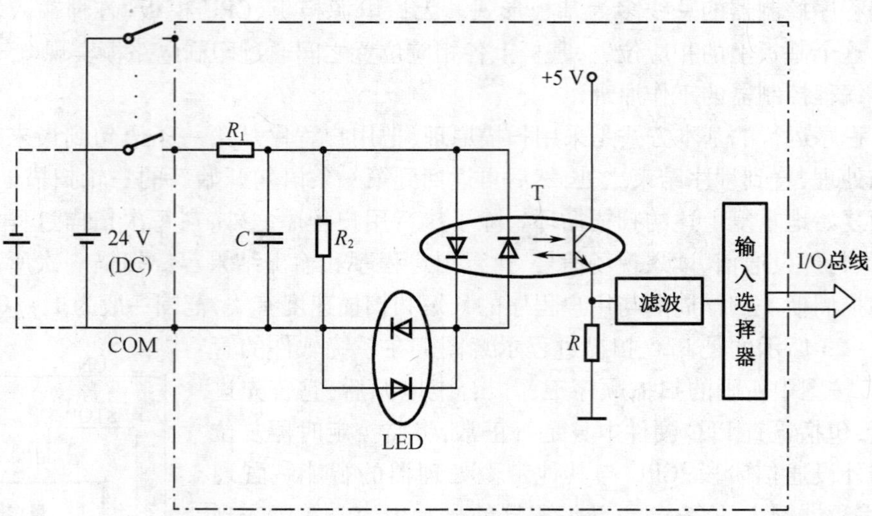

图 2-24　PLC 直流输入接口电路

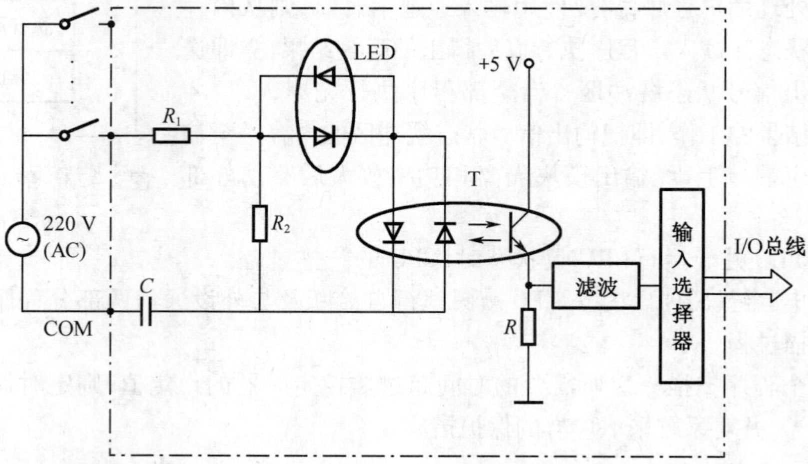

图 2-25　PLC 交流输入接口电路

2. 输出接口电路

PLC 的输出接口有三种形式，即继电器输出、晶体管输出和晶闸管输出。

继电器输出是最常用的输出类型，如图 2-26 所示。当 CPU 有输出时，接通或断开输出电路中继电器的线圈，继电器的接点闭合或断开，通过该接点控制外部负载电路的通断，并通过 LED 对输出点的状态进行指示。继电器输出方式利用继电器的触点和线圈将 PLC 的内部电路与外部负载进行了电气隔离。

继电器输出对外提供的是无源触点，适用于驱动各种容量的交、直流负载，对直流负载的接线无极性要求。其缺点是响应速度（即通断速度）较慢（约 10 ms），且触点寿命有限制。

晶体管输出接口如图 2-27 所示，它通过光电耦合使晶体管截止或饱和导通以控制外部负载电路，光电耦合对 PLC 内部电路和输出晶体管电路进行了电气隔离。LED 对输出点的状态进行指示。

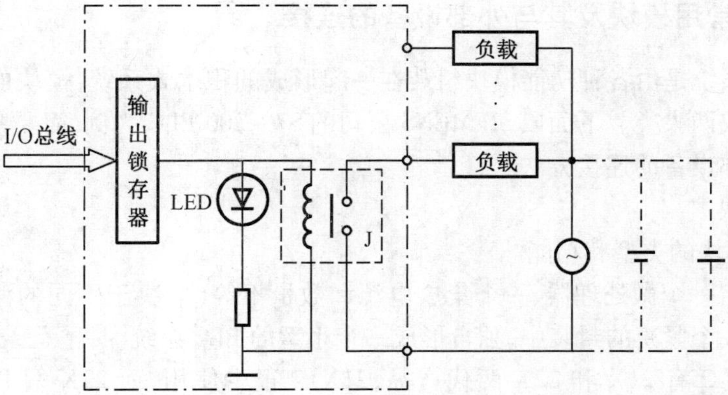

图 2-26 PLC 继电器输出接口电路

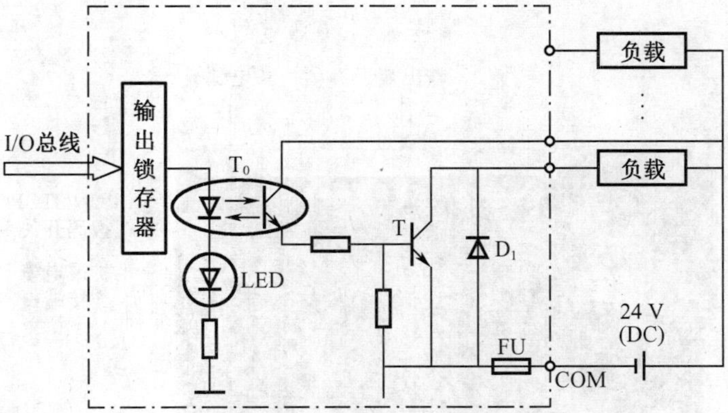

图 2-27 PLC 晶体管输出接口电路

晶体管输出只能带直流负载，且电源方向有极性要求。其驱动能力较弱，不适用于直接带继电器、接触器和电磁阀等大容量负载。但响应速度较快(约 0.2 ms)，无触点，寿命长。

晶闸管输出接口电路如图 2-28 所示。它采用了光触发型双向晶闸管，适用于驱动交流负载。适用的交流电压范围较宽，负载能力强，可直接驱动各种大容量设备，响应时间短(约 1 ms)，无触点，寿命长。同样带 LED 输出状态指示。

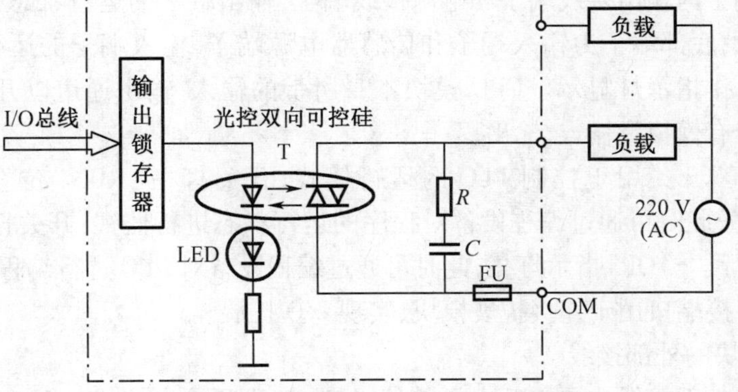

图 2-28 PLC 晶闸管输出接口电路

四、PLC常用模块及其与外部设备的连接

PLC控制系统是由各种功能模块组装在一起形成的积木式系统，模块的种类分为CPU模块和扩展模块两大类。下面以SIEMENS公司的S7－200 PLC为例，简要介绍PLC的常用模块及其与外部设备的连接方法。

1. CPU模块

(1)CPU模块的类型和功能

CPU模块将一个微处理器、一个集成电源和数量不等(取决于不同的型号)的输入/输出通道集成在一个紧凑的封装中，独自形成一个小型的PLC系统。

S7－200 PLC有21X和22X两代产品，21X已很少使用，而22X型PLC有CPU221，CPU222，CPU224和CPU226四种基本型号，不同型号的区别主要在于输入输出点数和扩展能力的不同，分别适用于不同复杂程度的控制任务。图2－29示出了S7－200 CPU模块的外观结构。

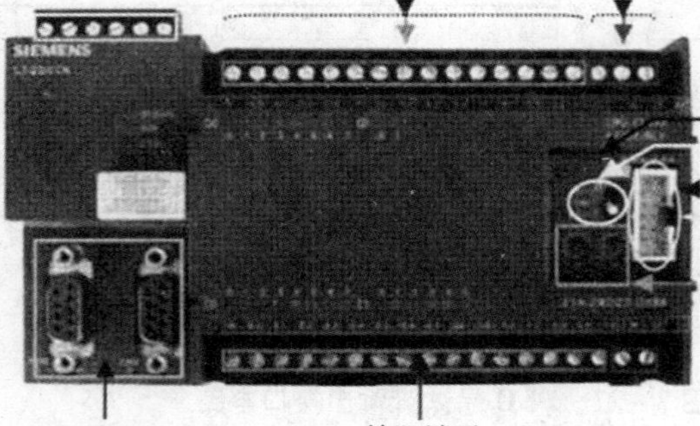

图2－29　S7－200 CPU模块

图中，RS－232/485通信端口用于连接编程设备或用于网络连接。当CPU模块通过编程电缆与编程设备连接后，可编辑或载入用户程序，内置的操作系统可对用户程序进行编译和运行。

顶部接线端子为输出接线端子和电源接线端子，输出端子的运行状态可由端子下方的一排指示灯显示；底部端子为输入端子和传感器电源端子，输入端子的运行状态可以由底部端子上方的一排指示灯显示。CPU模块本身所带的输入/输出通道以开关量为主，只有少数几个型号带有模拟量输入/输出。

“RUN/STOP”开关用于控制PLC的运行模式，开关打在“RUN”位置时，程序运行，“RUN”指示灯亮，此时可通过编程设备对程序的运行状态进行监视；开关打在“STOP”位置时，程序停止运行，“STOP”指示灯亮，此时可通过编程设备对PLC进行编程操作。

扩展电缆连接端口用于连接扩展模块，实现I/O扩展。

(2)CPU模块的外部接线

CPU模块的外部接线主要包括电源接线、输入接线和输出接线。图2－30和图2－31

给出了 CPU266 的外部接线原理图,它们分别对应 CPU266 的两个不同型号。图 2－30 所示的型号采用交流供电、直流输入和继电器输出,而图 2－31 所示的型号采用直流供电、直流输入和直流输出。两者的共同点是都有 24 个开关量输入和 16 个开关量输出,底部为输入端子排,顶部为输出端子排。

在图 2－30 中,24 个开关量输入分为两组。第一组由输入端子 $I_{0.0}$ ~ $I_{0.7}$,$I_{1.0}$ ~ $I_{1.4}$共 13 个输入点组成,外部电源的负极接第一组的公共端 1M,正极通过外部开关接至各个输入端;第二组由输入端子 $I_{1.5}$ ~ $I_{1.7}$,$I_{2.0}$ ~ $I_{2.7}$共 11 个输入点组成,外部电源的负极接第二组的公共端 2M,正极通过外部开关接至各个输入端。底部右侧的 L + 和 M 是一组 24 V(DC)/400 mA 的直流电源输出,可为外部传感器提供电源,也可作为输入端的外部电源使用。16 个开关量输出均为继电器输出,分为 3 组,第一组由输出端子 $Q_{0.0}$ ~ $Q_{0.3}$共四个输出点和公共端 1L 组成,每个负载的一端与输出点相连,另一端经负载电源与公共端相连,负载电源可以是交流也可以是直流,由负载性质确定;第二组由输出端子 $Q_{0.4}$ ~ $Q_{0.7}$,$Q_{1.0}$共 5 个输出点和公共端 2L 组成;第三组由输出端子 $Q_{1.0}$ ~ $Q_{1.7}$共 8 个输出点和公共端 3L 组成。输出端子排的右端 N,L1 端子是 PLC 的供电电源,供电电源为 120/240 V(AC)。关于以上接线原理,可参见图 2－24、图 2－26 和图 2－27。

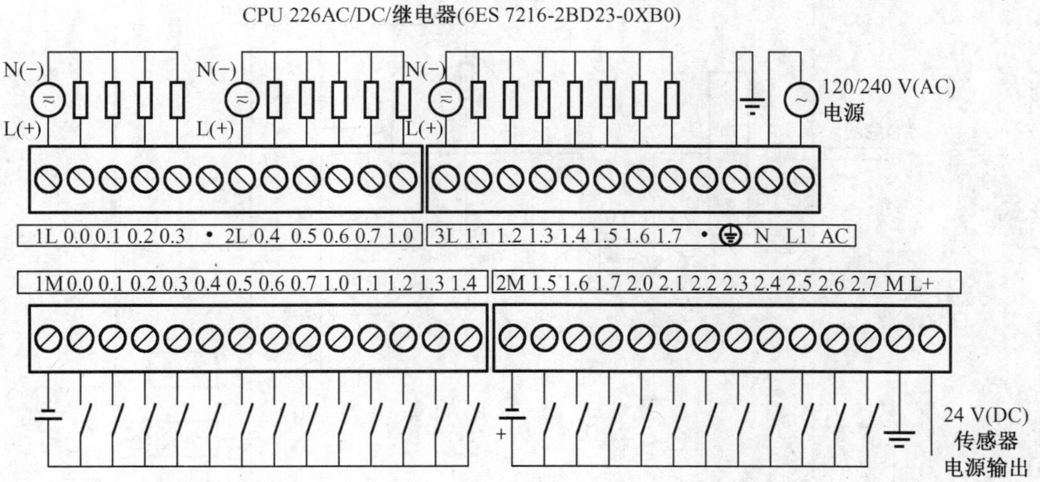

图 2－30　PU266 的外部接线

在图 2－31 中,输入接法与图 2－30 完全相同,不同的是输出分为两组,即端子 $Q_{0.0}$ ~ $Q_{0.7}$为一组,端子 $Q_{1.0}$ ~ $Q_{1.7}$为一组。另外,由于是直流输出,负载电源必须是直流电源。SIEMENS PLC 的直流输出接口电路原理如图 2－32 所示,它与图 2－27 有所不同。

必须了解的是,PLC 和单片微机等其他计算机一样,其输入和输出也需要端口地址。在 CPU 模块的上述接线中,端子名称实际上就是端子的地址名称,并且与 PLC 用户程序中的地址名称是一致的。在 S7－200 PLC 中,开关量输入端口的地址以字母 I 开头,开关量输出的端口地址以字母 Q 开头。例如 $I_{0.0}$ ~ $I_{0.7}$表示开关量输入字节的 8 位,其中的某一位,如 $I_{0.0}$表示该字节的第 0 位;$Q_{0.0}$ ~ $Q_{0.7}$表示开关量输出字节的 8 位,其中的某一位,如 $Q_{0.7}$表示该字节的第 7 位。

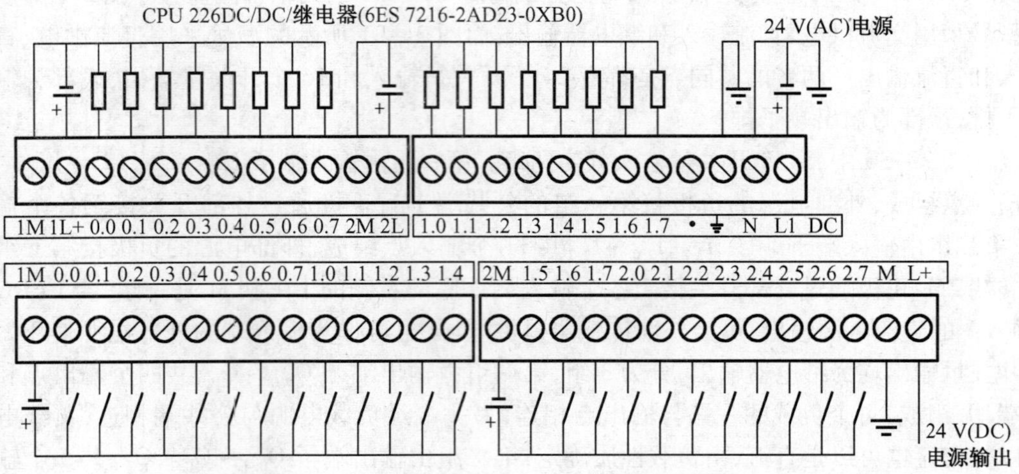

图 2－31　CPU266 的外部接线

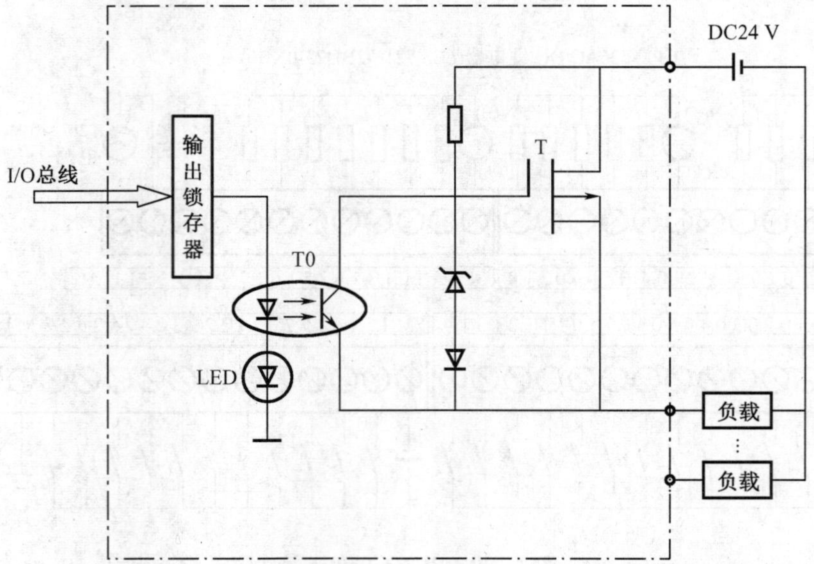

图 2－32　SIEMENS PLC 的直流输出接口

2. 扩展模块

CPU 模块有时也称作本机或主机，当本机的输入/输出点不够用或有某些特殊的功能要求时，还必须用到扩展模块。扩展模块和 CPU 模块之间通过扩展电缆连接，如图 2－33 所示。若要扩展多个模块，则采用扩展电缆将两个模块连接起来即可。

S7－200 PLC 的扩展模块包括 I/O 模块、通信模块和其他具有某种专门用途的功能模块，而 I/O 模块又包括开关量 I/O 模块、模拟量 I/O 模块。模块的具体名称采用 EM(Expansion Module)外加数字的形式表示，如 EM221，EM231 等。

(1)开关量 I/O 模块

S7－200 的开关量 I/O 模块共有 3 个类型，分别为 EM221，EM222 和 EM223。其中

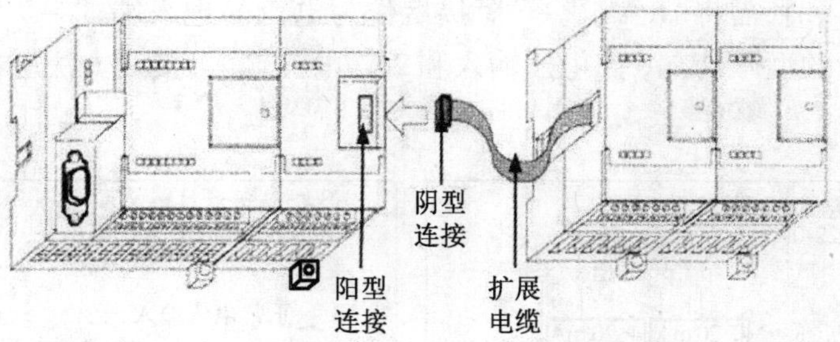

图 2－33　S7－200 PLC CPU 模块与扩展模块的连接

EM221 为开关量输入模块、EM222 为开关量输出模块、EM223 既有输入点，又有输出点，为开关量输入/输出组合模块。根据输入/输出点数和输入/输出类型的不同，每种模块又有不同的型号。图 2－34 给出了某个型号的 EM223 组合模块的外部接线图，其接线原理与 CPU 模块类似，在此不再详述。

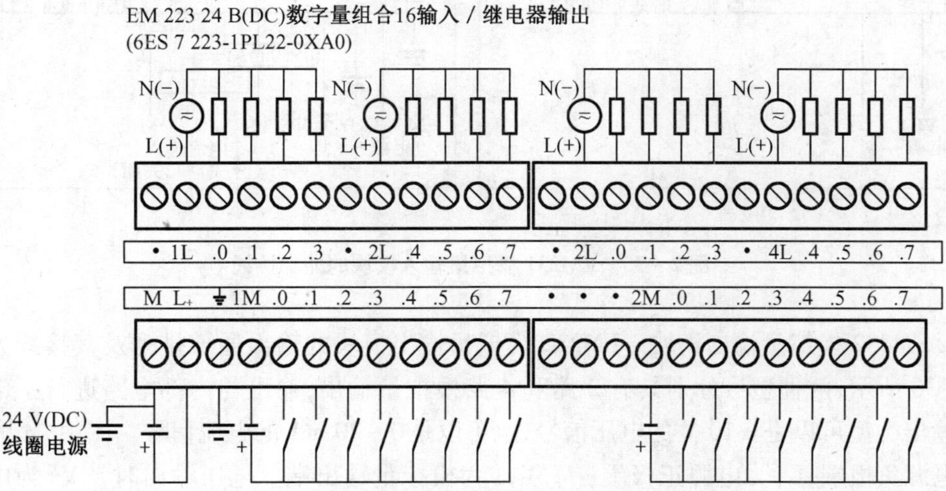

图 2－34　EM223 组合模块的开关量 I/O 外部接线

(2)模拟量 I/O 模块

S7－200 PLC 的本机一般不带模拟量输入/输出点，因此在涉及模拟量输入/输出的应用场合，都需要用到模拟量 I/O 扩展模块。S7－200 PLC 的模拟量扩展模块包括 EM231，EM232 和 EM235 三种。其中 EM231 为模拟量输入模块；EM232 为模拟量输出模块；EM235 既有模拟量输入，又有模拟量输出，为输入/输出组合模势。根据输入/输出通道数和输入/输出类型的不同，各种模拟量 I/O 模块也有不同的型号。模拟量 I/O 模块具有较大的适应性，可以直接与传感器相连，使用灵活方便。

①EM231 模拟量输入模块　图 2－35 给出了两种型号的 EM231 模拟量输入模块的输入通道排列及其外部接线图，图 2－35(a)所示的型号具有 4 路模拟量输入，输入信号可以是电压也可以是电流，其输入与内部电路电气隔离。输入信号的类型和范围可以由配置开关设定。M 为 24 V(DC)电源负极端，L_+ 为电源正极端；RA、A_+、A_-，RB、B_+、B_-，RC、C_+、C_-，RD、D_+、D_- 分别为第 1～4 路模拟量输入端。电压输入时，“＋”为电压正端，“－”为电

压负端。电流输入时,需将"R"与" + "短接后作为电流的进入端," - "为电流的流出端。图 2 - 35(b)所示的型号具有 6 路电压输入和 2 路电流输入,接线方法已在图中标明,不再详述。

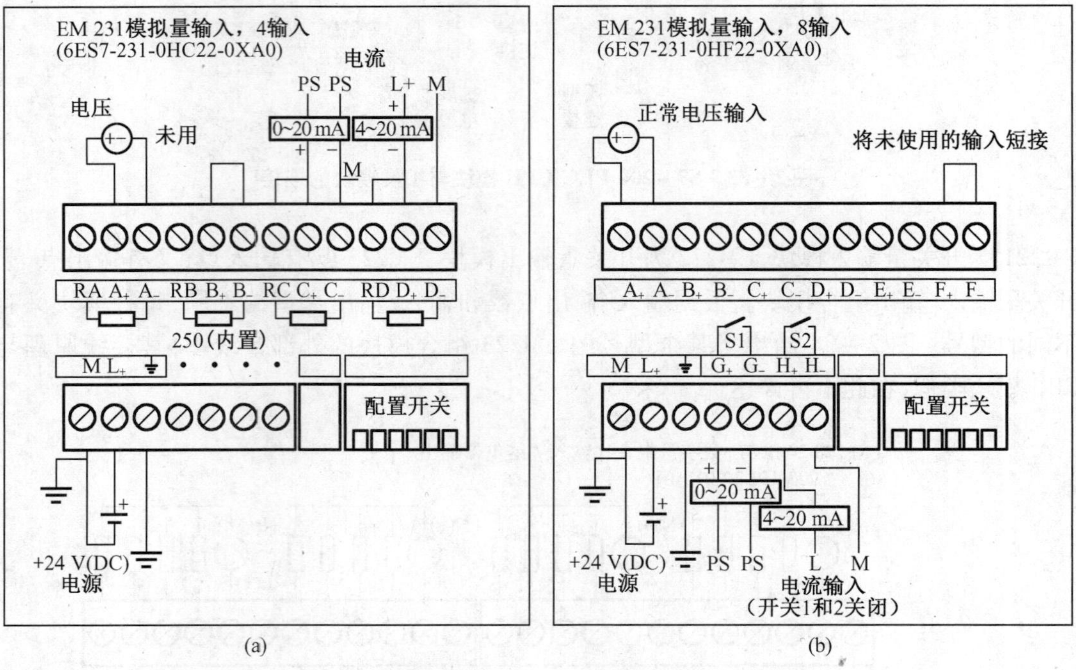

图 2 - 35 EM231 模拟量输入模块的外部接线

②EM232 模拟量输出模块　EM232 模拟量输出模块的输出通道排列及其接线方法如图 2 - 36 所示,两种型号分别具有 2 路和 4 路模拟量输出,输出与内部电路进行了电气隔离。输出类型可以是 ±10 V 的电压信号,也可以是 0 ~ 20 mA 的电流信号。图中,M 为 24 V 直流电源负极端,L_+ 为电源正极端。M,V,I 为模拟量输出端。电压输出时,"V"为电压正端,"M"为电压负端。电流输出时,"I"为电流的进入端,"M"为电流的流出端。

③EM235 输入/输出组合模块　EM235 具有 4 路模拟量输入和 1 路模拟量输出。它的输入信号可以是不同量程的电压或电流,其电压、电流的量程由配置开关设定。它的模拟量输出可以是电压也可以是电流。其通道排列及其接线方法如图 2 - 37 所示。

(3)通信模块

S7 - 200 系列 PLC 除了 CPU226 本机集成了两个通信口以外,其他均只在其内部集成了一个通信口,通信口采用 RS485 总线。除此以外各 PLC 还可以接入通信模块,以扩大其接口的数量和联网能力。S7 - 200 系列 PLC 的通信模块有 EM277,CP243 - 1,CP243 - 2 等。EM277 模块是 ProfiBus - DP 从站模块,同时也支持 MPI 从站。CP243 - 1 是工业以太网通信模块。CP243 - 2 是 AS - I(Actuator Sensor Interface,传感器/执行器接口)主站模块,可连接最多 62 个 AS - I 从站。

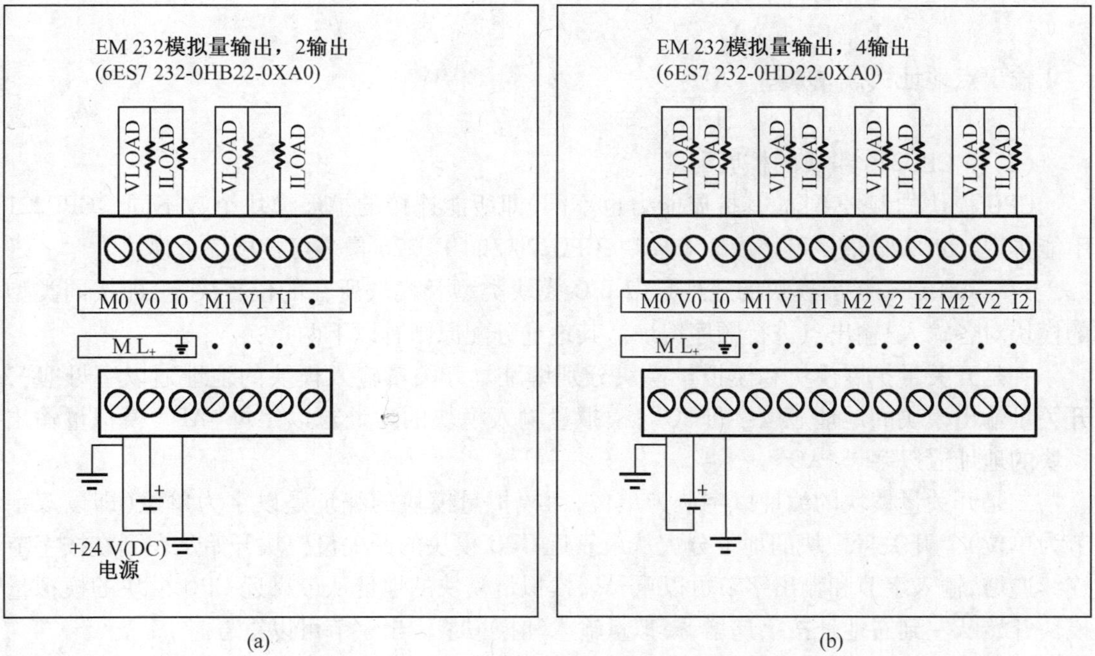

图 2－36　EM232 模拟量输出模块的接线

(a)2 路模拟量输出;(b)4 路模拟量输出

(4)功能模块

在 PLC 系统中,为了减轻 CPU 模块的负担,生产厂家经常提供一些特殊功能的功能模块来完成高速或需要实时处理的任务。常见的功能模块有位置控制模块、称重模块、高速计数模块和闭环控制模块等。

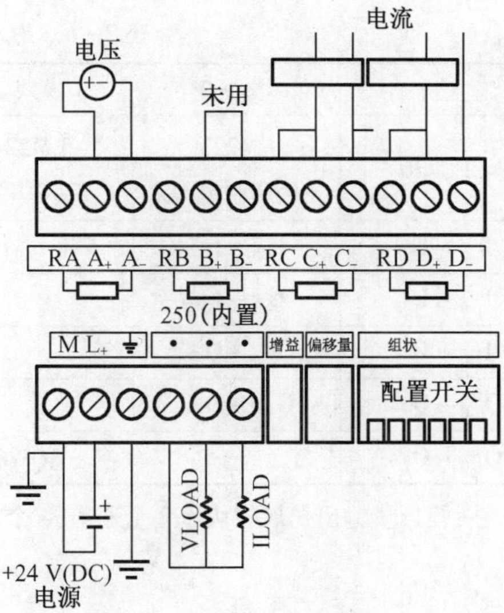

图 2－37　EM235 输入/输出组合模块的接线

3. S7－200 PLC 的系统配置及地址分配

PLC 的系统配置根据应用任务进行确定。S7－200 PLC 主机可构成一个独立的控制系统(基本配置),因此对于简单任务,可采用只有 CPU 模块组成的基本配置;若 CPU 模块本身的资源不够用,则需采用扩展配置,即在 CPU 模块的基础上增加扩展模块。在进行系统配置时,要对各模块的输入和输出点进行编址,主机提供的 I/O 具有固定的 I/O 地址。下面以 CPU226 为例说明其基本配置和扩展配置。

(1)由 CPU226 组成的基本配置

由 CPU226 本机组成的基本配置可以组成 1 个 24 点开关量输入和 16 点开关量输出的小型系统,地址分配如下:

输入点地址:$I_{0.0}$,$I_{0.1}$,…,$I_{0.7}$

$I_{1.0}, I_{1.1}, \cdots, I_{1.7}$

$I_{2.0}, I_{2.1}, \cdots, I_{2.7}$

输出点地址：$Q_{0.0}, Q_{0.1}, \cdots, Q_{0.7}$

$Q_{1.0}, Q_{1.1}, \cdots, Q_{1.7}$

(2)由 CPU226 组成的扩展配置

CPU 模块的型号不同,其扩展能力也不同,即所能连接的扩展模块个数不同。CPU221 不能扩展,CPU222 最多可扩展 2 个模块,CPU224 和 CPU226 最多可扩展 7 个模块。

S7－200 PLC 扩展模块的地址是由 I/O 模块类型及模块所在的位置决定,即按同类型的模块对各输入/输出点进行顺序编址。其地址分配原则有以下两点:

一是开关量扩展模块和模拟量模块分别编址。开关量输入模块的地址冠以字母“I”,开关量输出模块的地址冠以字母“Q”,模拟量输入模块的地址冠以字母“AI”,模拟量输出模块的地址冠以字母“AQ”。

二是开关量模块的编址以字节为单位,而模拟量模块的编址是以字为单位(即以双字节为单位)。开关量模块的地址分配从最靠近 CPU 模块的开关量模块开始从左到右按字节连续递增,输入字节和输出字节可以重号。模拟量模块的地址从最靠近 CPU 模块的模拟量模块开始从左到右地址按字递增,模拟量输入和模拟量输出字节可以重号。

设某 PLC 控制系统总共需要 41 个开关量输入点,27 个开关量输出点,5 个模拟量输入通道,3 个模拟量输出通道,CPU 模块采用 CPU226。表 2－6 给出了一个能满足上述要求的配置方案及各模块的地址分配情况。

表 2－6　PLC 扩展配置地址分配示例

主机	模块 0	模块 1	模块 2	模块 3	模块 4
CPU226	EM223 (16DI/16DO)	EM221 (8DI)	EM235 (4AI/1AQ)	EM235 (4AI/1AQ)	EM232 (2AQ)
$I_{0.0} \sim I_{0.7}$	$I_{3.0} \sim I_{3.7}$	$I_{5.0}$	AIW0	AIW8	AQW8
$I_{1.0} \sim I_{1.7}$	$I_{4.0} \sim I_{4.7}$		AIW2	AQW4	
$I_{2.0} \sim I_{2.7}$	$Q_{2.0} \sim Q_{2.7}$		AIW4		
$Q_{0.0} \sim Q_{0.7}$	$Q_{3.0} \sim Q_{3.2}$		AIW6		
$Q_{1.0} \sim Q_{1.7}$		AQW0			

注:模拟量输出扩展模块以 2 个通道(4 个字节)递增的方式分配地址。

五、梯形图基本知识

PLC 是一种工业控制计算机,不光有硬件,软件也必不可少。目前 PLC 常用的编程语言有四种,梯形图编程语言、指令语句表编程语言、控制系统流程图编程语言以及高级语言。但具体到细节,不同厂家,甚至相同厂家的不同型号的 PLC 的编程软件都有所不同。

梯形图编程语言简称梯形图,它类似电气控制系统中继电器控制电路图,逻辑关系明显;指令语句表编程语言键入方便;控制系统流程图同样是一种图形式语言,类似于逻辑功能图;而高级语言一般适用于较为复杂的控制系统。由于梯形图形象直观,用户很容易接受和学习，因此梯形图是目前用得最多的 PLC 编程语言之一。

1. 梯形图的表达形式

图 2-38 所示是 PLC 的一个简单的梯形图，它由线圈、触点和功能块等基本要素组成。最左边的竖线称为起始母线或左母线，简称母线（某些 PLC 的梯形图还在最右边加上一条竖线，称为右母线）。触点、线圈及功能模块按照控制要求和一个完整电路的形式连接起来形成一个个程序段，称为梯级或网络，例如图中包含了网络 1 和网络 2 两个网络（注意，这里提到的网络和计算机网络没有联系）。母线可以被理解为能量线，或理解为继电器电路中的电源线。每个程序段从左母线开始，从左到右依次连接各个触点，最后以线圈或功能模块结束（对于有右母线的梯形图，则以右母线结束），形成一个逻辑行或一个梯级，使得整个程序呈阶梯形，梯形图因此得名。

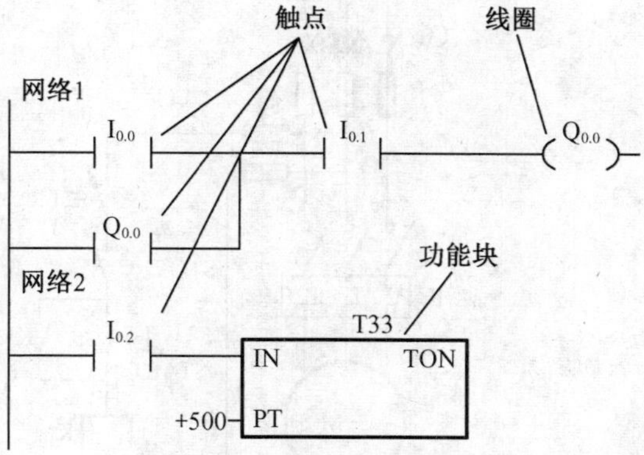

图 2-38 梯形图基本要素

梯形图中，所谓线圈和触点（有常开、常闭两种）不是物理器件，而是计算机存储单元中某个字节的某一位。相应位为“1”状态，表示继电器线圈通电、常开触点闭合或常闭触点断开；相应位为“0”状态，表示继电器线圈断电、常开触点断开或常闭触点闭合。功能块是 PLC 的某个功能程序，如计时器和 PID 控制功能块等。图 2-38 中的 T33 是一个计时器功能块。

触点可以是来自外部输入的物理开关触点，也可以是线圈或功能块所带的触点，如图 2-37中的触点 $I_{0.0}$，$I_{0.1}$和 $I_{0.2}$均是来自外部输入的物理触点，$Q_{0.0}$是线圈 $Q_{0.0}$所带的触点。

线圈有两种：一种是具有实际输出的，它通过开关量输出点对外部设备起控制作用；另一种是出于程序设计的需要而采用的内部线圈，类似于继电器电路中的中间继电器，它们没有实际输出，但在梯形图内部起逻辑控制作用。

梯形图中的每个触点和线圈均有相应的标号，该标号实际上是地址号。对于与外部输入和输出有对应关系的触点和线圈，其地址要与 PLC 输入输出的端子地址一致。

图 2-39 所示是一个采用 PLC 取代继电器电路对电机进行启动控制的例子。图 2-39(a)为电机启动的继电器控制电路，图 2-39(b)是其对应的 PLC 梯形图，图 2-39(c)是 PLC 的外部接线图，比继电器电路多了一个运行指示灯 L。

在继电器电路中用到了 START 和 STOP 两个开关，按下 START 后，接触器 KM 得电，主触点 KM 闭合，电机通电启动，同时 KM 的辅触点闭合自锁。在 PLC 电路中，START 和 STOP 开关信号分别通过 PLC 的 $I_{0.0}$和 $I_{1.0}$输入点进行输入，输出点 $Q_{0.0}$控制接触器 KM，输出点 $Q_{0.1}$控制运行指示灯。

当 PLC 运行图 2-39(b)所示的梯形图时，由于 STOP 常闭开关是合上的，因此 $I_{0.0}$触点接通，若合上 START 开关，则 $I_{0.1}$也闭合，此时线圈之前（左边）的所有触点都闭合，能量流到达线圈，线圈被激活，经输出端子 $Q_{0.0}$使 KM 得电，启动电机。同时，梯形图中的线圈触点 $Q_{0.0}$闭合，一方面对线圈进行自锁，另一方面使 $Q_{0.1}$得电，经输出端子 $Q_{0.1}$使指示灯 L 亮。当按下 STOP 开关时，开关断开，梯形图中的 $I_{0.0}$断开，线圈失电，输出点 $Q_{0.0}$没有输出，KM 失电，电机停止。与此同时，$Q_{0.0}$对应触点断开，一方面解除自锁，另一方面使输出点 $Q_{0.1}$的输

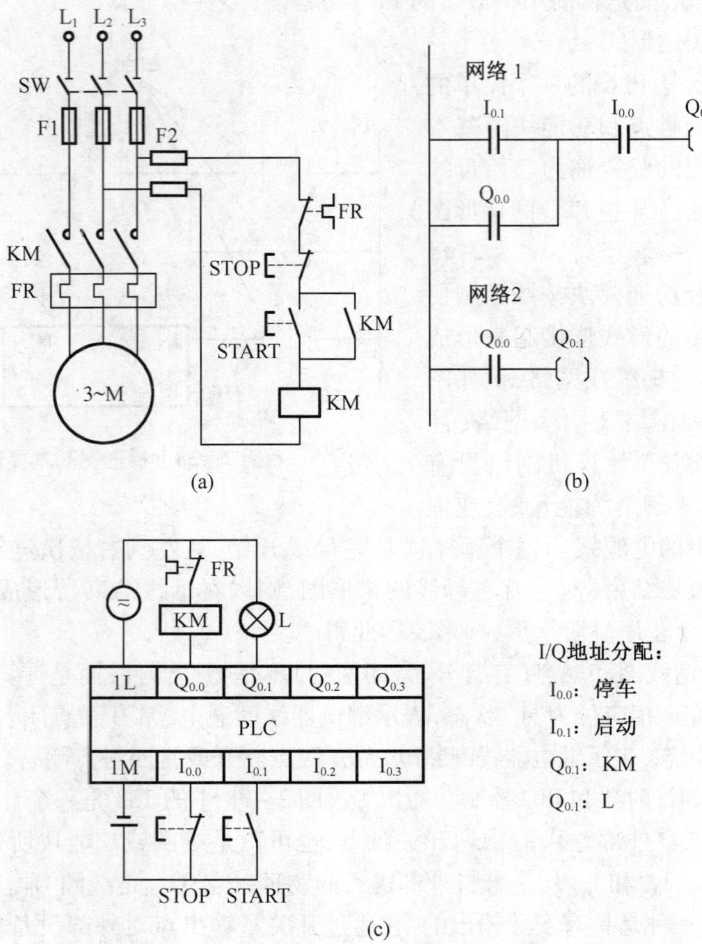

图 2-39　继电器电路与 PLC 梯形图

(a)电机的继电器启动电路；(b)电机启动控制的梯形图程序；(c)电机启动控制的 PLC 接线

出消失，指示灯熄灭。

2. 梯形图语言的编程规则

(1)在梯形图的每个梯级(网络)中，能量流总是以母线为起点，以线圈或功能块为终点。PLC 执行程序时，总是按照从左到右，从上到下的顺序执行，因此能量流只能是单向流动，即从左到右，梯级的改变也只能从上到下。

(2)线圈及功能块必须位于一行的最右端，在它们的右边不允许再有任何触点存在，也不允许直接与左边的母线相连，必须通过触点才能连接到能量线。

(3)梯形图中的线圈及其相应触点均使用同一地址，触点的数量不受限制。

(4)同一个触点的使用次数不受限制，而同一线圈则不能重复使用。

(5)触点可以任意串联或并联，但线圈只能并联而不能串联。

(6)梯形图中，每行串联的触点数目和沿垂直方向的并联触点数目，虽然理论上没有限制，但它们受所用编程器显示屏幕大小的限制，不同的编程器对此有不同的限定。

(7)当有几个串联支路相并联时，宜将触点最多的支路设计在最上面；当有几个并联支路相串联时，宜将含有支路最多的并联支路放在梯形图的最左面。

(8)程序结束时要有结束标志 END。

3. PLC 的编程

PLC 的编程有两种方法:一是通过编程器编程;二是将 PLC 通过通信口和连接电缆与 PC 机连接,在 PC 机上运行通过编程软件窗口进行编程。PLC 与 PC 机的连接如图 2 – 40 所示。

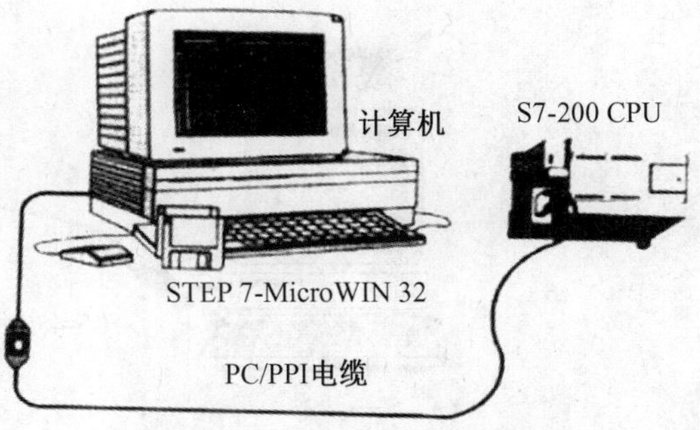

图 2 – 40　PLC 与 PC 机的连接

在 Windows 系列操作系统中,S7 – PLC 的编程软件是 STEP 7 – MicroWIN 32。在 STEP 7 的编程窗口中可以很方便地进行梯形图设计,调试好后下载到 PLC 即可运行。采用 PC 机编程比编程器编程要方便得多。

六、PLC 网络基础知识

通过串行通信连接,SIEMENS S7 – 200 PLC 有很强的组网能力,支持多种形式的协议通信,其支持的通信协议主要包括:PPI 通信协议、MPI 通信协议、Profibus DP 通信协议、USS 通信协议、自由口通信协议、Modbus 通信协议和 Ethernet 通信协议。

S7 – 200 PLC 网络的硬件连接方式有两种:一是通过 CPU 模块本身的通信接口;二是通过扩展通信模块(EM227,CP 243 – 1,CP 243 – 2)的通信接口。除了通信接口之外,构成通信网络的部件通常还包括网络连接器、网络电缆和网络中继器等。CPU 模块本身的通信接口一方面可以与编程设备进行信息交换,另一方面还支持与其他设备之间的 PPI 协议通信、MPI 协议通信、USS 协议通信、自由口协议通信和 Modbus 协议通信。

通过 EM227 通信扩展模块的通信接口能支持与其他设备之间的 Profibus DP 协议通信,同时也支持 PPI 和 MPI 协议通信。

通过 CP 243 – 1 通信扩展模块的通信接口可使 PLC 与其他设备之间进行工业以太网连接,实现协议 Ethernet 通信。

通过 CP 243 – 2 通信扩展模块的通信接口可构成 AS – I 主站,最多可连接 62 个 AS – I 从站,进一步扩大点数。

图 2 – 40 所示实际上就是一个最简单的 PPI 网络的例子,是一台上位 PC 机和一台 PLC 之间的通信。上位 PC 机有两个作用:编程时起编程器作用;运行时又可以监控程序的运行,起监视器作用。

图 2 – 41 所示是一个由多个 S7 – 200 系列 PLC 和上位 PC 机组成的 PPI 网络。在这个网络中,上位机和各个 PLC 各自都有自己的站地址,PC 机可以和各个 PLC 进行通信。这个网络中,PC 机是主站。所有的 PLC 可以是从站,也可以是主站。

其他形式的网络连接及各种协议通信的具体内容涉及比较专业的网络知识,在此不进行展开。

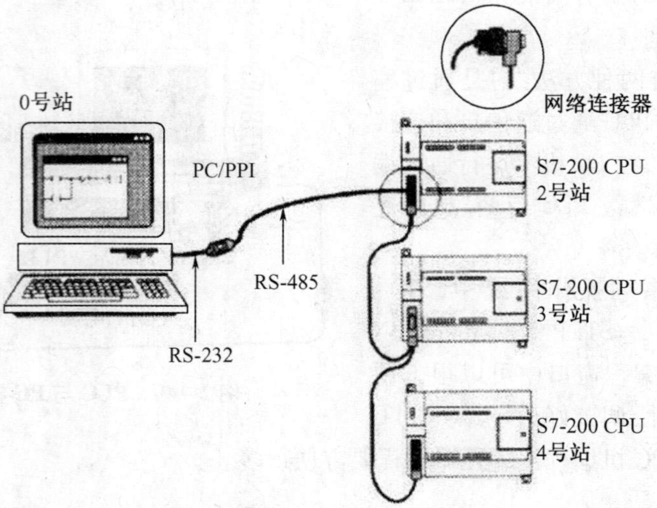

图 2－41　PLC 与 PC 机的连接

第四节　计算机网络基础知识

一、计算机网络的基本概念

1. 计算机网络的基本组成

计算机网络包括硬件和软件两大部分。网络硬件提供的是数据处理、数据传输和建立通信通道的物质基础，而网络软件是真正控制数据通信的。软件的各种网络功能需依赖于硬件去完成，二者缺一不可。

按照网络覆盖的地理范围的大小，网络可分为局域网、城域网和广域网三种类型。局域网（Local Area Network，LAN）是将较小地理区域内的计算机或数据终端设备连接在一起的通信网络。常用于组建一个办公室、一栋楼、一个楼群、一个校园或一个企业的计算机网络。

不论是局域网、城域网还是广域网，计算机网络的基本组成都主要包括如下四部分，常称为计算机网络的四大要素。

（1）计算机系统

建立两台以上具有独立功能的计算机系统是计算机网络的第一个要素。计算机系统是计算机网络的重要组成部分，是计算机网络不可缺少的硬件元素。

计算机系统是网络的基本模块，是被连接的对象。它的主要作用是负责数据信息的收集、处理、存储、传播和提供共享资源。

（2）通信线路和通信设备

计算机网络的硬件部分除了计算机本身以外，还要有用于连接这些计算机的通信线路和通信设备，即数据通信系统。通信线路分有线通信线路和无线通信线路。有线通信线路指的是传输介质及其介质连接部件，包括光纤、同轴电缆、双绞线等；无线通信线路是指以无线电、微波、红外线和激光等作为通信线路。通信设备指网络连接设备、网络互联设备，包括网卡、集线器(Hub)、中继器(Repeater)、交换机(Switch)、网桥(Bridge)和路由器(Router)以及调制解调器(Modem)等其他的通信设备。通信线路和通信设备负责控制数据的发出、传送、接收或转发,包括信号转换、路径选择、编码与解码、差错校验、通信控制管理等,以完成信息交换。通信线路和通信设备是连接计算机系统的桥梁,是数据传输的通道。

(3)网络协议

协议是指通信双方必须共同遵守的约定和通信规则,如TCP/IP协议、NetBEUI协议、IPX/SPX协议。它是通信双方关于通信如何进行所达成的协议。在网络上通信的双方必须遵守相同的协议,才能正确地交流信息,就像人们谈话要用同一种语言一样,如果谈话时使用不同的语言,就会造成相互间谁都听不懂谁在说什么的问题,那么将无法进行交流。因此,协议在计算机网络中是至关重要的。一般说来,协议的实现是由软件和硬件分别或配合完成的,有的部分由联网设备来承担。

(4)网络软件

网络软件是一种在网络环境下使用和运行或者控制和管理网络工作的计算机软件。根据软件的功能,计算机网络软件可分为网络系统软件和网络应用软件两大类型。

①网络系统软件　网络系统软件是控制和管理网络运行、提供网络通信、分配和管理共享资源的网络软件,它包括网络操作系统、网络协议软件、通信控制软件和管理软件等。网络操作系统(Network Operating System,NOS)是指能够对局域网范围内的资源进行统一调度和管理的程序。它是计算机网络软件的核心程序,是网络软件系统的基础。网络协议软件(如TCP/IP协议软件)是实现各种网络协议的软件。它是网络软件中最重要的核心部分,任何网络软件都要通过协议软件才能发生作用。

②网络应用软件　网络应用软件是指为某一个应用目的而开发的网络软件(如远程教学软件、电子图书馆软件、Internet信息服务软件等)。

2. 网络拓扑结构

网络拓扑结构是计算机网络节点和通信链路所组成的几何形状。计算机网络有很多种拓扑结构,最常用的网络拓扑结构有总线型结构、环形结构、星形结构、树形结构、网状结构和混合型结构。

(1)总线型结构

总线型结构采用一条单根的通信线路(总线)作为公共的传输通道,所有的节点都通过相应的接口直接连接到总线上,并通过总线进行数据传输。例如,在一根电缆上连接了组成网络的计算机或其他共享设备(如打印机等),见图2-42。

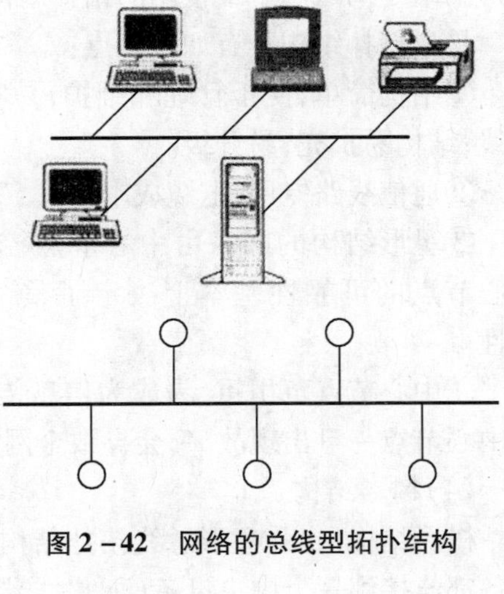

图2-42　网络的总线型拓扑结构

总线型拓扑结构具有如下特点:

①结构简单、灵活,易于扩展;共享能力强,便于广播式传输。

②网络响应速度快,但负荷重时性能迅速下降;局部站点故障不影响整体,可靠性较高,但总线出现故障时,将影响整个网络。

③易于安装,费用低。

(2)环形结构

环形结构是各个网络节点通过环接口连在一条首尾相接的闭合环形通信线路中，如图2－43所示。每个节点设备只能与它相邻的一个或两个节点设备直接通信。如果要与网络中的其他节点通信，数据需要依次经过两个通信节点之间的每个设备。

环形网络既可以是单向的，也可以是双向的。单向环形网络的数据绕着环向一个方向发送。双向环形网络中的数据能在两个方向上进行传输，因此设备可以和两个邻近节点直接通信。

环形结构有两种类型，即单环结构和双环结构。令牌环图网络的环形拓扑结构(Token Ring)是单环结构的典型代表，光纤分布式数据接口(FDDI)是双环结构的典型代表。

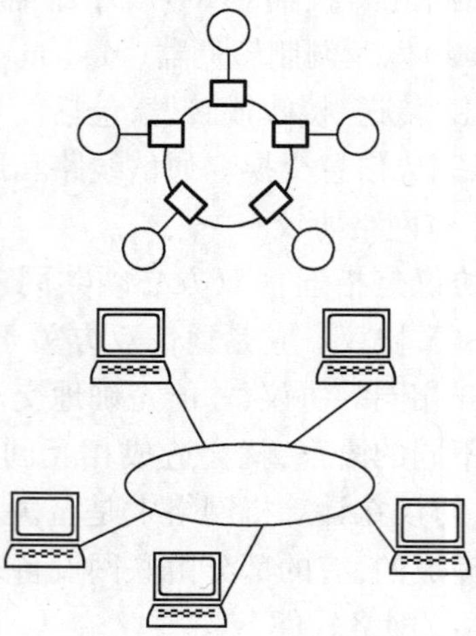

图2－43　网络的环形拓扑结构

环形拓扑结构具有如下特点：

①在环形网络中，各工作站间无主从关系，结构简单；信息流在网络中沿环单向传递，延迟固定，实时性较好。

②两个节点之间仅有唯一的路径，简化了路径选择，但可扩充性差。

③可靠性差，任何线路或节点的故障，都有可能引起全网故障，且故障检测困难。

(3)星形结构

星形结构的每个节点都由一条点对点链路与中心节点(公用中心交换设备，如交换机、集线器等)相连，见图2－44。星形网络中的一个节点如果向另一个节点发送数据，首先将数据发送到中央设备，然后由中央设备将数据转发到目标节点。星形网络是局域网中最常用的拓扑结构。

星形拓扑结构具有如下特点：

①结构简单，便于管理和维护；易实现结构化布线；结构易扩充，易升级。

②通信线路专用，电缆成本高。

③星形结构的网络由中心节点控制与管理，中心节点的可靠性基本上决定了整个网络的可靠性。

④中心节点负担重，易成为信息传输的瓶颈，且中心节点一旦出现故障，会导致全网瘫痪。

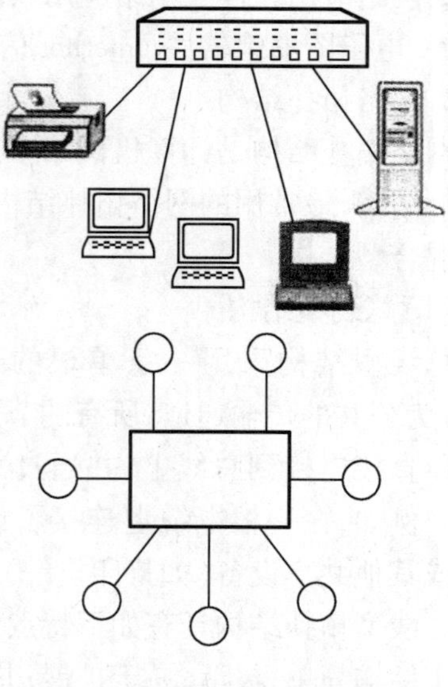

图2－44　网络的星形拓扑结构

(4)树形结构

树形结构(也称星形总线拓扑结构)是从总线型和星形结构演变来的。网络中的节点设备都连接到一个中央设备(如集线器)上，但并不是所有的节点都直接连接到中央设备，大多数的节点首先连接到一个次级设备，次级设备再与中央设备连接。图2－45所示的是一个星形总线网络。

树形拓扑结构的主要特点如下：

①易于扩展，故障易隔离，可靠性高；电缆成本高。

②对根节点的依赖性大，一旦根节点出现故障，将导致全网不能工作。

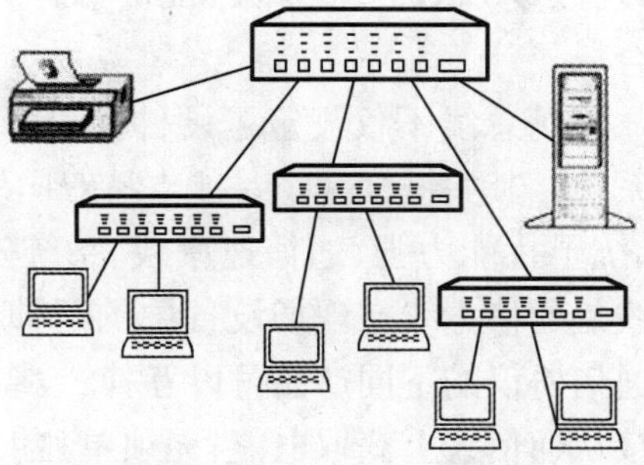

图 2-45　网络的树形拓扑结构

3. 网络传输介质

传输介质指在通信系统中接收方与发送方之间的物理信道。传输介质可以分为两大类：有线介质和无线介质。有线介质包括双绞线、同轴电缆、光纤等。无线介质包括卫星通信、红外通信、微波通信等的载体。

(1) 双绞线

双绞线是最常见的有线传输介质，它由一对相互绝缘的金属导线按一定的密度螺旋状地扭绞而成，成对扭绞可以有效减少相互间的电磁干扰。同一根电缆可包含一对或多对双绞线，并按其是否外加屏蔽丝网分为屏蔽双绞线(Shielded Twisted Pair, STP)和非屏蔽双绞线(Unshielded Twisted Pair, UTP)。

(2) 同轴电缆

同轴电缆由内外两个导体组成，内导体是一根芯线，外导体是以内导体为轴的金属丝编织面，成为外屏蔽导体，内外导体间用绝缘介质隔离。同轴电缆可分为基带同轴电缆和宽带同轴电缆。

(3) 光纤

光纤一般是由纤芯、包层和涂敷层等多层介质构成的对称圆柱体。纤芯由透明材料制成，包层采用比纤芯的折射率稍低的材料制成。一根或多根光纤组合在一起则形成光缆。采用光纤作为传输介质，具有传输速率高、通信容量大、传输距离远和抗干扰性强的优点。

二、现场总线的种类和特点

在第二节中介绍了 RS-232, RS-422 和 RS-485 等串行通信接口的原理，但它们只对接口的电气特性做了规定，只能代表数据通信的物理介质层。如果要实现数据的双向访问，还必须制定相应的通信协议和编写通信程序，但这种程序一般都只适用于特定的设备，不具有通用性。

从 20 世纪 80 年代开始，随着微电子技术的发展，在很多现场仪表或设备中都置入了微处理器而成为所谓的智能化仪表或智能化设备，例如智能传感器、智能变送器和智能控制器等。如果全部或大部分现场设备都具有串行通信接口并具有统一的通信协议，那么只需一根通信电缆就可将分散的现场设备连接起来，完成对所有现场设备的监控，这就是现场总线技术的初始想法。

按国际电工委员会和美国仪表协会(Instrument Society of America, ISA)的定义，现场总线是连接智能现场设备和自动化系统的数字式、双向传输、多分支结构的通信网络。由于各种原因，目前为止并没有真正形成国际范围内的统一标准，因此现场总线的种类很多，比较流行的有：CAN 网络(Controller Area Network), LON Works 网络(Local Operation Network), ProfiBus(Process Field Bus)总线，Hart (Highway Addressable Remote Transducer)

总线,以及 Device Net 和 Control Net 等。不同的现场总线产品各具特色,适用于不同的应用场合。

现场总线不仅规定了硬件接口标准,而且还规定了通信协议标准,具有完整的软件支持系统。其关键性标志是能支持双向多节点、总线式的全数字通信,具有可靠性高、稳定性好、抗干扰能力强、通信速率快、系统安全、造价低廉、维护成本低等特点。可以认为,现场总线是通信总线在现场设备中的延伸。总线上允许多主存在,无主从设备之分,且遵守相同通信协议的不同产品可以互换,设备之间具有互操作性,对于低功耗的现场设备还可以直接从通信线上获取电能,无须单独供电。这一特点使得现场总线在制冷机组的自动控制系统中得以广泛应用。下面介绍两种常用总线形式:CAN 和 ProfiBus 现场总线。

1. CAN 总线

CAN 总线是控制器局域网(Controller Area Network)总线的简称,最早由德国 BOSCH 公司推出,用于汽车内部测量与执行部件之间的数据通信。与其他总线相比,CAN 总线的数据通信具有突出的可靠性、实时性和灵活性,现已成为国内外最为普及的现场总线之一。

(1)CAN 总线的特征

①CAN 以多主机方式工作,网络上任一节点均可在任意时刻主动地向网络上其他节点发送信息,而不分主从,通信方式灵活,且无须站地址等节点信息。可以采用点对点、点对多点及全局广播方式传输数据。

②CAN 网络上的节点信息分成不同的优先级,可满足不同的实时要求,高优先级的数据最快可在 134 μs 内得到传输。

③数据信号采用差分电压传输,两条信号线分别为 CAN_H 和 CAN_L。

④CAN 总线传输介质可用双绞线、同轴电线或光纤,具有较强的抗干扰能力。

⑤CAN 总线采用非破坏性总线仲裁技术。当两个节点同时向网络上发送数据时,优先级低的节点主动停止数据发送,而优先级高的节点可不受影响地继续传输数据,大大地节省了总线仲裁冲突时间,在网络负载很重的情况下也不会出现网络瘫痪。

⑥CAN 总线采用短帧结构,每一帧为 8 个字节,数据出错率极低,被公认为最有发展前途的现场总线之一。

⑦CAN 通信协议中数据链路层具有严格的错误检测功能,CAN 节点有能力识别永久性故障和暂时性扰动,对错误做出判断,当故障计数大于 255 时节点被“脱离总线”,且不会对整个网络产生任何影响。

⑧CAN 总线采用公开的国际标准,有很好的开放性和良好的数据兼容性。在 CAN 系统中一个 CAN 节点不使用有关系统结构的任何信息,节点可在不要求其他节点及其应用层改变任何软件或硬件的情况下接入 CAN 网络。

(2)CAN 总线接口的结构

一个 CAN 总线接口由 3 个部分组成,如图 2-46 所示,它们分别对应于 CAN 总线的物理层、数据链路层和应用层。

最上层为微控制器,主要负责上层应用以及系统控制,包括 CAN 协议的应用层协议的实现,协调各系统设备的工作。

中间层为 CAN 控制器,CAN 控制器负责处理数据帧,完成数据的打包、解包,错误界定,并提供报文缓冲和传输滤波。

最底层为 CAN 收发器,主要是接口电平的转换,接口电气特性的处理。CAN 总线收发

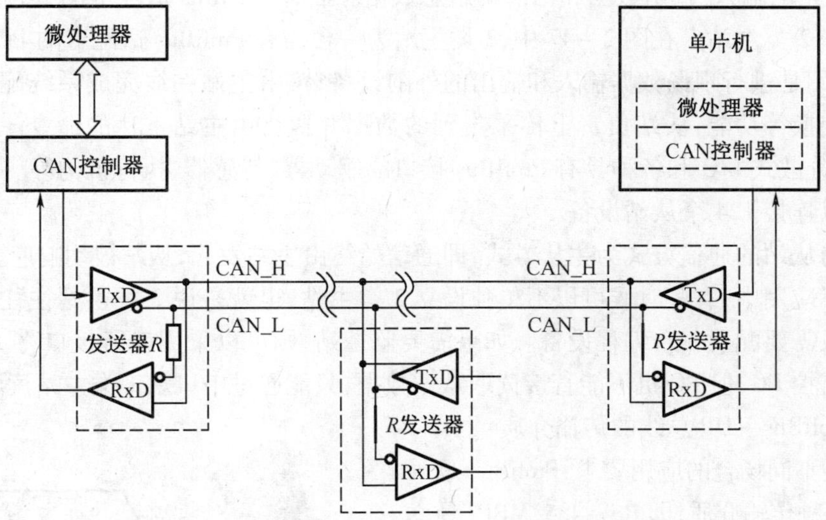

图 2-46　CAN 总线接口及网络连接

器采用一对漏极开路器件来生成 CAN_H 对 CAN_L 的差分信号。当受到驱动时，发送器产生显性信号，表示逻辑 0。发送器没被驱动时，产生隐性信号，表示逻辑 1。

2. ProfiBus 总线

ProfiBus(Process Field Bus)是另一种国际上通用的现场总线标准之一，以其独特的技术特点、严格的认证规范、开放的标准、众多厂商的支持和不断发展的应用行规，已成为最重要的和应用最广泛的现场总线标准。根据应用特点，ProfiBus 可分为 ProfiBus - FMS(Field Bus Message Specification)、ProfiBus - PA(Process Automation) 和 ProfiBus - DP(Decentralized Periphery) 三个兼容版本。

(1) ProfiBus - DP 总线的系统结构

PorfiBus - DP 总线上的站点包括主站和从站两类，其中主站又有 1 类(Class1)主站和 2 类(Class2)主站两种。DP 总线的拓扑结构可以是总线型、星形和树形，支持单主站的主 - 从系统、多主站的主 - 主站系统和多主多从混合系统等传输方式。图 2-47 所示为一种典型的总线型系统结构。

在 DP 网络中，1 类主站是中央控制器，它在预定的信息周期内与分散的站(如 DP 从站)之间进行信息交换，并对总线通信进行控制和管理。此外，还可以将控制命令发送给个别从站或从站组，以实现数据输入输出的同步。具有 DP 接口模块的 PLC 或插有 ProfiBus 适配卡的 PC 机都可以用做 1 类主站。在图 2-47 中，1 类主站为一台 PLC。

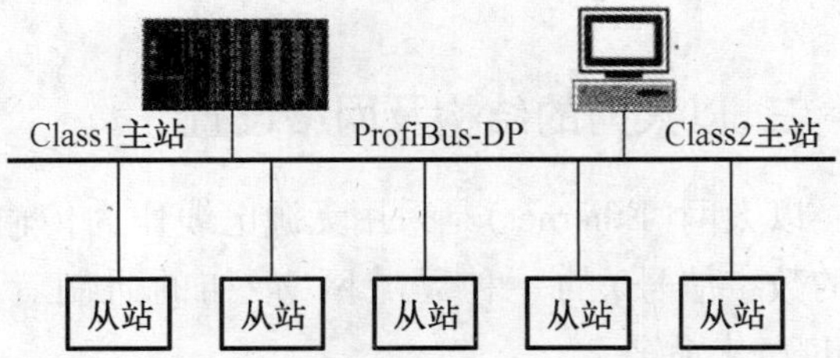

图 2-47　ProfiBus - DP 总线典型系统结构

2 类主站是编程器、组态设备或操作面板，是 DP 网络中的编程、诊断和管理设备。它除了具有 1 类主站的功能外，在与 1 类主站进行通信的同时，还可以进行 DP 从站地址分配，读取 DP 从站的输入/输出数据和当前的组态数据。插有 ProfiBus 适配卡的 PC 机和触摸屏等都可用作 2 类主站。在图 2－47 中,2 类主站为一台插有 ProfiBus 适配卡的 PC 机。

DP 从站是进行现场数据输入和输出的外围设备,可由主站在线完成系统配置、参数修改和数据交换等功能,从站负责上传采集到的数据并执行由主站下达的命令。DP 从站可以是 PLC、分散式 I/O 和各种具有 ProfiBus 接口的驱动器、传感器、执行机构等。一条 DP 总线最多可以连接 124 个从站设备。

主站与从站的通信方式为主从方式,即通信始终由主站发起,从站被动响应。

在实际应用中,有些时候可以不单独设立 2 类主站,也就是说 2 类主站往往是可选的。但调试阶段需要配置一台编程设备。如果需要监控站,则可以采用串行接口将 1 类主站连接到一台监控 PC,但 PC 机不能直接读取从站数据,只能通过串口从 1 类主站读取。

(2)ProfiBus－DP 总线的传输介质

为满足不同场合的应用要求,ProfiBus 总共提供了 3 种传输介质,即 RS－485、MBP(曼彻斯特)和光纤。DP 总线一般采用 RS－485 方式,其连接器主要采用 9 针“D”型插头,插座总是在站点一侧。而插头则在电缆一侧,图 2－48 所示为 DP 总线的电缆插头。DP 总线对 9 针“D”型插头引脚的使用有自己的定义,如表 2－7 所示。

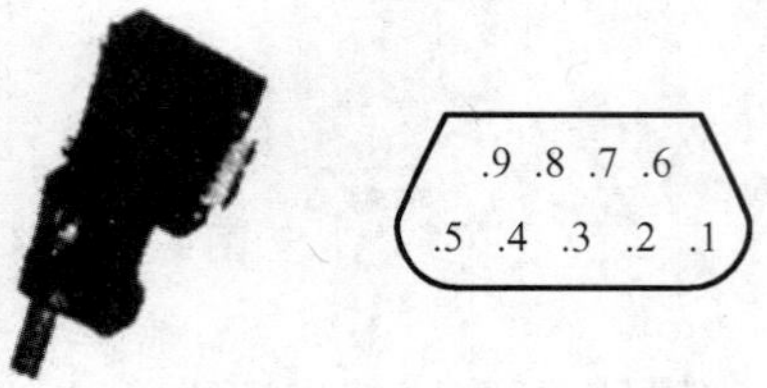

图 2－48　DP 总线 RS－485 连接器

表 2－7　DP 总线 RS－485 连接器的信号线及其功能

引脚编号	引脚名称	引脚功能	引脚编号	引脚名称	引脚功能
1	Shield	外层保护地(屏蔽层)	6	VP	5 V 电压(给终端电阻供电)
2	M24	24 V 输出电压(－)	7	P24	24 V 电压(＋)
3	RxD/TxD－P	数据接收/发送(＋)	8	RxD/TxD－N	数据接收/发送线(－)
4	CNTR－P	中继器控制(＋)	9	CNTR－N	中继器控制(－)
5	DGND	数字地			

三、以太网的结构及网络设置

以太网(Ethernet)是采用无源电缆作为传输介质的总线型基带传输(直接传输未经调制的数字信号)的一种局域网,最初的研制者以曾经在历史上表示电磁波传播的以太(Ether)来命名。

1. 以太网的物理结构

从技术的角度看,LAN 是通过特定类型的传输媒体(如电缆、光缆和无线媒体)和网络适配器(亦称为网卡)互连在一起的计算机,并受网络操作系统监控的网络系统。

以太网的连接模式有多种,但最流行的模式是采用网络接口板、集线器和双绞线连接,图 2－49 画出了由单台集线器和多台集线器连成的以太网结构。

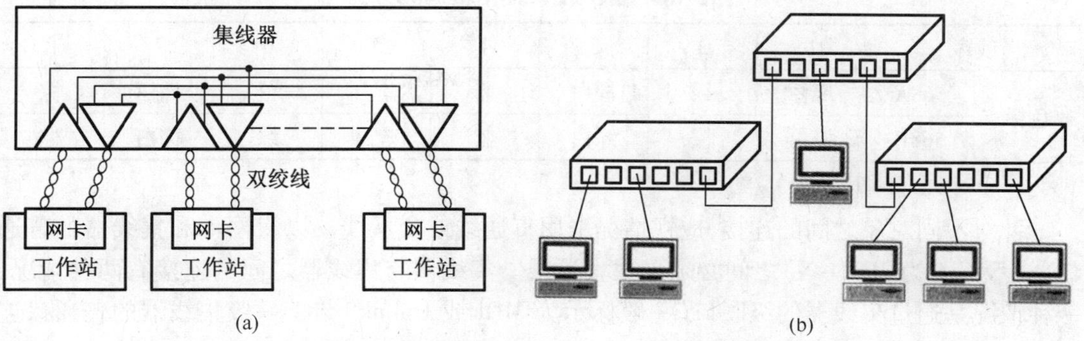

图 2-49 集线器及由集线器连成的以太网

(a)单个集线器连成的以太网;(b)多个集线器连成的星形网

网络接口板插在主机箱内的一块插板,又称网络适配器(Adapter)或网络接口卡 NIC (Network Interface Card),俗称网卡。网卡的作用是在驱动软件的控制下整理从计算机发往网络的数据,并将数据分解为适当大小的数据包再发送到传输介质上,同时也从网络接收数据。每个网卡都有一个唯一的网络节点地址,也称作 MAC 地址(物理地址),是由生产厂家在生产时烧入 ROM(只读存储芯片)中的。MAC 地址具有唯一性。

集线器(Hub)是双绞线以太网不可缺少的设备,图 2-49(a)画出了集线器是如何通过双绞线将各个计算机的网卡连接在一起的。当由于计算机数量或物理距离的原因使得一个集线器不够时,可以采用多个集线器级联的方案,如图 2-49(b)所示。从表面上看,采用集线器连接而成的局域网在物理上是一个星形网络,但由于集线器内部是使用电子器件来模拟实际电缆的工作,因此整个网络在逻辑上仍然像一个传统的以太网那样运行,整个网络的物理连接线路在逻辑上仍然是一条共享总线。

网卡与集线器之间的连接线俗称网线,由一定长度的双绞线和 RJ45 插头组成。其中,双绞线由 8 根不同颜色的导线分成 4 对绞合而成,每对传输一路差分信号。两端的 RJ45 插头分别与网卡和 Hub 的插孔相连。按电气特性的不同,在 EIA/TIA-568 标准中将双绞线分为 1~5 类等级,目前最多采用的是 8 芯 5 类非屏蔽双绞线。相应地,RJ45 插头/座也有采用相同的等级。

图 2-50 RJ45 插头

RJ45 是一个国际上通用的注册插孔(Registered Jack),其插头部分由铜片和透明塑料外壳制成,俗称水晶头,如图 2-50 所示。双绞线的色标及其在水晶头上的排列方法有国际统一的严格规定,EIA/TIA 规定了 568A 和 568B 两种布线标准,如表 2-8 所示。显然,如果网线的两端采用同一标准,那么两端是直通的,称为直通线。在同一个局域网内,直通线的标准要求统一,一般采用 568B 标准;反之,若两端分别采用的标准不同,则网线的两端存在交叉,称为交叉线。

表 2－8 EIA/TIA 568A 和 568B 标准

线序		1	2	3	4	5	6	7	8
色标	568A	绿白	绿	橙白	蓝	蓝白	橙	棕白	棕
	568B	橙白	橙	绿白	蓝	蓝白	绿	棕白	棕

针对不同对象之间的连接，应视情况采用直通线或交叉线。以太网卡和集线器的普通口（一般标示为 MDI－X）之间必须采用直通线。集线器与集线器之间的连接有两种情况，一种情况是通过集线器的级联口（一般标示为 MDI 或 Uplink）与上一级集线器的普通口连接，此时应采用直通线；另一种情况是在集线器的级联口故障或者集线器未提供级联口时，也可通过普通口与上一级集线器的普通口连接，此时应采用交叉线。当两台计算机通过以太网卡对接时，其网卡之间也必须采用交叉线（智能网卡例外）。

以上介绍的只是以太网的最基本概念和网络物理结构，要实现以太网中计算机之间的数据通信还必须有网络操作系统的支持。目前，Windows 系列的操作系统均支持以 TCP/IP 的方式操作局域网，计算机之间可以通过 IP 地址进行相互访问，使得通信非常方便。

2. 以太网设置

以太网采用 TCP/IP 通信协议，该协议在安装网卡驱动程序时自动安装并同网卡绑定。但要使计算机能够连接到网络上，还必须对其进行设置。

设置方法是首先在连接属性中找到“Internet 协议（TCP/IP）”项目，双击打开“Internet 协议（TCP/IP）属性”窗口，如图 2－51 所示。在“Internet 协议（TCP/IP）属性”窗口中，如果网络支持自动分配 IP 地址，则选中“自动获得 IP 地址”选项，确定即可；如果网络不支持此项功能，则需选中“使用下面的 IP 地址”选项，并手动填入各项内容。

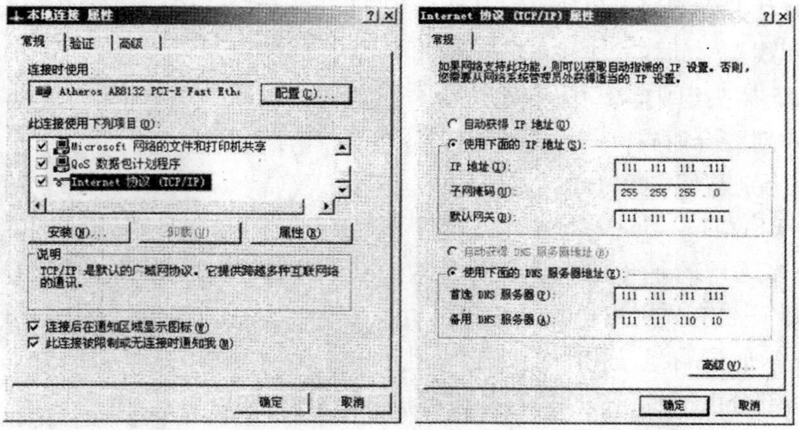

(a) (b)

图 2－51 TCP/IP 属性设置

第三章 制冷空调系统自动控制常规器件的应用

制冷与空调装置是由密闭的制冷系统与热交换器等组成的,由于对象负荷的变化及外部环境温度变化的干扰因素,制冷系统的工作参数也将发生改变。制冷空调系统自动控制的首要任务就是在负荷及外部条件发生变化时,及时通过适当的调节作用来保证制冷工艺参数,使制冷系统的工况维持在合理、安全范围内,同时尽可能提高制冷装置在各种变动条件下运行的经济性。

制冷空调系统的控制与电器控制是密切相关的,本章主要介绍一般常规控制器件。

第一节 认识电器控制器件与继电控制基本电路

一、电器控制器件

蒸气压缩式制冷系统中,压缩机的运转一般都是采用电动机来驱动的,而工业用的电动机几乎都是交流三相电动机。因此,制冷系统中要完成自动控制和保护的目的还需要采用一些电器元件,否则难以启动和控制电动机。

1. 交流接触器

交流接触器是一种电气自动化的控制执行元件,主要用于频繁接通或分断交、直流电,具有控制容量大,可远距离操作,配合继电器可以实现定时操作、联锁控制、各种定量控制和失压及欠压保护,广泛应用于自动控制电路。其主要控制对象是电动机,也可用于控制其他电力负载,如电热器、照明、电焊机、电容器组等。交流接触器是利用电磁力来接通和断开主电路的执行电器。交流接触器的工作原理:当吸引线圈通电时,电流在静铁芯和动铁芯之间产生足够大的电磁吸力,克服弹簧的反作用力使动/静铁芯吸合,动铁芯带动固定在绝缘支架上的动触点动作,使常开触点闭合,常闭触电断开;当吸引线圈失电时,动铁芯受弹簧的反作用力向上移动,触点复位。

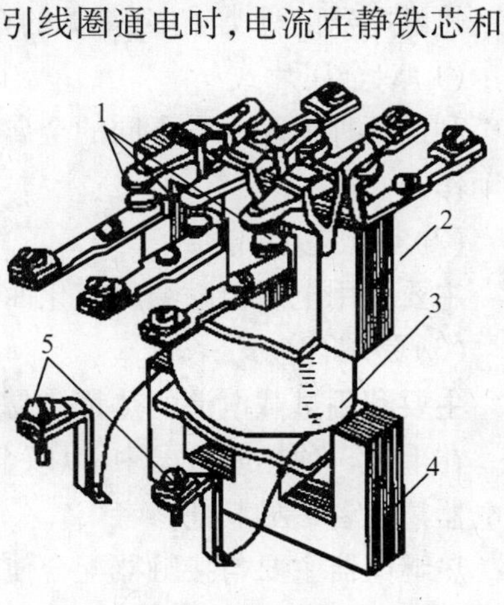

图3-1 交流接触器的主要结构

1—主触点;2—动铁芯;3—线圈;4—静铁芯;5—线圈接线端子

接触器按被控制电流的种类可分为交流接触器和直流接触器。其中,交流接触器又可分为电磁式和真空式两种。常用的电磁式交流接触器主要由电磁系统、触点系统、灭弧系统及其他部分组成,见图3-1。

(1)电磁系统

电磁系统包括电磁线圈和动、静铁芯,是接触器的重要组成部分,依靠它带动触点的闭合与断开。

(2)触点系统

触点是接触器的执行部分,包括主触点和辅助触点。主触点的作用是接通和分断主回路,控制较大的电流,而辅助触点是在控制回路中,以满足各种控制方式的要求。触点还有“常开”和“常闭”之分,当未通电时,电磁线圈没有电流通过,衔铁(铁芯)不动作,这时断开的触点称为常开触点,闭合的触点称为常闭触点。

(3)灭弧系统

灭弧装置用来保证触点接通与断开电路时,产生的电弧能可靠地熄灭,减少电弧对触点的损伤。为了迅速熄灭电弧,通常接触器都装有灭弧装置,对较大容量(20 A以上)的接触器触点部分,一般采用半封式纵缝陶土灭弧罩,对小容量的交流接触器(10 A以下)是用相间隔弧板隔弧。

(4)其他部分

其包括绝缘外壳、弹簧、短路环、传动机构等。

交流接触器不宜用于通断太频繁的场所,这是因为交流接触器的吸引线圈接通电源后,主要靠线圈电感形成的电磁场,使动、静铁芯吸合。在接通电源的瞬间,动、静铁芯未吸合时、磁路的磁阻较大,磁通较小,电抗也较小,这时流过吸引线圈的电流(接触器的启动电流)很大,可达线圈正常工作时的10倍以上。在使用时,动、静铁芯必须良好吸合,它们之间不能有异物。否则,将有较大的电流流过吸引线圈,长时间处于这种工作状态,线圈将被烧毁。

选用接触器时,主回路触点的额定电流应大于或等于被控设备的额定电流,控制电动机的接触器还应考虑电动机的启动电流。为了防止频繁操作的接触器主触点烧蚀,频繁动作的接触器额定电流可降低使用。接触器的电磁线圈额定电压有36 V,110 V,220 V,380 V等,电磁线圈允许在额定电压的80% ~105%内使用。常用交流接触器有CJ10,CJ0,D2,NC等系列。

2.热继电器

热继电器是在通过电流时依靠发热元件所产生的热量而动作的一种低压电器,主要用于电动机的过载保护及其他电气设备发热状态的控制,有些型号的热继电器还具有缺相和电流不平衡运行的保护。

热继电器的种类较多,常见的有以下几种:

(1)双金属片式

利用两种膨胀系数不同的金属碾压制成的双金属片受热弯曲去推动杠杆,从而带动触头动作。

(2)热敏电阻式

主要利用电阻值随温度变化而变化的特性制成的热继电器。

(3)易熔合金式

主要利用过载电流的热量使易熔合金达到某一温度值时,合金熔化而使继电器动作。

在上述3种热继电器中,以双金属片热继电器应用最多。本书仅对此进行介绍,其他热继电器请读者参见其他参考书。

热继电器主要与接触器配合使用,用于对三相异步电动机的过电流和断相保护。在制冷系统中,压缩机多数是由三相异步电动机拖动的,在实际运行中,电动机常会遇到因电气或机械等原因引起的过电流(过载和断相)现象。但只要过电流不严重,持续时间短,电动机绕组不超过允许温升,这种过电流是允许的。如果过电流情况严重,持续时间较长,则会加速电动机绕组绝缘老化,甚至烧毁电动机绕组绝缘。因此,在电动机控制回路中应设置电动机保护装置，这对全封闭或半封闭制冷压缩机来说尤为重要。常用的双金属片式热继电器均是三相形式，并有带断相保护和不带断相保护两种，其工作原理见图3－2。

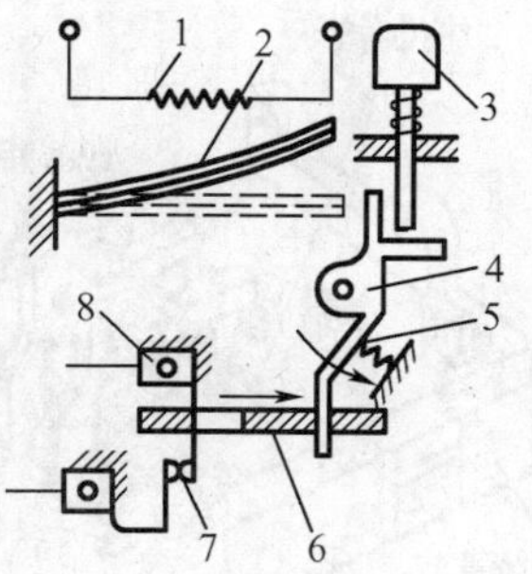

图3－2　热继电器的工作原理

1—热元件；2—双金属片；3—复位按钮；4—导杆；5—拉簧；6—连杆；7—辅助触点；8—接线端子

热元件1串接于电动机的定子电路中，通过热元件的电流就是电动机的工作电流。当电动机正常运行时，其工作电流通过热元件产生的热量不足以使双金属片2因受热产生变形，热继电器不会动作。当电动机发生过电流且超过整定值时，双金属片获得了超过整定值的热量而发生弯曲，使其自由上翘。经过一定时间后，双金属片的自由端脱离导杆4的顶端（称为脱扣）。导杆在拉簧5的作用下偏转，带动连杆6使常闭触头7打开（常闭触头通常串接在电动机控制电路中的相应接触线圈回路中），并断开接触器的线圈电源，从而切断电动机的工作电源。同时，热元件也因失电而逐渐降温，经过一段时间的冷却，双金属片恢复到原来的状态。

热元件是一种具有均匀电阻值的铜镍合金、镍铬铁合金或铁铬铝合金电阻材料，其形状有圆丝、扁丝、片状和带材几种。中小容量的热继电器大多采用圆丝和扁丝复绕在条状双金属片上，大容量热继电器一般采用片状或带材将其制成各种条形并紧贴在条形双金属片上。双金属片是将两种线膨胀系数不同的金属用机械碾压方法使之形成一体的金属片。膨胀系数大的（如铁镍铬合金、铜合金或高锰合金等）称为主动层，膨胀系数小的（如铁镍类合金）称为被动层。两种线膨胀系数不同的金属紧密地贴合在一起，当产生热效应时，使得双金属片向膨胀系数小的一侧弯曲，由弯曲产生的位移带动触头动作。

热继电器动作电流的调节是借助旋转热继电器面板上的旋钮于不同值来实现的。热继电器复位方式有自动复位和手动复位两挡。在手动复位挡时，热继电器动作后，经过一段时间（一般为2 min）才能按动手动复位按钮复位；在自动复位挡时，热继电器可自行复位，复位时间一般不大于5 min。

三相式热继电器在三相主电路中均串接热元件和双金属片。如果被控制的三相异步电动机发生过电流、断相、三相电源严重不平衡等故障，使电动机某一相或三相的电流升高，热继电器均能起保护作用。图3－3为带断相保护的热继电器原理示意图。

热继电器的电流调节凸轮旋钮是调节整定电流机构。由于电动机的功率、转数、型号不同，因此其额定电流也不相同。即使功率相同，但由于转数和型号不同，其额定电流也有大小之分。

该热继电器采用差动式结构，双金属片10和热阻丝11串联后直接串联于电动机定子电路中，当出现过电流时，双金属片受热向左弯曲，使导板12向左推动杠杆7，杠杆推动簧片使动触点与静触点分开，并断开接触器的线圈电源，从而切断电动机的工作电流。待双金属片冷却后复原，使杠杆失去推动力，即可使动触头与静触头闭合。

为便于选择适当的整定电流，热继电器就设有整定电流调节装置。JRO系列的调节范围是66%～100%。例如，热继电器的额定电流为16 A，最小电流可调到10 A，则额定电流在10～16 A的电动机都可用额定电流为“16 A”这一挡的热继电器。

选用热继电器时，应根据使用条件、工作环境、电动机的形式、运行条件及要求、电机启动情况及负荷情况等几个方面综合加以考虑，必要时应进行合理计算。一般考虑如下：

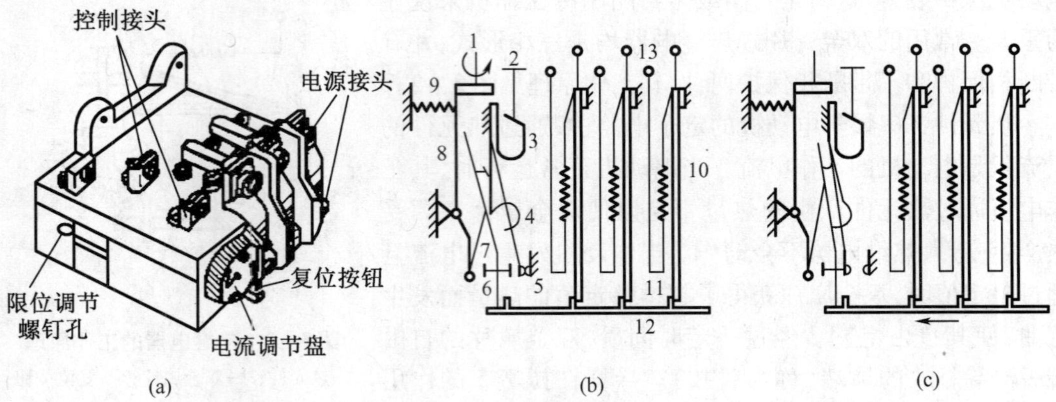

图 3-3 JRO 热继电器外形与结构示意图

(a)外形;(b)静止状态;(c)动作状态

1—电流调节凸轮;2—复位按钮;3—复位簧片;4—接触簧片;5—触头;6—限位调节螺钉;7—推杆;8—调节杆;9—弹簧;10—双金属片;11—热阻丝;12—导板;13—电源接头

①一般热继电器均有 3 种安装方式:独立安装式(通过螺钉固定)、导轨安装式(在标准安装轨上安装)和接插安装式(直接挂接在与其配套的接触器上)。安装时,热继电器应布置在整个开关柜(箱)的下部。

②原则上热继电器的额定电流应按电动机的额定电流选择。但对于过载能力较差的电动机,其配用的热继电器的额定电流应适当小些。通常选取热继电器的额定电流(实际上是选取热元件的额定电流)为电动机额定电流的 60% ~80%,应校验动作特性。

3. 时间继电器

时间继电器一般可分为通电延时和断电延时两种类型;按其延时原理有电磁式、机械空气阻尼式、电动式、双金属片式、电子式、可编程式和数字式等。它是一种利用上述原理实现触头延时接通或断开的自动控制电器,主要作为辅助电器元件用于各种电气保护及自动装置中,使被控元件达到所需要的延时,在保护装置中用以实现各级保护的选择性配合等。例如,制冷空调系统通电后,压缩机的延时启动等,都会用到时间继电器。

由于机械阻尼式(气囊式)时间继电器的延时范围可以扩大到数分钟,整定精度较差,只适用于一般场合。国产的机械阻尼式时间继电器有 JS7-A 系列气囊式时间继电器。

(1)通电延时型

通电延时型时间继电器的结构原理和电路图形符号见图 3-4。

工作过程分析:当电磁铁吸引线圈 1 通入交流电后,铁芯产生吸力,使动铁芯 2 和托板 4 向下移动。托板的移动存在两个作用:一是使微动开关 13 迅速动作;二是活塞杆 5 松开一段距离。在释放弹簧 6 的作用下,活塞杆将向下移,因为空气室中与活塞杆相连的橡胶膜 7 受到下面空气的阻力,使活塞杆不能迅速移动,且只能靠空气室的进气孔 10 送进的空气才能够移动。由于进气孔 10 比较小,所以活塞杆 5 移动缓慢。经过一定时间后,活塞杆 5 下移的距离才能够保证杠杆 15 碰撞延时开关 13,使其发生动作,实现通电后的延时。延时时间为自电磁铁线圈 1 通电时刻起到杠杆 15 迫使延迟微动开关 13 动作时为止的这段时间。通过调节进气孔 10 的螺钉可以调整进气的多少,从而调节延时时间的长短。当线圈断电后,依靠恢复弹簧 3 的作用,时间继电器复原,而空气室的空气可经过单向出气孔 9 被排出。

通电延时继电器的触点包括2个瞬时动作触点和2个延时动作触点。瞬时动作的触点一个是常开触点,另一个是常闭触点;延时动作的触点一个是延时闭合的常开触点,另一个是延时断开的常闭触点。

(2)断电延时型

断电延时继电器工作原理示意图见图3-5。

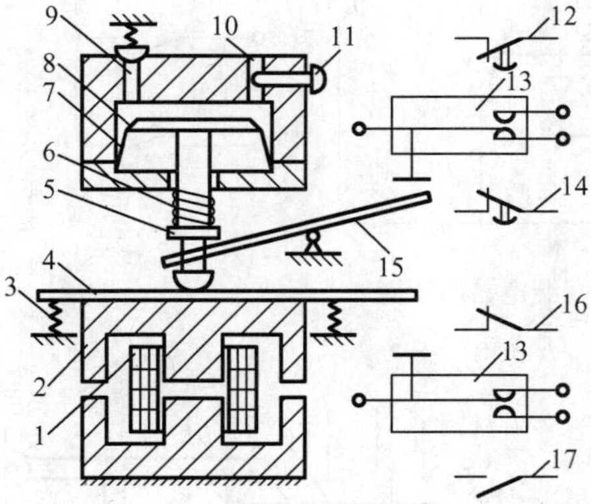

图3-4　通电延时型时间继电器

1—吸引线圈;2—动铁芯;3—恢复弹簧;4—托板;5—活塞杆;6—释放弹簧;7—橡胶膜;8—伞形活塞;9—出气孔;10—进气孔;11—调节螺杆;12—通电延时闭合常开触点;13—微动开关;14—通电延时断开常闭触点;15—杠杆;16—常闭触点;17—常开触点

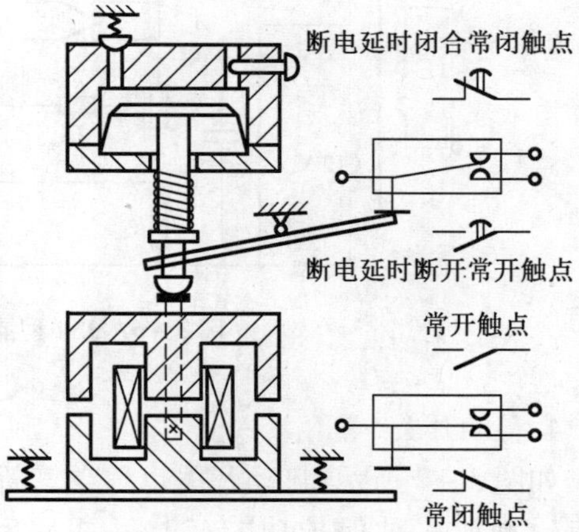

图3-5　断电延时型时间继电器工作原理示意图

工作过程分析:电磁铁线圈通电时,动铁芯与托板受静铁芯的吸引而上移。托板的上移产生两个结果:一个是使下面的微动开关迅速动作;另一个是迅速将活塞杆推起,使得上面的延时开关也发生动作,同时活塞杆上的恢复弹簧被压缩。线圈断电后,电磁铁吸力消失,动铁芯被松开,靠恢复弹簧的作用力,使动铁芯和托杆恢复原状,而活塞杆在释放弹簧的作用下,开始向下移动。像通电延时的过程一样完成断电后的延时,延时时间到了之后,上面的延时开关才能复原,达到断电延时的目的。另外,断电延时的时间长短也是靠空气室的进气量来进行调节。

断电延时继电器也有两个瞬时动作的触点和两个延时动作的触点。瞬时动作的触点一个是常开触点,另一个是常闭触点;延时动作的触点一个是断电延时断开的常开触点,另一个是断电延时闭合的常闭触点。

空气式时间继电器结构简单,延时准确度较低。在要求有准确延时时间的情况下,应考虑采用电子式时间继电器。

电子式时间继电器采用晶体管或集成电路和电子元件等构成,目前已有采用单片机控制的时间继电器。电子式时间继电器具有延时范围广、精度高、体积小、耐冲击、耐振动、调节方便和寿命长等优点,被广泛应用。

晶体管式时间继电器是利用*RC*电路电容器充电时电容器上的电压逐渐上升的原理作为延时基础的,改变充电电路的时间常数(改变电阻值)即可整定其延时时间。继电器的输出形式包括触头式和无触头式。

图 3-6 为 JSJ 型晶体管时间继电器的原理图,其工作原理请读者自行分析。

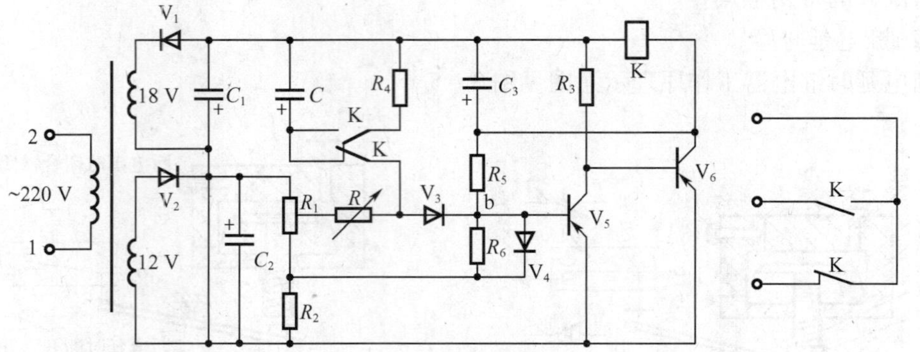

图 3-6 JSJ 型晶体管时间继电器原理图

4. 自动开关

如图 3-7 所示,自动开关也称空气断路器,它具有一种或多种保护功能(过载、短路和欠压保护),可用作不频繁地启动电动机或接通、断开电路。常用自动开关有 DZ5,DZ9,DZ10 等系列。

在正常情况下,通过操作机构,接通和切断工作电流;在故障情况下能自动快速切断高达数十倍额定电流的故障电流,从而保护电路及电器设备;同时,电磁脱扣器 5 的铁芯和线圈所产生的电磁吸力不能吸合衔铁 7。当主电路发生短路时,电磁脱扣器所产生的强大的电磁吸力使衔铁吸合,从而撞击滑竿 6,顶开搭钩 4,在恢复弹簧 1 作用下主触点 2 断开,切断了电源。当主电路发生过载时,热脱扣器动作,其工作原理与热继电器类似,同样可以顶开搭扣切断电源。

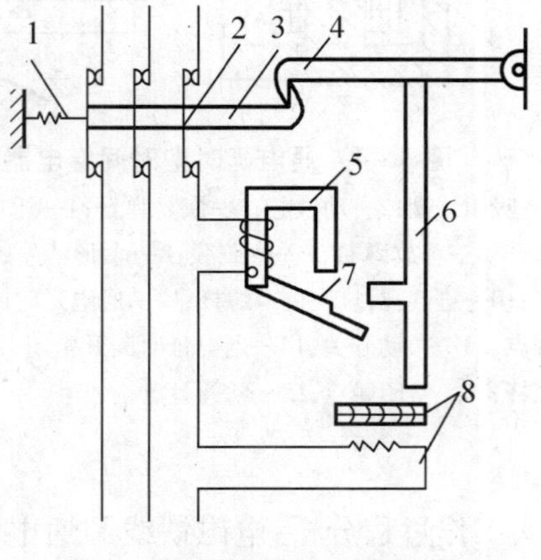

图 3-7 自动开关工作示意图

1—恢复弹簧;2—主触点;3—锁链;
4—搭扣;5—电磁脱扣器;6—滑竿;
7—衔铁;8—热脱扣器

自动开关的选择原则:

①自动开关的额定电压和额定电流应不小于电路的正常工作电压和电流。

②热脱扣器的整定电流应与所控制的电动机的额定电流或负载额定电流一致。

②电磁脱扣器的瞬时脱扣整定电流应大于负载电路正常工作时的尖峰电流。对于电动机负载,通常按电动机启动电流的 1.7 倍确定。

5. 启动继电器

启动继电器是单相感应电动机启动的一个专用元件。由于单相感应电动机不像三相感应电动机那样通电后就产生了旋转磁场,因而其通电后转子不能转动。为了使单相感应电动机通电后能转动,在其定子绕组中不但绕有运转线圈,还有专供启动用的启动线圈,它与运转线圈错开嵌绕。当电动机启动时,启动线圈帮助运行线圈启动。当电动机转入正常运转后,启动线圈的电源被切断,完成启动任务。一般启动线圈的线径比运转线圈的线径细,启动时的电流又很大,不适于长期通电。因此,电动机启动后启动线圈电源必须切断,控制电动机启动线圈在启动过程中与电源接通和断开的器件就是启动继电器。

启动继电器一般分为启动接触器部分和过载开关保护部分，它们是相互联系、不可分开的两部分，如图3－8所示。

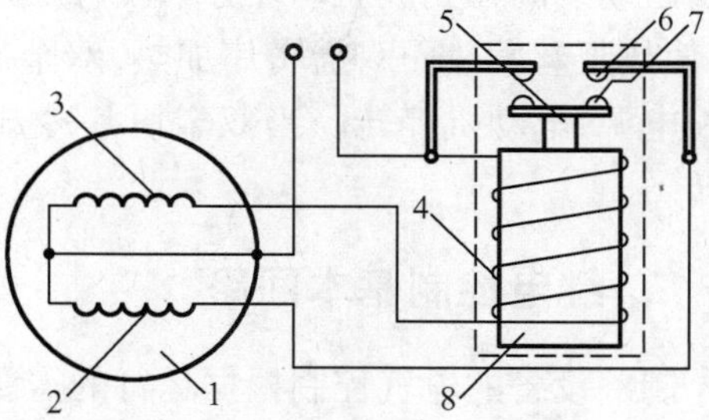

图3－8　启动继电器工作原理图

1—电动机；2—启动线圈；3—运行线圈；4—吸引线圈；5—衔铁；6—静触点；7—动触点；8—启动继电器

启动接触器是由吸引线圈4、衔铁5、静触点6和动触点7等组成的。由于启动接触器的吸引线圈是串接在电动机的运行线圈回路上，当电动机启动并运行时，吸引线圈就一直有电流通过，但只有当吸引线圈通过的电流值足够吸动衔铁时，动触头才能吸合，使启动线圈回路接通。否则，衔铁就处于释放状态。因此，吸引线圈是利用电动机启动瞬时较大的励磁电流（为运行电流的4～6倍）流过继电器线圈时，满足了线圈吸动衔铁电流的能力，于是衔铁就动作，使触头闭合，使启动线圈通电。这时启动线圈与运转线圈的电流便产生不同相位的磁场，使电动机启动。当电动机转入正常运转后，运行线圈的励磁电流很快降至运行电流，启动继电器线圈虽有电流通过，但此时电流较小不足以吸动衔铁，衔铁在重力作用下便下落，动、静触头分离，切断启动线圈回路，电动机的启动工作结束。

单相感应电动机一般用于单相电源的小型制冷设备中的全封闭式压缩机上，如电冰箱与窗式空调器等。

使衔铁被吸动时的电流值，称为该继电器的动作电流；使衔铁释放的电流值，称为释放电流。可见，吸引线圈的动作电流值大于释放电流值。

上述启动继电器是重力式的，它有机械触点，寿命及可靠性都有限。半导体启动器（简称PTC）在正常室温下的电阻率很小，当达到某一温度值时（一般取50～60 ℃），电阻率（该电阻具有正温度系数的特性）急骤增大数倍。这一温度称为临界温度（又称居里点或临界点）。当电冰箱启动时，PTC元件温度较低，电阻较小，可近似地视为直通电路。在启动过程中，因电流大于正常运行电流4～6倍，从而使PTC元件温度升高至临界温度后其电阻值突增至数万欧，此时可近似地视为断路。因此，这种启动器又称为无触点启动器。半导体启动器由于其通、断性能取决于自身的温度变化，在电冰箱停机后不能立刻启动，必须待其温度降到临界点以下才能重新启动（一般需等待4～5 min）。

保护部分的过载开关实质上是一个单相的热继电器。过载开关是保护电机超载运行的，当电机过载时自动切断电源，使电机停转，保护电机线圈不被烧毁。

如图3－9所示，过载开关的延时时间一般在10～15 s，而电动机的正常启动时间只有几秒钟，因而不会引起过载开关的误动作。过载开关动作后一般也需要3 min左右触点才能复位，其中延时复位或断开时间制造厂均已调整好。

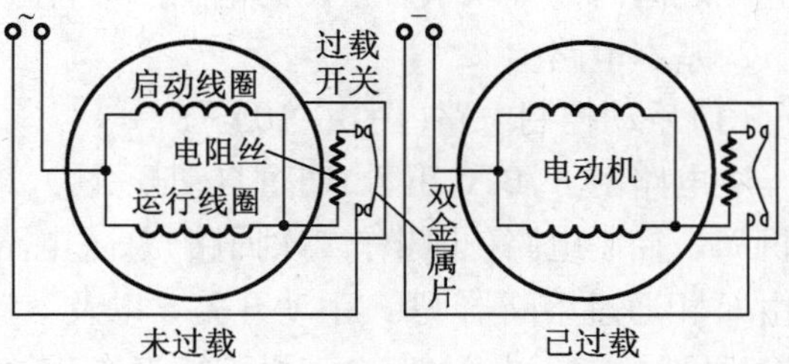

图3－9　过载开关工作原理图

过载开关是由热阻丝、双金属片及一对触点组成的。动触点装在双金属片端点，双金属片紧靠在加热元件旁，加热元件由热阻丝绕制，过载开关串接在单相电动机供电回路中。当电动机超负载运行时（尤其是当启动线圈在完成启动任务后没有及时断开，电流过大将烧毁启动线圈），电流超过正常值，使热阻丝发热而双金属片加热，双金属片受热后变形弯曲，推动动触点与静触点分开，切断电源，电动机停转。当双金属片冷却后又回复原位，电源又被接通，电动机重新启动运转。

二、继电控制基本回路

制冷设备的电气控制根据运行的需要，由自动控制元件与常用控制电器组成各种形式的电气线路。要看懂一些较复杂的电气线路图，首先要弄清一些基本控制电路图，同时结合线路中的电器、电器元件的结构、用途与性能来学习。制冷空调系统电气故障时有发生，一旦发生故障，应查出故障原因并及时修理。

电气图纸一般包括接线图与原理图。

接线图包括电气线路各元件排列位置及互相联系的技术要求（如导线规格、电气柜与按钮、电机配线方法等）。它不能进行电气故障分析，特别是较复杂线路的分析。

电气原理图是解决故障分析和线路原理分析所必需的，它能反映线路中各元件在电路上的联系和工作原理，但不能反映实际排列的情况。

本书所反映的电气图均指电气原理图。为了便于分析线路动作原理，图上同一电器的各个部件并不一定画在一起，而是把它们分开画在各个线路的位置，如交流接触器 C 的线圈、辅助触头、主触头分别画在 3 处，它们之间用文字符号代表同一个元件。所以，每个电器、电机等都用文字符号表示，在看线路图时要注意。当一个电器动作，图中表示这个电器的所有相同符号的触头都要动作。

原理图和接线图中所表示的是线路在没有通电的情况下，按钮及电、机械作用的电器是没有外力作用下的自然状态，如触头常开、常闭都指在没有通电情况下的状态。当线路通电以后，揿动按钮电器就会动作，通过电、机械的联系，触头常闭的就打开，触头常开的就闭合，与图上所画的就相反，看图时要有通电后电器有变动的概念。

在电气线路图中的各种电器，要用许多导线来连接各个节点。为避免线路接错和查找故障的方便，在线路图中一般将导线的连节点处进行标号。1 个节点上不论有多少根导线连接，均应编 1 个码。这样，接线时只要把相同号码的导线接在一起就可以了。主电路用粗线表示，控制线路用细线表示。

1. 电路图中常用电气符号

电气线路图中的电器，必须用图形符号与文字符号来代表各个电器或元件，用线条表示它们之间的电气联系。常用的电工图形符号与文字符号见国家标准 GB 4728。

2. 基本电路

(1)手动控制电路（图 3－10）

主电路由 A，B，C 引入，通过自动开关 Q、熔断器 FU_1、交流接触器 KM 常开触点后接入电机 M。控制电路（也叫作二次回路）从主电路熔断器 FU_1 的下端头 A 和 C 相引出，控制电路由 C 相通过熔断器 FU_2、手动开关 S 以及交流接触器线圈 KM 再接入 A 相。合上自动开关 Q，虽然接通了电源，但电动机不能工作，因控制电路里的手动开关 S 没有合上，接触器线圈 KM 处于失电状态，主电路中常开触点 KM 断开，电压没有加到电动机 M 上。只有在 Q 和 S 同时合上，接触器线圈得电，其常开触点闭合，电动机才能进入工作状态，这种电路是基本的工作电路。手动开关控制着电动机的开停，它没有断电自锁的功能，即电源断电又恢复供电时，只要 Q 和 S 开关是合着的，电动机就进入工作状态，这样非常不安全。

（2）有自锁的控制电路（图 3－11）

与手动控制电路不同的是，在控制电路增添了启动按钮 SBT 与停止按钮 SBP，同时将交流接触器的常开触点 KM（通常用交流接触器上的辅助触点）并联于启动按钮 SBT 两端。按下启动按钮 SBT 后，交流接触器 KM 得电，其常开触点 KM 闭合，电动机启动并进入工作状态，因并联在 SBT 两端的常开触点也闭合，在没有松开启动按钮的瞬间，交流接触器的线圈已有两条供电线路，这时即使松开 SBT，接触器线圈 KM 中仍有电流流过，它具有自锁功能。需要停机时，按下 SBP 就可以了。停机后，松开 SBP，它又恢复闭合状态，因 SBT 和常开触点 KM 是断开的，线圈 KM 处于断电状态，所以电动机 M 不会重新启动。可见，有自锁功能的控制电路，具有断电保护作用，即当电源断电后又恢复供电时，电动机不能进入工作状态，要启动电动机 M，使其进入工作状态，就必须按下 SBP。

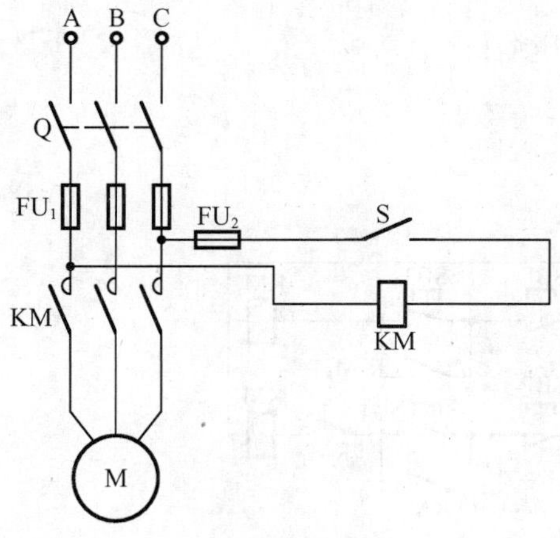

图 3－10　手动控制电路

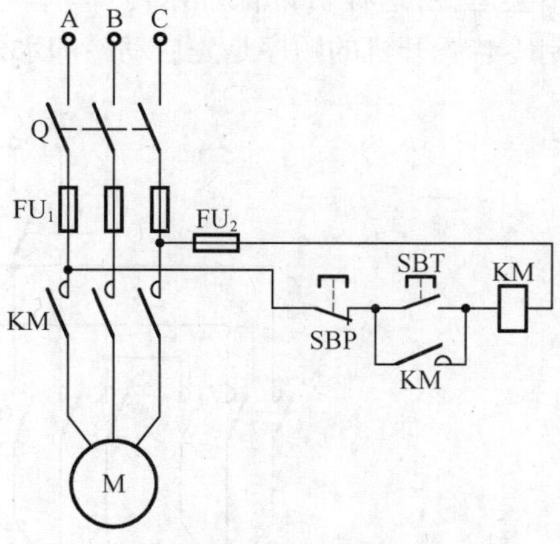

图 3－11　自锁控制电路

（3）互锁的控制电路

所谓互锁也称联锁，即两接触器存在一种相互制约的关系。互锁一般分为两种方式：

①一个接触器吸合，另一个接触器必须处于断开状态，见图 3－12。控制三相电动机正转、反转的控制电路就属于这种方式。当按下 SBT_1（SBT_1-1 与 SBT_1-2 是双联按钮，下同）时，接触器线圈 KM_1 得电，其常开触点闭合，电动机运转（假设此时为正转），同时串接在接触器 KM_2 线圈回路中的常闭触点 KM_1 断开，使接触器 KM_1 得电后接触器 KM_2 不可能得电。另外，接触器 KM_1 有自锁控制功能，当 SBT_1 松开后，电动机继续运行。此时，若需要电动机按另一方向（反向）运转，只需按下 SBT_2 即可，这时 SBT_2-1 断开使 KM_1 断电，其常开触点断开，电动机断电，其常闭触点闭合，为接触器 KM_2 线圈通电做好准备。SBT_2-2 的闭合使 KM_2 线圈得电，其常开触点闭合，电动机反转，同时串接在接触器 KM_1 线圈回路中的常闭触点 KM_2 断开，实现接触器 KM_1 与 KM_2 互锁的功能。这种互锁的功能体现在：当 KM_1 线圈得电时，线圈 KM_2 所在回路被接触器的常闭触点切断；反之，KM_2 线圈得电工作后，线圈 KM_1 所在回路被接触器 KM_2 的常闭触点切断。

②必须第一只接触器工作后，第二只接触器才能进入工作状态的方式，见图 3－13。M_2 是制冷装置中压缩机电动机，M_1 是冷却水泵电动机。在水冷却的制冷装置中，开机顺序为：

先启动冷却水泵，再启动压缩机。按下水泵电动机启动按钮 SBT_1，接触器 KM_1 线圈得电，其相应常开触点闭合，闭合的触点有 3 个作用：使电动机 M_1 运转；实现自锁控制；串接在接触器线圈 KM_2 回路里的常开触点 KM_1 闭合，为 KM_2 进入工作状态做好准备。这时，按下电动机 M_2 的启动按钮 SBT_2，接触器 KM_2 吸合，电动机 M_2 运转。若接触器 KM_1 不吸合，其常开触点断开，即使按下 M_2 的启动按钮 SBT_2，电动机 M_2 也不会运转，这样可以保证水冷却的制冷装置开机的顺序是先启动冷却水泵，再启动压缩机。

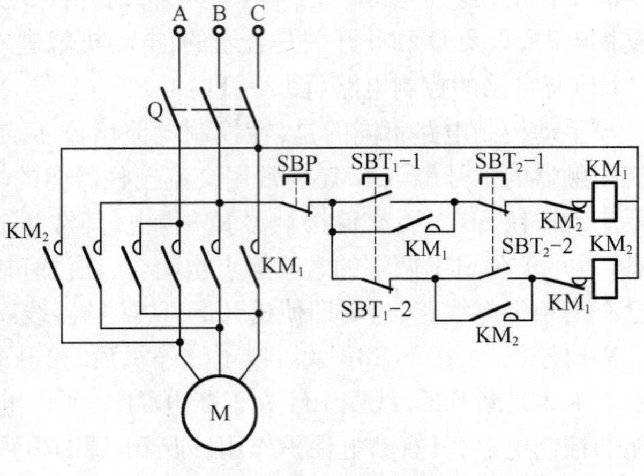

图 3-12　三相电动机正反控制电路图

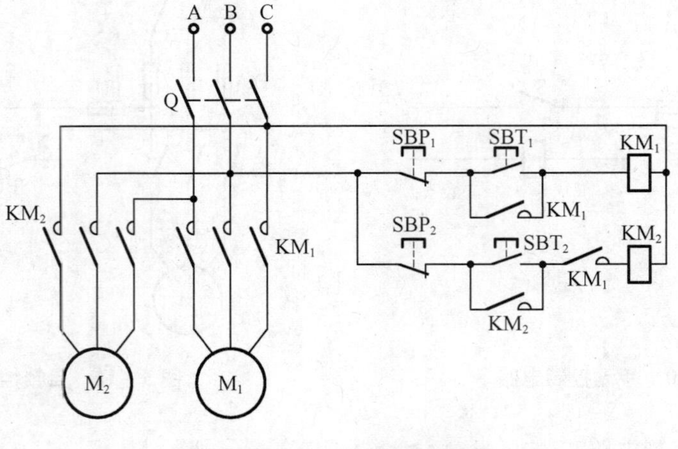

图 3-13　顺序启动控制电路

(4)带有延时控制的控制电路

三相鼠笼式异步电动机的启动电流很大，约为额定电流的 7 倍。电动机在经常启动的情况下，过大的启动电流将会造成电动机的严重发热，加速了绝缘的老化；同时，在大电流的冲击下，电动机绕组(尤其是端部)受电动力的作用，有发生位移和变形的趋势。若在电动机制造操作工艺和绝缘处理上不够完善(绕组包扎得不好或绝缘漆浸得不牢)或是使用日久的情况下，电动机绕组就容易发生短路甚至烧毁电动机。另外，过大的启动电流会给电网带来不良影响，使电网电压波动。如果波动较大，会使其他正在运转的电动机突然停车或使某些电器产生误动作，甚至造成局部或全部供电中断。因此，一般较大容量的电动机都采用“降压启动”的办法来限制其启动电流，一般包括：电阻器降压启动、Y-△降压启动、补偿器启动和延边三角形启动法等。现仅讨论 Y-△启动电路中的延时控制电路。

图 3-14 是电动机 Y-△启动控制电路，这是一个既有互锁控制，又有延时控制的电路。

当按下启动按钮 SBT_1，通电延时断开的时间继电器 KT 开始计时工作，接触器 KM_2 线圈得电，KM_2 常开触点闭合，将电动机接成 Y 形，此后接触器 KML 得电，主电路中的 KML 常开触点闭合，电动机绕组便接成 Y 形启动，待转速增加到一定程度，KT 延时动作，KT 常闭触点断开，接触器 KM_2 线圈断电，其常开触点断开，星形接法断开，串接在接触器 KM_1 线圈电路中的常闭触点 KM_2 闭合，接触器 KM_1 得电，其常开触点闭合，电动机绕组由 Y 形转为△形，电动机转入正常运转，同时 KM_1 得电后，其常闭触点断开，使 KM_2 线圈在 KM_1 得电的情况下也不能得电，同时断开时间继电器 KT 的供电。电路中接触器 KM_1 与 KM_2 是互锁的。如果它们之间没有这种制约关系，一旦发生误动作，使 KM_1 和 KM_2 同时吸合，将造成电源短路。

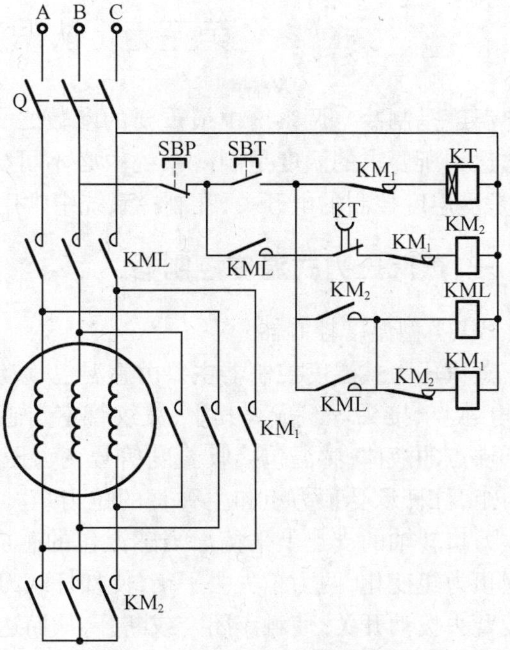

图 3－14　Y－△电动机启动电气控制图

3. 控制电路的分析与一般设计方法

(1)电路分析

读图是根据给定线路图分析出它的工作原理和工作过程，其要点如下：

①首先要熟悉原理图中各元件、器件的文字符号、图形符号在电路中的作用。例如，接触器 KM，它的触头画在主电路中，而线圈的辅助触头被分散地画在控制电路的恰当位置上，图中凡用同一文字符号标志的元件都属于同一电器。

②阅读主电路时，应了解电路中有哪些电机、电器，它们如何工作，怎样满足运行要求，以及采用了哪些保护环节等。

③控制电路往往是依照制冷工艺要求按动作先后自上而下、从左到右顺序绘制而成。因此，阅读时也要按顺序逐行进行。当一个电器动作后，应找出它们的触头控制了哪些电路，或者为哪些电路的工作准备条件。另外，要特别注意控制电路与主回路各元件、各触头之间是怎样配合动作的，弄清楚它们控制的逻辑顺序。

(2)设计方法

学会了控制线路的分析方法不难进行简单的控制电路设计。从分析中可看出，任何复杂的控制电路都是由主电路和控制电路组成的，而控制电路又是由一些互相并联的独立支路组成的，每个支路只能有 1 个(也必须有 1 个用电器件)吸引线圈，以保证线圈获得额定电压，其余则是一些开关和触点，它们是线圈有电或失电的条件，这些触点可以并联(相当于“或”)和串联(相当于“与”)。具体设计方法如下：

①分析对象的控制要求，初拟主电路，选择接触器及有关控制元件(如热继电器、时间继电器，等等)。

②分析各接触器动作顺序，依次画出它们的独立控制电路。

③分析各接触器动作之间的逻辑关系，在各独立支路中加入相关触点与专用控制电器，以完善控制电路。

④完善主电路，加入保护环节。

⑤检查整个电路动作过程是否符合设计要求。

第二节 认识温度控制器件

温度是制冷空调系统中最重要的参数之一。在制冷系统中,控制被冷却物体的温度,使之达到所要求的温度是制冷系统中必不可少的重要环节。温度控制器又称为温度继电器,是受温度控制的电开关,在制冷系统中常用作温度保护或温度的双位控制。

一、蒸汽压力式温度控制器

1. WT 型温度控制器

蒸汽压力式温度控制器主要由感温包、波纹管、主弹簧、幅差调节弹簧及相应的调节机构、电触点、接头等组成。其中,波纹管室与感温包经毛细管连接组成一个密封容器,内部充低沸点的液体,感温包接收温度信号变为压力信号传到波纹管室,使波纹管对杠杆产生顶力矩,杠杆承受顶力矩和主弹簧的拉力矩。刀口是杠杆的支点,顶力矩与主弹簧的拉力矩在刀口转轴的支点上平衡。当感温包的感应温度变化时,波纹管室的压力也相应变化,引起顶力矩变化,两力矩失去平衡,使杠杆绕刀口支点转动,杠杆的转动使与杠杆连成一体的拨臂去拨动开关,使触点闭合或断开,从而达到温度控制的目的。

温度继电器的左下方有一差动机构,差动机构的作用是调整开关接通与断开之间的温度差值。差动值可由差动旋钮调整,以得到适当的差动值。另外,调节螺杆是调节主弹簧的拉力大小,以调整被控制的温度范围。标尺上标有温度继电器被控制的温度范围。如标尺温度数值为 -60 ~ -30 ℃,则此温度继电器在 -60 ~ -30 ℃都可调节和控制。但是,温度继电器不能实现高精度的控制,仅在温度控制精度要求不高的场合中使用。

图 3 - 15 是 WT 型温度继电器的工作原理示意图。

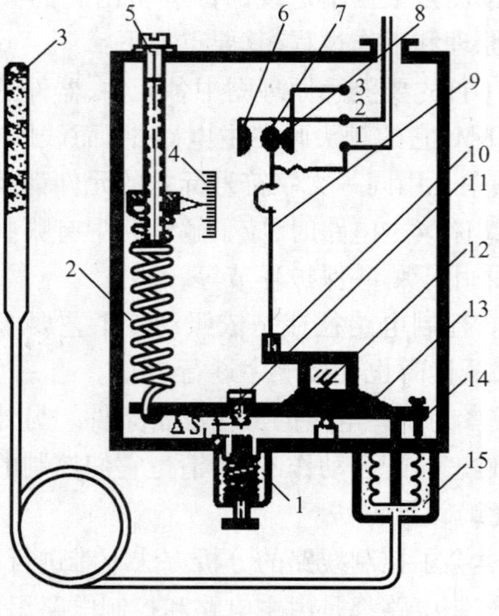

图 3 - 15 WT 型温度继电器的工作原理示意图

1—差动器;2—主弹簧;3—感温包;4—标尺;5—调节螺杆;6—静触点;7—动触点;8—静触点;9—跳簧片;10—拨臂;11—差动旋钮;12—刀;13—杠杆;14—止动螺钉;15—波纹管室

差动器的作用是微调继电器触点的通断温差值(通常称为幅差)。例如,将温度继电器控制温度调整于 -15 ℃,差动可调范围在 3 ~5 ℃。若调至 3 ℃则当感温包感应温度在 -16.5 ℃时,继电器动作,动触点 1 与静触点 2 分开,当感温包感应温度上升至 -13.5 ℃时,动触头 1 又与静触点 2 闭合,继电器触点的闭合和分开的温度差为 3 ℃。

WT 温度控制器主要有 WTKQ 和 WTZK 系列。其技术参数见表 3 - 1。

表 3 - 1　WTQK, WTZK 系列压力式温度控制器的技术参数

<table>
<tr><th rowspan="3">名称</th><th rowspan="3">型号</th><th rowspan="3">温包</th><th rowspan="3">温度范围
（主刻度）/℃</th><th rowspan="3">幅差范围
/℃</th><th rowspan="3">开关差</th><th colspan="4">上下限位通断特性</th><th rowspan="3">备注</th></tr>
<tr><th colspan="2">上限位
（温度增加时动作）</th><th colspan="2">下限位
（温度下降时动作）</th></tr>
<tr></tr>
<tr><td rowspan="4">低温控制器</td><td>WTQK - 11</td><td>棒形</td><td rowspan="4">- 40 ~ - 10</td><td rowspan="4">1.5 ~ 1.9</td><td rowspan="4">1.5</td><td colspan="2">通路（主刻度 + 幅差）</td><td colspan="2">断路（主刻度 + 红针）</td><td rowspan="2">单开关</td></tr>
<tr><td>WTQK - 12</td><td>螺旋形</td><td colspan="2">上开关</td><td colspan="2">下开关</td></tr>
<tr><td>WTQK - 11</td><td>棒形</td><td rowspan="2">通路、主刻度、红针</td><td rowspan="2">通路、主刻度 - 开关差</td><td rowspan="2">通路、主刻度 - 幅差 + 开关差</td><td rowspan="2">断路、主刻度 - 幅差</td><td rowspan="2">双开关</td></tr>
<tr><td>WTQK - 21</td><td>螺旋形</td></tr>
<tr><td rowspan="4">冷间控制器</td><td>WTQK - 11</td><td>棒形</td><td rowspan="4">- 25 ~ 15</td><td rowspan="2">1.2 ~ 1.4</td><td rowspan="2">1.2</td><td colspan="2" rowspan="2">同低温控制器单开关</td><td colspan="2" rowspan="2">同低温控制器单开关</td><td rowspan="2">单开关</td></tr>
<tr><td>WTQK - 21</td><td>螺旋形</td></tr>
<tr><td>WTQK - 11</td><td>棒形</td><td rowspan="2"></td><td rowspan="2"></td><td colspan="2" rowspan="2">同低温控制器双开关</td><td colspan="2" rowspan="2">同低温控制器双开关</td><td rowspan="2">双开关</td></tr>
<tr><td>WTQK - 21</td><td>螺旋形</td></tr>
<tr><td rowspan="2">常温式油控制器</td><td rowspan="2">WTQK - 12</td><td rowspan="2">棒形</td><td>0 ~ 40</td><td rowspan="2">3 ~ 10</td><td>2</td><td colspan="2" rowspan="2">断路、主刻度、红针</td><td colspan="2" rowspan="2">通路、主刻度 - 幅差</td><td rowspan="2"></td></tr>
<tr><td>30 ~ 90</td><td>5</td></tr>
<tr><td>排气温度控制器</td><td>WTQK - 12</td><td>棒形</td><td>80 ~ 160</td><td></td><td>8</td><td colspan="2">断路、主刻度、红针</td><td colspan="2">通路、主刻度 - 幅差</td><td>排气温度过高保护</td></tr>
</table>

温度继电器的开关是两位控制式，即有两个静触点，一般用于冷库的温度控制中，其电源与 1，2 触点连接，1，3 触点与指示灯回路连接。将动触点 1 与静触点 2 串接在冷库制冷系统压缩机电机交流接触器线圈电路中，当感温包感受的冷库温度逐渐降到调定值的下限时，气箱室内蒸汽的压力相应下降，使顶力矩小于弹簧的拉力矩，杠杆绕刀口支点以顺时针方向转动，并带动拨臂和弹簧片使动触点 1 与静触点 2 断开，切断了交流接触器线圈电源，使压缩机电动机停转。同时，动触点 1 与静触点 3 闭合，接通库温正常停机指示灯。当杠杆转动使动触点动作后，止动螺钉就已接触板底，限制杠杆继续转动，杠杆呈水平状态，如图 3 - 16（a）所示。此时，螺钉与差动弹簧座脱开，即 $\Delta S_1 > 0$。随着库温的升高，感温包的感应温度也上升，使波纹管内压力升高，顶力矩升高克服主弹簧压力矩，杠杆绕刀口支点反时针方向 转动角度为 φ_1（见图 3 - 16（b）），此时螺钉则碰在差动器的弹簧座上，所以 $\Delta S_1 = 0$。当杠杆继续转动，顶力矩不但要继续克服主弹簧的拉力矩，还要克服差动弹簧的张力矩，在库温升至调定值的上限时，杠杆将转至 φ_2 角度，杠杆就带动拨臂与跳簧片将动触点 1 与动触点 2 闭合（与 3 断开），于是冷库制冷系统压缩电动机又运转，见图 3 - 16（c）。

2. WJ 3.5 型温度控制器

与 WT 型有所不同，WJ 3.5 型的外形见图 3 - 17，其控制原理图如图 3 - 18 所示，由感温包、毛细管、波纹管组成感温机构。当感温包感受的温度发生变化时，波纹管对杠杆产生的顶力矩也发生变化，此顶力矩与弹簧产生的拉力矩相对于 O' 支点达到平衡；当被测介质温度低于调定值时，由于波纹管的顶力矩小于弹簧的拉力矩，杠杆就绕支点 O' 逆时针方向

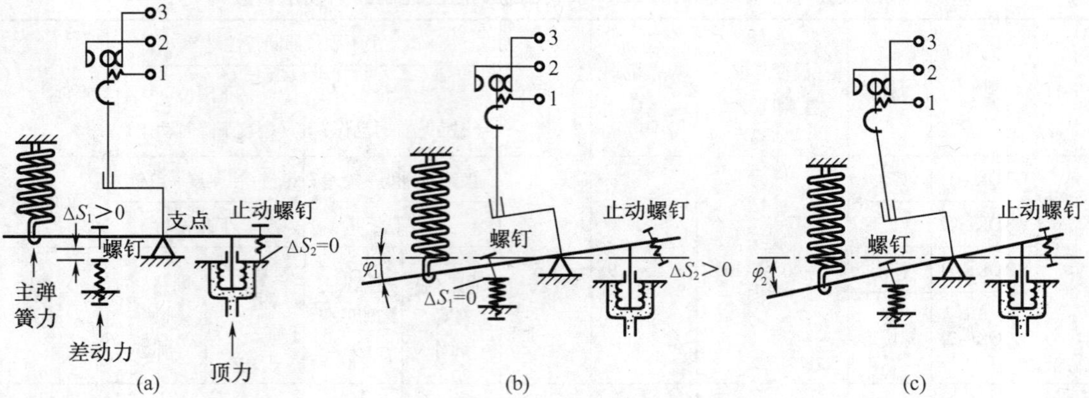

图 3-16　WT 型温度继电器动作

转动,杠杆 A,B 点将微动开关按下,从而切断电源,压缩机停止工作。当被测介质温度升高时,波纹管的顶力矩大于弹簧的拉力矩,杠杆绕支点 O 顺时针方向转动,杠杆 A,B 点脱离微动开关按钮,微动开关自动复位,触点闭合,压缩机重新开始工作。

旋转偏心轮可以调节温度控制器的设定温度,但实际上是在调节弹簧的预紧拉力。当旋转偏心轮推动曲杆向左移动时,曲杆以点 O 为支点顺时针方向转动,O'点向上移动,使弹簧的拉力矩变大,这就提高了温度控制器的设定温度值;反之,则可以降低温度控制器的设定温度值。微动开关有 2 个,每个都有 1 个常开和 1 个常闭触点。微动开关 1 是热泵开关,专供有热泵型的空调器在制热时使用,而制冷时只用微动开关 2 即可。

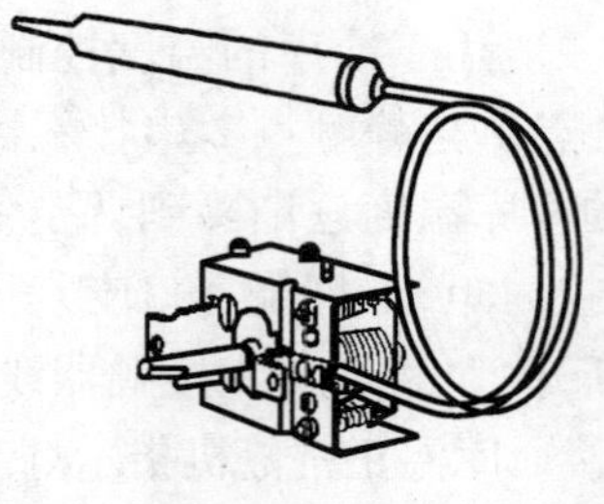

图 3-17　WJ 3.5 型温度控制器外形

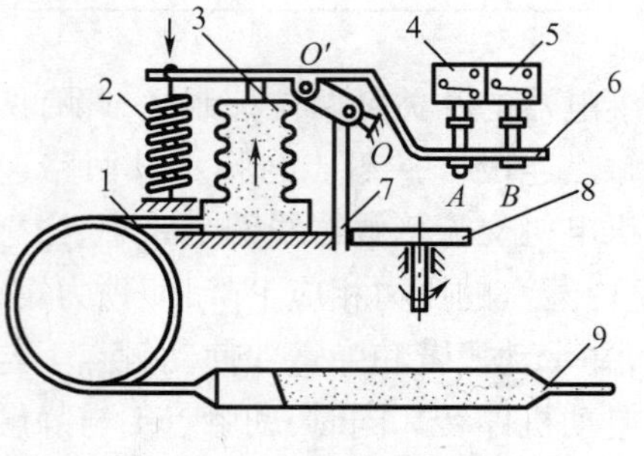

图 3-18　WJ 3.5 型温度控制器原理图

1—毛细管;2—簧弹;3—波纹管;4,5—微动开关;
6—杠杆;7—曲杆;8—偏心轮;9—感温包

3. 电接点压力式温度控制器

电接点压力式温度计是一种温度指示兼控制的仪表。以弹簧管的变形来传送信号与动力。使用较广的有 WTZ228 型电接点压力式温度计,如图 3-19 所示。

温包、毛细管及弹簧管组成一个密闭的感温系统,系统内充注一定量的低沸点液体。当被测介质的温度发生变化时,感温系统将温度信号转化为压力信号,使管弹簧变形,管弹簧通过与其自由端相连的拉杆,带动齿轮转动机构,使装在转轴上的示值指针随转轴偏差一定角度,指示被测介质的温度值。

表盘上装有上、下限触针，触针与电源线相接，用专用钥匙调节上、下限触针的位置，使测温范围设定在任一预定值上。示值指针上夹带着动触点，并与电源线相接。当动触点与上、下限触针接触时，即可接通电源，二者分离时则切断电源。

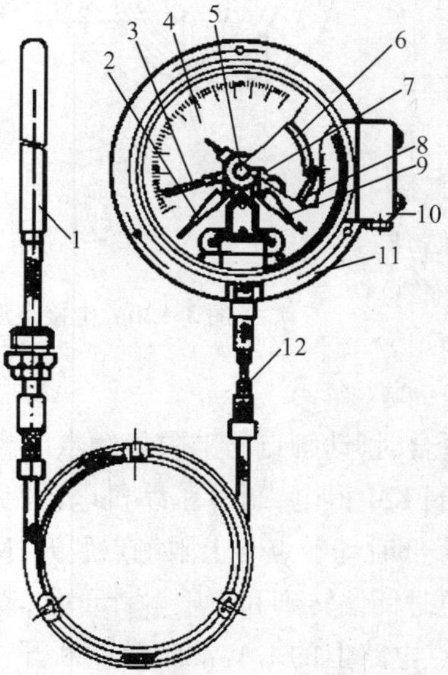

图 3－19　WTZ288 型电接点压力式温控器结构图

1—温包；2—下限指针；3—示值指针；4—表盘；5—转轴；6—弹簧管；7—传动齿轮；8—拉杆；9—上限触针；10—接线盒；11—表壳；12—毛细管

表 3－2　WTZ288，WTQ288 型温度控制器的技术参数

型号	控制范围/℃	精度等级	安装接头	耐压/MPa
WTZ288	－20～60	2.5	M27×2	1.6 或 6.4
	0～60			
	0～100	1.5		
	20～120			
	60～160			
WTQ288	－80～40	1.5 或 2.5	M32×2 或 M27×2	1.6 或 6.4
	－60～40			
	0～160			
	0～200			
	0～300			
	0～400			
	0～500			

注：仪表在－10～55 ℃的环境温度内能正常工作。

如图 3－20 所示，电接点压力式温度计的触针容量只有 10 V·A，不适用于直接控制压缩机电机的交流接触器，故要用间接控制方式。例如，用电接点压力式温度控制器串接在中间继电器的吸引线圈中，中间继电器再去控制压缩机电机的交流接触器。因此，中间继电器一般采用电子继电器或小型继电器。

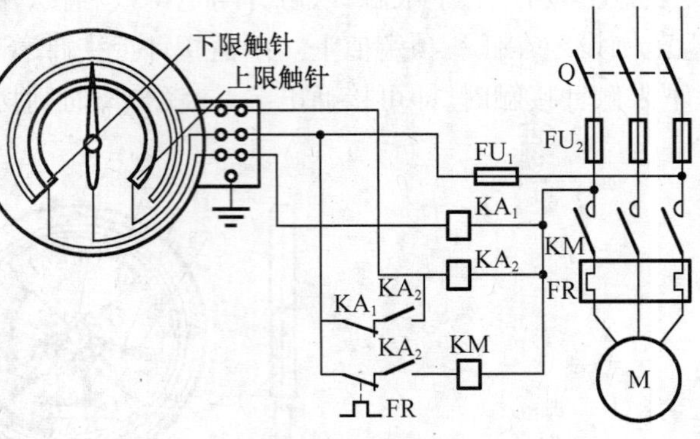

图 3－20　电接点温度控制器控制原理图

当感温包感应温度上升时，感温系统内部的压力也随之上升，弹簧管的内部压力大于它的内缩弹力，弹簧管扩张，拉杆带动齿轮传动机构，使示值指针顺时针方向偏转。当示值指针与上限触针重合时，动触点与上限静触点闭合。中间继电器 KA_2 得电，KA_2 常开触点闭合，于是接触器线圈 KM 得电，制冷压缩机电动机运行。由于 KA_2 吸合后，通过 KA_2 的常开触点自锁，当温度降低时动触点与上限触点脱开，KA_2 仍处在吸合状态，保证压缩机正常工作。直至示值指针逆时针偏转到和下限触针重合，动触点和下限静触点闭合，KA_1 线圈得电，串接在 KA_2 常开触点电路上的 KA_1 常闭触点断开，中间继电器 KA_2 线圈才失电，其常开触点断开，交流接触器 KM 失电，压缩机电动机停止运转。

电接点压力式温度控制器的技术参数，见表 3－2。

（1）电接点压力式温度控制器的安装和使用

①温度控制器应安装在没有振动的安装板上，感温包的安放位置应低于继电器本体的位置，防止感温液体倒灌进动力室，而影响测量和控制精度。

②感温包应安放在温度最敏感的地方，使流体与感温包很好地接触。对于受迫运动的流体，感温包应安装在流道中。

③毛细管应拉直，每相隔 300 mm 左右的距离用扎头固定，其弯曲半径不应小于 50 mm。

（2）电接点压力式温度控制器的常见故障

①感温和传送信号动力系统中的液体工质泄漏。常表现在继电器的触头处在常开状态（即感温包的温度很高也不闭合），制冷机组处于停转，指示温度与感温包温度不相符。

②触头（针）烧毛或烧毁。当压缩机电动机启停时，接触器跳动很频繁或触头（针）闭合后不能分离。

二、膨胀式电接点玻璃水银温度控制器

根据物体热胀冷缩原理制成的温度计称为膨胀式温度计。电接点水银温度计是利用水银的热胀冷缩性质来测温的，这种温度计与普通的水银温度计相比，增加了调节机构，可以发出温度双位调节信号。图 3－21 为可调 WXG 型电接点玻璃水银温度控制器的结构。在制冷系统中，常与中间继电器或晶体管位式调节器等配合使用，以控制制冷机组的停止与运转。电接点水银温度控制器有两条金属丝：一条是铂丝，一头焊接在玻璃温包内，使铂丝处于温包的水银中，另一头烧结在玻璃外壳上做引出线；另一条是钨丝，其外面套有螺旋

状的铂丝，铂丝的一头烧结在玻璃外壳上，做钨丝的引线，钨丝的另一端固定在指示螺母上，当旋转外面磁钢帽时，指示螺母能在控制标尺刻度范围内做上下移动，其下沿在标尺上所指出的数值即为给定值。当被测温度上升到给定值时，水银柱面和钨丝相碰，浸于水银中的铂丝通过水银与钨丝接通。

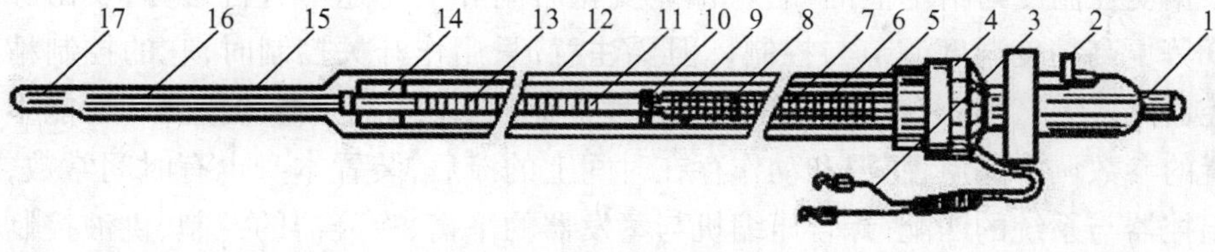

图 3－21　可调电接点玻璃水银温度控制器

1—磁钢帽；2—固定螺钉；3—引出引线；4—盖帽；5—扁管；6—调节螺杆；7—控制标尺；8—指示螺母；9—小铁板；10—铂金接点；11—测量毛细管；12—上套管；13—测温标尺；14—标尺板；15—下套管；16—连接毛细管；17—感温包

对于外电路来说，相当于通过水银触点发出一个和给定温度相对应的开关信号。电接点水银温度控制器有上、下标尺，上标尺用于指示温度给定值，水银柱在下标尺范围内移动时可以直接读出被测介质的温度。

WXG 型电接点玻璃水银温度控制器有固定和可调电接点，尾部形状分为直形和角形。固定电接点玻璃水银温度控制器有玻璃套式和玻璃棒式，铂丝固定在限定的温度上不能调节。

常用电接点玻璃水银温度控制器有 WXG－11t 型和 WXG－12t 型，允许最大工作电压为 36 V，工作电流为 20 mA。接点接通时最大接触电阻小于 20 Ω。由于电接点水银温度控制器的接点额定电流很小，所以与一般继电器配合使用时，不能直接进行，中间需经电子放大。

三、电阻式温度控制器

电阻式温度控制器采用热敏电阻作为感温元件，一般选用负温度系数的热敏电阻，即随着温度增加其阻值减小。

负温度系数的热敏电阻，最常见的是由金属氧化物组成的。热敏电阻按结构分类可分为绕线型、薄膜型、厚膜型 3 种；按工作温度区分为常温区（$-60 \sim +300$ ℃）的热敏电阻、高温区（>300 ℃）的热敏电阻、低温区（<-193 ℃）的热敏电阻。

电阻式温控器是利用平衡电桥的原理而工作的，见图 3－22。

R_1 为热敏电阻，A，B 点分别接到晶体三极管的基极和发射极，集电极与继电器线圈 KA 串联，接入 +25 V 的直流电流。电桥中 C，D 点接 +16 V 的直流电源。晶体三极管的基极电流 I_b，取决于 A，B 点的电压 U_{AB}。当受控温度（如冰箱温度）上升时，R_1 的阻值减小，A 点电位升高。当 A 点电位高于 B 点时，则产生三极管基流 I_b，R_1 值越小，I_b 越大，集电极电流 I_c 也越大。当 I_c 增大到继电器 KA 的吸合电流时，继电器动作，使其常开触点闭合，便接通压缩机电动机，

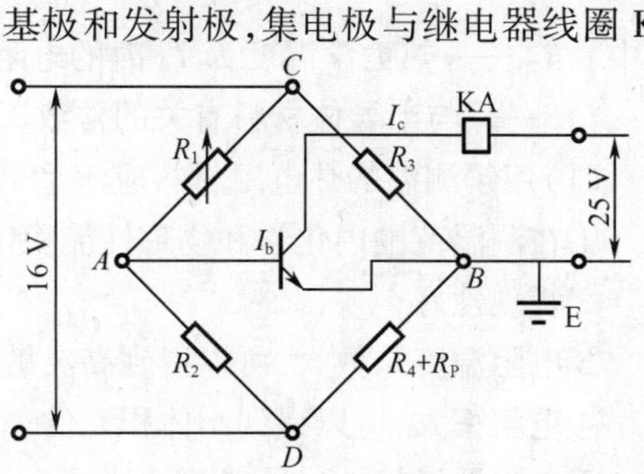

图 3－22　平衡电路原理图

开始制冷。受控温度不断随之下降，又使 R_1 值逐渐增大，促使 A 点电位下降，I_c 下降到 KA 的释放电流时，KA 常开触点断开，压缩机停止运转。

目前，器件造价低并趋向小型化。电阻温控器发展很快。其优点是：将温度变化转变成传感电路的电压变化，经过电子线路放大后，给出电气指令，可以实现位式控制。电子装置还能根据受控温度与给定值的偏差、偏差变化时间和变化速率进行运算，发出脉冲信号进行 PID 等更高精度温度调节与控制。但要注意，只用作开关控制时，它的控制精度与压力式温控器无多大区别。对系统做高精度温度控制时，仅靠温控器的精度和性能不能决定制冷装置的参数调节品质，感温和动作存在时间上的滞后，装置本身也有时间常数，必须认真考虑温控器与系统的匹配，综合压缩机与蒸发器的平衡、冷凝器的控制、供液控制等与温度控制之间的相互关联、分析系统的动态特性，在此基础上才能最大限度地发挥调节器的功能。

四、热电偶、热电阻测温仪表和数字式调节仪表

1. 热电偶

热电偶是目前各国在科研与生产过程中进行温度测量应用最普遍、最广泛的温度测量元件，具有结构简单、制作方便、测量范围宽、准确度高、热惯性小等各种优点。它既可以用于流体温度的测量，也可以用于固体温度的测量；既可以测量静态温度，又能测量动态温度，且能直接输出直流电压信号，或方便地转换成线性化的直流电流信号，便于测量信号传输、自动记录和自动控制等。其测温原理及特性在热工测量等其他教科书中有详细介绍，在此不再赘述。

2. 热电阻

电阻测温原理在前节电阻式温度控制器中已做了介绍。它是利用某些导体或半导体材料的电阻值随温度变化的性质来做成温度测量敏感元件，大多数金属导体的电阻 R_t 与温度 t 的关系可表示为

$$R_t = R_0(1 + At + Bt^2 + Ct^3) \tag{3-1}$$

式中 R_0——0 ℃条件下的电阻值；

A,B,C——与金属材料有关的常数。

大多数半导体材料具有负温度系数，其电阻值 R_T 与热力学温度 T 的关系为

$$R_T = R_{T0}\exp B\left[\left(\frac{1}{T}\right) - \left(\frac{1}{T_0}\right)\right] \tag{3-2}$$

式中 R_{T0}——热力学温度为 T_0 时的电阻值；

B——与半导体材料有关的常数。

(1)用于测温的热电阻材料应满足下述要求：

①在测温范围内化学和物理性能稳定；

②复现性好；

③电阻温度系数大，可以得到高灵敏度元件；

④电阻率大，可以得到小体积元件；

⑤电阻温度特性尽可能接近线性；

⑥价格低廉。

(2)已被采用的热电阻和半导体电阻温度测温元件特点是：

①在中、低温范围内其精度高于热电偶温度计；

②灵敏度高，当温度每升高 1 ℃时，大多数金属材料热电阻的阻值增加 0.4% ~0.6%，半导体材料的阻值则降低 3% ~6%；

③热电阻感温部分体积比热电偶的热接点大得多，不宜测量点温度和动态温度，而半导体热敏电阻体积虽小，但稳定性和复现性较差。

常用的热电阻元件有铂热电阻和铜热电阻(简称铂电阻和铜电阻)，绕制铂电阻感温元件的铂丝纯度是决定温度测量精度的关键，铂丝纯度愈高，其稳定性愈高、复现性愈好，测温精度也愈高。铂电阻纯度常用 R_{100}/R_0 表示，R_{100} 和 R_0 分别表示 100 ℃和 0 ℃条件下的电阻值。对于标准铂电阻，规定 R_{100}/R_0 不小于 1.392 5；对于工业用铂电阻，R_{100}/R_0 为 1.391。

标准或试验室用的铂电阻 R_0 为 10 Ω 或 30 Ω 左右。国产工业铂电阻主要有 3 种，分别为 Pt50，Pt100，Pt300。其中 Pt100 使用较多，这 3 种电阻的技术指标列于表 3 -3。铂电阻分度表是按式(3 -3)和式(3 -4)关系式建立的：

$-200\ ℃ \leqslant t \leqslant 0\ ℃$：

$$R_t = R_0[1 + At + Bt^2 + Ct^3(t - 100)] \tag{3-3}$$

$0 \leqslant t \leqslant 500\ ℃$：

$$R_t = R_0(1 + At + Bt^2) \tag{3-4}$$

式中　$A = 3.968\ 47 \times 10^{-3}\ ℃^{-1}$；

$B = -5.847 \times 10^{-7}\ ℃^{-2}$；

$C = -4.22 \times 10^{-12}\ ℃^{-3}$。

表 3 -3　工业用铂电阻温度计的技术指标

分度号	R_0/Ω	R_{100}/R_0	R_0的允许误差	精度等级	最大允许误差/℃
Pt50	50.00	1.391 0 ±0.000 7	±0.05%	Ⅰ	Ⅰ级：
		1.391 0 ±0.001	±0.1%	Ⅱ	−200 ~0 ℃：±$(0.15 + 4.5 \times 10^{-3}t)$
Pt100	100.00	1.391 0 ±0.000 7	±0.05%	Ⅰ	0 ~500 ℃：±$(0.15 + 3.0 \times 10^{-3}t)$
		1.391 0 ±0.001	±0.1%	Ⅱ	Ⅱ级：
Pt300	300.00	1.391 0 ±0.001	±0.1%	Ⅰ	−200 ~0 ℃：±$(0.3 + 6.0 \times 10^{-3}t)$
				Ⅱ	0 ~500 ℃：±$(0.3 + 4.5 \times 10^{-3}t)$

铜电阻的使用也很普通，因为铜电阻的阻值与温度近于呈线性关系，电阻温度系数也较大，价格便宜，所以在一些测量准确度要求不是很高的制冷与空调场合常采用。但其在高于 100 ℃的空气中会被氧化，故多用于测量 −50 ~100 ℃的场合。

我国统一生产的铜电阻温度元件有两种：Cu50 和 Cu100，其技术指标列于表 3 -4 中。铜电阻与温度的关系为

表 3－4　铜电阻温度元件技术指标

分度号	R_0/Ω	R_{100}/R_0	R_0的允许误差	精度等级	最大允许误差/℃
Cu50	50	Ⅰ级：1.425±0.001 Ⅱ级：1.425±0.002	±0.1%	Ⅱ Ⅲ	Ⅱ级： $\pm(0.3+3.5\times10^{-3}t)$ Ⅲ级： $\pm(0.3+6\times10^{-3}t)$
Cu100	100			Ⅱ Ⅲ	

$-50\ ℃\leqslant t\leqslant 150\ ℃$：

$$R_t = R_0(1 + At + Bt^2 + Ct^3) \tag{3-5}$$

式中　$A=4.288\ 99\times10^{-3}\ ℃^{-1}$；

$B=-2.133\times10^{-7}\ ℃^{-2}$；

$C=1.233\times10^{-9}\ ℃^{-3}$。

3. 数字式调节仪表

在制冷与空调系统中，对某些温度控制精度要求比较高的场合往往采用 PID 调节。目前，常用的数字式调节仪表使用非常方便，其输入信号可根据用户选用的传感器的种类来选择。一般调节仪表都有各类热电偶、热电阻和标准信号输入的选择与设定。例如：如果用户选用的是 K1 型热电偶，在调节仪表上可根据仪表菜单选择热电偶 K1，选择后仪表根据热电偶 K1 温度与电信号的关系（分度表）自动将所检测到的电压信号转换为温度数字实时显示出来。同时，调节仪表根据检测到的实时温度值与设定值的偏差，输出调节信号驱动执行机构，一般是标准信号（直流电压：－5～5 mV，－10～10 mV，－20～20 mV，－50～50 mV，－200～100 mV，直流电流：4～20 mA）。对于输出标准信号（如 4～20 mA）的变送器，如压力或压差变送器，量程虽不同，但输出的信号都是 4～20 mA（或其他标准信号），生产变送器的厂家已将各量程的物理量（如绝对压力变送器 0～1 MPa）与 4～20 mA 的输出模拟量进行了线性化处理，即 0 MPa 时输出为 4 mA，1 MPa 时输出为 20 mA，中间各物理量采用线性内插即可。对调节仪表的使用，只要进行相应的量程设定，仪表内自动进行线性化处理，设定好后的仪表显示的就是所检测的实时物理量。

第三节　认识湿度控制器件

湿度也是制冷与空调系统中需要检测、调节的一个重要参数。生鲜食品、冷冻食品、无包装食品保存中，湿度太高时，容易引起细菌的大量繁殖，使食品在冷藏过程中腐败变质；湿度太低又会增加食品的干耗，影响食品的色、香、味。特别是对鲜蛋、水果、蔬菜等易腐食品，湿度对其影响更加显著。精密机械、喷涂工艺、电子、纺织车间等产品质量要求必须恒湿，空气湿度的高低将影响电子产品和光学仪器的性能、纺织业中纤维强度、印刷工业中印刷品质量等，特别是空调装置，必须温度、湿度同时控制，才能满足舒适性要求。

描述空气湿度的物理量通常有含湿量、绝对湿度和相对湿度。大多数湿度测量仪表都是直接或间接地测量空气的相对湿度。用湿度调节器实现恒湿控制，它首先检测空气湿度，将信号经过机械或电气放大，使电触点动作，发出加湿或者除湿的操作指令。

空气的湿度控制，一般是指对空气的相对湿度 φ 的控制。按舒适空调的要求，空气相对湿度可以允许有较大的变动范围，通常夏季 $\varphi=50\%\sim60\%$，冬季 $\varphi=35\%\sim50\%$。在一般空调湿度控制中，一类是控制室内空气相对湿度不大于（或不小于）某一给定值，即采用双位式控制；另一类是控制室内空气相对湿度在某一给定值范围之内，即采用比例式控制。通常，双位式控制应用较多。

空调中冬季空气湿度处理多采用喷蒸汽法。湿度控制是由湿度感受元件发出湿度信号，通过湿度控制器和执行器（控制阀）调节喷湿蒸汽量，以完成对空气湿度控制。夏季，室外空气温度一般都比较高，空气降温过程也是一个除湿过程，故控制空气冷却器不同的蒸发温度（或冷冻水温度）就可得到不同的除湿效果。通常，空调除了某些特殊房间外，其湿度均不进行严格控制。

室内空气相对湿度的调控方法有"露点"法、湿球温度法和相对湿度法等。"露点"法只用于喷水式空调系统中。将敏感元件放在喷水室后，控制"露点"温度恒定，处理后空气含湿量可控制在一定范围内。在空调室内热负荷及温度波动不大时，室内相对湿度可保持在一定范围内。湿球温度法直接控制室内或总回风管内的湿球温度，当干球温度一定时，室内空气相对湿度即可相应得到保证。相对湿度法，即直接控制空调室内或回风的相对湿度。

空气湿度控制很大程度上取决于湿度敏感元件的选择和信号转换的方法。目前，空气调节中采用的湿度测量元件有各种干湿球温度计、脱脂毛发、尼龙丝、尼龙膜、氯化锂（LiCl）等。相应所采用的湿度控制器有干湿球式湿度控制器、毛发（或尼龙丝）式湿度控制器、铂电阻式湿度控制器、氯化锂湿度控制器等类型。

一、干湿球温度计

干湿球温度计是利用潮湿物体表面水分蒸发冷却的效应来测定空气相对湿度的。干湿球湿度计由两支完全相同的温度计组成：一支用于直接指示空气的温度，称为干球温度计；另一支温度计的温包上有脱脂细纱布，纱布的末端浸在盛水的小瓶里，由于毛细作用，纱布将水吸上来，使温包周围经常处于湿润状态。该温度计指示湿球温度，称为湿球温度计。由于湿球上水分蒸发吸热，使湿球表面空气层的温度下降，因此湿球温度通常总是低于干球温度。干湿球温度差与被测空气的湿度有关：空气越干燥，湿球上水分蒸发越快，干湿球温度差越大；空气越潮湿，湿球上水分蒸发越慢，干湿球温差越小。若是饱和空气，则干湿球温度差为0。知道了干湿球温度计的读数后，就可以通过查表或计算，求得空气的相对湿度。

干湿球温度计结构简单、价格便宜，但测量范围一般限于0 ℃以上，而且需经常保持湿球纱布套的湿润和清洁，维护工作较麻烦。

二、干湿球湿度汁

干湿球湿度计是利用于湿球温度计的测湿原理，根据干球温度与温球温度的差值使电开关动作。如图3-23所示，用两支电阻式温度传感器，一支测量干球温度，另一支外面包着脱脂细湿纱布测量湿球温度。干湿球温度测量中要用小风扇强制吹风，湿球温包测点处的风速保持为3~4 m/s。利用两支铂电阻计将空气相对湿度转变为温差，而温差感应信号再被引入桥式测量电路，反映出不平衡电压，此电压与给定值比较后再输入增幅器作为控制器的输出信号，最后通过执行机构完成对空气湿度的控制。由于湿球温度测量中要用水，所以这种湿度计只能在 0 ℃以上的环境中测试。

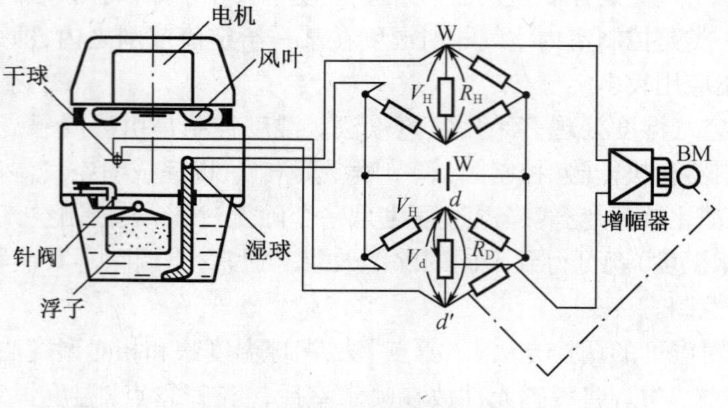

图 3－23　干湿球湿度计

三、毛发式湿度控制器

如图 3－24 所示，毛发在不同的湿度下伸缩率不同，利用其长度发生变化之位移来作为湿度控制信号，通过不同形式的控制器、放大器、执行器来控制空气湿度，即为毛发式湿度控制器。

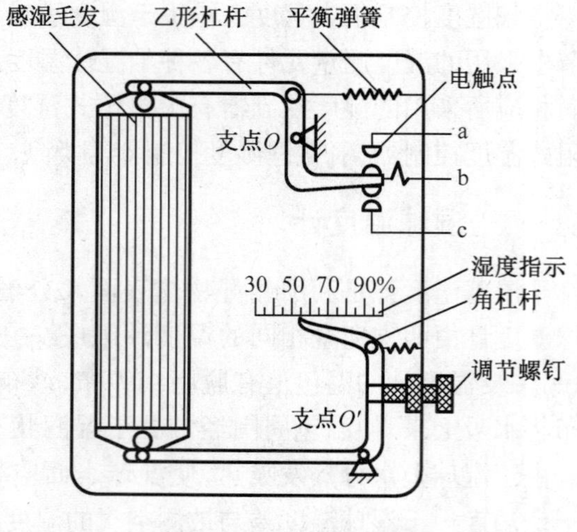

图 3－24　毛发温度控制器

一般经过精选脱脂处理后的毛发，在空气相对湿度增加时会伸长；反之，会收缩。通常在相对湿度每改变 10% 时，伸缩率改变 2%，而相对湿度在 30% ~ 100%，其相对湿度与毛发伸缩率成正比关系。如果以一束精选脱脂毛发（或尼龙丝）感受空气相对湿度变化，并通过它把 φ 值变化转换成位移量，并以此位移量移动滑线电阻或启闭电开关，就构成了电动湿度控制器。

该控制器上主要由感湿毛发、乙形杠杆（兼拨臂）、电触点、角杠杆、调节螺钉、湿度指示及平衡弹簧组成。其工作原理是：当感湿毛发（或尼龙丝）感湿伸缩时，通过乙形杠杆改变电触点的位置而封闭蒸汽加湿（或水喷阀）电磁阀，进而达到对空气湿度的控制。如空气湿度下降时，则感湿毛发收缩，于是乙形杠杆绕支点 O 做逆时针转动。当湿度下降到某一限定值，乙形杠杆另一端的拨臂便改变触点的位置接通 a，b 使蒸汽加湿电磁阀开启，空气被加湿；反之，空气被加湿后，湿度不断地上升，感湿毛发将逐渐伸长，乙形杠杆在平衡弹簧作用下，绕支点 O 做顺时针转动，当湿度上升到某一上限，触点 a，b 被切断，蒸汽加湿电磁阀关闭，则空气加湿停止。

为了满足不同湿度条件的控制作用，控制器中设有调节螺钉。通过调节螺钉改变角杠杆位置，即可调节感湿毛发的预紧力，从而改变湿度控制值。该湿度控制值在角杠杆另一端湿度指示牌上指示出来。这一湿度控制器的湿度可以任意给定,但湿度的幅差值由仪器本身给定,不能任意调节。

四、干湿球式湿度控制器

图3-25是一种采用温包为感湿元件的干湿球湿度控制器。它有两个温包,其中一个套有湿纱布,纱布另一端浸在盛水容器内并保持湿润。干、湿隔包将空气相对湿度转变为温度差,又通过毛细管、波纹管转变为压力差,最后使拨臂产生位移拨动电触点,于是控制器发出电信号。

设有蒸汽加湿电磁阀的加湿系统见图3-26,湿度控制器即按干湿球温度信号及相对湿度给定值发出信号启动加湿电磁阀,以达到对空气湿度的(双位式)控制。系统中的加湿电磁阀除受湿度控制器控制外,还与风机联锁。在风机停转或一旦动力失控时,加湿电磁阀自动关闭。

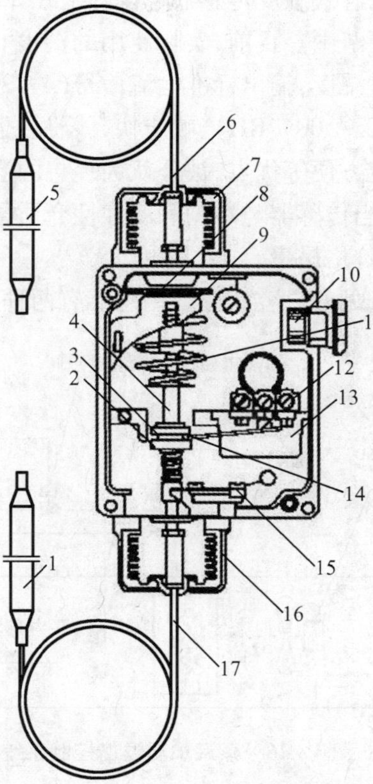

图3-25　干湿球式湿度控制器

1—干球;2—下导钮;3—上导钮;
4—主轴;5—湿球;6—毛细管;
7—湿球温度波纹管组件;8—调节盘;
9—主标尺;10—电线引入孔;
11—调节弹簧;12—接线端子;
13—微动开关;14—拨臂;15—接地线;
16—干球温度波纹管主件;17—毛细管

五、电子湿度控制器

很多种金属盐(如氯化锂、氮化钙)在空气中具有很强的吸湿性。氯化锂湿敏元件是在聚四氟乙烯基片上绕有2相互相平行的金属丝,组成一对电极,表面涂一层聚乙烯醇与氯化锂混合溶液做感湿膜,氯化锂涂层阻值变化由两电极反映出来。两根金属线互不接触,只相当于氯化锂层(即感湿电阻)的引出端,接到调节器内的电桥上(电桥原理与前面讲的电阻温控器中的电桥一样),经过电子线路使信号转换和放大,控制继电器动作。当空气中的相对湿度增高时,氯化锂涂层从空气中吸收水分,其阻值随之变小;当空气相对湿度减小时,氯化锂涂层向空气放出水分,其阻值随之变大。在一定的空气相对湿度下,氯化锂涂层所含水分是一定的,其电阻值也与之相对应。

氯化锂电子湿度调节器的优点是:结构简单,体积小,反应速度快(在风速0.5 m/s时氯化锂的吸湿反应速度比毛发高11倍,放湿反应速度比毛发高1倍多)。其缺点是:探头测量范围窄,互换性较差,用久了氯化锂涂层会老化剥落,在高温高湿环境使用时,更易损坏。

六、电容式相对湿度传感器

电容式相对湿度传感器是采用一层非常薄的感湿聚合物电介质薄膜夹在两极之间构成一平板电容器,见图3-27。这样非常薄的电极可以使湿空气通过。由于聚合物的薄膜具有吸湿和放湿的性能,而水的电介常数又非常高,所以当水分子被聚合物吸收后,将使薄膜电容量发生变化。聚合物薄膜吸湿和放湿程度随其周围空气相对湿度的变化而变化。因而其电容量是空气相对湿度的函数,而且呈线性关系,利用这种原理制成的湿度传感器称为电容式湿度传感器。国际上在20世纪80年代初研制成功,并且将其用于空调的湿度控制环节中。目前,实际使用的湿度传感器通常与温度传感器做成一体,同时检测出温度与相对湿度,输出标准电流信号(4~20 mA)。它具有性能稳定、精度高(1.0%RH)、测量范围宽(0~100%RH)、响应快、线性及互换性能好、寿命长、不怕结露、几乎不需要维护保养和安装方便等优点,被公认为理想的湿度传感器。故其被广泛地应用于空气调节中。其缺点是:当传感器与溶剂和腐蚀性介质接触时,性能会受影响,引起测量误差加大甚至永久性损坏,价格昂贵。

常见的电容式湿度传感器有两种:一种为高分子类;另一种为氧化铝湿敏电容。

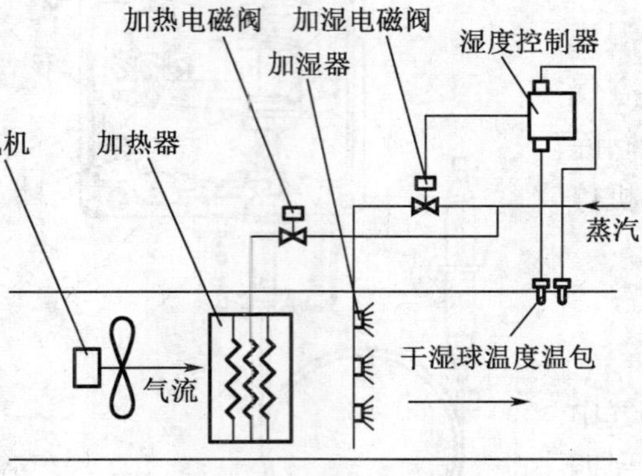

图3-26 蒸汽加湿湿度控制系统原理图

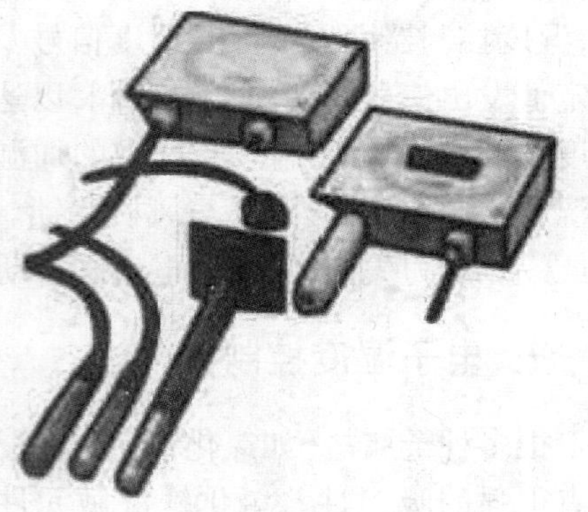

图3-27 电容式相对湿度传感器

第四节 认识压力控制器件

压力是制冷空调系统的重要参数之一,利用压力和温度的关系,能以控制蒸发压力的方法来控制蒸发温度。在制冷空调系统运行中,往往要控制压力容器和制冷机在一定的压力范围内工作,所以对压力的检测和控制是非常重要的。

压力控制器是一种受压力信号控制的电器开关,又称为压力继电器。其基本原理与压力式温度控制器相似,只是没有感温包和毛细管,被测压力经导压管直接引到波纹管上。按其所控制的压力可分为低压控制器、高压控制器和高低压控制器。

在制冷空调系统中,因冷凝器(风冷冷凝器翅片结灰过多;水冷冷凝器水侧结垢或脏堵等)冷却不充分;制冷剂灌注过多或机组启动时排气管路的阀门未及时打开等原因会造成排气压力急剧上升,超过正常运行压力,很可能使压缩机的电动机绕组烧毁和损伤压缩机的排气阀片,所以必须设置高压保护继电器。当压缩机的排气压力超过给定位时,高压继电器将立即切断压缩机电动机的电源,使压缩机停车。当系统制冷剂泄漏、毛细管或膨胀阀脏堵、冰堵等故障出现时,往往会引起压缩机吸气压力的降低,吸气压力过低,同样会给制冷系统带来不安全因素,如电机烧毁(全封闭压缩机)等。因此,对压缩机吸气压力也必须设置低压保护,使其保持在安全值以上工作。在许多冷库制冷装置中,常常用低压控制器作为压缩机正常启停控制,对冷库温度实行双位调节。

制冷用的压力控制器，除了可以做成单体的高压控制器、低压控制器外，还常常将二者做成一体的所谓高低压控制器。压力继电器的形式很多，结构也略有区别，但其动作原理基本相同，都是以波纹管气箱为动力室，接受压力信号后使气箱内波纹管产生位移，以推动触点的闭合与断开。目前，使用较多的有 KD 型与 YWK 型系列产品。

一、KD 型系列压力继电器

KD 型高低压继电器结构如图 3－28 所示。它是采用直顶式传动机构的压力控制器，由 3 部分组成：低压部分、高压部分和接线部分。高、低压气箱分别与压缩机排气、吸气管连接，气箱接受压力信号后波纹管产生位移，通过顶杆直接和弹簧的张力作用，并用传动杆推动微动开关，从而控制电路闭合与断开。

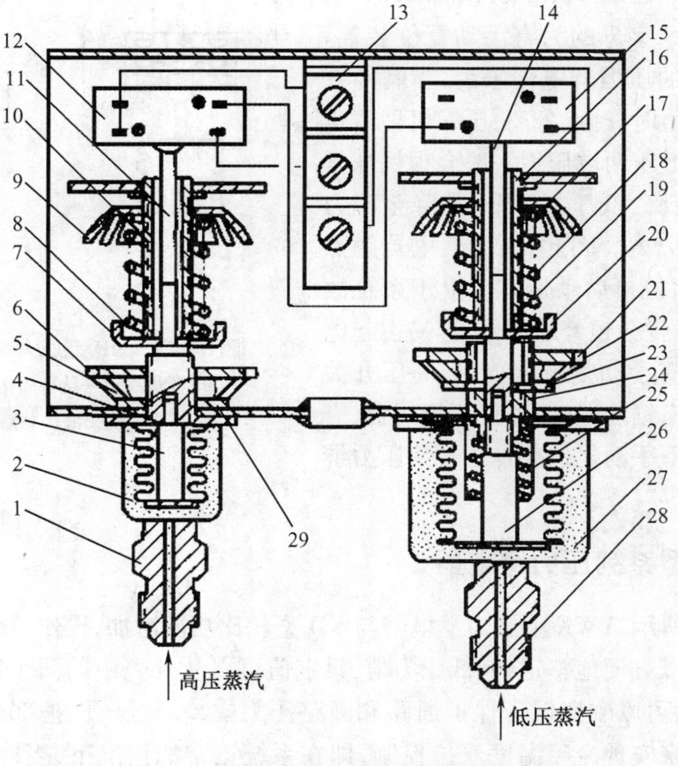

图 3－28　KD 型高低压继电器结构图

1，28—高低压接头；2，27—高、低压气箱，3，26—顶力棒；4，24—压差调节座；5，22—碟形弹簧；6，21—压差调节盘；7，20—弹簧座；8，18—弹簧；9，17—压力调节盘；10，16—螺纹柱；11，14，19—传动杆；12，15—微动开关；13—接线柱；23，29—簧片垫板；25—复位弹簧

1. 低压部分

低压气体作用于低压气箱 27，当低压压力值超过设定值上限时，通过顶力棒 26、传动杆 14 克服弹簧 18 的张力，按下微动开关 15 的按钮，此时电路接通，压缩机正常。当气箱内的吸气压力低于低压继电器设定值的下限时，弹簧的张力大于气箱的顶力，将传动杆 14 向气箱方向推，传动杆脱开低压微动开关的按钮，按钮在内部弹力的作用下而弹开，使微动开关的触点分离而切断电源。

2. 高压部分

压缩机排气压力作用于高压气箱，当高压压力高于高压继电器的设定值时，气箱顶力大于弹簧 8 张力，气箱推动传动杆 11 将微动开关按钮揿下，使开关触点分离，切断电源；当高压压力下降并恢复正常时，弹簧力大于气箱顶力，传动杆反向移动而脱离微动开关按钮，开关触点闭合，电源接通。

高、低压继电器的压力调节可旋转各自的压力调节盘 9，17，顺旋为压紧弹簧；反旋则放松弹簧。

压力调节盘 6，21 是调节高、低各自的差动值（幅差）。当顺旋调节盘时，碟形弹簧片受压缩，差动值增加，反之则减少。

KD 型压力继电器如图 3－29 所示，它有 4 种规格，即 KD155，KD255，KD155S，KD255S 型号。型号后面有 S 字母的为有手动复位装置。对于无手动复位的压力继电器来说，当制冷系统高压超出设定值时，触点分离，压缩机即停止运转，系统内高、低压两端压力一般会很快恢复平衡，即高压力下降，低压力上升，并降至压力继电器的调定值以内。因此，压力继电器触点就自动复位，压缩机再启动运转。由于系统故障未消除，压缩机就会频繁地启停，容易引起电机绕组烧毁。若有手动复位装置，当高压开关触点分离后有一自锁装置，使触点不能闭合，需要用手拨动或按下手动复位装置才会使压力继电器复位。

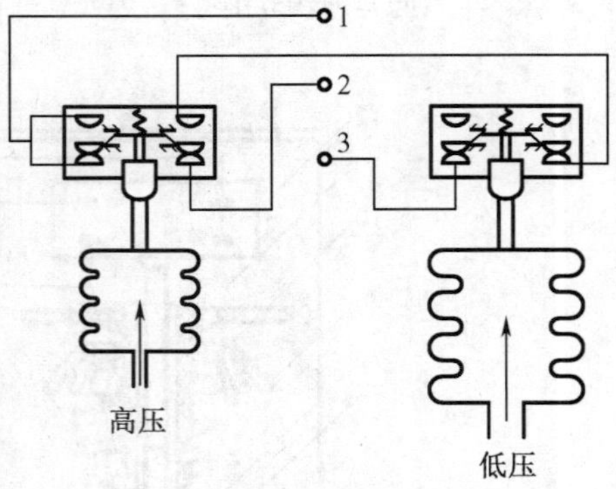

图 3－29　KD 型压力继电器接线图

1—接电源进线；2—接事故报警铃（灯或铃）；3—接交流接触器线圈

二、YWK 型系列压力继电器

如图 3－30 所示，YWK 型压力继电器与 KD 型相比功能增加，操作更为便利。

用螺丝刀可以方便地整定高、低压力值，设定值可以从外壳中的两个窗口分别读出来。转动幅差调节盘，可以改变低压保护通路和断路压力幅差。低压保护部分无自锁机构，可利用低压继电器来实现冷库温度双位控制，即在系统正常的情况下，当冷库温度下降到控温的下限时，蒸发器的压力也随之下降到一定值，即为低压继电器的下限值。当压力继电器低压箱的压力达到这个值时就会动作，切断制冷压缩机的电源，压缩机停止工作，待压力回升至上限时，波纹管向上推动跳脚板使微动开关重新处于闭合状态，压缩机重新运行。为了在调试初期能用本台制冷压缩机对系统抽真空时不产生低压保护，低压保护部分设有“运行－抽空”拨杆 13，用于压力继电器工作状态的切换。拨杆端部剖去 1/2，旋至“抽空”位置时未剖部分挡住跳脚板，切除这一部分的保护。旋杆在运转位置时，剖去部分不再能够阻挡跳脚板，于是恢复低压部分的保护作用。

YWK，KD 型压力继电器的主要技术参数及通断特性见表 3－5。

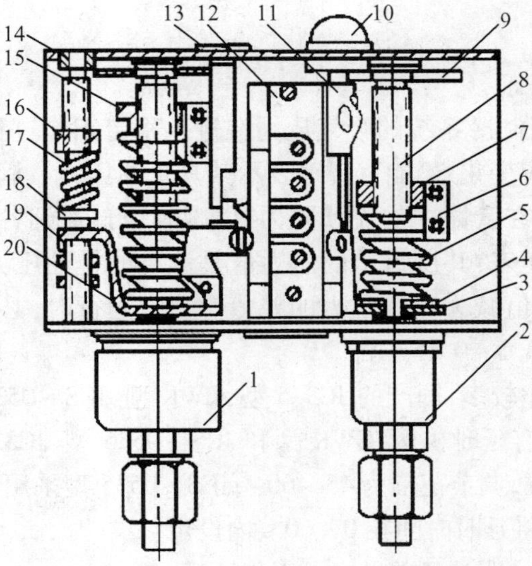

图 3－30　YWK－22 压力继电器结构图

1—低压气箱；2—高压气箱；3—高压跳脚板；4—高压弹簧；5—高压调节弹簧；6—指针板；7—调节螺母；8—调节螺杆；9—调节盘；10—复位按钮；11—跳脚；12—微动开关；13—抽真空拨杆；14—差值调节螺杆；15—低压调节盘；16—差值调节盘；17—差值弹簧；18—差值调节套；19—紧锁螺母；20—低压跳脚板

表 3－5　KD，YWK 系列高低压继电器的主要技术参数

<table>
<tr><th rowspan="2">型号</th><th colspan="2">低压（表压）/MPa</th><th colspan="2">高压（表压）/MPa</th><th rowspan="2">开关触点容量</th><th rowspan="2">通用介质</th></tr>
<tr><th>压力调节范围</th><th>差动调节范围</th><th>压力调节范围</th><th>差动调节范围</th></tr>
<tr><td>KD115★</td><td rowspan="4">－0.075～0.35</td><td rowspan="4">0.05～0.15</td><td rowspan="2">0.6～1.5</td><td rowspan="4">0.2～0.4</td><td rowspan="14">AC：
110 V/10 A
220 V/5 A
380 V/2.5 A
DC：
27 V/10 A</td><td rowspan="4">R12，油，空气</td></tr>
<tr><td>KD115－S★</td></tr>
<tr><td>KD225</td><td rowspan="2">0.7～2</td></tr>
<tr><td>KD225－S</td></tr>
<tr><td>YWK306</td><td rowspan="4">－0.075～0.6</td><td rowspan="4">0.08～0.2</td><td rowspan="8">0.6～3</td><td>0.2～0.6</td><td rowspan="4">R22，NH_2，H_2O，油，空气</td></tr>
<tr><td>YWK06－S</td><td><0.3</td></tr>
<tr><td>YWK306F★</td><td>0.2～0.6</td></tr>
<tr><td>YWK306F－S★</td><td><0.3</td></tr>
<tr><td>YWK30</td><td rowspan="4"></td><td rowspan="4"></td><td rowspan="4">0.2～0.6</td><td rowspan="6">带“F”型号的适用介质：对黄铜、锡青铜、铅锡焊料无腐蚀作用；其他型号适用介质：应对不锈钢、铁、铅锡焊料无腐蚀作用</td></tr>
<tr><td>YWK30－S★</td></tr>
<tr><td>YWK30F</td></tr>
<tr><td>YWK30F－S★</td></tr>
<tr><td>YWK6★</td><td rowspan="2">－0.075～0.6</td><td rowspan="2">0.08～0.2</td><td rowspan="2"></td><td rowspan="2"></td></tr>
<tr><td>YWK6F★</td></tr>
</table>

备注：带有“★”的为“高压手动复位”。

三、压差继电器

1. 油压差继电器

在制冷系统中，由于制冷系统的吸气压力在进入稳定工作过程中不断变化，而排油压力也跟随吸气压力做相应变化，不能直观地表示其真正油压力。润滑油系统保持一定的油压差，是用来克服润滑油在管路中的流动阻力，以顺利地输送到各运动件摩擦面。在制冷机组仪表盘上所装的油压表，其所指示的压力值是油泵的排油压力，并不是油泵进出口压差，油压差是油压表指示值减去吸气压力的差值。正常运行时，必须使油压表所指示的油压值至少比吸气压力高 0. 1 ~0. 15 MPa。

油压差继电器型号比较多，国产的 JC3. 5 型，CWK 型，JCS－0535 型和国外的 MP54 型，MP55 型，MP55A 型均具有延时机构，CWK 型和 JCS－0535 型、JC3. 5 型类似。不同之处在于：CWK 型延时时间可调，调节范围为 45 ~60 s；JCS－0535 型采用晶体管延时继电器，用旋钮直接调整 *RC* 元件，可将延时时间在 0 ~60 s 内设定。

现以 JC3. 5 型为例，说明油压差继电器工作原理。

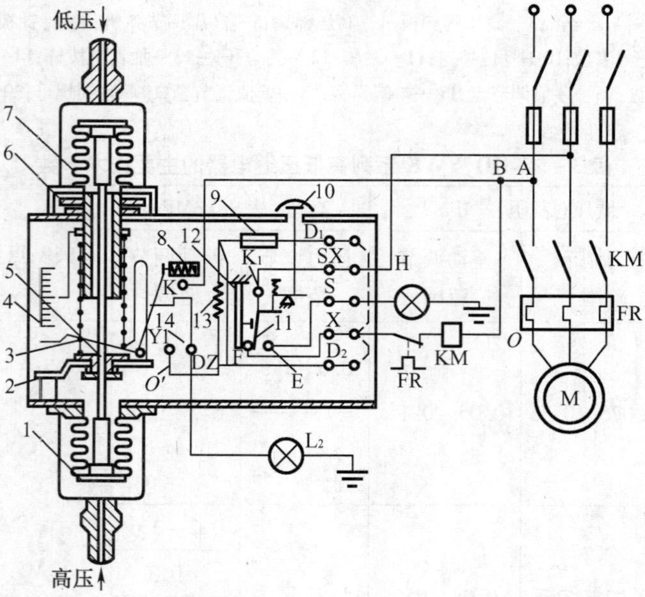

图 3－31　JC3. 5 型油差压继电器动作原理与接线图

1—高压气箱；2—直角杠杆；3—弹簧；4—标尺；5—传动杆；6—调节轮；7—低压气室；8—试验按钮；9—降压电阻；10—复位按钮；11—延时开关；12—双金属片；13—加热器；14—压力开关；L_1—事故信号灯；L_2—正常信号灯

双金属片 12 在加热器 13 的加热作用下，温度升高变形向右挠曲，便推动延时开关 K_1 触头，使触头打开与闭合。

K_1与触点 F 脱离后便切断压缩机电动机电源，使压缩机停电，而 K_1 在自锁装置锁住后就不会自行复位，需按复位按钮解除自锁后，K_1才能复位脱离触点 E 与触点 F 闭合。接线板有多个接线柱，不但可接主电动机控制电路，还可接信号灯等。

试验按钮 8 检验继电器的延时机构的可靠性。将其向左推动后，实际上强行将压差开关 K 与触点 YJ 闭合，使电加热器工作（延时计时开始），60 s 后双金属片动作将 K_1 与触点 F 断开，切断压缩机电动机交流接触器线圈的电流，使压缩机停止工作。

制冷压缩机油压差继电器的工作过程分析如下：

①当空气开关 Q 未合上时，压缩机未运转，油压差继电器的高、低压气箱内压力相等，在弹簧张力作用下，传动杆将直角杠杆 2 推至垂直位置，压力开关 K 被向左拉，使 K 与 DZ 触点分离，并与 YJ 触点闭合，延时开关 K_1 的动触头与 F 触点成闭合状态。

②当空气开关 Q 未合上时，线路接通电源。回路 A—B—O—X—R—K—H—C 构成电流回路，接触器线圈 KM 被接通，使主触点 KM 闭合，电动机 M 开始启动压缩机。由于压缩机刚启动，油泵还未建立正常油压，因此压力开关 K 的动触点未动作，回路 A—B—K—YJ—D1—X—F—K_1—H—C 有电流，加热器对双金属片加热。由于电动机在 60 s 内由启动转为正常运转，压缩机润滑系统已建立正常的油压，高、低压气箱产生压力差，即油泵出口油压高于曲轴箱压力和弹簧张力，高压气箱推动传动杆向上移动使杠杆 2 绕支点 O′顺时针方向旋转，杠杆推动压力开关 K 的动触点向右，使 K 与 YJ 触点分离，并与 DZ 触点闭合。使回路 A—B—K—DZ—L_2 至地线，接地导通，使正常工作信号灯 L_2 亮，而加热器电源被切断。由于对双金属片加热未超过 60 s，其还未动作，所以回路 A—B—O—X—F—K_1—H—C 仍然保持导通状态，压缩机继续运转。

③当压缩机润滑系统有故障，使油压差下降至低于压差继电器的调定值时，低压气箱与弹簧张力之和大于高压气箱的压力，便推动传动杆 5 向下移动，直角杠杆 2 绕支点 O' 逆时针方向旋转，压力开关 K 被直角杠杆向左拉，使其动触头与 YJ 触点闭合，使回路 A—B—K—YJ—D_1—X—F—K_1—H—C 导通，加热器对双金属片加热，此时正常工作信号灯 L_2 熄灭。如果经 60 s 后，双金属片 12 受热向右挠曲，将延时开关 K_1 向右推，与触点 F 分离，与触点 E 闭合。此时切断了接触器 KM 线圈电流，压缩机停止运转，同时加热器电源也被切断，事故信号灯 L_1 亮。

实际上正常工作信号灯 L_2 熄灭，就意味着润滑油系统油泵压差已下降至调定的压差保护值。但对制冷压缩机运行来说，瞬间润滑油系统缺油不会对压缩机构成危害。因此 L_2 熄灭后，并不立即切断交流接触器 KM 线圈的电源，而是开始计时，延时 60 s 后才切断交流接触器 KM 线圈的电源。这样就避免了因油泵短时间缺油而频繁停机的情况发生，尤其对大容量的压缩机，就显得更为重要了。

油压差继电器的正面有供调节压力差的标尺与指针，在上部有一调节螺钉，能调节压差值。当调节螺钉时，指针就移动，指示所需的油压差控制值，一般可调至 0.15 MPa。在初次调整时，最好对指针示值进行确认，以确保指针示值与实际情况相一致。

在使用过程中，若油压差继电器动作过一次，要使其恢复正常工作，必须待延时机构中的加热器和双金属片冷却（冷却时间约 5 min），使双金属片复位，此时按复位按钮才有效。

油压继电器与高、低压继电器有所不同，在电器接线方面尤其要注意。可以认为：油压差继电器是用电器，不像高、低压继电器那样仅是个触点开关，因此在接入系统电器控制线路时就要考虑它的用电电压，切不可将用于延时的加热器电路 A—B—K—YJ—D_1—X 或 A—B—K—YJ—D_2—X 串接在交流接触器 KM 线圈控制回路中。交流接触器线圈的电压有 380 V 与 220 V 之分，因此油压继电器也要根据控制回路的电源电压来选择接线方式。在回路 A—B—K—YJ—D_1—X 中串接了一降压电阻。当控制回路电源为 380 V 时，X 与 D_2 之间不连接，将 X 与 D_1 之间连接，这时延时加热器电路为 A—B—K—YJ—D_1—X—F—K_1—

H—C；当控制回路电源为 220 V 时，X 与 D_1 之间不连接，将 X 与 D_2 之间连接，这时延时加热器电路为 A—B—K—XJ—D_2—X—F—K_1—H—C。可以清楚地看到，电阻 9 在这里起到分压的作用，即无论控制电路的电压是多少，加在加热器 13 上的电压总是 220 V。这样就拓宽了油压继电器的使用范围，在接线时必须考虑到这一点。

2. 压差继电器

油压差继电器带有延时机构，还有不带延时机构的压差继电器，如 CWK－11 型、YCK－1 型和 RT 型，它们就是一个简单的压差继电器开关，见图 3－32。其主要用于屏蔽泵以及泵不上液保护。保护泵进出口压差在一定的数值上，以免发生气蚀和屏蔽泵缺液冷却而烧毁电机。在实际使用中，这种不带延时功能的压差继电器需要另配时间继电器作延时机构。

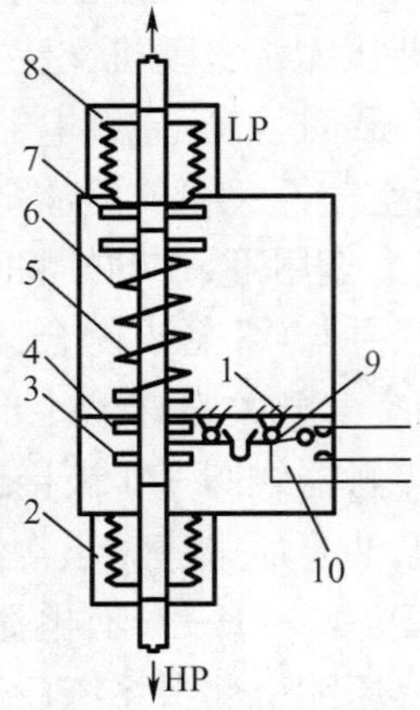

图 3－32　压差继电器原理图

1—动触点；2—高压室；
3，4—差动值调整螺母；5—主调整螺杆；
6—主弹簧；7—调整定值螺母；
8—低压室；9，10—静触点

低压室与泵入口相接，高压室与泵出口相接，在泵刚启动时，压差未建立，常闭触点 1，9 是闭合的，启动时常利用常闭触点使时间继电器延时。在调定的延时时间内，压差达到控制的上限数值，波纹杆推动主调整螺杆 5 上移，带动触点动作，使常开触点 1，10 闭合，1，9 断开，将时间继电器从电路中切除，泵投入正常运行，若在调定的延时时间内泵的进出口压差没有达到上限值，时间继电器动作，其触点切断泵电源，使泵停止工作。如果泵在运行过程中进出口压差低于调定值的下限时，常闭触点 1，9 闭合，时间继电器开始延时工作。在延时时间内，若压差恢复不到上限值，则停泵；否则，泵继续运转。

表 3－6 列出了一些压差继电器的技术指标。

表 3－6　压差控制器的技术指标

型号	压力差/MPa	差动压力/MPa	延时开关/s	电触点容量	适用工质
CWK－22	0.05～0.40	0.02	40～60 可调	AC：220 V/50 Hz/3 A	氟、氨
JC3.5	0.55～0.35	0.05	60±20 固定	AC：220 V/380 V DC：220 V/50 W	
YLJ－0235	0.04～0.35	0.02～0.03		AC：400 V/1 A，2 A，3 A，4 A，10 A DC：220 V/12 W	氟、氨、油
RT262A	0.01～0.15	0.01			
RT260A	0.05～0.40	0.03			
	0.05～0.60	0.05			
	0.05～1.10	0.05			
MP55A	0.03～0.45	0.02	45，60，90，120		
MP55	0.03～0.45		无延时	AC：205 V/2 A DC：125 V/12 W	氟、油
MP54	固定 0.065	0.02	45		
	固定 0.09	0.02	60，90，120		
	固定 0.21	0.02	120		

3. 电子油压继电器

目前，国外一些压缩机生产厂家，如 Copeland（谷轮），已开发出专用的电子油压继电器，其由一个压力传感器和一个电子控制模块组成，可以精确测量油泵进出口的压力差值，见图 3－33。电子油压继电器的主要优点是取代了传统机械式油压差继电器的波纹管、毛细管和压力接口等。电子油压继电器使用了计时回路的电子钟，计量时间准确，不受其他外界因素的影响。机械式油压差继电器在发生油压差减小时，是利用电阻加热器使双金属片的位移来制订计时时间的。因此，环境温度的变化及电源电压的变化都会对延时时间产生一定的影响。

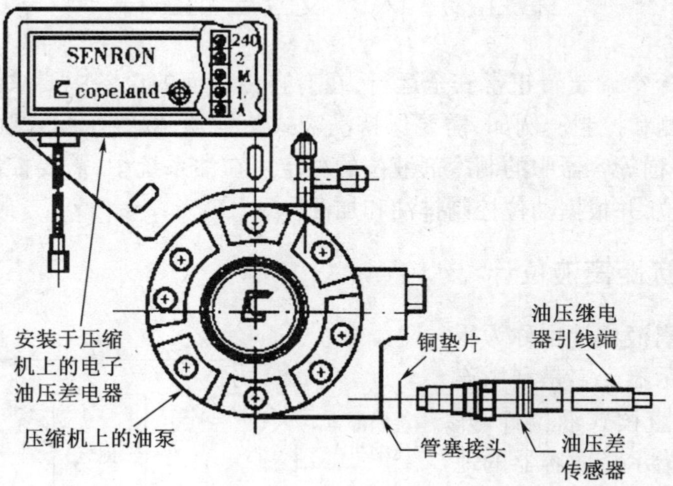

图 3－33　电子油压继电器示意图

另外，由于摒弃了毛细管测量及机械式的传动系统，电子油压继电器提高了制冷系统运行的可靠性。

电子油压传感器是电子油压继电器的重要部件，它被直接安装入油泵内测量出油泵进出口压差，传感器内有一触点开关，油压差低于 48～62 kPa 压差值时，电子控制模块启动时钟。如果油压差持续低于这一值超过一定的时间（时间可调）后，电子模块将通过其常闭触点 M—L，断开控制回路，使压缩机停止运行。电子模块除了用于压缩机停机的常闭触点外，还有能用于报警回路的常开触点 L—A。其电器接线原理见图 3－34。

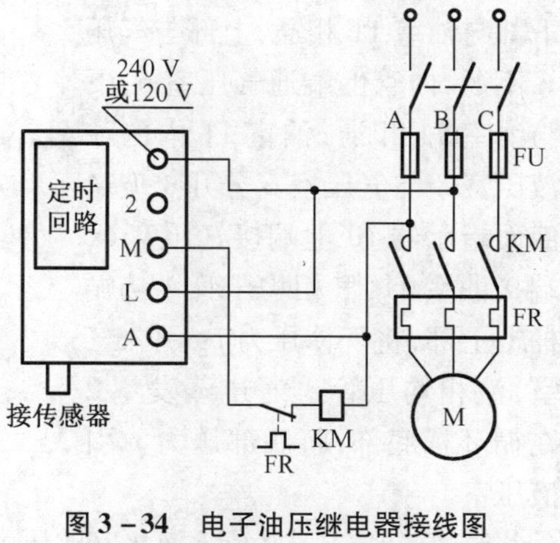

图 3－34　电子油压继电器接线图

通电后，电子油压继电器就启动了。如果压缩机电动机控制电路中的其他控制器件，如热继电器（过载继电器）等都正常闭合，压缩机启动运转，同时形成了由电源的 A 相经交流接触器 KM 线圈、热继电器触点、M—L 接线柱回到 B 相的回路。M 接线柱是电子油压继电器控制模块的“M—L”的常闭触点，电子油压继电器电源是由接线柱 240 V 或 120 V 接入，经内部分压电阻由接线柱 A 回到电源另一相。每当电子油压继电器上施加电压时，2 min 电子定时回路即动作。当油压差超过 83 ~ 97 Pa，传感器内触点闭合，延时将被中断。如果在设定的时间内不能建立足够的油压差，延时将结束，M—L 触点断开，切断压缩机电机的控制回路电源而停止压缩机运行。当压缩机运行时，如果压缩机的油压差下降至传感器的下限时，且在规定的时间内不能建立起足够的压力，延时回路断开 M—L 触点，停止压缩机运行。一旦延时回路断开 M—L 触点，必须进行人工复位来恢复系统运行。

第五节　认识液位控制器件

为了保证制冷空调装置正常安全运行，在有自由液面的设备中要求恒定的液位，同时要对液位进行检测和控制。例如，需要保持满液式蒸发器、双级压缩式制冷系统中的中间冷却器、低压循环桶等容器中的制冷剂液位的恒定。在油系统中，需要控制油分离器、集油器和曲轴箱的油位，并根据油位控制排油和加油。

一、压差式远距离液位计

压差式远距离液位计也称为压差式低温液位指示器。它是利用连通管连接玻璃管直读式液位计，并装设在远离所要指示液面容器的地方，多用于制冷装置中低压储液桶和中间冷却器的液位检测。其工作原理见图 3 - 35。

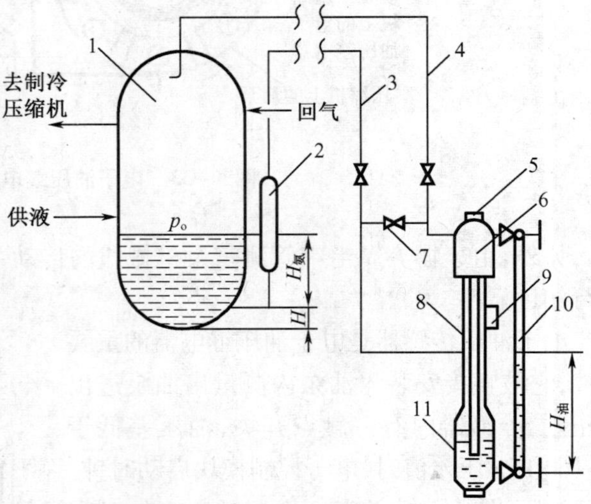

图 3 - 35　压差式远距离液位计原理图

1—循环桶；2—蒸发室；3—液相均压管；4—气相均压管；5—管塞；6—气压室；7—均压阀；8—液压室；9—放气管；10—玻璃管；11—油室

液位计的基本结构是两根管套叠，内管和外管之间为液压室 8，它的下部与油室 11 相通，上部与气压室 6 不通，内管上端通气压室 6，下端与油室 11 相通，油室 11 内的油将液压室 8 与气压室 6 分开。玻璃管液面指示器 10 上端接气压室 6，下端接油室 11，气相均压管 4 接循环桶 1 上部，将气体压力 p_n 引入气压室，液相均压管 3 通过蒸发室 2 接在循环桶底部，将底部压力 p 引入液压室。

此时，气压室压力为 p_0，液压室的压力为

$$p = p_0 + H_{氨}\rho_{氨} g$$

式中　$H_{氨}$——桶内氨液面的高度；

$\rho_{氨}$——桶内氨液的密度；

g——重力加速度。

当循环桶内液位发生变化时，其底部压力 p 也将发生变化，这一变化的压力通过液相均压管传递到液压室，使气压室和玻璃管管位发生变化。液位指示玻璃管内的高度取决于液压室和气压室压力差的大小，即取决于桶内 $H_{氨}$。

由于油和氨的密度不同，液位计玻璃管内油面高度并不等于容器内氨液的液面高度，油面与氨液面之间关系可通过式(3－6)换算：

$$H_{氨} = \frac{\rho_{油}}{\rho_{氨}} H_{油} \tag{3-6}$$

一般 $\rho_{油}/\rho_{氨} \approx 1.43$，即 $H_{氨} \approx 1.43 H_{油}$，桶内氨液的实际液位为玻璃管内油的1.43倍。再考虑到起始液位 H'，便可知道容器的真正液位。远距离液位计的气相均压管和液相均压管可以做得很长，而且不受安装地点的限制。一般装在机房或控制室便于观察的地方。它适用于多个低压循环桶和中间冷却器液位的集中监视。它的结构比较简单，可以自己加工制造。

二、电感式浮球液位控制器

国产 UQK－40 型电感式液位控制器见图 3－36。它可以对满液式蒸发器、低压循环储液器、中间冷却器、冷凝器或高压储液器等容器中的液位进行双位控制，还可以起防止液位超高或液位过低的保护作用。将它的开关系统接到液位报警和显示单元，可同时用于报警和显示。适用工质：氨和氟利昂。其主要技术参数：液位范围为 10～40 mm（可调）；介质温度 －45～＋55 ℃；浮子室最高工作压力 1.9 MPa；试验压力 2.9 MPa；允许最高环境温度 55 ℃；电源 220/380 V，50 Hz 或 60 Hz。

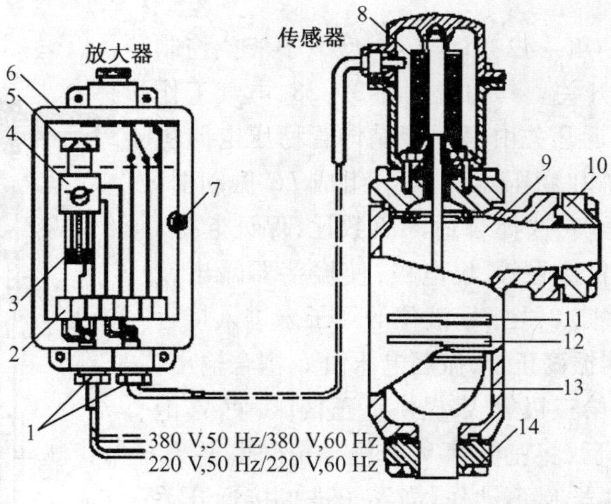

图 3－36　UQK－40 型电感式液位控制器

1—电线孔；2—接线端子；3—主变送器；4—放大器；5—继电器；6—防水罩；7—接地端；8—电感线圈；9—浮球室；10，14—法兰；11—上限控制液位；12—下限控制液位；13—浮球

这种液位控制器由传感器部分和放大器部分组成。传感器部分的上部为电感线圈 8，下部为浮球室 9，浮球室 9 通过法兰 10 和 14 分别接到受控容器的气相和液相，使浮球室获得容器液位信号。浮球室中有浮球 13，它上面带有铁芯杆，当浮球随液位浮动时，铁芯杆插入或退出电感线圈，改变线圈的电抗，引起线圈电流变化，从而将液位信号转变为电信号送到放大器，使继电器 5 触点的通断状态变化，用以控制容器流入（或流出）管上的电磁阀，将液位控制在要求的范围之内。

如图 3-37 所示，如果用 N 表示设定液位的高度，D 表示幅差，一种是当液位降到设定高度 N 时，触点接通，液位回升到 $N+D$ 时，触点断开；另一种是当液位上升到设定高度 N 时，触点接通，液位下降到 $N-D$ 时，触点断开。前者控制流入管电磁阀，后者控制流出管电磁阀。

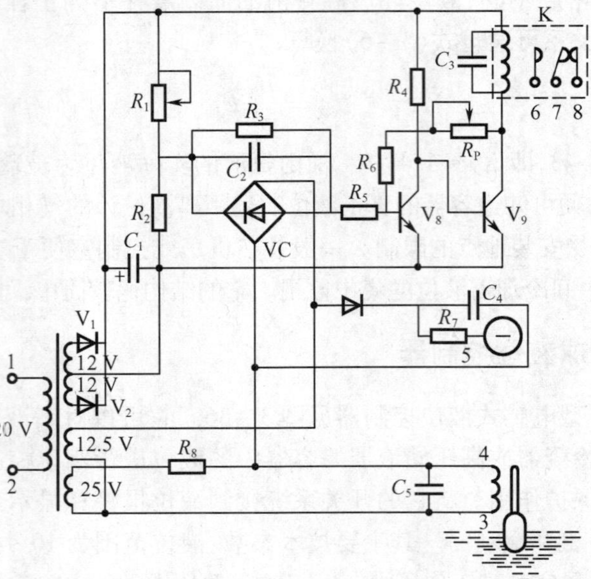

图 3-37 UQK-40 型电感式浮球液位控制器电气原理图

国产 UQK-41，UQK-42，UQK-43 型电子液位控制器采用无触点的接近开关。其构造见图 3-38，电气工作原理见图 3-39。接近开关由串联型晶体管稳压电源供电，三极管 V_4、电容 C_6 和变压器（L_1，L_2）组成 LC 振动器，只要线圈 L_1 的相位正确，选择合适的匝数比，保证起振。L_2 与 C_6 组成谐振回路，接在 V_4 集电极，使振荡器输出波形，振荡频率也同时确定。当指示液位的浮子未进入接近开关控制区时，振荡器振荡正常，振荡电压由 L_3 耦合输出，经二极管 V_{12} 整流后，给三极管 V_5 提供一正偏压，使 V_5 饱和导通。V_5 饱和导通后，将三极管 V_6 基极电位嵌得很低，迫使 V_6，V_7 截止，继电器 K 不动作；当浮子进入接近开关工作区时，浮子在振荡器的高频磁场中产生涡流，使振荡回路 Q 值下降，破坏了振荡条件，迫使高频振荡器停振，L_3 线圈无振荡电压输出，V_5 截止，而 R_{10}，R_{11} 和 V_6 的基极提供了一个正向偏压，使 V_6 饱和导通，V_7 随即也饱和导通，继电器 K 动作，使触点输出开关信号。当 V_7 管子由饱和转向截止时，其集电极所带继电器线圈要产生自感电势，很可能将 V_7 击穿，加 V_{13} 续流二极管是为自感电势提供一个通路，保护 V_7 不被击穿。R_9 是正反馈电阻，用以提高开关电路翻转灵敏度。

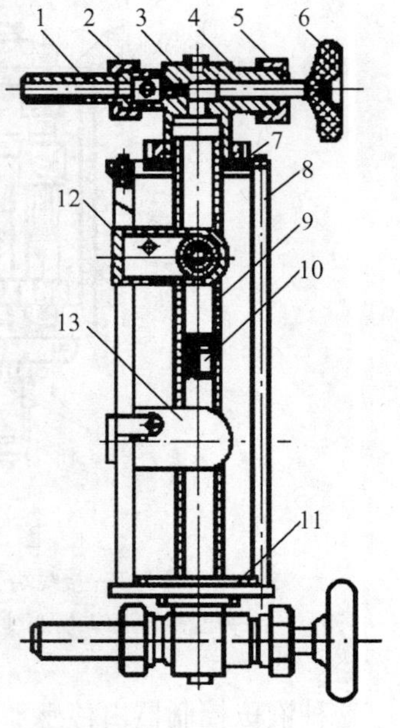

图 3-38 UQK-41 型，UQK-42 型，UQK-43 型液位控制器

1—接头；2—止回钢珠；3—液位计阀体；4—阀杆；5—垫圈；6—手柄；7—密封圈；8—支杆；9—高压玻璃管；10—浮球；11—螺母；12—上开关盒；13—下开关盒

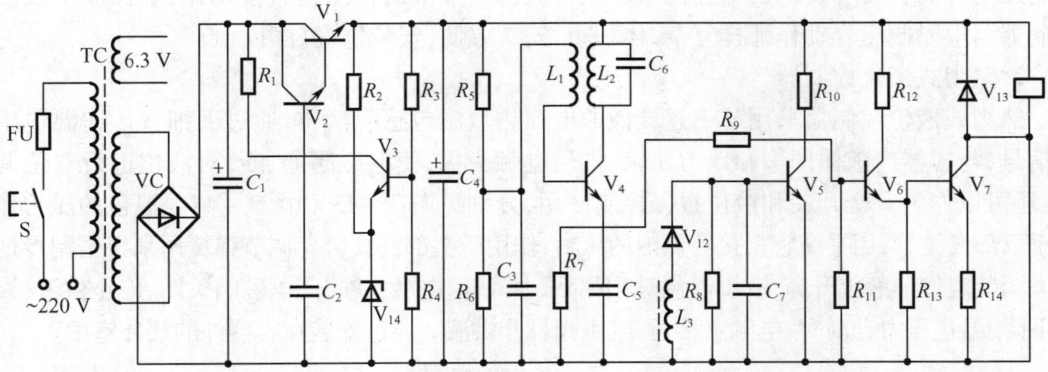

图 3－39　接近开关电气原理图

综上所述,浮子进入胶木开关盒,继电器 K 吸合,浮子离开胶木开关盒,继电器 K 释放。由于浮子很小,控制的液位幅差范围也很小,而且不可调。一般用两个(或多个)胶木开关盒,一个做下限液位控制,另一个做上限液位控制。同时,在电气线路上设自锁触点,以保证只有在达到另一限位时才改变原来的动作状态。一般 UQK－41 型,UQK－42 型,UQK－43 型电气盒内带有自锁触点(无自锁触点的,使用时需另配中间继电器)。这种液位控制器具有无触点、无磨损、无火花的优点,而且动作灵敏,常用于氨冷库装置中指示和控制各种液位。

控制器由玻璃管液位指示器和浮子接近开关组成,玻璃管常用规格:外径 25 mm;壁厚 2.5 mm;UQK－41 型长度为300 mm,UQK－42 型长度为200 mm;耐压3 MPa。玻璃管周围装有有机玻璃保护罩,玻璃管内装有浮球,浮球为对接长圆形球,内放钢珠,使其立于液面,见图 3－40。浮球的相对密度为 0.78(可以通过改变钢珠的质量来改变浮球的相对密度),轻于油而重于氨,在氨、油共存的容器中,浮球沉于氨而浮于油面,从而指示出油的液位。不仅能就地显示,还能远程控制。UQK－41 型常用于氨、油并存容器中控制油位和放油,UQK－42 型常用于压缩机加油控制,UQK－3 型用作氨液位指示和控制。

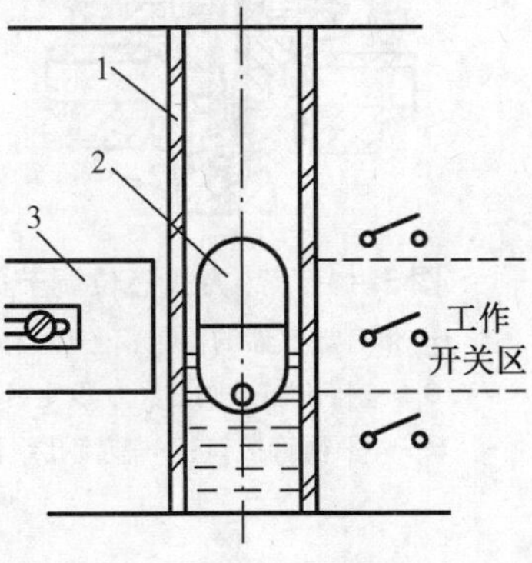

图 3－40　浮子接近开关工作示意图

1—玻璃管;2—浮球;3—接近开关

三、热力式液位控制器

1. 热力式液位调节阀

热力式液位调节阀可以对液位实行比例调节。在制冷系统中用于控制满液式蒸发器、中间冷却器和气液分离器等容器的液位。

丹佛斯公司的 TEVA20/TEBA85 型温度式液位调节阀的结构见图 3－41。它类似于热力膨胀阀,阀的主体部分与热力膨胀阀一样,不同之处在于它的温包中装有电加热器。此阀在工作时电加热器处于通电状态,对温包加热。如图 3－42 所示,温包安放在容器所要控制的液面高度处,如果液位上升,制冷剂浸湿到温包,由于制冷剂液体的蒸发,消除了温包的过热,热力头中压力降低,使阀开度变小或者完全关闭。温包被液体浸没程度(即液位高度)决定阀的开启程度。如果液位降到温包之下,温包暴露在气相中,热量较难散逸,热力头内压力升高，于是阀开大，增加流量。这种液位调节阀的优点是直接动作，不像浮子液位控制器与电磁阀组合动作那样复杂，体积小，安装方便，安装位置自由。

2. 热力式液位控制器

热力式液位控制器采用与上述类似的电加热型温包感应液位，通过毛细管传递温包压力信号，与容器内液体的饱和压力比较，推动电触头板，使电磁阀通、断，对液位进行双位调节，还可以作为安全开关和液位报警控制使用，分别见图3－43和图3－44。温包的压力作用于下部波纹管，用平衡管引接容器内的压力，作用于上部波纹管。调节弹簧用来根据制冷剂种类调节定位。液位升高，浸没温包时，下部压力降低，电触头断开，电磁阀关闭，停止供液；液位下降，温包压力升高时，电触点接通，电磁阀打开供液。温包安装在容器外的缓冲室中。

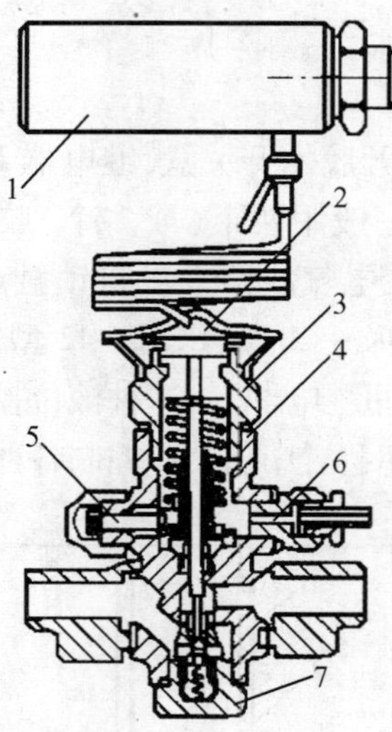

图3－41　热力式液位调节阀

1—带有加热器的温包；2—热力头；
3—连接件；4—阀体；5—设定杆；
6—外平衡管接口；7—节流孔组件

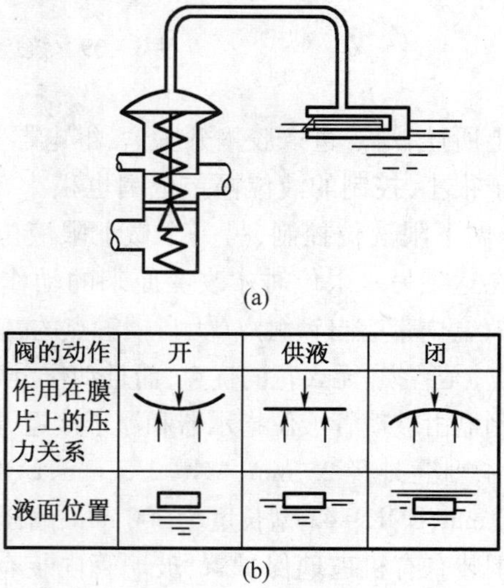

图3－42　热力式液位调节阀工作原理

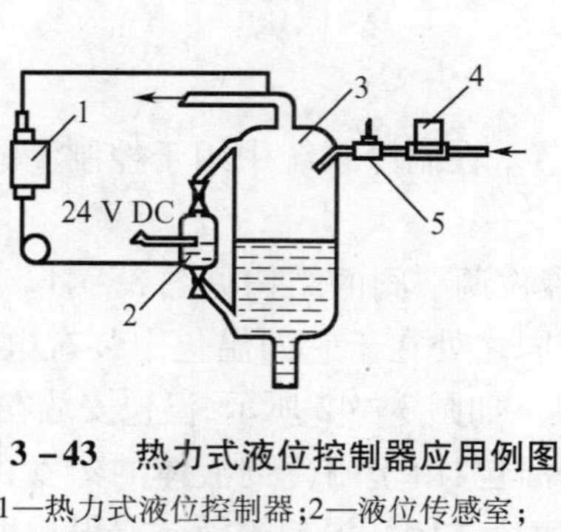

图3－43　热力式液位控制器应用例图

1—热力式液位控制器；2—液位传感室；
3—受控液位的容器；4—电磁阀；5—手动膨胀阀

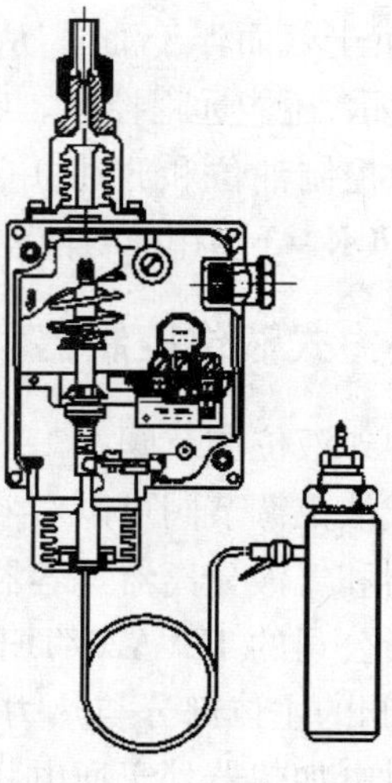

图3－44　热力式液位控制器

第六节　认识相关执行器件

在制冷空调自动控制系统中,执行器是动力部件,它是按照调节器送来的特定信号自动动作,使被调参数保持在生产工艺规定的范围之内。为了系统的密封性、可靠实用等方面的要求,在制冷系统中很多控制阀件将信号、调节、执行器件合为一体。为了适应不同容量的需求,还将采集信号的阀作为导阀,与不同容量的主阀联合使用,使系统控制简化了很多,在此有必要将这类阀件进行介绍。

一、恒压阀

ZZH 系列恒压阀是一种常用的压力导阀,通径为 3 mm,是比例式调节阀,对小容量的系统可以单独使用。通常与主阀配合使用,可以对管道中的工质实行比例调节。

ZZH 型恒压阀按启闭作用可分为正恒压阀(正作用)和反恒压阀(反作用)两种。

1. 正恒压阀

正恒压阀是一种常闭型阀门,有 ZZHA－3 型和 ZZHB－3 型两种。ZZHA－3 型结构见图 3－45。在阀体与阀罩之间用不锈钢膜片 10 分成上、下两部分,上部分为阀罩,罩内有弹簧调节机构,用它可以调节恒压阀动作的整定压力值。下半部分为工质流动通道。膜片上方受到弹簧调节系统的预紧力作用,而膜片下方受到阀进口处气体的压力作用。当膜片下方气体压力升高,超过弹簧的预紧力时,膜片上移,带动阀芯 8 上移,阀口开启。随着压力逐渐升高,阀口也成比例地逐渐开大;反之,阀口关小。阀的工作过程用一句话来形容就是“升开降闭”,即入口压力升高,阀开启;反之,阀关闭。由于 ZZHA－3 型恒压阀膜片下感受的是进口处的压力,所以阀的开启度与阀的进口压力成正比,可以使进口处压力恒定在整定的值。

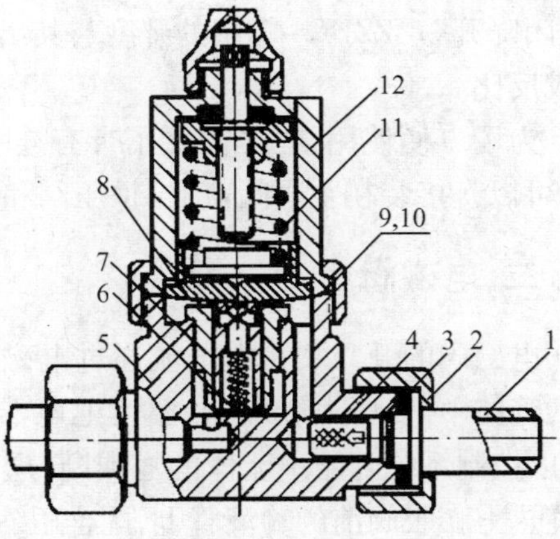

图 3－45　ZZHA－3 型恒压阀结构图

1—接头;2—连接螺母;3—垫片;
4—滤网;5—阀体;6—弹簧;
7—阀座;8—阀芯;9—垫片;
10—膜片;11—弹簧;12—阀罩

ZZHB－3 型与 ZZHA－3 型的结构基本相同,不同点仅在于在其膜片下方用一隔板把膜片与阀进口隔开,膜片下方感受的不是阀的进口介质的压力,而是在隔板与膜片之间接一引管,引入所需要控制的压力作用于膜片下方。正恒压阀结构原理见图 3－46。由于 ZZHB－3 型的膜片下方感受外接管引入压力,所以在阀整个开启范围内,阀的开度与外接管的引入压力成正比。

2. 反恒压阀

反恒压阀有 ZZHC－3 型和 ZZHD－3 型两种。反恒压阀与正恒压阀的结构基本相同,所不同的是,反恒压阀阀芯是倒装的,其阀杆上升阀关小,阀杆下降阀开大。其膜片下方与阀出口相通,膜片下方感受的是出口压力。ZZHD－3 型的结构与 ZZHB－3 型相同,膜片下方感受的是引入管的压力。其结构原理图见图 3－47。

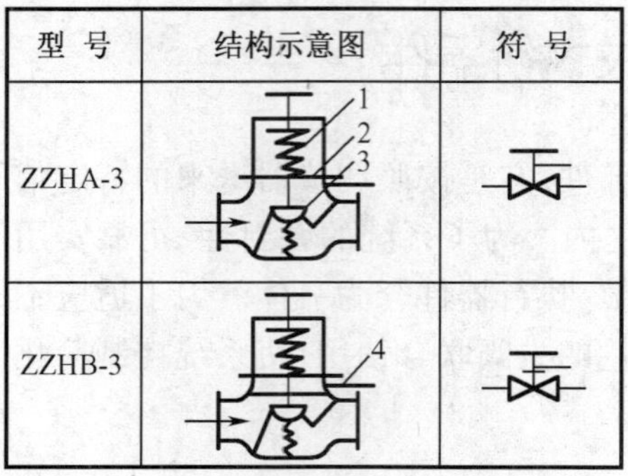

图 3－46　正恒压阀结构原理图

1—设定弹簧；2—膜片；3—阀芯；4—外压引管

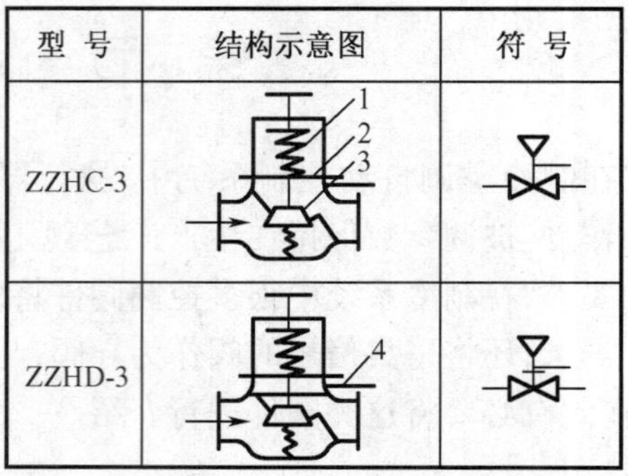

图 3－47　反恒压阀结构原理图

1—设定弹簧；2—膜片；3—阀芯；4—外压引管

反恒压阀的工作原理是：当膜片下方压力升高到大于弹簧力时，弹簧被压缩，膜片带动阀芯向上移，阀关小。阀的开度与膜片下方的压力成反比动作，直至阀全关闭。即所谓的“升闭降开”。ZZHC－3 型的开度与其出口压力成反比。ZZHD－3 型的开度与引入管的压力成反比。

为了方便使用，恒压阀除了带有连接螺母的阀体可直接安装在导压管路中外，还有立式（可以直接装在主阀阀盖上）恒压阀和横式（可装在电磁导阀阀体侧面）恒压阀。

二、电磁阀

电磁阀的开与关是由电流通过电磁铁产生电磁吸力来控制的。通常它串接在制冷系统的管路中，受压力继电器、温度继电器、液面控制器和手动开关所发出的指挥信号来动作，以控制系统管路中流体的通或断，通常与压缩机接在同一启动开关上。普遍用在制冷系统热力膨胀阀前的输液管上，配合压缩机的启、停而自动接通或切断输液，防止压缩机停车时制冷剂继续通过热力膨胀阀进入压缩机，而再次启动时产生液击。它常用于冷凝器的冷却水管上，配合压缩机的启、停而自动切断或接通水源，以节约冷却水。此外，还用电磁阀作为导阀以控制主阀以及其他方面的应用。总之，它是制冷系统自动控制与调节的主要元件。

电磁阀的开启方式分直接作用式和间接作用式两大类。直接作用式即直动式，常用于小口径的电磁阀上；间接作用式即伺服式，常用于大口径的电磁阀上。现分别介绍其工作原理。

1. 直接作用式电磁阀

直接作用式电磁阀分阀体和电磁头两部分，见图 3－48。阀孔电磁头中的阀芯组控制开与关。电磁头的主要部件由线圈、挡铁、阀芯、外壳等组成。当线圈通电后它就产生磁场，切断电源后磁场就消失。挡铁的作用是当线圈通电时共同产生感应磁场，吸引芯铁上移。挡铁上端面的凹槽内压入分磁环，其作用是使磁场短路而减少涡流损失。铁芯组由芯铁、弹簧柱、弹簧、阀芯头、阀门软垫及阀芯罩等组成一整体。当电源接通时，线圈与芯铁产生感应磁场，芯铁被吸引而上移，阀口被打开。当电源被切断后，磁场消失，芯铁因弹簧力和自身的重力而下落，阀门软垫盖住阀口，阀门关闭。

所谓直接作用式电磁阀就是电磁头所组成的电磁阀芯直接去开闭阀门，因而其结构简单，操作方便，不易出故障。阀前后流体压差和阀口径越大，打开阀所需的电磁力越大，电磁头的尺寸也越大，所以直接作用式电磁阀多数用于口径在 10 mm 以下。

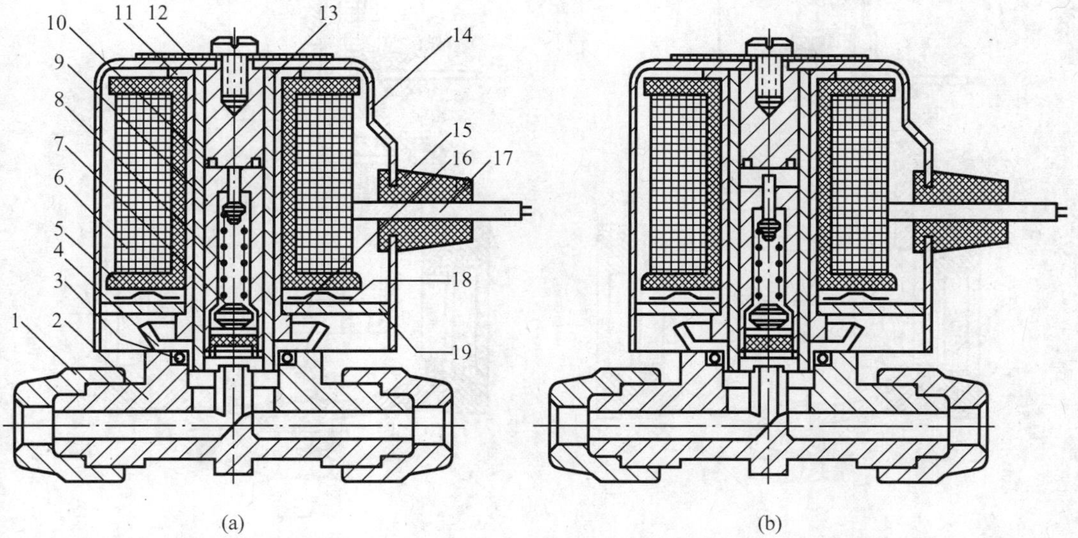

图 3－48　直接启闭式电磁阀的动作原理图

(a)开启状态；(b)关闭状态

1—接管螺母；2—阀体；3—密封圈；4—套管座；5—线圈架；6—线圈；7—阀芯头；8—弹簧；9—芯铁；10—分磁环；11—上套圈；12—挡铁；13—套管；14—电磁外壳；15—橡皮圈；16—下套圈；17—导线；18—弹簧片；19—底板

2. 间接作用式电磁阀

大口径电磁阀其阀口和阀门也是相应增大，口径越大，它的电磁头也就越大。这样做不但电磁头的规格繁多，给制造带来许多不便，而且也很不经济。采用间接作用的电磁阀，其电磁头可统一为一种规格，给制造和应用都带来很大方便。间接作用式电磁阀有两个阀门，即导阀与主阀。电磁头为导阀，它与主阀组合成一体，其动作原理如图 3－49 所示。当电磁阀接于制冷系统的输液管上后，阀体内充满液体，阀体内 A，B，C 分隔空腔，它们由平衡小孔相互连通，B 腔的辅助孔 E 与 C 腔的辅助孔 F 连通，但由电磁导阀控制着通与断。C 腔与 A 腔由 D 平衡小孔相连通，其孔径要比 F 通孔径小很多。当电磁导阀与主阀处于关闭状态时，A 腔比 B 腔压力高。另外，还有复位弹簧的作用，主阀门紧紧地盖住阀门。

当压缩机启动时，电磁阀的电源同时接通，电磁导阀的辅助口被打开，F 孔与 E 孔被导通，因 C 腔内的高压流体通过 F—E 辅助通道被卸流，使 C 腔压力与 B 腔压力近似相等，活塞下面的压力大于上面的压力，就将活塞浮起，带动活塞阀门组上升。由于阀口有流动阻力，B 腔压力与 A 腔压力有压差，活塞就是依靠这一压差来维持阀门开启状态的，见图 3－49(b)。当压缩机停车，电磁阀的电源同时被切断，电磁导阀被关闭，E 与 F 孔不通，C 腔压力由于平衡孔 D 的补充，使 A 腔与 C 腔压力平衡，活塞在弹簧力与阀门的自重的作用下开始下落，盖住主阀口，电磁阀就处于关闭状态。

由上述分析可知，电磁导阀是信号接收器，活塞阀门组是执行器，该执行器的动力来自于主阀进出口的压差。间接作用式电磁阀开启后还要求阀前后有一定的压力差（约为 35 kPa）维持活塞处于开启位置。如果阀尺寸过大，压差不足，阀有可能震颤或不能全开。选配阀时应该按厂家提供的阀容量来决定阀尺寸，而不是按配用管道或孔径尺寸选阀。

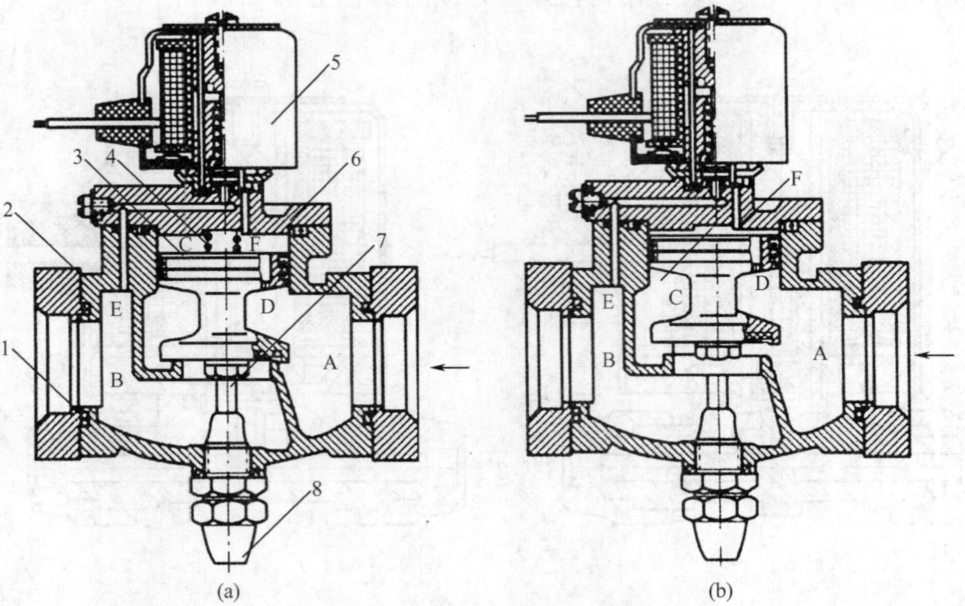

图 3－49　间接启闭式电磁阀的动作原理

1—密封环；2—阀体；3—主活塞阀门组；4—复位弹簧；
5—电磁头；6—阀盖；7—手动推杆；8—罩帽

3. 三通电磁阀

三通电磁阀有直接作用式的，也有间接作用式的。直接作用式的电磁阀常用于制冷系统作为制冷压缩机汽缸卸载装置的油路控制。间接作用式的电磁阀通常用于热回收装置上的一种控制式三通电磁阀。它的作用是将压缩机排出的热气在正常情况下排往冷凝器，在热回收时，改为排往热回收冷凝器。直动式三通电磁阀结构见图 3－50。三通电磁阀有通道，即 a，b，c 通道口，进口 a 和出口 b 基本在同一水平面上，c 口在下面。电磁线圈通电后，阀杆提起，这时 a，c 通道口接通，而 a 通道口与 b 通道口不通；电磁线圈断电后，阀杆下落，阀芯将 c 通道口堵死，a 通道口和 b 通道口连通。由于铁芯只能有两个位置，所以 3 个通道口不能同时连通。可以看出，b 通道口与 c 通道口在任何情况下都是不通的。

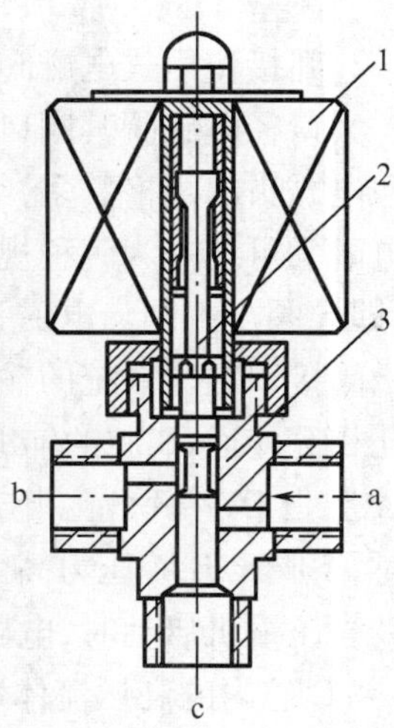

图 3－50　直动式三通电磁阀

1—电磁线圈；2—阀杆；
3—阀芯

4. 四通电磁阀

四通电磁阀也称为换向阀，在冷暖兼用的热泵型空调机或者逆循环热气除霜系统中用来改变制冷剂的流动方向，使系统中的两个热交换器功能（冷凝、蒸发）切换，特别在小型热泵空调器中有广泛应用。换向阀是由电磁阀和四通阀用毛细管连接而组成，其结构见图 3－51。

四通阀有 4 根接管（3.4，7，18）和 3 根毛细管（C，D，E），阀体内装有滑块和活塞，它们用支架构成一体，两端活塞上各有小孔，以使活塞两端能互相通气。管 18 与室内换热器出口连接，管 4 与压缩机吸气管连接，管 3 与室外换热器进口连接，管 7 与压缩机排气管连，而

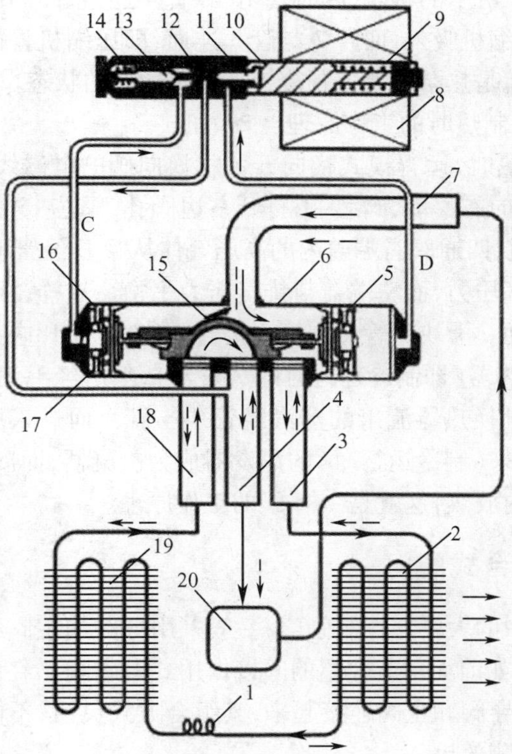

图 3－51　热泵型空调制冷(热)时原理图

1—毛细管;2—室外换热器;3—与室外换热器相连接管;4—与压缩机吸气管相连接管;5—活塞 1;6—四通阀;7—与压缩机排气管相连接管;8—电磁线圈;9—弹簧 1;10—衔铁;11—阀芯 A;12—电磁阀;13—阀芯 B;14—弹簧 2;15—滑块;16—活塞 2;17—排气孔;18—与室内换热器相连接管;19—室内换热器;20—压缩机

说明:沿"→"流向时,为系统制冷原理图;沿"－→"流向时,为系统制热原理图。

滑块像一个三通阀门,可以将管 18 与管 4 连通起来,也可以将管 4 与管 3 连通起来。当管 18 和管 4 连通时,管 7 和管 3 就通过四通阀体而连通。当管 4 和管 3 连通时,管 7 和管 18 就通过阀体连通。3 根毛细管中的 C,D 管接在四通阀两端,管 E 与管 4 相连接。

电磁阀由阀体 12、阀芯 11 和 13、弹簧 9 和 14、衔铁 10 及电磁线圈 8 组成。阀芯 11 和 13 及衔铁连成一体并移动。当线圈通电而产生磁场时,衔铁被磁场吸引而动作,使阀芯向右移动,阀芯 13 关闭左面阀孔,而右面阀孔被阀芯 11 打开,使毛细管 E 与 D 相通。当断电,衔铁复位时,阀芯 11 关闭右阀孔,而左面阀孔被阀芯 13 打开,使毛细管 E 与 C 相通。

(1)热泵型空调系统制冷的工作原理

热泵型空调制冷时,由于受运行模式换向开关的控制,换向阀的电磁线圈的电源被切断,衔铁在弹簧 9 的推动下左移,使阀芯 11 将右阀关闭,而左阀孔被打开,这样 C 管和 E 管接通,而 D 管被关闭。在四通阀体内,除滑块 15 盖住的部分是低压气体外,其他部分都是高压气体。因此,阀体内的高压气体通过活塞 1 和活塞 2 的小孔,向四通阀左右两端盖内充气,C 管与 E 管是接通的,而毛细管孔径又比活塞上的小孔大数倍,活塞 2 小孔流过去的气体迅速流向压缩机吸气管 4,而从活塞 1 小孔流过的气体无法通过。因此,在活塞 2 的左面不能建立起高压力,滑块左、右端活塞就形成一个压力差,把滑块与活塞组推向左端位置,换向阀就成为如图 3－51 所示的状态，此时管 18 和管 4 连通，即制冷剂气体从室内换热流器流出通过换向阀，被压缩机吸入，而管 7 与管 3 连通，即压缩机排出的高压气体通过换向阀进入室外散热器。这就是热泵空调器制冷运行时换向阀的状态。

(2)热泵型空调系统制热时的工作原理

热泵型空调系统制热时，运行模式换向开关将换向阀的电磁线圈的电源接通，线圈产生磁场，衔铁被磁场吸引向右移动，阀芯 11 打开右边阀孔，阀芯 13 关闭左边阀孔。管 E 与管 D 接通，管 C 被堵不通，四通阀右端盖内的高压气体从管 D 经管 E 流向压缩机吸气管 4，使右端盖内压力等于吸气压力，而左端盖与排气压力平衡。这样，活塞左、右两端产生的压力差使滑块一起向右移动。滑块将管 4 与管 3 接通，管 7 与管 18 接通。压缩机排气管从管 7 经过管 18 进入室内换热器(即制冷运行时的蒸发器)，然后经毛细管进入蒸发器(即制冷运行时的冷凝器)，从室外换热器流出的蒸汽经管 3 与管 4 而进入压缩机吸气口。通过换向阀对管路的换向，使原来(制冷运行时)的蒸发器成为冷凝器，而冷凝器则成了蒸发器，从而实现从室外吸热向室内放热，这就是“热泵”的工作原理。

三、导阀与主阀组合式阀门

用于制冷系统管路中的大中型控制阀门，一般采用导阀加主阀结构。这种阀门在原理上属于间接作用式阀门(如前面章节介绍的间接作用式电磁阀)，在结构上把导阀和主阀分开制造，然后用导压管将导阀和主阀连接起来，其组合方式灵活，不同的导阀与不同的主阀配合，可以得到不同的调节效果。

1. 导阀

导阀是一个尺寸小的调节阀门，与主阀配合使用时，导阀不直接控制系统管路中工质的流通，而只控制导压管的通断，从而控制主阀动作。电磁阀用作导阀时，受电气信号控制，称为电磁导阀；ZZH 系列恒压阀用作导阀时，受压力信号控制，称为恒压导阀。

2. 主阀

主阀是直接控制管道工质流通的，但它不能独立工作，必须与导阀配合使用，是受导阀控制的执行阀，也可以认为主阀的动作是导阀的跟随和放大。常用的主阀通常是活塞式结构。根据用途，主阀有气用和液用之分。气用主阀有常开型和常闭型两种。液用主阀只有常闭型一种。

如图 3－52 所示，主阀主要由阀体、阀盖、阀芯、活塞、活塞杆、活塞套、弹簧、手动顶杆等部件组成。导压管由接头接至活塞上部，活塞上钻有直径为 1 mm 的平衡孔。活塞底部有防冲击的阻尼孔，在主阀启闭时起缓冲作用，以免损坏阀口。阀体(或阀盖)上没有手动顶杆，必要时可用顶杆将活塞组件顶起，使常闭型主阀阀口开启。常开型主阀必要时也可以用顶杆将阀口关闭。

阀体有的用法兰跟管道连接，有的用接头螺母与管道连接。主管滤网为 25 目，用活塞套压住。导管小滤网为 100 目，用导管接头螺母压紧。通径为 32 mm，50 mm，65 mm的阀芯用聚四氟乙烯制成锥体，通径为 80 mm 以上的阀芯均制成平面。

主阀的工作原理随阀的不同类型而异。

液用常闭型主阀(ZFS－00YB)的工作原理如图 3－53(a)所示，工作时阀的导压管必须接至主阀才能正常工作。当电磁导阀开启，导压管接通时，活塞上腔压力降低，活塞在上下压差作用下上浮，带动阀芯上升，主阀开启；当电磁导阀关闭，活塞上下腔由平衡孔均压，活

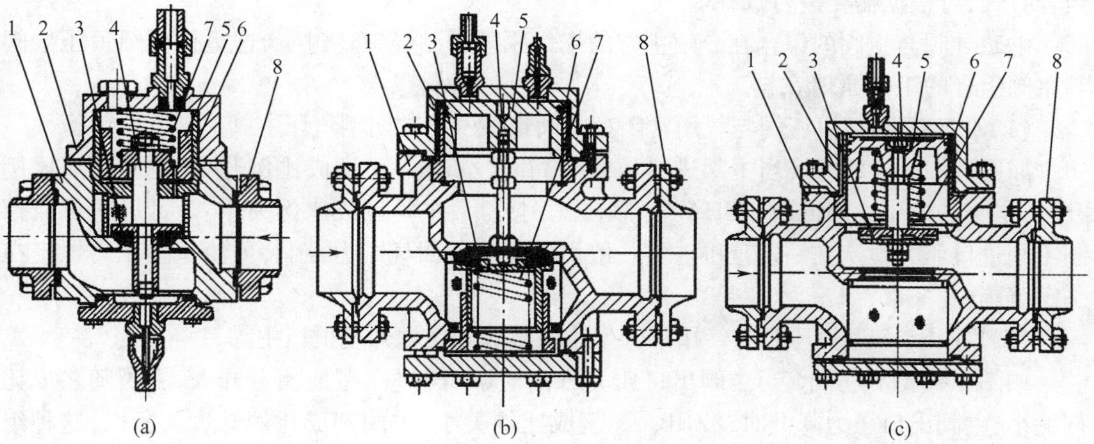

图 3－52　主阀结构图

1—阀体;2—阀盖;3—阀芯;4—活塞杆;5—活塞;6—活塞套;7—弹簧;8—法兰

塞靠弹簧力和自重下落,主阀关闭。其工作原理为“降压开启”。

气用常闭型主阀(ZFS－00QB)的工作原理如图 3－53(b)所示,工作时阀的导压管必须接在主阀入口处管道上或接在比主阀出口空气压力高 14 kPa 的地方。当电磁导阀开启,导压管接通时,活塞上腔加压,将活塞压下,主阀开启;当电磁导阀关闭,活塞上下腔由平衡孔均压,弹簧将活塞顶起,主阀关闭。其工作原理为“加压开启”。

气用常开主阀(ZFS－00QK)的工作原理如图 3－53(c)所示,工作时它的导压管必须接在较主阀进口压力高 0.1 MPa 的地方。当电磁阀开启,导压管接通时,活塞上腔加压,将活塞压下,主阀关闭;当电磁导阀关闭,导压管不通时,活塞上下均压,弹簧力推活塞上行,主阀开启。其工作原理为“加压关闭”。

3. 主阀与导阀的组合

常用的导阀有电磁导阀和 ZZH 系列恒压导阀,常用的主阀有 ZFS 系列主阀。这些导阀与主阀的组合,可以用单个导阀与主阀组合,也可以采用几个导阀联合(串联或并联)与主阀组合,因而可得到具有不同调节功能的多种阀门。下面介绍一些较常用的

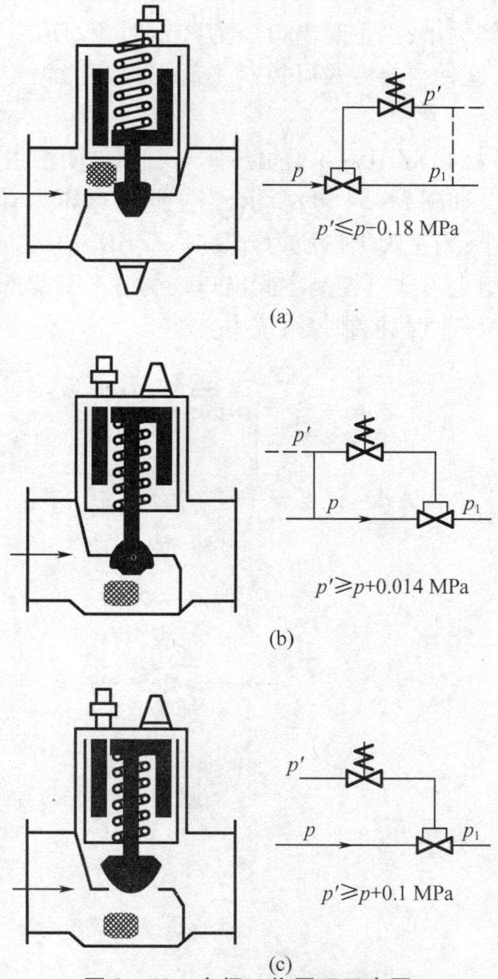

图 3－53　主阀工作原理示意图

(a)ZFS－00YB;(b)ZFS－00QB;(c)ZFS－00QK

组合方式,可根据需要进行选择。

电磁导阀与主阀的组合在介绍主阀的工作原理时已经叙述过了,这里仅介绍恒压导阀与主阀组合的工作原理。

(1)ZZHA－3 型恒压阀与气用常闭型主阀组成气用常闭型恒压主阀

如图 3－54(a)所示,当主阀进口压力升高时,ZZHA－3 型成比例开大,主阀也成比例开大;主阀进口压力降低时,ZZHA－3 型成比例关小,主阀也成比例关小。所以,它可以控制主阀进口压力恒定在一定范围。它一般用于蒸发器回气压力控制,可使蒸发压力恒定在一定范围内。

(2)ZZHB－3 型恒压阀与气用常开型主阀组成气用常开型恒压主阀

如图 3－54(b)所示,当主阀出口压力升高时,ZZHB－3 型成比例开大,主阀随之成比例关小;主阀出口压力降低时,ZZHB－3 型成比例关小,主阀则成比例开大。所以,这种组合方式可控制主阀的出口压力恒定在一定范围内。它常用于压缩机的吸气管控制,可防止压缩机吸气压力过高而导致过载。

(3)ZZHC－3 型恒压阀与液用常闭型主阀组成液用常闭型恒压主阀

如图 3－54(c)所示,当主阀出口压力升高时,ZZHC－3 型成比例关小,主阀随之也成比例关小;当主阀出口压力降低时,ZZHC－3 型成比例开大,主阀也随之成比例开大。所以,这种组合方式可控制主阀出口压力恒定在一定范围内。常用于加压供液系统的恒压供液。

(4)ZZHD－3 型恒压阀与气用常闭型主阀组成气用常闭型恒压主阀

如图 3－54(d)所示,当主阀出口压力升高时,ZZHD－3 型成比例关小,主阀也成比例关小;当主阀出口压力升高时,ZZHD－3 型成比例开大,主阀也随之成比例开大。所以,这种组合方式可控制主阀出口压力在一定范围内恒定。可用于热融霜恒压控制和防止压缩机吸气过载控制等系统中。

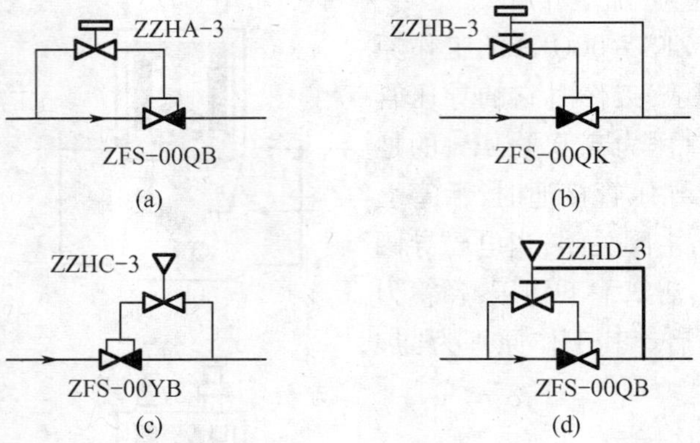

图 3－54　恒压导阀与主阀的组合示意图

第四章　制冷系统自动控制的实现

第一节　制冷与空调自动控制简介

制冷与空调自动控制要确保整个装置能正常运行,并达到要求的运行参数指标,制冷与空调系统中有许多热工参数需要进行控制,如温度、湿度、压力、流量和液位等。

制冷装置中各设备、各参数在运行时是相互影响、相互作用的,即各参数间是相互定量耦合的,为了使每一个参数在各种外界干扰条件下或负荷变化条件下和给定值的偏差均能保持在制冷工艺要求的范围内,就需要对制冷装置中的各个设备,如冷凝器、蒸发器、压缩机、节流设备等的动、静态特性进行分析,必要时求出其数学模型,同时配置相应的、合适的控制器,形成该参数的自动控制系统。

一个制冷装置有许多参数需要自动控制,一个自动化的制冷装置将有许多自动控制系统,而且各个自动控制系统之间常需要相互关联,有的要求联锁依次动作。这就要求设计制冷装置自动控制时,必须从制冷装置整体要求来设计、分析,建立各参数的控制系统。

制冷系统中蒸气压缩式制冷占主要地位,其次是吸收式制冷系统。蒸气压缩式制冷系统由压缩机、节流机构和热交换器串联组合。能使制冷系统安全运行并适应负荷及外部条件变化的控制调节包括:制冷机的启动与安全运行控制、制冷剂流量的调节、制冷系统能量的调节、冷凝器和蒸发器换热能力的调节。在蒸气压缩式制冷系统中,由于驱动压缩机的电动机有单相与三相之分,因此有单相启动和三相启动控制方法;制冷剂流量调节是在调节压缩机输气能力的基础上,通过节流机构调节进入蒸发器的给液量;热交换器能力的调节则表现为冷凝压力及蒸发压力的控制。这些调节不仅是为了满足制冷温度的要求,也是为了保证制冷装置安全可靠地运行。从系统总体来看,它们又是相互关联的。

本章重点讨论了制冷压缩机的控制,包括启动控制和各种压缩机能量调节的方法;详细地介绍了制冷系统制冷剂流量的调节、蒸发压力的控制、冷凝压力的控制等;最后对典型的制冷装置的控制做了分析介绍。

一、自动控制系统的组成

一个能稳定工作的自动控制系统,是指在无人直接参加的情况下,利用控制装置,使被控对象的被控参数达到给定值,或按照先给定规律变化的系统。它一般由控制对象、发信器、控制器和执行器来组成闭环系统。应该特别注意的是:制冷装置自动化十分强调控制仪表的紧凑、简单和密封性,因此目前制冷装置自控系统中,大多使用直接作用式控制器,即把发信器、控制器、执行器三者做成一体的控制系统。

二、制冷与空调自动化的发展方向

近20年来,制冷与空调自动化发展很快,除经典自控理论应用外,现代控制论、模糊控制技术、数字化控制、神经网络理论均开始应用于本领域。概括地说,目前制冷空调自动化工作已逐步转向计算机化、数字化。为了提高制冷空调设备的整体水平,各国均投入了大量人力、物力来研究制冷、空调设备的最优控制。美国、丹麦、德国、日本、俄罗斯、乌克兰、挪威等国均有一些著名大学与公司联手,在该领域的理论与实验上竞先研究。这20年来,该领域的国际会议与展览亦特别频繁。归纳起来国际制冷空调自动化的热点如下:

(1)更加重视制冷与空调装置的节能控制;

(2)注意制冷装置动态特性研究;

(3)控制方法与制冷、空调自控原件面临更新换代时期;

(4)电子膨胀阀进入广泛使用阶段。

第二节　认识制冷压缩机的控制

一、启动控制

1.单相电源制冷系统

家用冰箱与空调器一般都采用单相电源,所以用于冰箱与空调器的电机均为单相电机,单相电机的启动与三相电机有明显的区别。关于冰箱单相电机的启动控制,在第三章启动继电器中已做了介绍,这里着重介绍空调器的一般电路,使读者对单相空调器控制电路有比较清楚的了解。

小型家用窗式和分体式空调器均采用单相感应交流电机。由于家用空调器的压缩机功率均比较小,所以广泛采用PSC电路(电容运转型电路,启动绕组中串联有运转电容器,无启动电容器及启动绕组的切断装置),其优点是:电路简单、可靠性高、启动转矩小、功率因数高、运转电流小。正因为启动转矩小,一定要在高低压力平衡后才能启动,当瞬时断电再启动时,如果间隔时间太短,可能会过载,因而必须有过流保护装置。

最简单的空调器原理图见图4-1(a)。当接通电源时,室内、室外风扇电机运转,压缩机也开始运转,但这种线路无法随温度变化控制压缩机的启、停,而且压缩机电动机没有保护装置。因此,该电路不适于实际应用。若将图4-1(a)改成图4-1(b),就有了电源开关、温度控制器和压缩机电机过载保护器。图4-1(b)的电路多用于分体式空调器中,当温控器断开时,室内风扇电机仍然运转,而窗式机的室内外机共用1台风扇电机,停止压缩机时室外风机不停转。对于一台实用的空调器,其控制电路包括:压缩机保护电路、风扇电动机保护电路(可以没有)、主控开关、温控器。

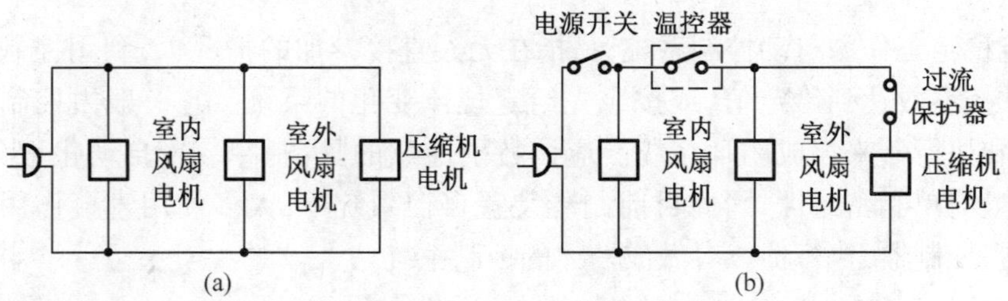

图4-1　空调器基本电路图

(a)原理图;(b)实用型

老式的往复式大功率压缩机采用电容启动、电容运转方式(CSR),压缩机电动机采用电压式启动继电器，启动器线圈与电动机的启动绕组相并联，启动器常闭触点与启动电容 C_s 串联。如图 4－2 所示，在电流开始流过运转绕组和启动绕组时，直接流过闭合触点和启动电容。当加在电压启动器线圈两端的电压随电机转速增加而增加时，感应于线圈上的电压足以使线圈产生磁场吸引衔铁，于是启动绕组的电容 C_s 断电，电机进入正常工作；关机时，触点又一次闭合。此方法启动力矩大，结构复杂，启动时噪声很大，要持续十几秒钟才能正常。

目前，中小型旋转式压缩机电机设计得较好，启动时阻力不太大，不用 CSR 方式即可正常工作。如图 4－3 所示，启动绕组、启动电容器长时间接入电路中，与压缩机电机运行绕组同步工作，工作可靠且启动噪声小，启动迅速平稳。这种启动运行方式称为 PSC 方式。风扇电动机都用 PSC 方式启动，有调速功能，实现调速的方法有绕组抽头和电阻降压等，这与电风扇的调速方法相似。以下介绍几种空调器产品的电路图。

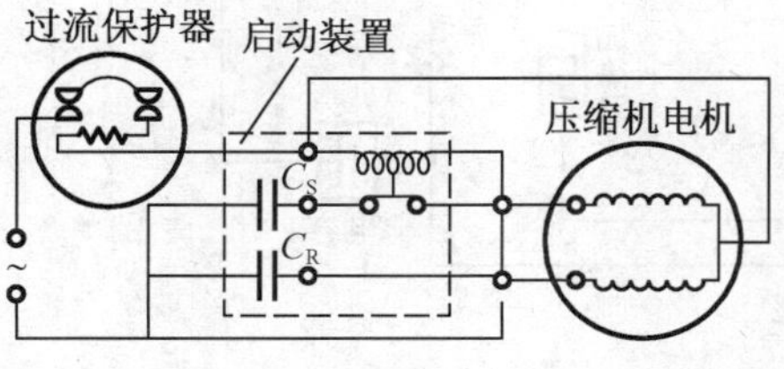

图 4－2　单相电机 CSR 型启动电路图

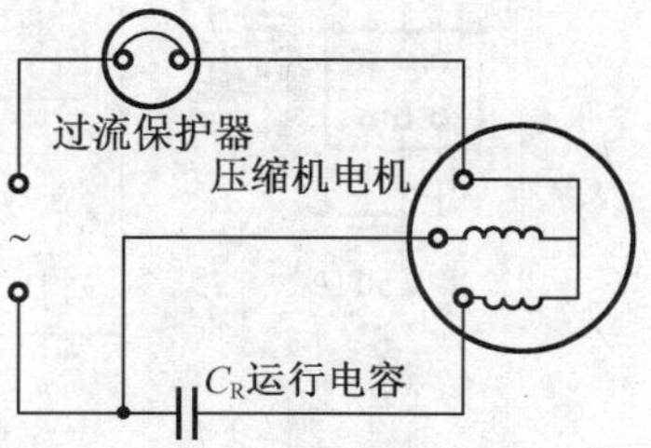

图 4－3　PSC 型电路

某窗式空调器电路图见图 4－4。其中，图 4－4(a)电路较为简单，电机采用 PSC 方式启动。这种方式结构十分简单，接线少，可靠性高，压缩机用过流继电器保护，风扇电机内置保护器，当选择开关置于制冷（高、低挡）时，最右侧触点接通，压缩机运转；高风、低风挡的转换则是通过风扇电机引入不同的抽头来实现的。图 4－4(b)与图 4－4(a)相比多了定时器和 VT 保护器，可以实现定时和延时 3 min 启动保护功能。当定时器工作时，一旦定时结束将自动切断电源。定时器内有微电机，需要有电源供应，所以选择开关右侧始终是接通的。

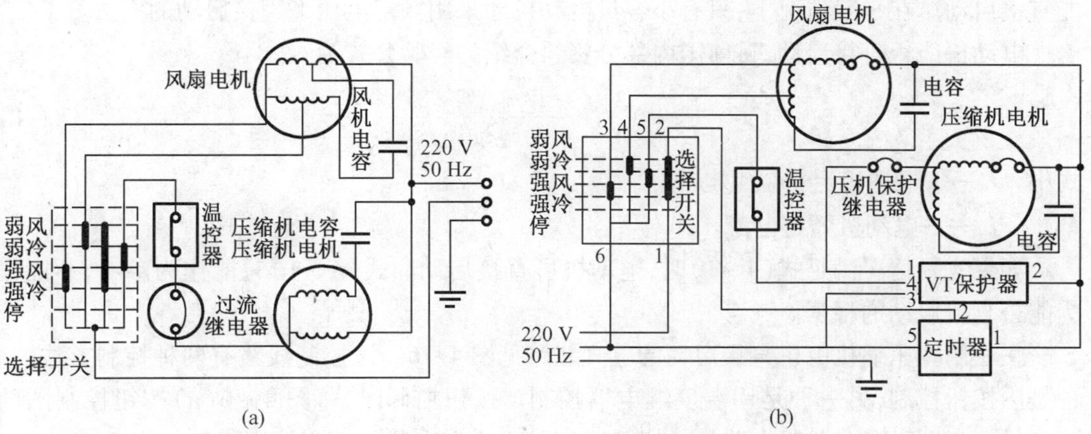

图 4－4　窗式空调器电路图

电热空调器电路图见图 4-5。电气保护装置比较完善，开关可选择“高、中、低”3 挡风量，低挡是通过电阻降压实现的。风扇电机有保护器。冷热开关可决定是向压缩机供电，还是向电加热器供电。电加热器供电时，为防止发生火灾，设有加热保险丝和过热保护器双重防护。制冷压缩机采用旋转式产品，故用 PSC 方式启动，设有过负荷继电器保护。该线路保护措施比较齐全。

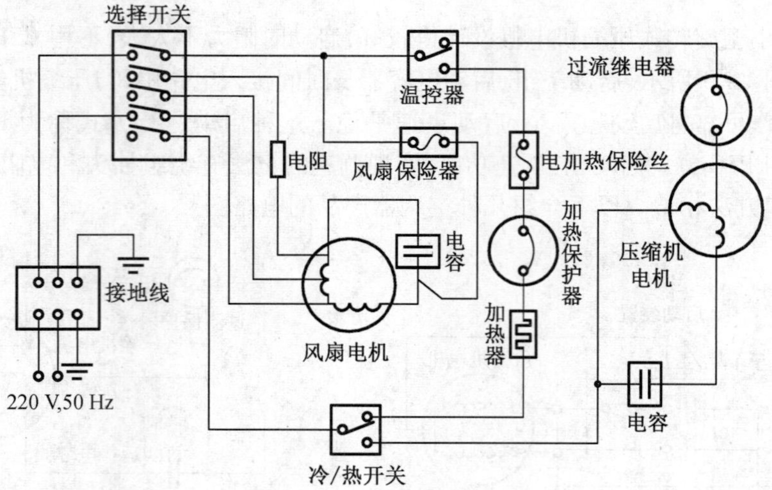

图 4-5　电热型窗式空调器电路图

2. 三相电源制冷系统

大多数制冷压缩机均是三相感应电机，电动机在启动的瞬间，因为转子转速为 0，转子与旋转磁场之间的相对转速最大，所以它在转子导体上产生的感应电动势和电流也最大，这时定子绕组中的电流，可达到电动机额定工作电流的 4～7 倍。异步电动机启动时，过大的启动电流将产生较大的线路压降，使电网电压波动过大，影响并联在电网的其他电动机的正常运行。对那些惯性较大，启动时间较长或启动频繁的制冷压缩机来说，过大的启动电流将使电动机绕组绝缘过热而老化。因此，大容量电动机的启动电流必须加以限制，不能直接启动。在一般情况下，只有小容量电动机才采用额定电压下直接启动的方法。

电动机能否直接启动，目前国内部分资料介绍的经验公式为

$$\frac{I_S}{I_N} \leqslant \frac{3}{4} + \frac{\text{电源总容量}}{4 \times \text{电动机容量}} \tag{4-1}$$

式中　I_S——电动机定子绕组电流；

I_N——电动机额定电流。

如果实际情况满足式(4-1)时，电动机可直接启动。式(4-1)只能作为参考，不能作为能否直接启动的根据。

三相制冷压缩机电机直接启动的电气线路见图 4-6。该控制线路有两种控制方法：一种是用按钮控制，另一种是用温度继电器控制。按钮控制时，将图 4-6(a)按钮控制图的 A_1，B_1 接点分别接在控制电路的 A，B 接点上，即成为完整的三相控制线路。当 Q 闭合时，变压器回路有电，KM_2触点为常闭，停机指示灯亮，说明控制线路有电，但压缩机电机没有运转。按下按钮 SBT，使控制回路电源接通，交流接触器 KM 线圈通电，主触点 KM 闭合，电机

M 启动和运转；触点 KM_3 闭合，使接触器 KM 自锁，在按钮 SBT 自行分离后也不会切断控制回路电源；触点 KM_1 闭合，触点 KM_2 同时断开，停机指示灯灭的同时，运转指示灯亮，说明压缩机已运转。若要停机，只要按 SBP 按钮，控制回路电源被切断，交流接触器 KM 线圈断电，主触点 KM 打开，压缩机停机。

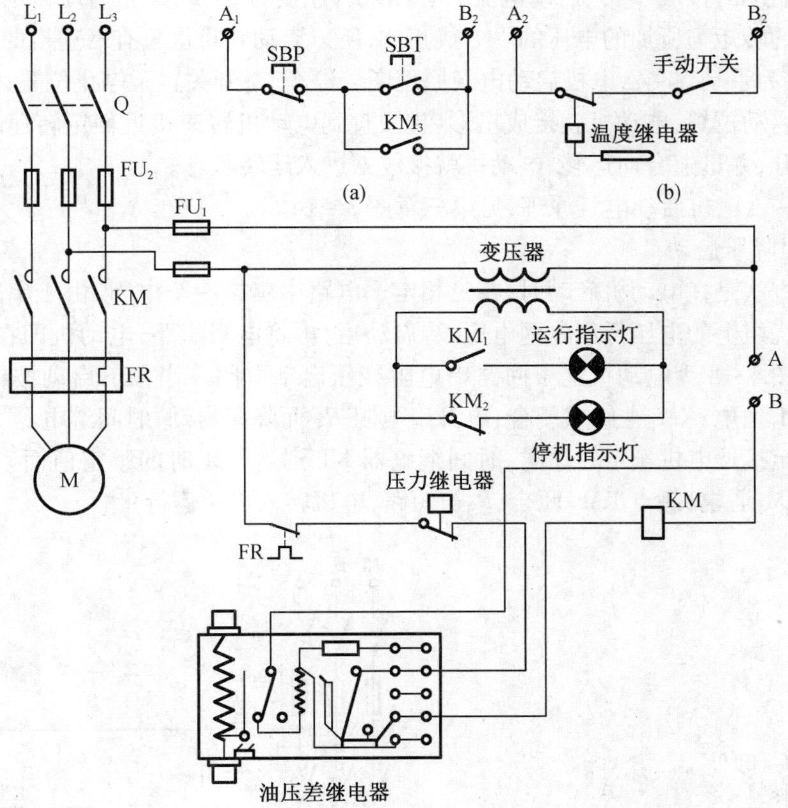

图 4－6　三相压缩机电机直接启动控制电路图

(a)按钮控制；(b)温度继电器控制

温度继电器控制时，将图 4－6(b)的温度控制图的 A_2，B_2 接点分别接在控制电路的 A，B 接点上(将 A_1，B_1 拆下)，将手动开关接通，KM 线圈通电，与之对应的所有常开触点都闭合，常闭触点打开，电机运转，运行指示灯亮。当被冷却物体的温度下降到低于温度继电器的设定值时，温度继电器的触点打开，控制回路电源被切断，电机停止运行；当温度上升至温度继电器设定的上限值时，温度继电器触点又闭合，电机又启动运转。

在这个控制回路中还有热继电器保护、高低压继电器保护、油压差继电器保护，而温度继电器正常控制制冷设备的停与开，不能误认为是系统其他保护措施所引起的故障停机。

对于较大功率的三相压缩机电机，一般降压启动的方法有：Y－△降压启动、电阻器降压启动、自耦降压启动和延边三角形启动。

(1) Y－△降压启功

凡是在正常运行时，定子绕组接成△的鼠笼型异步电动机均可以采用 Y－△减压启动。目前，我国生产的 Y 系列电动机，容量在 4 kW 以上的都是△连接，额定电压为 380 V。启动时，先将定子绕组接成 Y 形，这时加在每相绕组上的电压为

$$U_P = \frac{1}{\sqrt{3}} U_L \tag{4-2}$$

式中，U_L 为电源线电压。

电动机启动后，再改接到△连接，此时电动机端电压为额定值。

电动机启动时接成 Y 形，启动电流只有原来△连接的 $1/\sqrt{3}$，但是启动转矩也相应降低，因为电动机的转矩与所加的电压的平方成正比，所以启动转矩也只有△连接的 1/3。

图 4-7 为手动 Y-△电机启动电气原理图。停车时，开关置于停止位置，需要启动时，将开关合向启动位置，电动机就接成星形启动，直到电动机转速接近额定转速时，将开关从启动位置拉开，并迅速合向运转，电动机就接成△进入运转状态。

自动 Y-△电机启动电气原理，见第三章图 3-14。

(2)电阻降压启动

该启动方法是在电动机启动时，在三相定子电路中串接一个电阻，由于串联了电阻，使加在电动机绕组上的电压低于电网电压，待启动后，再将电阻短路，电动机即在额定电压下正常运行。图 4-8 为电动机定子回路串电阻减压启动电路。当按下启动按钮 SBT 时，接触器线圈 KM_1 通电，KM_1 主触点闭合，电源经电阻 R_S 而降压启动，时间继电器 KT 也开始工作。待启动至接近电机额定转速时，时间继电器 KT 到达了延时的整定值而动作，触点 KT 闭合，线圈 KM_2 通电，触点 KM_2 闭合，R_S 被短路，电机转入正常运行。

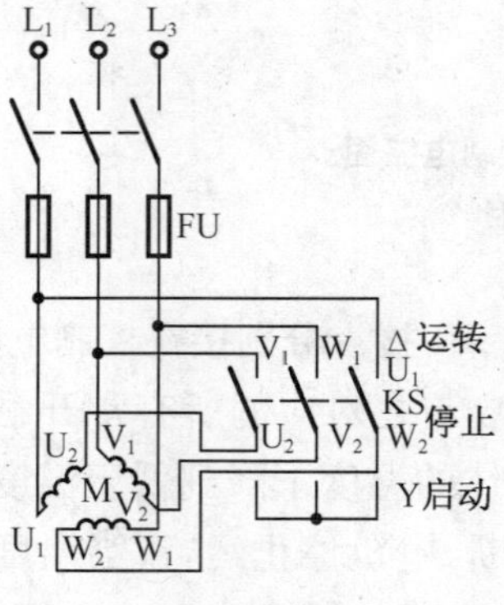

图 4-7 手动 Y-△启动电气原理图

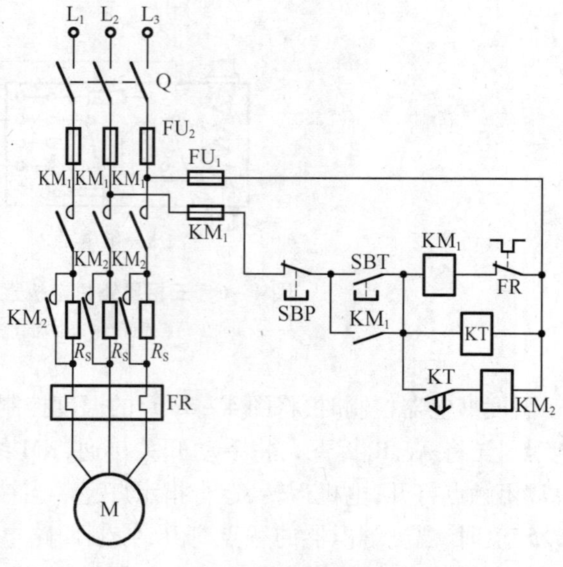

图 4-8 串联电阻启动的电气原理线路图

定子回路串电阻减压启动的缺点是：减少了启动转矩，同时在电阻上功率损耗也较大，如启动频繁，则电阻的温升很高，因而应用得不多。

(3)自耦变压器降压启动

自耦变压器降压启动方式，又叫作补偿启动方式。使用自耦变压器时，高压侧(一次侧)接到电网，低压测(二次侧)接到电动机，一般有几个分接头，可以选择不同的变压比。启动电流和启动转矩可以根据自耦变压器的抽头位置进行调节。适用于电动机额定电压为 220/380 V(△/Y)的降压启动。

用自耦变压器降压启动，启动转矩和启动电流可以调节，但设备庞大，成本高。自耦变压器降压启动，根据电路设计可分为自动转换（即与操作者无关，如用时间继电器或欠电流继电器进行控制）和手动转换（即与操作者有关，如用手或按钮进行控制），其电路图见图4－9。通过对该电路图的理解，可更好地熟悉电气控制原理图，为设计基本电气控制图和读懂一般制冷装置电气控制原理图打下基础。

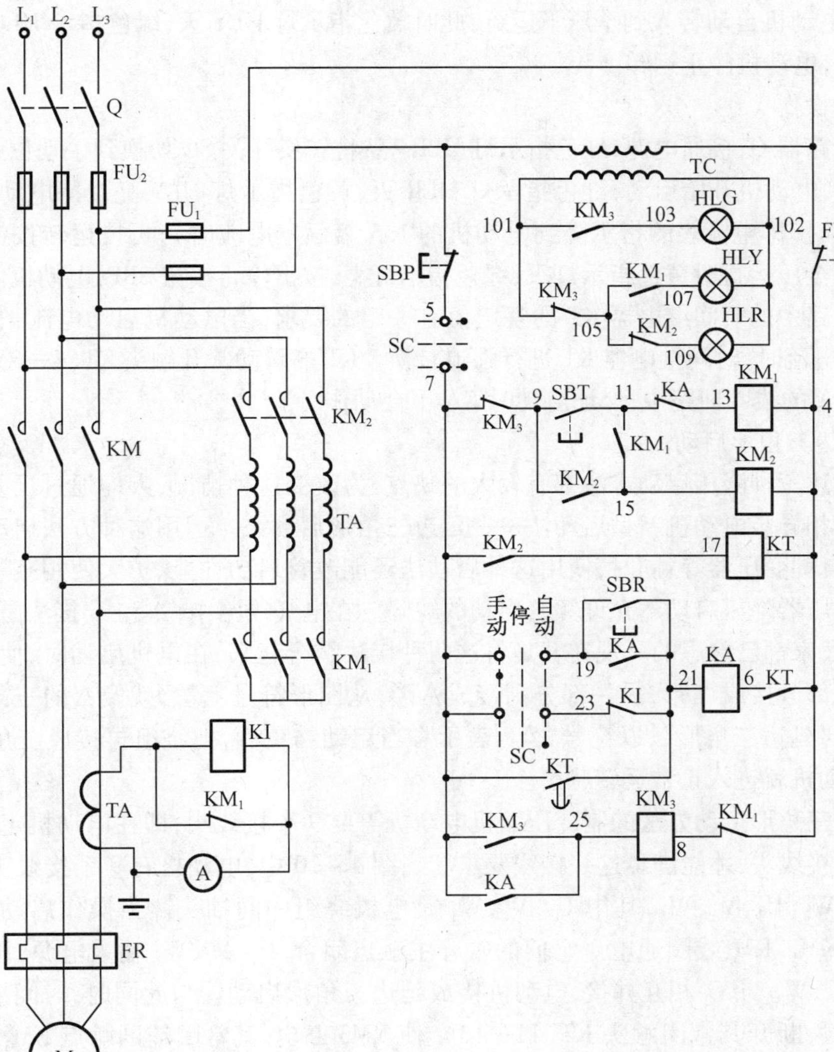

图4－9　自耦变压器降压启动控制电气原理图

图4－9分手动和自动转换功能，现简单讨论其工作过程：

①自动操作

合上断路器Q，接通电源，红色指示灯HLR亮，将转换开关SC切换到自动位置，按下启动按钮SBT，接触器KM_1和KM_2相继得电动作，其主触头闭合，电动机经自耦变压器减压启动，红色指示灯HLR灭，黄色指示灯HLY亮，同时时间继电器KT也得电，KT瞬动常开触点

(4—6)闭合。电动机启动时,在主电路中的电流继电器 KI 动作,其常闭触头 KI(21—23)断开。当启动电流下降到 1.5 倍额定工作电流值时,即相当于 80% 额定转速时,电流继电器 KI 释放(释放电流整定值参照相应规定的数值),常闭触头 KI(21—23)闭合,接通了中间继电器 KA,常闭触头 KA(11—13)断开,接触器 KM_1、线圈断电,常开主触头断开,常闭辅助触头 KM_1(4—8)闭合,使接触器 KM_3线圈通电并自锁,主触点闭合,电动机由减压启动向全压运行转换。当 KM_3通电时,常闭辅助触头 KM_3(7—9)断开,使接触器 KM_2线圈断电,主触头断开,电动机自动转入到全压下运行,此时黄色指示灯 HLY 灭,绿色指示 HLG 亮,按停止按钮 SBP,电动机停止运转。

②手动操作

合上断路器 Q,接通电源,红色指示灯 HLR 亮;将转换开关 SC 切换到手动位置,按下启动按钮 SBT,电动机开始启动,红色指示灯 HLR 灭,黄色指示灯 HLY 亮。待电动机转速接近额定转速时(即电流表的指示降到电动机的 1.5 倍额定电流时),再按运转按钮 SBR,电动机转换到全压运行时黄色指示灯灭,绿色指示灯亮,按下停止按钮 SBP,电动机停止运转。

控制电路中的时间继电器 KT 的整定值有一定的要求,当电动机启动电流长期降不到 1.5 倍额定电流时,时间继电器 KT 进行强迫转换。KT 的瞬动常开触头 KT(4—6)串接在中间继电器 KA 的线圈回路中,保证启动时 KA 不会动作。

(4)延边三角形启动

由于上述三种降压启动方法都有较大的缺点,为改变这种情况,人们通过反复实践,试验成功了三相异步电动机新型启动法——延边三角形启动法。运用这种方法启动,可以免去电阻器、自耦变压器等;同时,使用这种启动法还能改善启功性能、扩大使用范围,克服了原来自耦变压器降压启动不允许频繁启动的缺陷。在电气线路中,△和 Y 接法是用得很普遍的,这是大家都已熟悉的。现在若是将这两种接法结合起来,在电机启动时,使电动机的定子绕组一部分接成 Y 形,另一部分则接成△形,从图形符号上看,就像△的三条边延长,因此称之为“延边三角形”,以符号“⅄”表示。当启动结束后,把绕组再接成三角形(见图 4-10),电动机就进入正常运转状态。

用延边三角形启动方法的制冷压缩机电动机需要 9 个接线头,即在电动机定子绕组中多抽出 3 个接线头,才能满足这一接线要求。在图 4-10 中,电动机有 9 个接线头:U_1,V_1,W_1,U_2,V_2,W_2,U_3,V_3,W_3,其中 U_3,V_3,W_3 是电机绕组中间抽头。当操作启动按钮 SBT 时,接触器 KM_1,KM_3线圈通电。它们的常开主触点闭合,U_1,V_1,W_1 输入电源,接头 U_3 与 W_2,V_3 及 U_2,W_3 与 V_2 相互并接,电动机接成延边三角形启动。与此同时,时间继电器 KT 通电,经延时,断开其常闭触头 KT(11—13),使 KM3 断电,其常闭辅助触点 KM_3(7—9)闭合,因时间继电器常开触头 KT(5—7)也已闭合,故接触器 KM_2 线圈通电,这时电动机接成三角形正常运转。线路中的 KM_3(7—9),KM_2(5—11)常闭辅助触头为电气互锁,只有当 KM_3 断电后,KM_2 线圈才能通电,当 KM_2 通电后,其触点 KM_2(5—11)断开,使 KM_3 和 KT 均不通电。当 KT 断电后,其常开触头 KT(5—7)断开,因 KM_2 辅助触头 KM_2(5—7)使 KM_2 自锁,故 KM_2 不会断电。操作停止按钮 SBP,KM,KM_2 断电,制冷压缩机电动机就自动停止运转。

在制冷压缩机电气控制电路中还有高低压差继电器和油压差继电器,请读者自已将这两个保护性继电器接入图 4-10 控制电路中。由于较大容量的制冷压缩机都具有能量调节机构,通常就不需要安装温度继电器,同时较大容量的制冷压缩机也不适宜频繁启停,所以在降压启动的电气线路中也不串接温度继电器。

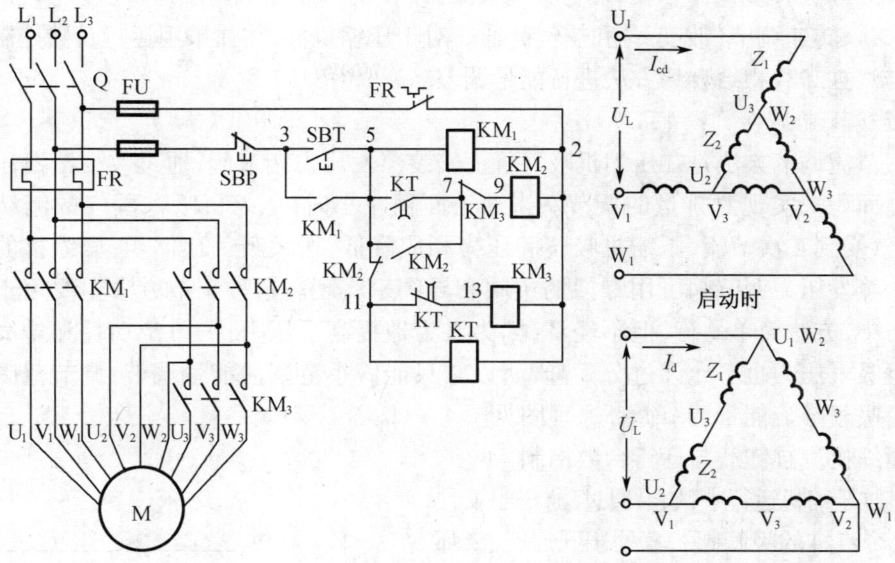

图4－10　延边三角形启动自动控制原理图

二、能量调节

压缩机制冷量的大小与运转情况有关。当外界条件或被冷却对象的负荷发生变化时，为了既保持被冷却物体所需要的低温，又要实现经济运行，就必须根据外界条件的变化，调节压缩机产冷量，实质上就是调节压缩机的输气量，使其和当时的外界负荷相适应（用冷量＝产冷量）。采用不同的调节方法，它所获得的经济效益是不一样的。在制冷系统正常运行的情况下，制冷系统的制冷量与负荷之间的匹配情况可以从压缩机吸气压力的变化上反映出来。在正常运行情况下，吸气压力升高，表明实际用冷负荷在增大；吸气压力下降，则表明用冷负荷在减小。所以，制冷系统产冷量能力的大小，从某种意义上讲是以压缩机的吸气压力为控制参数。

压缩机的能量调节主要有3个作用：第一，使得制冷装置的产冷量始终与外界热负荷相匹配，提高系统运行的经济性；第二，减小蒸发压力（或蒸发温度）的波动范围，提高被冷却物体温度的控制精度，避免压缩机频繁启动与停车；第三，保证制冷压缩机轻载启动，避免引起电网负载过大的波动，提高电机运行效率。

活塞式压缩机在一个工作周期的平均产冷量 Q_0（单位为kW）为

$$Q_0 = 60\lambda V_h Z q_v \tau_p / \tau \qquad (4-3)$$

式中　λ——压缩机容积效率；

V_h——一个汽缸的行程容积，m^3；

n——压缩机转数，r/min；

Z——汽缸数；

q_v——运行工况下的单位容积制冷量，kJ/m^3；

τ, τ_p——工作周期和在一个工作周期中的开机时间，h。

由式（4－3）可见，改变式子右边的任何一个因子，都可以改变压缩机的产冷量。所以能量调节的方法有多种，归纳起来有吸气节流（改变 q_v）、压缩机间歇运行（改变 τ_p）、汽缸卸载（改变 Z）、转速调节（改变 n）和热气旁通。对于压缩机群，往往采用运行台数控制或者运行台数与汽缸卸载相结合的方法进行能量调节。

1. 吸气节流调节

吸气节流调节方法是在压缩机吸气管上安装蒸发压力调节阀，通过改变蒸发压力调节阀的通道面积来实现对排量的调节。当通道面积减小时，压缩机吸入蒸气的流动阻力增加，使蒸气受到二次节流，压缩机吸气腔压力相应降低，增大吸气比体积，压缩机的质量流量减小。蒸发压力调节阀可用专门的主阀和导阀来实现。这种调节方法主要用于大中型制冷设备中，方法简单易行，但不经济，因为人为地提高了压力比，单位功耗和排气温度上升。而且吸气压力也不允许过分下降，所以它只能做小范围的能量调节，调节范围可以是连续的。吸气节流能量调节循环原理图见图 4－11。

2. 压缩机汽缸卸载与运行台数控制

在多缸压缩机运行中，如果通过顶杆机构，使其中某几个汽缸的吸气阀一直处于开启状态，那么这几个汽缸在吸气时，低压蒸气可由开启着的吸气阀进入汽缸。由于吸气阀不能关闭，当活塞上行进行压缩时，汽缸中压力建立不起来，排气阀始终打不开，被吸入的气体没有得到压缩就经过开启着的吸气阀又排回到吸气腔中去。压缩机尽管运转着，但是那些吸气阀被顶开了的汽缸不再向外排气，真正在有效地进行工作的汽缸数目减少了，结果达到改变压缩机制冷量的作用。

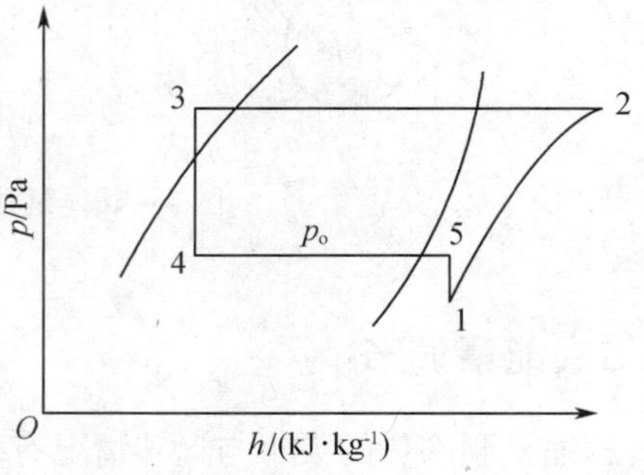

图 4－11　吸气节流能量调节循环原理

（1）卸载机构

如图 4－12 所示，排气阀的阀座分内、外阀座两部分。外阀座用螺栓与汽缸套一起紧固在机体上，而内阀座则用螺钉和槽形螺母与假盖固定在一起。吸排气阀均采用环状阀。在正常运转时，假盖和排气内阀座一起是靠假盖弹簧紧紧地压在排气外阀座上，只有在汽缸内发生超压（如液击）时，假盖才会克服假盖弹簧力向上移动，及时卸压，防止损坏事故的发生。假盖的工作过程就像安全阀一样。

卸载机构的结构是由卸载油缸、卸载活塞、转动环及顶杆等组成。当压力油进入卸载油缸后，卸载活塞被推向左移，并通过与之联动的推杆去推动转动环旋转。转动环与顶杆相接触是斜面，原来处在斜面最高点的顶杆，经环的转动移位，进入斜面的最低点，汽缸套阀座上的环状吸气阀片被释放下落，进入正常的工作状态，使该汽缸恢复其吸排气作用。如果能量控制阀切断对卸载油缸的供油，并使油回流到曲轴油箱，则卸载活塞将被弹簧压回原位，带动转动环反转，使顶杆又升至最高点，顶起吸气阀片。于是，这只汽缸就失去吸排气的工作能力而进入空载运行。

采用这种调节方法要消耗小部分机械摩擦功和气体功，但总体还是很经济的，操作也方便。这种调节方法适用于大、中型的多缸压缩机。

这种调节方法的另一个作用是压缩机可以实现减载启动，降低电机的启动电流。这是因为装有这类调节机构的汽缸，在停机时压缩机油泵不工作，卸载油缸没有油压，吸气阀片在弹簧的作用下被顶杆顶开，在启动阶段，油压较低无法克服弹簧作用将吸气阀片压下，因而，该汽缸便以空载启动，相应地降低了启动负荷。

（2）油压比例调节器控制汽缸卸载

装置组成：制冷压缩机能量调节装置是由能量控制阀和卸载机构两部分组成，二者之间是由油管相连接，并以润滑油泵输出的油压作为操作动力源。能量控制阀是用以控制卸载机构动作的液压分配阀，它根据用冷量需要的变化来控制卸载机构，以改变压缩机的有效工作汽缸数和排量。其结构图见图4－13。能量控制阀有手动或自动操纵之分。

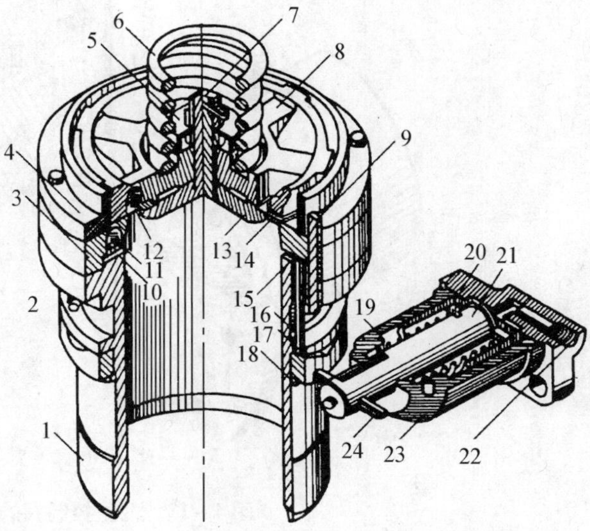

图4－12　顶开吸气阀的卸载机构

1—汽缸套；2—转动环；3—外阀座；4—导向环；5—套环；6—假盖弹簧；7—气阀螺钉；8—假盖（排气阀限位器）；9—六角螺栓；10—吸气阀片；11—吸气阀弹簧；12—排气阀；13—内阀座；14—排气阀片；15—吸气阀片；16—顶杆弹簧，17—顶杆；18—止推环；19—推杆弹簧；20—卸载活塞；21—推杆；22—供油孔；23—卸载油缸；24—传动杆

控制原理：制冷系统产冷量与实际用冷量不平衡是绝对的，平衡是相对的，压缩机能量调节就是在绝对不平衡中来求得相对的平衡。制冷系统产冷量相对于实际用冷量的大小可以用被冷却物体温度的高低来反映：被冷却物体温度与蒸发温度有一定的对应关系，即被冷却物体温度高说明蒸发温度也高；反之，蒸发温度就低。蒸发温度又与蒸发压力相对应，蒸发压力基本上等于吸气压力。因此，能量控制阀可以根据吸气压力的变化作为感应信号来自动控制各缸卸载机构的动作。

控制阀的构造：控制阀的圆柱形外壳内腔通过接在其顶部的压力平衡管与曲轴箱上半部相通，其腔内压力等于吸气压力。在外壳底部接有另一与曲轴箱相通的回油管，它是将泄入内腔里的润滑油排回曲轴箱。腔内上半部装着液压分配机构，下半部则是信号感应部分。信号感应部分的波纹管同时受到外部吸气压力、调节弹簧力及大气压力的作用，当两方面力量平衡时，波纹管处于静止状态。若吸气压力有变化，两力平衡被破坏，波纹管就会移动，直到两力重新平衡并稳定在新的平衡位置为止。

控制阀的调整：波纹管内的弹簧力可以用调节螺钉来加以调节，以适应能量控制阀不同温度调节范围的需要。波纹管的位移通过其上部顶杆，传动杠杆进行调节，杠杆上装有钢珠，钢珠的位置高低决定了油缸阀孔的通道截面和泄油量大小，从而也决定了油活塞顶部油压的高低。

液压分配机构中的油活塞同时受到顶部油压及底部平衡弹簧力和吸气压力的作用，不同的吸气压力和钢珠位置使油活塞处于不同的平衡位置，起着控制压力油的分配作用。

能量控制阀中有一输入油道，由润滑油泵直接供油，有几条通向各组卸载机构供油的输出油道。图4－14所示为自动能量控制阀的3种工作状态示意图。现以某冷库运行的例子来具体说明其工作情况。

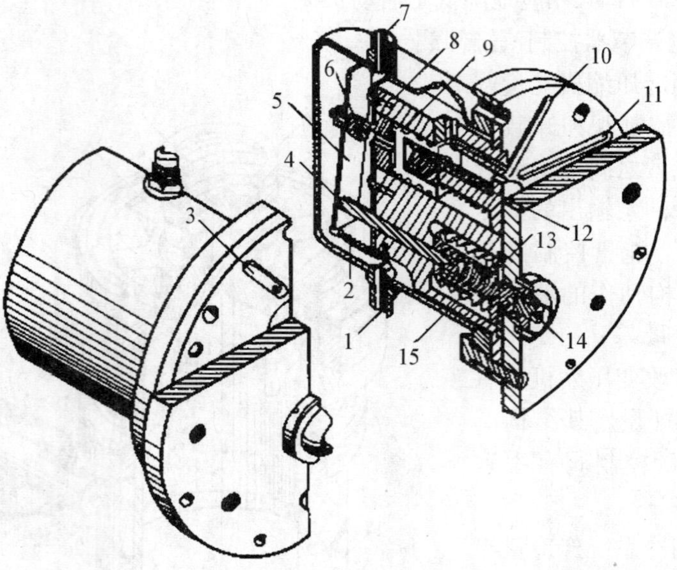

图 4－13　能量控制阀的结构图

1—回油管接头(通曲轴箱);2—拉力弹簧;3—输出油道(至第 2 组卸载机构);4—顶杆;5—杠杆;6—钢珠;7—压力平衡管接头(通曲轴箱);8—油缸;9—油活塞;10—输出油道(至第 1 组卸载机构);11—输入油道(自油泵来油);12—平衡弹簧;13—调节弹簧;14—调节螺钉;15—波纹管

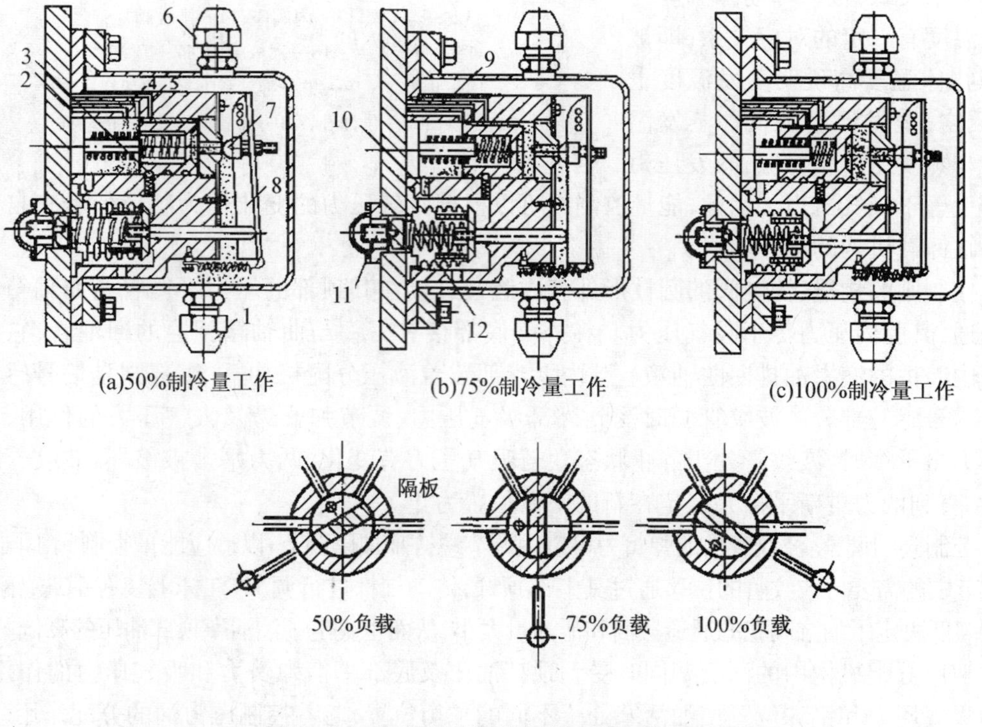

图 4－14　压缩机能量控制阀 3 种工作状态

1—油流回曲轴箱;2—第 2 卸载机构回油;3—定位钢珠;4—第 1 卸载机构回油;5—自油泵来油;6—与曲轴箱通;7—钢珠;8—杠杆;9—至第 1 卸载机构;10—回油孔;11—调节螺钉;12—波纹管

该冷库制冷压缩机为 8FS10 型,4 个缸分为两组进行卸载能量调节,另外 4 个缸进行无卸载调节。

①压缩机开始运转时,由于冷库内冷负荷大,蒸发压力比较高,于是波纹管被压缩,杠杆在拉簧的作用下顺时针方向旋转,杠杆上的钢珠使油缸上的阀孔关闭;又因为润滑油压力尚未建立,所以控制阀中的油活塞处于最右边位置,压缩机处于卸载状态,汽缸空转。

②当油压建立起来后,从油泵输入的压力油经油活塞最右边半圆环槽处的节流孔进入油缸,由于阀孔被钢珠关闭,压力油来不及排出,油活塞便被推向左移,定位钢珠就从左边第 1 道半圆环槽转而陷入第 2 道半圆环槽中,于是通向第 1 组卸载机构的油路被接通,使第 1 组汽缸开始投入正常工作,见图 4 – 14(b)。

③因为制冷系统刚开始运行,压缩机的运行还不足以使蒸发压力有显著的下降,则能量控制阀的油活塞将继续左移,让定位钢珠陷入左边第 3 道半圆环槽内,于是通向第 2 组卸载机构的油路也同时接通,压缩机处于全载工况工作(见图 4 – 14(c)),压缩机以 100% 的负荷运行。

④随着制冷压缩机的运行,冷库的温度越来越低,吸气压力也同样如此,当波纹管在弹簧力的作用下向右伸移,杠杆钢珠亦随之右移,开大油缸阀孔,压力油从阀孔泄出量增加,油活塞顶部压力减小,弹簧就推动油活塞右移(见图 4 – 14(b)),使通向第 2 组卸载机构的压力油经回油接口回流至曲轴箱,压力降为吸气压力,致使 2 个汽缸空转,制冷系统的产冷量相应减少,压缩机以 75% 的负荷运行。

⑤如果冷库的温度和蒸发压力继续下降,油缸阀孔处于全开位置,缸内油压进一步下降,弹簧又迫使油活塞移到极右位置。

⑥能量调节装置根据冷量需求的增减来改变工作汽缸的数目,自动调节压缩机的制冷量。

(3)手动控制汽缸卸载

图 4 – 15 为手动能量控制阀结构图,这种阀通常就安装在压缩机的侧面,它有两根分别通往不同卸载油缸的油接管。从油泵来的压力油自供油接管进入控制阀的隔板右侧,根据冷库负荷的不同需要,可以转动手柄,让压力油通至不同的卸载油缸。不投入工作的卸载油缸的油管则通过控制间隔板的左侧与通向曲轴箱的回油管相通。

(4)压力控制器和电磁滑阀控制汽缸卸载

8 缸制冷压缩机采用压力控制器和电磁滑阀控制汽缸卸载的原理图见图 4 – 16。压缩机的 8 个汽缸中,安排 4 个汽缸作基本工作缸(图中的Ⅰ,Ⅱ组),另外 4 个缸作调节缸,每次上载两个缸。使压缩机能量分为 3 个能量等级:1/2,3/4,4/4。

用压力控制器 LP 控制压缩机电动机,用压力控制器 P_{3-4} 控制第Ⅲ组汽缸卸载机构油管上电磁滑阀 1DF,用压力控制器 P_{4-4} 控制第Ⅳ组汽缸卸载机构油路管上的电磁滑阀 2DF。例如,采用 R22 制冷剂,额定蒸发温度为 5C,将上述 3 个压力控制器的控制值调定在不同的数值上,见表 4 – 1。电磁滑阀的机构图见图 4 – 17。

表 4 – 1　压力控制器设定值

压力控制器	P_{4-4}	P_{3-4}	LP
断开压力/MPa(蒸发温度/℃)	0.50(0)	0.48(–1)	0.45(–3)
接通压力/MPa(蒸发温度/℃)	0.57(4)	0.55(3)	0.53(2)

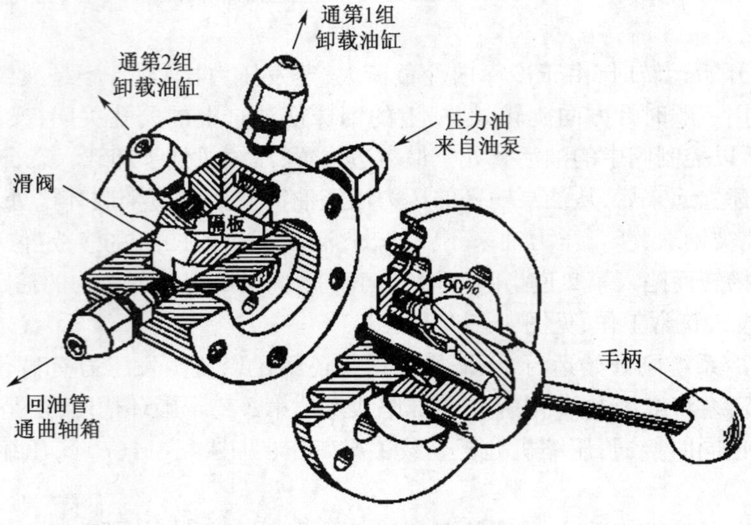

图 4-15　手动能量调节装置

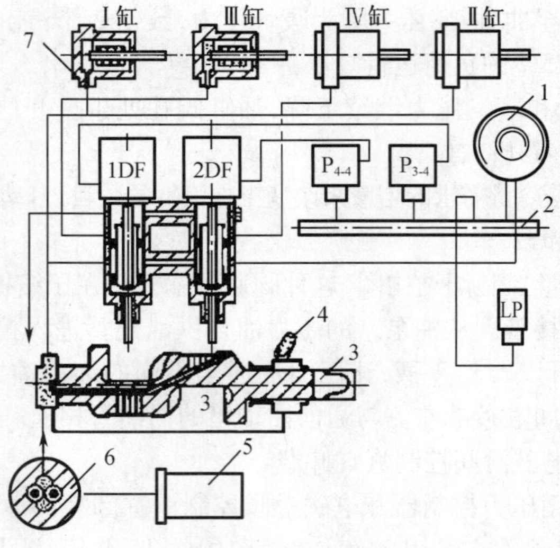

图 4-16　压力控制器和电磁滑阀控制汽缸卸载原理

1—油压力表;2—吸气管;3—曲轴;4—油压调节阀;
5—过滤器;6—油泵;7—汽缸卸载油缸

对于8缸压缩机来说,当压缩机满负荷工作时,4组8缸全部投入运行,负荷变小使吸气压力 p_0 降到0.50 MPa时,压力控制器 P_{4-4} 触点断开,使电磁滑阀2DF失电,滑阀落下,阻断从油泵送往第Ⅳ组卸载油缸去的配油孔,停止压力油供应,该卸载油缸中的油泄回曲轴箱,于是第Ⅳ组两个汽缸卸载,压缩机降到3/4能级运行。

负荷若进一步下降,p_0 降至0.48 MPa时,P_{3-4} 触点断开,使电磁滑阀IDF失电,滑阀落下,将通往第Ⅲ组汽缸去的配油孔关闭,使第Ⅲ组汽缸卸载,压缩机降到1/2能级。

这时,只有4个缸工作,若负荷仍很低,使 p_0 降到0.45 MPa,则低压控制器LP触点断开,切断压缩机电源,整台机器停止工作。

停机后 p_0 回升到 0.53 MPa 时，LP 接通，压缩机重新启动，只要油泵压力建立起来，第Ⅰ，Ⅱ组缸就获得压力油，进入 4 缸工作状态（1/2 能级）。

若 p_0 继续上升到 0.55 MPa，P_{3-4} 控制 1DP 动作，使第Ⅲ组的 2 个汽缸投入工作，能级处于 3/4。

若 p_0 再上升到 0.57 MPa 时，P_{4-4} 使 2DF 通电，第Ⅳ组的两个汽缸投入工作，机器满负荷（4/4 能级）运行。

（5）压缩机运行台数控制

若制冷装置具有多台压缩机，则可按图 4－18 实行制冷量分级调节。图中的制冷装置有 4 台压缩机，每台压缩机的吸气管上均装有一个压力双位控制器，分别控制电动机的启、停。

Ⅰ号机为基本能级，它受到冷库库房温度的控制，只要有一个库房温度未达到指定温度下限，Ⅰ号机便运行，全部库房温度都达到指定温度下限时，Ⅰ号机才停车。

Ⅰ号机运行后，如果冷负荷增加，吸气压力将逐渐上升，决定Ⅱ，Ⅲ，Ⅳ号机工作，用 3 台压力控制器分别控制各自压缩机的启、停。只要对控制各台压缩机构压力控制器开停压力值进行合理设定，即可对这 4 台压缩机进行有效的启停控制。

为避免短期负荷波动或运行不稳而引起的吸气压力波动，造成能量误调，在控制中一般均加入适当的开机动作延时。

这种能量调节方法简单可行，能级划分比较粗，较适合于负荷变化不频繁的装置。应用时避免设计成几台压缩机同时启动，各台压缩机之间应有均压、均油措施，基本能级用容量最小的压缩机担任。尽量避免选择容量相同的压缩机组配，以形成压缩机组由大到小逐渐停机。如果能与压缩机卸载配合起来使用，其能量调节效果还是比较好的。

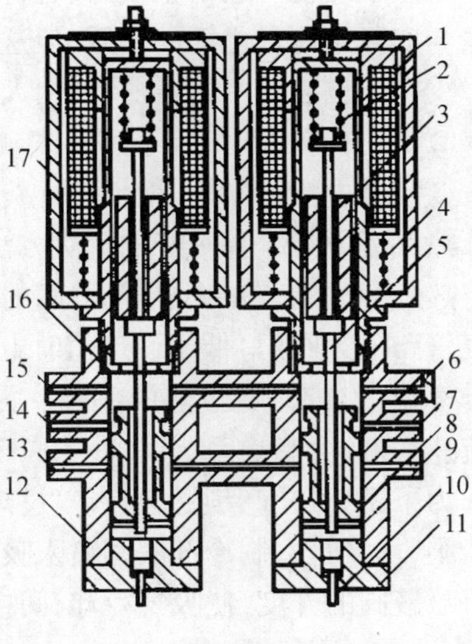

图 4－17 电磁滑阀结构图

1—线圈；2—弹簧；3—铁芯；4—弹簧；5—阀杆；6—堵头；7—接卸载油缸；8— 滑阀；9—接油压表；10—手动杆；11—底部螺丝；12—阀体；13—接油泵；14—接卸载油缸；15—接曲轴箱；16—止动环；17—罩盖

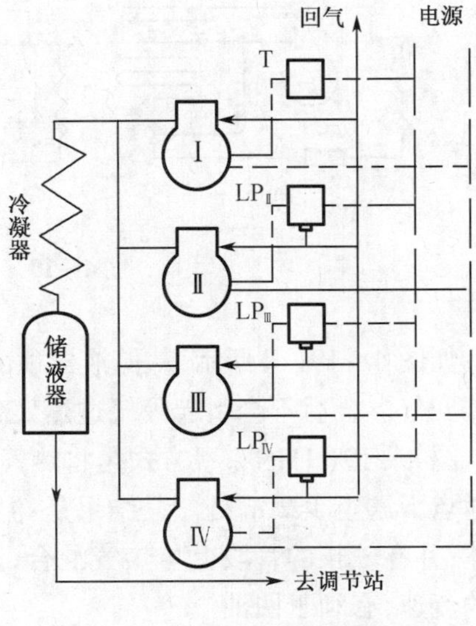

图 4－18 多台压缩机能量控制系统图

3. 热气旁通能量调节

热气旁通能量调节是将制冷系统高压侧气体旁通到低压侧的一种能量调节方式，主要用于压缩机无卸载机构的制冷压缩机。

采用该种能量调节系统的目的是：当冷负荷降低时，将一部分高压气体旁路到低压端，用于补偿因负荷下降而减少的蒸发回气量，确保吸气压力不下降至低压控制值以下，而使压缩制冷机组持续工作。实际上这部分旁通量为蒸发器提供了一个“虚负荷”，在蒸发器实际负荷发生变化时，使压缩机的能力与蒸发器的实际负荷相适应。

小型压缩机一般都不设卸载机构，比较多的是采用启停的控制方法来调节制冷系统产冷量与实际用冷量之间的矛盾，但这种调节方式存在如下问题：

①在空调装置中，启停控制使人感觉不舒适，造成温度控制的困难；

②负荷变化大时，启停频繁，影响压缩机寿命；

③启动电流冲击大，增加运行费用，不经济。

热气旁通是一种很好的解决方法。采用热气旁通能量调节见图 4－19。图 4－19(a)是将热气旁通阀装在吸、排气之间的旁通管上，热气旁通阀在蒸发压力 p_0(蒸发器与压缩机吸气管路上无阀门)低于设定值时打开。这种布置虽然简单，但热气旁通时间长的话，压缩机排气温度过高，有过热的危险。另外，负荷过低时，热力膨胀阀供液过少，蒸发器中制冷剂流速太低，会影响系统回油。

为了避免热气旁通引起吸气过热，可以采用图 4－19(b)的布置方式，即再用 1 只感温喷液阀，从液管引制冷剂液体喷入吸气管，喷液阀感受排气管的温度，根据排气温度的高低调节喷液阀的开度，使吸气冷却，间接降低排气温度。

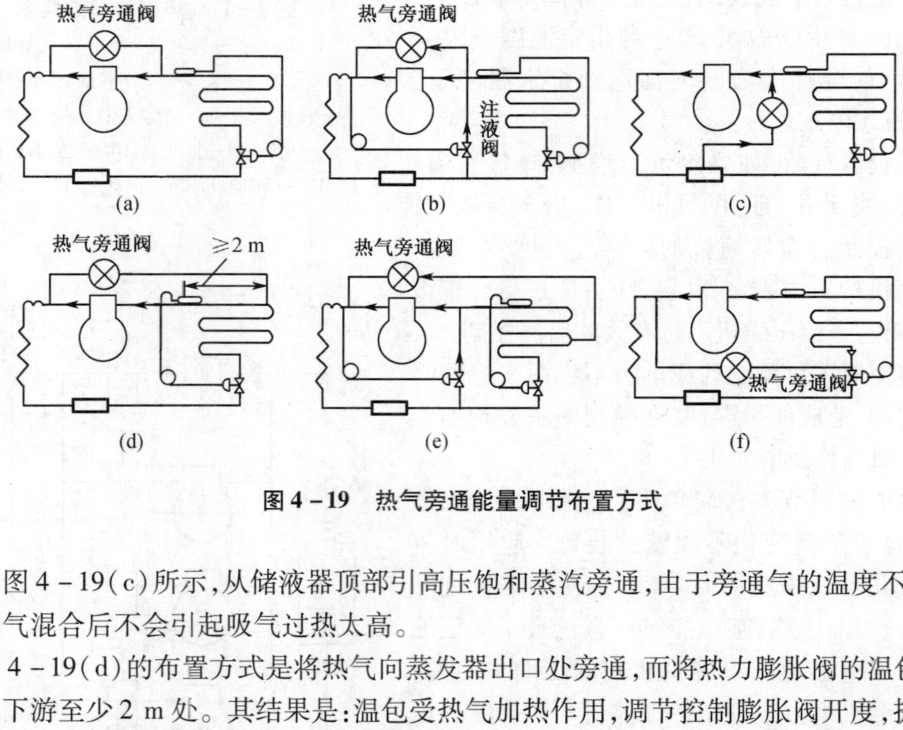

图 4－19　热气旁通能量调节布置方式

如图 4－19(c)所示，从储液器顶部引高压饱和蒸汽旁通，由于旁通气的温度不高，与蒸发器回气混合后不会引起吸气过热太高。

图 4－19(d)的布置方式是将热气向蒸发器出口处旁通，而将热力膨胀阀的温包安装在旁通点下游至少 2 m 处。其结果是：温包受热气加热作用，调节控制膨胀阀开度，提供过量液体，并在较长的管段上与热气混合，既冷却热气，又避免液击，还能提高蒸发器出口制冷剂的流速，有利于回油。

图 4－19(e)是向蒸发器中部引热气，热气向蒸发器提供"虚负荷"。

图 4－19(f)对于并联多路盘管的蒸发器是最好的方法，将热气旁通到膨胀阀与分液器之间。

图 4－20 为热气旁通能量调节的机组运行特性图。图中 A 为制冷压缩机制冷能力曲线，在冷凝温度及其他运行条件不变的情况下，随着蒸发温度(或蒸发压力)的提高，其制冷能力是在增大的。B 为热气旁通虚负荷曲线，此曲线是在制冷机组实际负荷减小时，随着吸气压力的下降，热气旁通所形成的虚负荷增加。

假定设计的蒸发温度为 -8 ℃,制冷量为 18.5 kW。当实际负荷降低时,蒸发温度和压力均下降,若将热气旁通调节阀设定到 -11 ℃所对应的蒸发压力(342 kPa)时开始打开,当实际负荷降低到所对应的蒸发压力为 342 kPa 时,热气旁通阀打开。从图 4-20 中可以看出,当负荷下降到对应的蒸发温度为 -15 ℃时,压缩机的制冷能力 Q_0 为 15.7 kW,这时热气旁通所形成的"虚负荷"为 5.8 kW,实际负荷为 9.9 kW。若没有热气旁通能量调节,当实际负荷下降到 9.9 kW 时,蒸发温度将降到 -23 ℃。由此可见,热气旁通使制冷系统在低负荷时能以较高蒸发压力工作。

此外,图中曲线 A,B 交点 S 所对应的蒸发温度为 -18 ℃,它代表系统工作的最低蒸发温度,制冷压缩机产生的冷量完全被"虚负荷"所抵消。

在热气旁通能量调节系统中,常将热气旁通阀和喷液阀配合使用。喷液调节阀的作用是根据制冷压缩机的排气温度调节液体的喷注量,它的动作原理与热力膨胀阀类似(热力膨胀阀将在第四章第三节中介绍)。用温包感温,将排气温度转变成温包中感温介质的压力,作用于波纹管上方,提供开阀力。

当排气温度达到使阀开启的设定值时,阀开始打开。排气温度越高,阀的开度越大,喷液量越多,如图 4-21 所示。喷液调节阀波纹管的最高耐压为 1.2 MPa(表压力)。故喷液阀后不允许安装截止阀,以免操作时忘记打开,高压液体将波纹管胀破。喷液阀前应装电磁阀,电磁阀与压缩机联动。为了保证喷注的液体在吸气管中充分蒸发,液体喷注位置必须与压缩机吸入口拉开一定距离,并采用逆喷方式。

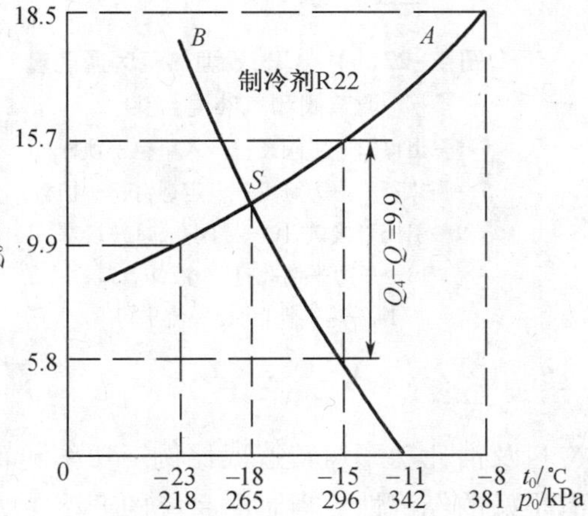

图 4-20 热气旁通能量调节的机组运行特性图

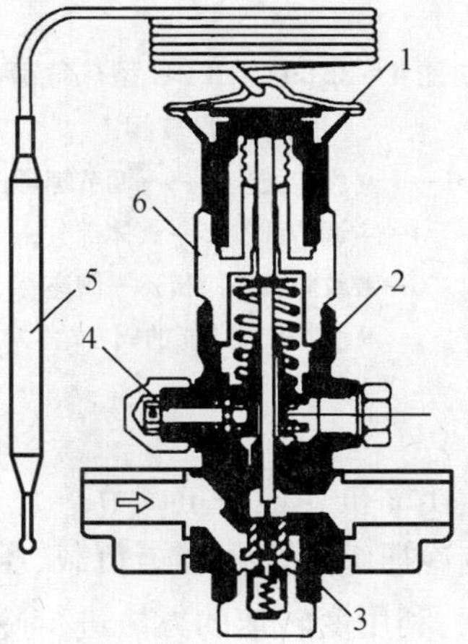

图 4-21 喷液阀

常用的热气旁通能量调节阀结构如图 4-22(a)所示。KVC 型阀实际上是受阀后压力控制的恒压阀。当实际负荷下降致使吸气压力下降到规定值时,作用于阀板 7 下方的力不足以克服弹簧 4 的张力,将阀打开,阀开度的大小与吸气压力成比例地变化而调节旁通热气的流量。

平衡波纹管 6 端面的面积与阀板 7 上部的面积基本相等,均固定于阀杆 9 上。当排气压力发生变化时,波纹管 6 的下端面与阀板 7 的上端面同时受到两个不同方向的力,因此,消除了排气压力变化对阀工作的影响。

CPCE 型热气旁通能量调节阀与 KVC 型不同之处在于后者受阀后压力控制，而 CPCE 常用于向蒸发器前旁通热气的系统，对于用分液器多路供液的蒸发器，热气不宜在蒸发器中部引入，最好的办法是在蒸发器前引入热气。

用 CPCE 能量调节阀把热气注入膨胀阀与分液器之间，为了不影响分液器的分液效果，常采用一个专门的气 - 液混合头，使来自 CPCE 的热气与来自热力膨胀阀的液体在混合头均匀混合后，进入分液器，保证分液器的功能不致恶化，见图 4 - 22(b)。

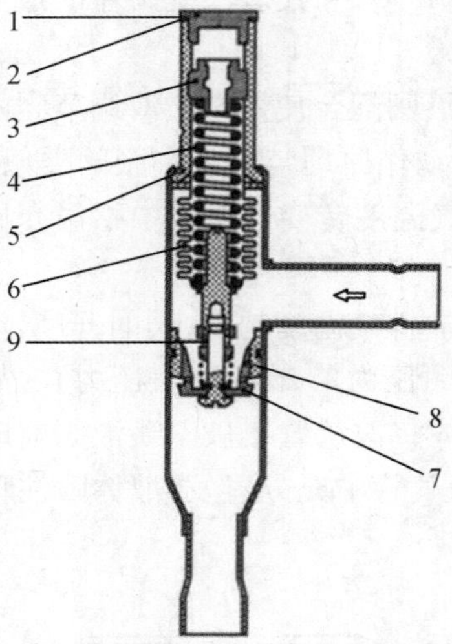

图 4 - 22(a)　KVC 型热气旁通能量调节阀

1—密封帽；2—垫片；3—调节螺母；
4—主调节弹簧；5—阀体部分；
6—波纹管；7—阀板；8—阀座；
9—带阻尼功能的阀杆

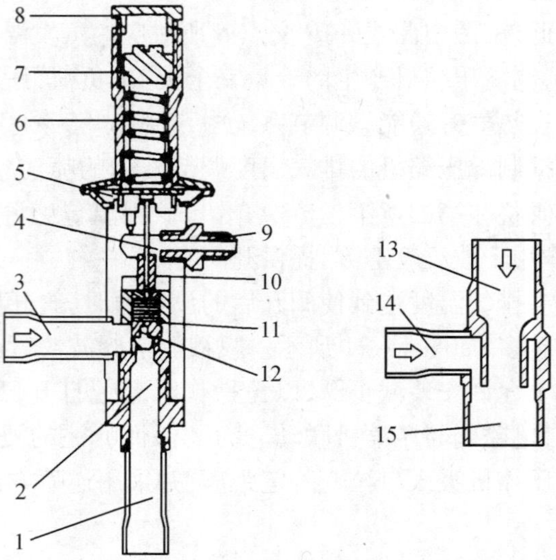

图 4 - 22(b)　CPCE 型热气旁通能量调节阀和气液混合头

1—出口；2—主阀孔；3—入口；4—顶杆；
5—膜片；6—主弹簧；7—设定螺钉；8—护盖；
9—引压管接口；10—导阀孔；11—活塞；
12—压力平衡孔；13—液体入口；
14—热气入口；15—流出口

4. 压缩机变速能量调节

制冷压缩机为恒转矩负载，压缩机制冷量及消耗功率与转速成比例。功率随转速下降而减少，利用变转速的方法进行冷量调节有很好的经济性。当制冷系统的产冷量大于实际需要的用冷量时，通过使压缩机的转速降低来减小压缩机的输气量，从而改变压缩机的制冷量，不仅可以降低功耗，对稳定制冷温度也有很好的作用。

制冷压缩机一般是由电动机拖动的，可以采用变速电机或变频调速来实现压缩机变速调节。变速电机有二级与四级之分，通过改变电机的运行级数，可以使压缩机分别按 100% 和 50% 能级运行。用内燃机直接驱动的制冷压缩机(如大巴车空调系统)，其变速机构可以在很宽的范围内进行转速的调节，但其最低转速有发动机怠速运行的限制，转速不得低于正常运行所许可的最低值。

变频调速是通过改变电动机供电频率来改变压缩机转速，使压缩机的产冷量与实际负荷的变化相匹配。由于变频器的价格比较高，故以往制冷装置能量调节中，使用变频调速方式的不多。随着电子技术的发展，变频装置的价格与可靠性都有了很大程度的变化，已使变频调速作为一种有效的节能控制手段，不仅在制冷空调产品上，在其他通用机械（如泵、风机及空气压缩机等）上，都已获得较好的节能效果。

电动机的转速与电源频率是成比例的，电动机电源电压必须随频率成比例变化，故又称为变电压变频（Variable Voltage、Variable Frequency，VVVF）。变频器的输入是三相交流或单相交流电源，输出为可变压可变频的三相交流电，接到压缩机的电机上。在控制器中，微电脑按照检测信号控制变频器的输出频率与电压。变频器输出的频率为 30 ~ 120 Hz，在制冷系统中不仅压缩机各部件要能适应转速变化范围，而且系统的膨胀阀也要能适应制冷剂流量在大范围内的变化。

现代的变频空调器中，用高效变频器控制无刷式永磁电机来驱动涡旋式压缩机被认为是目前比较合理的搭配。为了提高制冷系统中制冷剂流量的控制特性，还必须用电子膨胀阀取代传统的毛细管和热力膨胀阀。

5. 螺杆压缩机能量调节

螺杆式制冷压缩机从运动形式上看属于回转式，但气体压缩原理与往复活塞式一样，均属于容积式压缩机。其阴阳转子与机壳之间构成的齿间容积相当于往复式压缩机汽缸，利用转子副在旋转过程中齿间容积变化实现气体的压缩。螺杆压缩机的能量调节是通过卸载滑阀来实现的，压缩机能量可以在 10% ~100% 实现无级调节，调节精度比活塞式制冷压缩机的双位式调节要高。

在螺杆式压缩机机体上安装有卸载机构，其主要部件是卸载滑阀，卸载滑阀位于排气侧机体两内圆的交线处，并且能够在平行于汽缸轴线的方向上来回滑动。整个能量调节装置的组成（见图 4 – 23）包括卸载机构、外部油管路和油路控制阀 3 部分。

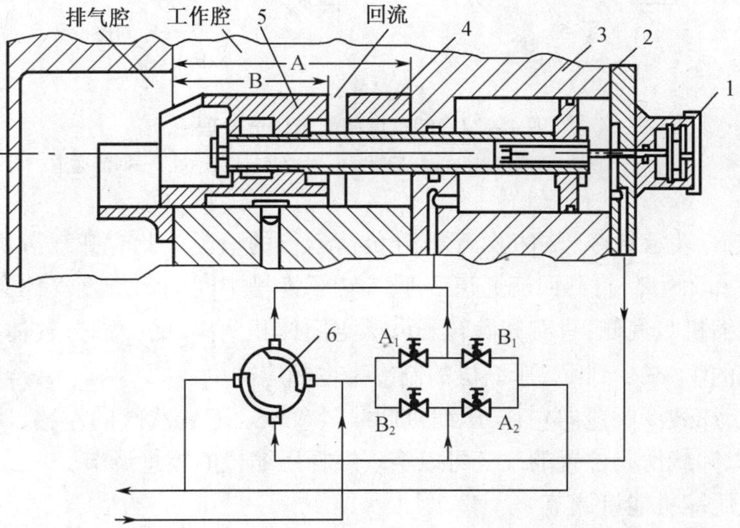

图 4 – 23　螺杆压缩机卸载滑阀能量调节装置

1—能量指示器；2—油活塞；3—油缸；4—固定块；5—滑阀；

6—手动四通换向阀；A_1，A_2，B_1，B_2—电磁阀

卸载机构中有滑阀 5、油缸 3、油活塞 2 和能量指示器 1。油路控制阀 6 为手动四通换向阀或者是电磁换向阀组（A_1，A_2，B_1，B_2），分别用于手动调节或自动调节。滑阀的移动是靠油活塞 2 带动的。

当电磁阀 A_1，A_2 接通，B_1，B_2 关闭时，油缸的左侧管路进油，右侧管路回油，推动油活塞右移，油活塞带动滑阀右移，回流通道关小，执行增能调节。当滑阀与吸气侧的固定端贴合时，输出能量为100%；相反，当电磁阀 A_1，A_2 关闭，B_1，B_2 开启时，油缸的左侧管路回油，右侧管路进油，油活塞左移，带动滑阀左移，回流通道开大，执行减能调节。最小能量输出为10%。当4只电磁阀都关闭时，油活塞两侧油路封闭，滑阀停留在某一固定位置，压缩机维持某一定的输出能量值上。

在图4－23中，手动四通换向阀实现手动调节，调节原理与自动过程相同。图4－24为螺杆式制冷压缩机能量调节原理示意图。

图4－24(a)表示100%负荷运行的情况：卸载滑阀被推向最右端，与固定块紧密接触时，吸入的制冷剂充满转子齿槽空间，体积为 V_1，然后被压缩后排出，故此时制冷压缩机的能量最大。

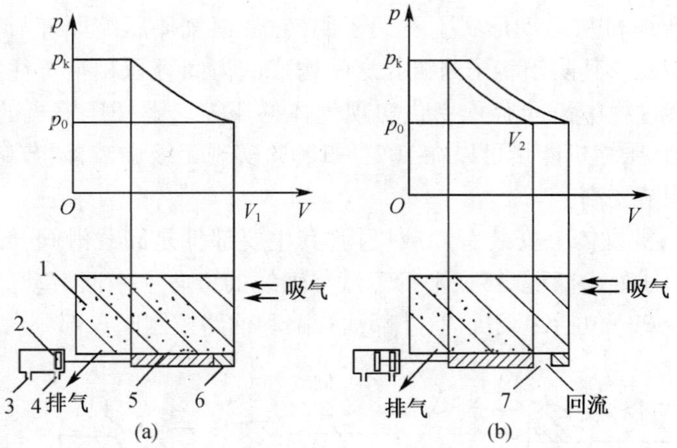

图4－24　卸载滑阀能量调节原理图

1—转子；2—活塞；3，4—油缸接管；5—滑阀；6—固定块；7—回流通道

图4－24(b)表示制冷压缩机处于部分负荷运行的情况。此时卸载滑块5被油缸活塞2向左拉开了一段距离，打开回流通道7，吸入转子齿槽中间的制冷剂气体会有一部分经回流通道流回压缩机吸气侧，只有充满转子齿槽空间体积为 V_2 的一部分气体被压缩后排出，吸气量从原来的 V_1 减少到 V_2，压缩机的制冷量也相应减少。

由此可见，卸载滑阀愈向左移，压缩机卸载量愈多。随着滑阀的左移，压缩机开始压缩点也左移，所以卸载滑阀位置的改变可以实现螺杆压缩机的能量调节。

6. 离心式压缩机能量调节

离心式制冷压缩机通常用于大型冷水机组中，其工作原理与离心式风机工作原理相同。首先将压缩机机械能转变为被压缩介质的动能，然后被压缩介质的动能在压缩机扩压蜗壳内转变为压能。

离心式制冷压缩机制冷量调节有多种方式，最常使用的是调节可转动的进口导叶片的方法，在制冷压缩机的叶轮前安装进口导流器，导流器内安装的可调节导流片使气流在进入叶轮前产生旋转，使气流在制冷压缩机叶轮进口处方向发生改变，叶轮与气流之间相对速度的变化改变了制冷压缩机的叶片功(叶轮机械功转变为气流动能)的大小，从而改变了制冷压缩机工况运行点的位置，使压缩机的输气量发生变化，从而满足了调节制冷压缩机冷量适应制冷对象热负荷变化的要求。

进口导叶调节的自动控制是将检测到的蒸发器出水温度信号送入温度指示调节仪，调节仪将此信号与设定值进行比较，将其偏差转换成电信号输出，再用时间继电器或脉冲开关将这一电信号改变为脉冲开关信号，通过交流接触器，指挥拖动导流器的电动执行机构动作，使导流器能根据蒸发器出水温度的变化而自动调节开度，恒定蒸发器的出水温度在设定值。

因为离心式制冷压缩机在流量减少到一定程度时，就会发生喘振现象，启动压缩机导叶将连续开大到30%左右，旨在跳过易喘振区。在刚开机时，温度设定值与蒸发器冷媒出口水温度有较大的温度差，且冷媒水温度的下降是渐进缓慢的，温度下降速度要比进口导叶的开启速度迟缓得多。若进口导叶打开速度太快，会造成制冷压缩机在大流量、小压比区运行，容易产生与喘振相似的堵塞现象。因此，在进口导叶达到一定开度(40%)后，需采用脉冲信号做间歇调节。

离心式制冷压缩机也可以采用变转速调节与进气节流调节。对于前者，制冷压缩机的输气量与转速成正比，随着制冷压缩机转速的下降，其对应转速下的制冷压缩机喘振点向小流量方向移动。因此，在小制冷量时，采用变转速调节制冷压缩机仍有较好的工作状况。而后者，常用于使用过程中制冷量变化不大的场合，在大型氨离心制冷压缩机上用得比较多，冷量调节范围只能在60% ~100%，经济性比较差。

7. 数码涡旋压缩机能量调节

由式(4-3)可知，改变 τ_p/τ 可以改变制冷压缩机的产冷量。数码涡旋压缩机的产冷量调节是改变压缩机在一个周期内的工作时间比 τ_p/τ 来实现的，实际上相当于改变单汽缸压缩机系统在一周期内的卸载时间与加载时间比例。

涡旋压缩机的工作过程请读者参见其他有关书籍，在此着重介绍其容量调节过程。数码涡旋压缩机有两种工作状态，即“负载状态”和“卸载状态”。如图4-25所示，在上涡旋盘(静盘)7的顶部安装一活塞提升组件3，确保活塞上移时上涡旋盘也上移。在活塞的顶部有一调节室2，通过直径为0.6 mm的排气孔和排气压力相连通。用外接电磁阀6将调节室2和压缩机吸气口9相连接。

电磁阀处于常闭位置时，活塞上、下侧的压力为排气压力，在弹簧力的作用下，上、下涡旋盘轴向端面闭合，实现“负载状态”运行。

电磁阀通电时，调节室内的高压气体被释放至低压吸气口。活塞在上下压差的作用下上移，上涡旋盘也随之上移。该动作将两涡旋盘分隔开，导致无制冷剂质量通过涡旋盘，实现“卸载状态”。

电磁阀断电，再次使压缩机满载，恢复压缩操作。

顶部涡旋盘可移动的幅度很小(仅1.0 mm左右)，因而从高压端释放至低压端的高压气体的量也较小。电磁阀打开，压缩机处于“卸载状态”；电磁阀关闭，压缩机处于“负载状态”。负载状态中，压缩机像常规涡旋压缩机一样工作，输送满载制冷剂质量流量。

数码涡旋压缩机能量调节是通过改变电磁阀的通断比例来实现容量调节的。一个周期时间包括负载状态时间和卸载状态时间。这两个时间阶段的组合决定压缩机的容量调节。例如：在20 s周期时间内，若负载状态时间为10 s，卸载状态时间为10 s，压缩机调节量为(10 s×100% +10 s×0)/20 s=50%。若在相同的周期时间内负载状态时间为15 s，而卸载状态时间为 5 s，则压缩机调节量为 75%。通过改变负载状态时间和卸载状态时间，就可得到压缩机产生的任何容量（10% ~100%）。

周期时间是数码涡旋运行中的一个重要参数。可用不同的周期时间获得相同的容量。例如：用 7.5 s 负载时间和 7.5 s 卸载时间组合得到 50% 容量。同样，也可用 15 s 负载时间和 15 s 卸载时间组合得到 50% 容量。根据经验，可为各容量调节确定理想的周期时间。“周期时间”和“容量调节比例”成反比，容量调节比例越低，周期时间应越长。理想的周期时间应为系统能量效率最大。由于数码涡旋压缩机的加载和卸载是机械操作，数码涡旋系统产生的电磁干扰可忽略不计。这一特性，不仅使数码涡旋压缩机能量调节系统不需要昂贵的电磁抑制电子装置，也增加其可靠性和简易性。

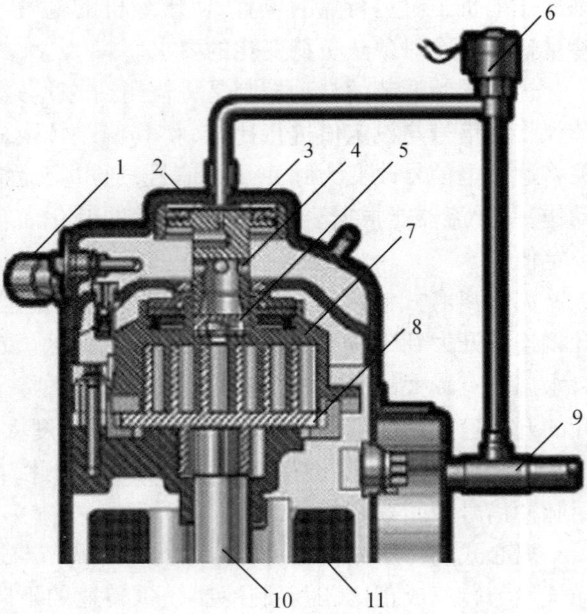

图 4-25　数码涡旋压缩机结构示意图

1—排气口；2—调节室；3—活塞提升组件；4—排气孔；5—弹簧；6—电磁阀；7—上涡旋盘（静盘）；8—下涡旋盘（动环）；9—吸气口；10—压缩机转轴；11—电机定子

第三节　认识制冷剂流量调节

在制冷系统中，制冷机的产冷量不仅受到实际负荷的变化影响而需要调节，同时外界条件的变化也会影响制冷机的产冷量。产冷量与负荷之间的不平衡是客观存在的。

本章第二节介绍了制冷压缩机能量的调节方法，但仅对压缩机能量进行调节，并不能使系统稳定运行，还应对蒸发器的供液量进行调节，保证单位时间送入蒸发器的制冷剂液体量等于能够蒸发掉的液量，否则，若蒸发器供液大于蒸发液体量，会造成压缩机吸气带液，会使压缩机产生湿冲程而损坏压缩机；若供液量不足，会造成蒸发器缺液运行，使得蒸发器的换热面积没有得到充分利用，制冷系统无法达到指定的运行参数，甚至发生故障。

因此，当系统产冷量与实际用冷量不平衡时，调节系统对压缩机能量进行调节的同时，必须也对蒸发器的供液量进行调节。这就要求制冷系统必须具有随时自动调节制冷剂流量的功能。

由于流量调节是制冷装置的一个主要调节环节，在节能控制中占重要地位，故对节流机构的研究、改进和更新，一直为人们所关注。蒸发器供液量的调节一般用节流机构来实现。传统的节流机构主要有手动节流膨胀阀、毛细管、各种形式的自动膨胀阀（如定压膨胀阀、热力膨胀阀、热电膨胀阀、电子膨胀阀、浮球阀等）。20 世纪 80 年代后，为了实现制冷剂流量调节的更高要求和运用先进的电子控制手段，发展了电子膨胀阀，使制冷剂流量控制技术迈入新台阶。下面分别介绍如下。

一、毛细管

作为制冷剂流量控制元件，毛细管是结构最简单的一种。它广泛用于小型制冷装置（如家用冰箱、冷柜、除湿机、空调器等）中，主要优点是简单、便宜。毛细管不像热力膨胀阀那样能在较宽的工况范围内有效工作，它只能在给定的工作条件下发挥预期效果。在较大型装置中，它不如热力膨胀阀应用得广泛，主要是毛细管尺寸与制冷系统的匹配以及系统制冷剂的充注量必须经过反复试验确认，否则不能使用。

1. 毛细管的工作原理

毛细管节流是利用制冷剂在细长管内流动的阻力而实现的。按使用情况，毛细管分无热交换和有热交换，前者为绝热膨胀过程，后者是放热膨胀过程。毛细管绝热膨胀过程见图4－26。在忽略毛细管高差引起的位能变化及入口处的流速时，在毛细管任何截面上制冷剂有如下能量方程：

$$h + \frac{w^2}{2} + \Delta q = h_1 \tag{4-4}$$

式中　h——制冷剂的比焓，J/kg；

w——出口处制冷剂流速，m/s；

h_1——入口处制冷剂的焓，J/kg；

Δq——从入口到该截面每千克制冷剂通过毛细管壁的放热量，J/kg。

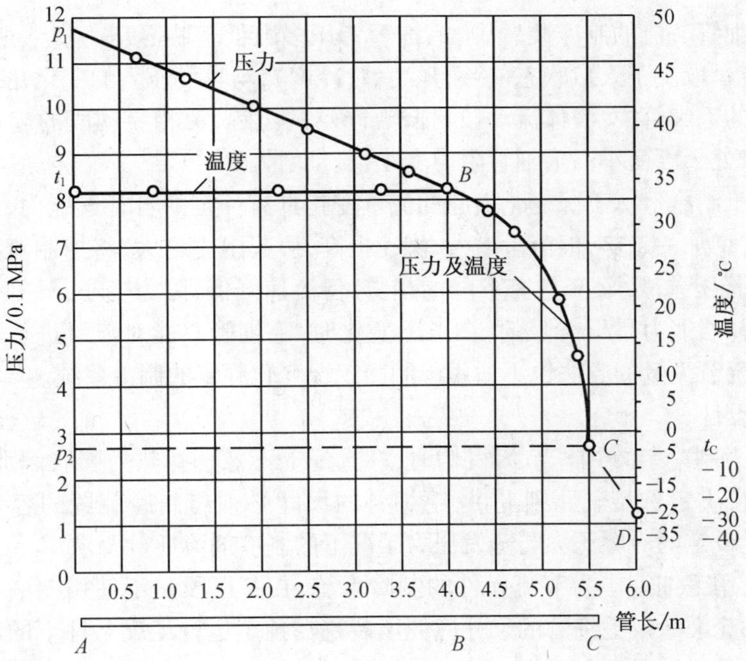

图4－26　制冷剂沿毛细管内的绝热膨胀过程状态变化

$$\Delta q = 0 \tag{4-5}$$

以绝热膨胀过程为例，制冷剂沿毛细管流动时，其压力、温度参数的变化过程如图4－26所示，流动分两个区：纯液体流动区和两相流动区。在制冷系统中，毛细管入口处制冷剂液体为(压力为 p_1,温度为 t_1)过冷状态,因存在液体流动阻力,随着制冷剂液体的流动,制冷剂压力逐渐降低,而温度不变(忽略放热影响)。直至压力降到与 t_1 对应的饱和压力值(对应于图中的 B 点)。这段过程为纯液体流动。(图 4-26 中的 p_1—B 线段)

此后的流动过程,随着压力继续下降,将有闪蒸气体出现,将纯液体流动转变为气-液两相流动过程。由于气-液混合比体积增大,混合液体的流速将增大,致使流动阻力明显提高,所以从截面 B 以后,压力(下降)呈越来越陡的非线性变化趋势,此时温度则随压力按饱和对应关系变化,直到毛细管出口。(图 4-26 中的 B—C 线段)

制冷剂在毛细管的出口处 C 点的压力 p_2 与背压压力(即蒸发器压力 p_0)有关,当蒸发器压力 p_0 不太低时,$p_2=p_0$,故 p_0 下降时,p_2 也下降。在这种情况下,对于一定尺寸的毛细管,制冷剂进口参数一定时,通过毛细管的流量 G 也随 p_0 的下降而增大。

但当背压 p_0 降到一定值(临界压力 p_c)时,毛细管出口达到临界状态。这时,流量达到最大,出口流速达到当地音速。

若此时背压 p_0 继续下降,低于临界压力时,毛细管出口处制冷剂将仍然维持临界状态,不随蒸发压力的变化而变化,即流量 G 不再增大,毛细管出口压力 p_2 仍然为 p_c,然后由临界压力 p_c 自由膨胀到蒸发压力 p_0,见图中 CD 段。

毛细管中,纯液相流动向两相流动的转变点 B 的位置与进口处的制冷剂液体的过冷度有关。进口过冷度越大,液相流动段越长;若进口处制冷剂无过冷度或含有气体,整个毛细管则全部呈两相流。因此,前者流量要大于后者,即液相流动的流量大于两相流动时的流量。

在使用毛细管节流的制冷装置中,毛细管背压多数低于临界压力 p_c。所以,毛细管尺寸一定时,其流量取决于入口状态(冷凝压力、过冷度),与蒸发压力的变化几乎无关。

在有回热的毛细管中,液体流动段是降温降焓的过程,两相流动段的起始点(B 点)后移,毛细管出口处干度变小。毛细管阻力变小,流量增大。

毛细管对于制冷运行工况变化引起的流量变化具有一定的自补偿能力,当进出口压差增大时,流量有增加的趋势,但流量增大,流速提高,引起阻力增大,将抑制流量随压差成比例增加;反之,若压差减小,流量有下降的趋势,但流速降低,阻力变小,又抑制流量随压差下降。这种自补偿能力是很有限的,在工况变化时,毛细管只能对流量进行微小的调节作用,同时,这种调节流量的方法也不适用于制冷工况变化频繁的制冷系统。

2. 毛细管设计

毛细管作为制冷装置用作节流机构时,在选配上不像选择热力膨胀阀那样,可以由设计计算参数直接决定选型。原则上讲,毛细管的尺寸必须与制冷装置的容量和工况相匹配,即必须满足设定的冷凝压力与蒸发压力工况下的制冷剂流通量要求。

一般来说,用毛细管作为节流元件的制冷系统,在高压段是不使用储液器的。制冷系统中,制冷剂的充灌量及毛细管的尺寸应使该装置在预定运行工况条件下的制冷量充分发挥,能效比最佳。

毛细管的节流降压作用应能使制冷剂在运行工况下循环时,在毛细管入口处建立起一段制冷剂液封,但又不能有过多的液体结存于冷凝器内(否则,会影响到冷凝器正常冷凝面积)。这不仅与毛细管的尺才有关,同时与系统制冷剂的充灌量也有关。

尽管理论分析对毛细管内流动过程的定量描述及试验研究已进行了不少工作,但毛细管内介于等焓和等熵的两相流动过程之间的复杂性,使实用而准确的定量计算存在一定的困难。

另外,还有许多实际因素影响到毛细管的节流特性,如毛细管制造的内径偏差、沿管长方向、内径的一致性、安装中的加工变形以及系统中润滑油对流动的影响等。

所以,目前通常的做法是先用经验公式或半经验线算图,初步计算出毛细管尺寸,再通过装置试验运行,对毛细管尺寸和系统制冷剂充灌量进行调整,使装置在预定的工况条件下处于最佳。

有关文献及工厂推荐的毛细管估算经验公式及线算图有许多。这里仅介绍个别有关计算经验公式(其他公式及线算图请读者参考有关文献或书籍):

$$G = 5.44(\Delta p/L)^{0.571}D^{2.71} \tag{4-6}$$

式中　G——制冷剂流量,g/s;

Δp——毛细管进、出口之间压差,MPa;

L——毛细管长度,m;

D——毛细管内径,m。

3. 毛细管系统设计特点与注意事项

在用毛细管作为节流元件的制冷系统中,其系统高压侧容积必须仔细设计,防止冷凝器积液太多。若冷凝器中积液过多,会使蒸发器供液量不足。此外,高压侧的总容积还应该能容纳整个系统充灌的全部制冷剂,以防止毛细管阻塞时,造成系统压力过高或压缩机的液击。

对于以间歇启、停方式运行的装置,在停机期间,制冷剂将通过毛细管继续从高压侧流入低压侧,直至达到整个系统压力平衡。这对压缩机启动是很有利的,但系统设计中要考虑系统的高压侧(压缩机排汽口至毛细管入口段)能够顺畅地向毛细管排液。

若有液体积聚在高压侧某处,在系统停机时,毛细管入口处的液封很快就会消失,此时的毛细管就成为连接冷凝器与蒸发器的通道。在高压侧积存的液体停机时吸收外界热量蒸发,产生的蒸气在高低压差的作用下进入低压侧,又在蒸发器中(此处环境外部的温度较低)放热凝结,会增加蒸发器潜热,无故消耗系统冷量。即这部分积存的冷剂从高压侧流到低压侧的过程中,在系统高压侧蒸发吸热,到蒸发器中冷凝放热,造成不必要的冷量损失和启动时的蒸发器的热负荷。

此外,高压侧积液还将延长停机后毛细管前后侧压力平衡所需的时间。若平衡时间太长,压缩机有可能会在尚未充分卸载的情况下再次启动运行。

当使用吸气管与毛细管进行回热交换时,一般是将部分毛细管插入回气管,或是将部分毛细管缠绕于回气管上,多余的毛细管盘绕起来,置于该热交换器的某一侧。至于将多余这部分毛细管置于哪一侧,对系统的影响是不同的。如果把多余的毛细管置于靠近蒸发器的一侧,也就是对毛细管的前面部分,液体流动段进行冷却,这对传热有利(温差比较大),但对系统的稳定性会有一定影响。如:蒸发器负荷比较小的时候,进入蒸发器的制冷剂液体有可能没有完全蒸发,致使吸气管中带液,毛细管前段的制冷剂液体受到外部回热交换产生的过冷效果增强,使得毛细管流通能力变大,但是此时蒸发器负荷比较小,毛细管中的供液应该是减小的,这样的回热交换使得蒸发器供液反而增加,出现了恶性循环,不利于制冷系统的稳定运行。因此,一般将多余毛细管置于冷凝器一侧,对毛细管的两相流部分进行冷却,有利于系统稳定。

毛细管的使用限制有:①作为制冷系统节流机构,其通流截面积固定,不能按工况变化调节通道截面。②系统中对制冷剂的充灌量有严格的控制范围。③毛细管流道细长、易堵,对系统清洁度有很高的要求。要严格干燥,防止冰堵、脏堵。④毛细管焊接时,注意防止端口变形。⑤盘绕毛细管应平滑。⑥装置维修时,不得随意更换毛细管。

二、热力膨胀阀

热力膨胀阀通常用于干式蒸发器的供液量调节,其特点是能根据蒸发器出口的蒸气过热度的大小,自动调节阀门的开度,以调节制冷剂的流量。

1. 热力膨胀阀结构

膨胀阀的形式很多,但其结构却大同小异。其主要组成部分有:热力头、阀件、过热度调整机构和阀体。图 4 - 27 为小型热力膨胀阀的结构图。

膨胀阀的顶部为热力头,其由密封箱盖、金属波纹薄膜、感温包、毛细管组成一个密闭容器,称作感应机构,里面充注感温剂,它与制冷系统不连通。金属波纹薄膜由一块很薄的合金冲压形成,断面是波浪形,有 2 ~ 3 mm 的位移变形量。感温包用来感受蒸发器出口过热蒸气温度,里面充注的感温剂对阀体的功能有多种选择,后面将具体分析。

为使感温响应快,温包用导热良好的黄铜制作,与吸气管的接触面上加工有沟槽,以改善温包与管壁的接触效果。温包压力通过毛细管传递到动力头。

阀件由节流孔、阀针座、传动杆、调节杆等组成。过热度调整机构用来改变热力膨胀阀的设定过热度,主要是通过调节杆的旋转来改变弹簧的预紧力,从而调整了膨胀阀门的开启过热度。传动杆顶在阀针座与传动盘之间,以传递感温包的压力。

阀针座上装有阀针,随着传动杆的上下移动,阀针也跟阀座一起移动,开大或关小阀孔。

过热度调整机构用来改变热力膨胀阀的设定过热度。小型热力膨胀阀直接用调节杆改变弹簧的预紧力,实现阀开启过热度的设定。中型以上的用齿轮机构改变弹簧预紧力,采用这种方式应注意齿轮每一转所对应的过热度设定量的变化(参考厂家的样本说明)。

阀体上设有进口和出口。进、出口尺寸按热力膨胀阀的最大容量设计。管口连接方式有锥螺纹、法兰连接或者直接焊接。

小型阀体在进口处内装过滤网,大型的要另外安装过滤器。外平衡式热力膨胀阀还有外平衡引管接口。安装时,该引管必须接上,否则阀体就不能正常工作。

为了提高热力膨胀阀适用性,节约制造成本,制造厂家将阀体设计为节流组件可以拆换,这样就能在不改变阀体的条件下,通过更换节

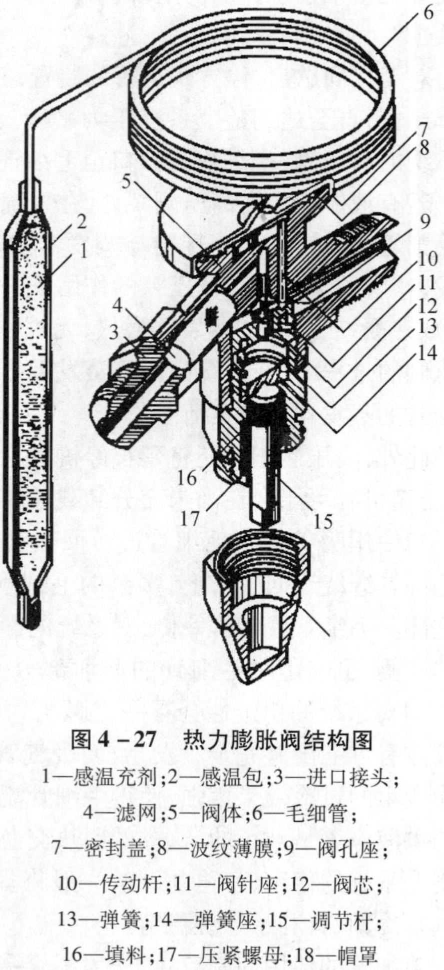

图 4 - 27 热力膨胀阀结构图

1—感温充剂;2—感温包;3—进口接头;4—滤网;5—阀体;6—毛细管;7—密封盖;8—波纹薄膜;9—阀孔座;10—传动杆;11—阀针座;12—阀芯;13—弹簧;14—弹簧座;15—调节杆;16—填料;17—压紧螺母;18—帽罩

流组件来改变节流孔尺寸，从而改变阀的容量，方便现场进行调节。还有些阀是由导阀与主阀组合起来的，上部为热力膨胀阀的导阀，下部为主阀，主阀随同导阀的动作而动作，起放大执行作用，适合于大容量系统的场合。

2. 热力膨胀阀的工作原理

在干式蒸发器运行过程中，人们通过实践发现，蒸发器出口蒸气的过热度是随蒸发器热负荷而变化的。假定蒸发器的供液量恒定，当蒸发器与被冷却物体的热交换量（也称热负荷）增大时，具体表现在蒸发器内制冷剂的液体蒸发量增大，此时蒸发器制冷剂蒸气的流出量大于供液量，这就意味着蒸发器内存有的制冷剂液体量在减少，因而出蒸发器的气体的过热应有所增加。

热力膨胀阀就是利用过热度与负荷变化的关系为信号和动力，当过热度增大时，阀体的开度自动开大；反之，自动关小。

下面对热力膨胀阀的受力情况进行分析，使读者对其工作过程有比较清楚的认识，如图 4－28 所示。

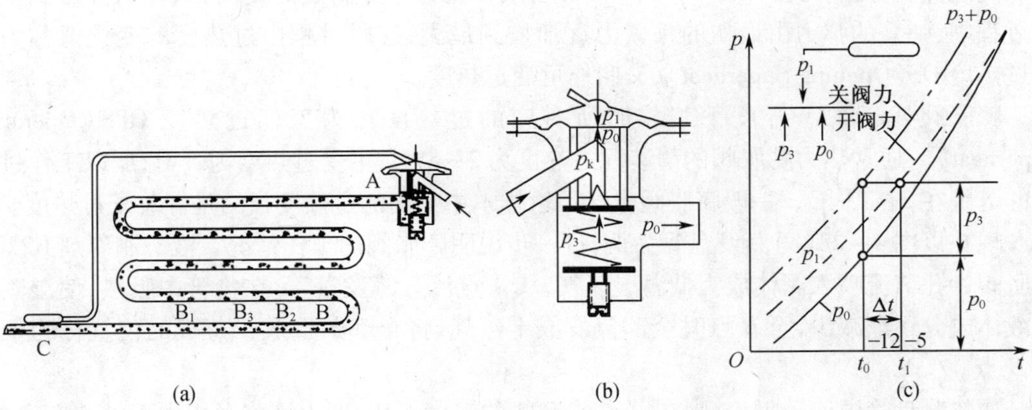

图 4－28 热力膨胀阀控制原理图

(a)工作原理图；(b)受力图；(c)过热度控制原理图

感温包装在蒸发器出口处，感应蒸发器出口处温度 t_1。感温包内充注一定量的感温剂，温包内的压力 p_1 随其感应的温度 t_1 变化，这个压力通过毛细管传递到阀膜片上方，使膜片有一向下的推力 p_1，其值等于 p_1 与膜片受压面积的乘积。膜片下方处于阀孔喷射出的低压湿蒸气区域，其值等于蒸发压力 p_0（忽略蒸发器的制冷剂流动阻力，也就是蒸发器出口处压力）。它充满整个阀体中，在膜片的下方形成一个向上作用力 p_0，其值等于 p_0 与膜片受压面积的乘积。在膜片下方同时还受到弹簧向上的张力 p_3。由冷凝压力 p_k 引起的作用于阀针上的向下力 p_k，其值等于 p_k 与阀针孔面积的乘积，但因阀针孔面积很小，故 p_k 值很小，在分析时可以忽略不计。因此，膜片的上、下面力平衡条件为

$$p_1(t_1) = p_0(t_0) + p_3 \tag{4-7}$$

当 3 个力处于平衡状态时，膜片不动，也就是阀针的位置不动，阀针的开启度不变。只要这 3 个力中有一个变化就会破坏原有的平衡，并在膜片上、下侧产生不平衡力，在不平衡力的作用下，膜片开始动作，从而改变了阀片的开启度。此时弹簧的伸长度会发生变化，弹簧力 p_3 相应改变，直至建立新的平衡位置，膜片才停止动作。

热力膨胀阀的工作原理就是利用p_1的变化来改变阀针孔的开启度，从而改变制冷剂的流量，实现自动调节。膨胀阀工作时，将感温包扎在蒸发器出口管道上（近似认为感触包内温度随时与蒸发器出口处管内 C 点温度相等），感温包中的感温剂的饱和压力 p_1 随温度 t 的变化关系曲线，如图4－28（c）所示（如果感温剂与制冷系统的制冷剂是同种介质，那么p_1随温度 t 的变化曲线与 p_0 重合）。

由于p_1是开阀的主动力，而且感温包所处 C 点的过热温度总是大于蒸发温度，故一般情况 p_1总是大于 p_0，其差值由弹簧力 p_3来平衡。改变弹簧 p_3力的大小，就可以改变膨胀阀的工作性能。

当 $p_1>(p_0+p_3)$时，膜片向下移动，使阀针孔开大；当 $p_1<(p_0+p_3)$时，膜片向上移动，使阀针孔关小。

当 $p_1=p_0$ 时，阀针在弹簧的预紧力（此力通过调节杆可以调节）作用下与阀针孔是严密关闭的，随着 C 点过热温度的提高，p_1 增大，从阀针严密关闭到克服弹簧预紧力 p_3 后开始开启所需的过热度（C 点过热温度与蒸发器出口压力相对应的蒸发温度之差），称膨胀阀的静装配过热度，用符号 SS（Static Superheat）表示；随着过热温度的提高，阀体从开启到全开的过程中，弹簧的弹力由最初的预紧力逐渐增到最大，这段过程中过热度的变化值称为开启过热度 OS（Opening Superheat），又叫作可变过热度。

膨胀阀处于某一开度下工作时所对应的过热度称为工作过热度 OPS（Operating Superheat）。通常热力膨胀阀的静装配过热度为2～8 ℃，可受过热度为5 ℃，所以工作过热度的范围在2～13 ℃。一般膨胀阀生产厂家样本中给出的过热度指的是静装配过热度。

现在以图4－28（a）蒸发盘管为例，进一步说明膨胀阀的工作情况。液态制冷剂 R22 经膨胀阀针孔节流喷入阀体成为低温湿蒸气，从 A 点流入蒸发盘管，在盘管中吸热，使湿蒸气中液体成分逐渐减少，至 B 点时全部蒸发成干蒸气，将全部蒸发成干蒸气的位置称为干蒸气 B 点。

如忽略盘管内流动阻力，则在 B 点前 R22 的温度不变，即为该蒸发压力下的饱和温度。当干蒸气离开 B 点后，将继续吸热成为过热蒸气，温度逐渐上升，温包内感温剂的压力是 C 点温度下所对应的压力。

当 C 点温度上升使温包内压力升高以推动膜片向下移动时，阀针将开大阀孔，制冷剂流量随之增加。干蒸气 B 点的位置左移至 B_1点，C 点制冷剂的过热温度随 B 点的左移将有所下降。

由于温度传递有滞后现象，C 点制冷剂的温度变化不能立即反馈到感温包内。随着时间的推迟，感温包内感温剂温度才逐渐下降，膜片上方的压力 p_1将下降，此时膜片上移，阀针孔关小，制冷剂流量随之减小，干蒸气点位置由 B_1点向右移至 B_2点，这时 C 点制冷剂的过热度随 B 点的右移将有所上升。

同样，C 点温度上升使温包内压力升高以推动膜片向下移动时，阀针将开大阀孔，制冷剂流量随之增加。干蒸气 B_2点左移至 B_3点……热力膨胀阀就是这样频繁地开大、关小地进行工作。

图4－28（c）示出了热力膨胀阀关阀压力、开阀压力以及蒸发压力随温度变化曲线关系。开阀压力曲线就是感温包感温剂压力与温度的关系曲线，关阀压力曲线是在蒸发压力曲线基础上等量加上弹簧预紧力所得。

可以看出：只要开阀压力 p_1线处于关阀压力线 p_3+p_0的下方，要使阀打开或者维持在某一开度下平衡，t_1就必须大于t_0，即蒸发器出口处必须有一定的过热度$\Delta t = (t_1 - t_0)$阀才能开启。当过热度Δt增大时，膜片的平衡位置下移，阀开大，增大供液量；反之，Δt减小时，阀关小，减小供液量。

热力膨胀阀根据蒸发器出口过热度大体上成比例地调节供液量，使之与蒸发器的负荷相适应，保证进入蒸发器的液体制冷剂在其中完全蒸发，并在出口处稍有过热。理想的热力膨胀阀工作应当：

①控制使进入蒸发器中的液态制冷剂流量正好等于在蒸发器中蒸发的气体量。

②在工作温度条件下，过热度不能过大，以便使蒸发器换热面积能够得到充分的利用。

③在工作过程中应当随着冷负荷的变化迅速改变进入蒸发器的液态制冷剂的数量，使之保持平衡。

但是，由于膨胀阀感温包所感受的温度不及时，感温包本身有一个热惯性，使信号传递存在延迟现象。另外，由于膨胀阀各活动零件之间总是存在摩擦力，膨胀阀的供液量最终是波动地进行着，不能完全地适应制冷系统实际需要的供液量，所以热力膨胀阀的灵敏度还不理想，有待于进一步改进。

3. 内平衡与外平衡式热力膨胀阀

从上述膨胀阀的结构与受力分析中知道，膜片下面的压力p_0是从阀针孔节流所喷出的制冷剂作用在膜片上的压力，平衡力来自阀内部，称为内平衡式热力膨胀阀。内平衡式热力膨胀阀结构简单，制造方便，因而得到广泛的采用。然而，在上述分析内平衡式膨胀阀工作过程时，未考虑制冷剂在蒸发器内流动阻力损失对膨胀阀的影响。

实际上，制冷剂在蒸发器内流动是有阻力损失的，使得蒸发器进、出口之间有一个压力降，这一压力降的大小与蒸发器的形状及管路的长短有关。蒸发管路长，弯头多，则通过蒸发器的压力降就比较大，尤其是带有压降式分液器的蒸发器，膨胀阀出口与蒸发器出口之间的压力降就更大。

若仍采用内平衡式的热力膨胀阀，在对阀门静装配过热度不进行任何调整的情况下，其实际运行时的静装配过热度将会增大，且随着蒸发器阻力的大小而变，实际上减小了阀门的开启过热度，导致热力膨胀阀供液量不足，影响蒸发器的制冷效能。假设节流后到蒸发器出口这段流动中制冷剂的压力损失为Δp_0，则内平衡式热力膨胀阀膜片上下的力平衡关系式为

$$p_1(t_1) = p_0(t_0) + \Delta p_0 + p_3 \tag{4-8}$$

式中，$p_0(t_0)$为蒸发器出口处的压力，Δp_0为节流阀至蒸发器出口之间压降折算成的力，可见关阀力中增加了Δp_0。若仍采用内平衡式的热力膨胀阀，虽然弹簧的预紧力没有变化，但阀的静装配过热度将随着Δp_0的增加而增大。过热度的提高意味着实际工况中蒸发器缺液，蒸发压力下降，蒸发温度降低，传热面积得不到充分利用，制冷量下降，运行经济性变差。

为了消除这种影响，可以采用外平衡式结构。如图4-29所示，与内平衡热力膨胀阀的主要区别是，作用在膜片下方的压力不是阀体内节流后的蒸发压力（即蒸发器入口压力），而是由外部引来的蒸发器出口处的压力，在膜片下方分隔出一个平衡压力腔，将节流后的制冷剂与膜片下方的联系断开。

用外平衡引管把蒸发器出口的压力直接引入平衡压力腔中，作用于膜片下部，消除了因蒸发器阻力而增加的关阀力Δp_0。由于阀门的平衡力是从阀体的外部引入的，因此这种阀称为外平衡式热力膨胀阀。

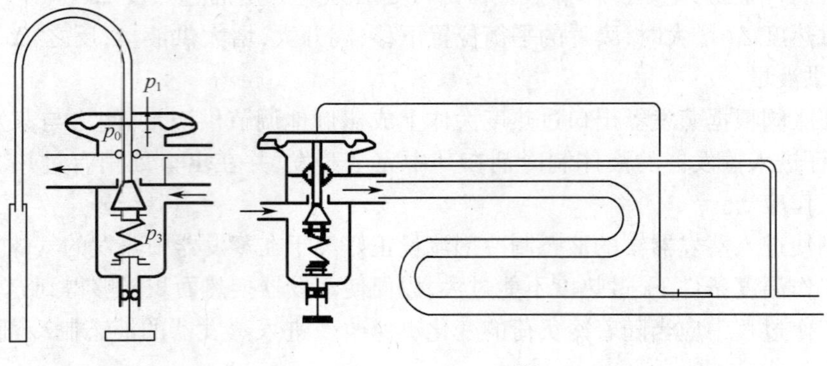

图 4－29　外平衡式热力膨胀阀

(a)结构示意图;(b)与蒸发器连接

低温下微小的压力变化也会引起制冷剂饱和温度的明显变化,所以低温装置中常采用外平衡式热力膨胀阀。蒸发器用于分液器多路供液的场合,分液器上压降较大,也采用外平衡式热力膨胀阀。

4. 热力膨胀阀与蒸发器的匹配

在制冷系统中,热力膨胀阀与蒸发器匹配的好坏将直接影响到系统的正常工作,其匹配关系如下:

(1)热力膨胀阀静态特性曲线

在蒸发温度、冷凝温度、阀前液体温度(或过冷度)一定的条件下可以绘制出热力膨胀阀的静态特性曲线,见图 4－30。它反映了阀体的流量调节特性。可以看出当感温包感受的过热度 $\Delta t \leqslant$ SS 时,阀处于关闭状态,阀的流通能力为 0。当 $\Delta t \geqslant$ SS 时阀开启,其流通能力随着开启过热度 OP 的增大而增加,并与 OP 近似成正比变化。因此热力膨胀阀属于比例型调节器,即在标称容量范围内,可以按照蒸发器出口过热度与阀预设的静态过热度之间的偏差,成比例地调节流量。一般在标称容量(100%)之外,尚有 20% 的容量裕度。

(2)热力膨胀阀与蒸发器的匹配

热力膨胀阀作为向蒸发器供液的调节元件,二者之间的合理匹配是十分重要的。合理的匹配意味着既能保证工作的稳定,又能充分利用蒸发器的换热面积。热力膨胀阀根据蒸发器负荷的变化调节进入蒸发器制冷剂的流量,制冷剂在蒸发器内吸收与之进行热交换介质的热量而汽化。

制冷剂在接近蒸发器的出口处有一段不稳定带(称为 B 带)。对蒸发器来说,客观上存在一个可避免压缩机液击的最小过热度,它随蒸发器负荷的增大而增加,称为最小稳定信号(Minimum Stable Signal,MSS)。

膨胀阀应该能控制系统在这种条件下工作:既保证压缩机吸气不带液,又能充分利用蒸发器面积。若膨胀阀控制的过热度 $\Delta t >$ MSS,阀的动作稳定,回气不带液,但蒸发器面积利用率下降;若 $\Delta t <$ MSS,阀的动作失稳,回气带液。所以,要根据稳定的工作条件来调整热力膨胀阀的静态过热度。

图 4－31 示出热力膨胀阀与蒸发器二者的匹配关系。设蒸发器制冷量 Q_0 与最小稳定信号 Δt 的关系为 MSS 曲线。在 MSS 曲线左边为热力膨胀阀的不稳定区,曲线右边是热力

膨胀阀的稳定工作区。但制冷机在曲线右边的区域工作并不经济，因为过热度很大。

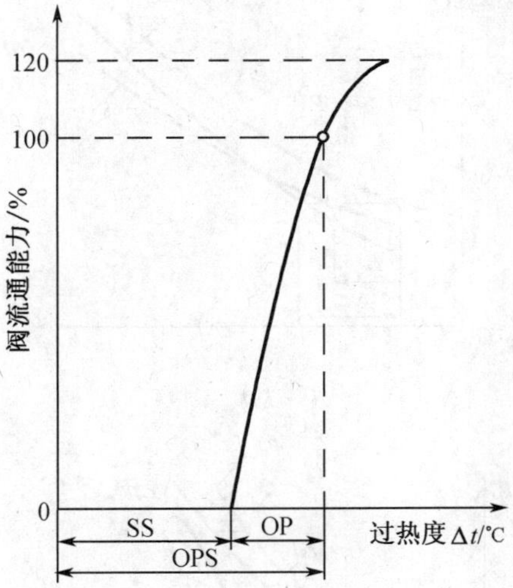

图 4－30　热力膨胀阀的静态特性

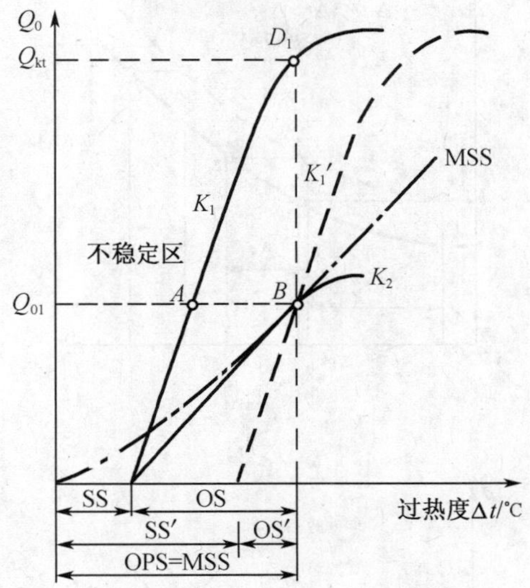

图 4－31　热力膨胀阀与蒸发器的匹配关系

MSS—蒸发器最小稳定信号；

K_1，K_1'—膨胀阀 1 在静态过热度 SS 和 SS′时的能力曲线；

K_2—膨胀阀 2 在静态过热度 SS 时的能力曲线；

OS—可变过热度；OPS—工作过热度

膨胀阀 1 在静态过热度 SS 和 SS′时所对应的阀的容量曲线分别是 K_1 和 K_1'。可以看出，制冷负荷为 Q_{01} 时，若采用静态过热度 SS，在这种匹配下工作点 A 处于不稳定区，造成吸气带液。为此，必须将阀 1 的静态过热度调到 SS′，才能使阀的工作过热度与最小稳定信号线在制冷负荷为 Q_{01} 时相交，保证工作稳定。这时，阀 1 处于大约 1/3 的容量下工作。因此选用阀 1，从阀的寿命和装置的效率角度看都不够理想。

若改用容量小一些，特性为 K_2 的膨胀阀 2，由于 K_2 与 MSS 匹配较好，即使静态过热度调到最低限，阀和蒸发器都能稳定而良好地工作。所以，膨胀阀 2 是较好的选择。

5. 热力膨胀阀温包感温介质的充注

由热力膨胀阀的工作原理可以看出，制冷系统的工质一定时，阀的过热度控制特性取决于温包内感温剂压力的特性（开阀压力曲线）与蒸发压力加弹簧预紧力（关阀压力曲线）之间的匹配关系。

对于一定的制冷系统和弹簧预紧力调定后，关阀压力曲线客观上是确定的。因此，阀的过热度控制特性主要取决于开阀压力曲线，即温包内感温剂压力 p_1 与温度 t_1 的特性。所以可以通过各种不同的温包充注方式，获取适应系统需要的压力曲线，可以改善热力膨胀阀的控制特性。

温包充注有同种工质与异种工质之分。温包感温剂与系统中制冷剂相同的，为同种工质充注，不同的为异种充注。

同种工质充注中有液体充注、气体充注。异种工质充注中有交叉充注、混合充注和吸附充注。

各种温包充注的热力膨胀阀过热度控制特性曲线，见图4－32。

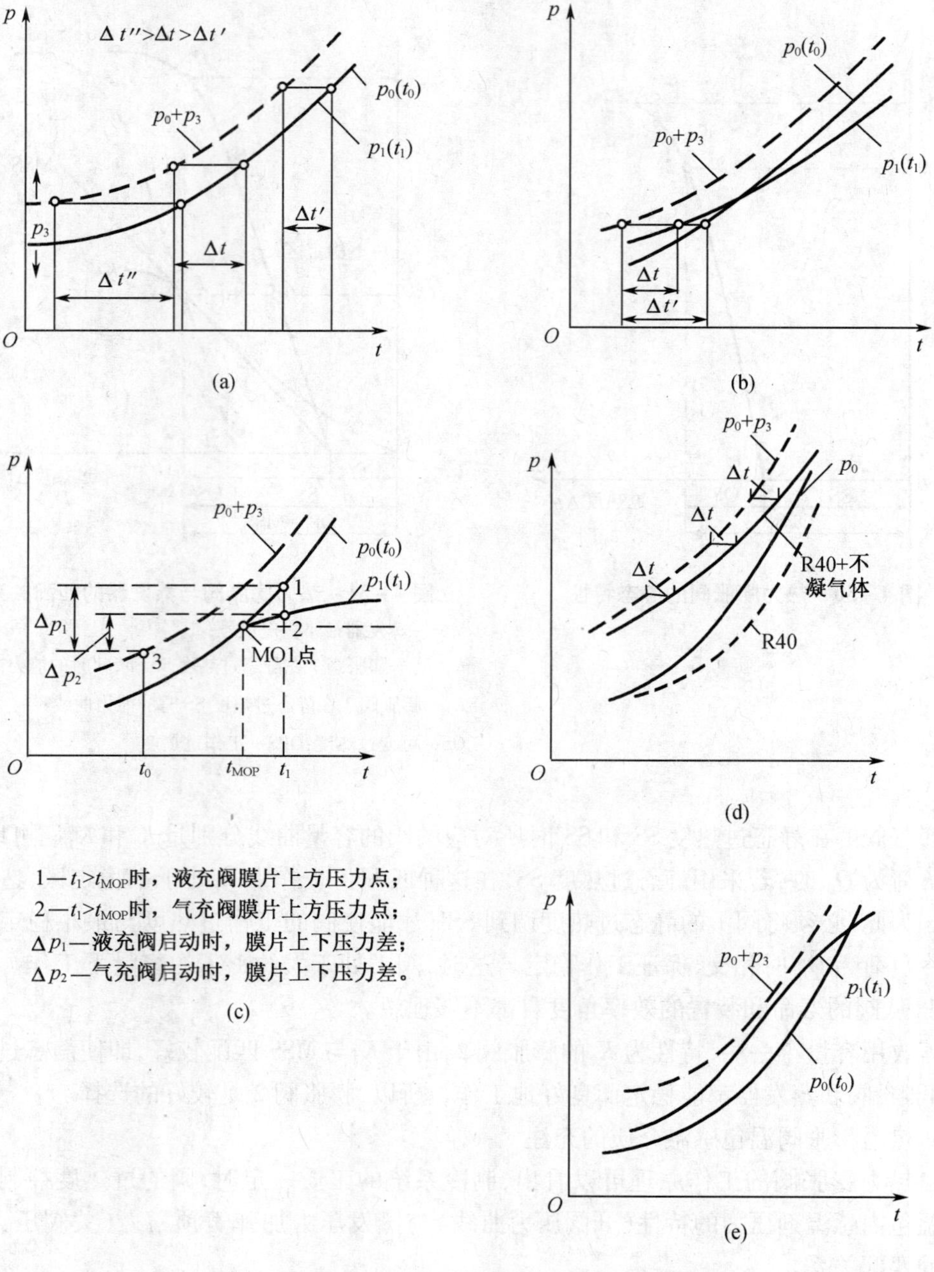

图4－32　各种介质充注膨胀阀过热度控制特性

(a)同种介质液体充注；(b)液体交叉充注；
(c)气体充注；(d)混合充注；(e)吸附充注

(1)同种工质液体充注

温包中充注的感温剂与制冷系统中使用的制冷剂相同，且充注量比较多，液体充入量占温包容积的70%～80%，保证在工作温度范围内，温包中始终有液体存在。因此，温包压力 p_1 为感应温度 t_1 所对应介质的饱和压力。从图4－32可以看出，由于感温介质与制冷系统介质相同，所以 $p_1(t_1)$ 曲线与 $p_0(t_0)$ 曲线重合。同种工质液体充注的热力膨胀阀特点是：

①由于工质的饱和压力线在低温区域愈来愈平坦，对预紧力一定的热力膨胀阀来说，静态过热度将随着蒸发温度的降低而增大，控制特性变差。一般使用在蒸发温度不低于 -40 ℃的场合。

②当制冷系统停机后，蒸发器出口过热温度与蒸发器内温度平衡时，关阀压差仅为弹簧的预紧力，阀的关闭不是很严，热力膨胀阀只起流量调节作用，不能兼作截止阀使用，需要在它前面加装电磁阀起截止作用。电磁阀与压缩机同步启、停。

③压缩机开机时，温包因热惯性而不会立即受冷，而蒸发压力 p_0 将很快降低，使得膨胀阀膜片上、下方压差较大，造成膨胀阀阀口开启过大，向蒸发器充分供液，从而使蒸发器出口蒸气过热度过小，甚至可能带液。同时，在压缩机启动阶段，由于蒸发器供液充分，压缩机吸气压力降低缓慢，长时间处于高吸气压力状况，容易引起压缩机电机过载。

④由于感温包内充液量比较多，热惯性大，温包感温延迟容易造成调节过程中产生较大的流量波动。

（2）液体交叉充注

同种工质充注存在着低温区过热度大的缺点。液体交叉充注就可以选择与制冷系统介质压力曲线不同的介质，使其在工作温度范围内，饱和压力曲线与制冷系统制冷介质的饱和压力曲线呈如图 4 - 32（b）所示的交叉特性。这种充注的特点是：

①压缩机停机时，阀关闭得快。随着温度的升高，蒸发压力 p_0 比温包压力 p_1 上升得快。

②由于蒸发温度较高时，开阀的压力曲线 $p_1(t_1)$ 比较平坦，所控制的过热度比较大，蒸发器的供液虽较小，压缩机启动时能迅速降低吸气压力和压缩机负荷。

（3）气体充注

温包中充注的感温剂与系统中的制冷剂相同（可以不同），但充注的量限制为在设计最高蒸发温度时使包内的液体能够全部汽化。这种充注使得在工作温度范围内，温包压力随感应温度按感温剂的饱和压力关系变化，具有与液体充注相同的特性。

当温包感应温度超出最高蒸发温度时，其中的液体全部汽化完，包内感温剂为过热气体，包内压力 p_1 与温度 t_1 的变化曲线变得平坦，见图 4 - 32（c）。这种充注的主要改进在于具有最大工作压力（Max Operating Pressure）控制的作用，故又称作 MOP 阀。其特点是：

①开机时，只有当吸气压力降到 MOP 值以下，阀体才逐渐打开，向蒸发器供液，因此可以防止电机超载。

②停机时，包内压力比 MOP 值高不了多少，而膜片下方的蒸发压力却很高，故阀关闭较严。

③由于温包内的液体量较少，热惯性小，故阀的调节反应较快。

④高温时能保护阀头内弹性元件免受高压的作用，这一点对于热泵装置和除霜运行十分重要。

⑤因充注的感温剂比较少，环境温度对阀的工作有影响，使用中必须保持温包处于热力头组件（包括温包、毛细管、膜片盒）中的最低温度；否则，包内感温剂将在热力头组件中的其他最低点温度处凝结，引起感温剂迁移，不能按温包处的温度正确传递压力信号，影响阀体的正确动作。

目前，气体充注中普遍在温包内加入热稳定元件（惰性片），利用它的热惰性延缓温包压力对温度变化的反应，使阀对温包降温反应迅速，而对温包升温反应迟缓。也就是说，需要减少流量时可以迅速奏效，需要增大流量时，动作较慢。在温包感受蒸发器不稳定区的温度波动信号时，阀的工作平稳，能够有效地抑制阀的振荡现象发生。

(4)混合充注

温包中充注液体感温剂和不凝性气体，不凝性气体起调整温包压力的作用。若采用R40温包的感温剂，从图4-32(d)可以看出，蒸发压力p_0关系曲线与R40的压力曲线二者不相交。尽管能够在较宽的蒸发温度范围内有不变的过热度，但过热度太大。为此再注入一定的不凝气体，向温包内施加一个压力，使R40+不凝性气体曲线左移，可以获得近似不变的低温过热度控制特性。

(5)吸附充注

温包中充入固态吸附剂(如活性炭)和被吸附气体(如CO_2气体)，吸附剂对气体的吸附能力随温度变化，温度降低时，吸附能力增强，故温包内压力下降；反之，温包内压力升高。由此获得希望的温包压力p_1与温度t_1曲线，使热力膨胀阀的过热度控制特性得到改善，如图4-32(e)所示。吸附充注不存在感温剂凝结的问题，但吸附充注温包感温响应速度较慢，故需要特别注意改善温包与蒸发器出气管壁的热接触。

(6)热力膨胀阀的选配

热力膨胀阀的容量是指经过阀的制冷剂流量在一定蒸发温度下完全蒸发所具有的制冷能力。阀容量是膨胀阀的重要特性参数，也是设计选配阀的依据。每只阀只能用于规定的制冷剂系统中。相同开度下，阀前后压力差影响制冷剂流经阀的流速和流量。随着蒸发温度的降低，阀的容量变小。这是因为蒸发温度的降低，蒸发压力也降低，阀前后的压差增大。一方面是节流后的闪蒸气体增多，流经阀的制冷剂单位制冷量降低；另一方面因闪蒸气体增多，流经阀的比体积增大，通过阀的流动阻力增加，流通的量也有所降低。阀前液体过冷度影响到节流后气-液混合相制冷剂的干度，对阀的流量系数产生影响，阀的容量随阀前液体过冷度增加而增大。冷凝器至阀前的液管有阻力降时，必须增加液体过冷度，以防止阀前制冷剂汽化而影响到阀的容量。膨胀阀的容量特性可以在生产厂家提供的热力膨胀阀的容量表中获取，一般膨胀阀有20%的容量裕度，即实际阀的容量可以达到样本给出值的120%，所以设计时选择容量满足系统制冷量要求即可，不必再考虑容量裕度。

(7)热力膨胀阀的正确安装与使用

如图4-33所示，热力膨胀阀安装在冷凝器(或储液器)与蒸发器之间靠近蒸发器的管路上，不同形式的阀应遵照相应的说明书指导的方法正确安装与使用。阀体应垂直放置，不可颠倒安装。对充气阀的热力头不应朝下，对焊接阀安装时要考虑到阀体的冷却，可采取如图4-33(a)所示的措施，用湿毛巾缠绕在阀体上，确保阀体在焊接过程中不得超过许可的最高温度。由于热力膨胀阀的控制动作由温包信号决定，故必须保证温包正确地反映蒸发器回气温度。安装时用厚0.5 mm左右的铜片将感温包包扎在蒸发器回气管的水平段上，并用螺钉扭紧以增加传热效果。同时，在温包包扎好后需用不吸水的绝热材料包裹两管，使其与环境隔热隔湿。

图4-34给出了温包安装正、误的示例。

温包应隔热隔湿，并与回气管有良好的金属接触，要避免热风或热辐射对温包的干扰作用(见图4-34(a))。

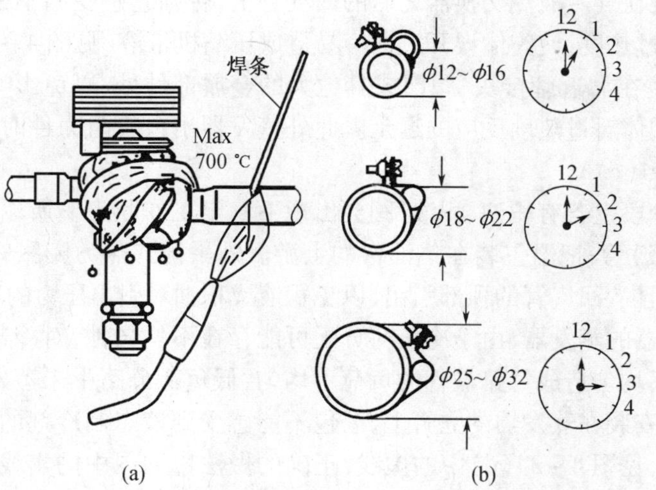

图 4－33　热力膨胀阀的焊接与温包的安装角度

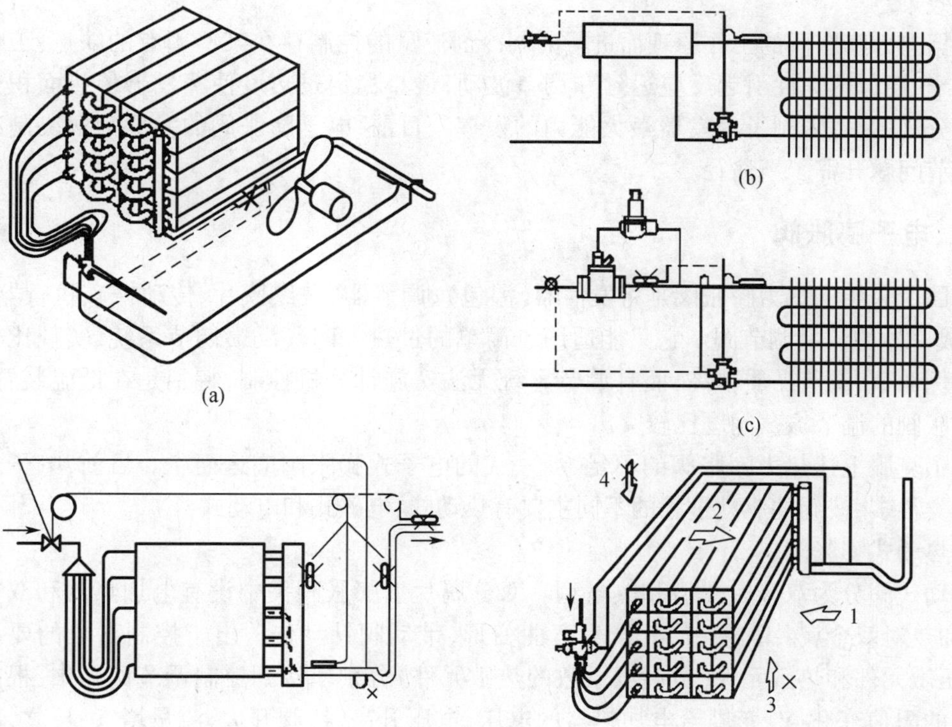

图 4－34　热力膨胀阀温包安装正误示例

(a)避免送风对温包感温产生影响;(b)有气液热交换器时温包的安装;

(c)回气管上有大热容件或阻力件时,温包和外平衡管的安装;(d)吸气管直立上升时温包和外平衡管的安装;

(e)保证蒸发器各路负荷均匀的空气流动方向

温包不能安装在气-液热交换器之后的回气管上，否则它感受的不是蒸发器出口过热度，而是回热后的过热度，使阀体误开过大容易造成压缩机带液（见图4-34(b)）。

温包不应安装在靠近管接头、阀门或其他大的金属部件处，以免影响温包与吸气管之间的传热而造成阀体对过热度反应的迟延。此外蒸发器出口有阻力件时，不能从阻力件后面引压（见图4-34(c)）。

安装温包的管段上若有积油、积液，阀会出现不稳定工作状态。所以，若回气管必须上升时，应设集油（液）弯，把温包装在集油弯的上游。外平衡式热力膨胀阀的外平衡引压管应在温包下游，并且从回气管的顶部引出，以免积液或积油对引出压力的影响。

另外，有分液器的蒸发器，由于冷负荷分配可能存在不均匀性，对冷却空气的蒸发器可能因风量分布的不均匀造成每路盘管的负荷不均匀，低负荷分路中未蒸发的制冷剂将以液态流出，若把温包安装在蒸发器的立管上，温包不能感受到液态制冷剂的温度，会使阀的开度过大，造成液击，见图4-34(d)中的虚线，正确的做法应如图中的实线所示，将温包装在回气管的水平段上。

图4-34(e)的4种空气流动的方式中，方式3,4对蒸发盘管的负荷均匀分配不利。因此，在空气流向布局上，要使空气与制冷剂顺流或逆流，避免叉流，以免负荷分配不均，影响蒸发器效果。

依据热力膨胀阀的工作原理而进行的制冷剂流量的控制存在某些固有的缺点：工作温度范围窄，温包热惯性引起反应迟延和调节波动，最小稳定过热度使蒸发器传热面积不能得到充分利用，也限制了蒸发器最大能力的发挥。目前，电子膨胀阀的发展为解决制冷剂流量调节问题开辟了新途径。

三、电子膨胀阀

前面所介绍的热力膨胀阀是将发信器（温包）、调节器（波纹膜片、传动杆）、执行器（阀体）做成一体的流量调节阀。它只能适用于简单的过热度闭环反馈调节系统，实现比较粗略的比例调节，调节品质不高，而且调节系统无法实施计算机控制，特别是在低温装置中，热力膨胀阀的调节振荡问题比较突出。

为了克服上述热力膨胀阀的不足，新一代的电子式膨胀阀应运而生。目前，电子式膨胀阀种类很多，按阀的驱动过程的不同主要有热动式、电磁式和电动式。

1. 热动式膨胀阀

热动式阀分为双金属片型和热电型。双分属片型膨胀阀头中设有电加热器和双金属片，电加热对双金属片加热，使其产生弯曲变形，带动阀针动作。出于控制对象的要求不同，将压敏元件和热敏元件（负温度系数的热敏元件）分别串接到控制调节回路中，根据传感元件的阻值变化，改变供给电加热器的电压，电压升高时，阀开大，流量增大；反之，阀关小，流量减小（目前已很少使用）。

热电型膨胀阀的动力件是个特制的膜头，其中充入一定的感温介质，加热元件对感温介质加热，输出相应的压力变化，通过膜片作用于阀杆，实现流量调节。图4-35示出Danfoss公司的TQ/PHLQ型热电型膨胀阀的结构。执行器做成通用型，可以与不同的阀体组合，小型直接驱动型（见图4-35(a)）；大型的做成导阀与主阀组合式（见图4-35(b)），间接驱动。图4-36是用它作为调节阀所构成的电子式流量调节系统的应用示意。用两只100 Ω的铂电阻温度传感器分别检测蒸发器进出温度 S_1 和 S_2，并将信号输入到电子调节器

EKS65。在 EKS65 中将温度差(S_2-S_1)与要求的温差在调节器中进行比较。如果此温差相对于设定的期望值有偏差,则调节器向执行元件 TQ 或 PHTQ 执行器输入调节电脉冲,执行器改变阀门的开度,相应地调整制冷剂流量,以重新建立起所要求的温差(S_2-S_1)。

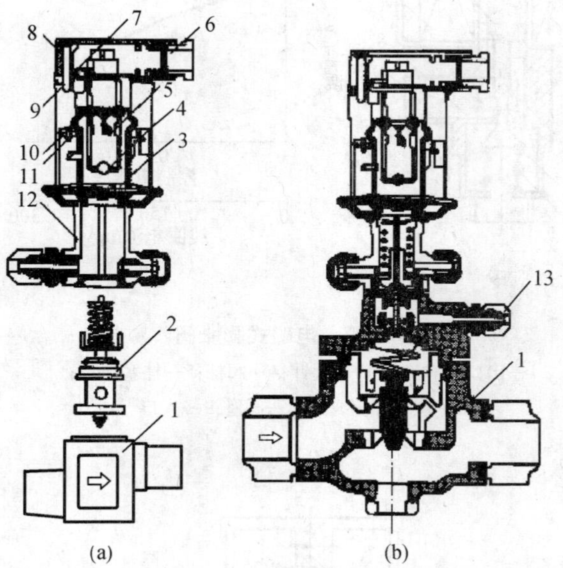

图 4-35　热电膨胀阀结构

1—阀体;2—节流组件;3—膜片;
4—PTC 加热元件;5—NTC 感温元件;
6—控制线入口;7—电线套管;8—上盖;
9—螺钉;10—O 形圈;11—止动螺钉;
12—阀头;13—接出液口接头

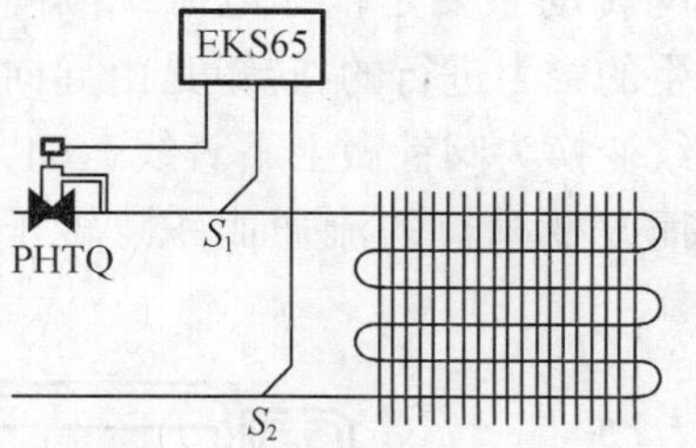

图 4-36　PHTQ 型膨胀阀的应用示意

这种流量调节系统不同于热力膨胀阀系统,热力膨胀阀以蒸发器出口过热度为控制信号,而电子膨胀阀则以蒸发器出口与入口温度之差为控制信号。考虑到蒸发器中存在压力降,热力膨胀可以采用外平衡式的阀。Danfoss 公司生产的 TO/PHTQ + EKS65 型电子膨胀阀系统温差设定范围为 2 ~ 18 ℃,调节规律为 PI(比例积分调节),比例常数和积分常数在现场根据控制对象等特性进行整定。输入电压是24 V(±10%)AC,50/60 Hz。消耗电功率为 5 V·A。

2. 电磁式膨胀阀

电磁式膨胀阀见图 4-37(a)。它由柱塞、线圈、阀座、阀杆等组成,电磁线圈通电前针阀处于全开位置,通电后由于电磁力的作用,由电磁材料制成的柱塞被吸引上升,与柱塞连成一体的针阀开度变小,针阀的位置取决于施加在线圈上的控制电压。因此,可以通过改变控制电压调节流量。阀的流量特性见图 4-37(b)。

电磁式膨胀阀结构简单,动作响应快,但工作时必须一直为它提供控制电源。另外,还有种电磁式膨胀阀,在电磁线圈上施加 1 个固定周期的电压脉冲,1 个周期内阀开、关循环 1 次。阀的流量由脉冲带宽度来决定,负荷大时,脉冲带宽增加,阀体在 1 个周期里的打开时间长;反之,脉冲带宽减小,阀体在 1 个周期内的打开时间短。这种阀在工作中是交替打开与关闭的。

在蒸发器液管和气管中可能会产生压力波动，对一般制冷系统影响不大。在断电时，阀体能完全关闭，还起到电磁截止阀的作用。

3. 电动式膨胀阀

电动式电子膨胀阀是采用电动机直接驱动阀杆轴，以改变阀的开度来调节制冷剂流量。电动式电子膨胀阀分为直动型和减速型，见图 4－38。

直动型电子膨胀阀电动机转子的转动主要是依靠电磁线圈间产生的磁力进行的，转矩是由导向螺纹变换为阀针做上下直线运动，从而改变阀口的流通面积。转子

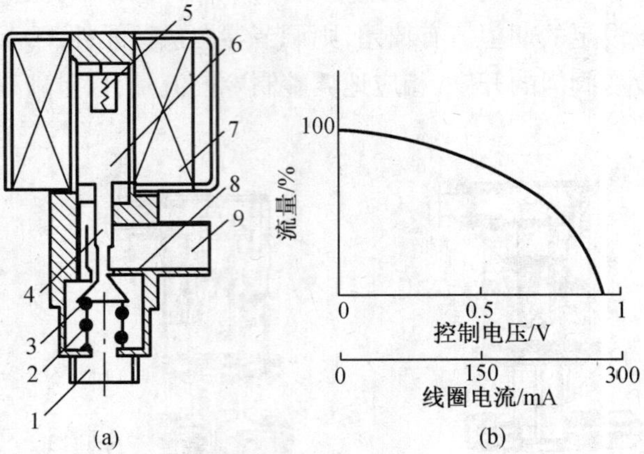

图 4－37　电磁式膨胀阀

1—出口;2—弹簧 13—阀针;4—阀杆;5—柱塞弹簧;6—柱塞;7—线圈;8—阀座;9—入口

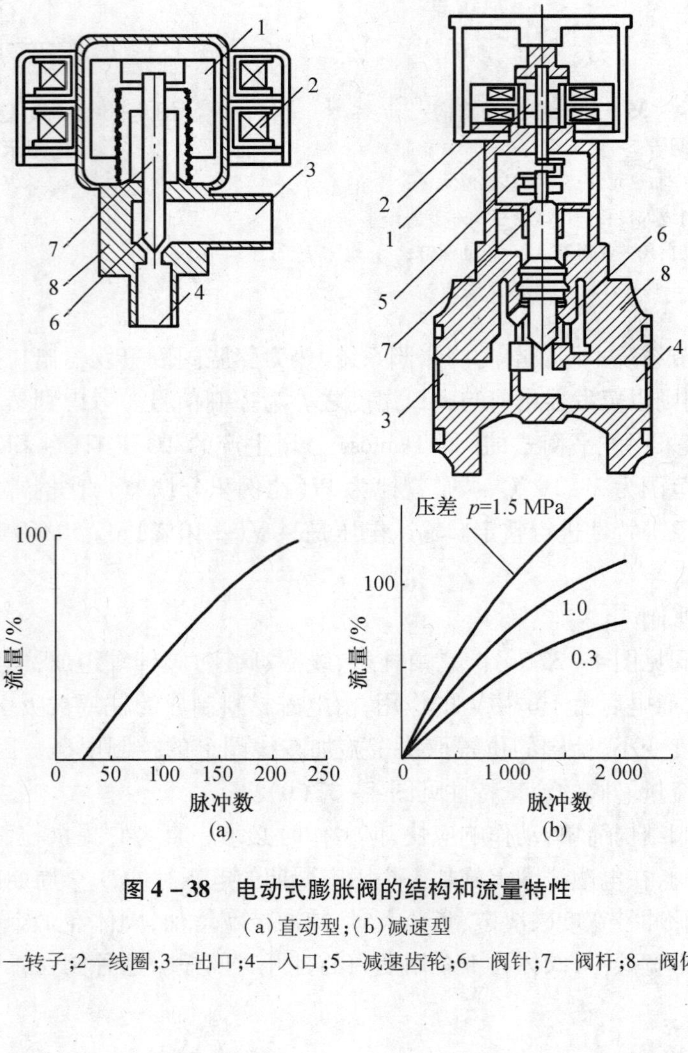

图 4－38　电动式膨胀阀的结构和流量特性

(a)直动型;(b)减速型

1—转子;2—线圈;3—出口;4—入口;5—减速齿轮;6—阀针;7—阀杆;8—阀体

的旋转角度及阀针的位移量与输入的脉冲数成正比。其流量特性见图 4－38(a)。目前,电子膨胀阀多数是由四脉冲步进电机驱动的。

减速型电子膨胀阀电动机通电后,高速旋转的转子通过齿轮组减速,带动阀针做直线运动。由于齿轮的减速作用增加了输出转矩,使得较小的电磁力即可获得足够大的输出力矩,所以减速型膨胀阀的容量范围大。其流量特性见图 4－38(b)。减速型膨胀阀的另一特点是电动机组合部分与阀体部分是组合起来的,只要更换不同口径的阀体,就可以改变膨胀阀的容量。

电子膨胀阀的控制原型与四相脉冲电动机的接线图,见图 4－39。步进电机的转子采用永久磁铁,由转子感应的磁极与定子绕组感应的磁极之间产生磁力的吸引与排斥作用,使转子旋转。步进电机由微电脑芯片(或电子调节器)按一定的逻辑关系发出脉冲指令,在电动机定子绕组上施加脉冲电压,驱动转子动作,指令信号序列反向时,电动机反向转动。所以,脉冲信号的序列方向可以控制步进电机的正反转,使阀杆上下移动,改变阀针的开度,实现流量的调节。

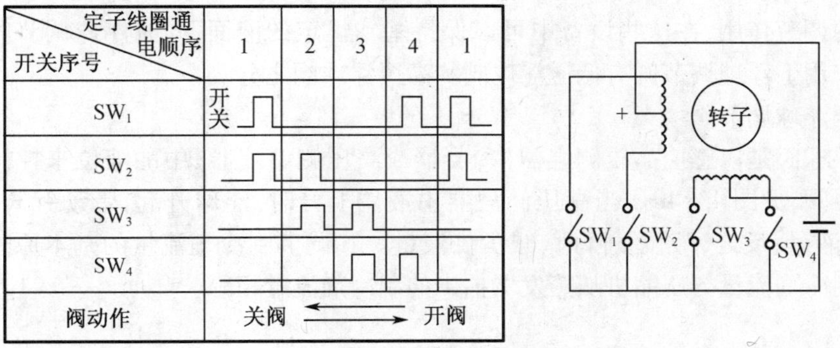

图 4－39　电动式膨胀阀步进电动机驱动原理图

电子膨胀阀的流量调节系统一般组成均如图 4－36 所示。只是阀体执行器的结构和动作原理不同,相关的电子控制器内部结构及其输出的阀体驱动信号各不相同而已。由于制冷系统节流元件采用了电子式控制,使先进的控制手段运用于制冷剂流量调节成为可能,从而使制冷系统工作的稳定性、安全性、可靠性等均得到了提升。

电子膨胀阀与热力膨胀阀相比,其在很多方面得到了改进:

①不受冷凝压力变化以及阀前过冷度的影响。

②检测蒸发器出口真实过热度,信号传递快,执行动作迅速、准确,故能及时、精确地调节流量。即使负荷变化剧烈,也能避免振荡。

③将蒸发器出口过热度控制到最小,从而最大限度地提高蒸发器传热面积的利用率。

④在整个运行温度范围内,可以有相同的过热度设定值。

⑤可以根据装置的实际情况决定调节规律,不仅限于采用比例调节,还可以采用比例积分或其他调节规律,并且能够进行调节参数整定。

电子膨胀阀除上述流量控制特性外,再增加一些外部辅件,还可以扩展出一些其他功能,如最高工作压力(MOP)控制、制冷温度控制、显示和报警等,主要通过相关温度的检测、通道控制软件来实现。有些电动式膨胀阀还允许制冷剂流动方向可逆,这在热泵装置、热气融霜方式中使用,不仅产生了新的融霜控制方式,而且使制冷系统组成大大简化。

采用计算机(或电子控制器)并按制冷的工艺要求来设置调节规律,不仅可以采用反馈调节，而且还可以采用前反馈加反馈复合调节。考虑到反馈调行无法克服传递迟延对调节品质的影响，采用前反馈方式，从外界干扰通道获取信号进行补偿调节（即用热敏电阻直接检测蒸发器进风温度变化来调节流量，使控制系统获取的调节信号超前），这种前反馈与PID反馈调节结合使用，使蒸发器过热度的调节响应时间大大缩短。对于有压缩机能量调节的系统，如果将上述前反馈加反馈的复合调节再与压缩机变频调速共同使用，所获得的过热度调节品质将进一步改善。

电子膨胀阀技术代表了制冷控制技术的发展方向，近年来引起国内外越来越多的重视。国内已研制出电动式膨胀阀，在这方面已取得了初步的成效，但还有待于进一步的研究与开发应用。

四、浮球调节阀

浮球调节阀是用于具有自由液面的蒸发器，如卧式壳管式蒸发器、直立管式或螺旋管式蒸发器的供液量的自动调节。它是根据液位变化进行流量控制的比例型调节阀，通过浮球调节阀的调节作用，在这些设备中可以保持基本恒定的液面，同时浮球调节阀还能起节流降压的作用。浮球调节阀有低压浮球阀和高压浮球阀之分。

1. 高压浮球调节阀

高压浮球阀是以感应高压侧容器（冷凝器或高压侧储液器）中的液位来控制向蒸发器供液的调节阀，见图 4－40。当高压储液器中液体上升时，浮球升起，带动针阀，将阀孔开大，增大供液量；反之，液位下降时，减少供液量。其调节制冷剂流量的基本原理是使送入蒸发器的制冷剂流量与压缩机从蒸发器抽出的制冷剂流量相等。

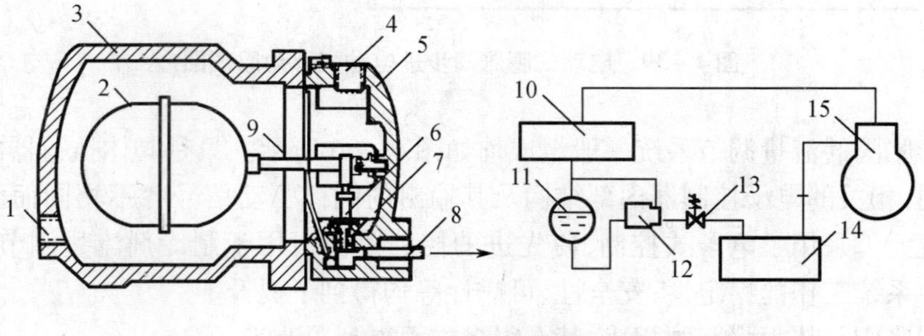

图 4－40　直动式高压浮球调节阀

1—液相平衡接管；2—浮球；3—壳体；4—气相平衡接口；5—端盖；
6—阀针；7—阀座；8—节流液体出口；9—杠杆；10—冷凝器；
11—储液器；12—浮球调节阀；13—电磁截止阀；14—蒸发器；15—压缩机

使用高压浮球调节阀的制冷系统特点是：系统中制冷剂充注量少，阀可以处于常温状态，无须隔热处理，检修方便。系统中的制冷剂绝大部分容纳在蒸发器中，设计中需要根据蒸发器的制冷量、冷凝器液量与压缩机能力的平衡，正确确定系统的制冷剂充注量，充量过多会引起液击，过少会降低系统的制冷能力。

2. 低压浮球调节阀

低压浮球调节阀可分为直通式和非直通式两种，见图 4－41。浮球调节阀用液体连接管 3 及气体连接管 5 分别与被控制的蒸发器 10 的液体和蒸气面部分相连接，因而浮球调节阀体内的液面与蒸发器内的液面一致。当蒸发器内的液面降低时，浮球阀壳体内的液面也随之降低，浮球4落下，阀针1便将节流孔开大，供入的制冷剂量增多；反之，当液面上升时，浮球4浮起，阀针1将节流孔关小，使供液量减少。而当液面升高到一定的高度时，节流孔被关死，即停止供液。在直通式浮球调节阀中，液体经节流后，先进入浮球阀的壳体内，再经液体连接管3进入蒸发器10中；在非直通式浮球调节阀中，节流后的液体不直接进入浮球阀的壳体，而是由出液管7引出，并用一根单独的管子送入蒸发器中。

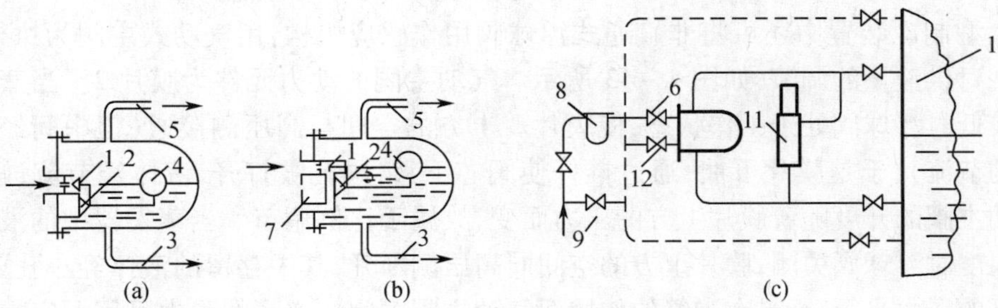

图4-41 伺服式低压浮球阀应用实例

(a)直通式；(b)非直通式；(c)非直通式管路系统

1—阀针；2—支点；3—液体连接管；4—浮球；5—气体连接管；6—进液阀；7—出液管；8—过滤器；9—手动节流阀；10—蒸发器；11—远距离液面指示器；12—出液阀

直通式浮球调节阀结构比较简单，但浮球室液面易受进液流体的冲击而发生波动，使调节阀的工作不太稳定，而且液体从阀壳体流入蒸发器是依靠静液柱的高度差，液体只能供到容器的液面以下。非直通式浮球调节阀工作比较稳定，而且可以供液到蒸发器的任何部位（见图4-41(c)），制冷剂液体可由最下面的实线表示的管子供入蒸发器，也可以由上面虚线表示的管路供入蒸发器。但是，非直通式浮球调节阀的构造及安装都比直通式要复杂一些。

目前，非直通式浮球调节阀得到了广泛的应用。为了保证浮球调节阀的灵敏性和可靠性，在浮球阀前设有过滤器，以防污物堵塞阀口。在浮球调节阀的管路系统中，一般都装有手动节流阀的旁路系统，一旦浮球调节阀发生故障或清洗过滤器时，可使用手动节流阀来调节供液。浮球调节阀前还装有截止阀，停机后应立即关闭。压缩机停止后，蒸发器中的制冷剂停止蒸发，液体中的气泡消失，液位下降，浮球阀开大，大量制冷剂液体就会进入蒸发器，当液位升高至上限时，浮球阀才能自动关闭。而在下次启动压缩机时，制冷剂蒸发，因液体中充满气泡而进一步扩张，容易导致压缩机发生液击。

从调节特性来说，浮球节流阀属于比例调节。根据负荷的大小调节供液量，即液面的变化与阀门开启度的变化是成比例的。它存在静态偏差，但这种静态的液面偏差一般都比较小。

浮球节流阀一般按制冷量大小选取，在缺少资料时，可根据式(4-9)计算：

$$Q_0 = 2.39\mu F q_0 \sqrt{\Delta p \rho} \tag{4-9}$$

式中 Q_0——球节流阀的制冷能力，W；

μ——量系数，$\mu=0.35$(R717)；

F——浮球节流阀通道计算面积，m^2；

q_0——单位制冷量，J/kg；

Δp——浮球节流阀前后的计算压力差，Pa；

ρ——浮球阀前液态制冷剂密度，kg/m^3。

选用的浮球节流阀的通道面积，应比计算得出的数值加大30% ~50%，以考虑变工况及超负荷情况下运行。

浮球阀开启是靠浮力来驱动的，口径过大时，要求浮球的尺寸过大。为此可以采用伺服式，用小口径直通浮球阀作控制导阀，与主阀配合使用，见图4－42。蒸发器中液位上升时，浮球阀关闭，主阀活塞上部的内压旁通至吸气侧，主阀关小；反之，浮球阀将控制压力引入主阀活塞上部，使主阀开大。主阀的工作过程在前面章节已做过介绍。

在大型制冷装置中还可将非直通式浮球阀用作感应机构，用气动式主阀为执行机构，共同实现对供液量的调节，如图4－43所示。气动主阀的动力元件为膜片2。当蒸发器内的液位较低时浮球阀处于工作状态，使膜片2上方的空间与高压侧接通（但中间经过浮球阀阀孔的节流），于是膜片下曲，通过推杆使阀芯下移，阀孔被打开，液体经节流进入蒸发器。气动主阀的开度随着膜片上方的压力而变，故属于比例调节。当蒸发器中的液位升高到一定限度时浮球阀关闭，膜片上方的空间同高压侧断开，其中存留的液体经小孔3流下，膜片上下的压力平衡，于是在弹簧的作用下气动主阀关闭。弹簧的弹力可用调定螺丝来调定。在运转中，当蒸发器的热负荷大时由于制冷剂液体的沸腾而在蒸发器中形成气液混合物，其平均密度显著减小，因而使蒸发器中的液面高于浮球阀壳体中的液面。而且浮球阀的液体连接管的垂直长度越长，则这一液位差越大。因此，当将低压浮球阀安装到蒸发器上时浮球阀应适当放低一些，而且液体连接管的竖直尺寸应尽可能小一些。

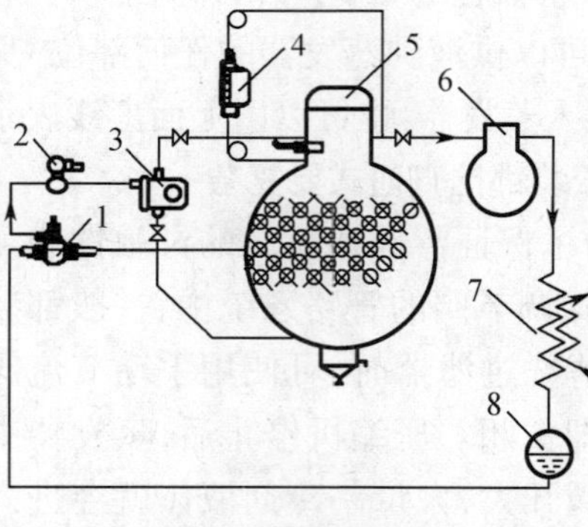

图4－42　低压浮球调节阀

1—主阀；2—电磁阀；3—低压浮球阀；
4—液位报警器；5—蒸发器；
6—压缩机；7—冷凝器；8—储液器

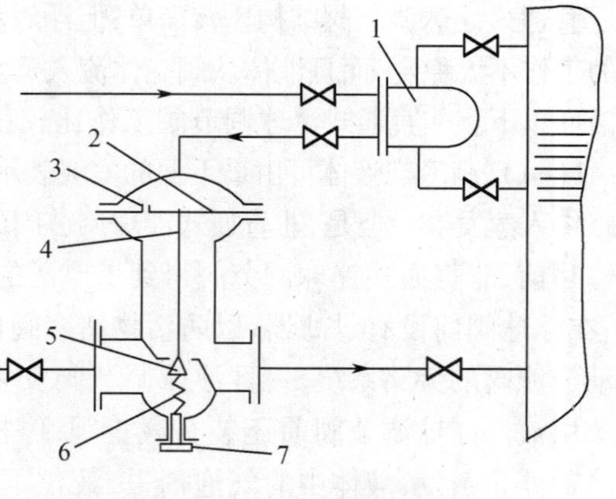

图4－43　浮球阀与气动主阀联合使用

1—低压浮球阀；2—膜片；3—小孔；4—推杆；
5—阀芯；6—弹簧；7—调节螺钉

3. 遥控液位控制

遥控液位控制器是一种浮球式液位控制器，可以远距离控制容器中液位的高低，以保证制冷装置正常工作。遥控液位计的感应元件必须与执行元件配合使用，其结构如图4－44(a)所示，在管路中的安装如图4－44(b)所示。

遥控液位控制器的工作原理是：浮球10随浮球室液位高低变化上下升降时，带动铁芯在作用线圈8中上下升降。铁芯升至最高位置时，通过作用线圈的电流最小；在铁芯降至最低位置时，通过作用线圈的电流最大。这个最大或最小的弱电流信号经过晶体管放大器3放大后，使中间继电器2的触头变换位置。只有当被控制的液位达到下限或上限时，才能使中间继电器的触头变换位置。

液位达到下限时，中间继电器的触头在 a 点闭合（断开 b 点），使接在 6，7 号接线柱上的电磁阀通电开启（接在 7，8 号接线柱上的电磁阀断电关闭），从而控制浮球室的液位。

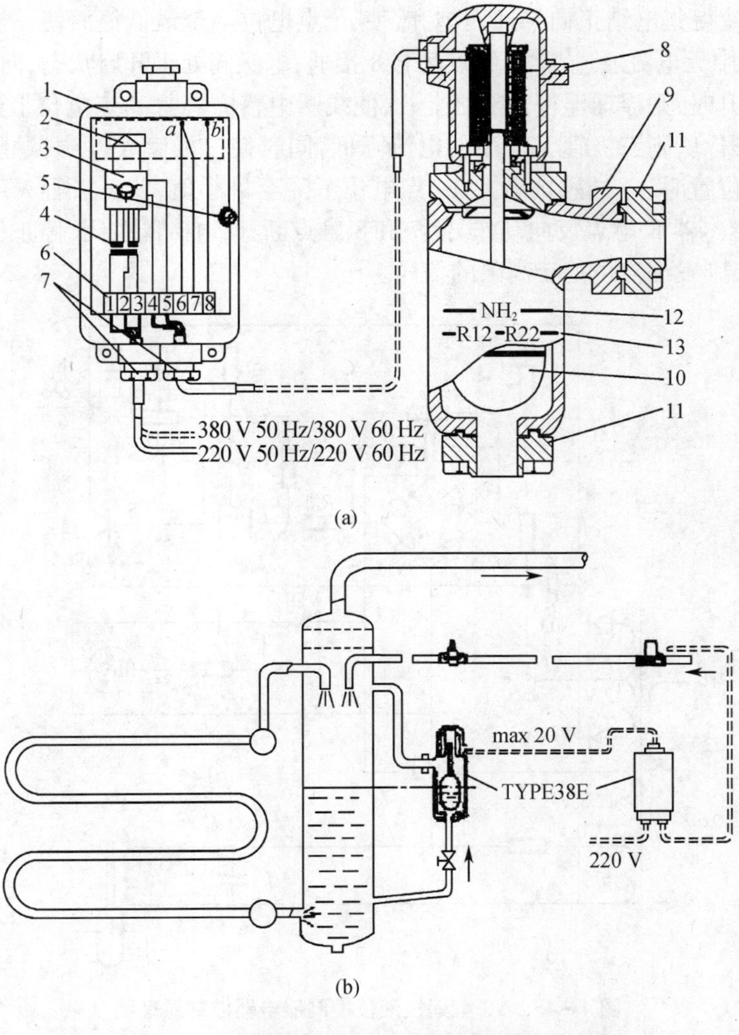

图 4－44　遥控液位控制结构工作原理及安装

1—壳体；2—中间继电器；3—晶体管放大器；4—触点变压器；5—接地接线柱；6—接线柱；7—接线引入；8—作用线圈；9—浮球室；10—浮球；11—接管法兰

液位控制器的浮球室应垂直地安装在受控液体容器上，作用线圈在上部，同时，控制器上下接管法兰 11 的孔口均应用钢管与液体容器接通，参看图 4－44（a）。其安装高度应与容器中受控液位相适应。另外，在控制器电气箱中设有两个旋钮，可分别调定其所控最高或最低液位的位置以及高、低液位的距离。

该液位控制器，一般浮球的升程变化幅度为 40 mm。一般低压循环桶中设有上下两个遥控液位器，下部液位器用来控制标准液位，上部液位器作警式液位报警。

这类液位控制器国外型号为 38E 型，可用于 R717，R12，R22 制冷系统的液位控制或其他液位控制。在国内类似 38E 型的液位控制器有 YJ 型，其基本作用原理同 38E 型。

YJ 型液位控制器电器盒内为一晶体管放大器，其电器控制原理如图 4－45 所示。3 与 4 点接液面控制器的电感线圈 L_1，7 与 8 点接电磁阀线圈。

当浮球的浮杆处于最低位置时，线圈 L_1 中感抗最小，4 点的电位接近 3 点电位，由于有电阻 R_8，此时桥式整流的偏置电源较低，使得三极管（PNP 型）VT_1 中的 b_1 点电位高于发射极 e_1 电位，而使得集电结正向导通而饱和，使 c_1 点电位降至最低值而使三极管 VT_2 截止，继电器 K 线圈中无电流通过，常闭触点 7 与 8 接通，电磁阀处于开启状态，向蒸发器供液。

当液面上升时，则浮球浮杆也随之上升，使线圈中感抗增加，4 点电位上升，桥式整流的偏置电源相对升高，则三极管 VT_1 中的电流降低，同时使三极管 VT_2 由截止变为导通。当浮杆达到上限位置时，L_1 的感抗最大，b_1 点电位下降至最小值，使三极管 VT_1 截止，而三极管 VT_2 饱和，继电器 K 触点反向动作，使 7 和 8 触点断开，电磁阀关闭，停止供液。若 6 与 7 点接指示灯时，则发出液位处于高限的信号。

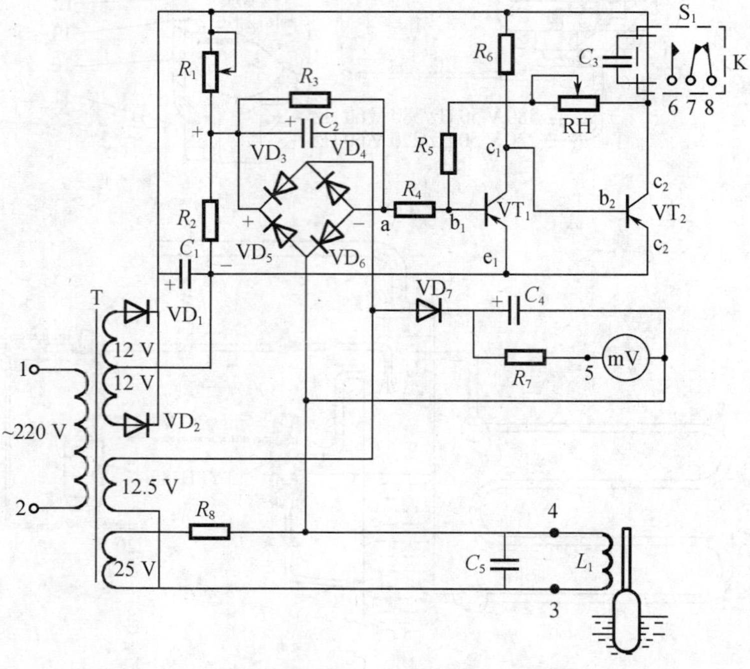

图 4－45　YJ 型遥控液位控制器电器控制原理图

第四节　认识蒸发压力控制

在制冷系统中蒸发器直接与被冷却对象接触，是被冷却对象的冷源。为了使被冷却对象温度维持在工艺要求指定值，就需要有恒定的蒸发温度（冷源温度）。蒸发器产生冷量的缘由是液态制冷剂在蒸发器内吸收被冷却对象的热量而汽化，是制冷剂相变过程，其相变温度（蒸发温度）与相变压力（蒸发压力）是一一对应的。蒸发温度的恒定也就是蒸发压力的恒定，蒸发温度的调节是通过蒸发压力的调节来实现的。对于只有一种蒸发温度的制冷系统，如果蒸发压力波动过大，不仅影响被冷却对象的温度控制精度，而且使装置运行稳定性变差。此外，冷库用的蒸发器，在蒸发压力过低时，其表面温度过低，蒸发器除湿（结霜）作用增强，还会加剧冷藏食品的干耗，增加商业经济损失。冷水机组中的蒸发器，在蒸发温度过低时，会造成冷媒水结冰。可见蒸发压力调节是必要的。对蒸发压力的控制主要有两个目的：一是保持蒸发温度的恒定，从而使被冷却对象温度满足工艺要求；二是对一机多个蒸发温度要求的制冷系统，由于压缩机只可能以最低蒸发压力吸气，必须通过蒸发压力调节，以保证各个蒸发器在各蒸发温度下工作。

一、蒸发器入口压力控制

蒸发器入口压力控制措施一般针对 1 台压缩机配 1 个蒸发器的制冷系统来考虑，在蒸发器入口安装一反恒压阀，其机构原理见图 3－47，特点是以保持蒸发压力恒定为条件，自动地调节向蒸发器的供液量；它能够对压缩机超负荷起到抑制作用，适用于负荷变化小、冷却速度较慢的较小型装置。反恒压阀亦称为定压膨胀阀，在结构上有波纹管式和膜片式，二者的工作原理基本相同。其膜片下方与阀出口相通，膜片下方感受的是阀出口压力（即蒸发器入口压力），用调节螺杆调节膜片上方弹簧的预紧力来整定蒸发压力（即膜片下方的压力）。当蒸发压力降低时，增大供液量；蒸发压力升高时，减少供液量。因此，负荷剧增时，蒸发器缺液；负荷剧减时，供液过量，会造成液击。该特点使这种抑制方式只能用在蒸发器负荷变化不大的装置上，并且要仔细进行容量选择。

由于定压膨胀阀的调节动作是保持阀出口蒸发压力恒定，当蒸发器侧阻力损失比较大时，应采用外平衡式定压膨胀阀，从外部将蒸发器出处的气体压力引入膜片的下方，用来平衡所整定的控制压力。由于不是用节流后的工质压力去平衡整定的弹簧预紧力，所以能消除蒸发器压力损失对供液量调节的影响。这种阀不能用在一机多个蒸发温度制冷系统中。采用定压膨胀阀的系统不允许蒸发器出口至压缩机管路上有其他控制元件，也不能用低压侧压力控制压缩机的启、停，只能用蒸发器出口温度或被冷却对象温度来控制。一般在蒸发器出口温度比设定蒸发温度低 5 ℃控制停机，停机期间，蒸发压力升高，阀处于自动关闭状态，不再向蒸发器供液。启动时，蒸发器压力下降，达到整定压力以下，才打开供液阀。

二、蒸发器出口压力控制

采用在蒸发器出口处安装蒸发压力调节阀的方法维持蒸发压力稳定，它的基本调节原理是：蒸发压力调节阀感应阀前制冷剂压力 p_0 动作。当 p_0 高于调节阀的整定值时，将阀口开大，使从蒸发器中流出的气体量增多，p_0 下降低于整定值时，阀口关小，使从蒸发器流出的气体量减少，p_0 回升。这种阀能实施调节时，阀前后要有一定的压差，通过安装于吸气管中的调节阀的节流，使通过调节阀的制冷剂气体量与蒸发器负荷相匹配。根据蒸发压力调节容量的大小，有直动式和导阀与主阀组合的控制方式。前者出于小型装置，后者用于大型装置。

这种直动式蒸发压力调节阀属于正恒压阀，其结构原理见图 3－46 的 ZZHA－3。在膜片上方受到整定弹簧预紧力作用，膜片下方受到阀进口处气体的压力作用。当膜片下方气体压力升高，超过弹簧的预紧力时，膜片上移，带动阀芯上移，阀口开启。随着压力逐渐升高，阀口也成比例地逐渐开大；反之，阀口关小。阀的开启度与阀的进口压力成正比，可以使阀进口处压力恒定在整定的值。

导阀与主阀组合的控制方式如图 4－46 所示，压力导阀 8 为 ZZHA－3，主阀 7 为 ZFS－00QB。用压力引入管将蒸发器出口的压力信号引入导阀膜片的下部，当 0 ℃级蒸发器的蒸发压力 p_0 超过压力导阀 8 弹簧预紧力整定值时，膜片下面的压力克服膜片上部的弹簧力，膜片向上移动，导阀开启，将制冷剂蒸气引入主阀 7 的控制压力接口，蒸气进入主阀 7 活塞上部的腔室，推动活塞下移，使主阀 7 处于设定的 p_0 值对应的开度上；反之，当 p_0 低于整定的值时，主阀口关小。p_0 低于导阀弹簧力的设定值时，导阀关闭，主阀活塞上腔的制冷剂经过活塞上的平衡孔泄到吸气侧，在主阀活塞下部弹簧的作用下，主阀关闭。图 4－46 为一机多蒸发温度制冷系统。高温蒸发器出口的制冷剂蒸气经过蒸发器压力调节阀二次节流到与低温蒸发器相同的压力，然后一起向压缩机回气。在低温蒸发器的出口往往安装一只止回阀 6，其作用是防止因蒸发器压力不同，制冷剂从高温蒸发器向低温蒸发器倒流。

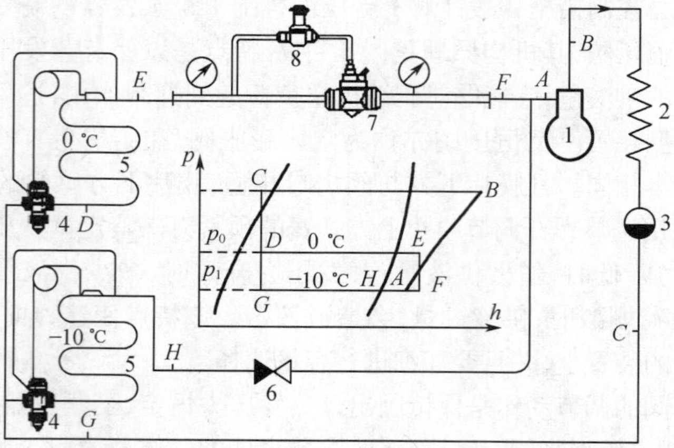

图 4－46　导阀与主阀组合调节蒸发压力示意图

1—压缩机；2—冷凝器；3—储液器；4—膨胀阀；

5—蒸发器；6—止回阀；7—主阀；8—压力导阀

从调节特性上分析，定压导阀与主阀组合的调节阀属于比例型调节阀，阀的开度与蒸发压力变化成比例。虽然调节过程中存在一定的静态偏差，但由于导阀和主阀的比例系数较大，主阀的灵敏度高，所以 p_0 波动较小，基本上可以维持蒸发器压力恒定。

为了结构紧凑，还可以将导阀调节器直接连在主阀上，它是控制式蒸发压力调节阀，见图 4－47。采用这种主阀调节蒸发压力，在安装时可以省去外部引压管，由阀体内的辅助通道 5 引导控制压力信号。

组合式控制压力调节阀在选配时，导阀作为调节器为通用型，主阀要根据生产厂家给出的主阀流通能力技术参数来选择满足装置制冷要求的型号。导阀与主阀组合的控制式阀门在制冷装置中有广泛的应用。导阀起接收和引导信号、控制主阀动作的作用，是控制阀；主阀则是放大执行机构，是调节阀。这种组合阀控制方式的优点在

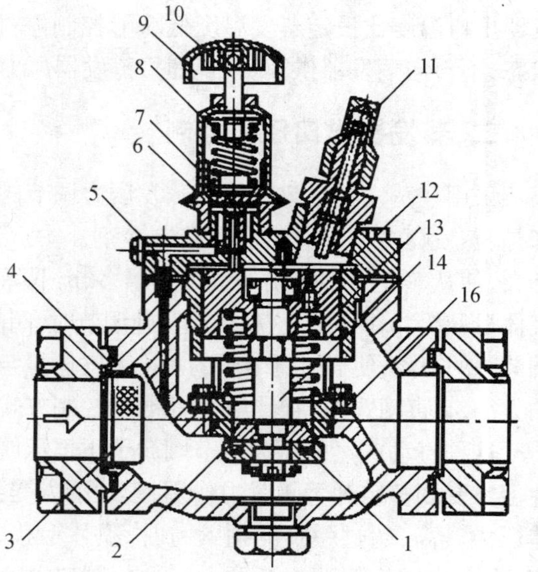

图 4－47　恒压主阀

1—主阀板；2—主阀芯；3—主过滤网；

4—进口法兰；5—辅助通道；6—薄膜片；

7—辅助阀芯；8—辅助弹簧；9—手轮；

10—调节杆；11—手动强开阀；12—平衡孔；

13—活塞；14—推杆；15—O 形密封圈

于：主阀根据装置容量要求制成系列尺寸规格，而导阀只需一种尺寸规格，具有通用性，能够与各种尺寸规格的主阀灵活组合，适应多种控制要求。导阀按照它的控制信号可分为压力导阀、温度导阀、压差导阀、电磁导阀等。

上述蒸发压力调节阀的动作动力来源于阀前后的压差，也就是说这种阀在工作时必须保持阀前后有一定的压差，否则，阀体不能正常地工作。因此，在制冷系统中使用该阀来调节蒸发压力，使压缩机的吸气压力有所降低，因而使系统运行性能下降。为了克服这一不足，人们又研究出采用系统高压侧压力作为动力源的控制式蒸发压力调节阀。它特别适用于对控制精度和最小开阀压降有要求的系统。由导阀控制高侧压力 p_c（作为开阀动力）的引入，能够以非常小的压降将阀打开，从而使系统运行更趋于合理。

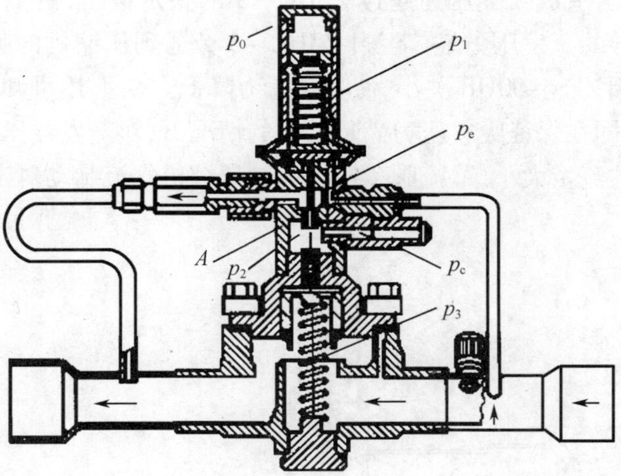

图 4－48　引入高压源的控制式蒸发压力调节阀工作原理

p_1—弹簧压力；p_2—蒸发压力；p_3—弹簧力；p_c—系统高压侧压力

如图 4－48 所示，控制导阀在以下 3 个压力作用下使控制孔 A 启闭：膜片上方调节弹簧力 p_1、大气压力 p_0、膜片下方蒸发压力 p_e。作用在主阀活塞上的 3 个力是：活塞上方的压力 p_2、活塞下方弹簧力 p_3、蒸发压力 p_e。动作过程如下：当 p_c 降到弹簧设定压力 p_1 以下时，导阀下移，拾控制孔 A 关小，高压侧压力 p_c 使主阀活塞上部压力 p_2 升高，主阀活塞下移，关小阀门，最终将导致阀关闭；当 p_c 上升，导阀上移，使控制孔 A 开大，高压侧压力 p_c 经孔 A 泄压，主阀活塞上部压力 p_2 下降，主阀活塞上移，开大阀门，最终使得蒸发压力 p_e 稳定在设定值 p_1 附近。

第五节　认识吸气压力控制

吸气压力控制的目的是为了避免制冷压缩机在高吸气压力下运行，压缩机的吸气压力若在额定值以上运行，会引起压缩机电机负荷过大，甚至烧毁电机。吸气压力控制是通过吸气节流而实现的，在蒸发器与压缩机的管路上安装吸气压力调节阀，该阀受阀后压力控制，当阀后压力升高时，阀关小，使蒸发器制冷剂蒸气在进入压缩机前节流，以较低的蒸发压力进入压缩机。当蒸发压力低于吸气压力整定的吸气压力值时，阀全开。

吸气压力控制阀见图 4－49，阀出口侧直接与压缩机吸气口相连接。吸气压力 p_s 作用于阀板下部，阀板在 p_s 和上部弹簧力的作用下动作。用整定螺钉调整弹簧预紧力给出最高吸气压力的整定值。随着 p_s 的降低，阀的开度增大。平衡波纹管用来平衡入口侧的压力，保证阀的开度只取决于出口压力，而不受入口压力变化的影响。

这是因为平衡波纹管的有效面积与阀座的有效面积基本相等，入口压力的变化同时作用于波纹管端面和阀座的面上，大小基本相等，但方向相反，使阀板基本保持原有开度。

该调节阀中还装有高效阻尼机构，能抑制制冷装置中通常出现的脉动，保证调节精度。

导阀与主阀组合控制蒸发压力同时控制吸气压力的方案，如图 4 – 50 所示，主阀的控制引管上装有节流阀 1、定压阀 ZZHA – 3、定压阀 ZZHC – 3 和节流阀 2；在正常工作情况下，左侧定压阀 ZZHA – 3 控制主阀动作，主阀的驱动力由来自节流阀 1 和定压阀 ZZHA – 3 引入主阀上腔的气体提供。阀 ZZHA – 3 随蒸发压力的升高而成比例地打开，将一部分导压气体引入主阀 ZFS – 00QB 上腔，使作用在主阀活塞上腔的压力上升，主阀开大，起到调节蒸发压力的作用。这一动作是在吸气压力低于定压阀 ZZHC – 3 整定的压力下进行的，当蒸发器的负荷过大，造成吸气压力超过 ZZHC – 3 的整定值时，右侧 ZZHC – 3 打开。由于左侧 ZZHA – 3 引导的蒸发压力气体经过 ZZHC – 3 旁通到压缩机的吸气侧，使主阀上腔的压力下降，于是主阀 ZFS – 00QB 关小，使吸气压力降低。由上述可知，此控制过程是以控制吸气压力为优先，即在保证吸气压力满足要求的情况下，对蒸发器压力进行控制。节流阀 1 用来改变控制气的流量大小，节流阀 2 用来抑制压缩机气流脉动对定压阀 ZZHC – 3 工作的影响。

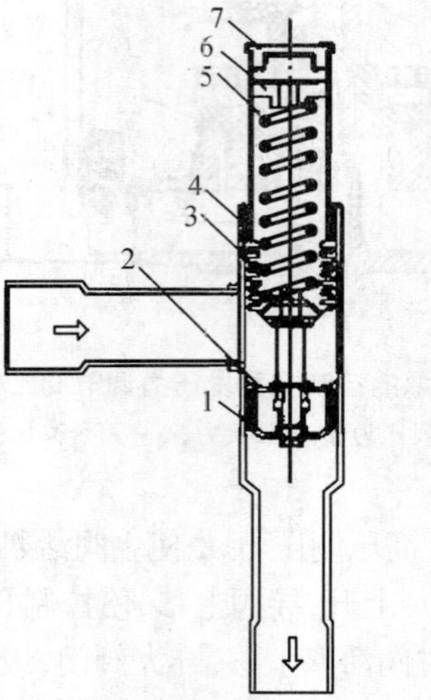

图 4 – 49　吸气压力调节阀结构图

1—阀座；2—阀盘；3—平衡波纹管；
4—阀体；5—主弹簧；
6—整定螺钉；7—上盖

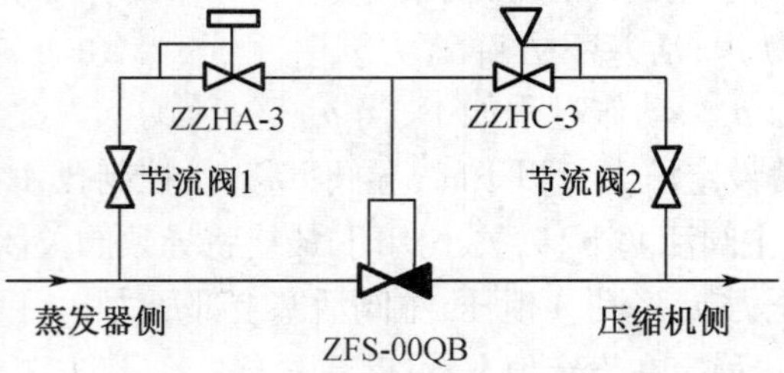

图 4 – 50　导阀与主阀组台控制蒸发压力与吸气压力

第六节　认识冷凝压力控制

制冷装置运行时，冷凝压力参数变化对系统性能有很大的影响。由于冷凝器内工质的主要状态为饱和状态，因此冷凝压力是代表性的控制参数。若冷凝压力偏高，压缩机排气温度会提高，压缩机压比增大，制冷量减少，功耗增大，同时还容易导致系统产生故障。冷凝压力偏高主要常见于夏季，因此，夏季制冷机运行应尽量降低冷凝压力，以确保机器运行的经济性与可靠性。但冬季系统作为制冷运行时，冷凝压力有可能过低。过低的冷凝压力又会给节流元件的工作带来麻烦。节流元件前后压力差过小，供液动力不足，使节流供液能力下降很多，结果造成蒸发器缺液，系统制冷量大幅度下降。对于采用热气融霜的装置，冷凝压力过低，则排气温度低，使热气融霜过程不能有效地进行。由此可见，制冷装置运行时,只允许冷凝压力在合理的范围内波动,过高或过低都是不利的,必须对冷凝压力进行调节。对于全年运行的制冷装置,冷凝压力的调节更是十分必要。

冷凝器种类不同,冷凝压力调节的方法也不同。但不管何种冷凝器,用何种调节方法,最终都是通过改变冷凝器的热交换能力而实现冷凝压力调节的。增强冷凝器热交换能力,冷凝压力下降;抑制冷凝器热交换能力,则冷凝压力升高。

一、水冷式冷凝器压力调节

在水冷式冷凝器中,一般采用调节通过冷凝器的冷却水流量来控制冷凝压力。在冷却水管路上安装水量调节阀,水量调节阀可以直接用冷凝压力作为控制调节信号,也可以间接用冷凝器出水温度作为控制调节信号。调节系统布置见图 4－51。

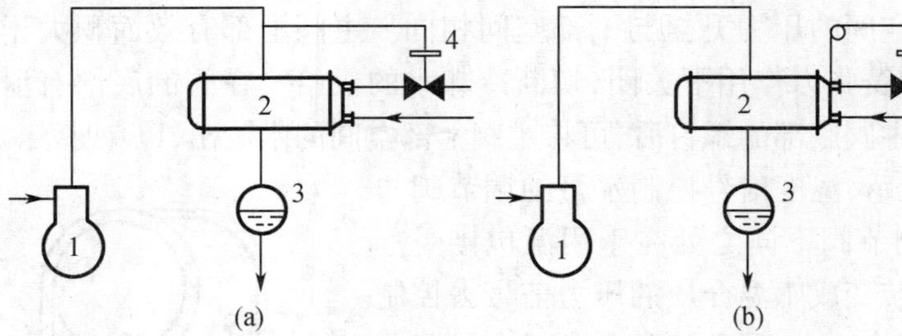

图 4－51　水冷式冷凝器的冷凝压力调节

1—压缩机;2—水冷式冷凝器;3—储液器;

4—压力控制的水量调节阀;5—湿度控制的水量调节阀

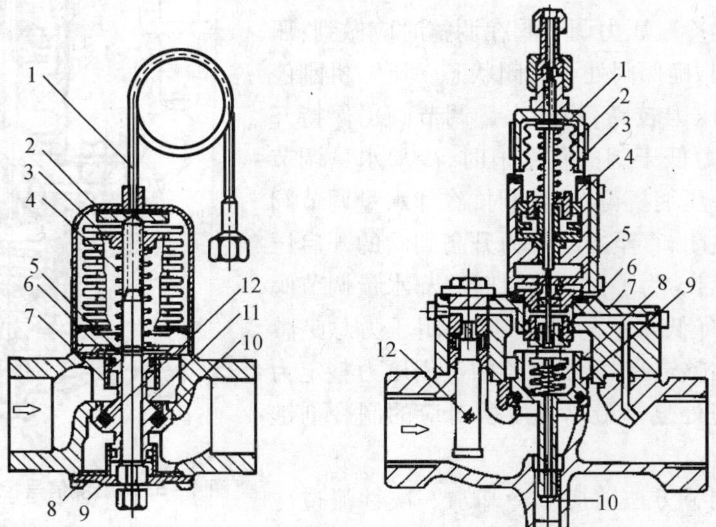

图 4－52　水量调节阀

(a)直接作用式:1—传压细管;2—波纹管承压管;3—弹簧座;4—弹簧;5—下部弹簧座;6—防漏小活塞;

7—导向套;8—螺钉;9—底板;10—阀盘密封橡胶圈;11—阀芯;12—调节螺杆

(b)间接作用式:1—调节弹簧;2—波纹管;3—推杆;4—上部侧盖;5—导阀;6—导阀组件;

7—阀盖;8—伺服弹簧;9—主阀;10—螺钉;11—泄放口;12—导阀进口滤网

压力控制的水流量调节阀结构见图4－52，当冷凝压力升高时，直接作用式水量调节阀中的波纹管被压缩，推动调节杆向下，螺杆通过卡在其环槽中的簧片推动阀芯，将水量调节阀开大；当冷凝压力降低时，调节螺杆被弹簧张力向上拉动，将阀关小。可以转动阀体下端的调节螺杆的六角螺母，使弹簧座升降，从而改变预紧弹簧的张力，达到调整冷凝压力的目的。对于大型制冷装置，冷凝器的冷却水量较大，采用由导阀间接作用式冷却水量调节阀，可以减少冷却水压力波动对调节过程的影响。冷凝压力通过传压毛细管引至波纹管上侧，调节阀工作时，冷凝压力通过波纹管、推杆传递到导压阀上。当冷凝压力达到调定的开启压力时，推杆向下压开导阀，将主阀上部空间的水泄至主阀出口，使主阀上侧压力降低。

主阀在阀前后压差作用下自动打开，阀的开度随冷凝压力的升高而成比例地开启。冷凝压力升高值越大，导阀的开度也越大，同时主阀的开度也越大，以增加冷却水的流量，使冷凝压力回降至整定值。当冷凝压力降到低于阀的开启压力时，导阀就在弹簧张力作用下关闭，使主阀上部空间的压力升至与下部空间相同。主阀上部有效面积大于下部，故主阀在上下压力差和弹簧张力作用下关闭，切断冷却水的供给。在阀的底部有泄放塞，阀停用时，旋开泄放塞和主阀底部的螺钉后，可将主阀上部空间的水放出，以免冻裂。

如图4－53所示，温度信号控制水量的调节阀与压力控制的水量调节阀不同之处在于用温包接受冷却水温度信号，再转变成感温介质的压力信号去控制阀的启闭动作。其余动作原理与压力控制水量调节阀基本相同。它没有压力信号控制的水量调节阀动作响应快，但工作平稳，安装传感器时，不需要打开制冷系统。

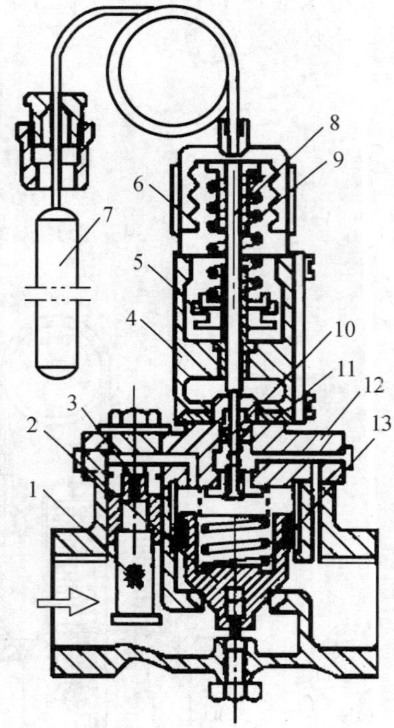

图4－53　温度信号控制的水量调节

1—滤网；2—主阀；3—导阀孔；
4—导阀外壳；5—调节螺母；
6—波纹管；7—温包；8—推杆；9—弹簧；
10—导阀芯推杆；11—密封垫片；
12—阀盖；13—主阀弹簧

各种形式的冷凝压力调节阀在调整时应做到：压缩机在停机期间，确保阀处于关闭状态。压缩机刚停机时，由于冷凝压力较高，冷却水量调节阀仍保持开启，直至冷凝压力低于阀的整定值时，冷却水量调节阀才自动关闭。压缩机再次启动时，冷却水量调节阀开始仍然保持关闭，直至冷凝压力升高到阀的开启压力时，才自动开启。为了保证停机时冷却水量调节阀总是关闭的，以降低水量的消耗，阀关闭压力总是整定得高一些。在整定时，可以将阀的关闭压力整定为冷凝器安装环境处夏季最高温度所对应的制冷剂饱和压力值。

上述两种调节方法适应于冷却水一次性流过冷凝器的情况，也可以用温度信号和压力信号来控制装在冷凝器进出水管上的三通阀，通过调节旁通到冷凝器出水管上的水量来改变通过冷凝器的水流量。

对于采用冷却水塔循环水的水冷冷凝器的压力调节还可以采用改变冷却水入水温度的办法。该方法目的在于调节冷却水塔的冷却能力，通过改变冷却塔的通风量，使经冷却塔的出水温度发生改变。改变风量的办法有：在冷却塔的进风口设阻风阀，变频调节风机转速或减少风机的运行台数(冷却塔配有多台风机的场合)。

如图4-54所示,用接在冷凝器出水管上的三通水阀将部分进入冷却塔的水旁路到水泵的入口,实际上改变了冷却塔的冷却能力。三通水流量调节阀的结构图见图4-55。对于多台泵供水系统,可以采用控制运转水泵台数来调节冷凝器压力,还可以采用变频调速的办法来改变水泵的流量,以达到控制冷凝压力的目的。

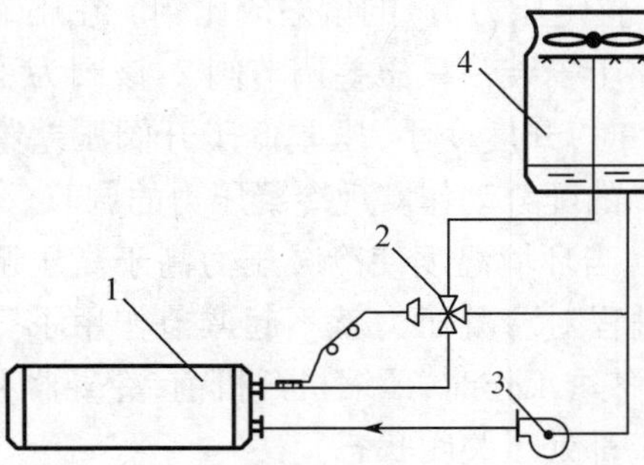

图4-54 冷却塔的水旁路到水泵的入口

1—水冷冷凝器;2—三通调节阀;
3—冷却水泵;4—冷却塔

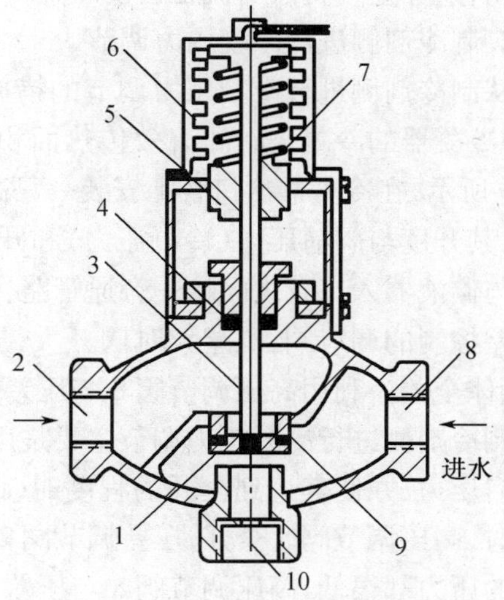

图4-55 三通水流量调节阀

1—阀盘;2—接冷凝器;3—阀杆;
4—密封圈;5—调节螺栓;6—波纹管;
7—弹簧;8—进水口;
9—阀座;10—通盘口

二、风冷式冷凝器压力调节

对风冷式冷凝器进行冷凝压力调节一般有两种调节途径:从空气侧调节和从制冷剂侧调节。

1.空气侧进行冷凝压力调节

从风冷式冷凝器空气侧调节冷凝压力主要是改变通过冷凝器的空气流量。改变风量的方法有:风扇电机变转速,冷凝器进风口或出风口设置阻风阀,对采用多台风扇的冷凝器,还可以改变风扇运行的台数。

风冷冷凝器冷凝压力的调节系统,可以用冷凝压力发信,也可以用环境温度发信。冷凝器风扇电机变速调节的方法有多种,采用多极电机,根据需要切换电机的极数,分级调速来改变风量;也可以采用变频无级调速,根据冷凝压力或环境温度信号,改变变频器的频率来调节风机电机的转速,这种调节精度比较高,实施此调节系统成本比较高,一般不采用,除非用于对控制要求比较高的场合。用可控硅来调速是一种比较实用的方法,是用改变可控硅导通角的方法来改变电动机端电压的波形,从而改变电动机端电压的有效值,达到调速乃至于风量随冷凝压力的改变而成比例变化的目的。用环境温度来发信,调节比较稳定,冷凝压力波动小。

采用风阻阀来调节冷凝器压力时,应考虑到风机的特性曲线对工况变化的适应能力,避免使用那些伴随风阀节流、风量下降、风阻提高和功率上升较明显的风机。

风机开、停控制只适用于冷凝器配多台风机的场合。只配1台风扇的冷凝器不能用风扇启、停的控制方法,因为这会引起冷凝压力波动。

上述从空气侧调节的方法在环境温度不太低时比较有效,调节也比较方便、可靠。但若冬季空气温度太低,变风量调节有可能不能有效地保证所要求的冷凝压力。因为即使风扇关闭,户外空气自然对流也会使冷凝压力降到正常运行要求的最低压力值以下。

2. 制冷剂侧进行冷凝压力调节

从制冷剂侧进行冷凝压力调节的措施实际是通过相应阀门的调节来改变冷凝器的积液,使冷凝器的冷凝空间和有效传热面积发生改变,从而达到调节冷凝压力的目的。如图4－56所示。在冷凝器出口管上安装一只高压调节阀8,该阀为受阀前压力控制的比例型调节阀,其开度与阀前压力(冷凝压力)和开启压力(整定压力值)的偏差成比例。在压缩机排气管与储液器入口管之间接一旁通管路,旁通管路上安装一只压差调节阀2,该阀为受阀前后压差控制的调节阀,压差大时阀开大,压差减小时,开度变小,压差低于开阀压差整定值时,阀体全关。利用高压调节阀8与压差调节阀2的配合动作实现冷凝压力的调节。

制冷剂侧进行冷凝压力调节主要是用于冬季,当环境温度使冷凝压力高于高压调节阀的开启压力,并使其达到全开的程度时,该调节过程对冷凝压力就不起调节作用了。夏季工作时,高压调节阀8全开,压差调节阀2全关。冬季工作时,压缩机开机前,冷凝器和储液器中的压力都很低,高压调节阀8与压差调节阀2都处于关闭状态。

开机后,冷凝压力升至高压调节阀8的开启整定位之前,高压调节阀8仍是关闭的。压缩机排出的制冷剂在冷凝器冷凝后产生的液体积在冷凝器内占据了部分冷凝空间,冷凝器的有效传热面积相应减少,冷凝压力逐步升高。由于调节的主要目的是保持储液器有足够的压力,以便为膨胀阀提供足够的供液动力。随着冷凝器压力的提高,当冷凝器与储液器压差超过压差调节阀2的整定压差值时,压差调节阀2打开,将压缩机部分排气送入储液器10,使储液器10的压力上升。

随着制冷剂液体在冷凝器中积存量的增加,冷凝压力逐渐上升,同时因压缩机的排气不断进入储液器,储液器中的温度与压力也逐渐上升。在它们向各自整定的压力控制值接近的过程中,高压调节阀8逐渐开启,而压差调节阀2逐渐关小。达到平衡时,冷凝器有部分积液,储液器有部分排气进入。

采用这种调节方法时,必须在系统中设置单独的高压储液器,并且高压储液器存积要有足够大以及系统中制冷剂的充注量要足够多,以保证冷凝器在最大可能积液时,储液器中仍有一定的液位。否则,若冷凝器积液时,储液器腾空,使膨胀阀前有气体,系统无法正常工作。

三、蒸发式冷凝器压力调节

蒸发式冷凝器中冷却水带走的热量,除因水温升高而吸收的热量外,更主要的是水在空气中蒸发而吸收的热量。因此,除了控制冷却水量的方法以外,还可以通过控制风机的启、停或控制通风量的方法来调节冷凝压力,见图4－57。调节方法有以下几种:

1. 启、停淋水泵调节

在冷凝器气体入口处装一压力控制器,冷凝压力达到其整定值时,淋水泵开启,当冷凝压力下降到整定值下限时,淋水泵停止工作。这样蒸发式冷凝器就相当于1台干式风冷冷凝器，冷却能力下降，冷凝压力提高。但此法若单独使用，由于盘管由喷水到不喷水冷却能力相差太大（尤其是光盘管），停水后，冷凝压力迅速上升，压力控制器会使淋水泵频繁启、停。另外，盘管处于干、湿交替变化的工作条件，会加剧腐蚀，而且水垢和脏物容易在盘管表面附着。所以，此法常与其他某种方式结合起来使用，可以提高调节的灵活性和稳定性。如果环境温度低于 0 ℃，停泵的同时必须及时将水排除，以防止淋水泵的池水结冰。

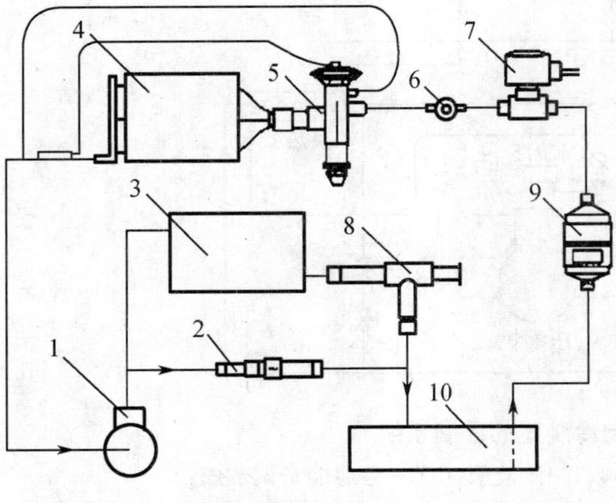

图 4－56　冷藏器侧调节风冷冷凝器压力

1—压缩机；2—压关调节阀；3—冷凝器；4—蒸发器；5—热力膨胀阀；6—视液镜；7—电磁阀；8—高压调节阀；9—干燥过滤器；10—储液器

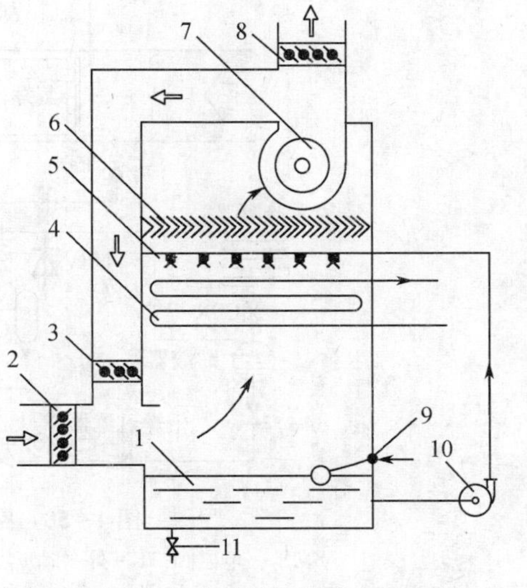

图 4－57　蒸发式冷凝器压力的调节

1—水池；2—入口风门；3—旁路风门；4—冷凝盘管；5—淋水喷头；6—挡水板；7—风机；8—出口风门；9—补水阀；10—淋水泵；11—排污阀

2. 风量调节

以冷凝压力发信控制风机启、停。这在某种负荷条件下会使风机启、停频繁，可以用调速风机代替，也可以用冷凝压力发信控制阻风阀。阻风阀可以安装在空气进口或出口。对多台运行的风机，可以采用启停风机台数来进行风量的调节。

3. 进风空气状态调节

在蒸发式冷凝器进风管和出风管之间设一旁通风管，用旁通风门 3 改变旁通风量，使一部分排出的湿空气与进风混合，提高蒸发式冷凝器的进风湿度，降低蒸发冷却的效果，从而使冷凝压力回升。

第七节　认识典型制冷装置的控制系统

活塞式制冷系统作为一种传统的机型，仍被广泛地应用。目前有许多机型（冷水机组、各种冷库等），仍使用常规仪表进行控制，而新型的、先进的活塞式制冷系统则采用可编程控制器和专用单片机进行控制，变频压缩机、电子膨胀阀、自适应控制和模糊控制等先进的控制方法被采用，大大提高了机组运行的效率和控制精度。本节介绍空调用制冷装置和冷库用氨制冷装置的自动控制基本方法，通过学习熟悉活塞式制冷装置所采用的控制方法。

一、空调用制冷装置的自动控制

中小型空调用制冷装置的制冷系统所用的压缩机一般没有卸载装置，风机也不变速。系统主要包括能量调节系统和安全保护系统。图 4－58 为空调用制冷装置的控制系统。

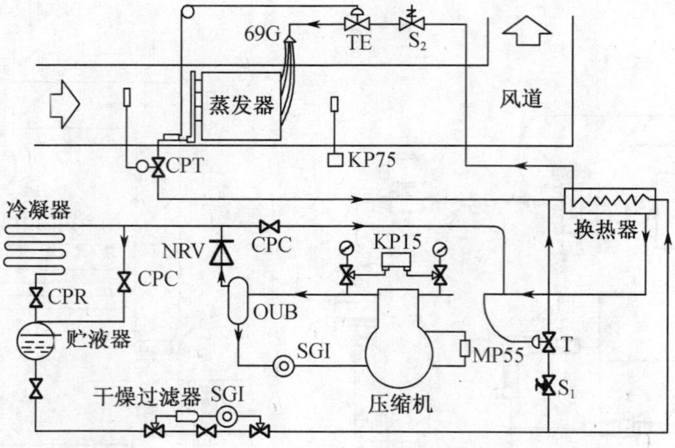

图 4－58　空调用制冷装置的控制系统

S_1，S_2—电磁阀；TE—外平衡热力膨胀阀；T—注液阀；CPC—旁通能量调节阀；CPR—恒压调节阀；NRV—止回阀；KP75—温度控制器；KP15—高低压控制器；MP55—油压差控制器；SGI—视液镜；CPT—温度式蒸发压力调节器

1. 能量调节系统

外界新风温度的高低和系统内本身负荷的大小，是空调系统的主要负荷干扰。为提高控制精度，使系统的制冷量能够更好地与需要的热负荷相匹配，系统除了进行常规的能量调节外，还增加了一些特殊的调节方法，包括采用专用的温度式蒸发压力调节器，通过对新风温度的信号的采集，来控制流过蒸发器的制冷的流量，从而实现制冷量和负荷的匹配。

（1）压缩机能量调节

使用旁通调节阀 CPC，通过制冷剂在压缩机出口的旁通，减小有效制冷量，提高压缩机的吸气压力，使系统的制冷量能够与较小的热负荷相匹配。

（2）新风补偿调节

使用温度式蒸发压力调节器 CPT，结构见图 4－59，新风温度发出信号，若新风温度变化，则调节阀的开度变化，引起蒸发压力与吸气压力的变化，使压缩机冷量与蒸发器相匹配。

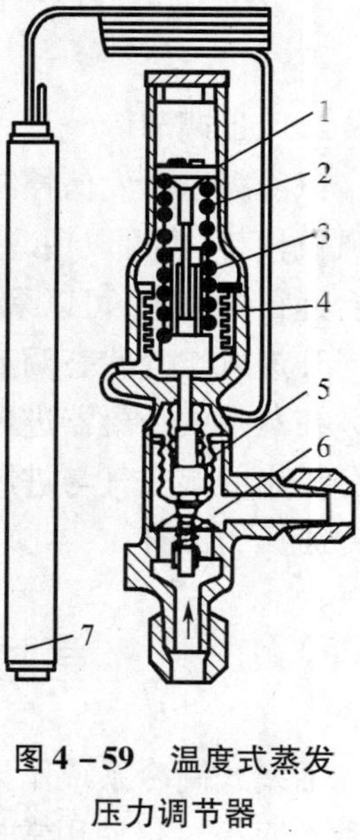

图 4－59　温度式蒸发压力调节器

（3）送风温度调节

使用温度控制器 KP75 控制压缩机启、停，送风温度发出信号，双位控制器控制压缩机的启、停，使送风温度稳定在设定的上下限范围内。

(4)冷凝压力调节

使用恒压调节阀 CPR 和旁通能量调节阀 CPC,通过调节恒压阀的开度,来调节冷凝器中制冷剂的液面高度,从而调节有效冷凝面积,控制冷凝压力维持在设定的范围内。旁通阀根据储液器的压力控制开度,保持储液器的压力维持在一定值上。

2. 安全保护系统

为使机组正常工作,机组中采用了一些必要的保护措施,常用的有高低压压力保护、油压保护、压缩机过热过电流保护等。

(1)高低压压力保护

高低压压力控制器,控制吸、排气压力,防止其过低或过高。

(2)油压保护

使用油压差控制器,控制润滑油的压力稳定,保证压缩机的正常润滑。

(3)压缩机高温保护

与旁通能量调节阀配套使用,一旦发生压缩机排气高温,则通过连接在冷凝器出口的注液阀向压缩机吸气口喷液,以降低压缩机的排气温度。或者使用压缩机过热保护器,当压缩机过热时保护器动作,压缩机停止工作。

3. 自动控制模式

目前新型的空调用活塞式冷水机组,在家用中央空调和商用中央空调系统中应用比较广泛,而先进控制方法的采用,大大提高了机组运行的效率和控制精度。下面以特灵 CGAR1505 型风冷热泵冷水机组为例说明其控制模式。图 4－60 所示为该冷水机的制冷系统流程图。

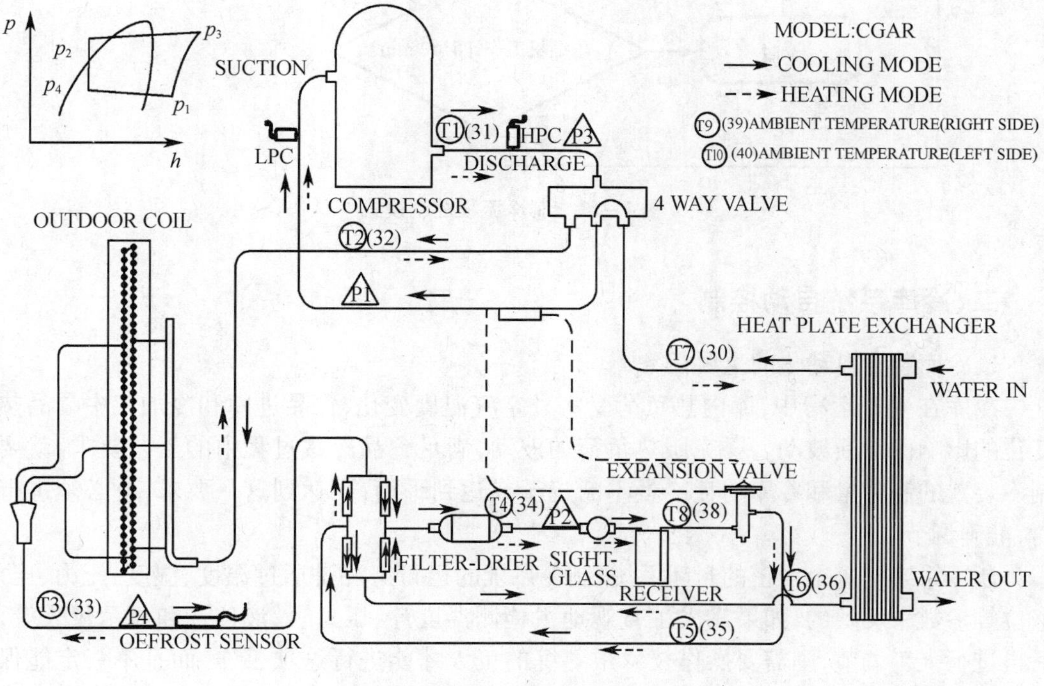

图 4－60　制冷系统流程图

制冷流程控制模式如图 4－61 所示。制热流程控制模式如图 4－62 所示。

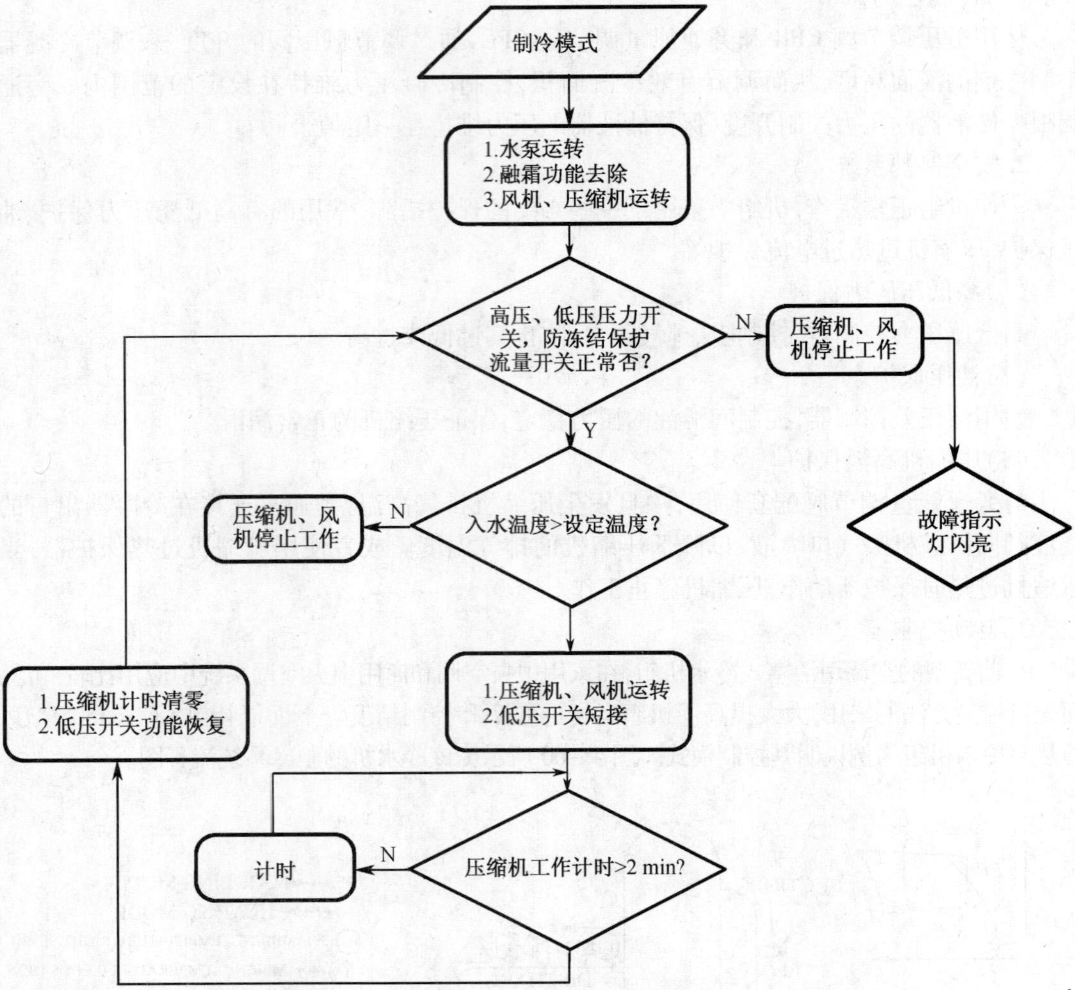

图 4-61　制冷流程控制模式

二、冷库系统自动控制

1. 冷库装置自动化的主要任务

冷库在生产运行中，库内热负荷受室外空气温度变化、食品进库和冷加工中食品热焓变化的影响而不断波动。要克服热负荷的波动，满足食品冷藏过程中的工艺要求，就要使制冷装置的制冷量和冷库的耗冷量不断趋于或达到平衡，要达到这一要求，就必须进行及时、准确调节。

制冷系统是一个严密的封闭系统，制冷系统的运行工况是通过温度、湿度、压力、压差、液位等参数来反映的，如果靠人工直观地去检测温度计、压力表、液位计和显示仪表等，然后再进行人工调节，则需要操作技术很熟练的工人才能进行这项工作，而且不一定能保证及时、准确地进行调节。

如果采用自动调节，无论储藏时间的长短或外界条件的变化，不用人工参与，均能自动调节制冷工况，不仅简化了管理，而且也能保证储藏食品的质量，也保证了制冷装置运行的可靠性、安全性和经济性。

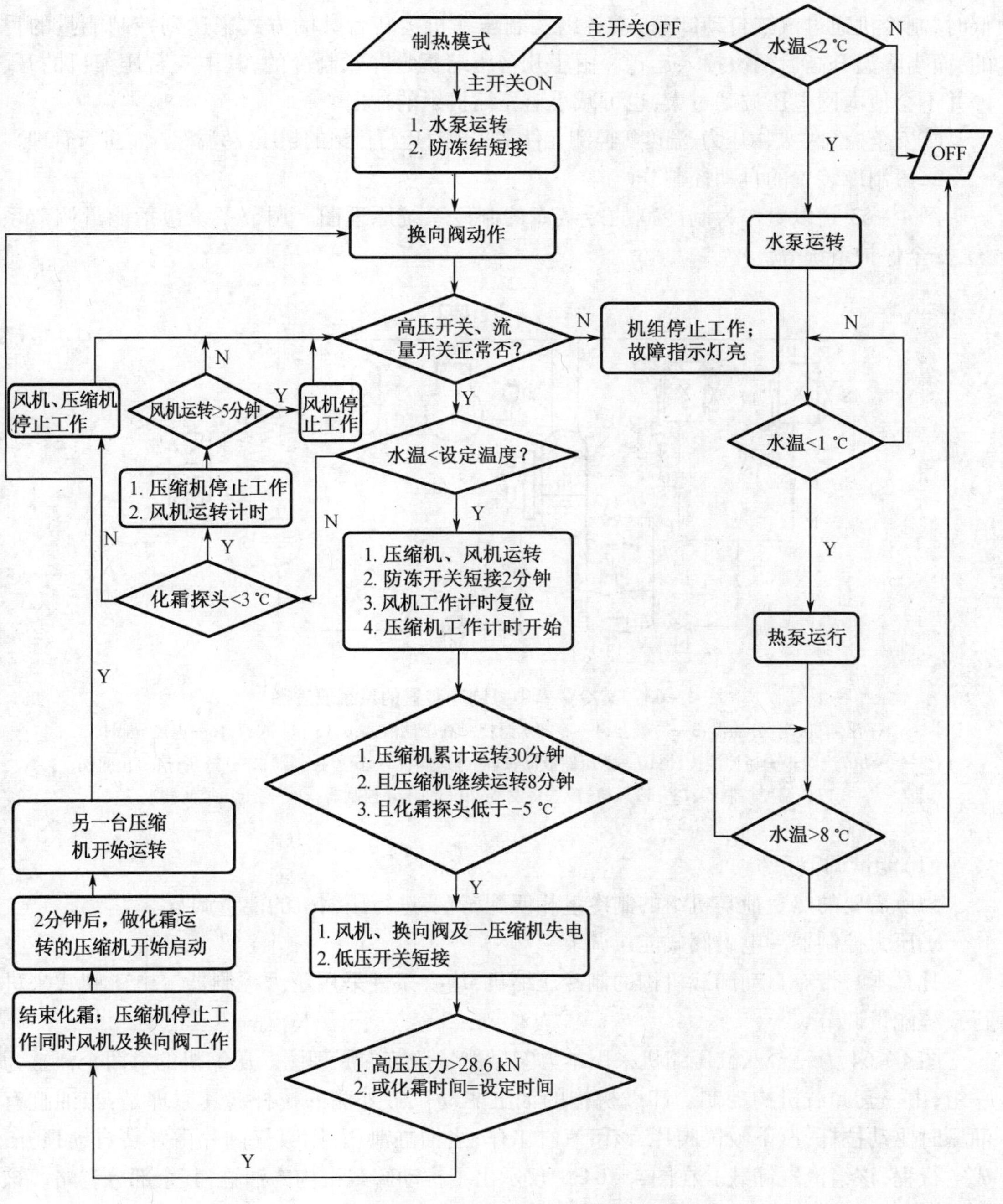

图 4－62　制热流程控制模式

因此，冷库实现自动调节和自动控制是制冷装置自动化的主要任务。控制内容包括：压力控制、温度控制和安全控制。

①压力控制可通过压力继电器令系统在压力过高或过低时，使主机自动停止运转。

②温度控制一般可采用两种控制方式。对中小型冷库而言可采用温度控制装置来使压缩机运行或停机。当温控器检测到库温达到要求时，压缩机停机；而库温上升到一定温度时，压缩机则可自动启动运行。对大型冷库而言，由于制冷机经常启、停，不仅会使冷库

温度发生急剧变化，而且还会影响制冷机的正常运转，也会使电网电压产生波动，当库温过低时，制冷机通过汽缸自动卸载，或者以控制压缩机运转台数的方式来达到控制能量的目的，而当降温升高后两次投入运行。由于几台压缩机是并联制冷的，其中一台压缩机的开、停并不会使电网电压波动过大，也可减小对压缩机组的冲击。

③安全控制主要由压力、温度等监测元件来实现对运行机组的超压、超温等异常进行管理。

2. 氨制冷装置的自动控制

图4－63是以氨作为制冷剂的冷藏库的制冷系统原理图。调节系统包括能量调节系统、安全保护系统等。

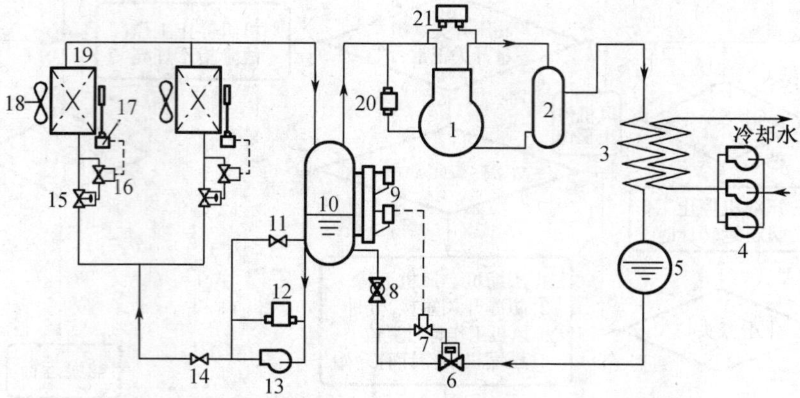

图4－63 某冷藏库中氨制冷装置的系统原理图

1—压缩机；2—分油器；3—冷凝器；4—冷却水泵；5—高压储液器；6，15—主阀；7，16—电磁导阀；8—手动节流阀；9—遥控液位计；10—低压储液器；11—旁通阀；12—压差控制器；13—氨泵；14—止回阀；17—温度控制器；18—冷风机；19—蒸发器；20—油压差控制器；21—高低压控制器

(1)能量调节系统

为所需要的热负荷与机组的制冷量相匹配，就要进行压缩机的能量调节。

①压力控制器－电磁阀式能量调节

凡是本身带有自动卸载机构的制冷压缩机，均有条件采用压力控制器－电磁阀式来进行系统能量调节。

图4－64为一台八缸压缩机采用本方案做能量调节的原理图。压缩机的每两个汽缸为一组，由一套卸载机构控制。卸载机构的油缸驱动汽缸外侧的拉杆。其原理是：当油缸有油压时驱动拉杆，压下吸气阀片，该组汽缸工作；当油缸泄压，则吸气阀片由弹簧自动顶开，成空行程，该组汽缸卸载。在图4－64中仅示出了推动卸载机构的油缸，其余部分省略。该压缩机有两组汽缸为基本工作缸（Ⅰ组，Ⅱ组），在运行时不能调节；中间两组（Ⅲ组，Ⅳ组）调节汽缸分别由压力控制器 SP_3，SP_4 控制；这两只吸气压力控制器的差动值为0.04～0.05 MPa，其接通压力与断开压力值如表4－2所示，其中 SP_4 为高负荷压力控制器，其接通压力按最高蒸发压力（温度）调定。两只压力控制器定值压力差0.01～0.02 MPa。其能量调节范围八缸工作时为100%，六缸为75%，四缸为50%。

基本工作缸Ⅰ，Ⅱ两组卸载机构的压力油缸直接与油泵出口相通，压缩机刚启动时，油压尚未建立，油缸无油压，汽缸吸气阀片被弹簧顶杆顶起，基本工作缸也被卸载，因此压缩机处于全卸载工况轻负荷启动。

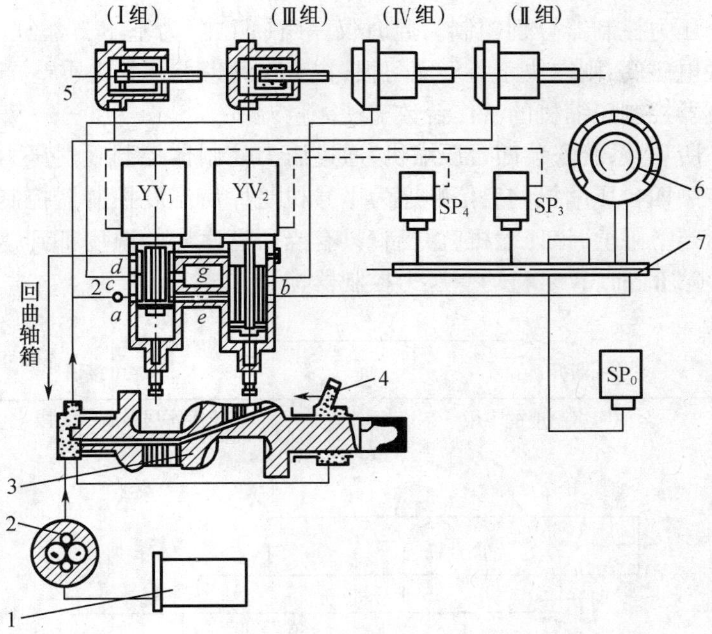

图 4－64　八缸压缩机能量调节原理图

1—滤油器；2—液压泵；3—曲轴；4—油压调节阀；5—汽缸卸载机构的液压缸；6—油压差表；7—吸气管；YV_1，YV_2—电磁滑阀；SP_3，SP_4—压力控制器；SP_0—低压控制器

经几十秒后（在一分钟以内），润滑油压力建立，基本工作缸便投入工作。当热负荷大于四缸工作的制冷量时，吸气压力上升，超过压力控制器 SP_3 的接通压力 0.26 MPa，使 SP_3 接通，将电磁滑阀 YV_1 吸上，压力油通过 a 孔，经 c 孔流入Ⅲ组汽缸的卸载压力油缸，使Ⅲ组汽缸投入工作，压缩机运行于 75% 工况。

若Ⅲ组汽缸工作后，由于负荷大，吸气压力仍继续上升，至 0.28 MPa，使 SP_4 压力控制器也接通，电滋滑阀 YV_1 被吸上，压力油从孔 a 经 YV_1 滑阀下部，到孔 b，最后流入Ⅳ组汽缸的卸载压力油缸，使Ⅳ组汽缸亦投入工作，此时压缩机做 100% 全负荷运行。

若负荷下降，吸气压力跌至 0.23 MPa，则 SP_4 断开，电磁滑阀 YV_2 失电关闭（如图示位置），则Ⅳ组汽缸断油泄压，油缸活塞被弹簧顶回，油缸中油经孔 b，g 与 d 孔流回曲轴箱。Ⅳ组汽缸卸载，又恢复 75% 负荷运行。

若四缸工作时，吸气压力因负荷下降而跌至 0.2 MPa（表压），则低压控制器 SP_0 动作，使压缩机停车。当停车后压力回升至 0.24 MPa，则 SP_0 接通，压缩机又自动启动做四缸 50% 工况运行，若吸气压力又逐步升高，再增缸至 75% 与 100% 工况运行，全部依靠压力控制器与电磁滑阀控制。

表 4－2　压力控制器接通压力与断开压力

压力控制器	断开压力（表）/MPa	接通压力（表）/MPa	差动值（表）/MPa
SP_4	0.23（℃）	0.28（6 ℃）	0.05
SP_3	0.22（℃）	0.26（4 ℃）	0.04
SP_0	0.2（－1 ℃）	0.24（3 ℃）	0.04

如需要把八缸压缩机能量输出增加25%挡(共100%,75%,50%,25%四挡),可由三个电磁阀用三个压力控制器分别控制。此时仅一组(两缸)为基本工作缸。至于用单独电磁阀还是用并联电磁阀,则取决于各厂家习惯,在工作原理上并无实质差异。

②压力控制器控制压缩机的工作台数实现能量调节

如图4-65所示,系统安装四台压缩机,通过压力控制器控制吸气压力的方法来实现。压缩机能量调节中四台压缩机的启停顺序为Ⅰ号机受库房温度控制器控制,只要有一个库房的温度高于给定上限值,该压缩机就开启;只有当所有库房的温度都到达温度下限时,该压缩机才关闭。第Ⅱ,Ⅲ,Ⅳ号机均受压力控制器控制。

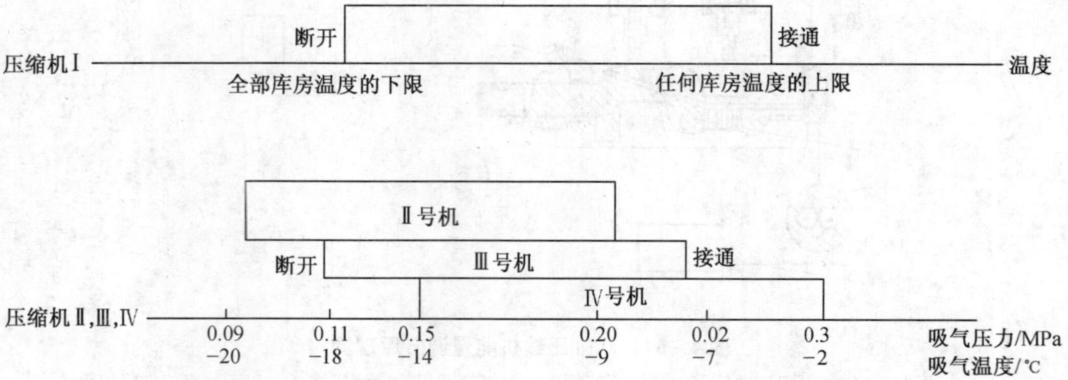

图4-65 压缩机能量调节中四台压缩机的启停顺序

(2)安全保护系统

①压缩机的保护

压缩机作为制冷装置的主机,它的安全可靠对系统的正常运行起决定作用。其保护方法是当工作参数出现异常将危及压缩机安全时,立即或者延时中止运行。

(a)吸排气压力保护

制冷系统工作时应防止压缩机排气压力过高和吸气压力过低。系统运行中,各种操作失误或处理不当,如:开机后排气阀仍未打开,制冷剂充灌量过多,冷凝器大量积液,冷凝器断水或水严重不足,冷凝器风扇电机出故障,系统中不凝性气体含量过多等,都将引起高压侧压力过高,对压缩机造成危害。

吸气压力过低或者低压侧被过分抽空所造成的危害是:压缩比增大,排气温度上升,效率下降,压缩机工作条件恶化,还使被冷却介质温度过分降低;若低压侧负压过低,外部空气渗入系统,会将不凝性气体和水分带入,又使排气温度、压力提高,造成压缩机工作异常,水分还会形成膨胀阀冰堵。对于氨制冷机组,系统中混入空气甚至有爆炸的危险。

排气高压控制器在压力升到设定值的上限时,切断电路;在压力降到设定值的下限时,接通电路,用作排气压力保护。低压控制器在压力降到设定值下限时切断电路,在压力升到设定值上限时,接通电路,用作吸气压力保护。

(b)油压差保护

采用油泵强制供油润滑的压缩机,如果油压不足,系统中的滑油就不能正常循环,从而导致润滑不良而烧毁压缩机。另外,对于设有汽缸卸载机构的压缩机,若油压不足,卸载机构也无法工作。因此对这类压缩机必须设油压保护。

滑油循环的动力是油泵出口压力与曲轴箱压力(即吸气压力)之差,所以油压保护以这两处的压力差为信号,实现对压缩机的安全保护。同时油压差控制器有延时执行的功能,在开机前油压尚未建立起来时,并不影响压缩机的启动运转。运转初期,短时间缺油也不会危及压缩机的安全,因此油压差控制器的设定延时时间不长。如果持续到指定的延时时间仍不能建立起油压,则表明有系统故障,这时压缩机便会停车。

(c)温度保护

ⓐ排气温度保护　排气温度过高会影响压缩机寿命,使润滑油结焦,严重时引起工质分解、爆炸。氨的排气温度规定在150 ℃以下。采用温度控制器感应排气温度,排气温度超过设定值时,令压缩机保护性停车。温度控制器的温包应紧靠在排气口处安装。当然,热气旁通引起的排气温度过高也不允许,但这种情况下不是靠压缩机停车解决,而采用喷液冷却。

ⓑ油温保护　曲轴箱内油的温度,规定比环境温度高20~40 ℃,最高不得超过70 ℃。油温过高时,油黏度下降,使压缩机运动部件磨损加剧,甚至烧坏轴瓦。用油温控制器在油温过高时控制停机。曲轴箱内有油冷却盘管的压缩机不必设油温保护。对于氟机,若曲轴箱中有大量制冷剂混入,启动时影响油压的建立,因此曲轴箱内设电加热器,启动前通电加热使制冷剂蒸发,在这种情况下也要控制油温。

ⓒ冷却水断流保护　氨压缩机汽缸头设冷却水套,若运行中水套断水会使排气温度升高,严重时会引起汽缸变形。采用水冷却的机组,若运行中冷凝器断水也会引起排气温度升高,甚至危及冷凝器的安全。在出水管路安装一对电接点,有水流过时,电接点被水接通,继电器使压缩机可以启动或者维持正常运行;没有水流过时,接点不通,禁止压缩机启动或令其故障性停机。

在实际应用过程中,对压缩机的各种保护,并非不加选择地全盘设置,而应根据系统和压缩机的具体情况有选择地配备,以满足可靠安全运行为原则。

②氨泵保护措施

(a)欠压保护

氨泵不上液或因汽蚀而空转,氨泵的进出口压差很小或为零,这种状态叫欠压或无压差运行。目前冷库中常用的屏蔽泵,它的石墨轴承需氨液来润滑和冷却,同时屏蔽电机的涡流热也需要氨液来冷却,因此屏蔽泵不能断液。

氨泵的欠压保护是用CWK-11型压差控制器实现的。将CWK-11型压差控制器的两个气箱分别接到氨泵进、出口端,直接感知其压差。当氨泵的进、出口压差低于设定值下限时,压差控制器便发出信号,开始延时和抽气,如果在规定的时间内不能建立起正常的压差,即停止氨泵运行,同时发出声、光报警信号。

CWK-11压差控制器的调定值应按主库高度来确定。当库高低于20 m时,一般可取0.05~0.06 MPa。

(b)防止汽蚀

氨泵长时间不运行,有可能在氨泵内产生制冷剂蒸气,使氨泵在重新工作时吸不上液而空转的现象称为汽蚀。每台氨泵的顶端与低压循环储液桶上部之间设置一个ZCL-20型电磁阀,此阀受氨泵启动接触器和CWK-11型压差控制器控制。一旦氨泵进、出口压差小于压差控制器的设定值下限,压差控制器就发出延时指令,同时指令抽气电磁阀开始抽气。在延时时间内,如果压差升高至压差控制器的设定值上限,抽气电磁阀就自动关闭,氨泵正常运行。否则氨泵就停止运行，抽气阀也关闭，并发出声、光报警信号。

此外，目前在商业冷库中，还较为广泛地采用压缩机卸载法来克服汽蚀现象。其动作原理如下：当氨泵产生汽蚀时，相对应的压缩机就立即卸载至最低能量工作（也有全部卸载的），然后再按照压缩机的自动开车程序，逐级上载。由于压缩机卸载，压缩机的吸气量就相应减少，低压循环储液桶内的压力就相应增高，这样就能对氨泵起加压作用，促使汽蚀现象消除。这种方法自动控制程序简单，所用自控元件较少，电气线路也不复杂，效果较好。

3. 大型氨冷库制冷装置

目前，国内大中型冷库较多采用氨制冷系统。制冷系统的自动控制近年来发展较快，在一些新建的大型制冷装置中采用了先进的电子技术、自动操作、控制制冷系统。根据控制方式，目前常用的方式有吸入压力控制法、温度控制法和时间控制法等。

一般在机房设置集中控制自功化操作信号屏，按工艺流程和设备情况，安装各式自动仪表、信号装置和开关等。电动设备正常运行均用指示灯表示，各房间和库房的各类继电器、遥测温度记录器都集中在屏上，这样可以掌握整个制冷系统的工作情况。

一般来说，制冷系统自动控制装置分3类：安全控制装置、温度调节装置和自动操作装置。安全控制装置就是在机器和设备上装置各类高低压继电器、油压继电器、水量调节继电器、止逆阀、安全阀和各种液面指示器，做到机器设备安全运行。温度调节装置就是在机器设备上装置各类型式的主阀、恒压阀、温度调节阀、电磁阀以及各控制房间和库内温度继电路，用来维持一定温度并对压缩机的能量进行调节，从而保证工艺要求。自动操作装置就是在制冷系统中自动放油、自动放空气、自动除霜和自动开车/停车，以达到经济运行和自动操作，减轻劳动强度。

下面以冷藏库制冷装置为例，对制冷系统自功控制装置情况做一简单介绍。

（1）冷藏库制冷系统自动控制装置

如图4－66所示，在大型的冷库中，有数个冷库并联运行，可以有不同的库温。

①在压缩机上装有油压继电器18，高低压力继电器21，温度继电器22和水流量开关19等保护装置。如果当油压低于规定的最低压力差时，油压继电器立即自动切断压缩机电机电源，停止运行，当压缩机吸入压力低于调定值或高压侧排气压力超过规定的最高调定值时，高低压力继电器立即自动切断压缩机电机电源，停止压缩机的运行。当压缩机排气温度达到规定的极限温度时，温度继电器即自动切断电机电源。在压缩机启动或运行过程中，如冷却水断水时，水流量开关即动作，压缩机将启动不了或停止运行，避免压缩机缸套无冷却而发生故障。

②在氨泵7上装有压差继电器16和低压安全阀15，当阀泵不供液空载运行时，压力差值建立不起来，压差继电器将切断氨泵电机电源，避免氨泵的损坏。低压安全阀是控制氨泵排出压力，当排出压力超过安全阀调定的压力值时，将氨液旁通至低压循环储液桶中。

③在低压循环储液桶上装有高液位遥测液面控制器11，起安全保护作用。如果桶内液面升至容器的70%以上时，液面控制器即停止压缩机的远行，防止压缩机的湿冲程。

④在蒸发式冷凝器上装有压力继电器6，以便根据不同的冷凝压力控制风机7和水泵8的停开。

⑤在供液管上装有供液主阀10和电磁阀9，电磁阀和主阀在压缩机投入正常运行后，即由低压循环桶的低压液位遥测液面控制器12开启供液或关闭，以保持正常操作液面。

⑥在低压循环储液桶与氨压缩机相连的吸入总管上装有主阀5，主阀两侧均装有导压

管，进气侧导压管上装有电磁阀4和恒压阀。电磁阀控制主阀的开关，恒压阀控制容器内的蒸发压力，并按比例调节主阀的开度。另一侧，导压管上的反比例恒压阀是控制主阀的开启度，该阀开启越大，主阀开启就越小，其作用是防止压缩机吸入压力过高，起到逐步打开吸入阀的作用，同时保护压缩机电机不致超载运行。

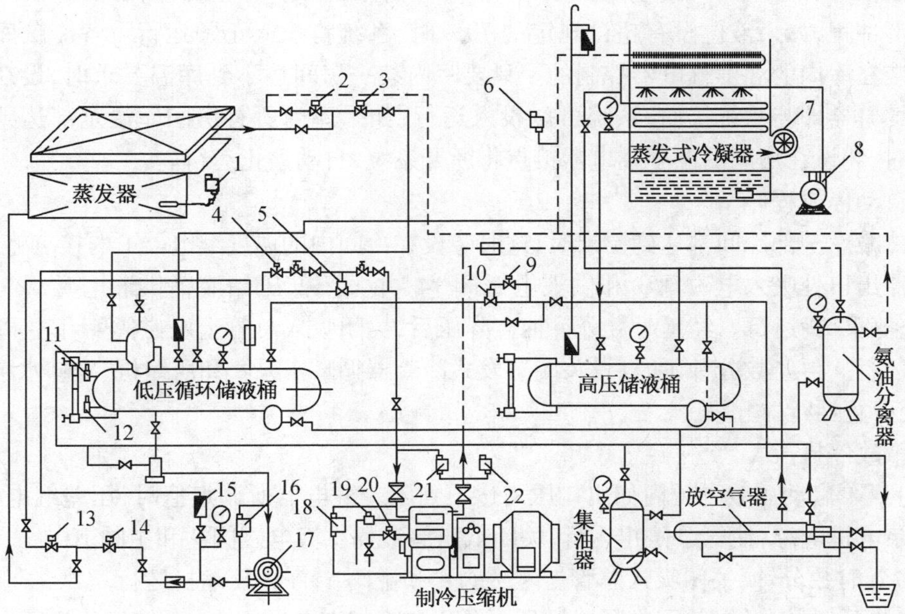

图4-66　冷藏库自动控制系统原理示意图

1—温度继电器；2—热氨电磁阀；3—蒸发器出口电磁阀；4—吸入管电磁阀；
5—吸入总管主阀；6—压力继电器；7—风机；8—循环水泵；9—供液电磁阀；
10—供液主阀；11—高液位遥测液位计；12—低液位遥测液位计；13—排液电磁阀；
14—供液电磁阀；15—低压安全阀；16—氨泵压差继电器；17—氨泵；18—油压继电器；
19—水流量关；20—冷却水电磁阀；21—高低压继电器；22—排气温度继电器

⑦在蒸发器供液管和蒸发器出气管上都装有电磁阀(14,3)，它们由设置在库房内的温度继电器1进行控制。在热氨管及排液管上各装一只电磁阀(2,13)，它们由手动万能开关进行控制。

(2)冷藏库制冷工艺自动控制操作过程

系统充氨以后，将系统有关手动阀门全部打开，并做好一切准备工作方可投入运行。

①自动开车程序

投入运行前，将控制屏上的切换开关拨至自动位置，此时库房温度继电器1的接点接通，蒸发器出口电磁阀3和供液电磁阀14开启，蒸发式冷凝器循环水泵8向冷凝器供水。如冷凝压力超过压力继电器6预调值时，压力继电器将使风机7投入运行。当冷凝压力降至压力继电器预调的断开值时，风机停止运行，只有水泵工作。开启压缩机时，当冷却水电磁阀20有冷却水通过，则冷却水出口水流量开关19的接点接通，开启压缩机投入运行。经数秒钟的延时时间，再打开吸入总管上电磁阀4和主阀5。压缩机运行正常后，电磁阀9和主阀10打开，向低压循环储液桶供液，当桶内液体升至低液体遥测液位计12上限时，则切断低压循环储液桶供液电磁阀9和主阀10，启功氨泵17向库房蒸发器供液。若氨泵在一定时间内供不上液，或氨泵运行过程断液，氨泵上压差继电器16将切断氨泵电机电源。氨泵运行一个阶段后，由于低压循环储液桶的液面下降到一定位置（低于30%时），电磁阀9和主阀10重新向低压循环储液桶内供液。如果氨泵出口压力因部分蒸发器不供液而超过安全阀规定压力时，氨液将通过安全阀15旁通流回低压循环储液桶。若低压储液桶内的液面上升至桶容积的70%时，高液位遥测液位计11将起作用，停止压缩机运行，以避免压缩机产生湿冲程，如果液位没有超过规定的70%时，系统将投入正常运行。各冷藏库内的温度是由装在库内的温度继电器控制的。只要库内某一房间达不到库温要求时，设在房间内的温度继电器即与系统接通，系统可以投入运行；如果库内所有房间库温全部达到所要求的温度时，装设在房间的温度继电器接点将断开系统，自动停止运行。

②自动停机程序

当冷藏库全部冷间都达到要求时，这时装设在冷间内的温度继电器1的接点将断开，关闭蒸发器出口处吸入电磁阀3和供液电磁阀14，并关闭低压储液桶供液电磁阀9和主阀10，停止氨泵12运行。经延时数分钟抽空降压后，关闭吸入总管上电磁阀4和主阀5，停止压缩机运行。再经数分钟延时后，关闭蒸发式冷凝器循环水泵8和压缩机、冷却水泵电磁阀20，系统停止运行。

③事故停机

(a)氨泵启动后数秒钟内如出口压力达不到压差继电器所调定值时，压差继电器18将切断氨泵电机电源，使氨泵停止运行，关闭低压储液桶供液电磁阀9和主阀10。

(b)延时数分钟，关闭吸入总管上电磁阀4和主阀5，停止压缩机运行。

(c)再延时数分钟，关闭冷凝器循环水泵8和冷却水电磁阀20，系统停止运行。

(d)低压循环储液桶内的液面升高至高液位上限时，遥测液体计动作，关闭低压储液桶供液电磁阀9和主阀10，停止氨泵运行。

(e)关闭吸入总管上的电磁阀4和主阀5，停止压缩机运行，系统停止工作。

如果压缩机排气温度超过温度继电器22的调定值时，或者压缩机排气压力高于（吸入压力低于）高低压继电器21调定值时，或者压缩机油压达不到油压继电器18调定值时，都将切断压缩机电源。同时，关闭低压储液桶的供液电磁阀9和主阀10，切断氨泵8的电机电源，关闭吸入管上电磁阀4和主阀5。但其冷凝器循环水泵8和压缩机、冷却水泵不能立即停止。

④库房温度控制

每个冷库由温度控制器控制本库蒸发器供液管通断或蒸发器风机的运行与停止（冷风型蒸发器），实行库温的双位调节。蒸发器进液管和回气管上均使用了电磁阀，库温降至设定值的下限时，2个电磁阀同时关闭，停止蒸发器制冷。库温回升到上限值时，供液电磁阀与回气电磁阀重新接通，蒸发器恢复制冷。

⑤蒸发器除霜控制

氨冷库蒸发器广泛采用热气融霜或热气融箱与水冲霜相结合的融霜方式。空气自然对流的蒸发器只用热气融霜；冷风型蒸发器则用热气与水冲霜结合的方式融霜。

现以后者为例加以说明。融霜时，停止蒸发器的制冷作用，关闭供液电磁阀14，延时关闭回气电磁阀3。开启热氨电磁阀2，将压缩机排出的热氨气体通入蒸发器内，管外再辅以水冲霜。利用排气的显热和潜热以及水的热焓，使蒸发器表面的霜层融化，并被冲落到接水盘中（图4-66中未示出水冲霜系统），蒸发器管内凝结的氨液经排液电磁阀13排入低压循环储液桶(有的系统是将蒸发管内凝结的氨液经排液电磁阀先排入排液桶,待排液桶收集氨液至一定的液位高度时,打开排液桶上的加压阀,使系统的高压气进入排液桶,用“气泵液”的方式将排液桶中的氨液压回低压循环储液桶)。

融霜控制程序为(开始融霜的信号发出后):

(a)关闭供液电磁阀,延时一段时间(待蒸发器中氨液抽出后)关闭回气电磁阀,风机断电,打开热氨电磁阀和排液电磁阀(针对有排液桶的系统),该状态保持一段时间(待蒸发器表面霜层与管外壁脱离)。

(b)打开冲霜水电磁阀,向蒸发器表面淋水,将霜冲落,冲水持续一段时间。

(c)冲霜水电磁阀关闭,持续一段时间,待管外水滴净,并受管内热氨作用蒸干,至此融霜完毕。

(d)停止融霜的信号发出后,关闭热氨电磁阀和排液电磁阀,打开供液电磁阀和回气电磁阀,风机通电运行。于是蒸发器重新切换回到制冷状态。

国产的 TDS－04,TDS－05 型程序控制器是冷库蒸发器融霜专用控制器件。

TDS－04 型为定时融霜控制,融霜周期和融霜时间可以在控制器上事先调定,每天在设定的时间发出开始融霜信号,经过设定的融霜持续时间后,发出停止融霜的信号。

TDS－05 型为指令融霜控制,它接受手动或自动电气指令使融霜开始与结束。采用自动融霜指令时,可以与微压差控制器配合使用。微压差控制器根据冷风机进、出口风压差的变化,发出电气通、断信号。冷风机结霜严重时,其进、出口的压差增大,电触点闭合,向 TDS－05 发出开始融霜的电气指令。融霜完成后,冷风机风阻减小,压差减小,使微压差控制器的电触点断开,又向 TDS－05 发出停止融霜的电气指令。

⑥氨泵供液系统的控制

大型冷库装置与小型冷库装置的一个重要的不同之处在于蒸发器往往不用直接膨胀的干式蒸发器,而采用液体再循环的湿式蒸发器。

直接膨胀的干式蒸发器虽然可以使系统比较简单,但因节流降压后无气、液分离设备,闪发蒸气连同液体一起进入蒸发器,蒸发器传热表面的润湿度比较低,蒸发器传热效果差,对并联多路的蒸发器也难以保证液体分配均匀。所以,大型装置的蒸发器采用液体再循环供液方式,在蒸发器与节流件之间安装低压循环储液桶。高压氨液节流后首先进入低压循环储液桶,闪发蒸气在这里分离,从低压循环储液桶下部用氨泵将氨液送入各冷库蒸发器。氨液在蒸发器中吸热蒸发后仍然返回低压循环储液桶,在其中再次进行汽、液分离。

氨气由低压循环储液桶上部引入压缩机。液体再循环供液时,可以采用重力供液自然再循环,也可以用泵强制供液再循环。后者对低压循环储液桶与蒸发器的相对位置没有要求,而且循环倍率大,蒸发器供液量数倍于蒸发量,管内氨液流速高,这样可以使得蒸发管内壁充分润湿,过量液体还起到冲刷管内壁油膜的作用,有助于提高蒸发器的换热强度。

低压循环储液桶的正常液位,立式储液桶高度的在 35% 处,卧式储液桶直径的在 25% 处。对氨泵强制供液的系统,低压循环储液桶的进液电磁阀打开时的流量必须大于氨液在冷库中液体蒸发的流量,才能实现低压循环储液桶液体的双位控制。若供液流量过大,会使补充加液时间过短;若供液流量过小,则电磁阀打开时间过长,甚至于一直处于打开状态。这显然对电磁阀的工作是不利的。为了便于调节供液量,在供液电磁阀后增设 1 只手动调节阀,通过手动调节,使电磁阀启、停比适中。

氨泵的正常运行控制如下:

只要有库房需要降温，氨泵就启动运行，各库都停止制冷时，氨泵停止运行，氨泵出口安装止回阀，防止停泵时氨液倒流。另外，当整个冷库负荷下降，需要降温的库房数目减少时，蒸发器的供液电磁阀会相继有一些处于关闭状态。这时，泵的排出通路减少，会造成泵的排出管路压力升高，排出压力的升高又会使仍在降温的库房蒸发温度提高，影响库房降温。为了消除这种影响，在氨泵排出管到低压循环储液桶之间接1根旁通管，旁通管上安装旁通阀，当泵排出压力升高时，旁通阀自动打开，使一部分排出液溢流回储液桶。

对于氨制冷系统，不凝性气体存在的危害性比氟利昂制冷系统更甚，所以系统中设空气分离器自动排除不凝性气体（空气分离器的自动控制从略）。

（3）冷库其他辅助控制电路

①制冷压缩机安全保护信号电路

如图4－67所示，当各项参数都正常时，中间继电器9K线圈通电吸合，压缩机可以开机或继续运转；当某项参数不正常时（如压缩机冷却水套断水），该项保护的触点工作，相应的K_2（如$8K_2$）触点闭合，指示灯（如1HL）亮，指示出相应的故障种类。同时，K_1（如$8K_1$）触点断开使9K线圈断电，9K闭合电笛报警。值班员按下按钮SB_1，继电器10K得电并自锁，音响报警停，事故信号灯光闪烁。当故障排除，K_1（如$8K_1$）触点闭合，$9K_1$断开，事故音响、闪光消除。

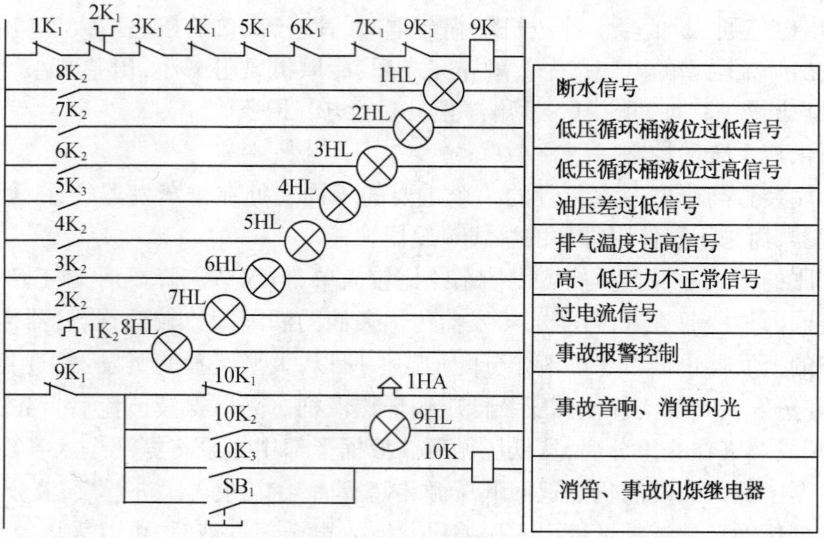

图4－67　制冷压缩机安全保护电气线路图

②风幕、电动门控制电路

为减少冷库门开门时的冷量损失，在冷门上装上风幕，冷库门开启时联动风幕开启，在开启的冷库门口产生一道风幕，阻止冷库门内外冷热空气的对流。当冷库门关闭时，在冷库门处进行的库内外冷热空气的对流被库门隔断，不需要风幕工作，风幕电机停止运转。关门后防止门与门框冻结而引起开门困难，在电动门两边的胶条内各装一组电阻丝加热器，由温度控制器控制，保持在25 ℃左右。

如图4－68所示，当开门拉动拉线按钮S_2时，齿轮交互继电器1K通电，常开触点$1K_1$闭合，接触器1KM通电吸合，电机启动开门；全开后，门框边上的行程开关S_4被撞开而切断

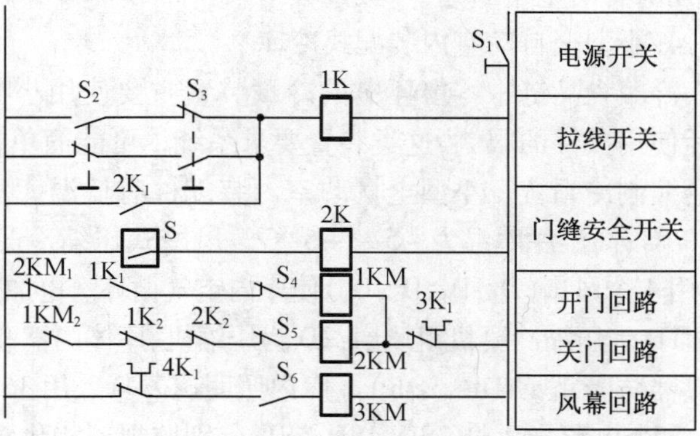

图 4-68　风幕、电动冷藏库门控制线路图

1KM 回路，电机失电停止工作。刚开门时，撞击闭合行程开关 S_6，3KM 吸合，使风幕的 2 台电机启动，风幕工作；当需要关门时，再拉动拉线按钮 S_3，使交互继电器 1K 产生与开门相反的动作，使常闭触点 $1K_2$ 闭合，2KM 吸合通电，电机产生反转，将门关闭。当门关闭后，撞开行程开关 S_5，2KM 失电，关门结束。此时，风幕风机也停止了工作。若关门过程小，碰到物体，装在门缝内的安全开关 S 闭合，使 2K 通电，常闭触点 $2K_2$ 断开，停止关门，同时常开触点 $2K_1$ 闭合，使交互继电器 1K 又产生相反动作，重新开门。用温度控制器控制门缝电阻丝加热器，在电阻丝加热器电路中加上漏电保护开关进行漏电时自动保护。当库房工作结束，为防止开、关门的误动作，采用门搭开关 S_1。当门搭搭上后，S_1 断开，切断控制回路的电源，此时再拉动拉线按钮，也不能使电机通电开门了。

③库房呼救信号电路

如图 4-69 所示，为了使偶然被关在库房内的工作人员能够把消息通知自控室或机房值班人员，每间库房均应安装呼救按钮。为了容易找寻，还应在呼救按钮上方装上长明指示灯。

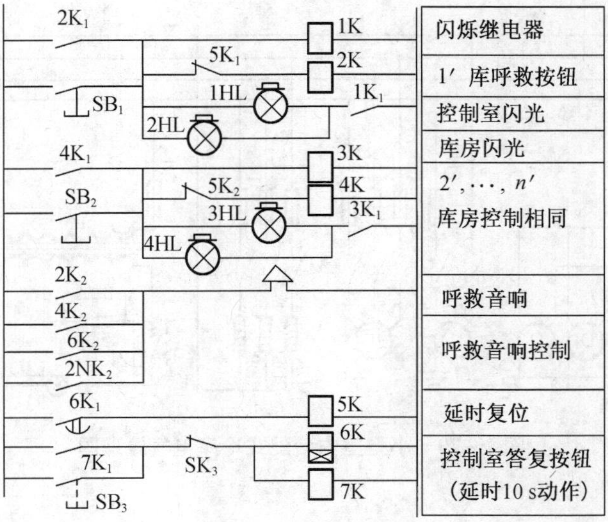

图 4-69　库房呼救信号控制线路图

当按下库房呼救按钮 SB_1 时（其他库房的呼救相同），继电器 2K 通电吸合，使 1K 闪烁继电器接通，发出呼救的闪烁灯光和电笛报警信号。值班人员得到呼救信号后，根据闪光灯确定房间，采取相应的救护措施，并拉下答复按钮 SB_3 答复库房呼救人员，其呼救已起作

用，同时音响电笛断电，呼救过程结束。

4. 小型全自动室内装配式冷库

冷藏食品链中零售环节的冷藏装置主要使用小型装配式冷库利食品冷陈列柜。由于实际使用条件的限制，这类装置要求系统尽可能简单，故尽管有不同的温度要求，均采用单级压缩制冷系统。小型全自动室内装配件有低温库和高温库两种。低温库库温为 -18 ~ -20 ℃；高温库库温为 -5 ~ +5 ℃。风冷式压缩冷凝机组置于库外，库内悬挂翅片式冷风机，用 4 个风扇（D_1，D_2，D_3，D_4）使库内空气循环。电加热除霜，其电气控制原理如图 4-70 所示。1D 为压缩冷凝机组风扇，2D 为压缩机，库体门框和门槛上分别设 70 W 和 20 W(24 V)电加热器防凝霜（4DR，5DR）。库内照明（LZD）采用 36 V 的低压电源。Q 是控制柜电源总开关。3 个电源指示灯 3SD，4SD，5SD 分别监视三相供电情况。指示灯 1SD 和 2SD 分别监视库内风扇和除霜电加热器的工作情况。选择开关 1K 向下扳动时，机组冷凝器风扇与压缩机同步启、停。夏季温度较高，为了防止压缩机重载启动，将开关 1K 向上扳动，这时冷凝器风扇与压缩机不同步。也就是说，只要总电源 Q 接通，风扇就持续运行，向冷凝器吹风冷却，而不受压缩机启、停的影响。

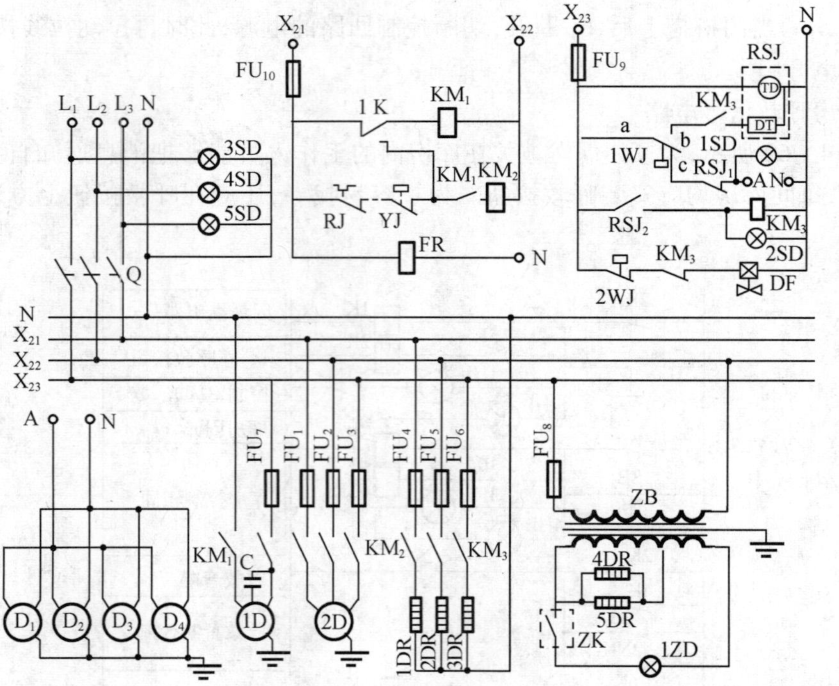

图 4-70 小型室内装配式冷库电气原理图

(1) 库温双位控制

当合上 Q 后，压缩冷凝机组风扇与压缩机先后动作。当库内温度降到设定位下限时，库温控制器 2WJ 的常闭触点断开，向蒸发器供液管电磁阀 DF 失电，切断供液回路，压缩机继续运转将蒸发器抽空。待吸气压力降到低压停机的设定值时，高低压控制器 YJ 的低压控制触头动作，KM_2 失电，压缩机正常停机。当库温回升到库温控制器 2WJ 设定值的上限时，2WJ 的常闭触头复位，电磁阀 DF 通电，重新向蒸发器供液，蒸发器压力回升到低压开机的设定值时，压力控制器 YJ 的低压常闭触头复位，接通交流接触器 KM_2，压缩机又重新启动。

(2)除霜控制采用时间 - 温度控制方式

配备除霜定时控制器 RSJ 和终止除霜温度控制器 1WJ 。除霜开始动作由 RSJ 控制，除霜终止则受定时(RSJ)和温度(1WJ)双重控制。除霜温度控制器 1WJ 的温包感应蒸发器壁面温度，起到根据霜层除尽的信号终止除霜之作用。定时器则按预先调定的除霜持续时间，起到除霜过程进行了一定时间后终止除霜的作用，除霜定时器 RSJ 中的同步微电机 TD 在总电源 Q 接通后即通电计时，累积压缩机工作和停止时间。累积时间到达预定的除霜时间时，RSJ_2 的所有触头动作一次，即常闭触头 RSJ_1 断开，库内蒸发器风扇停止；常开触头 RSJ_2 闭合，交流接触器 KM_3 得电，除霜电加热器 1DR，2DR，3DR 通电加热，开始除霜。与此同时，KM_3 的常闭触点 KM_3 断开，停止电磁阀 DF 供液。待压缩机将蒸发器抽空，直到低侧压力降至停机的控制值时，因 YJ 动作断开，使压缩机停止。上述状态在除霜进行过程中一直保持着。当除霜过程经历了 RSJ 预定的持续时间(通常定为 40 min)，RSJ 的所有触头复位；RSJ_2 断开，KM_3 除霜电加热器停止，KM_3 常闭触点闭合，电磁阀打开供液，使吸气压力恢复正常，YJ 的触头闭合，压缩机重新启动；RSJ_1 闭合，但不能马上启动库内蒸发器风扇，后者的启动不仅受触头 RSJ_1 控制，还受除霜温控器 1WJ 的触头控制。1WJ 的温包感应蒸发器表面温度。该温度高于 7 ℃时，1WJ 触点 a，b 接通，a，c 断开，蒸发器风扇不工作。停止除霜转入制冷运行一段时间，待蒸发器表面温度降到 -4 ℃时，1WJ 触点 a，b 断开，a，c 接通，这才接通风扇运行。另外，若在 RSJ 预定的除霜持续时间(40 min)到达之前，霜已被除尽，使蒸发器表面温度已达到 7 ℃以上，则 1WJ 的触点 a，b 接通，这时由于正在除霜，KM_3 又是闭合的，故除霜定时器 RSJ 中的电磁线圈 DT 得电，吸合线圈中的铁芯，带动联动机构，使 RSJ 的触头复位。RSJ_2 断开，除霜立即终止。这时，RSJ 上的计时装置继续走完预定的 40 min，但触头已经复位，不再动作了。可见，除霜温控器 1WJ 在这里起到终止除霜和除霜结束后延时启动蒸发器风扇的作用。

(3)自动保护

若由于某种原因使系统的吸气或排气压力异常，YJ 动作，KM_2 失电，使压缩机保护性停机。故障排除，压力恢复正常后，又能自动重新启动压缩机。如果由于运行超载或其他原因造成压缩机过热，过热保护器 RJ(装在压缩机内)的触头断开，KM_2 失电，也使压缩机保护性停机。

5. 开式食品冷陈列柜

超级市场广泛采用食品冷陈列柜向顾客敞开售货。冷陈列柜的使用使售货现场整齐、豪华，又能有效防止销售过程中食品品质下降造成的经济损失(尤其是果蔬鲜品和高档水产珍品)，为商场获得多方面的综合效益。

如图 4 - 71 和图 4 - 72 所示，柜内温度为 - 18 ℃，制冷剂采用 R502 单级压缩式制冷系统，蒸发温度为 - 37 ℃。分体式结构，风冷式压缩冷凝机组在室外安装，蒸发器组件(包括风扇 2、蒸发器 3、回热器 17 和热力膨胀阀 16)装在柜内。用风扇 2 使空气沿风道循环，出风口设布风栅 5，使柜的上敞口面形成有速度梯度的冷风幕，阻止外界热空气的侵入。

用充气型外平衡热力膨胀阀调节制冷剂流量，能够保证只有在蒸发压力降到 MOP 值以下时，阀才开启供液，避免启动超载。采用与小型全自动室内装配式冷库类似的抽空停机方式，即柜温控制器 14 或者除霜定时器 RSJ 发出停机指令时，RSJ 所有触点反向动作。常

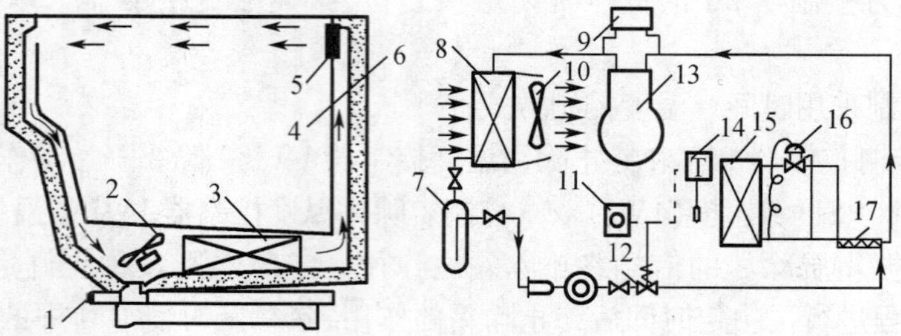

图 4－71　开式食品冷陈列柜及系统流程图

1—排水管;2—风扇;3—蒸发器;4—风道;5—布风栅;6—柜体;7—储液器;
8—冷凝器;9—高低压力控制器;10—排风扇;11—除霜定时器 12—电磁阀;
13—压缩机;14—柜温控制路;15—蒸发器 216—热力膨胀阀;17—回热器

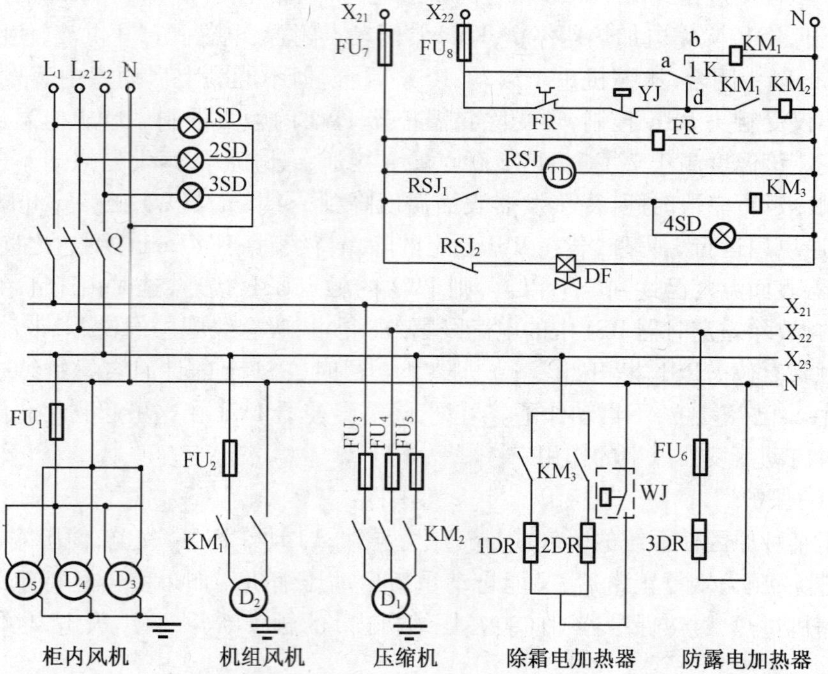

图 4－72　开式食品冷陈列柜电气原理图

闭 RSJ_2 断开,关闭供液电磁阀;常开 RSJ 闭合,除霜加热器通电。待蒸发器被抽空到低压停机控制值时,压力控制器 YJ 动作,使压缩机停机。这样,可以保证停机的将低压侧的工质尽量抽净,避免停机后工质在曲轴箱凝聚,下次开机时造成曲轴箱油位上蹿,尤其对于冬季运行有利。电加热除霜控制方式也与上述类似,其控制方式为定时－温度式控制,不同的是除霜温控器采用双金属片型,断开温度为 10 ℃,接通温度 －1 ℃,已设定,不需调整。另外,由于柜内湿度大,冷空气流道又狭窄,蒸发器表面及附近的流道内壁上均有结霜,故将电加热管置于蒸发器前,靠风机吹过电加热管产生热风化霜,因而除霜时蒸发器风机不停。保护措施有排气压力超高保护,设定为 2.45 MPa(表压力),储液器安装易熔塞(熔点为 90 ℃),压缩机内置过热保护。

三、氨水吸收式制冷系统的自控系统

环保意识的增长及国际性地限制 CFC 类物质的举措,促使吸收式制冷机的生产和应用有明显增长。吸收式制冷机运行平稳,维护操作简单,可以直接利用热能驱动,具有节电等优点。

氨水吸收式制冷机简称氨吸收制冷机,它以氨为制冷剂,水为吸收剂,是天然的工质,对环境十分友好,也是很好的环保工质。它是一种可以获得 0 ℃以下冷量的吸收式制冷机,目前主要应用于如石油化工等这类需要冷量较大,温度又要求较低,同时有丰富热能资源可以利用的工业生产部门。随着氨吸收制冷技术的发展,氨吸收制冷机目前已有多种形式。它们使用各种类型的热源,吸收、发生的级数和制冷装置具体的工作流程都各不相同,一台装置还可具有多种蒸发温度。但任何形式的氨吸收制冷装置均从单级氨吸收制冷装置发展而来。因此,本节主要讨论单级氨吸收制冷机的特性与控制原理。

1. 氨吸收制冷装置运行特性

在氨吸收制冷装置的实际运行中,往往受到一些外界条件变化的影响。例如,冷却水温度的变化、热源温度的波动、用冷量的变化等,这些外界条件的变化将使得氨吸收制冷装置的一系列参数发生变化,其运行的经济消耗指标也将随之而变。因此,很有必要对装置运行进行自动控制,以确保运行的稳定与经济。

由吸收式制冷机原理及相关溶液热力学知识可知,热源温度决定了发生器内溶液发生时的最终温度。当冷凝压力一定时,也就决定了系统中氨水稀溶液的浓度,冷却水温度决定了吸收终了的氨水浓溶液温度及冷凝器的冷凝压力。当蒸发压力一定时,系统中的氨水浓溶液的浓度也就确定了,蒸发温度的变化将改变吸收压力,吸收终了的氨水浓溶液浓度也将随吸收压力的变化而变化。总的来说,热源温度、冷却水温度与蒸发温度均和放气范围(系统中浓溶液与稀溶液浓度之差)有关。由理论分析与试验可知,在蒸发温度和冷却水温度已确定的情况下,蒸发压力和吸收器内溶液吸收终了温度均可确定,浓溶液浓度就成定值。如果升高热源温度,发生终了的稀氨水溶液浓度就要降低,放气范围增大,循环倍率降低,溶液循环量减少。这时,发生器、吸收器热负荷均发生变化,首先是降低,热力系数增大。但当热源温度继续升高时,则发生器、吸收器热负荷又会上升,热力系数下降。

同样,在冷却水温度发生变化时,随着冷却水温度的降低,冷凝压力下降,自然发生压力也下降。吸收终了溶液温度的降低,使吸收终了氨水浓溶液浓度上升,结果放气范围增大,循环倍率降低。但这时发生器、吸收器、冷凝器热负荷均相应降低,这对氨吸收制冷装置的工作是非常有利的。

当用户冷负荷发生变化时,对采用载冷剂的系统表现在回入系统的载冷剂(盐水)温度的变化,对直接蒸发系统,则表现为蒸发器压力、蒸发温度的变化。当冷负荷减少时,由于蒸发压力的降低,使吸收终了氨水溶液的浓度降低,系统运行的放气范围减小,循环倍率增大,其他设备热负荷均增大,因而系统运行的热力系数降低。为了使装置的产冷量随用冷量进行相应的变化,就必须对氨循环量、溶液循环量等进行相应的调节。

2. 氨吸收制冷装置的控制

由于制冷系统的冷负荷及外界热源或冷源都可能随时发生变化,从而引起系统参数的变化。为了保证装置的正常运行,必须对这些参数进行控制。此外,为了了解系统的运行情况,掌握其技术数据及计量装置的生产指标,还应对一些参数进行指示或记录。目前,大型氨吸收制冷装置多考虑集中控制,重要参数实行自动控制。

(1)负荷调节

用户冷负荷发生变化时,要求装置的制冷量相应变化。制冷量变化反映在蒸发器里氨蒸发量的变化。这就要求氨循环量相应变化,从而引起吸收量、发生量等一系列变化。因此,负荷调节实际上是对氨循环量的调节,即对蒸发量、吸收量及发生量的一系列调节。这些调节是氨吸收制冷装置稳定运行的关键,目前多采用自动调节。

①蒸发量的调节(盐水温度或蒸发压力的控制)

用户的冷负荷变化时,对采用载冷剂的系统表现在载冷剂(盐水)温度的变化。对直接蒸发的系统,表现为蒸发器压力的变化。为了保持这些参数正常,必须调节装置的产冷量,即调节蒸发量。蒸发量的调节目前有下列几种方法:

(a)调节蒸发器负荷。在蒸发器的气氨出口设置气氨调节阀,以盐水出口温度(或蒸发器压力)为信号,控制调节阀,从而调节蒸发器的氨蒸发量,对进液膨胀阀也应做相应的调节。这种调节方案的优点是,调节比较直接,反应快;缺点是氨气压力损失大,运行经济性差,而且设置气体调节阀,尺寸大,造价高。

(b)调节吸收器的负荷。以盐水出口温度(或蒸发器压力)为信号,控制吸收器的吸收量。其方法是调节进入吸收器的稀溶液量,或是调节吸收器的冷却水量,或是同时调节两者,见图4-62。当进入吸收器的稀溶液量发生变化时,必然会影响到发生塔釜的液位,因此,以塔釜液位为信号,控制浓溶液的进塔量,除了保证塔釜液位稳定外,还对发生塔的负荷(进塔浓溶液量发生改变)进行了调节,可以分析控制流程是闭合的,也就是当冷负荷发生变化后,系统进行了一系列的自调,使系统的产冷量随用冷量变化而变化。这种调节方法的优点是调节阀的尺寸小,氨压力损失小,消耗指标低;其缺点是反应比较滞后。

(c)调节精馏塔负荷。以盐水温度(或蒸发器压力)为信号控制进入发生器的浓溶液量。这种调节方法是首先调节发生器的发生量,从而达到调节吸收量,最后达到调节蒸发量的目的。这种调节方案的优点是投资省,消耗指标低,塔釜液面较稳定;其缺点是调节反应滞后较大。

上述3种调节方法中,第2种方法应用较为普遍,调节效果较好。

②蒸发器液位控制

蒸发量的变化必然引起蒸发器液位的变化。为了保持蒸发器的正常液位,必须对蒸发器的供液量进行调节。同一般制冷装置一样,控制蒸发器液位或者采用浮球直接调节,或者采用液面调行器来调节。

(2)精馏塔的控制

由于冷负荷的变化引起系统氨循环量的变化,因此精馏塔的负荷也随之变化,而精馏塔负荷的变化引起精馏塔参数的变化。为了保证精馏塔的操作稳定,下列参数必须加以控制。

①发生器温度的控制

发生器终温的控制实质是控制发生量。当负荷(即溶液循环量)发生变化时,在发生器加热量不变的情况下,则会引起发生终温的变化,从而使稀溶液浓度变化,影响系统的稳定操作。为了保证发生终温正常,必须调节发生器的加热量,即以塔釜温度为信号调节发生器加热蒸汽量。

②发生器液位控制

当吸收器或发生器负荷(即溶液循环量)发生变化时,都会影响发生器液位的变化。控制发生器一定液位,对降膜式发生器可防止溶液面下降,使稀溶液带气,亦可防止由于液面上升浸没加热表面;对煮沸式发生器可保证必要的加热表面和溶液之间的换热。故维持一定的液位对精馏塔稳定操作十分重要。根据负荷调节方式不同,发生器液体控制采用不同的方法,或者调节稀溶液循环量,或者调节浓溶液循环量,如图4-73所示。

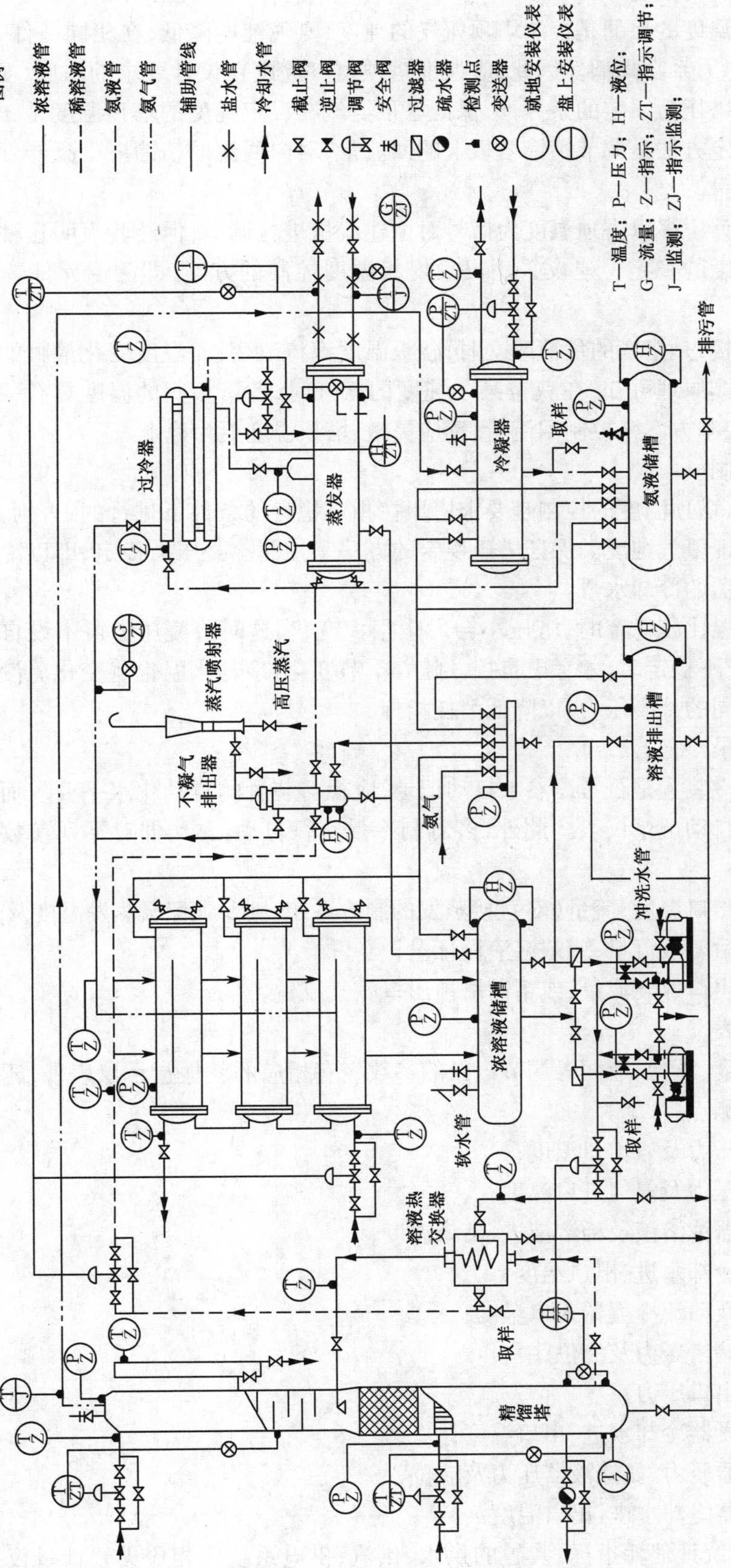

图4-73 单级氨吸收制冷工艺流程及控制原理图

③塔顶温度的控制

控制塔顶温度的目的是控制塔顶氨气的纯度,氨气纯度降低,在相同条件下,则制冷量会显著减少,热力系数降低。因此,应保证塔顶氨气纯度在设计要求的浓度(如99.8%)以上。而在精馏塔压力一定的条件下,保证塔顶氨气在设定纯度的塔顶温度是一固定值。控制塔顶温度恒定方法是调节精馏塔板上的回流量,对内回流的精馏塔冷凝器则调节其回流冷凝器冷却水量。

以往的设计中多以塔顶温度为信号对上述流量进行调节,但经验表明这种控制方案不易保证塔顶温度的稳定。建议采用灵敏塔板温度控制的方案,即测温元件装在塔的灵敏板上。

所谓灵敏板,是指塔的负荷改变时,各板温度都将改变,而温度变化最大的一块板即称灵敏板。从精馏原理可知,在获得某一纯度的氨气时,各塔板间的温度具有一定关系。因此,用灵敏板控制方案来控制回流量,反应灵敏,塔顶温度更为稳定。

④塔压控制

如前所述,塔顶温度的控制是要求塔压在相对稳定的条件下进行的;否则,仅控制塔顶温度仍不能保证氨气纯度。保证塔压稳定的方法是控制冷凝压力稳定,即以冷凝器压力为信号控制冷凝器的冷却水量。

在冷却水温比较稳定时,塔压小会发生很大变化,这时冷凝压力可不设自控。只有当冷却水温、水压不稳定时,才考虑自控。随着季节变化,冷却水温也将变化。设计应考虑不同季节采用不同的冷凝压力,以降低消耗指标。

3. 自动记录

氨吸收制冷装置是否考虑参数自动记录,应视对装置的自动化水平要求而定。一般自动调节都带有自动记录仪表。此外,多对制冷量实行自动记录,即对下列参数之一进行自动记录。

①盐水进出口温度、流量(对直接蒸发的制冷系统,则要求记录蒸发温度及蒸发压力);

②过冷器后氨液流量,或浓溶液循环量;

③过冷器出口氨气流量,或精馏塔顶出口氨气流量。

4. 指示仪表

除上述温度、压力、液面等调节记录的参数应有相应的就地指示仪表外,还应在系统下列各点设置检测点:

①蒸发器压力及氨出口温度;

②吸收器压力及氨气进口温度;

③热交换器浓溶液及稀溶液进、出口温度;

④吸收器冷却水进、出口温度;

⑤发生器及回流冷凝器入口温度;

⑥浓溶液储槽压力及液位;

⑦氨水泵出口压力;

⑧回流冷凝器冷却水进、出口温度;

⑨氨冷凝器压力、氨储液器压力及液位;

⑩氨冷凝器冷却水进、出口温度。

此外,为了统计消耗指标,装置的供水、供汽、供电系统应相应设置计量仪表。对大型制冷装置，上述检测点应尽量考虑集中指示。

5. 安全保护措施

为保证制冷装置在运行中一旦发生故障而自动停车或发出报警保护，下列各参数可考虑设置报警或保护设施：

①盐水温度下限；

②精馏塔压力上限；

③液氨储槽液位上、下限；

④浓溶液储液器液位上、下限。

四、溴化锂吸收式制冷系统的自控系统

溴化锂吸收式制冷机组的自动控制包括冷量自动调节、程序启停及安全保护装置等。冷量自动调节装置根据外界负荷的变化，可自动地调节机组的制冷量，使蒸发器出口冷媒水的温度保持恒定。程序启动和程序停止是根据溴化锂吸收式制冷机组的操作要求，按照一定的程序自动进行的。安全保护装置则保障机组的顺利运行或发出故障警报，并指示故障的原因和位置，以便操作人员及时地排除故障。溴化锂吸收式制冷系统有单效、双效，有直燃型、蒸汽型和热水型之分，但其控制的思路基本相同。本节仅对单效及直燃型的控制方法做一介绍。

1. 机组制冷量的自动调节方法

在溴化锂机组的正常运行过程中，其用冷量是随外界热负荷的变化而变化的，这就要求溴化锂吸收式机组的产冷量也要相应地变化，以满足变负荷的要求。在制冷原理等有关书籍中，已经具体地分析了影响溴化锂吸收式制冷机组性能的各种因素及制冷量的变化规律，同时也指出了调节冷量的途径。

溴化锂吸收式制冷机组是以消耗热能为制冷逆向循环的补偿过程来实现制冷的。加热介质的参数变化会引起制冷机组性能的变化。就加热蒸汽而言，蒸汽压力不稳定，制冷机组的运行就不稳定，冷量的自动调节也就难于实现。因此，稳定加热蒸汽压力是制冷机组正常运行，进而实现冷量自动调节的前提，也是必不可少的环节。

溴化锂吸收式制冷机组在一个稳定工况下运行时，意味着机组的产冷量与用冷量相等。如果外界用冷负荷发生变化时，而加热介质和冷却介质的参数不变，则蒸发温度将降低，制冷量下降，蒸发器出口处冷媒水的温度也随之降低。但随着蒸发器冷媒水出口温度的降低，机组的热效率将明显降低，经济性变差。当用冷量变化幅度较大时，使蒸发温度降低到 0 ℃时，制冷机组的正常运行将遭到破坏。因此，必须采用冷量调节装置来调节机组的制冷量，使制冷机组的运行具有较高的热效率，同时不至于因外界负荷降低过大而影响机组的正常运行。

溴化锂吸收式制冷机组制冷量的自动调节，是围绕保持蒸发器冷媒水出口处温度的恒定来设定的，一般采用的方法有：加热蒸汽量调节法、加热蒸汽凝结水量调节法、冷却水量调节法、溶液循环量调节法及彼此间的组合调节法。下面分别介绍这几种方法的工作过程：

(1) 加热蒸汽量调节法

加热蒸汽量调节法是以蒸发器冷媒水出口处的温度为信号，通过调节加热蒸汽量来改变制冷量的，如图 4－74 所示。当外界用冷负荷减小时，蒸发器冷媒水出口处温度降低。安装在

冷媒水管道上的感温元件(热电偶或铂电阻)会发出信号,经调节器和执行机构使调节阀动作。发生器的加热蒸汽量减小,且热负荷降低,使发生器出口处浓溶液的浓度降低,从而改变了机组运行时的放气范围,降低机组的制冷量,使蒸发器冷媒水出口温度回升至给定值。

此调节方法的优点是:调节元器件安装在蒸汽管道上,不涉及机组的真空系统,而且不和溴化锂溶液接触,因而调节元器件不受溶液的腐蚀,运行可靠。此外,当外界用冷负荷降低时,由于进入发生器的蒸汽量减小,发生器出口处浓溶液的浓度随之降低。这对于制冷机组运行过程中防止溴化锂溶液的结晶也是有利的。此方法的缺点是:当制冷机在低负荷(如50%以下)运行时,单位制冷量的蒸汽消耗量增大,即热力系数降低。

(2)加热蒸汽凝结水量调节法

这种调节方法与加热蒸汽量调节法相似,都是以改变发生器的热负荷来改变制冷量的。当外界用冷负荷降低时,蒸发器冷媒水出口温度降低,如图4-75所示。由安装在冷媒水管道上的感温元器件发出信号,通过调节器和执行机构使蒸汽凝结水管道上的调节阀动作,以减小凝结水的排泄量。这样,发生器管内的凝结水逐渐蓄积,减小了有效传热面积。因此,发生器热负荷下降,机组的制冷量也随之下降,直至蒸发器冷媒水出口温度恢复为给定值。

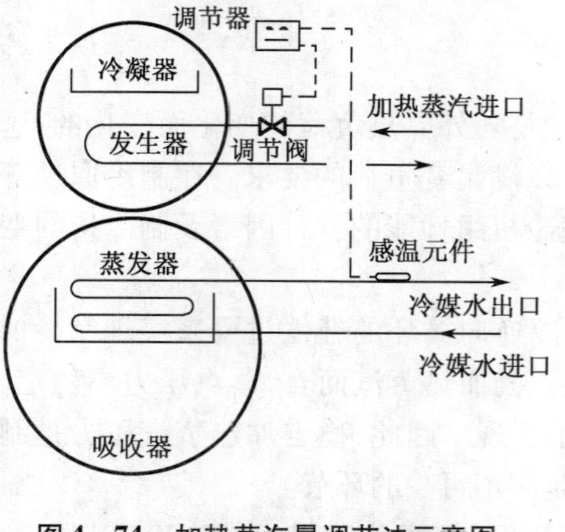

图4-74 加热蒸汽量调节法示意图

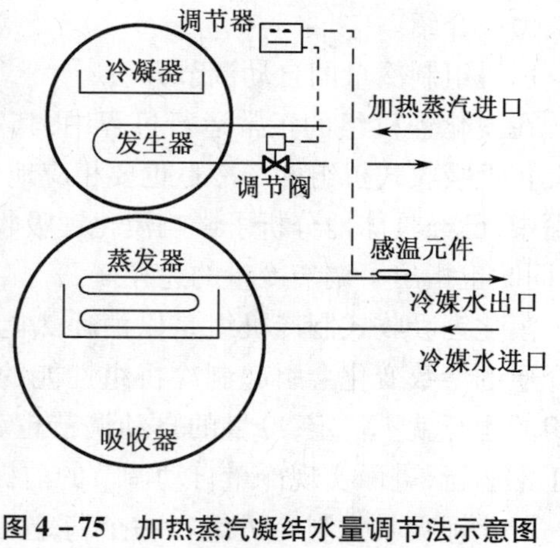

图4-75 加热蒸汽凝结水量调节法示意图

与加热蒸汽量调节法相比,此方法最大的优点就是凝结水管道直径小,且所选用的调节阀尺寸小,使整套调节机构外形轻巧且安装和维修方便。

(3)冷却水量调节法

这种调节法的原理图如图4-76所示。它通过改变冷却水量来调节机组的制冷量,从而使蒸发器出口处冷媒水的温度保持恒定。

当外界冷负荷降低时,蒸发器出口处冷媒水的温度降低。由感温元器件发出信号,经调节器和执行机构使调节阀动作,减小进入冷凝器的冷却水量,对吸收器、冷凝器冷却水串联的系统,进入吸收器的冷却水量液减小。因此,冷凝温度升高,抑制发生器的作用,减少冷剂发生量;吸收器冷却水量的减小,吸收终了溶液浓度增大,从而降低机组的制冷量。

冷却水调节阀安装不涉及机组的真空系统,从而没有泄漏问题和元器件的防腐问题,安全可靠。但是,采用冷却水调节法时,制冷量的调节范围较窄,通常仅在80%~100%。如果要把制冷量降得更低,就必须显著地减少冷却水量(如制冷量减少20%时,冷却水量要减少 50%）。在这种情况下，冷凝温度升高较大，冷凝器中传热管的结垢情况加剧，这对制冷机的运行是不利的。另外，单独调节冷却水量，则当外界负荷降低时，加热蒸汽的消耗量并不显著降低，而制冷量却明显地下降，即单位制冷量的蒸汽消耗量增大，热力系数降低，这是不经济的。所以这种调节方法一般与前两种方法组合使用。

冷却水量调节法的另一个缺点是冷却水管道比较大。由于与此调节法相对应的调节阀与执行机构的尺寸也比较大，所以整套调节机构比较笨重。

（4）溶液循环量调节法

如图 4－77 所示，发生器中加热蒸汽必须先把状态点 7 的稀溶液变热至饱和状态（点 5），然后把稀溶液浓缩，产生冷剂蒸汽，过程线 7—5—4 表示了这一过程。将流量为 m_a 的稀溶液从 t_7 加热到 t_5 所需的热量：$Q_L = m_a(t_5 - t_7)c_p$（其中 c_p 是温度在 $t_7 \sim t_5$ 的平均比定压热容）。在同一个条件下，可认为温差（$t_5 - t_7$）和平均比定压热容 c_n 为常数，那么 Q_L 与 m_a 成正比。当外界负荷降低时，若 m_a 不变，则 Q_L 几乎为定值，而制冷量 Q_0 降低。随着 Q_0 值的不断降低，Q_L/Q_0 的比值增大，单位制冷量的蒸汽消耗量增大，制冷机组的热效率降低。

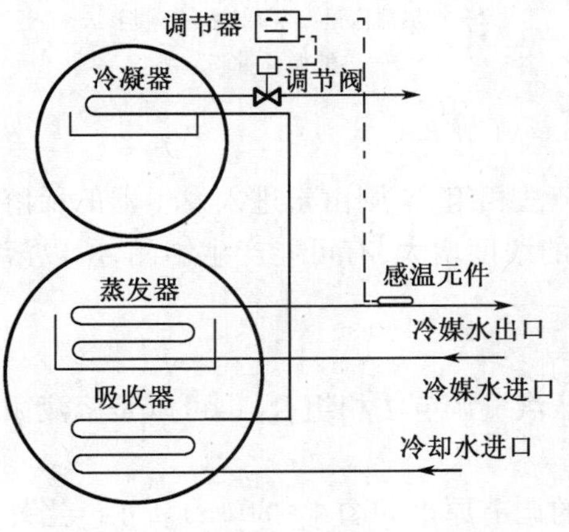

图 4－76　冷却水量调节法示意图

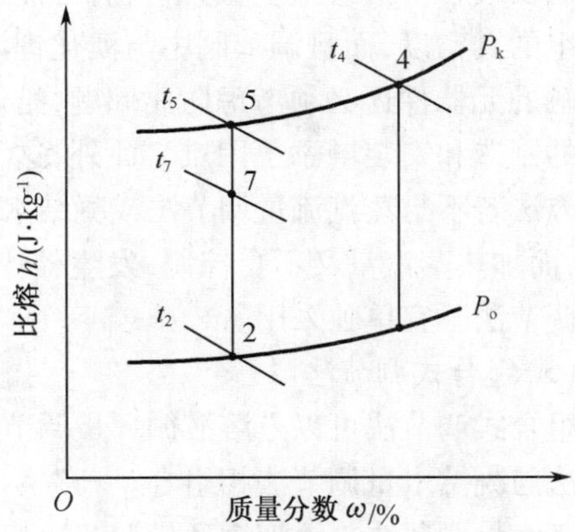

图 4－77　发生器中溶液的加热过程

所以，不论采用加热蒸汽量调节法、凝结水量调节法或冷却水量调节法，低负荷时，单位制冷的蒸汽消耗量都增大，即经济性降低。

采用溶液循环量调节法可克服上述调节方法所带来的缺点。当外界冷负荷降低时，通过感温元器件、调节器和执行机构，使安装在稀溶液管道上的调节阀动作，减少进入发生器的稀溶液量，如图 4－78 所示。随着 m_a 的减少，Q_0 降低，蒸发器出口处冷媒水的温度回升，直至恢复到给定值。同时，由于 m_a 的减少，循环中的热耗量 Q_L 也跟着减少，因而单位制冷量蒸汽消耗量不增加。

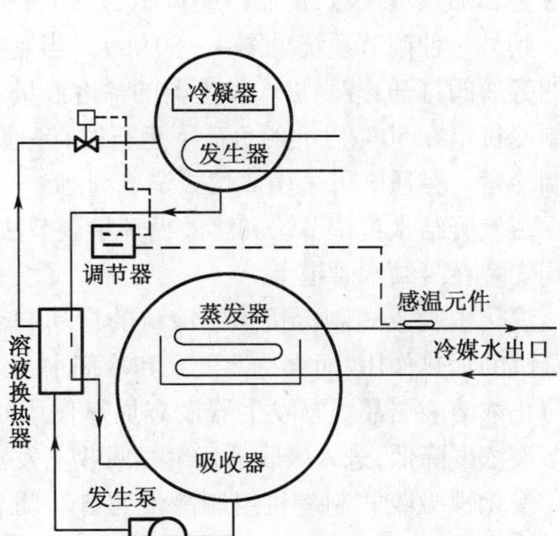

图 4－78　溶液循环量调节法示意图

实践表明，采用溶液循环量调节法的经济效果最佳。当制冷量从100%降低至10%时，单位制冷量的蒸汽消耗量几乎不变，如图4－79中的曲线3所示。图中，纵轴表示产生每千焦冷量所消耗的加热蒸汽量，横轴表示制冷量变化的百分率。曲线1和曲线2为采用冷却水量调节法和加热蒸汽量调节法（或凝结水量调节法）时，单位蒸汽消耗量与制冷量的变化关系。曲线1冷却水量调节法的经济效果较差，而当机组制冷量降低到50%以下时，曲线2蒸汽量的调节法的经济效果也明显下降。

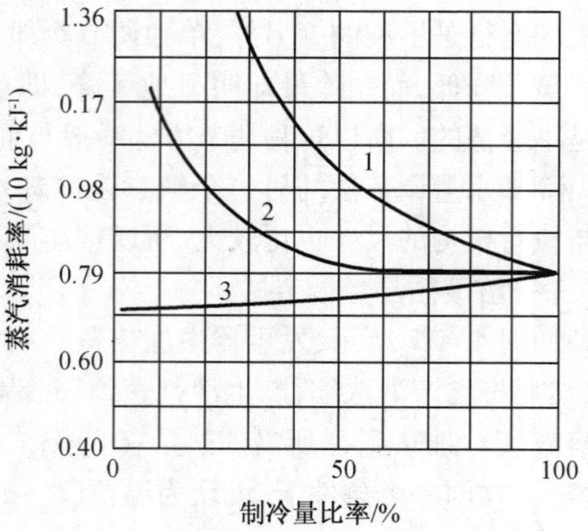

图4－79　各种冷量调节法与蒸汽消耗的关系图

1—冷却水量调节法；
2—加热蒸汽量（或凝结水量）调节法；
3—溶液循环量调节法

溶液循环量调节法的最大缺点是调节阀必须安装在溶液管道上，这不仅有可能影响机组的真空度，而且调节阀中与溴化锂溶液接触的元器件还必须考虑防腐问题，给调节阀的制造和安装增添了困难。此外，这种调节方法若不与蒸汽流量调节法或凝结水量调节法相组合，则由于进入发生器的稀溶液量减少，而加热蒸汽量又不受控制，发生器中溶液的浓度增大，有可能产生结晶，所以溶液循环量调节法不宜单独采用。

（5）组合式调节法

组合式调节法可以是溶液循环量调节法与蒸汽量调节法相组合，也可以是溶液循环量调节法与凝结水量调节法相组合。

蒸汽量调节法与溶液循环量调节法相组合的调节原理如图4－80（a）所示。当外界冷负荷降低时，通过蒸发器出口冷媒水管道上的感温元器件发出的信号来调节进入发生器的溶液量和加热蒸汽量，使制冷量降低，从而维持蒸发器出口处冷媒水的温度在给定的范围内。其另一种调节系统见图4－80（b）。当制冷机组在低于50%的负荷下运行时，将稀溶液的旁通阀打开，减少进入发生器的稀溶液量，即稀溶液旁通与蒸汽量调节法联合使用，而当制冷机组在50%以上的负荷下运行时，旁通阀关闭，仅依靠调节加热蒸汽量来改变机组的制冷量。旁通阀可采用双位式调节阀。

蒸汽凝结水量调节法和溶液循环量调节法组合方式的工作情况与上述相似，只是将调节阀安装在凝结水管道上。

溴化锂吸收式制冷机组制冷量的自动调节中，还包括稀释运行控制：稀释运行就是停止蒸汽的加热作用，而维持溶液泵和冷剂水泵继续运行，使系统中溴化锂溶液稀释，其目的是防止浓溶液结晶。当发生器没有加热作用时，在溶液泵的作用下，由发生器返回吸收器的溶液浓度降低，进入吸收器后继续吸收蒸发器来的冷剂蒸气，从而使系统的溶液被稀释。

溴化锂吸收式制冷机组制冷量的自动调节中，对直燃型机组能量的调节方法：以燃气型机组为例，对于直燃型机组来说，在全负荷条件下燃烧器将处于最大燃烧量的状态。当外界热负荷减小，冷媒水出水温度下降时，燃烧器将减小燃烧量以适应外界热负荷的变化。当所需燃烧器的热量低于最小燃烧量时，燃烧器将出现断续工作的状态。直燃型机组制冷

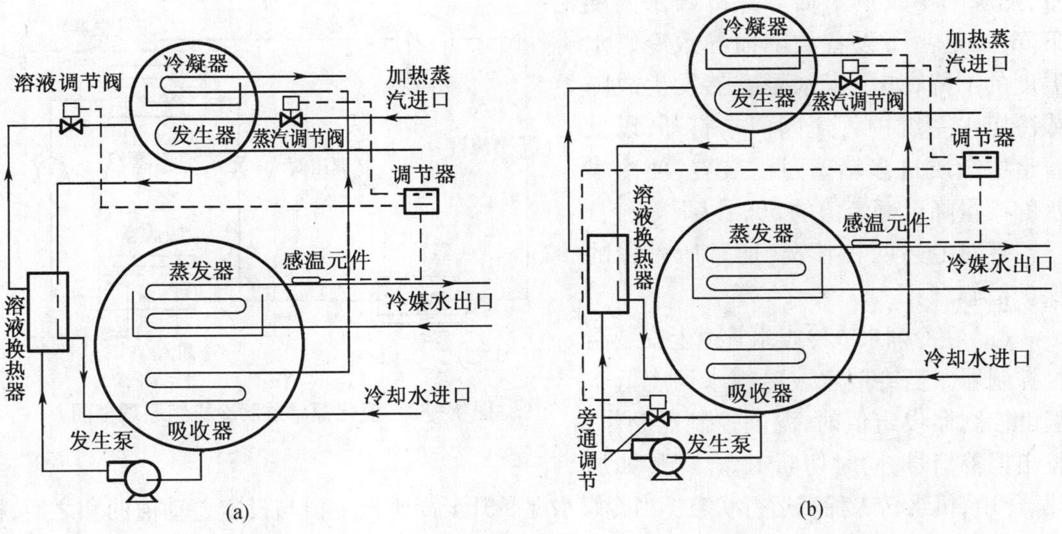

图 4－80　蒸汽量与溶液循环量组合调节法系统原理示意图

量调节的自动控制原理见图 4－81。它主要是由温度传感器、温度控制器、执行机构（调节电机）和调节阀组成的。为了保证燃烧器中具有一定的助燃空气，在燃烧管路和空气管路上同时设有流量调节阀，二者通过连杆机构保证同步动作。温度传感器安装在冷媒水进口或出口处，把被测冷媒水的温度与设定的冷媒水温度相比较，根据它们的偏差与偏差积累，控制进入燃烧器中的燃料和空气的量，以此来控制冷媒水温在一定的偏差内。

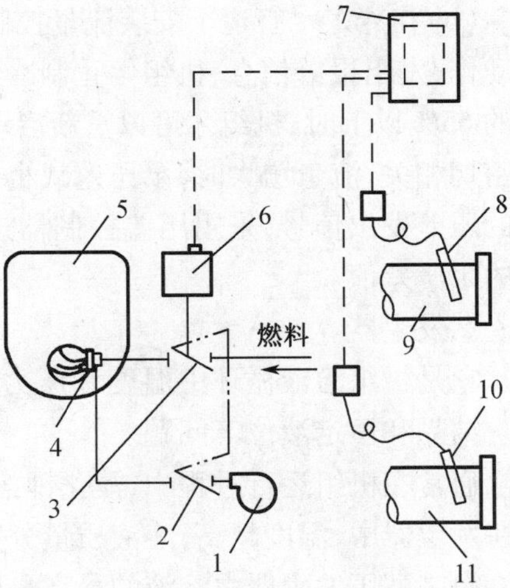

图 4－81　直燃型机组制冷量调节的自动控制原理

1—燃烧器风机；2—空气流量调节阀；
3—燃气调节阀；4—燃烧器；
5—高压发生器；6—调节电机；
7—温度控制器；8，10—温度传感器；
9—冷/热水出口连接管；11—冷/热水进口连接管

2. 机组安全保护系统措施

（1）蒸汽型溴化理吸收式制冷机组

以单效型机组为例，溴化锂单效制冷机组主要包括：发生器、吸收器、蒸发器、冷凝器及屏蔽泵等。其原理框图如图 4－82 所示。根据各部件自身的特点采取相应的安全保护措施。

①蒸发器

机组制取冷量和输出冷量的部件。由于溴化锂制冷机组使用水作为载冷剂，因此就要充分考虑水的结冰给机组带来的危害。当机组处于正常工况运行时，载冷剂所带走的冷量必须与机组的产冷量相匹配，才能使蒸发器内的蒸发温度和冷媒水出口的温度保持稳定。一旦载冷剂所带走的冷量小于机组的产冷量，冷煤水的温度就会逐渐降低。当降低到水的冰点温度时，就会产生冻结现象而导致蒸发器管子破裂，造成重大事故。

导致这种现象发生主要有以下两个原因：一是由于外界热负荷远远小于机组的产冷

量，热源来不及调节而导致冷媒水温度下降；二是由于设备故障而导致冷媒水温度的下降，如冷媒水泵突然发生故障或冷媒水系统中管道阀门未打开，以及管道中杂质过多堵塞过滤装置，使冷媒水的流量降至额定值的50%以下等。

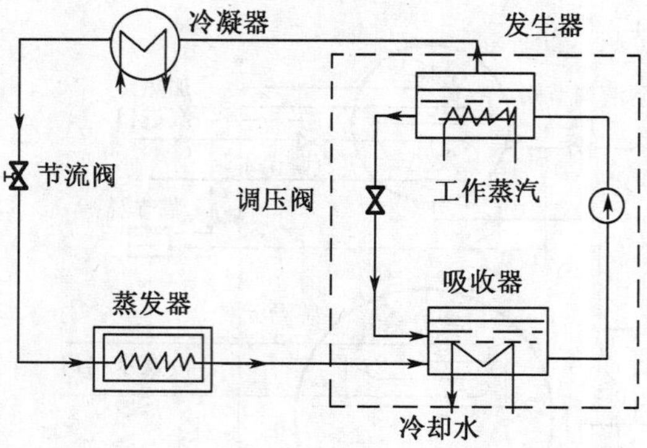

图4－82　溴化锂单效制冷机组原理框图

针对上述两种情况，通常所采用的保护措施有：

(a)在冷剂水或冷媒水管道上安装温度控制器。当冷剂水或冷媒水温度低于温度控制器设定值时，温度控制器动作，发出报警信号，同时切断工作热源(如加热蒸汽)，机组转入稀释运行状态。当冷媒水温回升至高于设定值与设定差动值的和之后，机组重新投入正常运行。一般冷剂水报警温度设定值为2～3 ℃，设定差动值为1～2 ℃；冷媒水报警温度设定值为3～4 ℃，设定差动值为1～2 ℃。所用温度控制器包括WTZK－50－c型温度控制器，新机型广泛采用温度传感器与PLC控制。

(b)在冷媒水管道上安装流量控制器，当冷媒水流量低于额定流量的50%时，流量控制器动作，发出报警信息，机组停止制冷运行。待冷媒水系统故障排除后，流量恢复到额定流量的65%以上时，机组才可以重新启动。另外，由于管道中的流量变化，与泵两端的压差变化密切相关，流量增大时，泵压差减小；流量减小时，泵压差增大。因此，也可用冷媒水泵两端的压差发出信号，采用压差控制器进行控制。这时，设定的压差值为上述设定流量所对应的泵压差值。

②发生器

它是机组溶液循环中温度和压力最高的部位。这里突出的安全保护是指溴化锂溶液的防结晶和恒定液位等问题。

通常在机组运行过程中，溴化锂溶液温度过高或质量分数过高，都会产生结晶现象，而且在发生器中，温度越高，溶液质量分数也越高。因此，要合理控制溶液温度。

限制高压发生器中溶液的最高温度，是保证溶液质量分数低于结晶范围的前提。防止结晶所采取的安全保护措施是，在发生器浓溶液的出口管道上安装温度控制器，进行发生器溶液超温保护。当发生器溶液温度高于设定值时，温度控制器触点动作，发出报警信号，同时切断加热源，机组进入稀释运行状态。待机组故障排除后，才能重新启动运行。

虽然控制了溶液的质量分数，但若稀溶液温度过低，也会在溶液热交换器、浓溶液出口处产生结晶(此处的局部换热温差过大)。为此，在发生器液囊中装有自助融晶管，并在融晶管上装有温度继电器。当融晶管处于高温状态时，表示机组中出现了结晶现象。温度继电器动作并报警，同时切断热源使机组转入稀释运行。

此外，发生器的液位必须被控制在某个范围内，因而在发生器内装有液位控制器。液位控制器可进行高液位和低液位保护。当发生器的液位超过规定的高液位时，溶液泵关闭；当发生器的液位低于规定的低液位时，溶液泵重新启动。在正常液位的工作范围内，也可通过变频装置控制溶液泵的流量，起到稳定液位的调节作用。

③吸收器和冷凝器

与发生器所采取的安全保护措施相类似，吸收器中的安全保护措施也是紧紧围绕着溶液的防结晶问题。

吸收器中的吸收热是通过冷却水带走的，冷却水的温度及流量就直接决定了吸收器的吸热量和吸收效果。吸收器容易形成溶液的结晶现象的原因如下：

(a)冷却水流量减少或发生断流，会使稀溶液质量分数升高而易发生结晶故障。

(b)冷却水温度过低，会导致溶液热交换器稀溶液侧温度过低，从而引起热交换器浓溶液侧结晶。

除发生结晶现象外，吸收器中冷却水温度过低，还会引起溶液质量分数下降等情况，使蒸发器冷剂水液体流量下降而影响冷剂泵的正常工作。

采取的安全保护措施有：

(a)在冷却水管道上安装流量控制器。当冷却水的流量小到一定值时(如减小到额定值的70%以下)，启动报警信号，同时切断热源，机组进入稀释运行状态。另外，与前面所述蒸发器中冷媒水管道上的流量控制相类似，也可在冷却水管道上安装压差控制器。通过冷却水泵进、出口之间的压差发出信号，控制压差控制器开关动作，达到监测冷却水流量安全保护的目的。

(b)在冷却水管道上安装温度控制器。控制器检测冷却水的出水温度，根据设定值确定偏差，再发出控制信号，使用二通阀或三通阀控制冷却水量的增减，以使冷却水出水温度基本稳定。另外，控制器检测冷却水的进口或出口温度，控制冷却塔风机的启停或转速，这样也可保证吸收器进水温度基本恒定。

④屏蔽泵

它是整个系统得以循环的动力，对机组的正常运行起着关键作用。它与常规泵相同，主要包括两种安全保护形式。

(a)吸空保护。泵的吸空现象主要是由于屏蔽泵工作时的吸入高度不够而引起的，特别是冷剂泵，其吸入高度随运行状态及运行工况而变化，更需进行吸空保护。保护方法是设置液位控制器，直接对蒸发器液囊液位进行控制。低液位时停止，高液位时启动。

(b)屏蔽泵电机的过流保护。该保护是在电路中安装热继电器或熔断器等保护装置。当屏蔽泵因故障而出现过载情况时，保护装置能够及时切断电源。有些屏蔽泵，电机线圈中安装有温度继电器，进行高温过热保护。

⑤机组

其安全保护主要涉及机组内的真空度保护，溴化锂机组是在高真空状态下工作的。一旦机组发生泄漏，系统将混入不凝气体，会使机组的吸收和蒸发效果大大减弱，使送往吸收器的稀溶液质量分数升高，导致发生器出口处浓溶液的质量分数过高而发生结晶故障。因此，为检测真空度及泄漏情况，并能够及时采取补救措施，在自动抽气装置集气筒中设置真空检测仪表，可随时监控机组内的真空度，一旦发现泄漏，可立即启动真空泵。

(2)直燃型溴化锂吸收式冷热水机组(以燃气为例)

直燃型机组与蒸汽型机组的主要区别来自于热源。它在许多部位上与蒸汽型机组具有同样的安全保护装置，但由于热源的不同，直燃型机组还需一些特殊的安全保护装置。

①安全点火装置

直燃型机组的燃烧系统分为主燃烧系统和点火燃烧系统。主燃烧系统是机组的加热源,它是由主燃烧器、主稳压器及燃烧控制阀等组成的,供机组在制冷或制热时使用。点火燃烧系统是由点火燃烧器、点火稳压器、点火电磁阀等组成的,其作用是辅助主燃烧器点火。点火燃烧器内设有电子打火装置。

启动时,点火燃烧器先投入工作,经火焰检测器确定正常后,延时打开主燃料阀,使主燃烧系统进行正常燃烧。一旦主燃烧器正常工作,点火燃烧器即自动熄灭。如果点火燃烧器点火失败,受火焰检测器控制的主燃烧器燃料阀将不会被打开,防止燃料大量溢出,发生泄漏或爆炸事故。

②燃气压力保护系统

燃气压力过高或过低,都会影响燃料的供给量和燃烧过程。燃气压力过低可能造成回火,压力过高会威胁管道系统。因此,机组工作时需要保持燃料压力相对稳定。

采取的措施是:在系统中安装燃气压力控制器。当燃气压力的波动超过允许的范围时,压力控制器立即动作,发出报警信号,同时切断对燃料的供应,停止燃烧过程,并使机组转入稀释运行状态。

③熄火自动保护系统

它的功能是当燃烧器在点火失败或正常运行过程中火焰熄火时,能够迅速切断对燃料的供给,并使机组转入稀释运行状态。

如果机组运行中,突然发生火焰熄灭,却没有及时切断对燃料的供给,燃料继续进入炉膛,当足够多的燃料在高温下自燃时(达到爆燃极限值时),则会引起炉膛爆炸。因此,熄火保护系统不但要可靠,而且要响应迅速。熄火保护系统的关键部件是火焰检测器。当它检测出熄火信号后,燃烧监视继电器动作,发出报警信号,同时切断对燃料的供应,机组转入稀释运行状态。

④烟气高温控制器

当烟气温度在 300 ℃左右时,机组将自动停止运行,防止管道系统损坏。

⑤风压过低自动保护

风压过低,说明送风系统阻力过大或发生泄露等故障,空气流量不足以维持正常的燃烧。因此,当空气压力低于 490 Pa 时,保护系统应及时切断燃料供给,停止燃烧过程,机组转入稀释运行状态。

⑥燃烧器风扇的过流保护

为防止燃烧器风扇故障,在燃烧器风扇电机电路中安装热继电器或熔断器等保护装置。若过载保护器动作,机组将自动停止运行。

溴化锂吸收式制冷机虽然设备比较庞大,但常规的控制还是比较简单的。在溴化锂吸收式制冷机控制内容、要求和基本控制方法基础上,其自动化控制水平不断提高,越来越多地使用微型计算机控制,可以实现复杂的调节规律,改善调节品质,并对运行过程实现最优控制以节省运行能耗。

五、溴化锂吸收式制冷机组的自动控制实例

随着现代控制方式与控制方法的应用,溴化锂吸收式制冷机组淘汰了使用常规仪表的落后控制方式,代之以采用可编程控制器与单片机等先进的微机控制方式,既可实现机组的能量调节、安全保护,又可实现机组的状态检测与故障预报等功能,同时还可实现机组的远程监控功能。溴化锂吸收式机组的微机控制系统如图 4-83 所示。

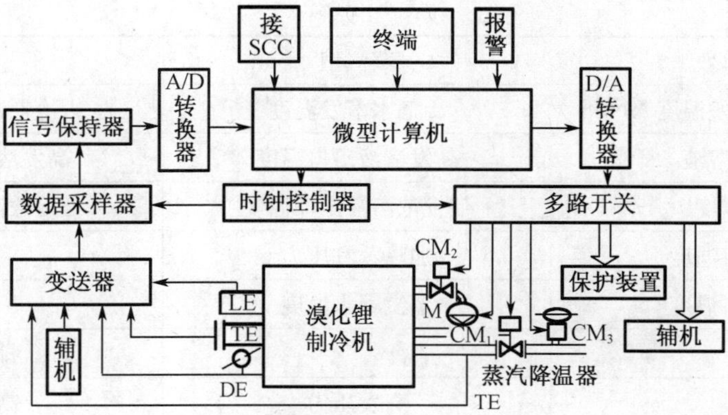

图 4-83 溴化锂吸收式机组的微机控制系统

SCC—计算机监控系统;DE—电流检测;CM—调节阀执行器;
TE—温度传感器;M—电动机变频调速器;LE—流量传感器

计算机控制系统的硬件主要由主机、接口电路、终端设备和传感变送元件等组成。被控参数通过传感器采集,并由变送器转换成统一的电压或电流信号,通过一个多路开关将各被测参数分别与 A/D 转换器相连,避免各信号相互干扰。另外,现场被测参数是连续变化的,微机采集是断续的,则要求被测参数未被采样时仍能维持一个定值,所以在多路开关后应设数据采样器和信号保持器。该信号由 A/D 转换器转换成数字量,进入计算机系统进行运算处理。运算后得出的控制数据由 D/A 转换器转换成模拟量输送给执行元件,同时还输出各种控制信号,并利用终端设备对机组的运行参数进行显示、打印、报警或更改设定参数等。按其实现的功能可划分为微机检测功能、微机预报功能、微机记忆功能、微机执行功能及远程通信功能。

1. 微机控制系统检测、预报和记忆功能的实现

(1)微机控制系统检测功能的实现

为实现机组状态监视、参数控制、故障诊断及安全保护等功能,微机控制系统必须对机组各部件中的主要参数进行连续检测与显示,同时也可对机组所处的运行状态进行监视。可连续检测的参数包括温度、压力、流量、质量分数等,表 4-3 列举了这些参数。

表 4-3 微机控制系统的主要检测参数

热水型(单效型)	蒸汽型	直燃型
冷水进口温度	冷水进口温度	冷水进口温度
冷水出口温度	冷水出口温度	冷水出口温度
溶液喷淋温度	溶液喷淋温度	溶液喷淋温度
冷剂水冷凝温度	冷剂水冷凝温度	冷剂水冷凝温度
熔晶管温度	熔晶管温度	熔晶管温度
冷却水出口温度	冷却水出口温度	冷却水出口温度
冷却水进口温度	冷却水进口温度	冷却水进口温度

表 4-3(续)

热水型(单效型)	蒸汽型	直燃型
冷剂水蒸发温度	冷剂水蒸发温度	冷剂水蒸发温度
发生器溶液	高发溶液出口温度	高发溶液出口温度
出口温度	低发浓溶液出口温度	低发浓溶液出口温度
热水进口温度	加热蒸汽压力	
热水出口温度	蒸汽凝水温度	
		排烟温度
	高发压力	高发压力
自动抽气装置压力	自动抽气装置压力	自动抽气装置压力
冷水流量	冷水流量	冷水流量
冷剂泵电流	冷剂泵电流	
	变频器频率	变频器频率
溶液泵电流	溶液泵电流	溶液泵电流

此外,机组的监测还包括对机组运行状态的监视,其主要内容包括机组控制方式、运行状态、液位、浓溶液运行状态、溶液泵运转状态、冷水泵运转状态等,详见表 4-4。

表 4-4 微机控制系统对机组运行状态的监视

<table>
<tr><td>控制方式</td><td colspan="2">制冷</td><td colspan="2">供热</td><td colspan="2">自动</td><td>手动</td></tr>
<tr><td>运行状态</td><td colspan="3">运行中</td><td colspan="2">稀释运行</td><td colspan="2">停止</td></tr>
<tr><td>高压发生器液位高度</td><td colspan="4">高液位</td><td colspan="3">低液位</td></tr>
<tr><td>浓溶液运行状态</td><td colspan="3">浓溶液温度</td><td colspan="2">结晶温度</td><td colspan="2">安全温度</td></tr>
<tr><td>溶液泵运转状态</td><td colspan="4">运转</td><td colspan="3">停转</td></tr>
<tr><td>冷水泵运转</td><td colspan="4">运转</td><td colspan="3">停转</td></tr>
</table>

在微机控制系统的数据显示中,除机组各运行参数、运行状态的直接显示外,还加入了许多直观的图形监视功能。如:参数动态流程图,它可将机组运行状态及各参数的实际值显示于系统流程图上。图 4-84 所示为机组运行过程中的浓溶液动态显示图,图 4-84(a)显示浓溶液结晶温度与安全温度,浓溶液当前所处的状态,即浓溶液的当前温度与浓度;图 4-84(b)显示出了浓溶液温度随时间变化的结晶线与安全线,从图中可明显看出机组所处的状态点与安全线、结晶线的距离,当浓溶液的状态点处在图中所示的虚线以上时,表示浓溶液处于安全范围内。

(2)微机控制系统预报功能的实现

为使机组更安全可靠地运行,微机控制系统充分利用了自身的优势,加入了对机组运行故障的预报功能,称之为故障管理系统。故障管理系统能够通过微机操作界面,在机组出现故障时,提示故障部位、故障原因和故障处理方法,使操作人员对故障的处理更快捷,提高了机组的使用效率和运行可靠性。微机的故障诊断方式有以下两种:

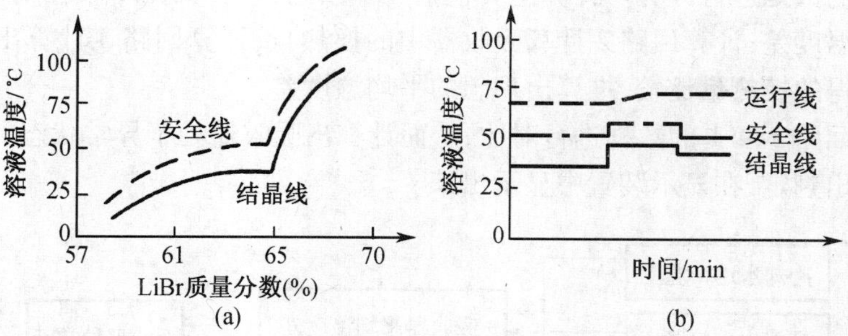

图 4－84　浓溶液运行状态显示图

(a)参数动态流程图形；(b)浓溶液动态运行图

直接诊断：通过对机组主要运行参数的采集，将采样值与设定值或规定值进行比较，得出相应的结论，这类故障内容见表 4－5。

表 4－5　溴化锂吸收式制冷机组的故障检测系统

热水型(单效型)	蒸汽型	直燃型
冷(热)水断水	冷(热)水断水	冷(热)水断水
冷水低温	冷水低温	冷水低温
溶液泵过流	溶液泵过流	溶液泵过流
	变频器故障	变频器故障
熔晶管高温	熔晶管高温	熔晶管高温
冷却水断水	冷却水断水	冷却水断水
冷却水低温	冷却水低温	冷却水低温
	高发溶液高温	高发溶液高温
发生器溶液高温	高压发生器高压	高压发生器高压
冷剂泵过流	冷剂泵过流	冷剂泵过流
热水温度高温	蒸汽压力过高	排烟高温
		燃烧器故障
冷剂水低温	冷剂水低温	冷剂水低温

间接诊断：通过对机组主要运行参数进行采集，根据这些运行数据及历史运行数据进行计算、分析，判断机组异常工作，或将要发生异常的设备或部件，实现故障预报的功能。

第二种方法能够综合分析系统，对各部件进行综合评价，保证机组的各部件时刻处于最佳的状态下运行，防止事故的发生，真正体现了微机控制的智能化，因此它是目前的一个研究热点，也是机组走向智能化的必然发展趋势。

图 4－85 所示为吸收器故障检测系统，是溴化锂冷水机组的异常检测系统的分支之一。控制程序如下：

①测量冷水、冷却水和吸收器溶液的一组温度与流量数据，包括冷却水中间温度、冷却水的进出口温度、冷却水流量、吸收器溶液进出口温度、冷水进出口温度及冷水流量等。

②将测得的数据进行计算。计算主要包括三个回路:计算回路1根据简单的四则运算计算实际平均温度差;计算回路2计算吸收器中的换热量;计算回路3计算出的制冷负荷,与回路2所算得的换热量比较,推算出理想的平均温度差。

③将计算回路3和1的数据进行对比,从而计算出吸收器处于异常状态的程度,通过故障判定回路做出判定,在显示装置中显示出来。

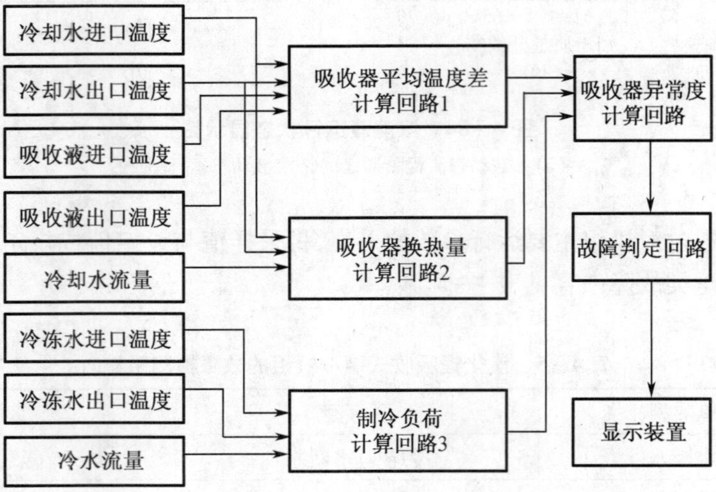

图4-85　吸收器故障检测系统

(3)微机控制系统记忆功能的实现

为便于机组的管理、运行经验的总结及机组运行趋势的分析、判断,微机控制系统设置了数据寄存单元,可寄存一些重要的数据。

微机所存储的机组资料包括机组的工作原理、基本操作方法、维护保养方法等,用户可随时查阅这些资料。运行记录数据包括机组累计运行时间、以往运行参数、机组故障发生次数、故障内容及故障发生时的具体参数记录等。此外,以往数据的记录还可以指示机组运行的趋势,如在浓溶液动态运行状态的分析中,可以通过对以往数据的记录,显示浓溶液运行趋势,预测机组未来的结晶状态(见图4-83)。

2. 微机控制系统执行功能的实现

微机控制的执行功能主要包括执行机组的自动控制功能和安全保护功能。自动控制系统包括单元控制系统和集中控制系统。单元控制系统可实现单机组的控制和安全保护;集中控制系统可实现多台溴化锂机组的集中监控。

(1)实现机组的能量调节功能

能量调节系统的目的,是使机组的制冷量时刻与外界所需要的热负荷相匹配。由于外界所需要的热负荷不可能一直恒定,因此就要求机组的制冷量也要做出相应的改变。溴化锂机组的制冷量是否与外界热负荷相匹配,首先体现在机组冷水出水温度的变化上,因此能量调节系统就是以稳定机组冷水出水温度为目的,通过对驱动热源、溶液循环量的检测和调节,保证机组运行的经济性和稳定性。由于机组热源的供热量将会使发生器中冷剂的发生量发生变化,使制冷量也会发生相应的变化,因此,机组制冷量调节系统,就是通过对热源供热量调节,保证冷水温度维持在设定点上。

①直燃机组的制冷量调节(以燃气为例,见图4－81)

对于直燃机组来说,在全负荷条件下,燃烧器将处于最大燃烧量燃烧。当外界热负荷减少,冷水出水温度下降时,燃烧器将减少燃烧量,以适应外界变化了的热负荷。当所需燃烧器的热量低于最小燃烧量时,燃烧器将断续工作。

能量调节系统的原理是:当被测量的冷水温度与设定的冷水温度相比较,根据它们的偏差与偏差积累,控制进入燃烧器中的燃料和空气的量,尽量减少被测冷水温度与设定冷水温度的偏差。控制器所采用的控制规律通常为比例积分规律,该调节规律具有反应速度快,能消除静态偏差的优点,能够获得很高的控制精度。

②蒸汽型、热水型机组的制冷量调节

与直燃式制冷量调节系统相类似,蒸汽型、热水型冷水机组的制冷量调节,也是通过调节热源的供热量来实现的,系统组成见图4－74。调节阀通过调节蒸汽或热水的流量,保证冷水的出水温度稳定在设定值上。在满负荷条件下,调节阀全开;当负荷减小,冷水温度开始下降,低于设定温度时,调节阀将调节蒸汽或热水流量以适应负荷的变化;当负荷减少到零,蒸汽或热水调节阀可处于全闭位置。

随着发生器获取热量多少的变化,发生器中溶液的液位也会随之变化。因此,发生器中要有液位保护和液位控制,以保持稳定的液位。这种调节方法调节迅速,但它通常要和溶液循环量的调节配合,共同完成制冷量的调节,以保证稀溶液循环量随着发生器获取热量多少的变化而变化,保证机组在低负荷运行时仍然具有较高的热力系数。

③溶液循环量调节

溶液循环量调节与机组的能量调节密切相关,当外界所需要的热负荷增大时,溶液的循环量也应增加;反之,溶液的循环量也会下降。溶液循环量调节主要有两种方法:

(a)通过安装在高压发生器中的电极式液位计检测溶液液位的变化,对溶液循环量进行控制。可通过溶液调节阀或变频器控制溶液泵转速来实现,使低液位时溶液循环量增大,高液位时溶液的循环量减少或溶液泵停止。在中间液位(正常液位)时,由安装于高压发生器中的压力传感器,检测高压发生器中的压力变化信号,或温度传感器检测高压发生器中浓溶液出口的温度变化信号,通过比例调节,改变进入高压发生器的溶液量。

(b)通过安装在蒸发器冷水管道上的温度传感器,检测蒸发器冷水温度,调节进入蒸发器的溶液循环量,使机组的输出负荷发生改变,保持冷水温度在设定的范围内。送往发生器的稀溶液循环量共有四种控制方法,见图4－86。

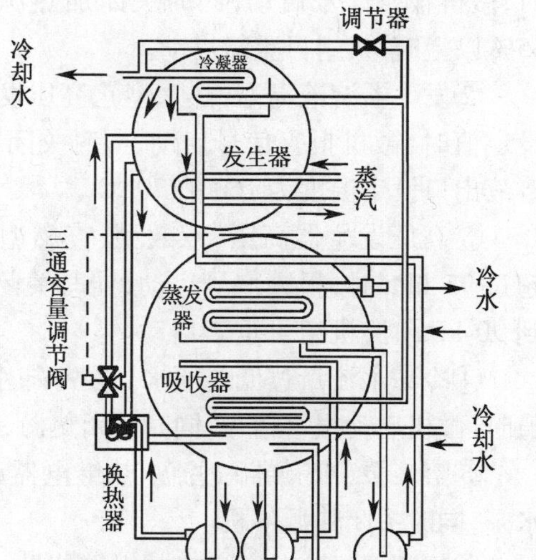

图4－86　送往发生器的稀溶液循环量的控制示意图

二通阀控制:一般与加热蒸汽量控制组合使用,放气范围基本保持不变。随着负荷的降低,单位传热面积(传热面积/制冷量)增大,蒸发温度上升而冷凝温度下降,因而热力系数上升,蒸汽单耗减少。但溶液循环量不能过分减少，若过分减少则会出现高温侧的结晶与腐蚀。

三通阀控制：不必与加热蒸汽量控制组合使用，与二通阀一样具有热力系数高、蒸汽单耗小等优点。但控制器结构较复杂，目前很少采用。

经济阀控制：一般与加热蒸汽量控制组合使用。负荷大于50%时，采用蒸汽压力调节阀；低于50%时，打开经济阀。经济阀是开、闭两位式，这种结构较为简单。

变频器控制：采用变频器改变溶液泵的转速，来控制输送到高压发生器的液体流量。流量调节比较有效，可以节约溶液泵所耗用的电能，且溶液泵的使用寿命长。其缺点是当变频器频率调节小到一定程度时，会使溶液泵的扬程小于高压发生器压力，影响机组的正常运行，因而频率调节的幅度受到一定的限制。

溶液循环量调节具有很好的经济性，但因调节阀安装在溶液管道上，因此对机组的真空度有一定的影响。

（2）实现机组的安全保护功能

微机控制系统执行安全保护功能，在系统出现异常工作状态时，能够及时预报、警告，并能视情形恶化的程度，采取相应的保护措施，防止事故发生。此外，还可进行安全性监视等。安全保护按故障发生的程度，可分为重故障保护和轻故障保护两种。

重故障保护是针对机组设备发生异常情况而采取的保护措施。这种情况下，系统故障发生，导致安全保护装置动作后，必须检测设备，查出机组异常工作的原因，待排除故障后，再通过人工启动，才能使机组恢复到正常运行。

轻故障保护是针对机组偏离正常工况而采取的一种保护措施，机组自动控制系统能够根据异常情况采取相应的措施，使参数从异常恢复到正常，并使机组自动重新启动运行。轻故障保护的主要保护内容有以下个几个方面：

①冷水流量过低或断水。在冷水管道上安装流量控制器，当流量低于额定流量的60%时，微机报警信号启动，同时关闭加热源，机组进入稀释运行。待故障排除，流量恢复到65%以上时，机组可重新启动。

②发生器溶液高温（热水型）、高压发生器溶液高温。当发生器或高压发生器温度高于设定值时，微机报警信号启动，同时关闭加热源，机组进入稀释运行。通常，高压发生器浓溶液出口设定温度为160～170 ℃。

③高压发生器高压（双效型、直燃型）。微机检测高压发生器中的压力，当这个压力超过95 kPa时，报警信号启动，同时关闭热源，转入稀释运行状态。待故障排除，压力降到90 kPa时，机组可重新启动。

④冷却水流量过低或断水。在冷却水管道上安装流量控制器，当冷却水流量小到一定值时，微机启动报警信号，同时关闭热源，转入稀释运行状态。

⑤溶液泵（变频器）过流。热继电器动作，微机启动报警信号，停溶液泵、冷剂泵、冷却水泵，同时关闭热源停机。

⑥冷剂泵过流。微机启动报警信号，停冷剂泵，同时关闭热源，转入稀释运行状态。

⑦燃气压力过高或过低。系统中安装燃气压力控制器，当燃气压力波动超过允许范围时，启动报警信号，切断燃料供应，停止燃烧过程，使机组转入稀释运行。

⑧烟气高温。机组将自动停止运行。

⑨燃烧器熄火。利用火焰检测器检测出熄火信号后，燃烧监视继电器动作，指示、报警、切断燃料供应，转入稀释运行。

⑩风压过低。使得空气流量不足以维持燃烧，保护系统将切断燃料供给，停止燃烧，机组转入稀释运行。

3. 实现机组正常与非正常启动、停机与再循环功能

溴化锂机组要实现正常的启动与停机，必须具有一系列的程序运行系统，主要包括程序启动系统、程序停机系统。程序停机系统又包括程序正常停机系统和程序故障停机系统。这些系统保证了溴化锂机组能够安全可靠、稳定经济地运行。

(1)程序启动

图4－87所示为蒸汽型程序启动框图，图4－88所示为直燃型程序启动框图。程序启动是指按顺序将冷水机组及相关系统由静止状态启动，投入运行状态。

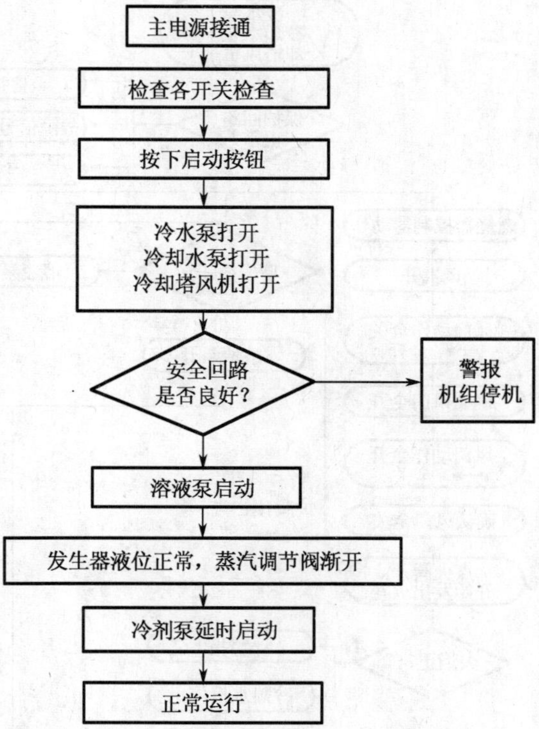

图4－87　蒸汽型程序启动框图

①蒸汽型程序启动步骤如下：

(a)合上主电源开关，接通机组及系统电源。

(b)发出启动指令，运转指示灯亮。该指令可由现场操作人员按键发出，也可由集中控制系统通过遥控方式操作。

(c)启动冷水泵与冷却水泵，安装在冷水管道与冷却水管道上的流量控制器动作，若流量在正常范围内，机组转入下步启动程序。同时安装在冷却水进口管道上的温度控制器动作，当冷却水温度低于低温设定温度时发出指令，调节冷却水流量，以防机组结晶；当冷却水温度高于高温设定温度时，启动冷却塔风机，进行冷却降温。

(d)设置的安全保护装置投入工作，对机组及系统的状态进行检测，确保机组安全进入启动状态。如果发生故障，机组停止启动，处于自锁状态。

(e)启动溶液泵。待发生器液位处于正常液面，热源控制阀缓缓打开，对溶液进行加热。

(f)启动冷剂泵。冷剂泵的启动控制常用的有两种方式：一种是以溶液泵的开动时间为依据，延迟若干分钟后启动；另一种由蒸发器上安装的液位控制器发出信号，当液位达到一定高度后自动启动冷剂泵。冷剂泵启动后，机组进入制冷状态。

②直燃型程序启动步骤如下：

(a)接通总电源。启动前检查机组与燃烧器开关位置，包括：直流电源“开/关”；溶液泵“自动/手动”；制冷与供热选择；能量控制“开/关”“自动/手动”；运行操作“遥控/直控”。

(b)打开燃料供应主阀。

(c)按下启动按钮，冷热水泵启动，冷却水泵和冷却塔风机启动。

(d)确定保护系统(冷水断水、高压发生器液位过低、烟气排烟温度过高等)正常工作。

(e)启动溶液泵，使发生器液位处于正常位置，并进行炉膛预扫气，检验燃烧控制器动作。

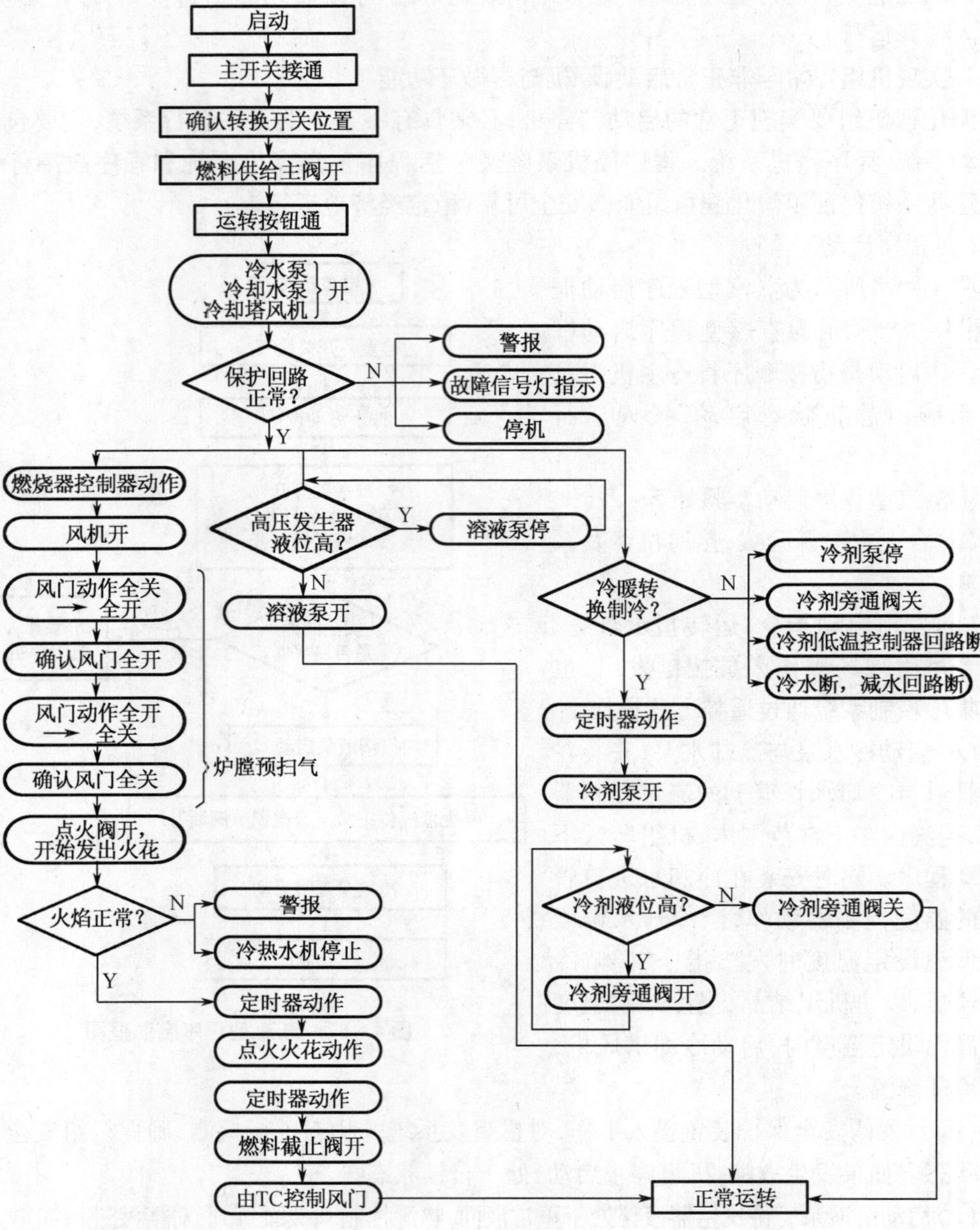

图 4-88　直燃型程序启动框图

(f)以溶液泵的开动时间为依据，延迟若干分钟，待发生器液位处于正常位置，按规定程序发出燃烧信号，进入安全检查及点火控制程序，点火完成开始燃烧。

(g)其余各项启动程序与蒸汽型相同。

(2)程序正常停机

机组的程序正常停机，是指机组及系统按顺序由正常工作状态转为停止状态的过程。

①图 4-89 所为示蒸汽型程序正常停机框图，正常停机步骤如下：

(a)操作人员按下“停止”按钮或控制器检测到外界所需要的热负荷太小。

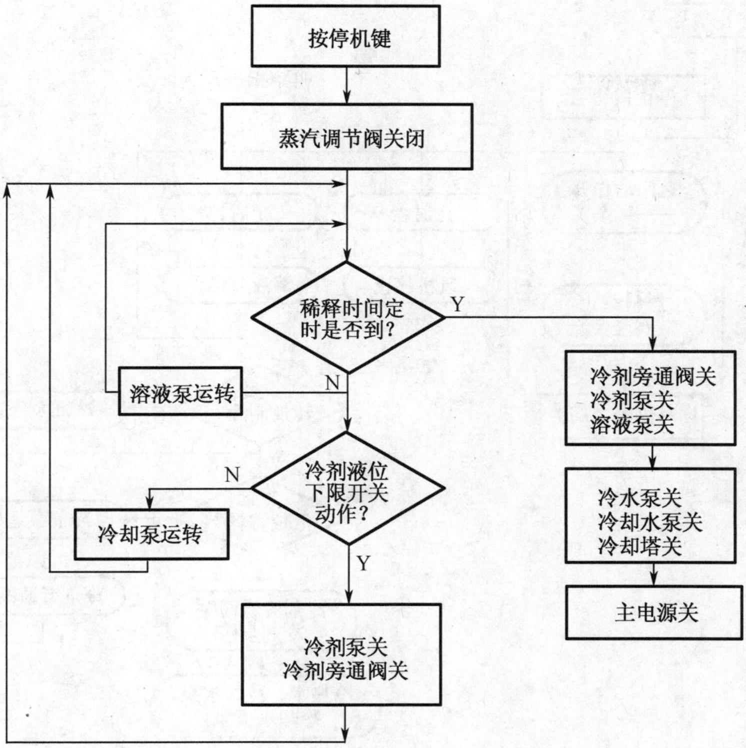

图 4－89　蒸汽型程序正常停机框图

(b)机组转入稀释运行,由控制器根据温度、时间或质量分数控制稀释过程,溶液泵、冷剂泵继续运转一段时间,使机内溶液充分混合。

(c)稀释时间(或温度)达到设定要求后,溶液泵和冷剂泵停止运转。

(d)冷水泵、冷却水泵和冷却塔风机关闭。

(e)闭合总电源开关,机组和系统处于静止状态。

②直燃型程序正常停机流程如图 4－90 所示,其体步骤如下:

(a)操作人员按下“停止”按钮或控制器检测到外界所需要的热负荷太小。

(b)燃烧器得到控制信号后转入小火,延迟一段时间后,关闭燃气阀,燃烧停止。

(c)如果是供热工况,冷剂泵一般不工作。如果是制冷工况,视是否到达冷剂稀释液位:没有到达,冷剂泵继续运转,冷剂旁通阀开;到达则冷剂旁通阀关,冷剂泵停。

(d)根据停机程序,检验高压发生器溶液温度,确定是否能停止溶液泵运转并关闭冷却水泵与冷却塔风机。

(e)如果机组是因为负载太小而自动停机,则冷水泵始终保持运行,以等待控制器重新发出的启动信号。如果是操作人员手动停车,则需要手动关闭冷热水泵、冷却水泵、冷却塔风机。

(3)程序故障停机

机组出现重故障时将导致故障停机。故障停机有两种程序:一种是机组不做稀释运转而直接停机,同时发出声光报警信号,有关的故障指示灯亮;另一种是机组稀释运行后再停

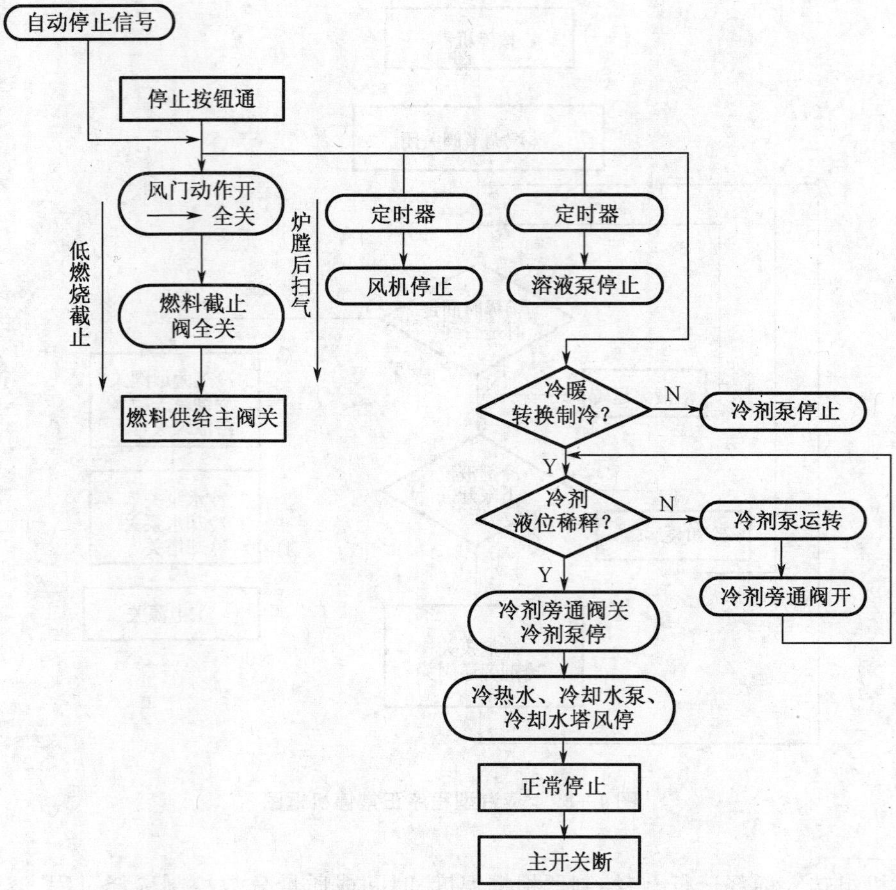

图4-90　直燃型程序正常停机框图

机,同时故障报警,有关的故障指示灯亮。

①蒸汽型机组故障发生后:

(a)不做稀释运行的故障包括:冷水断水或冷水量不足;屏蔽泵故障;冷剂水低温等。

(b)故障发生后,进行稀释运行的故障包括:蒸汽压力过高;高压发生器液位过高或过低;高压发生器温度过高等。

蒸汽型程序故障停机流程方框图如图4-91所示。

②直燃型机组故障发生后:

(a)不做稀释运行的故障包括:冷水断水或冷水量不足;屏蔽泵故障;冷剂水温过低等。

(b)故障发生后,进行稀释运行的故障包括:燃烧器熄火;高压发生器液位过高或过低;高压发生器溶液高温高压、燃气排气温度过高等。

程序故障停机流程框图如图4-92所示。

4.实现机组联控与远程监控功能

(1)机组的联控功能

微机控制系统能够根据外界所需要的热负荷,合理地调配多台机组,并能联动控制外部水泵与风机,使机组更经济、可靠地运行。

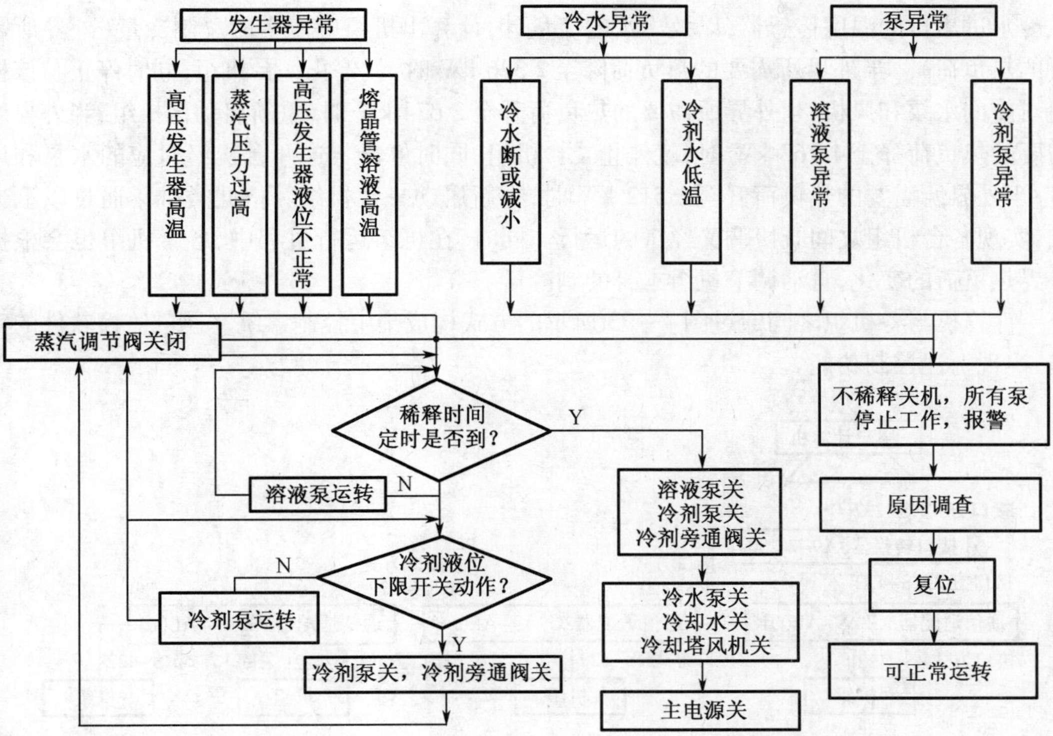

图 4－91　蒸汽型程序故障停机流程方框图

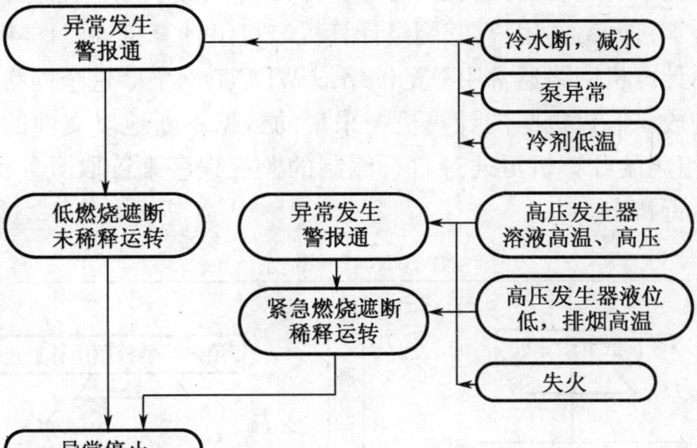

图 4－92　直燃型程序故障停机框图

例如:某用户 3 台机组制冷量 1 163 kW,总制冷量为 3 489 kW。机组运行过程中,通过安装在冷水进出口的温度传感器,以及冷水的流量计,计算出机组应产生的总制冷量(外界所需要的热负荷)。当外界所需要的热负荷降至 2 326 kW 时,就停止一台机组,同时停止与该机组对应的水泵和风机;当外界所需要的热负荷升至 2 674 kW 时,重新启动该机组;当外界所需要的热负荷降至 1 163 kW 时,就停止二台机组,同时停止与这两台机组对应的水泵和风机;当外界所需要的热负荷升至 1 512 kW 时,重新启动一台机组。依此类推。通过以上方式,实现各台机组之间既协调又经济的运行。同时,在机组运行过程中,各台机组也会根据外界热负荷的变化,自动调节机组本身的制冷量。

计算机与各机组之间通过图 4-93 所示的方式构成集中控制系统。通过监控软件的实施,实现上述控制功能。

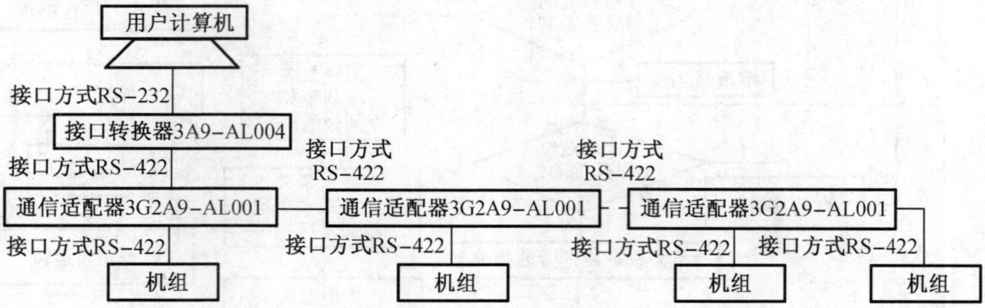

图 4-93　微机集中控制系统

(2)远程监控功能

集中控制系统还具有远程监控功能,通过多种方式实现对机组的监控。

①对已具备计算机网络的用户,其网络计算机与机组计算机通过图 4-94 所示方式连接进行通信。用户计算机网络通常用 NW 网络或 WINNT 网络。这个网络由多台计算机和一个总的服务器构成。监控机组的计算机把采集的数据不断地以文件的形式储存在服务器中,其他监视机组用的计算机可通过自行编制的监视程序来读取服务器中的数据文件,从而监视机组的运行状态。

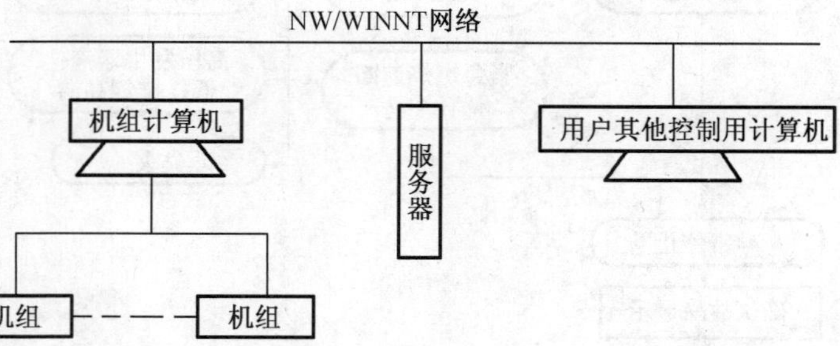

图 4-94　网络计算机与机组计算机通讯方式

②对于未具备计算机网络的用户,用户其他计算机与机组计算机之间可以通过图 4-95 所示方式相连接,进行监控。用户两台计算机均需安装 FAGMLAN 网卡,计算机之间通过双股双绞线连接进行通信。在这种情况下,用户其他监控计算机对机组计算机具有监视和控制功能。

③生产厂家服务中心的计算机与用户机组计算机之间通过电话线进行通信。在进行这种通信方式时，生产厂家与用户之间均需安装调制/解调器，双方均把要进行通信的数据信息通过调制/解调器转换成电话网信息进行相互联系，如图4－96所示。生产厂家计算机还可以在用户计算机允许的情况下，对用户计算机进行读写数据的操作，从而很方便地协助用户做好机组的调试、运行和维护工作。

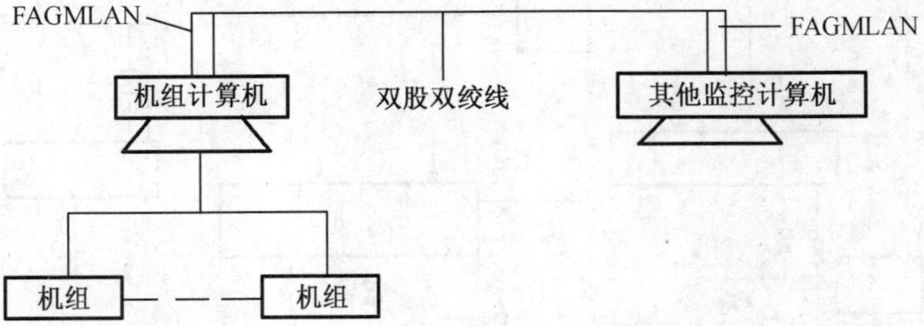

图4－95　其他计算机与机组计算机通信方式

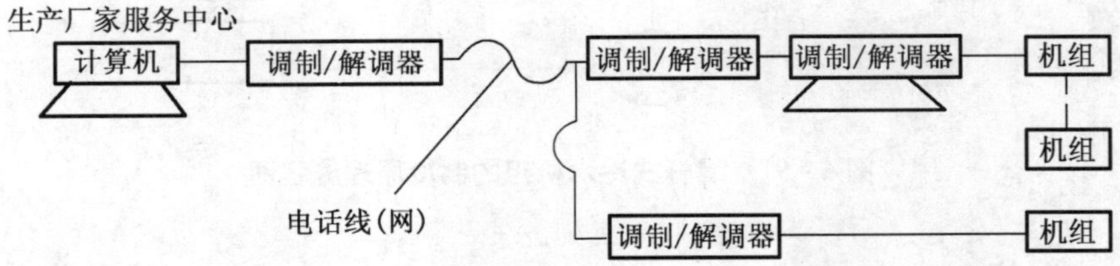

图4－96　生产厂家计算机与机组计算机通信方式

其他远程功能还包括以下几点：

①机组运行状态的分析。厂家服务中心可定期向用户拨打电话，对用户各台机组的运行状态及数据进行监视并保存，以便分析用户机组运行状况并对其运行情况提出合理建议。

②故障自动传呼功能。当机组发生故障时，机组能自动传呼生产厂家服务中心热线电话，或当地调试服务工程师的电话，可及时到现场分析和处理机组所出现的故障。

③机组参数和程序的传送。生产厂家服务中心可通过电话网，对用户机组进行参数设置和程序的传送。

六、螺杆式制冷机组的自动控制

螺杆式冷水机组应用较为广泛，制冷从大到小可适应各种场合需要，其自动控制多采用微电脑实现。除具有常规的能量调节及安全保护功能外，还具有机组的监视、故障诊断和远程通信功能。如图4－97为"特灵" RTHB型螺杆式冷水机组的工作原理流程图。

RTHB制冷机的特点是使用高效的节能器；满液式蒸发器能使蒸发器铜管保持清洁；电动机的液体冷却系统使电动机在较低温度下，连续满负荷地运转；电子控制的膨胀阀能使机组在部分负荷时最有效地工作，直接驱动，低速运转可减少机械传动损失。运行时，液体冷媒沿蒸发器长度方向均匀分布在每根蒸发器铜管的外表面上。冷媒蒸发时把流动在蒸

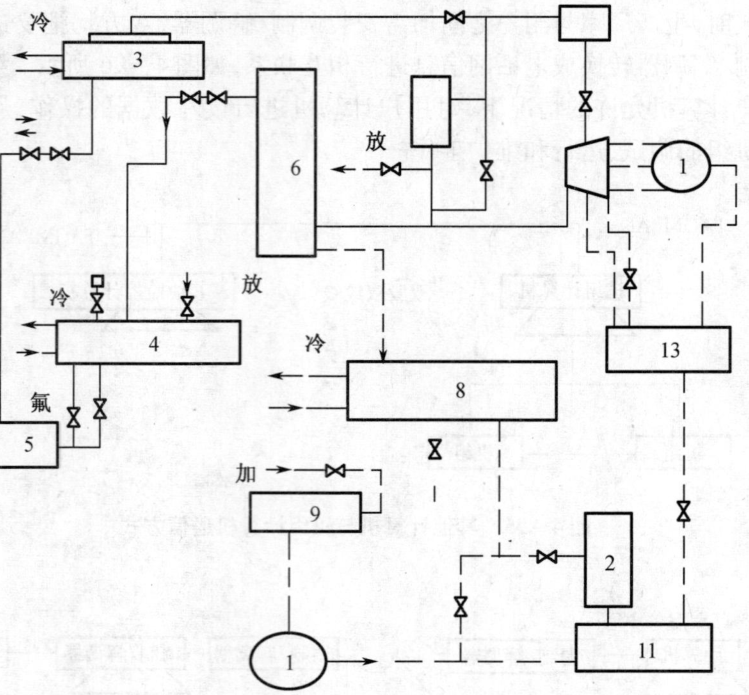

图 4－97　螺杆式冷水机组的制冷原理流程图

发器管中的水冷却。

气态冷媒经过蒸发器上部的挡液板，在压缩过程开始时被吸入压缩机。从蒸发器进入压缩机而被部分压缩的气体冷媒，与冷却电动机过程（节能器循环）中所产生的气态冷媒在压缩过程混合，混合后的冷媒被进一步充分压缩。然后，高温气体冷媒被排入冷凝器。

在冷凝器壳侧有若干折流板，使气体冷媒均匀地掠过冷凝器管束。由冷却塔来的循环水通过冷凝器管，从冷媒中吸收热量使冷媒冷凝为液态。

当冷凝后的液体冷煤离开冷凝器底部时，通过电子阀产生的压力降使部分液体冷媒蒸发。由此产生的气液混合态冷媒进入电机壳体，在那里均匀地环绕分布并冷却电机。这部分冷媒吸收了电机的散热后，其中有更多的液体“闪发”为气体。这时所有可用的气体冷媒都被“有效地利用了”，并直接送入压缩机壳体内的转子段，所有剩下的液体制冷剂通过电机壳底部离开电机，流过蒸发器上固定的节流孔板，并回到蒸发器。

由于除去了在电机冷却过程中和电子膨胀阀系统所产生的气体冷媒，降低了从电机流回蒸发器的冷媒的焓，这就增加了蒸发器的吸热能力，并且提高了制冷循环的整体效果。

1. 能量调节系统

螺杆式机组的能量调节主要从两方面入手：对压缩机的有效压缩量进行调节；对冷水温度进行调节。压缩机能量调节主要采用压缩机卸载的能量调节方法，热气旁通调节方式则作为辅助的调节手段，它可从满负荷的 10% 无级调节到 100% 。压缩机卸载装置由卸载滑阀组成，如图 4－98 所示。

滑阀被安装在压缩机缸体的底部，通过滑阀杆与油缸活塞相连。由于油缸两端的油压变化，使得活塞在油缸中移动时可以带动卸载滑阀移动。移动的滑阀改变了转子在起始压缩时的位置，从而减小了压缩腔的有效长度，也就减小了压缩腔的有效体积，达到了控制制冷剂流量，进而控制有效制冷量的目的。

由于卸载滑阀可停留在压缩机的任何位置，因此该调节可实现平滑的无级能量调节，同时吸气压力也不发生变化。滑阀两端的油压由两个电磁阀控制，见图 4－98 中的加载电磁阀和卸载电磁阀。电磁阀受微机发出的加载和卸载信号控制。压缩机卸载时，卸载电磁阀开启，加载电磁阀关闭，高压油进入油缸，推动油活塞，使滑阀向排气方向移动，滑阀的开口使压缩气体回到吸气端，减小了压缩机的输气量。压缩机加载时，卸载电磁阀关闭，加载电磁阀开启，油从油缸排向机体内吸气区域，高低压压差产生的力将滑阀向吸气端推动，从而使压缩机的输气量增大。

压缩机滑阀所处的位置根据冷水出口温度的大小进行控制。温度传感器，微处理器，加载、减载电磁阀，滑阀共同组成了对冷水温度进行控制的闭环系统。能量控制原理图见图 4－99。

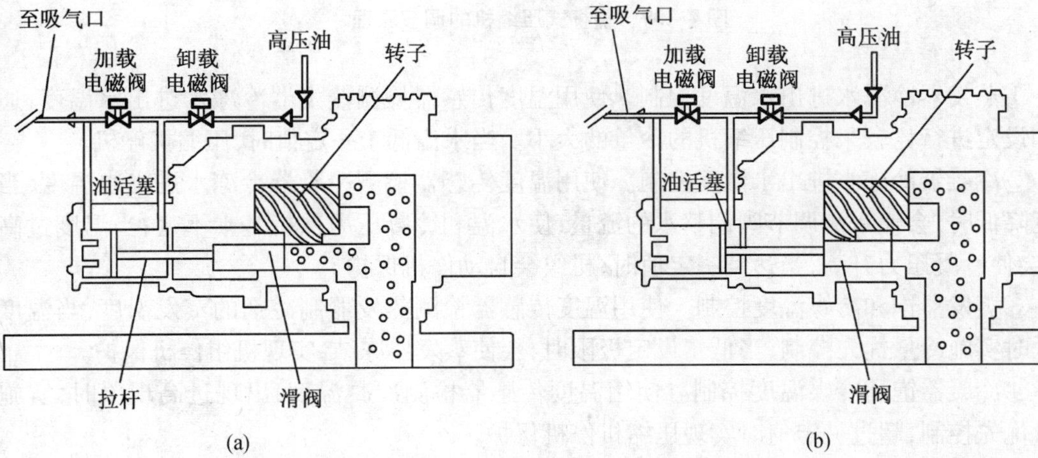

图 4－98　螺杆式压缩机的滑阀调节

(a)滑阀卸载位置；(b)滑阀全负荷位置

另外，机组还可根据冷水进水温度来调节滑阀。采用冷水的进、出口温度发信，均可以控制冷水的温度。这两种控制方式的区别，主要在于冷水的进口温度调节受外界负荷影响较大，机组控制反应迅速，但控制波动较大；采用冷水的出口温度控制，机组控制反应较慢，但控制波动较小。

当外界热负荷处于某一范围波动时，机组通过对压缩机的能量调节，能够将冷水的出水（或进水）温度保持在设定值上。但是当外界热负荷非常小时，滑阀处于最小能量调节状态，这时如果外界热负荷仍小于压缩机所产生的冷量，则冷水出口或进口温度将持续下降，当下降到一定温度时，控制系统将暂时关闭压缩机，待冷水温度恢复后，再重新开机运行。

2. 安全保护系统

机组设有一套完整的安全保护装置，执行这一安全保护任务的是微电脑。当机组发生故障并关机后，会在微电脑的显示屏上显示故障内容，同时在控制中心面板上进行声光报警，这些报警会记录在微电脑的存储器中，用户可在报警历史表中查找到该次故障信息。

螺杆式机组通常保护控制主要有以下几个方面。

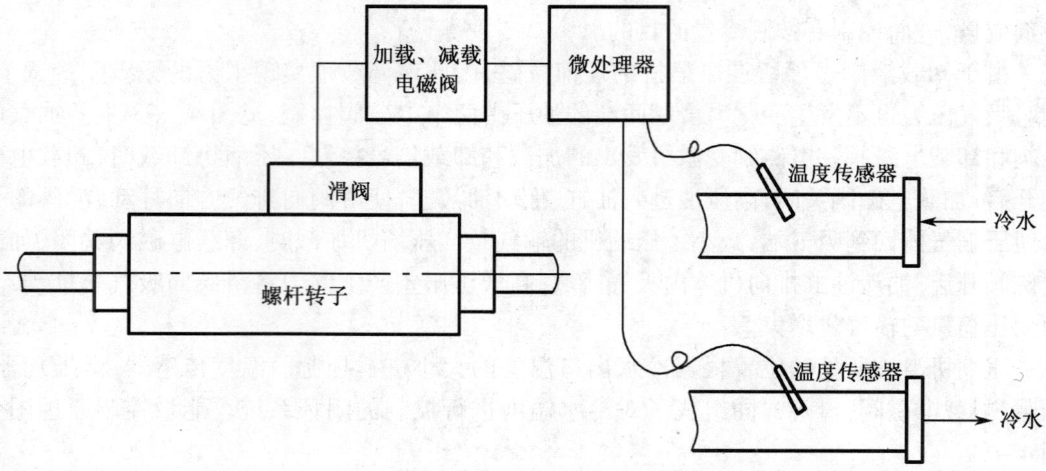

图 4-99 螺杆式压缩机的调节原理

①蒸发器冷冻水进出水温度控制。使用温度传感器检测蒸发器冷冻水进出水温度，通过和设定进行比较来控制压缩机的冷量的大小。当水温低于一定值时，压缩机停机。

②冷凝器冷冻水进出水温度控制。使用温度传感器检测冷凝器冷冻水进出水温度，当温度降低时，会使水流调节阀调整水的流量，使水温和冷凝压力保持基本不变；当温度过高时，会使冷凝压力升高，当达到一定值时，机组会自动停机保护。

③蒸发器饱和冷媒温度控制。使用温度传感器检测蒸发器制冷剂的蒸发温度，当温度过低时实施冷量优先控制，当低于设定极限时，会使蒸发器冻结，实现机组停机保护。

④冷凝器饱和冷媒温度控制。使用温度传感器检测冷凝温度，出现过高现象时，实施冷量优先控制，超过一定值时实现压缩机停机保护。

⑤压缩机排气温度控制。使用温度传感器检测压缩机的排气温度，当压缩机的排气温度过高时，进行压缩机停机保护。

⑥油压压差控制。使用油压压差控制器检测压缩机吸气压力和油压，使压差在规定的范围内，当压缩机油压过高或过低时，会引起压缩机动车的润滑不良，当油压过高，超过一定范围，说明油过滤器或油路可能堵塞，油压过低和油位过低均会引起压缩机供油不足。

⑦压力控制。使用高压压力开关，当排气压力超过设定值时，压力开关断开，实现压缩机停机保护；使用低压压力开关，当吸气压力低于设定值时，压力开关断开，实现压缩机停机保护。

⑧冷水流量控制。使用流量开关或压差开关连同水泵联锁来感应系统的水流。为保护冷水机组，在冷冻水回路和冷却水回路中，将流量开关的电气线路与水泵的启动接触器串联联锁。若系统水流太小或突然停止，流量开关的作用能使压缩机停止或防止其运行。

3. 程序与微机控制系统

(1)程序控制系统

为使机组安全、可靠、正常地运行，螺杆式机组的微机控制系统根据自身的特点，建立了机组的开机、停机与再循环程序。

①开机程序控制

机组开机后，微机要执行一系列的开机检查，确定机组各参数是否都在规定的范围内。如检验通过，则依次完成冷水泵开启、冷却水泵开启、冷水流量与冷却水流量检验等一系列程序，直至压缩机启动，机组进入正常的运行状态。

各种机组的开机程序基本相同，但在具体控制和检测上有其各自特点，例如“特灵”RTHB 型螺杆式冷水机组的开机是按如下程序进行的。

按下在机组控制箱上的自动（AUTO）按钮。此时，微处理控制系统将接通指令接点来启动冷冻水泵，检查重置程序并测试所有输入点，包括冷冻水流闭锁点输入。电子膨胀阀将检查动作以测定电子部分及机械部分完好。如果这时有故障被发现，清晰语言显示器将会显示诊断结果。如果没有发现任何故障，启动前的检测程序就会完成，并且将会显示机组操作的模式。微处理控制系统将会开始监测冷冻水出水温度，如果此温度高于设定温度加上启动温差，程序转入去启动机组。

首先，冷却水泵将被启动，并且卸载接点的线圈会被激励，油槽内油泵油加热会被关闭并且油路内主要的电磁阀将会打开。接着，微处理控制系统将会验证冷却水水流建立并且冷冻水流也继续建立。在此过程中，不同的操作模式和时间所留信息，将会显示当前的启动状态。

此时微处理控制系统将进入压缩机的启动程序。如果配备的启动器是 Y－△启动形式的，并且微处理控制系统的目录项目内有接触测试一项，构成 Y－△的接触器将在规定的计时范围内被激励以试验它们的接点的接触性能。否则的话，微处理控制系统将开始接触器的启动程序。对于 Y－△启动的启动柜，启动接触器将被激励并在微处理控制系统目录项目规定的时间延迟后，接触器触头闭合的转换动作会提供给电机绕组一个全电压，并且此时压缩机会加速到全速。对于全压的直接启动器，启动器微处理控制系统将简单地将压缩机接触器激励闭合以加速电机至全速。

一旦压缩机被启动，微处理控制系统会根据冷冻水出水温度来调节滑阀。同时，微处理控制系统将会计算出压缩机出口过热度以持续保持一个准确的数值，这些是基于冷冻水温度在蒸发器内的温度降，并且去调节电子膨胀阀以保持水温符合要求。

一旦冷冻要求已被满足，即冷冻水出水温度与设定温度减去指令停机的温度差，压缩机就会进入运行——不加载循环，卸载的电磁阀被打开以控制滑阀于卸载的位置，电子膨胀阀将处于全开启的状态。冷却水泵的接触器将保持闭合，到这个运行卸载循环结束。

再运行——卸载循环完成后，电机的接触器将会失电，油路主电磁线圈将会关闭，并且油槽加热器将被启动。冷冻水泵的接触器保持动作以使微处理控制系统能继续监测冷冻水系统的水温。以备再一次开始制冷循环。

②停机程序控制

机组接到手动关机命令后，按顺序，首先关闭压缩机，随后根据压缩机电动机电流的衰减情况，关闭冷却水泵，再延时关闭冷水泵。如果关机过程中出现某些异常，则关机程序将被改变。如关机时冷凝水进水温度大于某一温度，则微机控制算法将会另外决定主机停机后，何时关闭冷却水泵。

机组停机程序能够保证机组的正常停机。压缩机在低负荷工况运行时，可能会使机组循环关机。这是由于压缩机的最低制冷量可能会大于外界所需要的热负荷，当压缩机运行时，冷水温度持续下降，最终导致关机。等冷水温度回升后，再重新开机。这种循环称为再循环，完成这个功能的程序称为再循环程序。当机组处于再循环程序运行时，冷水泵将继续开启。

除手动关机外，系统还设有安全关机，即故障关机。它的关机程序与手动关机程序基本相同，所不同的是微机屏幕将显示关机的原因，同时报警指示灯连续闪亮。安全关机必须按复位按钮才能解除报警信号。

(2)微机控制系统

螺杆式微机控制系统主要由CPU、存储器、显示屏、模/数及数/模转换、温度传感器、压力传感器，继电器等部件组成。通过这些部件的协调工作，微机控制系统可以完成机组的温度、压力等参数的数据检测，进行故障检测与诊断，执行机组的能量调节功能与安全保护功能，运行机组的正常开机、正常与非正常关机程序。另外微机控制系统还具有存储功能，可供用户及维修人员查询机组运行的历史数据，同时机组还具有远程通信及监视功能。下面以“特灵”RTHB型螺杆式冷水机组的控制模块为例，来说明其基本控制功能。

①制冷机模块　它是机组的主要通信命令部分，对其他模块发出指令。它通过内部信息网络的处理系统收集从其他模块得到的数据、状况、诊断信息。制冷机模块负责处理水的温度，进行极限控制计算，根据制冷机的工作极限对其工作能力做出判断。制冷机模块具有记忆功能。对有效的给定值做出判断，并将其储存以防停电。输出和输入是指冷水系统的输出和输入，例如：蒸发器和冷凝器水的温度，蒸发器和冷凝水泵的控制，状况和警告继电器，及外部的启动/停止。

②线路模块　作为输入/输出的扩展，通常对冷媒和润滑剂的循环发出输出和输入的指令。

③步进器模块　它是用来驱动电子膨胀阀的步进电机。步进器模块有一个计算控制，根据从制冷机模块得到的设定值来控制压缩机出口的过热冷媒，计算控制输出转换成距离和方向信号来驱动电子膨胀阀的运动。步进器模块还有其他的输入/输出能力，用来支持步进器模块的功能，或者仅为输入/输出扩展名。

④启动器模块　它存放在压缩机驱动器柜里，在电动机启动运行和停止时，对启动器进行控制。启动器模块对Y-△形启动器、直接启动器、自耦变压器和固体启动器进行联系和控制，它还对电动机和压缩机提供保护，例如在过载、反相、缺相、相不平衡和瞬间停电时提供保护。

⑤清晰文字显示器　它装在冷水机组上，它显示冷冻机的数据，通过操作/维修控制中心来显示设定数值和冷冻机的设定信息。所有的信息都被储存到制冷机模块的永久性记忆里，显示器和制冷机模块一同工作来显示和储存永久性信息。

⑥打印机接口模块　它提供预先编制的记录信息给打印机，接口通过语言显示屏设定程序，在出现一个诊断时/或一个设定的工作阶段，根据命令打印制冷机报告。

(3)机组的群控与远程通信

冷水机组的群控结构图见图4-100。冷水机组的微电脑控制屏通过RS-485接口，把信息传送到冷水机的通信接口，多个通信接口的RS-485串联连接，把信息送到中心控制器。

中心控制器可以集中监控冷源系统中的所有设备，包括：监测冷水机运行状态和故障；远程设定冷水机的冷冻水出水温度和满负荷电流；遥控冷水机的开停；监控冷水泵、冷却水泵、冷却塔的状态、故障和开停；监测冷源系统冷水供水，回水的温变、流量和压差，并可调整这个压差，监测冷却水总供水、回水的温度，监控各分支冷水、冷却水路的电动蝶阀等。

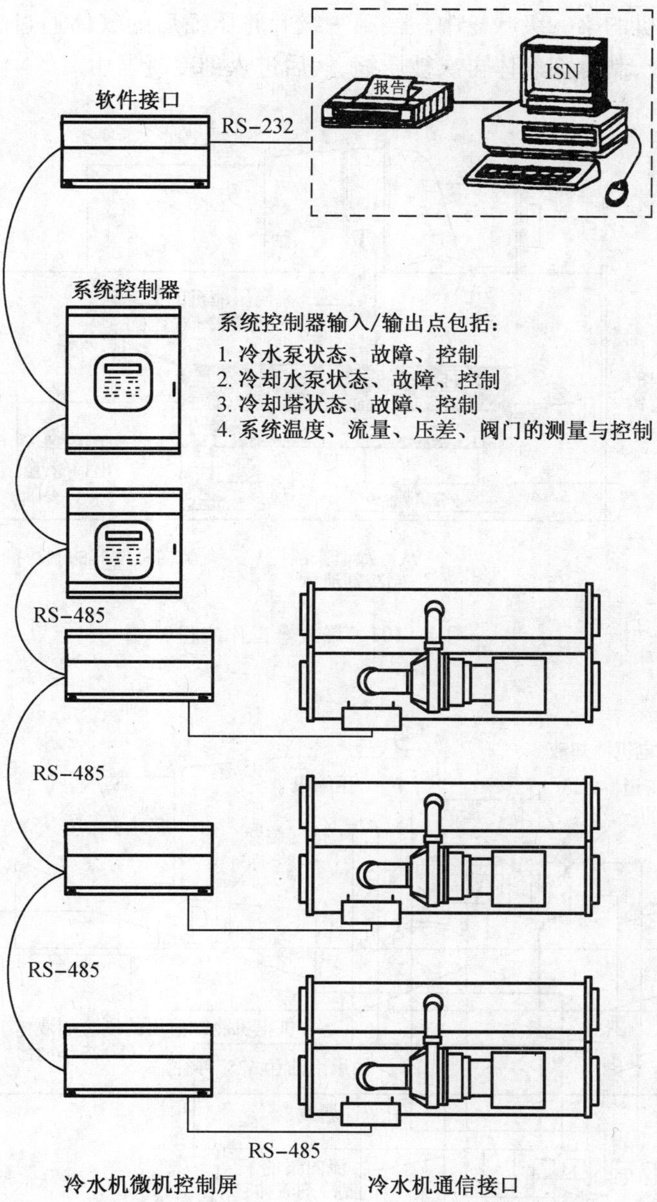

图 4－100　冷水机组的群控结构图

七、离心式制冷机组的自动控制

在大型空调用制冷系统中，离心式制冷机组的使用也比较广泛。下面以恒速驱动的离心式冷水机组（特灵 CVHF）为例，叙述离心式机组所采用的自动控制方式。机组采用微型电脑进行控制，实现机组的能量调节、安全保护及故障检测和程序控制。

特灵 CVHF 双级离心式制冷机组工作流程如图 4－101 所示。当 CVHF 工作在制冷模式时，制冷剂液体沿着蒸发器长度方向分布，通过分布器的小孔喷洒下来，均匀地覆盖蒸发器中的每一根管子。液体制冷剂从蒸发器管内流过的冷媒水中吸收足够的热量而不断蒸发，通过气液分离器从制冷剂气体中分离出液滴后，制冷剂蒸汽经第一级可调进口导叶叶片，被抽入到压缩机的第一级叶轮中。经第一级叶轮压缩后的气体通过二级可调进口导叶叶片再进入第二级，制冷剂气体再次被压缩，然后进入到冷凝器中。

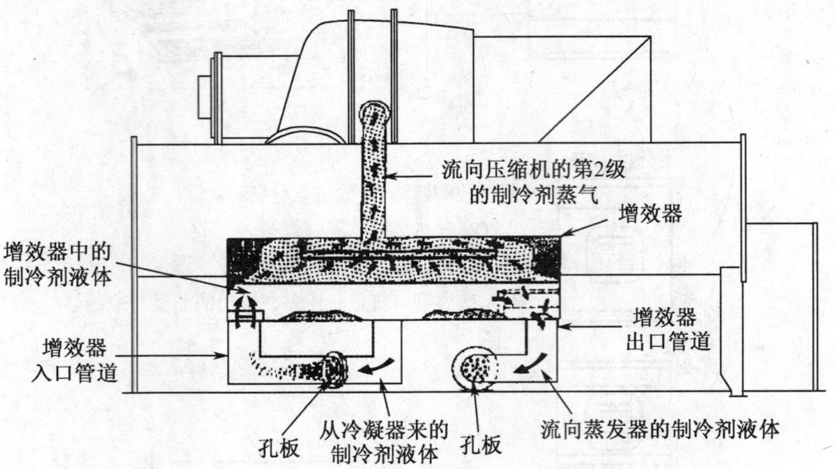

图 4-101 增效器工作流程

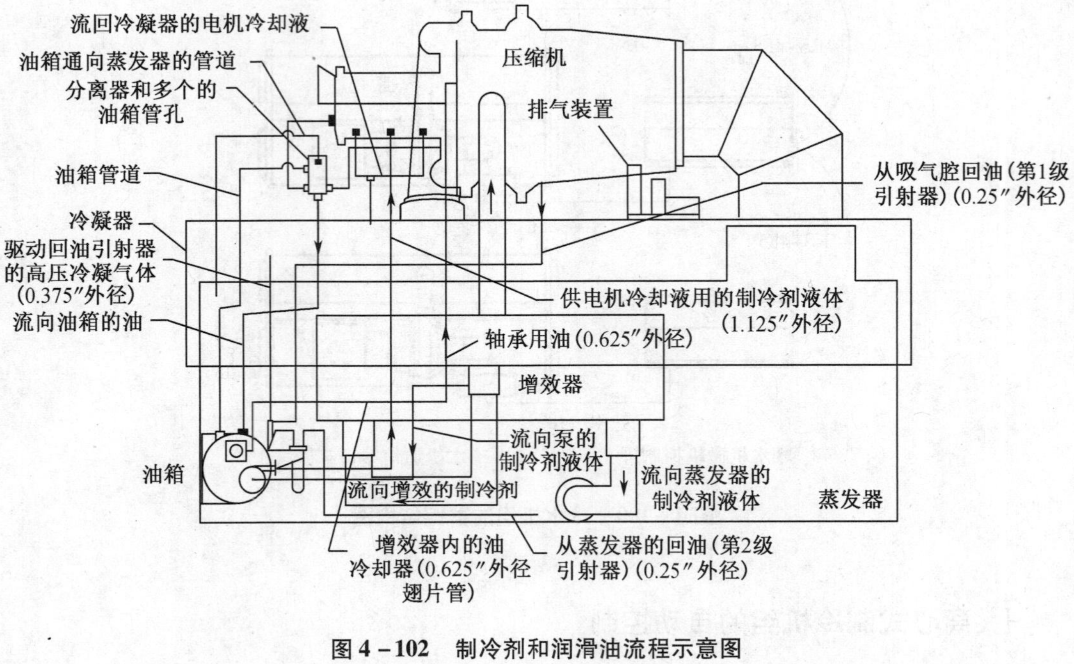

图 4-102 制冷剂和润滑油流程示意图

冷凝器中的挡板使得制冷剂气体均匀地通过冷凝器的管束。经过冷却塔的冷却水在冷凝器管道中循环，从制冷剂中吸收热量，使制冷剂冷凝。液体制冷剂从冷凝器底部流出，通过孔板节流进入到经济器中。通过经济器可以消除所有制冷剂的过热蒸汽，过热蒸汽流进二级压缩，从而减少了制冷循环的能耗，如图 4-101 和图 4-102 所示。由于孔板的节流压降作用，一些制冷剂液体会闪发为气态，因而进一步降低了制冷剂液体的温度。闪发的制冷剂气体直接从经济器进入到压缩机的第二级，所有剩余的制冷剂液体通过另一个孔板进入蒸发器。

1. 能量调节系统

离心式机组是通过调节压缩机可调导叶的开度大小，来进行压缩机能量调节的。通常可调导叶被安装在压缩机叶轮的进口处，通过调节导叶的开启度，就可调节进入压缩机的蒸汽量，从而调节制冷量，图 4－103 示出离心式压缩机及可调导叶所处的位置示意图。

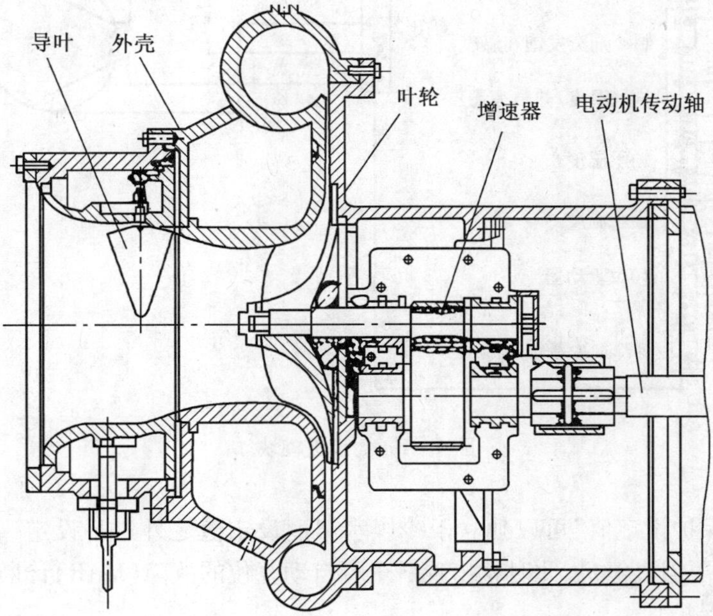

图 4－103　离心式压缩机的导叶调节

压缩机可调导叶的开闭位置受冷水的出口温度控制。机组投入运行后，将根据冷水的出水温度（即外界热负荷）的大小，自动调节导叶开度。当外界热负荷减小到压缩机能量调节的最小范围时，机组将自动关机。

测量冷水出水温度的温度传感器、步进模块（1U3）、微型计算机、电动执行机构（步进电机）及导叶，共同组成了机组的反馈能量调节系统，如图 4－104 所示。

除上述全自动控制外，机组还具有手动调节功能，可随时手动调节导叶的开闭。

2. 机组安全保护与故障处理

（1）制冷剂低温保护

制冷剂低温保护控制是为了避免由于蒸发器内制冷剂温度过低而出现的冷媒水结冰现象。当达到制冷剂低温保护点时，冷水机组会停机保护，并且显示相关的信息。

当“制冷剂低温保护设定值”与冷媒水温度设定值出现冲突时，UCP2 会在显示屏上显示相关的信息。“制冷剂低温保护设定值”和冷媒水温度设定值都是可以调节的，并且都在面板上有显示，它们之间的最小差值是 15.5 ℃。

（2）冷媒水出水温度保护

出水温度保护是一个保护冷水机组的安全控制，它可以防止出现冷媒水结冰现象，避免损坏蒸发器以及冷水机组。出水温度保护的设定值可以在维护设定菜单里设定调整。

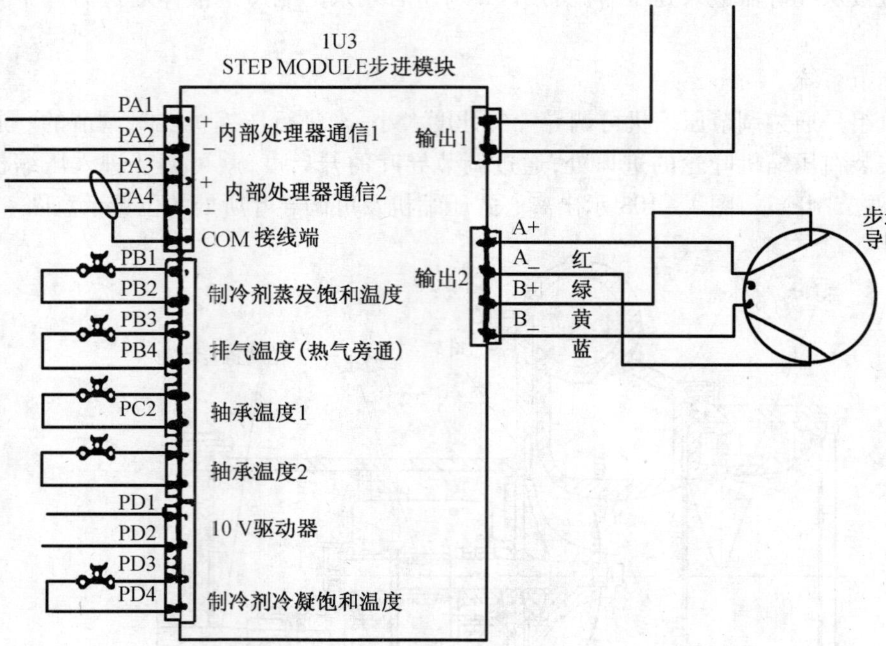

图 4－104　步进模块

“出水温度保护设定值”可以独立于冷媒水温度设定值之外进行设定。当出现出水温度保护时它会使压缩机停机，此时就出现一个可自动复位的故障（MAR）诊断。

（3）油压差保护

通过微处理器检测油过滤器后面进主机的油压与蒸发压力的差值，确定供油压力，当这个值小于某一值时，即停机报警。

（4）冷凝器高压保护

机组使用冷凝器温度传感器，转换成相应的饱和压力，使机组发出限制导叶行程的命令，改变制冷量，从而使冷凝压力降低。当冷凝压力高于某一值时，通过高压保护器的自动断开，使机组停止工作，进行故障报警。

（5）真空保护

离心式机组工作在真空状态下，容易产生不凝性气体，一旦机组中出现不凝性气体，就会影响机组的性能。通过微压差传感器的间接检测，测量冷凝器中不凝性气体的含量，控制抽气回收装置的开与停，保证机组的运行性能。

此外，还有主机电机温度保护、油温保护、主机电流控制等。

3. 程序控制系统

机组的程序控制，包括机组的开机程序、正常关机程序与故障关机程序。开机程序包括在全自动状态下正常启动及循环启动。正常启动即是机组的起始开机，循环启动即是机组在冷水低温停机后的再启动。

正常启动需要操作人员按下机组“运行”按钮，当机组接到这指令后，即按顺序依次开冷水泵、冷却水泵及油泵，并检测冷水泵、冷却水泵的流量是否正常，油压是否正常，随后延时开主机。主机根据冷水出水温度自动调节导叶，进入正常的反馈控制阶段。开机的程序框图见图 4－105。

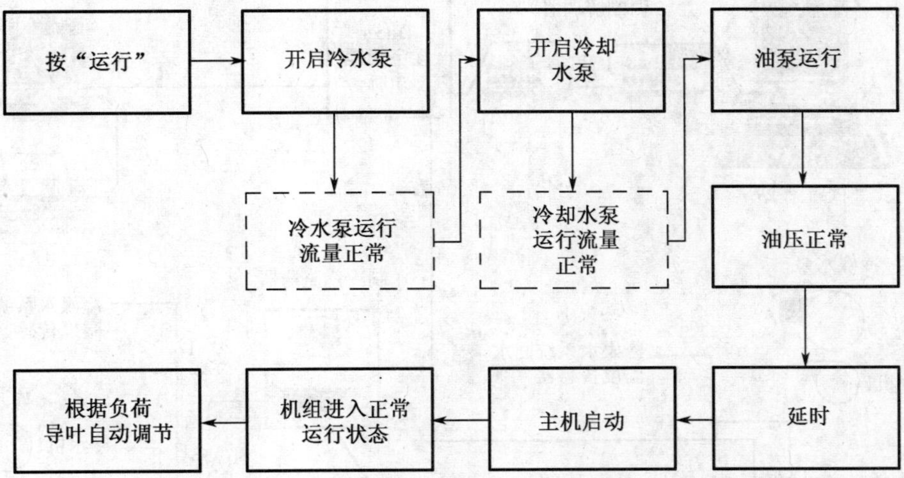

图 4－105　离心式机组开机的程序框图见

停机程序包括正常停机和故障停机。正常停机又包括手动停机与自动停机。手动停机是由于用户按了“停止”按钮。自动停机则是因为冷水出水温度过低而导致的。它们的停机顺序基本相同，唯一不同的是自动停机将使冷水泵持续运行，直到再开机。手动与自动停机框图见图 4－106。另外，故障停机的顺序与上述手动停机顺序相同，只是控制系统还在显示器上闪烁显示故障代码并报警。

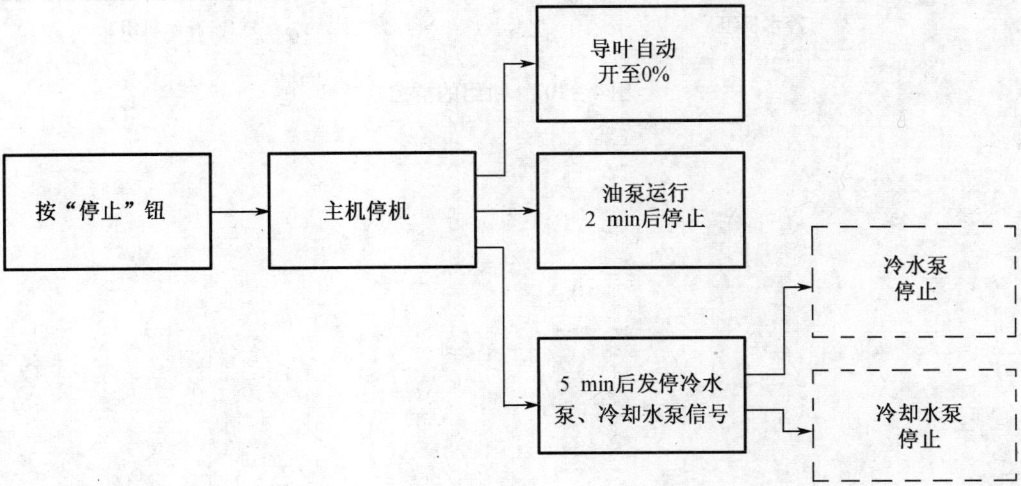

图 4－106　离心式机组手动与自动停机框图

此外，机组还设有紧急停机按钮，无论机组处于何种控制状态，紧急停机按钮均有效。在需要紧急停机时，按下按钮，主机将自动停机、报警，并在显示器上显示相应代码。

4. 机组的群控

与螺杆式机组相同，离心式机组也具有群控功能，各机组通过微机的 RS－485 接口串联连接，再把信息传送到中心控制器。如图 4－107 所示。

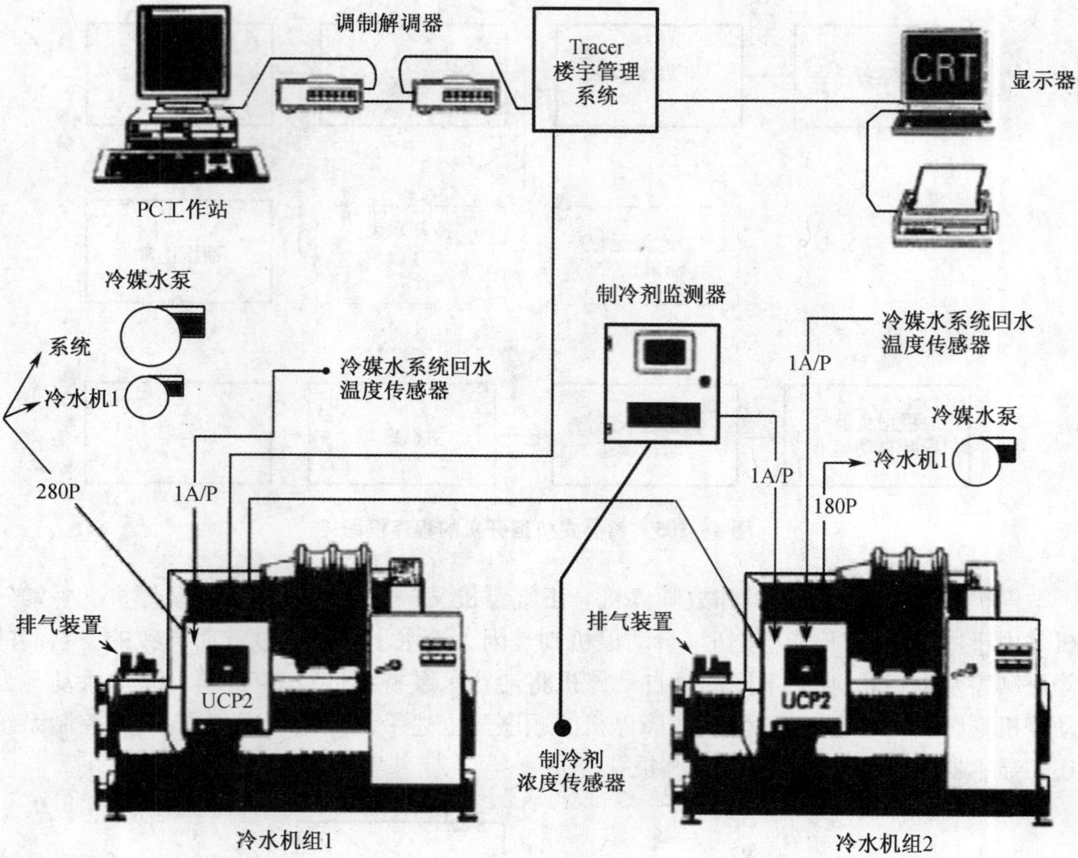
调制解调器
Tracer
楼宇管理
系统
CRT
显示器
PC工作站
冷媒水泵
系统
冷水机1
冷媒水系统回水
温度传感器
制冷剂监测器
冷媒水系统回水
温度传感器
1A/P
冷媒水泵
冷水机1
280P
1A/P
1A/P
180P
排气装置
UCP2
排气装置
UCP2
制冷剂
浓度传感器
冷水机组1
冷水机组2

图 4－107　机组的群控

第五章　空调装置及系统自动控制的实现

空调装置包括的种类很多，本章主要讨论的对象是直接对房间空气进行处理的房间空调器和用户提供冷冻水的冷水机组。本章仅对其中几种典则的装置进行介绍，使读者对制冷装置的自动控制功能、原理、方法有一个全面的了解。

对制冷装置的自动控制系统，其应当实现的目标至少包括以下几个方面：

①满足人们的舒适性要求或对冷/热源的温度要求。

②保证制冷装置安全、高效地运行。

③便于操作和管理。

控制是为装置安全高效工作的目标服务的。实现制冷空调装置的有效控制首先需要对装置运行原理、运行特性、功能需求有明确而且深刻的理解，特别需要了解装置在环境条件、运行模式、压缩机台数、转速等条件部分和全部变化时装置的各个状态参数、耗功、回油及润滑效果的联锁变化。离开了对控制对象的了解，控制系统将变成无的之矢。

在计算机技术迅猛发展的今天，制冷空调装置的控制都采用了计算机控制技术。

单片机从功能和形态来说都是为满足控制领域应用的要求，而设计发展到新一代系列单片机时，在其中着力扩展了各种控制功能，如 A/D，PWM，PCA 计数器捕获/比较逻辑、高速 I/O 接口等，已突破了微型计算机的传统内容，所以更准确地反映单片机本质的叫法是微控制器 Microcontroller—Mcu。这些微控制器已广泛地应用到制冷空调装置中，如常用的单元式房间空调器等。

对于大型制冷装置，如离心式、螺杆式、活塞式电动冷水机组，由于附件多，系统庞大，系统被检测的参数多，控制功能更为复杂。微控制器的 I/O 通道数量、内存容量、通信能力等已不能满足监控要求，故对于大型制冷装置大多采用可编程逻辑控制器(PIC)作为系统控制器件。

而在建筑物中，空调制冷系统则是由多个制冷装置、冷热量输送系统、空气处理装置所组成，同时建筑物中还包括给排水系统、供配电系统、照明系统等其他机电设备系统。所有这些机电设备系统都需要统一进行监控管理。作为建筑物机电设备系统的管理平台，现在主要采用计算机网络控制技术来实现，即楼宇自动化系统(BuMing Automation System，BAS)。楼宇自动化系统的基本架构是通过计算机网络连接起现场的各个小型控制器，组成一个控制网，实现分散控制，集中管理的功能，将建筑机电设备系统的控制管理提高到一个新的层次。

第一节　认识定频房间空调器的控制

定频房间空调器，指空调器运行过程中，压缩机的转速不变，不进行制冷剂流量的调节。对房间的温度的调节通过空调器启/停方式实现。下面针对热泵型分体空调器的一般控制原理进行介绍。

一、控制系统的实现

房间空调器的控制系统以微控制器为核心。微控制器通过对输入条件与机内控制软件的设定条件进行比较,输出控制结果,对工作单元进行控制,以实现不同的功能。

1. 控制系统的组成

图 5 - 1 是某型号分体式热泵空调器的控制系统框图。

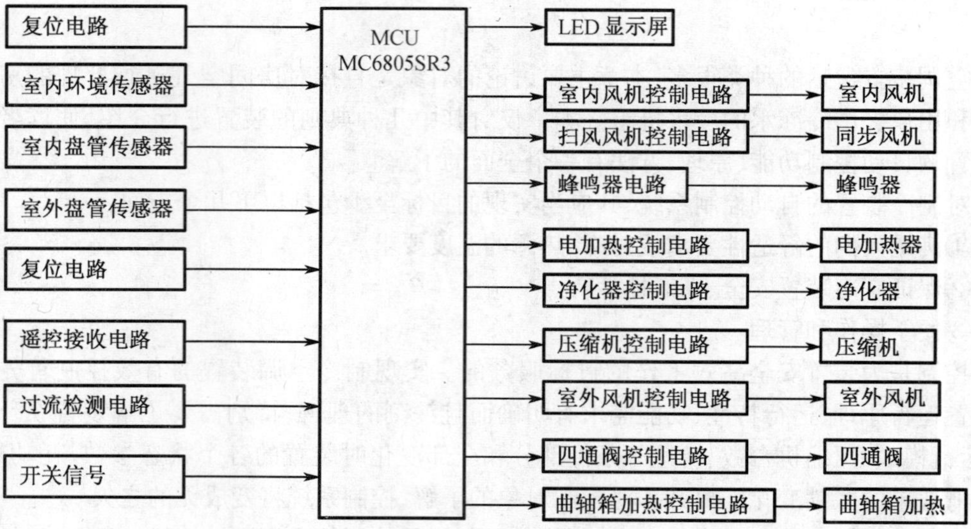

图 5 - 1　控制框图

控制电路主要由电源电路、复位电路、晶振电路、室内机风机控制电路、扫风电机控制电路、蜂鸣器驱动电路、温度传感器电路、显示电路、开关信号电路、步进电路驱动电路、电加热器控制电路、遥控接收器电路和室外风机、压缩机、四通阀控制电路等组成。

在控制电路中,微控制器是核心设备,全部输入数据的处理及驱动信号的输出都由它完成。

图 5 - 2 和图 5 - 3 为对应于控制系统框图的空调器电气接线图。

图 5 - 4 为 MC6805SR3 微控制器的端口分布,其端口的定义见表 5 - 1。

表 5 - 1　微控制器(MC6805SR3)端口分布

管脚	定义	状态	管脚	定义	状态
1	V88	接地	9 ~ 16	PC0 ~ PC7	输出口,驱动压缩机,风机等
2	RESET	复位	17	PD7	闲置
3	INT	遥控接收口	18	PD6	电流检测口
4	VDD	+5 V 电源接入	19	VRH	闲置
5,6	XTAL	晶振输入口	20 ~ 24	AN0 ~ AN4	模拟量输入口
7	COPC	闲置,接 +5 V	25 ~ 32	PB0 ~ PB7	I/O 显示驱动口
8	TIMER	闲置,接 +5 V	33 ~ 40	PA0 ~ PA7	I/O 显示驱动口

2. 微控制器的工作原理

(1)基本工作电路

基本工作电路分为电源电路、复位电路、振荡电路 3 个部分。

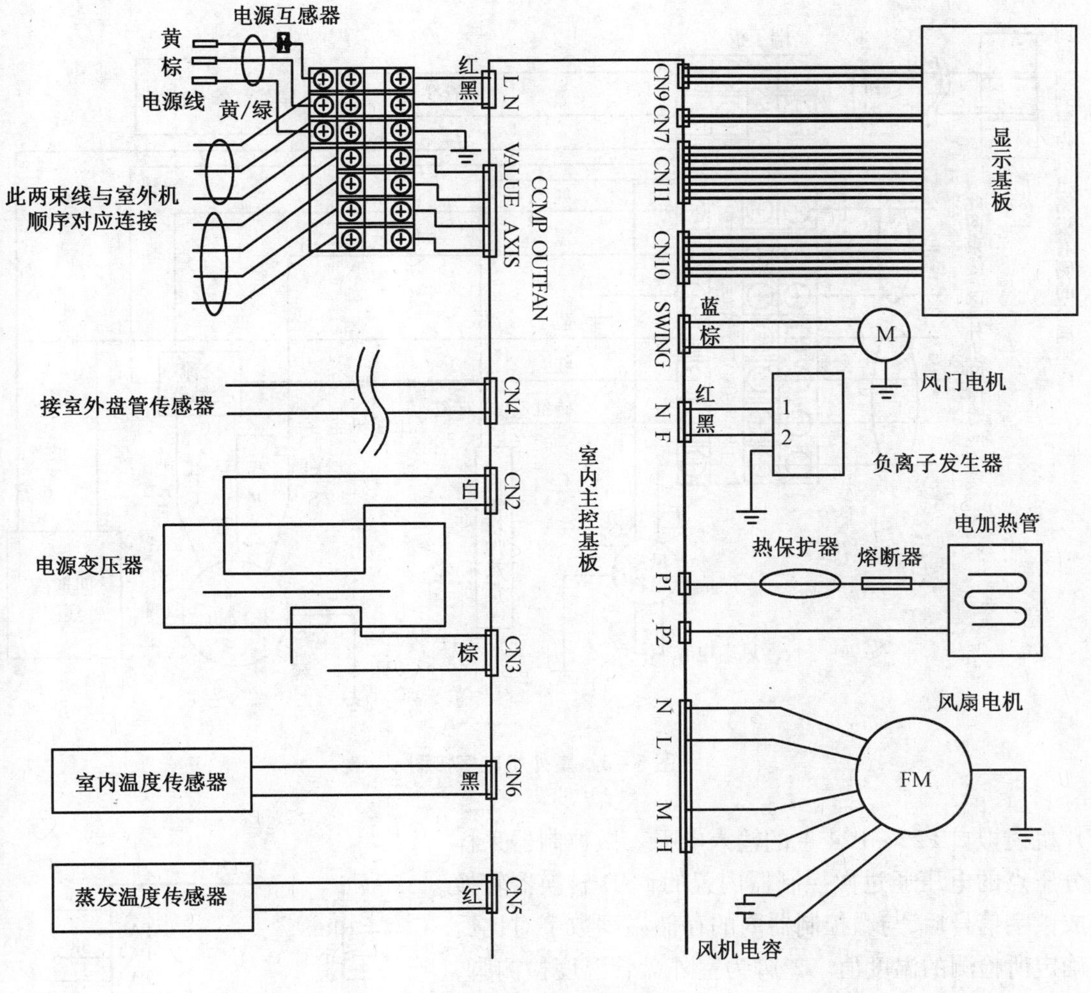

图5－2　室内机电气接线图

①电源电路　AC 220V 经过保险丝到达变压器（外置）初级，降压输出 13.5 V 电压，经整流滤波后输出 DC 12V，为各继电器提供工作电压。12 V 的直流电经三端稳压器输出 DC 5V。DC 5V 为单片机、驱动芯片等提供工作电压。单片机的④脚是电源脚，①脚为电源地。

②振荡电路　振荡电路提供微控制器的时钟基准信号，振荡信号的频率为 6 MHz，用示波仪测量⑥脚时可看到 6 MHz 的正弦波形。⑤⑥脚为振荡信号的输入/输出脚。正常工作时，⑤脚的电压为 2.0～2.1 V，⑥脚的电压为 2.2～2.3 V。

③复位电路　复位电路提供单片机的起始工作条件，当复位端出现负脉冲时，微控制器回复到初始工作状态。微控制器的复位端是②脚。

（2）控制电路

①遥控输入电路和应急信号输入电路　遥控输入电路用于接收遥控器发出的信号，应急信号输入电路用于接收面板上应急按钮输入的信号。单片机的③脚为遥控信号接收脚。当接收到遥控信号时，用万用表直流电压挡可测到波动的电压值。

②温度输入检测电路　它包括环境温度检测电路、室内盘管温度检测电路和室外盘管温度检测电路。通过检测温度传感器的阻值变化，改变分压点的电压，从而改变输入到单

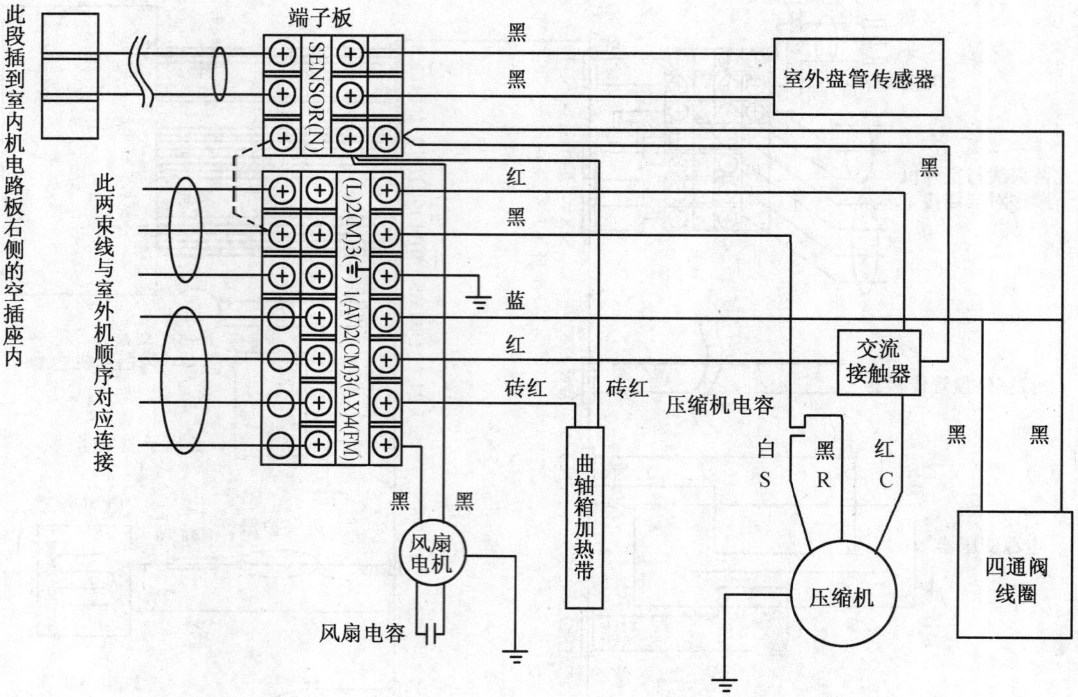

图 5－3　室外机电气接图

片机模拟口 P22 ~ P24 上的输入电平。微控制器采样分压点的电压通过微控制器内置的 A/D 转换器转换成数字信号后，与微控制器内的存储温度数字对比后确定所检测的温度值。㉒脚为室外盘管温度检测脚，㉓脚为室内盘管温度检测脚，㉔脚为室内环境温度检测脚。当室内环境温度为基准温度时（一般为 25 ℃），㉔脚的电压为 2.5 V，当环境温度降低时，㉔脚的电压降低，反之则上升。

③过流检测电路　它的作用是对整机的电流进行检测，具体过程是：通过电流互感器将检测的结果传输到外置的比较电路。当电流过高时，比较器的输出使⑱脚输出低电平，微控制器将对压缩机进行保护，此时压缩机停止运转，显示基板上将会显示“E4”故障信号（过流保护）。在电路中设置一个可调分压电阻，调节可调分压电阻，可改变过保护值，分压电阻越大，保护电流越小。

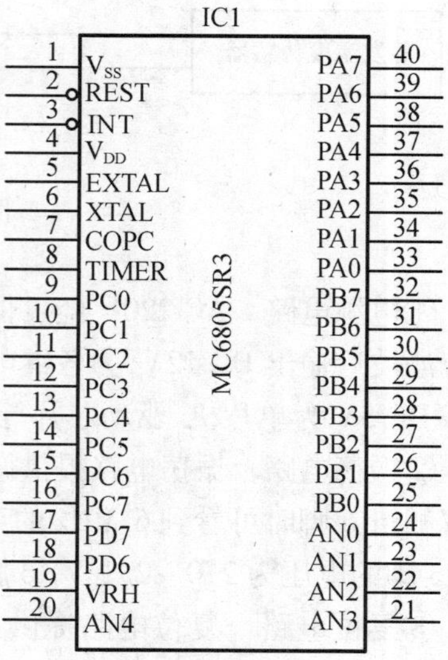

图 5－4　端口分布

④室外风机、压缩机、四通阀、曲轴箱加热带控制电路　在对室外机组的控制中，通过控制继电器的吸合及断开来控制室外风机、压缩机、四通阀、曲轴箱加热带的运行及停止。芯片引脚输出高电平时开启，输出低电平时停止。其中微控制器⑬脚控制四通阀线圈继电器，⑭脚控制压缩机继电器，⑮脚控制曲轴加热带继电器，这 3 个引脚输出的电平信号由反

向驱动器作为驱动，工作电压是 +12 V。⑯脚控制室外风扇继电器的吸合或断开，它由 NPN 放大三极管进行驱动。

⑤室内风机控制电路　通过控制继电器的吸合及断开来控制风机的启、停，芯片引脚输出高电平时开启。⑩脚为高风速控制脚，输出高电平时，风机高风速运转；⑪脚为中风速控制脚，输出高电平时，风机中风速运转；⑫脚为低风速控制脚，输出低电平时，风机低风速运转。

⑥负离子发生器控制电路　室内风机运转时，当遥控器设定“空气清新”功能有效时（“空气清新”灯点亮），⑨脚输出高电平，经驱动器反相驱动后，输山低电平，负离子发生器工作。当室内风机不工作时，此时用遥控设定“空气清新”功能键时，⑨脚不输出高电平，负离子发生器不工作（由内部软件控制）。负离子发生器工作的条件：一是必须设定有效“空气清新”状态，二是室内风机必须处于运转状态。

⑦蜂鸣器控制电路　微控制器接收到有效控制信号后，㉞脚输出一脉冲电平，蜂鸣器得电工作。

⑧辅助电加热控制电路　辅助电加热控制电路是用来控制电加热的开启与关闭的。当符合电加热的开启条件时，微控制器的㊱脚输出高电平，外接的三极管导通，继电器吸合，电加热投入运行。当电加热发生短路时，保险丝会熔断，起到保护作用。

⑨显示控制电路　在显示控制电路中，采用逐行扫描显示方式，内置译码器，单片机的㊳～㊵脚作为译码器的输入脚，控制译码器的 6 个输出口，分别驱动 6 个三极管。微控制器的 I/O 端口 PB0～PB7 即㉕～㉜脚输出驱动片 P1～P8（8 个三极管），这样，总共控制 48 个发光二极管的亮和灭。

二、不同运转模式下的控制

空调能够在多种工况下工作，以满足不同季节下不同人们的舒适性要求，工作模式由使用者选定。空调器开始工作时，通过电路的自检便可以确定应当采取的运行模式。

1. 制冷运行模式

启动时，首先比较室内温度与设定温度的高低。当室内温度高于设定温度时，压缩机工作，启动制冷循环。室外风机延时 2 s 后工作，室内风机的风速、摆叶按照使用者设定运转；当空内温度低于设定温度时，进入停机状态，此时压缩机、室外风机停止运行，室内风机风速、摆叶仍按设定状态运行。当设定温度≤室内温度≤设定温度 +1 ℃时，保持前一时刻的运行状态，以避免压缩机的频繁启动。温度设定和控制范围为 16～30 ℃。

当风速设为“自动”时，室内风机的控制根据室内环境温度与设定值之差值大小决定。

①室内环境温度 > 设定温度 +4 ℃时，高速风；

②设定温度 2 ℃≤室内温度 < 设定温度 +4 ℃时，中速风；

③室内环境温度 < 设定温度 +1 ℃，低速风。

关机时，压缩机及室内外风机都停止运行，摆叶停止转动，导风片回归原始位置。在制冷运行模式下，四通阀继电器始终不工作，保证制冷剂的流程按制冷方式流动。压缩机再次启动间隔 3 min 以上。不仅在本模式下如此，在其他模式下也如此。停机后，排气侧和吸气侧的压差通常达到 1.0 MPa 以上，如果立即启动，电机力矩必须要克服这个压差，这将使得电机的启动力矩大大增加，电机的电流剧增，温度提高，甚至可能烧毁电机。因此再次启动时，必须等待 3 min 以上时间，使两侧压力差缩小后方可再行启动。

2. 除湿运转模式

空调器的除湿仍然是通过制冷降温来实现的。制冷运行模式是以室内温度为控制目标。而除湿则是以去除室内空气的水分为目标。二者目标不同，虽然都以制冷循环为基础，但在运行控制上有所区别。其区别在于除湿模式下，空调器按制冷循环运行进行除湿，但室内温度控制室内风机低速或间断运行。具体控制逻辑如下：

①当室内温度≥设定温度+2 ℃时，室内风机中速运行，压缩机连续运行；

②当设定温度-1 ℃≤室内温度≤设定温度+2 ℃时，室内风机低速运行；

③当16 ℃≤室内温度≤设定温度-1 ℃时，室内风机低速运行，压缩机间隔性开机/停机，开6 min关4 min。

与一般控制不同的是，这里对除湿量或者室内空气含湿量状态没有确定的目标，只是实现了一种运行模式。

3. 制热运转模式

空调器依靠四通换向阀实现制热/制冷工况的切换。在制热模式下，四通阀在非除霜运转时始终工作。制热运行的主要任务是对室内温度的控制。

(1)温度控制

①当室内温度≤设定温度-1 ℃时，压缩机启动，室外风机延时2 s工作，室内风机按设定风速运行；

②当室内温度>设定温度1 ℃时，压缩机、室外风机停止运行，室内风机按照设定条件运行，四通阀保持原状态不变，仍带电工作；

③当设定温度-1 ℃≤室内温度≤设定温度，压缩机、室内外风机按原运行状态运行。

在风速设为“自动”状态时. 室内风机的控制方法如下：

①温度偏差>4 ℃时，高速风；

②2 ℃<温度偏差≤4 ℃时，中速风；

③温度偏差≤2 ℃时，低速风。

(2)防冷风功能

在启动初期，应根据室内盘管的温度状态来设定风机的风速，以避免使用者受到冷风的侵袭。具体控制方法如下：

①当室内盘管温度<30 ℃时，室内风机不运行；

②当30 ℃≤室内盘管温度<35 ℃，室内风机以低速运行；

③当室内盘管温度≥35 ℃时，室内风机以设定风速运行；

④压缩机运行30 s后，将忽视盘管内的温度，室内风机以设定风速运行。

(3)吹余热功能

在温度控制中，出现室温超过设定值，压缩机停机时，室内风机仍需运行一段时间，将室内盘管的热量带给室内空气，以节省能源。

在室内盘管温度下降过程中，当盘管温度≥33 ℃时，室内风机以设定风速运行，盘管温度在28~33 ℃时，室内风机低速运行；当盘管温度<28 ℃时，室内风机停止运行。

4. 除霜运行模式

在制热运行模式下，由于室外换热器结霜，需要对其除霜。除霜的方式通常是利用四通阀换向，将制热模式改成制冷模式，通过制冷剂加热融化盘管外的霜层。化霜结束后，再转换成制热模式运行。

除霜运行控制主要解决的问题是对化霜时机的判断，即要判明室外盘管结霜的程度，以及化霜的效果，确定何时开始化霜，何时结束化霜。室外盘管结霜受到诸多因素的影响，室外空气温度、含湿量、制冷剂性质、盘管材料等都影响到结霜的速度、结霜量和结霜时机组的运行参数。

结霜时，由于霜层的增加，导致室外换热器的热阻增加，使换热量逐渐减少；当霜层增加到一定厚度时，换热量便迅速下降，对应着机组的蒸发压力和蒸发温度都要开始加速下降，在室内外盘管压力和温度下降的同时，室内盘管的温度和压力也随之下降。而在化霜时，随着盘管表面霜居的融化，室外盘管表面的温度也会逐渐升高。在化霜后期，盘管的温度和压力则会加速上升。其变化规律如图 5 – 5 所示。

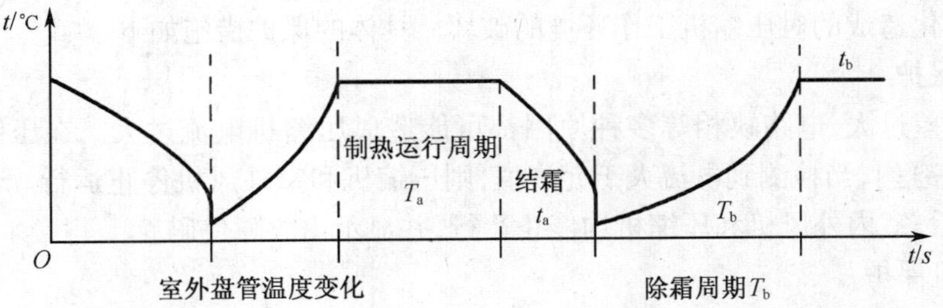

图 5 – 5　室外盘管除霜控制

根据盘管温度、压力变化的特性，多数情况下采用温度（压力）与时间双因子判断法进行除霜控制。即设定制热运行周期时间 T_a，除霜点温度 t_a；除霜周期时间 T_b，化霜结束温度 t_b，当时间和温度都同时满足时，即开始执行对应的工况（开始除霜和结束除霜），T 和 t 的确定需要根据具体情况进行。

以下是采用 R22 制冷剂的某型号壁挂式空调器的运行逻辑：

①室外机连续运转 45 min，且室外盘管温度 < –8 ℃，室内盘管温度 <40 ℃时，开始除霜。压缩机、室外风机同时停机，延时 30 s 后四通阀断电，室内风机停。

②延时 32 s 后压缩机启动，即四通阀断电后 2 s 压缩机开启，开始除霜运行。室内风机仍然停运。

③当室外盘管温度高于 17 ℃，且持续除霜运行 4 min 后，除霜结束。压缩机、室外风机停机，延时 30 s 后四通阀加电，为制热运行准备。四通阀加电 2 s 后压缩机、室外风机开机，免冷风运行结束后，室内风机切换到设定风速。

④延时 30 s 的目的是使两个换热器之间的压差有所减少，以使压缩机平稳工作。虽然在除霜工况下，压差的影响不如普通启/停机情形下的危害，但减少两侧压差仍是必要的。

5. 自动运转模式

自动运转模式是控制器在开启时检测室内环境温度，根据室温设定值和室内环境实测值的相对关系，确定一种运行模式，其基本逻辑如下：

①当室内温度高于设定温度时（设定温度范围为 20 ~ 27 ℃），空调器进入制冷模式。

②当室内温度设定值在 16 ~ 22 ℃，且室内环境温度低于设定值时，空调器进入制热模式运行。

③当室内温度设定值在 22 ~ 25 ℃，且室内温度在设定值范围 ±2 ℃时，空调器进入通

风模式。

④空调器一旦进入制热模式/制冷模式，则一直以相同的模式运行，在运行时间内不再更改，以保证系统稳定安全运行。

6. 通风运转模式

在该模式下，室外风机、压缩机停止运行，仅室内风机运转，此时温度调节无效。

三、房间空调器的保护功能

为了保证制冷系统的可靠、安全运行，需要对空调器的运行状态实时监测，并为系统提供必要的保护手段，特别是要加强对压缩机的保护，以防对其的损害。对压缩机的损害主要来自于冷凝器高压、蒸发器过低压力各种原因造成的电机过流、过载，以及启/停切换时，由高、低压变化造成的对压缩机工作环境的破坏。具体的保护措施如下：

1. 过流保护

高、低压差过大，电路缺相等多种原因都可能造成压缩机电流过大。在压缩机启动后的几秒（如 5 s）内，当检测到电流大于允许值，则压缩机和室外风机停止运行。当连续出现多次该现象后，室内外风机和压缩机均停止运行，并显示出故障代码。

2. 压缩机保护

压缩机一旦停机，3 min 后才可以再次启动，上电后的第一次不做此种保护。

3. 高压、低压、温度保护

当冷凝器压力、温度超过保护值，或蒸发器压力、温度低于保护值时，压缩机和室外风机停止运行。若在一段时间内（如 30 min）连续多次（如 4 次）出现该现象，则室内外风机及压缩机均停止运行，并显示故障代码，但可重新上电开机。

4. 传感器保护

温度传感器出现短路或断路时，压缩机会继续运行。此时系统会显示出相应温度传感器的故障代码，提供该传感器的故障信息。

四、其他控制功能

除温度控制功能外，许多空调器还根据使用者的需求和空调器本身的特点附加了一些新的控制功能。

1. 睡眠运行

睡眠状态下人体的新陈代谢速率减慢，人体发热量大为减少，睡眠中的人体对温度的舒适度感应与处于活动状态时是不同的。人体与空气温度之间的差距应有所缩小。

制冷模式下，设定睡眠 1 h 后，设定温度上升 1 ℃，而后按此温度运行 7 h 后自动停机。

制热模式下，设定睡眠 1 h 后，设定温度降低 3 ℃，再过 2 h 后，设定温度再降低 4 ℃，而后按此温度连续运行 5 h 后自动停机。

睡眠工作状态下，若再次人工设定温度，则以新设定时间为起始时间执行睡眠功能。

2. 定时控制

控制器可提供 0.5 h，1 h，2 h，4 h 等多种可选时间控制，当然也可不设定运行时间。在延时运行时期内，使用者可以重新设定延时时间，也可取消原延时时间。

3. 曲轴加热带功能

对于活塞式压缩机，冬季室外气温较低时，曲轴箱内制冷剂呈液态，如立即开机，压缩机易吸入液态制冷剂，造成液击。

通电后，若室外盘管温度≤0 ℃，曲轴加热带开通加热，但压缩机不工作，一段时间（如5 min）后，压缩机满足开机条件后自行开启，压缩机开机后，立即关闭曲轴加热带。

五、人机界面

现在家用空调器的操作多采用遥控器，以方便使用。

遥控器即是将控制信号载波于红外线中，通过红外线发射到空调器的接收器窗口中，接收器将接收到的信号放大，处理还原成控制信号，再转入到空调器的控制器中。

下面以某个实际的空调器的遥控装置为例说明其工作原理。

图 5－6 所示的是某一 KF－25Gw 型空调器的遥控发射器。它由遥控发射 μPDS1210001 集成电路、键盘矩阵电路、驱动器和红外发光二极管组成。在电路中，VD_2 为发光指示二极管。当遥控发射器发射控制信号时，VD_2 发光，表示操作功能正常。

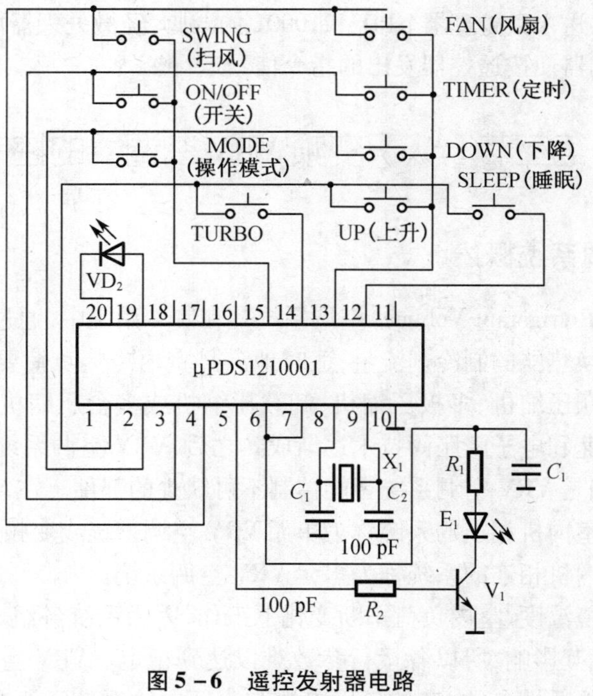

图 5－6　遥控发射器电路

集成电路 μPDS1210001 采用 20 引脚双列直插式塑料封装结构，它由振荡器、定时发生器、键扫描信号输入/输出编码（引导码、用户码、用户反码、功能码、功能反码）电路、指令译码电路、编码调制器以及遥控信号输出缓冲器等组成。集成电路 μPDS1210001 是发射器的核心组成部分，键盘信号识别、遥控信号产生及调制都在其内部完成。

从图 5－6 中可以看出，μPDS1210001 的⑧⑨脚外接陶瓷振荡器。由集成电路内部的振荡电路和外接陶瓷振荡元件可以组成一个完整的发射振荡电路。振荡器的振荡频率由陶瓷振荡元件的谐振频率决定，其振荡频率为 455 kHz。由振荡获得的 455 kHz 振荡信号经

12 分频后,形成供遥控信号调制用的 38 kHz 载波信号,经 256 分频产生 1.78 kHz 的时钟脉冲信号,时钟脉冲周期为 0.562 6 ms,用来控制集成电路内部的各部分电路协调动作。

1. 红外遥控发射器的工作原理

当按下某一功能键时,按键矩阵的某一行与某一列接通。与此同时,电源被接通,振荡器开始工作。在定时脉冲信号的作用下,键位编码器对键位扫描脉冲进行识别后确认这一按键的功能,再在集成电路内部的数据寄存器中查找出相应编码指令。信号发生器在编码指令的控制下产生标准的遥控信号,此信号再对 38 kHZ 的载波进行调制。已被调制的信号由⑤脚输出。输出载波信号经三极管 V_1 放大,控制红外线发射管 E_1,E_1 在 V_1 集电极电流的驱动下,发出波长为 9 400 mm 的红外线。V_1 和 E_1 工作在开关状态,当无信号输出时,三极管 V_1 截止,发射二极管不工作;当输出端 5 输出指令码时,指令码经放大电路 V_1 放大后,加到红外线发射管 E_1 上,将指令码以红外线的形式发射出去,完成遥控发射功能。

2. 遥控接收电路

空调器的红外遥控接收放大器作为一个独立组件设置在一个金属屏蔽盒内,并安装在室内机的面板上。遥控接收组件由光敏二极管接收,并将红外线遥控信号变成 38 kHz 的脉冲码,输入内部后经前级放大、限幅放大、滤波、检波处理后,得到 0.2 ~ 0.5 V 的编码指令并从组件的②脚输出,送入微处理器 μPDS1210001 的③脚,经微处理器内部电路运算、比较后输出控制电平,空调器便按遥控器发出的指令信号运行。

第二节　认识变频 VRV 空调器的控制

一、VRV 空调系统概述

VRV(Variable Refrigerant Volume)空调系统是在制冷系统中,通过控制压缩机的制冷剂循环量和进入室内换热器的制冷剂流量,适时地满足室内冷热负荷要求的空调系统。VRV 空调系统需采用变频压缩机、多极压缩机、卸载压缩机或多台压缩机组合来实现压缩机容量控制。在变频调速和电子膨胀阀技术逐渐成熟之后,VRV 空调系统普遍采用变频压缩机和电子膨胀阀,它们是 VRV 空调系统智能控制不可缺少的部件。在 VRV 率调系统中,把由一台室外机与一台室内机相连的系统称为单元 VRV 空调系统或变频空调器;把由一台或多台室外机与多台室内机相连的系统称为多元 VRV 空调系统。

空调系统在环境温度、室内负荷不断变化下工作,因为系统各组成部件之间、系统与环境之间相互作用,相互影响,所以各运行参数难以达到稳定。VRV 空调系统工作原理是由控制系统采集室内舒适性参数、室外环境参数和表征制冷系统运行状况的状态参数,通过控制空调系统的风扇、电子膨胀阀、风向调节板及电磁阀等一切可控部件,调节制冷量或制热量,从而保证室内环境的舒适性,使被控空调系统稳定工作在最佳工作状态。

目前,多元 VRV 空调系统主要有单冷型、热泵型和热回收型 3 种形式。

1. VRV 空调系统的特点

(1)VRV 空调系统依据室内负荷的大小,在不同转速下连续运行,减少了压缩机因频繁启停造成的不可逆损失。无论在制冷还是在制热工况下能效比(COP)随频率的降低而升高。由于压缩机长时间工作在低频区域,故系统的季节能效比相对于传统空调系统有较大提高;采用压缩机低频启动,降低了启动电流,电气设备将大大节能,同时避免了对其他用电设备和电网的冲击。VRV空调系统运用电子膨胀阀以控制制冷剂的流量,这使得变频空调器压缩机的优越性得到充分发挥。压缩机的转速与膨胀阀的开启度是相对应的,使压缩机的输送量与通过阀的供量相适应,使其过热度不至于太大,蒸发器的能力得到最大限度的发挥,从而实现制冷系统的最佳控制。

(2)变频空调器运用变频技术与模糊控制技术,具有先进的记忆识别功能。变频压缩机能在12~150 Hz的频率范围内连续变化,调节范围大,反应快,制冷迅速。若使室内温度改变10 ℃,只需普通(定速)中调器的1/3时间即可完成,节约时间3~5 min。

(3)温度波动小,舒适度高。VRV空调系统具有能调节容量的特性,在系统初开机时室温与设定温度相差很大,利用压缩机高频运行的方式,使室内快速地到达设定值,缩短室内不舒适的时间;系统调节容量使室温维持在设定温度上下极小的波动范围内,改善了室内的舒适性;极少出现传统空调系统那种启停压缩机时所产生的振动和噪声,室内机风扇电机普遍采用直流无刷电机驱动,速度切换平滑,降低了室内机的噪声。变频空调器从启动至达到设定温度的时间短(约为定速空调器的1/2)。在室内环境温度接近设定温度时,便逐渐降低频率进行控制,这样室内环境温度变化小且较为平稳,人体没有忽冷忽热的感觉。用电子膨胀阀节流元件后,在化霜时不停机。它利用压缩机排气时的热量先向室内供热(余下的热量输送到室外机),将换热器翅片上的霜融化掉。

(4)运行电压适应范围宽。变频空调器在市电电压为160~250 V时,仍能可靠、安全地进行工作。

(5)传感器控制精确。变频空调的室内机和遥控器均设有传感器,结合自动风向调节,控制精确,可实现人体周围环境的最佳调节。

(6)超低温运行时适应性强。

(7)较好的独立除湿功能。变频空调器能利用合理的循环风量进行除湿,耗电少,而又不会改变室内环境温度。

2. 单冷或热泵型多元VRV空调系统

图5-7示出了各种单冷和热泵型多元VRV空调系统的原理图。在典型的单冷或热泵型多元VRV空调系统中,压缩机通常采用一台变频压缩机;在大系统中,由一台变频压缩机或多极压缩机与多台定速压缩机构成压缩机组;在各室内机和室外机上,设置有供节流和流量调节的电子膨胀阀;在系统的典型部位安放有温度传感器和压力传感器。在制冷工况下,室外机电子膨胀阀全开,通过室内机电子膨胀阀节流降压,控制室内温度和各室内机热交换器出口制冷剂的过热度,由压缩机频率调节吸气压力;在制热工况下,室外机电子膨胀阀控制室外机热交换器出口制冷剂的过热度,室内机电子膨胀阀控制室温和室内热交换器出口的制冷剂过冷度,通过改变压缩机频率调节压缩机排气压力。为提高系统的稳定件、可控性和可靠性,在一些系统中增设了辅助回路。

在带有内部热交换器(Heat Inter Changer)回路的变频单冷型多元VRV空调系统中,通过回热回路,实现了制冷剂的有效移动,减少了系统的压力损失,提高了系统的能效比。

二、空调压缩机频率控制算法

制冷系统是一个由多个部件、多种换热过程组成且受到多种外部条件影响的复杂系统。系统的各部件之间及其与外部环境、工作负荷之间是极其复杂的耦合关系,存在许多不确定因素,难以用确切的数学模型来描述。在变频空调器中,各种因素还是动态的。对

序号	系　统	空调系统原理图	备　注
1	单冷型多元VRV系统	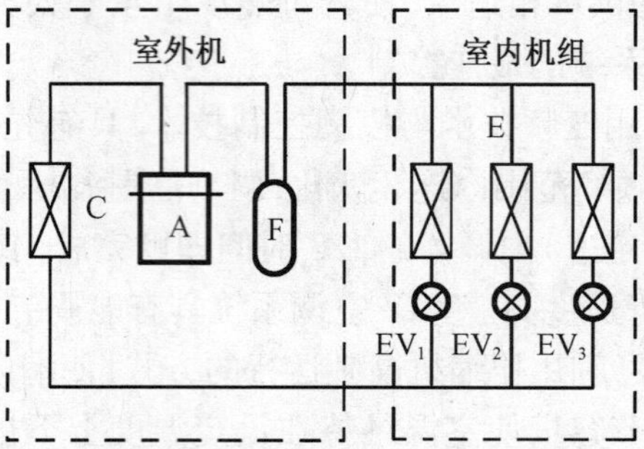	A:压缩机 C:室外热交换器 E:室内热交换器 F:气液分离器 EV_1:电子膨胀阀 EV_2:电子膨胀阀 EV_3:电子膨胀阀
2	带内部热交换器单冷型多元VRV系统	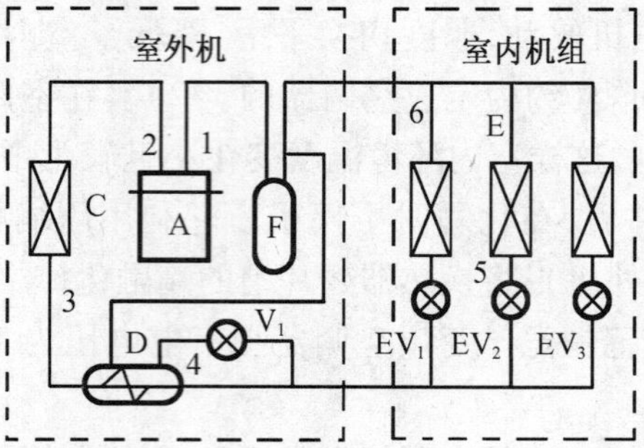	同上 D:内部热交换器(HIC回路)
3	热泵型多元VRV系统	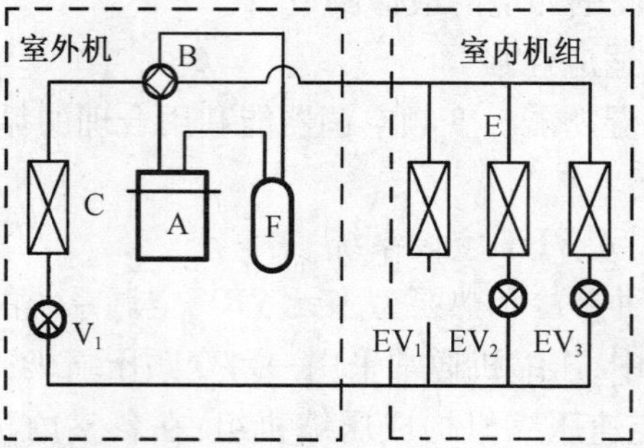	同上 B:四通阀 V_1:电子膨胀阀

图 5－7　VRV 空调系统结构

于这种多变量、非线性、时变的系统适宜于采用智能控制方法，目前工程上主要采用模糊控制法。

1. 变频空调器的控制结构与原理

变频空调器的智能化体现在模糊控制技术的应用以及各种保护功能和故障诊断功能。变频空调器的控制结构见图 5－8。

变频空调器通过室内机接收来自遥控器的指令，将其与室温传感器测得的温度进行比较。经模糊控制器推理得出室外压缩机的供电频率，再通过室内外机通信电路送至室外，控制压缩机的运转速度。这样，当室内空调负荷加大时，压缩机转速在微电脑控制下按模糊推理结果加快，制冷量相应增加；当室内空调负荷减小时，压缩机转速则相应减小。

2. 变频空调的频率模糊控制技术

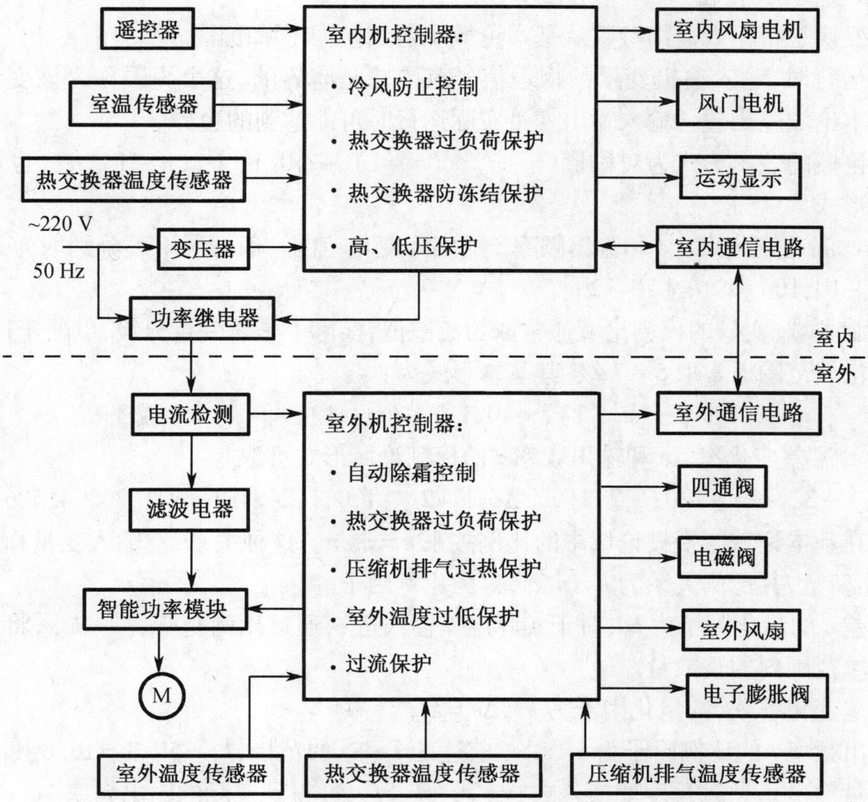

图 5-8　变频空调器的控制结构

变频空调的频率模糊控制器结构见图 5-9。频率模糊控制的算法设计过程如下：

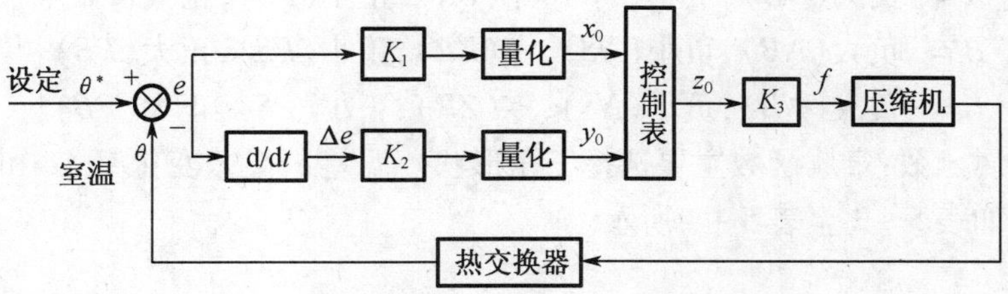

图 5-9　变频空调的模糊控制器结构

(1) 输入、输出变量的选取

变频空调模糊控制器通常将温度差值 e 及差值导数 A_e 作为输入，变频压缩机的频率值 z 作为输出。模糊控制器为双输入单输出控制器。

①温度偏差制热时，$e(k)=\theta^*(k)-\theta(k)$；制冷时，$e(k)=\theta(k)-\theta^*(k)$。$\theta^*(k)$ 为室内温度设定值；$\theta(k)$ 为室内温度实测值。

②温度偏差变化率 $\Delta e(k)=\dfrac{e(k)-e(k-1)}{t}$，式中 t 为采样时间。

③模糊变频空调的输出变量：室外机变频压缩机的控制频率 z。

(2)尺度变换(量化因子、比例因子)

尺度变换是将输入输出参数从基本论域映射到模糊论域范围。

实际运行时,输入输出变量的物理信号范围总是有界的,这个界限称为该变量的基本论域。基本论域应当包含输入输出变量实际运行时可能达到的边界。

基本论域的表示形式为对称形:$\{-n,-(n-1),\cdots,0,1,\cdots,(n-1),n\}$,也可以表示为不对称形式。

温差 e,温差变化率 Δe 和输出频率 z 的实际变化范围一般情况下可分别取为 $x\in[-7,7]$,$y\in[-10,10]$和 $z\in[20,120]$。

在控制领域,变量的模糊论域通常取为离散值,实际上是对变量分级,以便于运算。

模糊论域范围通常取 5 ~7 级,其基本形式为:

$$\{-m,-(m-1),\cdots,0,1,\cdots,(m-1),m\},\ m=2\text{ 或 }3$$

温差 e,温差变化率 Δe 和输出频率 z 的模糊论域形式可取为:

$$e:\{-3,-2,-1,0,1,2,3\};\quad \Delta e:\{-2,-1,0,1,2\};\quad f:\{0,1,2,3,4,5,6\}$$

变量在基本论域与模糊论域中的比例关系 $k=m/n$。这种关系,对输入变量称为量化因子,对输出变量,其比例关系为 $k=n/m$,称为比例因子。

①温差 e 的量化因子为 k_1,对于实际温差输入量 e,通过比例变换式 $e=k_1x$,将连续值变成模糊论域范围内的整数量。

②温差变化率 Δe 的量化因子为 k_2,$\Delta e=k_2y$。

③输出频率 f 的比例因子为 k_3,对于前述的 z 和 f 的范围,$k_3=50/3=16.6$,近似取 16。对于清晰量输出 z,通过尺度变换公式:$z=70+k_3(f-3)$得到实际的输出频率。

(3)模糊语言变量值及隶属函数

变量的模糊化过程首先是建立变量的模糊语言变量值,再选定变量的隶属函数。

温差 e,温差变化率 Δe 和输出频率 f 相应的模糊语言变量分别为 A,B,C,其取值如下:

$$A=\{负大(NB),负小(NS),零(ZR),正小(PS),正大(PB)\}$$

$$B=\{负大(NB),负小(NS),零(ZR),正小(PS),正大(PB)\}$$

$$C=\{负大(NB),负小(NS),零(ZR),正小(PS),正大(PB)\}$$

变量的隶属函数:隶属函数主要选择三角形状。温差 e,温差变化率 Δe 和输出变量 f 的模糊变量赋值如表 5-2 至表 5-4 所示。

表 5-2　温差 e 的模糊变量赋值

$\mu(x)$		E				
		$NB(A_1)$	$NB(A_2)$	$NB(A_3)$	$NB(A_4)$	$NB(A_5)$
量化域	-3	1	0	0	0	0
	-2	0.5	0.5	0	0	0
	-1	0	1	0.5	0	0
	0	0	0	1	0	0
	1	0	0	0.5	1	0
	2	0	0	0	0.5	0.5
	3	0	0	0	0	1

表 5－3　温差变化率 Δe 的模糊变量赋值表

$\mu(x)$		Δe				
		$NB(A_1)$	$NS(B_2)$	$ZR(B_3)$	$PS(B_4)$	$PR(B_5)$
量化域	−2	1	0	0	0	0
	−1	0	1	0	0	0
	0	0	0	1	0	0
	1	0	0	0	1	0
	2	0	0	0	0	1

表 5－4　输出变量 f 的模糊变量赋值表

$\mu(x)$		f				
		$NR(C_1)$	$NS(C_2)$	$ZR(C_3)$	$PS(C_4)$	$PB(C_5)$
量化域	0	1	0	0	0	0
	1	0	1	0	0	0
	2	0	1	0	0	0
	3	0	0	1	0	0
	4	0	0	0	1	0
	5	0	0	0	1	0
	6	0	0	0	0	1

(4)模糊规则的建立与模糊推理

模糊控制的规则需要根据实际运行经验和专家知识等进行分析归纳来确定。例如，可以给出如下一些规则：

(1) IF $\Delta e = NB$ and $e = NB$ or NS or ZR, Then $f = NB$;

(2) IF $\Delta e = NB$ and $e = B$, Then $f = NS$;

⋮

(15) IF $\Delta e = PB$ and $e = M$ or B, Then $f = PS$;

(16) IF $\Delta e = PB$ and $e = PB$, Then $f = PB$。

对于规则(1)：当温度变化率为负大，且温差值为负大、负小或零时，压缩机频率为负大。规则表明，尽管室内温差较小或者没有温差，但室内温降速度较大，压缩机需要保持在较低转速上。对于规则(2)：当温度变化率为正大，且温差也为正大时，则压缩机频率应为最大。表明当室内温升速率很快，且室内温度正偏差也很大时室内负荷很大，压缩机需要最高速运行。

模糊控制规则建立的基本原则是当误差大或较大时，选择控制量以尽快消除误差为主；而当误差较小，选择控制量要注意防止超调，以系统的稳定性为主要出发点。

模糊控制规则的表格形式如表 5－5 所示。

表 5－5　变频空调器的模糊控制规则表

f		Δe				
		$NB(B_1)$	$NS(B_2)$	$ZR(B_3)$	$PS(B_4)$	$PB(B_5)$
e	$NB(A_1)$	NB	NB	NB	NS	ZR
	$NS(A_2)$	NB	NB	NS	ZR	ZR
	$ZR(A_3)$	NB	NS	ZR	ZR	PS
	$PS(A_4)$	NS	ZR	ZR	PS	PS
	$PB(A_5)$	ZR	ZR	PS	PS	PB

表 5－5 对应着 16 种模糊关系，见表 5－6：

表 5－6　模糊控制关系

<table>
<tr><td colspan="2" rowspan="2">f</td><td colspan="5">Δe</td></tr>
<tr><td>$NB(B_1)$</td><td>$NS(B_2)$</td><td>$ZR(B_3)$</td><td>$PS(B_4)$</td><td>$PB(B_5)$</td></tr>
<tr><td rowspan="5">e</td><td>$NB(A_1)$</td><td rowspan="3">R_1</td><td rowspan="2">R_4</td><td>R_7</td><td>R_{11}</td><td rowspan="2">R_{14}</td></tr>
<tr><td>$NS(A_2)$</td><td>R_8</td><td rowspan="2">R_{12}</td></tr>
<tr><td>$ZR(A_3)$</td><td>R_5</td><td rowspan="2">R_9</td><td rowspan="2">R_{15}</td></tr>
<tr><td>$PS(A_4)$</td><td>R_2</td><td rowspan="2">R_6</td><td rowspan="2">R_{13}</td></tr>
<tr><td>$PB(A_5)$</td><td>R_3</td><td>R_{10}</td><td>R_{16}</td></tr>
</table>

采用 Mamdani 极小运算法作为推理方法，其过程如下：

先确定模糊关系：

$$R_t = R_{At} \cap R_{Bt}(t = 1,2,\cdots,16) \tag{5-1}$$

$$R_1 = (B_1 \times C_1) \cap (\bigcup_{j=1}^{3} A_j \times C_1) = R_{B1} \cap R_{A1}$$

$$R_2 = (B_1 \times C_2) \cap (A_4 \times C_2) = R_{B2} \cap R_{A2}$$

$$R_3 = (B_1 \times C_3) \cap (A_5 \times C_3) = R_{B3} \cap R_{A3}$$

$$R_4 = (B_2 \times C_1) \cap (\bigcup_{j=1}^{2} A_j \times C_1) = R_{B4} \cap R_{A4}$$

$$R_5 = (B_2 \times C_2) \cap (A_3 \times C_2) = R_{B5} \cap R_{A5}$$

$$R_6 = (B_2 \times C_3) \cap (\bigcup_{j=4}^{5} A_j \times C_3) = R_{B6} \cap R_{A6}$$

$$R_7 = (B_3 \times C_1) \cap (A_1 \times C_1) = R_{B7} \cap R_{A7}$$

$$R_8 = (B_3 \times C_2) \cap (A_2 \times C_2) = R_{B8} \cap R_{A8}$$

$$R_9 = (B_3 \times C_3) \cap (\bigcup_{j=3}^{4} A_j \times C_3) = R_{B9} \cap R_{A9}$$

$$R_{10} = (B_3 \times C_4) \cap (A_5 \times C_4) = R_{B10} \cap R_{A10}$$

$$R_{11} = (B_4 \times C_2) \cap (A_1 \times C_2) = R_{B11} \cap R_{A11}$$

$$R_{12} = (B_4 \times C_3) \cap (\bigcup_{j=2}^{3} A_j \times C_3) = R_{B12} \cap R_{A12}$$

$$R_{13} = (B_4 \times C_4) \cap (\bigcup_{j=4}^{5} A_j \times C_4) = R_{B13} \cap R_{A13}$$

$$R_{14} = (B_5 \times C_3) \cap (\bigcup_{j=1}^{2} A_j \times C_3) = R_{B14} \cap R_{A14}$$

$$R_{15} = (B_5 \times C_4) \cap (\bigcup_{j=3}^{4} A_j \times C_4) = R_{B15} \cap R_{A15}$$

$$R_{16} = (B_5 \times C_5) \cap (A_5 \times C_5) = R_{B16} \cap R_{A16}$$

总的模糊关系为

$$R = \bigcup_{l=1}^{16} R_l = \bigcup_{l=1}^{16} (R_{Bl} \cap R_{Al}) = (\bigcup_{l=1}^{16} R_{Bl}) \cap (\bigcup_{l=1}^{16} R_{Al}) = R_B \cap R_A \tag{5-2}$$

模糊关系 R 的计算：

现分别求出 $R_{Bl}, R_{Al}(l=1,2,\cdots,16)$：

$$R_{B1} = B_1 \times C_1 = \begin{bmatrix} 1 \\ 0 \\ 0 \\ 0 \\ 0 \end{bmatrix} \times [1\quad 0\quad 0\quad 0\quad 0\quad 0\quad 0] = \begin{bmatrix} 1 & 0 & 0 & 0 & 0 & 0 \\ 0 & 0 & 0 & 0 & 0 & 0 \\ 0 & 0 & 0 & 0 & 0 & 0 \\ 0 & 0 & 0 & 0 & 0 & 0 \\ 0 & 0 & 0 & 0 & 0 & 0 \end{bmatrix}$$

$$\bigcup_{j=1}^{3} A_j = A_1 \cup A_2 \cup A_3 = [1\quad 0.5\quad 1\quad 1\quad 0.5\quad 0\quad 0]$$

$$R_{A1} = \bigcup_{j=1}^{3} A_j \times C_1 = \begin{bmatrix} 1 \\ 0.5 \\ 1 \\ 1 \\ 0.5 \\ 0 \\ 0 \end{bmatrix} \times [1\quad 0\quad 0\quad 0\quad 0\quad 0\quad 0] = \begin{bmatrix} 1 & 0 & 0 & 0 & 0 & 0 \\ 0.5 & 0 & 0 & 0 & 0 & 0 \\ 1 & 0 & 0 & 0 & 0 & 0 \\ 1 & 0 & 0 & 0 & 0 & 0 \\ 0.5 & 0 & 0 & 0 & 0 & 0 \\ 0 & 0 & 0 & 0 & 0 & 0 \\ 0 & 0 & 0 & 0 & 0 & 0 \end{bmatrix}$$

同样可分别求得 $R_{Bl}, R_{Al}(l=2,3,\cdots,16)$，并按 $R_B = \bigcup_{l=1}^{16} R_{Bl}$ 和 $R_A = \bigcup_{l=1}^{16} R_{Al}$，求得

$$R_A = \begin{bmatrix} 1 & 1 & 1 & 1 & 0 & 0 & 0 \\ 0.5 & 0.5 & 0.5 & 0.5 & 0 & 0 & 0 \\ 1 & 1 & 1 & 1 & 0.5 & 0.5 & 0 \\ 1 & 1 & 1 & 1 & 1 & 1 & 0 \\ 0.5 & 1 & 1 & 1 & 1 & 1 & 0 \\ 0 & 0.5 & 0.5 & 0.5 & 0.5 & 0.5 & 0.5 \\ 0 & 0 & 0 & 0 & 1 & 1 & 1 \end{bmatrix}, R_B = \begin{bmatrix} 1 & 1 & 1 & 1 & 0 & 0 & 0 \\ 1 & 1 & 1 & 1 & 0 & 0 & 0 \\ 1 & 1 & 1 & 1 & 1 & 1 & 0 \\ 1 & 1 & 1 & 1 & 1 & 1 & 0 \\ 0 & 0 & 0 & 1 & 1 & 1 & 1 \end{bmatrix}$$

设当前的偏差是 e，偏差变化率是 Δe，则对于第 l 条规则的输出推理为

$$f_l = e \circ R_{Al} \cap \Delta e \circ R_{Bl} \quad (l = 1,2,\cdots,16) \tag{5-3}$$

因此，控制总量的输出控制量是

$$\begin{aligned} f &= \bigcup_{l=1}^{16} f_l = \bigcup_{l=1}^{16} (e \circ R_{Al} \cap \Delta e \circ R_{Bl}) \\ &= (e \circ \bigcup_{l=1}^{16} R_{Al}) \cap (\Delta e \circ \bigcup_{l=1}^{16} R_{Bl}) \\ &= e \circ R_A \cap \Delta e \circ R_B \end{aligned} \tag{5-4}$$

示例：求 $e=S(\alpha)$，而 $\Delta e=NS$（负 α）时的控制量输出值。（注：$e=NS,\Delta e=NS$）

由式（5－4）可知，这时的控制量应该是：

$$f=e\circ R_A\cap\Delta e\circ R_B$$

$$e\circ R_A=[0,0.5,1,0,0,0,0]\circ\begin{bmatrix}1&1&1&1&0&0&0\\0.5&0.5&0.5&0.5&0&0&0\\1&1&1&1&0.5&0.5&0\\1&1&1&1&1&1&0\\0.5&1&1&1&1&1&0\\0&0.5&0.5&0.5&0.5&0.5&0.5\\0&0&0&0&1&1&1\end{bmatrix}$$

$$=[1\ \ 1\ \ 1\ \ 0\ \ 0\ \ 0\ \ 0]$$

$$\Delta e\circ R_B=[0\ \ 1\ \ 0\ \ 0\ \ 0]\circ\begin{bmatrix}1&1&1&1&0&0&0\\1&1&1&1&0&0&0\\1&1&1&1&1&1&0\\0&1&1&1&1&1&0\\0&0&0&1&1&1&1\end{bmatrix}=[1\ \ 1\ \ 1\ \ 1\ \ 0\ \ 0\ \ 0]$$

因此，模糊推理的结果为

$$f=[1\ \ 1\ \ 1\ \ 0\ \ 0\ \ 0\ \ 0]\cap[1\ \ 1\ \ 1\ \ 0\ \ 0\ \ 0\ \ 0]$$

（5）解模糊

模糊推理的结果仍然是模糊值，不能直接用于控制被控对象，需要把模糊推理结果转化成精确量，此过程称为解模糊或模糊判决。

解模糊化过程目前尚无系统而统一的方法，常用的有最大隶属度法、中位数法、加权平均法、平均最大隶属度法、求和中心法、最大面积中心法等多种方法。具体采用何种方法，应视推理结果情况而定。

对上面得到的控制总输出模糊控制量：

$f=\frac{1}{0}+\frac{1}{1}+\frac{1}{2}+\frac{0}{3}+\frac{0}{4}+\frac{0}{5}+\frac{0}{6}$，由于具有 3 个相邻的隶属度最大值，分别对应 f 的输出等级为 0，1，2。因此，采用最大隶属度法解模糊化，取它的平均值为 1.0 级，经过尺度变换得到实际的输出频率为 70 Hz＋16×（1.0－3） Hz＝38 Hz。

（6）建立模糊控制表

为了节省内存，提高计算机应用系统的工作速度，实现有效的实时控制，对于各种输入变量的组合通常根据隶属度函数（见表 5－2 至表 5－4）和模糊控制规则表（见表 5－5）以及模糊推理和解模糊方法离线计算为对应的模糊控制表，并将该表内置于应用软件的 RoM 表中，供实时控制过程使用。将模糊控制表中的清晰量经过尺度变换式变成实际的控制量，即变频压缩机的供电频率，见表 5－7。

表 5-7　空调变频压缩机的供电频率

f		Δe				
		−2	−1	0	1	2
e	−3	22	22	22	46	70
	−2	22	22	38	54	70
	−1	30	38	50	70	82
	0	38	46	70	70	94
	1	46	58	70	90	94
	2	54	70	86	94	102
	3	70	70	94	94	118

三、电子膨胀阀及其控制算法

1. 电子膨胀阀的工作原理

电子膨胀阀是由电子电路控制的膨胀阀。在变频式空调设备中，压缩机由变频电动机驱动，电动机的转速可以根据室内制冷量的需要而连续变化，最终压缩机的制冷量达到连续变化的自动控制。为配合制冷量的连续变化，采用电子膨胀阀与变频式压缩机匹配使用。电子膨胀阀能够根据单片机的指令，按预设的各种调节规律动作，迅速调节阀的开启度，快速控制制冷剂的流量，可减小室内的温差波动，因而能够增强空调的舒适程度，又可最大限度地节能。对制冷系统本身来说，则可以获得很好的过热度调节品质，使制冷装置的启动特性和变负荷动态特性大为改善，因而能保证换热器的使用效率高、运行稳定、能耗低、温度控制精度好。

2. 控制算法

模糊控制方法是目前电子膨胀阀的主要控制方法。

在电子膨胀阀的模糊控制中提出了一种具有智能判断和带调整函数的自调整算法。

(1)输入参数的选择

蒸发器供液量的状态通常以过热度表示，恰当的过热度对应着蒸发器供液量合理流量。对于蒸发器供液量的控制通过对过热度的控制实现。因此控制参数可以取为制冷剂过热度偏差 e、偏差变化 Δe。

在实际系统中偏差 e 和偏差变化 Δe 按下式计算：

$$e(nT)=\Delta T(nT)-R(nT) \tag{5-5}$$

$$\Delta e(nT)=e(nT)-e(nT-T) \tag{5-6}$$

式中　n——第 n 次取样；

T——过热度取样周期，通常取 $T=6\sim15$ s；

$\Delta T(nT)$——nT 时刻室内换热器实际过热度；

$R(nT)$——nT 时刻室内换热器过热度目标值。

检测制冷剂在蒸发器入口处的温度和出口处的温度，计算温度差作为过热度。考虑到制冷剂流过换热器存在一定的阻力压降，蒸发器入口处的温度并不等于蒸发器中制冷剂的饱和温度，但仍然可以在一定程度上代表蒸发器中的制冷剂饱和温度。当然该计算温度差也在一定程度上可以反映过热度，但并不是真实过热度。

（2）确定输入、输出变量的实际变化范围

通过实验的方法来确定过热度偏差 e、偏差变化 Δe 和电子膨胀阀开口度增量值 ΔU 的最大变化范围值，设它们分别为 x, y, z。这些值与设定目标值 R 及采样周期 T 有关。

（3）确定变量论域等级及输入变量的归一模糊化

过热度偏差 e 和偏差变化 Δe 的论域划分可以较细，通常将 $e/x, \Delta e/y$ 在 $[-1,1]$ 闭区间划分 11 级，从而获得偏差 E 及偏差变化 EC 论域值。

对于 E 和 EC 的模糊论域划分应满足无混叠、无空挡。零挡划分要保证控制精度的要求，不必均匀分挡。通常设计成零挡区间值最小，随着挡数增大，相应的区间值依次增大。

对于电子膨胀阀模糊控制系统，归一模糊化的 E 及 EC 可进行如下划分：

$$E=\begin{cases}\pm 1 & |e/X|\geqslant 0.8\\ \pm 0.8 & 0.55\leqslant |e/X|<0.8\\ \pm 0.6 & 0.3\leqslant |e/X|<0.55\\ \pm 0.4 & 0.15\leqslant |e/X|<0.3\\ \pm 0.2 & 0.03\leqslant |e/X|<0.15\\ 0 & |e/X|<0.03\end{cases},\quad EC=\begin{cases}\pm 1 & |\Delta e/Y|\geqslant 0.8\\ \pm 0.8 & 0.55\leqslant |\Delta e/Y|<0.8\\ \pm 0.6 & 0.3\leqslant |\Delta e/Y|<0.55\\ \pm 0.4 & 0.15\leqslant |\Delta e/Y|<0.3\\ \pm 0.2 & 0.03\leqslant |\Delta e/Y|<0.15\\ 0 & |\Delta e/Y|<0.03\end{cases}$$

对于输出控制量 ΔU 的论域可以不进行划分，而采用计算结果直接取值作为精确值，从而得到较为连续和精细的控制量。

（4）模糊推理

由过热度确定的开口度输出增量值 ΔU 的论域值可采用下式计算：

$$U=\begin{cases}aE(nT) & |e(nT)|>|e_{\mathrm{m}}|\\ aE(nT)+(1+a)EC(nT) & |e_{\mathrm{w}}|<|e(nT)|\leqslant |e_{\mathrm{m}}|,\text{且 } e(nT)\Delta e(nT)<0\\ 0 & |e(nT)|<|e_{\mathrm{w}}|,\text{且 } e(nT)\Delta e(nT)<0\\ aE(nT)+(1+\alpha)EC(nT)+k_1\sum e_i & |e(nT)|\leqslant |e_{\mathrm{m}}|,\text{且 } e(nT)\Delta e(nT)>0\end{cases} \tag{5-7}$$

$$a=k|e(nT)/R(nT)|^{P} \tag{5-8}$$

式（5-8）中 k, P 为特定控制参数。通过设置其合理的修正函数 a，可以根据偏差 e 的变化灵活地调整模糊控制规则，其取值范围为 $1\leqslant k\leqslant |R(nT)/e_{\mathrm{m}}|^{P}$，$R(nT)$ 为 nT 时刻过热度目标给定值。K 值越大，a 随偏差 e 的递增越快。当参数 $P<1$ 时，修正函数 a 值随偏差递增较快，偏差 E 的控制作用相对增强；反之，当 $P>1$ 时，偏差变化 EC 的控制作用加强，P 值越大其作用越强。通常 $P\in[0.5,3]$。

式（5-7）中 e_{m} 为设定的上限阀值，一般取恒值，通常 $e_{\mathrm{m}}=4\sim5$ ℃；e_{w} 为设定的下限阀值，但它与 e 的最大偏差 x、偏差变化论域值 EC 大小等有关，可按式（5-9）计算：

$$e_{\mathrm{w}}=k_{\mathrm{w}}|EC|X \tag{5-9}$$

式（5-9）中 k_{w} 为 e_{w} 的取值系数，它与被控制系统的响应滞后时间 t 及控制要求等有关，可以通过实验取得最佳值。可以取 $k_{\mathrm{w}}=0.1\sim0.2$。$|EC|$ 为偏差变化 Δe 归一模糊化论域值，偏差变化 EC 值越大时，则下限 e_{w} 越大。

（5）求过热度确定的开口度输出控制值 ΔU

nT 时刻内过热度确定的开口度输出控制值 ΔU 为

$$\Delta U = K_U U$$

其中，$K_U = Z/1 = Z$。

上述模糊算法的基本思想是：当偏差较大时，对偏差的控制作用给予较大的权重，以尽快消除偏差，提高响应速度；当偏差较小时，为避免系统响应的超调，对偏差变化的作用给予较大的加权，以尽快进入稳态；当系统进入超调区时，则引入智能积分控制，一方面可以迅速减少超调趋势，另一方面可以消除系统稳定偏差（静态偏差），避免普通模糊控制器在零区域的振荡现象；直接对偏差 e 精确量积分还可以完全消除余差和极限环振荡；此外还考虑到电子膨胀阀开口度对过热度响应是一个具有较大时间滞后的控制过程，采用智能判断器控制输出量开关 K，可以将控制作用在特定的条件下进行“断开”，使系统处于具有观察功能的积极等待状态，这种等待的目的是为了更好地为下一步控制做准备。同时，利用偏差变化论域值 EC 的大小自功设置“断开”的阀值，从而确保这种模糊系统的优良品质，这种模糊控制系统对阶跃响应的控制作用可用图 5－10 表示。

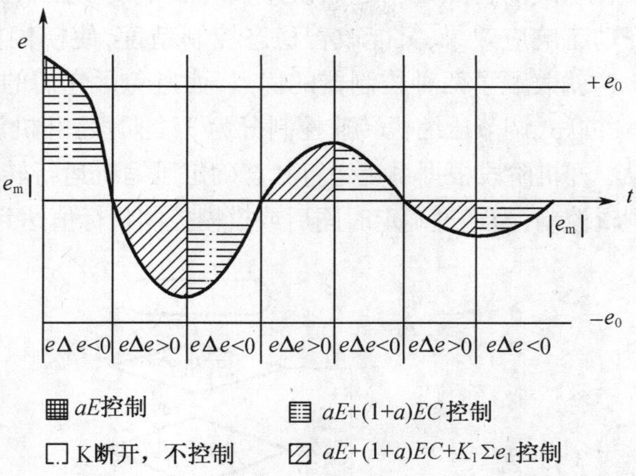

图 5－10　模糊控制系统作用下的阶跃响应

四、多元 VRV 系统容量控制

1. 容量控制的基本方法

多元 VRV 系统在工作时，制冷负荷要适应室内空调负荷的变化进行不断的调整，以节省运行能耗。整个系统的容量调节通过改变压缩机的频率来实现。

室内空调负荷变化后，室内换热器侧的电子膨胀阀开度进行调节，改变制冷剂供液量以保证室内温湿度参数。电子膨胀阀的调节直接导致压缩机吸气压力和排气压力的变化，因此变容量调节的控制参数一般选择为吸气压力或排气压力。

由于 PID 控制的稳态精度高（含积分环节），而模糊控制特别适合非线性、大滞后的过程，实用中可以考虑把模糊（Fuzzy）控制和 PID 控制相结合。其复合控制的方式有两种：串联式和并联式，如图 5－11 所示。

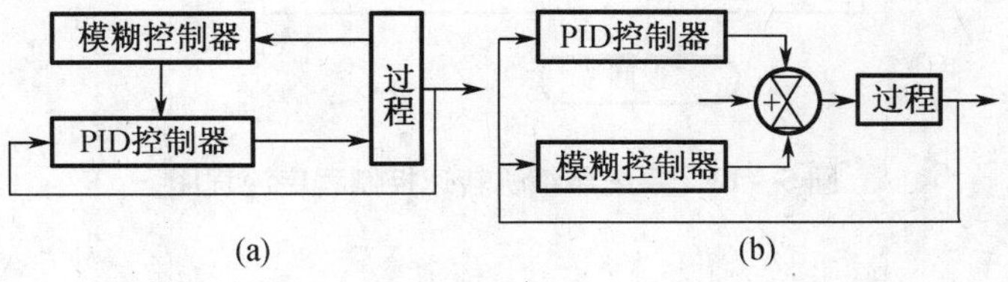

图 5－11　Fuzzy－PID 复合控制

串联式的模糊控制器根据过程的一些基本信息，推理输出 PID 控制器的控制器参数，从而使 PID 控制器在过程参数变化也能达到好的控制效果。

并联式的特点是当起始误差大时启用模糊控制器，而当误差小时切换成 PID 控制器，既保证动态响应效果，又能改善稳态控制精度，使模糊控制器和 PID 调节器共同合成控制作用。这就兼顾了两种控制器的优点，而避免了它们的缺点。

并联式调节压缩机转速控制分为 3 个阶段：开机设定阶段、模糊逻辑控制阶段、PID 调节阶段。开机阶段根据系统运行状态确定压缩机运行转速和持续时间，经过开机阶段后进入模糊逻辑控制；当经过确定时间后或模糊控制目标值达到后进入 PID 调节，如图 5－12 所示。

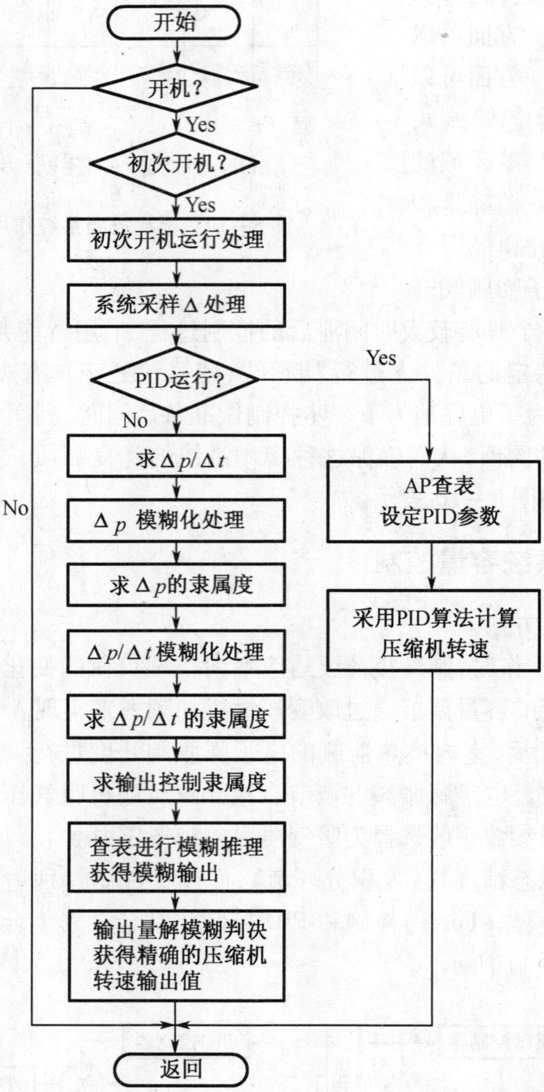

图 5－12　系统压缩机转速控制程序流程图

2. 输入输出变量

控制系统以系统设定压力目标与系统实际压力值的偏差，即系统压力偏差 Δp 作为模糊控制器的一个输入量，以系统压力偏差 Δp 的变化率 $\Delta p/\Delta t$ 作为另一个输入量，经过模糊控制器模糊化成为模糊矢量 E 和 EC。而以制冷系统的压缩机转速 U_n 作为模糊控制器的输出变量。系统压力偏差 Δp 是指实测被控对象系统的压力值减去压力目标值所得的值。

3. 模糊区域确定区的划分

将系统压力偏差 Δp 的适应度 $X=1$ 以内为模糊控制区,以外为确定控制区。在开机工况完成前的 6 min 内,为模糊控制区,以利于系统迅速稳定;在开机工况完成后,即 6 min 过后,为确定控制区,即可进入 PID 调节。

第三节 认识空调系统冷热源及水系统的监控

在现代建筑中,空调系统的能耗占据建筑物总能耗的 65% 左右,而冷热源设备及水系统的能耗又是建筑物空调系统能耗的最主要部分,占 80% ~90%。如果提高了冷热源设备及水系统的效率就解决了建筑物节能的主要问题。同时冷热源设备又是建筑设备系统中最核心,最具经济价值的设备之一,保证其安全、高效地运行具有重要意义。

冷热源系统和水系统的监控主要完成以下两大功能:

①各参数的测量,设备的正常启停与保护;

②冷热源及水系统的能量调节。根据具体的设备及水系统构造形式,通过合理的调节策略,节省运行能耗。

一、冷热源的基本监测与控制

1. 冷热源主机的监控

集中式空调系统常用的冷源设备有活塞式、螺杆式、离心式水冷冷水机组,空气源热泵冷热水机组,燃油燃气锅炉、换热器等设备。BAS 监控的调节是监测各设备的工作状态、工作参数,控制设备的启停,检测设备的报警信号,保证设备安全运行。

冷热源设备自身通常都配有完善的计算机监控系统,能实现对机组各部位的状态参数的监测,以及实现故障报警、制冷量、制热量的自动调节及机组的安全保护。而且大多数设备都留有与外界的通信接口。接口形式有两种,一种为 RS－232/RS－485 通信接口,另一种为干触点接口。通过 RS－232/RS－485 接口,可以通过通信实现 BAS 与主机的完全通信,而干触点接口只能接受外部的启停控制、向外输出报警信号等,功能相对简单。

对于这类自身已具有控制系统的设备,BAS 怎样实现对它们的监控?怎样处理与设备的控制系统的关系?目前有以下 3 种做法:

(1)独立监控系统

不与冷水机组和锅炉主机的控制器通信,而是另外在冷冻水、冷却水管路上安装水温传热器、流量传感器,在配电箱中通过交流接触器辅助触头、热继电器触点等方式取得这些主机的工作状态参数,通过交流接触器控制设备的启停。显然这种监测不能深入到主机内部,检测信号是不全面的。特别是报警信号只能检测到电机的过载、缺相等,对压缩机吸排气的压力、润滑油压力、油温等都无法检测。主机设备不能放心地交由 BAS 管理,冷热源机房还必须有人专门值守。

图 5－13 是常见的电动冷水机组冷冻站的监控点位图。监控点指的是直接数字控制器(Direct Digital Control,DDC)的输入/输出通道。AI/AO 为 DDC 的模拟量输入/输出通道,DI/DO 为 DDC 的数字量输入/输出通道。

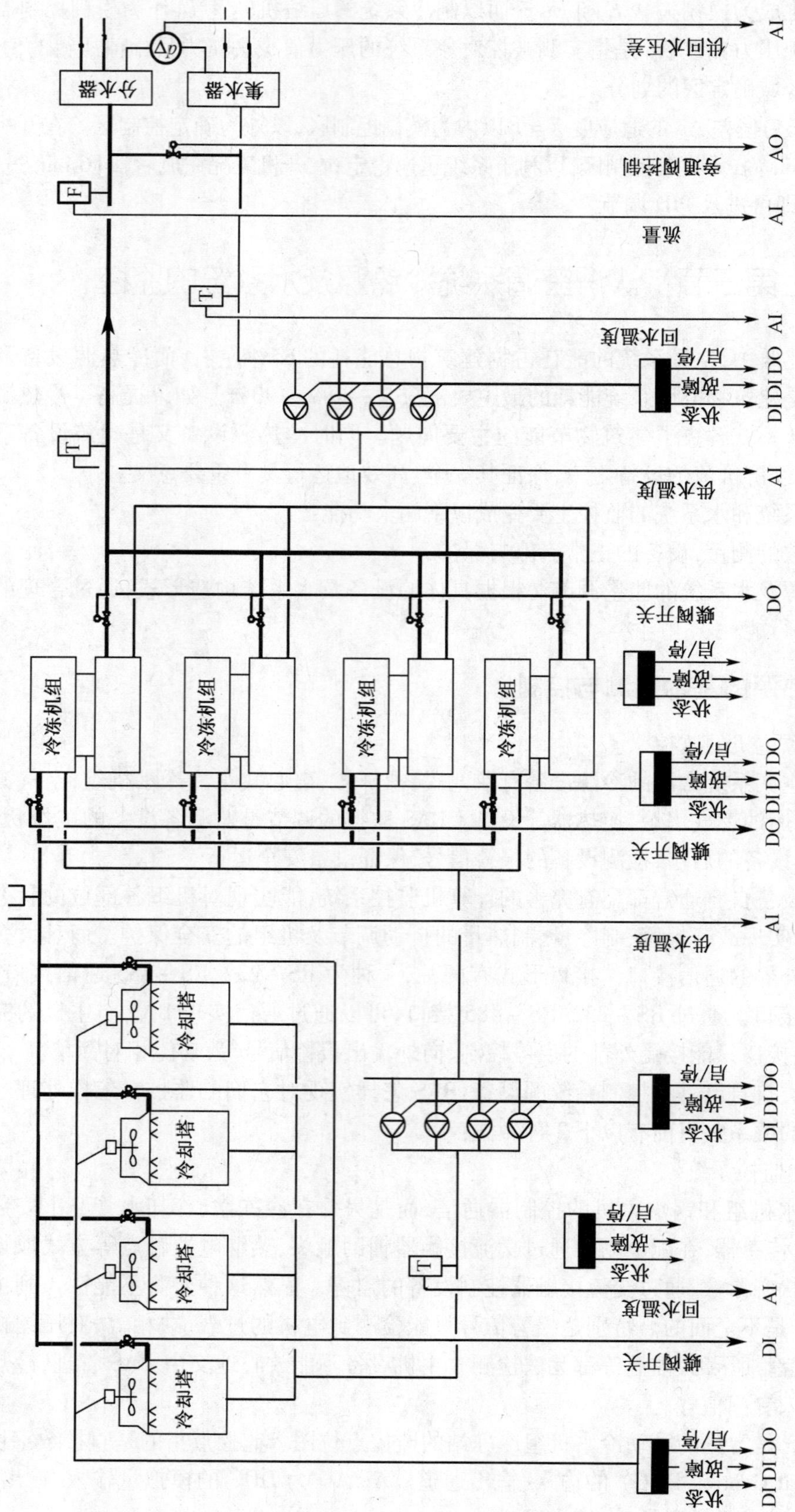

图5－13　冷冻站监控点位

对于水泵电机、冷却塔电机、制冷压缩机电机，它们的监控点配置是相同的。实际工程中除图中现存的状态、故障、启停3个信息点外，还经常加上手/自动模式状态点。如果冷冻机与水泵不是一一对应配置的，则在冷冻机的冷却水、冷冻水接口上应通过蝶阀控制机组的流量分配，与制冷压缩机组运行台数相适应。检测冷冻水供回水温度和流量是为了结冷冻机台数控制提供参数；检测冷却塔回水温度是为了控制冷却塔运行台数，使冷冻机的冷却水入口温度较低，提高制冷机效率。

图5－14为某溴化锂制冷机的对外接口。这是一种较为简单的通信方式。BAS可以通过631，632，630通道控制制冷机的启停，通道640/641，642/643，644/645，646/647将制冷机的自动/手动模式、参数设定、溶液稀释、故障报警等参数传递给BAS，供管理者参考。

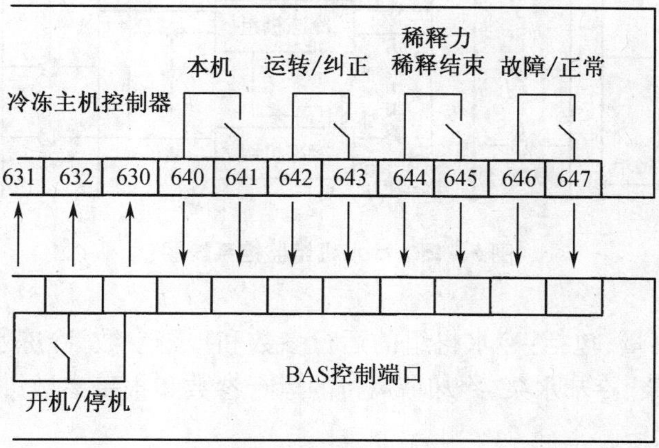

图5－14　冷水机组节点图

（2）主机制造商提供的冷冻站或锅炉房管理系统

这类管理系统能够把冷冻站或锅炉房内的设备全部监控管理起来，形成一个独立的冷热源监控管理系统。例如，各厂商推出的冷冻站监控系统，都能与自己的主机进行通信，实现启停控制、故障检测报警、参数监视、能量调节与安全保护等，另外还可实现机组的群控。冷冻站内的冷冻水泵、冷却水泵、冷却塔也在系统的控制之内，实际水泵的启停状态、故障报警、手动/自动状态的监测，以及冷冻机与冷却水泵、冷冻水泵的程序开启控制，采用这种方式可提高控制系统的可靠性和简便性。但是，从优化的角度看，由于冷冻站的控制还与空调水系统有关，用冷冻站内的水压及水温的变化不能完全反映系统的特性。把空调水系统与冷冻站分割开来控制难以很好地实现系统整体的、理想的优化控制与调节，不过这类独立的控制管理系统的节能控制效果仍然是可观的，在工程设计中仍不失为一种可用的选择方案。

下面以YORK公司的冷水机组监控系统ISN™（Integrated System Networks）为例，介绍这类监控系统的结构与功能。

图5－15冷水机组上的控制屏都配有通信接口，各通信接口通过RS－232相连接，把冷水机组的信息传送到单元控制器UDC（Unit Digital Control）。UDC控制器还能与冷却水泵、冷却塔风机、电动水阀、冷冻水泵相连接，从而构成完整的控制系统。UDC还能与远程通信接口和调制解调器相连，从而使冷水机组的维修人员通过电话线路远程监控运行情况，为用户提供全面的售后服务。

主要功能有以下3个方面：

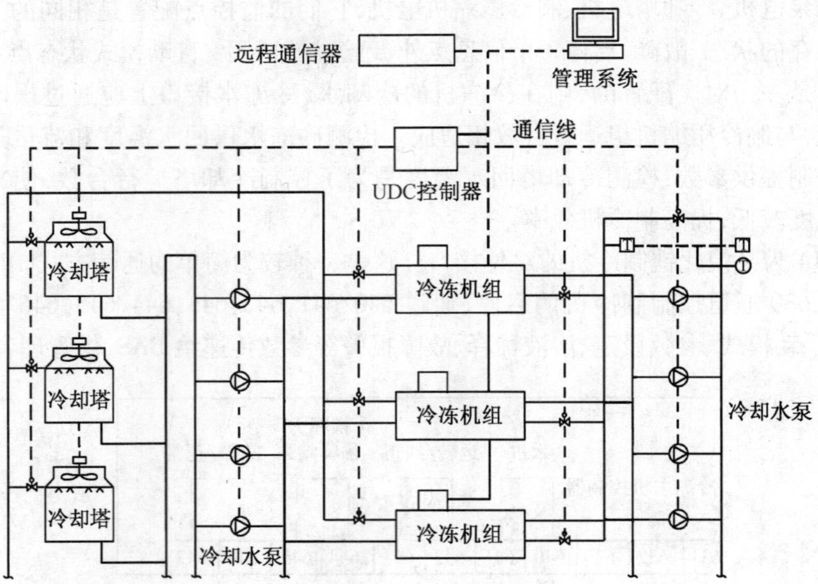

图 5-15　冷水机组监控系统图

①基本参数的测量,包括:冷水机组的运行参数和报警参数,冷冻水、冷却水循环系统总管的水温,冷冻水泵、冷却水泵、冷却塔风机的运行参数和报警参数,以及冷冻、冷却水路的电动阀门的开关状态。

②基本的能量调节。主要是冷水机组本身的制冷量调节,对离心机组和螺杆式机组来说,调节系统根据水温自动调节导叶的开度或滑阀位置,使机组制冷量与系统的负荷相适应。同时,电机电流随之改变,降低机组能耗。

③冷冻系统的全面调节与控制。系统内部的控制软件可以实现以下功能:

(a)预设启停时间来启停机组;

(b)冷水机组排序选择;

(c)联动设备的排序和控制;

(d)最优冷水机负荷分配,将根据能效和最优组合来自动为每台冷水机分配负荷;

(e)冷冻水温度重设,可自动重设或调节冷冻水的出口温度设定值。

存储和显示冷水机组的数据、档案记录和报告。报告包括:冷水机的功率档案、每日的制冷量、冷水机的运行时间、超前/滞后机组的选择、冷负荷档案、冷水机故障、最近的冷水机报警、冷却塔运行时间、泵运行时间、自然冷却运行时间、整个冷水机组的功率消耗(估计值)。冷水机记录包括:所有冷水机组的工作温度、压力、冷水机功率、泵、冷却塔和冷水机的运行状态,以及整个系统的功率消耗(估计值)。所有的记录包含前 48 h 的数据,每小时登记 1 次。

可以看出,由制造商提供的上述监控功能是非常完善的,用其他方式难以达到如此周全的程度。

对传感器和执行器的设置要求如下:

(a)冷冻泵、冷却泵和冷却塔的运行状态和故障信号分别来自相应启动柜的接触器辅助触点和热继电器辅助触点,启动柜应设有手动/自动转换开关和开停控制点。

(b)电动蝶阀控制屏应设有手动/自动转换开关和开停控制点,以及提供开关状态的触点。

(c)冷冻、冷却供水总管分别设置1个温度传感器检测水温。

(d)不设流量计,因为水温和冷水机的满负荷电流百分比足以反映冷负荷的变化。

(e)冷冻水系统应设置独立的压差旁通装置。

BAS则可以通过YORKTaLK译码器将冷冻机与监控系统相连。通过YORKTaLK与监控系统通信。此时,BAS可以读取系统的所有信息,同时也可通过YORKTaLK实现对机组的启停等控制。

(3)BAS与冷热源主机通信

为了解决建筑物各种机电设备,特别是暖通空调设备的互联问题。早在1995年,ASHRAE(美国采暖通风空调制冷工程师学会)就制定了解决这一问题的通信协议BACnet(Building Automation Control network)。BACnet协议是专门为建筑设备系统的计算机网络控制而制定的通信协议,意在为建筑设备的控制系统提供统一的"标准语言"。但是出于各种原因,BACnet协议未能得到广泛的应用,使得原来预期的实现各种控制器统一通信和信息互换的局面没有如期实现。但实现通信协议的统一是发展方向,现在使用BACnet通信协议的空调制冷设备和控制系统已越来越多。除BACnet的协议外,采用TCP/IP协议进行通信的控制系统也在增多。

当控制系统与冷水机组的协议不统一时,需要开发通信接口来解决互联问题。在通信接口开发时,冷水机组制造商应开放其通信协议。冷水机组控制器通常采用异步通信方式,其协议文本一般应包含下列内容:

(a)异步串行通信接插件引脚的定义;

(b)串行通信数据格式和通信参数(波特率、起始位、数据位、停止位、校验位等数据帧结构);

(c)串行通信的呼叫联络应答方式;

(d)所有读写控制命令;

(e)全部数据结构和数据选址方法;

(f)异步通信的定时规则。

不同厂商的楼宇自控产品一般都采用其自定义的控制网络,同时也对一些开放型的控制网络提供支持,如BACnet,LonWorks,RS-232/RS-485等。大多数冷冻机制造商(包括其他楼宇系统设备)都提供RS-232/RS-485通信接口。现有接口程序主要是基于RS-232/R-S485开发的。

在MFT Windows下,开发串行通信程序通常有如下几种方法:

(a)利用Windows API通信函数;

(b)利用Windows的读写端口函数—inP,—inpw—inpd,—outP,—outpw或开发驱动程序(WindowsNT系列下)直接对串口进行操作;

(c)使用串口通信组件,如ActiveX控件MSComm。

相比较而言,第二种方法较为简单,只需要对串口进行配置,编程工作量不大;第一种方法使用面较广,但程序编制比较复杂,使用较困难;第三种方法则需要了解硬件电路结构原理,深入驱动层次,专业性更强。

2. 冷却水系统的监控

冷却水系统的作用是为冷水机组的冷凝器供应冷却水，吸收制冷剂的冷凝热量，并将冷凝热转移到大气中去。冷却水系统由水泵、管道及冷却塔组成。监控它的目的是：

①保证冷却塔风机、水泵安全运行。

②保证冷却机组内有足够的冷却水流量。

③根据室外气温及冷水机组开启台数，调整冷却塔运行台数。使冷冻机冷却水进口处的温度不高于设定温度。

图 5 – 16 为装有 4 台冷却塔及 2 台冷却水循环泵的冷却系统及监控点示意图。

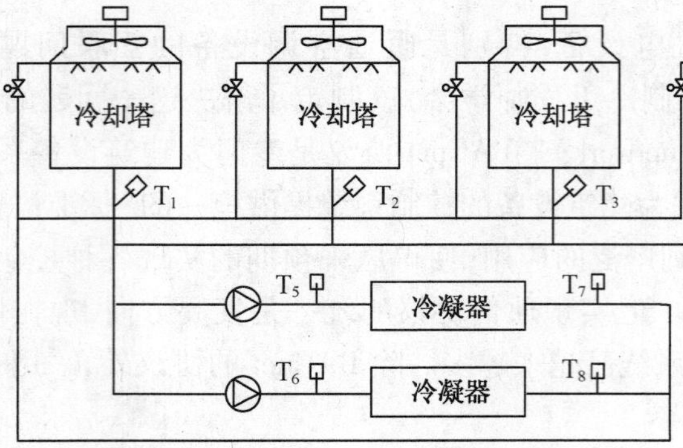

图 5 – 16　冷却水系统及监控点

对风机和水泵的监控要求与一般做法相同。冷却塔系统中最主要的控制调节是根据冷冻机对冷却水温的要求，确定冷却塔的开启台数。冷却塔出水温度高于设定温度，则增开 1 台冷却塔，低于设定温度可停开。

冷却塔出水温度在设定值 ±0.5 ℃内时可不作调节。有的冷却塔风机还采用双速电机，通过转速的变化来调节冷却水温度，因此还应配合高/低速的转换确定冷却塔开启台数。

为配合冷却塔台数的调节，各冷却塔进水管上需要安装电动阀 $V_1 \sim V_4$，电动阀的开启应与冷却塔的风机联锁，由于电动阀仅起到水路的开关作用，采用电动蝶阀即可满足要求。而在冷却塔出水管上则不必安装电动阀。

为防止冷却塔的浮球补水阀出现故障，使集水盘中的水位降低，出现倒空现象或过度补水出现溢流，在冷却塔的水盘或水池上可安装水位传感器，实现高低水位报警，在 BAS 中进行水位监控。

在冷冻机的冷却水出口管路上安装温度计是为了判断冷却水系统的水量是否正常。当冷冻机的冷凝器由于内部堵塞或管道系统误操作造成冷却水量过小时，会使冷凝器的出口水温异常升高，通过水管温度计便可及时发现故障。

3. 冷水机组启停的联锁控制和群控的序列策略

冷冻站系统通常由冷水机组、冷却水系统、冷冻水系统组成。当冷冻水机组为空气源热泵时，则没有冷却水系统，如图 5 – 17 所示。

对直燃式溴化锂机组，除冷却水系统和冷冻水系统外还包括供油/气系统，如图 5 – 18 所示。

冷水机组运行时,通过蒸发器中的制冷剂吸收冷冻水的热量,使冷冻水保持低温。在冷凝器中制冷剂需通过冷却水向大气中排出热量。因此,在冷水机组开启时,必须首先开启冷却水和冷冻水系统的阀门和水泵、风机。保证冷凝器和蒸发器中有一定的水量流过,冷水机组才能启动。否则,会造成制冷机高压超高、低压过低,直接引起电机过流,易造成对机组的损害。冷水机组都随机携带有水流开关,需安装在冷却水和冷冻水管上。水流开关的电气接线要串联在制冷机启动回路上。当水流达到一定流速值,水流开关吸合,制冷机才能被启动。根据上述工作特性,制冷机停机后,应延时一段时间(3 ~5 min),再停止冷却水和冷冻水系统的运行。

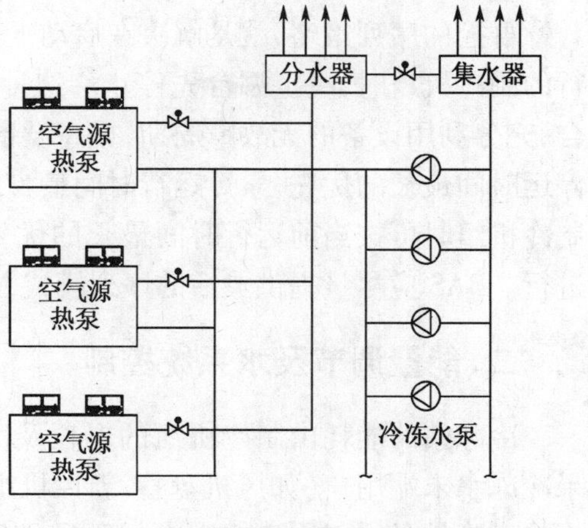

图 5－17 无冷却水系统的冷冻站系统

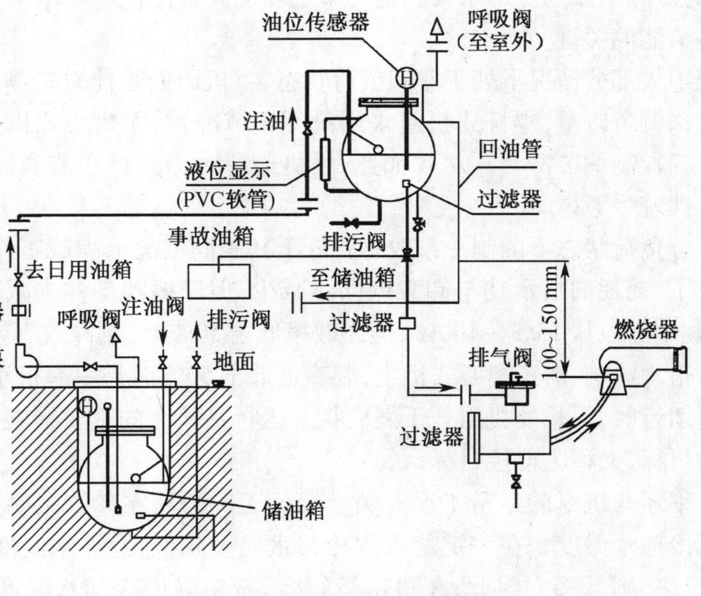

图 5－18 溴化锂冷水机组及系统

目前,制冷机组内部的控制系统能够完成启动时的保护,但还不能完成对冷却水、冷冻水系统的预先启动,以及停机后的延时运行。这些功能都需要 BAS 来实现。

BAS 对某个制冷机组下达启动命令时,其相关设备的动作时间顺序应为:

①对应冷却水、冷冻水管路上的阀门立即开启;

②冷却塔风机、冷却水水泵、冷冻水水泵的启动延迟 2 ~3 min 执行;

③制冷主机启动延迟 3 ~4 min 执行。

在对某个制冷机组下达停止命令时,其相关设备的动作执行时间应为:

①立即切断主机电源;

②冷却水水泵、风机,冷冻水水泵延时 3 ~5 min 停止;

③对应的管路阀门延时 4 ~6 min 后关闭。

群控的序列策略，就是解决在启动下一台制冷机组时，决定哪台先开启；在停止 1 台运行的制冷机组时，决定哪台先停止。这种序列策略目的是与设备管理、维修计划更好地配合，充分利用设备的无故障周期，提高设备的使用寿命。在需要启动1 台制冷机时可按当前停运时间最长的优先；累计运行时间最少的优先；轮流排队等原则来进行。在需要停止 1 台制冷机组时可按当前运行时间最长的优先；累计运行时间最长的优先；轮流排队等原则来进行。BAS 应尽量提供灵活的序列模式，便于物业管理部门按需选择。

二、能量调节及水系统控制

冷冻站的能耗由制冷机组的电耗及冷却水泵、冷却塔风机、冷冻水泵的电耗构成。如果冷冻水末端用户（如风机盘管、新风机组、一次回风机组）能进行冷量自动调节，那么冷冻机的产冷量必须与用户的需求相匹配，以节约能耗。当用户末端采用变水量时，冷冻水系统还必须根据新的运行工况提供新的水量和扬程，以减少流量和扬程的过盈，减少调节阀的节流损失，并尽可能使水泵在效率最高点运行。在这些耗电设备中，主机电耗占有最主要的位置，因为冷冻水泵与冷却水泵的电功率之和也只有主机电功率的 20% ~25%。提高主机的效率是节能的关键。

空调系统绝大部分情况下处于非满负荷状态，主机因而不能总是满载运行。活塞式机组采用卸载机构调节冷量，螺杆式机组采用滑阀调节冷量，而离心式机组则采用入口导叶角度变化和变频控制调节冷量。尽管如此，主机运行时仍然存在节能提效的问题，这要从机组的运行特性着手考虑。

主机在部分负荷状态下的制冷系数总要低于其相同工况下满载工作的效率，这是因为主机虽然卸载了，消耗的指示功与卸载率同步减少，但摩擦功却并未减少。以螺杆式机组为例，尽管卸载率可以从 15% ~100%，但卸载率低于 50% 时，制冷效率就明显下降，运行的经济性受到了很大影响；对于离心式机组，制冷量低于 50% 时易引起机组的喘振。因此，在多台冷水机组运行时，尽量使机组处于满载状态运行是节能的重要措施之一。这就是机组的台数控制的目标，又称为群控目标。

主机的效率还与机组的运行工况有关。运行工况的外在参数主要是冷却水温度或环境空气温度和冷冻水温度。在一定范围内冷却水温度越低，冷冻水温度越高，主机的制冷效率就越高；反之，则下降。因此，在机组运行时，希望降低冷却水温度而提高冷冻水温。这就是水温的控制目标。

1. 制冷机组的台数控制

台数控制的基本思想是使制冷机组提供的制冷能力与用户所需的制冷量相适应，因此，在空调系统运行过程中，实时地检测当前系统的制冷量，判断用户的制冷量需求是确定投入运行主机台数的前提。

通常工程中都在冷冻水供回水总管上设置流量和温度传感器，检测冷冻水总流量和供回水温度。根据冷冻水流量以及进出蒸发器的温差即可方便地计算出单位时刻的总制冷量。它与用户需要制冷量 Q 存在多种关系。

若单台主机的最大制冷量为 $q_{\max}$，运行台数为 N，则当 $Q < q_{\max}N$ 时，表明主机尚有部分余力没有发挥出来，通过能量调节机构卸载了部分制冷量，使其与用户所需制冷量相匹配。主机提供的制冷量与用户实际需求的制冷量是相等的。

若 $Q=q_{max}N$,则表明在运行的主机已全部满负荷工作。它可能对应着供需双方达到了平衡状态,更可能是对应着供不应求的局面。具体是哪种状态需通过系统的其他参数做出判断。实际运行过程中,常通过冷冻水出水温度测量值与设定值的差值来判别。若在一段时间 Δt 内,出水温度总是高于出水温度设定值,则表明总制冷量不能满足用户要求。这是由于供冷量不足导致回水温度过高造成的,Δt 可取 15 ~ 25 min。为了可靠起见,可将不确定关系的转变点的判别式由 $Q=q_{max}N$ 改为 $Q\geqslant 0.95q_{max}N$。

根据上述分析,可以得出台数控制的规则为:

①若 $Q\leqslant q_{max}(N-1)$,则关闭 1 台冷冻机及相应循环水泵;

②若 $Q\geqslant 0.95q_{max}N$,且冷冻机出水温度在 Δt 时间内高于设定值,则开启 1 台主机及相应循环泵;

③若 $q_{max}(N-1)<Q<0.95q_{max}N$,则保持现有状态。

单台主机的最大制冷量 q_{max} 并非固定值,它随运行工况参数有较大的改变。主要影响参数是冷却水的水温和流量、冷冻水水温及流量。由于冷冻水水温及水量变化不大,影响较小,冷却水量变化也较小,故主要受冷却水温的影响。各制冷机供销商都能提供在不同冷却水温下,制冷机制冷量的变化曲线。热泵机组则能提供不同的室外气温下机组制冷量的变化曲线,这样可在程序设计时,反映 q_{max} 随外界参数的变化。

实际工程中,由于温度测量和流量测量不准确导致控制系统不能正常工作的案例屡见不鲜。在台数控制中,怎样提高参数测量的准确性应给予高度重视。

(1)测量点的选定

如图 5-19 所示,空调设计时一般采用图(a)方式,这样传感器只能安装在旁通阀前。由于回水管上已有旁通水量混合,故回水管水量降低,这使得供回水温差减少。对同等精度的温度传感器而言,总温差的减少将使总体测量的相对误差加大。因此建议采用图(b)方式。传感器安装在旁通阀之后,以增加供回水温差,这可在一定程度上减少相对误差。

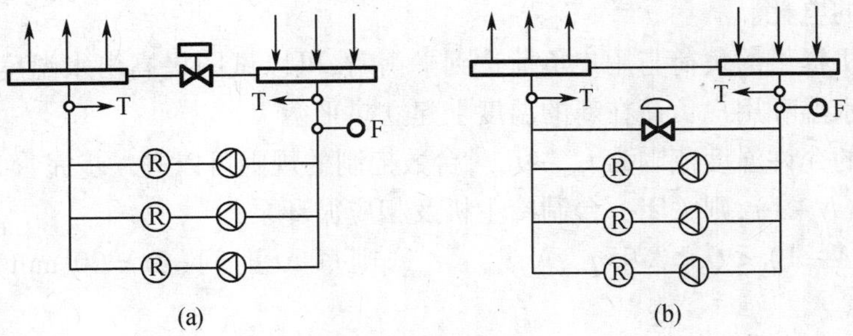

图 5-19 传感器安装位置

(a)旁通阀前;(b)旁通阀后

(2)温度传感器的选择

空调冷冻水供回水的温差通常在 3 ~ 5 ℃。大多数工程选用的水管温度传感器精度为 0.3 ℃,有的精度仅为 0.5 ℃。此项测量的相对误差便可达到 6% ~15%,加上流量测量的误差会导致总体测量误差达到 15% ~25%,甚至更高。因此,温度传感器的精度应在 0.1 ~ 0.2 ℃,温差范围的提高和传感器的精度的增加对减少测量误差影响很大。

温度传感器选用时要注意的另一个参数是热响应时间,为保证测量的真实性必须保证其实时性。温度传感器的热响应时间应不大于 30 s。

2. 冷冻水温的再设控制

可以有多种方式实现冷冻水温的再设控制，一种是工程上常用的简化方式，即根据室外气温分阶段设定出水温度，如可以根据日平均气温 t_{wp} 按日设定出水温度 t_{set}，如图 5－20 所示，水温可从 7～10 ℃变化。但每天的出水温度恒定；由于夏季出现高温的时间毕竟有限，大多数情况下，出水温度都可以高于 7 ℃，在 10 ℃左右，因而可提高主机工作效率。

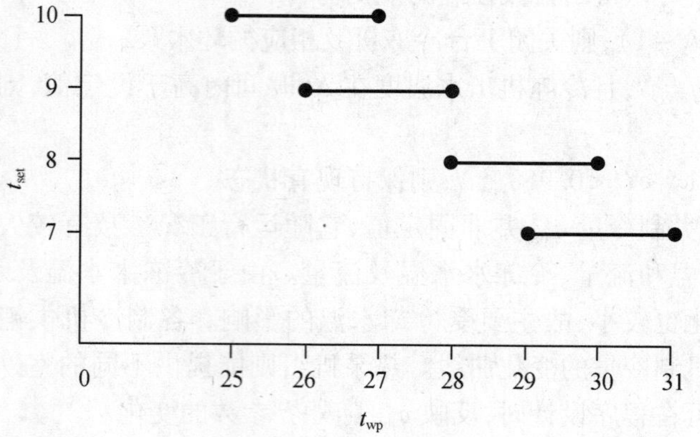

图 5－20　日平均温度与冷冻水温

比上述方法更精细的控制方式是不断根据用户负荷的变化与运行台数的关系，来确定出水温度的设定值。

当需要增加制冷机台数时，在一定程度上可以通过降低冷冻水出水温度来满足用户负荷的增长，即较低温度的冷冻水温可以扩大末端设备的传热温差，从而增加传热量，进而推迟开启冷冻的时间。降低出水温度所增加的制冷主机的电耗总是小于增开 1 台制冷主机和对应水泵产生的电耗。

当制冷主机提供的负荷与用户负荷达到平衡时，可以试图提高出水温度，以减少电耗，提高效率。使水温和用户负荷在新的温度上建立热平衡。

设冷冻水的允许温度范围为 $t_{min} \sim t_{max}$，台数控制的规则可以进一步完善为：

①$Q \leqslant q_{max}(N-1)$，则关闭一台制冷主机及相应循环泵；

②若 $q_{max}(N-1) < Q < 0.95q_{max}N$，$t_{set} < t_{max}$，则每 Δt 时间（$\Delta t = 20$ min）内，$t_{set} = t_{set} + 0.5$ ℃；

③若 $Q \geqslant 0.95q_{max}N$，且 $t_{set} < t_{max}$，则每 Δt（$\Delta t = 5_{min}$）时间内，$t_{set} = t_{set} - 0.5$ ℃；

④若 $Q \geqslant 0.95q_{max}N$，且 $t_{set} = t_{min}$，而出水温度在 Δt 时间内总大于 t_{set}，则开启 1 台制冷主机及相应的循环泵。

第四节　认识空调机组的监控

空调工程中的空气处理机组主要包括新风机组和一次、二次回风系统的空调机组。对这些机组实现自动控制是提高空调运行效率和管理效率，以及节约能耗不可缺少的手段。

一、新风机组

新风机组通常与风机盘管配合进行使用，主要是为各房间提供一定的新鲜空气，满足人员卫生要求。为避免室外空气对室内温、湿度状态的干扰，在送入房间之前需要对其进行热湿处理。例如，新风机组只有一个换热器，冬夏季共用。在冬季送入热水对空气进行加热，在夏季则送入冷冻水对空气冷却去湿。加湿器仅在冬季对新风加湿。新风机组在南方地区作为舒适性空调使用时，通常取消了加湿器。

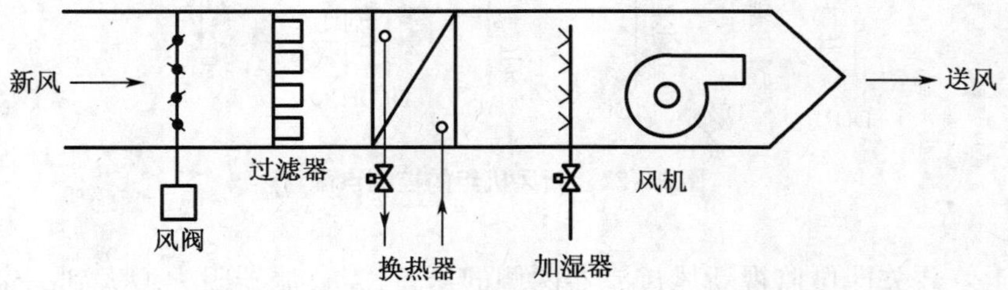

图 5-21　新风机组

二、新风机组的基本监控功能

1. 监测功能

(1)检查风机电机的工作状态，确定是处于“开”或是“关”；

(2)检测风机电机的电流是否过载；

(3)测量风机出口处的空气温湿度，以了解机组是否已将新风处理到要求的状态；

(4)测量空气过滤器两侧的压差，以了解过滤器是否要求清洗、更换；

(5)检查新风阀状态，确定是“开”还是“关”。

2. 控制功能

(1)根据要求启/停风机；

(2)控制换热的水量调节阀，使机组出口空气温度达到设定值；

(3)控制干蒸气加湿器调节阀，使冬季机组出口处空气相对湿度达到设定值；

(4)冬季换热器的防冻保护。

3. 集中管理功能

(1)显示新风机组启/停状态，送风温、湿度，风阀、水阀状态；

(2)通过中央控制管理机启/停机组，修改送风参数的设定值；

(3)当过滤器压差过大，风机电机过载，以及发生其他故障时，通过中央控制管理机报警；

(4)用户可以根据需要增加其他功能，如有关节能控制的管理功能。

三、新风机组的硬件配置

为实现上述基本监控功能，相应的硬件配置见图 5-22。

新风机组的新风阀配置开关式风阀控制器。这是因为新风机组的风量是根据工作区内人员数计算出来的，一般不做调节，因此新风门只有开、关两种状态。在风机开启时，风阀全开，停机时，风阀全关。风阀的控制通过一路 DO 通道完成。当输出为高电平时，风阀全开；低电平时，风阀全关。若要了解风阀的实际状态，还可以用一路 DI 通道接受风阀执行器的反馈信号。

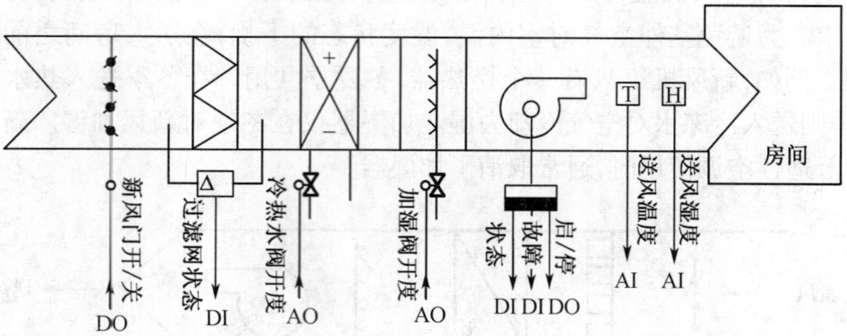

图 5－22　新风机组的控制点配置

用微压差开关即可监视新风过滤器两侧的压差，当过滤器阻力增大到一定数值时，微压差开关吸合，从而产生"通"的开关信号。微压差开关吸合时的压差对应过滤器的阻力，可以进行人工调整。安装压差开关时，应尽可能将测压管放在管道和设备的中心部位气流较为平稳处，以消除气流涡流的干扰，使测得的压差较为准确可靠。

水阀为连续可调的电动调节阀。通过水量的变化调节送风温度。通常通过 AO 输出通道，输出 4～20 mA 的电流信号直接对阀门的开关进行控制。阀门的实际开度也可以通过 AI 通道接受调节阀的反馈信号来反映。

干蒸汽加湿器也是通过电动调节阀来调节蒸汽量，配置方法与水阀相同。为监测风机电机的工作状态，将风机电机交流接触器的辅助触点的状态作为输入信号，由 DI 通道接入。电机过载报警则从继电器的辅助触头取得，由 DI 通道接入；同时通过 DO 通道发出对电机的启/停控制信号。

为准确地了解和控制送风参数，温度传感器的测量精度在其工作范围内应小于 ±0.5 ℃，相对湿度传感器的精度应小于 ±(5%～10%)，同时其热响应时间不能太长。

室外新风温度、供水温度不需要在每台新风上进行测量，它们可以通过室外空气温度、冷冻站/换热站供水温度的集中测量获得。然后通过计算机网络传送给现场的 DDC。再由 DDC 启动相应的监控程序。

四、送风温、湿度的控制

温度传感器和空气加热器都存在一定的惯性，在选用控制算法时，通常采用比例积分调节(PI)方式。调节器放大系数的范围为 5～10。积分时间 T_1 为 3～10 min，时间间隔约 1 min。冬季工况的运行逻辑与夏季工况不同，故 Δt 的符号应反号。在冬季应为设定温度减去送风温度，表明当送风温度偏低时应开大调节阀。在夏季刚好相反，送风温度偏低时，应关小调节阀。冬夏季工况的转换，可以通过检测供应水温度而定，如水温以 20 ℃为界，低于 20 ℃表明为夏季，否则为冬季。也可以人工进行冬夏季运行模式的切换。

冬季用喷蒸汽的方法控制空气的湿度是效果最好的方式。向空气中喷蒸汽仅仅改变了空气中的绝对含湿量 d，而对空气温度基本没有影响。这样使得湿度控制和温度控制可以分为两个独立控制环节，减少了控制量之间的耦合。

湿度传感器通常配置为相对湿度传感器,湿度的设定值也常以相对湿度给出,但相对湿度与空气温度是有关联的。因此,在湿度控制时,宜在控制程序中改为按绝对含湿量 d 进行比较和控制。d 可以通过空气温度和相对湿度二者计算得到。由于蒸汽加湿器本身近似为 $K=1$ 的线性放大器,无延迟和惯性,因此流量调节阀可选择线性流量特性,使蒸汽喷射量与开度呈线性关系。调节器可采用比例调节规律或比例积分调节规律。

五、防冻保护

换热器内的水温接近 0 ℃时,其体积不仅不收缩反而会膨胀,因而会使换热器被胀裂。新风机停止工作时,通常水量调节阀都关闭至零位,换热器内水流停止流动。因此,当空气温度下降时极易发生冻裂现象,这是产生冻裂的主要原因。

防止冻裂可采取以下措施:首先应关闭新风阀,防止冷空气进入。同时关闭风机,不使换热器温度进一步降低。新风阀应有良好的气密性,同时要有良好的保温性,阻止与室外冷空气的传热。但大多数风阀本身的气密性和保温性并不好,难以起到保温隔热的作用。比较可靠的方法是机组停止工作后仍然把水量调节阀打开(如开启 30%),使换热器内的水流缓慢循环流动起来。若水泵已停机,则整个水系统还应开启一台小功率的水泵,保证水系统有一定的水流速度,而不至冻裂。

出现下列情况之一时,应启动防冻保护程序:

①风机停机,室外空气温度不高于 5 ℃时;

②风机未停机,换热器出口水温低于 8 ℃时。

六、空气处理机组的监控

对空气处理机组(Air Handling Unit,AHU)的监控实际上是对全空气空调系统的监控。对全空气空调系统的所有监测、控制调节功能都是通过空气处理机组完成的。空气处理机组的监测功能与新风机组相同,防冻控制方法也相同,但是在调节功能上却有很大的差别。空气处理机组最终是要控制房间的室内状态,而不是像新风机那样控制送风状态的参数。由于控制目标的改变,控制系统的组成环节发生了变化,采用的调节方法也随之改变。空气处理机组除有新风外,还有室内的回风。在总风量中怎样处理新回风的关系,调节新回风量的比例,使之既能满足室内卫生条件的要求,同时又能节约运行的能耗。因此,在控制功能中需要采用全年多工况节能的运行调节方式。空气处理机组往往同时承担若干个房间的空气调节需求,而各房间的热湿特性、负荷大小,甚至要求的室内状态都不相同,空气处理机组应采取有效措施去适应这些不同的需求。其中一个方法就是采用 VAV(Variable Air Volume)调节,即变风量调节。

新风机组仅存在室外空气状态变化对调节系统的干扰。而全空气系统除了有室外空气状态变化的干扰外(外扰),还存在室内人员、设备散热、散湿量变化引起的干扰(内扰)。调节系统必须同时考虑这两种干扰的影响,满足室内温湿度要求,同时减少运行能耗。

七、空气处理机组的硬件配置

图 5-23 所示为具有双风机的空调机组,包括送风机和回风机。其加热、冷却干燥过程分别由加热器和表面式冷却器完成。加湿由干蒸汽加湿器实现。这种配置较为完善。它适合于风道系统阻力较大,温湿度控制要求严格的场合,而且在过渡季节能充分利用室外

新风通风换气，使室内达到较好的卫生条件。

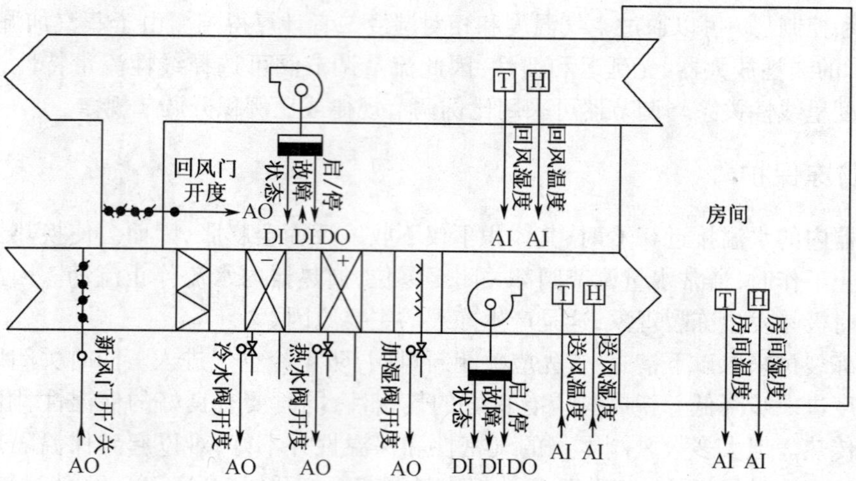

图 5－23　双风机空调系统监控点

图 5－24 所示为现实工程中常常采用的空调机组，即单风机空调系统。它只有一个风机，负责送风和回风。只有一个热交换器，夏季对空气进行冷却干燥处理，冬季则进行加热处理。设备的配置较为简单。在民用建筑中，所涉及的全空气系统的风量都不太大，控制精度要求 ±（$t-2$）℃，主要使用这种类型的空调器。

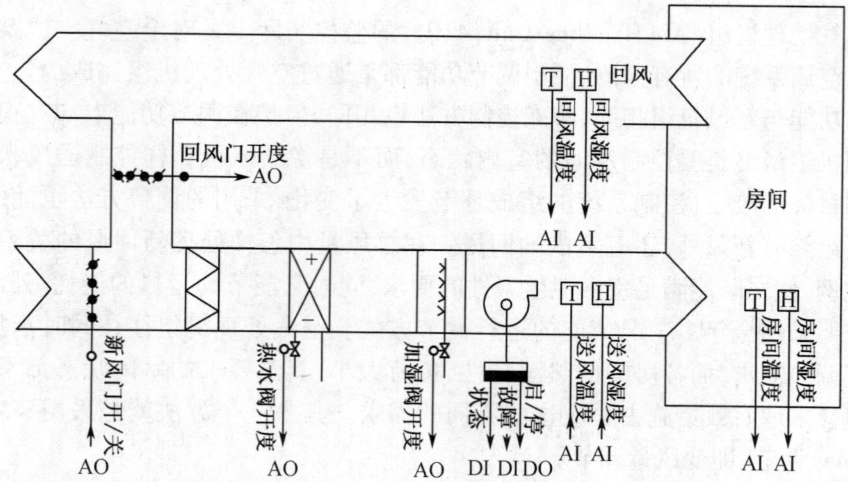

图 5－24　单风机空调系统监控点

与新风机组相比，需要增加被调房间或被调区域内的温湿度传感器。如果被调区域较大，或是由几个房间构成一个区域作为调控对象，则要安装几组温湿度测点，以这些测点温湿度的平均值或其中重要位置的温湿度作为被调区域的温湿度代表值。当被调房间不大，且回风道不长，亦可测量回风道内空气的温湿度作为被调区域的空气参数。室外空气的参数可集中测量，通过通信网络下传至各现场的 DDC，单个设备的控制点配置与新风机组相同，由于空气处理机组内包含的设备数量增多，所需的输入输出通道远多于新风机组。

第六章　典型制冷空调装置的自动控制案例分析

制冷装置已广泛应用于社会生产和人民生活的各个领域。随着自动化技术以及计算机技术的发展,自动控制程度逐渐成为衡量制冷空调装置技术含量高低的重要标志。通过学习自动控制基本理论,制冷空调系统常用控制器和执行器,制冷系统自动控制和空气调节系统自动控制等方面的知识,人们对制冷空调装置自动控制技术有了一定的认识。运用自动控制理论知识,分析典型制冷与空调装置自动控制案例,有助于感知理性化,理论现实化。

本章主要介绍自动控制技术在家用空调器、中央空调系统、汽车空调以及冷藏库系统中的应用。本章采用了生产厂家实际工艺电气图和原理图,图形符号及文字符号未按国标进行改动,以便学生实习中阅读。(数字下画黑道的为引脚号)

第一节　家用变频空调器的自动控制

随着人们生活水平及能源意识的不断提高,家用空调器已从传统控制向自动控制方向发展。本节以在国内行业中影响较大的科龙 KFR - 28GW/BP 变频空调器为例,分析家用空调器的控制电路特点及原理。

该型变频空调器控制电路由室内机和室外机两部分组成。室内机微机控制电路的主芯片是 UPD75028GC,室外机主芯片是 UPD75064。

一、室内机微机控制电路分析

室内机有两块控制板,分别是电源板和微机控制板(见图 6 - 1)。

1. 室内机电源板电路分析

由图 6 - 1 可知,电源板主要由电源变压器、整流电路、三端稳压器、双向晶闸管光耦合器等组成。电路中的 C107,C108 为高频滤波电容,C101 为低频滤波电容,R100 为压敏电阻。

(1)直流稳压电路

交流 220 V 电压经变压器降压后输出 13 V 左右的电压,送入二极管 V101 ~ V104 整流,经 7812 三端稳压器稳压,输出 +12 V 电压。其中 C102 为电源滤波电容,C103,C104 为高频滤波电容。

(2)过零检测电路

交流 220 V 电压经变压器降压至 13 V 左右输出,经 R102,R103,R106 检测出电源过零信号,然后通过插件 X104 送入室内机主控制板。

(3)风机驱动电路

室内机控制板通过接插件 X105 将风机信号送入光耦合器 E101 的输入端,并通过控制晶闸管的导通角来调整风扇电动机的转速。其中 R105,C105 用于防止触点烧损,电感 L100

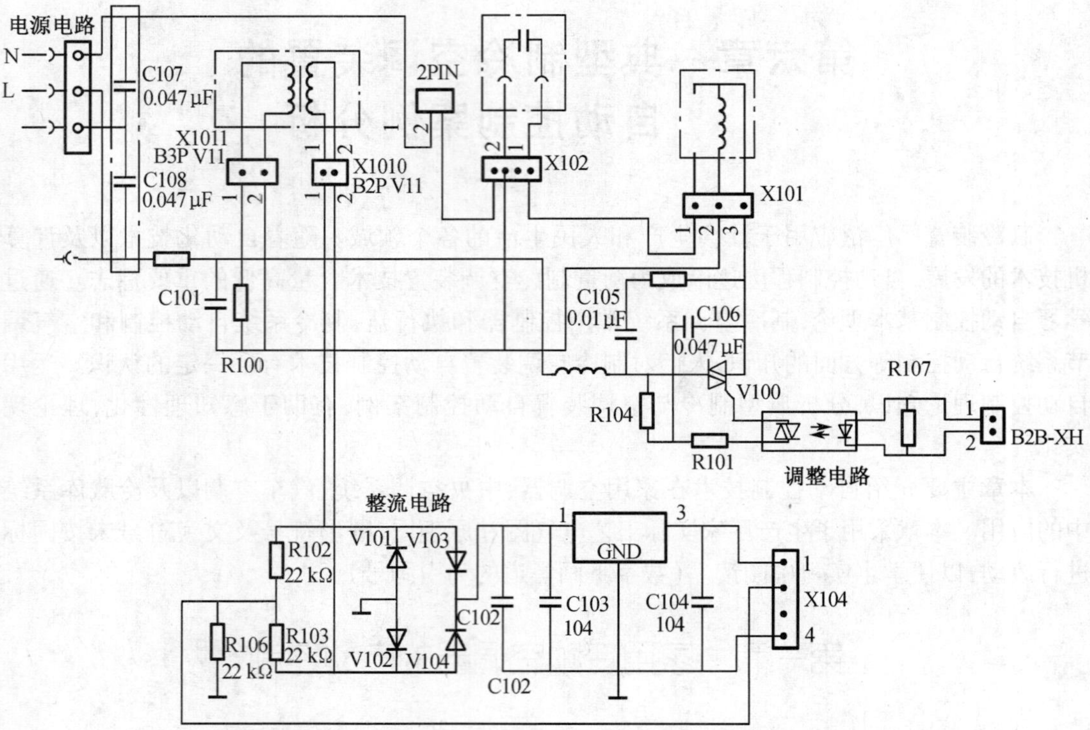

图 6－1　科龙变频空调器室内机电源电路

用于防止风机运行时瞬间电流过大，R104，R101 为负载电阻，R107 为光耦合器输入端的匹配电阻。

2. 室内机微电脑控制板电路分析

室内机微机控制板主要由电源电路、显示电路、复位电路、晶体振荡器电路、遥控检测电路、风速检测电路等组成(见图 6－2)。

(1)直流稳压电路

该电路将电源电路板中的＋12 V 输入到 7805 三端稳压器，经稳压后输出直流＋5 V 电压。其中 C221，C222 为低频滤波电容，C206 为高频滤波电容。

(2)复位电路

22 脚为复位端，该电路由 C203，R201，MC34064 组成。初次通电时，＋5 V 通过 R201 给电容 C203 充电，由于通电瞬间电容 C203 相当于短路，22 复位脚为低电平，主芯片 IC201 是复位状态。当电容充电完毕后，主芯片 IC201 复位脚(22)为高电平，主芯片复位结束。MC34064 的作用是直流电压低于 4. 5 V 时，输出低电平，使主芯片 IC201 自动复位。

(3)晶体振荡电路

该电路由 4 000 MHz 晶体振荡器与电容 C201，C202，R285 组成，为主芯片提供稳定的振荡频率。R285 为起振电阻，C201，C202 为起振电容。

(4)温度检测电路

环境温度热敏电阻 TH1 与分压电阻 R241 组成环境温度检测电路，管温热敏电阻 TH2 与分压电阻 R242 组成管温控制电路。上述两电路的作用都是通过热敏电阻将温度变化信

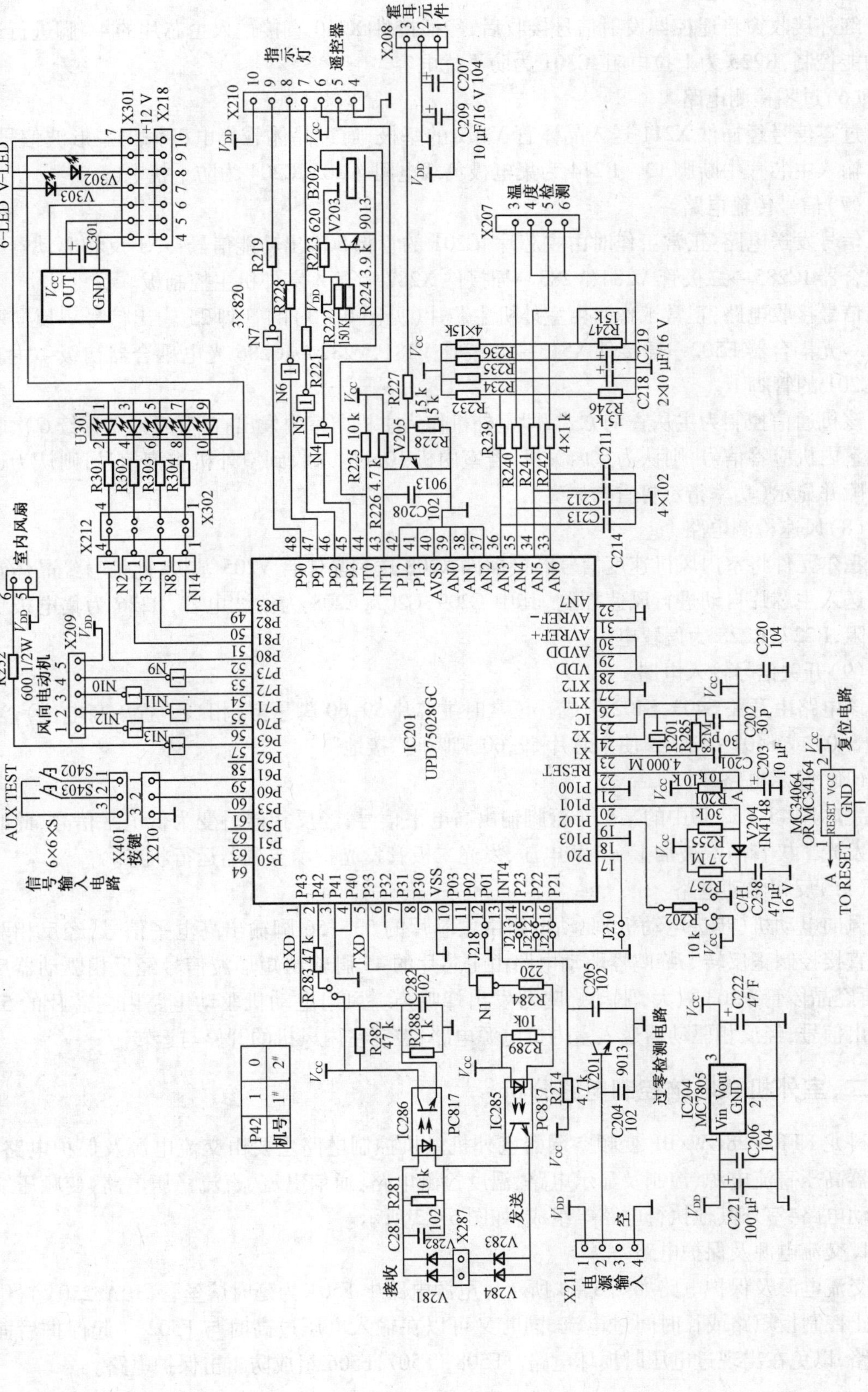

图6－2　科龙变频空调器室内机微电脑控制电路

号转换为电压信号送入主芯片进行温度自动控制。

(5)遥控接收电路

红外接收窗将遥控器发射信号接收后,经插接件 X210 直接送入主芯片的 44 脚进行遥控功能控制,R225 为上拉电阻,C301 为防干扰电容。

(6)过零检测电路

过零信号经插件 X211 送入晶体管 V201 的基极,通过晶体管集电极输出矩形波信号,然后输入主芯片中断脚 13。R214 为集电极负载电阻,C205,C204 为防干扰电容。

(7)信号传输电路

信号发送电路:正常工作时由主芯片 IC201 的管脚 5 输出功能信号→N1 反相驱动器→光耦合器 IC285→二极管 V284,V283→插接件 X287 后送入室外机主控制板。

信号接收电路:正常工作时由室外机主芯片(见图 6-3)的管脚 25 输出信号→反向驱动器→光耦合器 E502→插接件 X513→二极管 V281,V282→IC286 光电耦合器初级→主芯片 IC201 的管脚 1。

该机通信控制为主从查询方式,即室外机作为主机向室内发出查询信号,若连续 6 次收不到室内机应答信号,则认为室内关机;若室内机 10 s 内未收到室外机查询信号,则认为通信故障并显示(功率指示灯首与尾亮)。

(8)风速检测电路

霍尔元件将室内风机速度信号经接插件 X208 送到晶体管 V205 基极,此信号经晶体管放大送入主芯片自动进行风速控制,其中 C209,C207,C208 为滤波电容,R226 为集电极负载电阻,R227,R228 为偏置电阻。

(9)开关信号输入电路

该电路由开关 S403,S402 组成。正常时主芯片 59,60 脚悬空(相当于置于高电位),当开关 S403 或 S402 接通时,使主芯片 59,60 脚瞬间“接地”。

(10)显示电路

主芯片 48~52 脚中的某一个管脚输出高电平信号,经反相器后变为低电平信号,此时相应发光二极管两端被加上 +5 V 电压,发光二极管发光指示空调器运行状态。

(11)反相驱动电路

风向电动机(步进电动机)驱动电路由主芯片的 53~56 脚输出高电平信号,经反相驱动器直接控制正反转。蜂鸣器驱动电路由主芯片的 45 脚输出矩形波信号经反相驱动器反相,再经晶体管 V203 放大,驱动蜂鸣器发出蜂鸣声。风扇电动机驱动电路由主芯片的 57 脚输出信号,经反相驱动器送入室内机电源电路,控制室内风机的开停与运转。

二、室外机微电脑控制电路分析

科龙 KFR-28GW/BP 变频空调器室外机微机控制电路主要由交流电源及保护电路、变频器高压直流电源、控制及显示电路、温度检测电路、通信电流、直流稳压电路、变频压缩机驱动电路、室外其他执行电路等组成,如图 6-3 所示。

1. 交流电源及保护电路

交流电源及保护电路如图 6-4 所示。电源电路中 F501 为延时熔丝管(10A/250V),用于防止控制板短路或长时间过电流,同时又可以在输入电压过高时与 F502 一起保护后面的电路,以免在出现过电压时损坏电路。F508, F507,F506 组成防雷击保护电路。

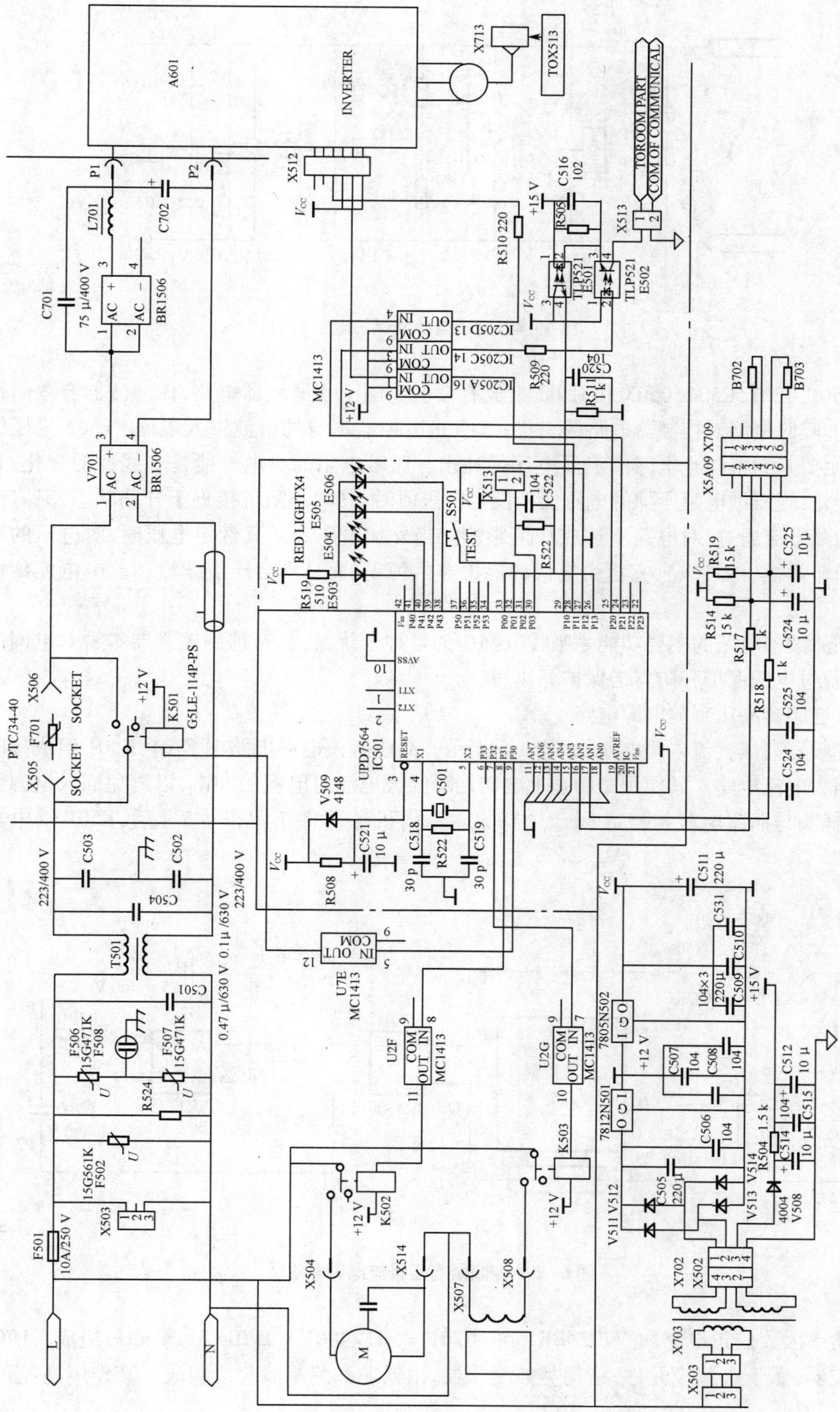

图6-3　科龙KFR-28GW/BP室外机微电脑控制电路

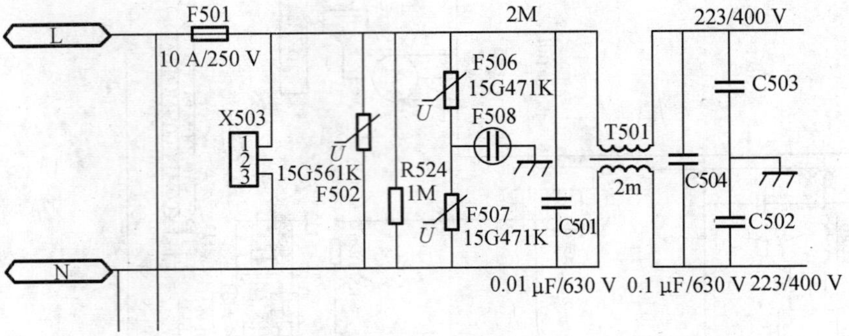

图 6－4　交流电源及保护电路

C501，T501，C504，C503 和 C502 组成有效的电磁干扰滤波器电路，该滤波器有双向作用：①能吸收电网对控制器电路的干扰；②阻止电控器本身的谐波进入电网。F502 为压敏电阻，主要是为了防止电网的浪涌电压的冲击。压敏电阻的导电性能是非线性的变化，它的特性是，当压敏电阻所加的电压低于设定电压值时，其内部阻抗接近于开路状态，只有微安级的漏电流通过，对电路不造成任何影响。当外加电压高于其额定电压时，对电压的响应时间非常快（纳秒级），它承受电流的能力非常惊人，而且不会产生续流和放电电流延迟现象。

该滤波器电路的主要功能是吸收电网中的各种干扰，也具有抑制控制器本身对电网串扰，以及过电压保护和防雷击保护等作用。

2. 变频器高压直流电源电路

变频器高压直流电源电路如图 6－5 所示。高压直流电源电路中 F701，K501 组成延时防瞬间大电流电路。其作用是防止上电初期瞬间大电流对电容的冲击，以避免插入电源插头时，插头与插座电极接点之间产生打火。室内机各部件正常，3～5 s 后，K501 继电器吸合。

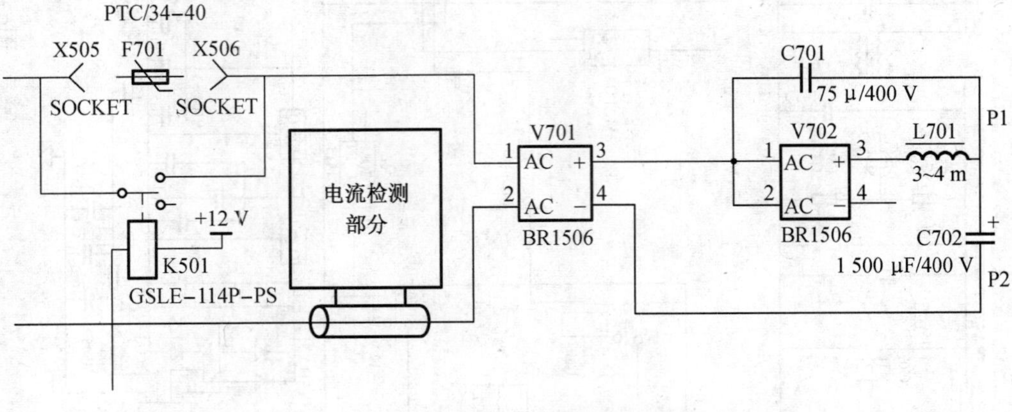

图 6－5　变频器高压直流电源电路

功率因数校正电路由 V702/BR1506，C701（75 μF/400V），L701（3～4 mH）组成。L701 为电抗器，属于磁感应元件，结构类似变压器，由铁芯和绝缘漆包线组成。其作用是：当交流 220 V 电压整流滤波后，还存有一定的交流成分，通过由电感元件（L701）组成的电路阻碍交流成分通过，将多余的能量存储在电感中，可以达到提高电源功率因数的目的。

变频器高压直流电路的主要功能是：把交流 220 V 整流滤波为 300 V 左右的高压直流电，供给变频驱动部分作为主能源，并将已畸变的电流进行滤波校正，减少高次谐波，实现以奇次波为主，以偶次波为辅，防止对电网的干扰，并且提高电源功率因数。

3. 主控及显示电路

主控及显示电路如图 6－6 所示。

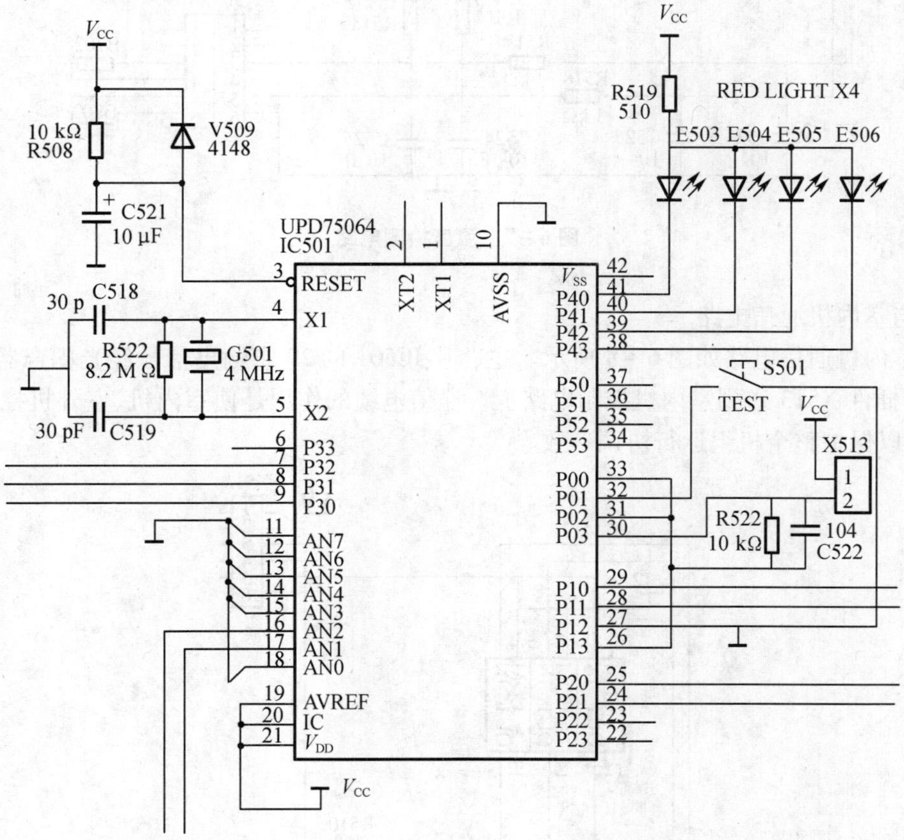

图 6－6　主控及显示电路

（1）V_{CC} 为 +5 V 电流电源，R508，V509，C521 组成复位电路

复位电路是为 IC501 芯片的上电复位及监视电源而设的（复位：是指将 IC501 内部的程序初始化，重新执行 IC501 内的程序）。它有两个作用：上电延时复位，防止因电源的波动而造成 IC501 的频繁复位，具体延时的大小，由电容 C521 决定；在 IC501 工作过程中，实时检测其工作电源（+5 V）的电压值，若工作电源低于 4.6 V，复位电路的输出端变为低电平，使 IC501 停止工作，待下次上电时重新复位。

（2）C518，C519，R522 组成晶体振荡器电路

X1，X2 为 IC501 外接晶体端，G501 为 4 MHz 晶体振荡器，R522 为起振电阻，C518，C519 为起振电容，用于微调晶体振荡器的振荡频率。

4. 温度检测电路

温度检测电路如图 6－7 所示。室外管温传感器 B703 与分压电阻 R515 组成管温检测电路，压缩机排气管温度传感器 B702 与分压电阻 R514 组成排气管温检测电路，传感器 B703 控制除霜，传感器 B702 为压缩机温度保护。C524，C525 起防止电压变化过快或高低频干扰作用。此电路是通过热敏电阻将温度信号转换为电压信号送入主芯片进行温度自动控制的。

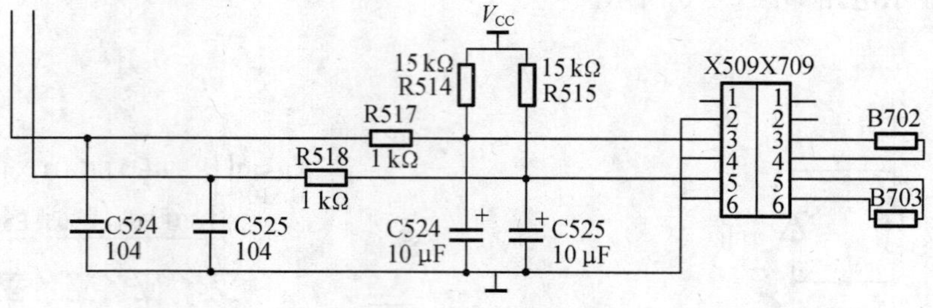

图 6－7　温度检测电路

5. 与室内机通信电路

与室内机通信电路如图 6－8 所示。主芯片 IC501 的 29 脚输出信号经光耦合器 E501，E502，接插件 X513 送到室内机控制电路上。通信电缆的作用是使室内机、室外机控制板互通信息，以保护整个机组运行协调一致。

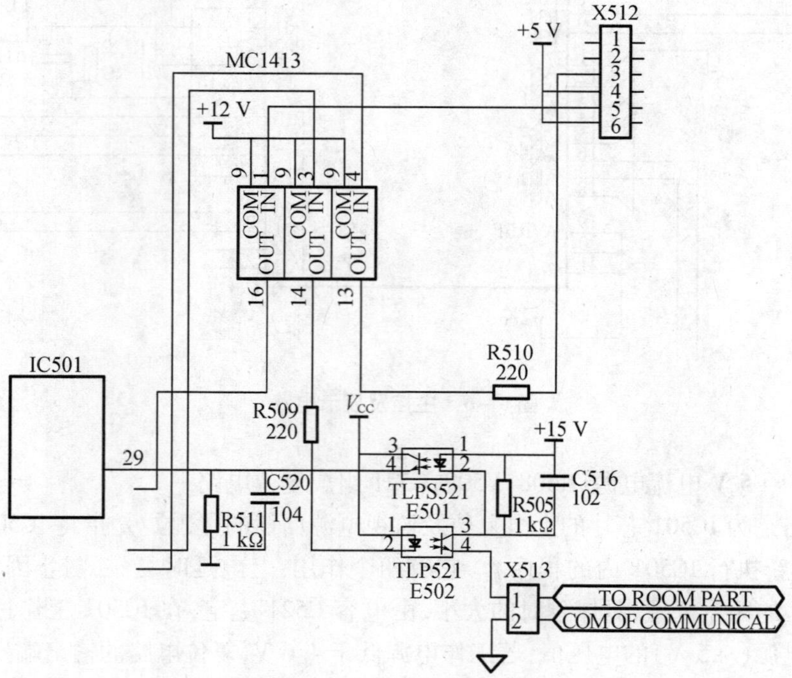

图 6－8　与室内机通信电路

6. 直流稳压电路

直流稳压电路如图 6－9 所示。220 V 电源由变压器降为交流 14 V 电压，经桥式整流器(V511~V514),C505 电容进行滤波,由三端稳压器(7812)输出直流+12 V 电压,三端稳压器(7805)输出+5 V 电压。电路中的 C505,C530,C511 为低频滤波电容,C506,C507,C509,C510,C531 为高频滤波电容。

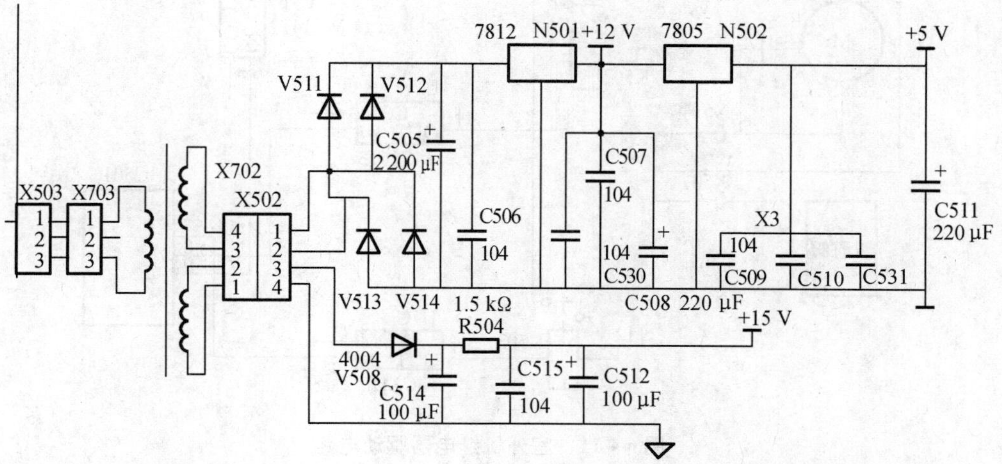

图 6-9　直流稳压电路

7. 变频驱动电路

变频驱动电路如图 6-10 所示。科龙 KFR-28GW 变频空调器的变频驱动板是一个电路组件。它起接收室外机主控制板发出的指令信号,驱动变频压缩机运转的作用,具有过热保护、过电流保护、欠电压保护功能。变频驱动电路板 N 与 P 直接输入 310 V 电压,为变频器提供直流电源,由接插件 X512 直接送入变频驱动板,进行压缩机的驱动控制。

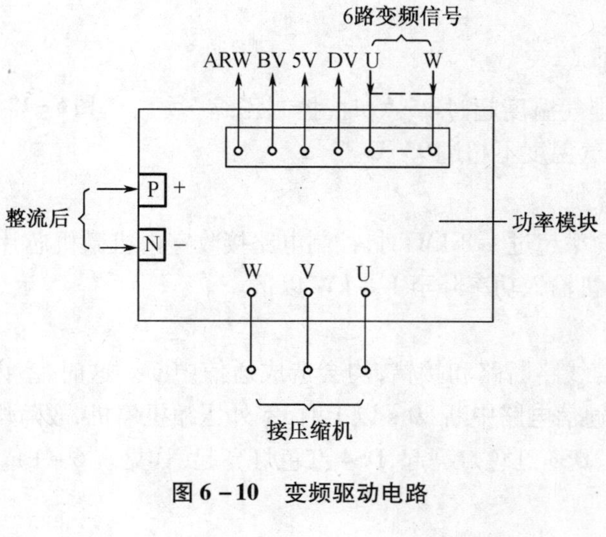

图 6-10　变频驱动电路

8. 室外机继电器驱动执行电路

室外机继电器驱动执行电路如图 6-11 所示,继电器电路如图 6-12 所示。

由图 6-11 可知,主芯片的 7~9 脚组成室外风机,四通阀延时放大电流继电器驱动电路。当主芯片 7~9 管脚输出低电平信号时,继电器 K501,K502,K503 不吸合,当主芯片输

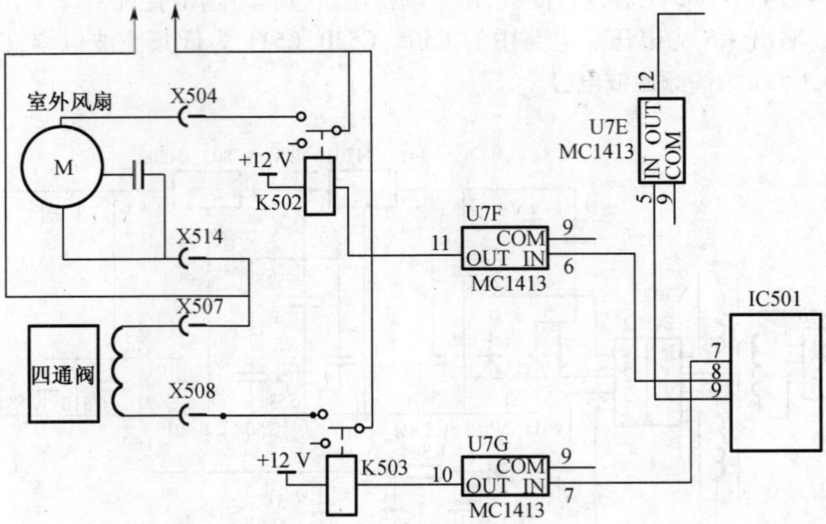

图 6－11　室外机继电器驱动电路

出高电平信号时，经反相驱动器输出低电平信号，继电器 K501，K502，K503 线圈通电吸合，所控制的四通阀换向，室外风机运转。

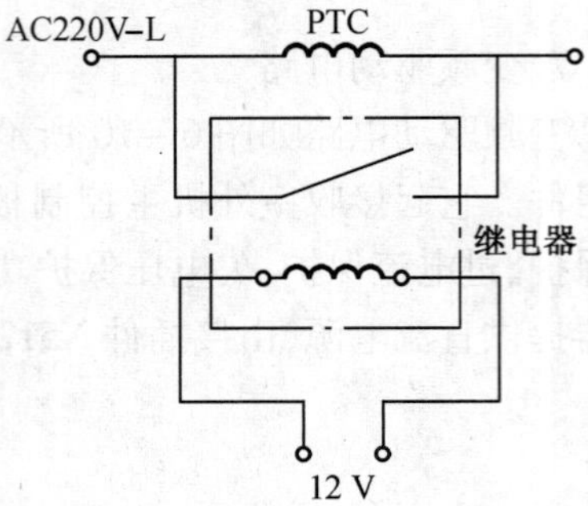

图 6－12　继电器电路

三、控制电路保护功能

科龙 KFR－28GW/BP 变频空调器设有多种保护。如排气温度保护、运转过电流保护和通信异常保护等。

1. 排气温度保护

当室外压缩机排气温度超过 95 ℃时，控制压缩机降频运行，保证排气温度不超过 95 ℃。

2. 运行过电流保护

当室外机输入功率超过 1.8 kW 时，控制电路接收室内机微机芯片信号，控制压缩机降频运行，以保证室外机输入功率降至 1.8 kW 以下。

3. 通信异常保护

通信电路或通信线路断路和接错，均会造成通信中断。这时，室内功率指示灯首尾两个 LED 灯点亮。当通信电路中断 20 s 以上时，室外压缩机停机，故障灯点亮，DS1 绿色灯亮起，DS2 红色灯亮起，DS3 红色灯亮起，DS4 红色灯亮起（详见表 6－1）。

四、除霜原理

1. 除霜初始条件

若空调器处于制热状态下，当室外热交换器温度降至 3 ℃以下时，电路计时器开始计时。①若 40 min 后，室外热交换器降至 －9 ℃以下，则除霜开始；②或是 80 min 后，室外热交换器降至 －7 ℃以下时，除霜开始；③或是 120 min 后，室外热交换器降至 －6 ℃时，除霜开始。满足①②③其中任一条件，即开始除霜准备，继而进行除霜，同时向室内机控制板发送“除霜开始”或是“除霜结束”信号。

2. 除霜结束条件

若除霜时间已超过 9 min 或是室外热交换器温度上升到 12 ℃以上。满足上述两条其中任一条件即结束除霜。

3. 保护功能与显示

科龙 KFR－28GW/BP 变频空调器保护功能的条件和指示灯状态如表 6－1 所示。

表 6－1　保护功能的条件和指示

序号	DS1(绿)	DS2(红)	DS3(红)	DS4(红)	含义	条件
1	⊙	●	●	●	正常	通信电路内部正常
2	⊙	○	○	○	通信故障	不能连续 20 s 通信
3	⊙	○	●	●	欠电压	PN 端电压≤DC(150±15) V
4	⊙	●	○	●	过电流	整流滤波输出电流＞(13＋1) A
5	⊙	●	●	○	过热保护	散热器温度≥95 ℃
6	⊙	○	○	●	Ⅰ级过载	$f>30$ Hz，相电流＝7 A，持续(60＋11) s
7	⊙	○	●	○	Ⅱ级过载	$f>30$ Hz，相电流＝10 A，持续(10＋5) s
8	●				故障	开关电源故障

注：1. ○表示灯亮，●表示灯灭，⊙表示灯闪亮；

2. 欠电压保护为可自动恢复式保护，条件是 PN 端电压≥DC(165±20)V；

3. 过热保护为可自动恢复式保护，条件是(动作温度－5 ℃)或更低；

4. 过载保护为可自动恢复式保护；

5. 以上保护恢复均需要延时 3 min，其余保护不能恢复。

第二节　中央空调系统的自动控制

中央空调按照参数的控制要求，分为两大类：舒适性空调系统和恒温恒湿空调系统。冷、热源集中设置的中央空调系统的控制，包括集中控制和局部控制两大部分。中央空调制冷系统由冷水机组及其附属设备冷水泵、冷却水泵和冷却塔等组成。根据制冷机组结构不同，常用的冷水机组有活塞式制冷机组、离心式制冷机组、螺杆式制冷机组和溴化锂吸收式制冷机组等。要使整个系统能稳定、安全地运行，除各个设备的电动机必须有各自的控制电路外，还需正确安排各个设备的开、停机顺序，并且对它们实行联锁安全保护。

人类生存的舒适环境是 20～26 ℃，40%～60%相对湿度下，具有新鲜空气的房间。空调系统的制冷过程可以实现舒适环境的温度和湿度，新风系统的工作可以保证房间空气的新鲜度。舒适性中央空调控制系统设计按照自动控制的分类，对整个空调系统各个环节进行选择控制、分程控制、新风量控制和温度设定值自动再调等控制设计，即可构成图 6－13 所示的完整控制系统。该系统主要由三个温度控制器组成，即 TIC1，TIC2 和 TIC3。TIC1 是一个多工况的分程控制器；TIC2 用于工况转换；TIC3 用于对室内的温度设定值进行再调。

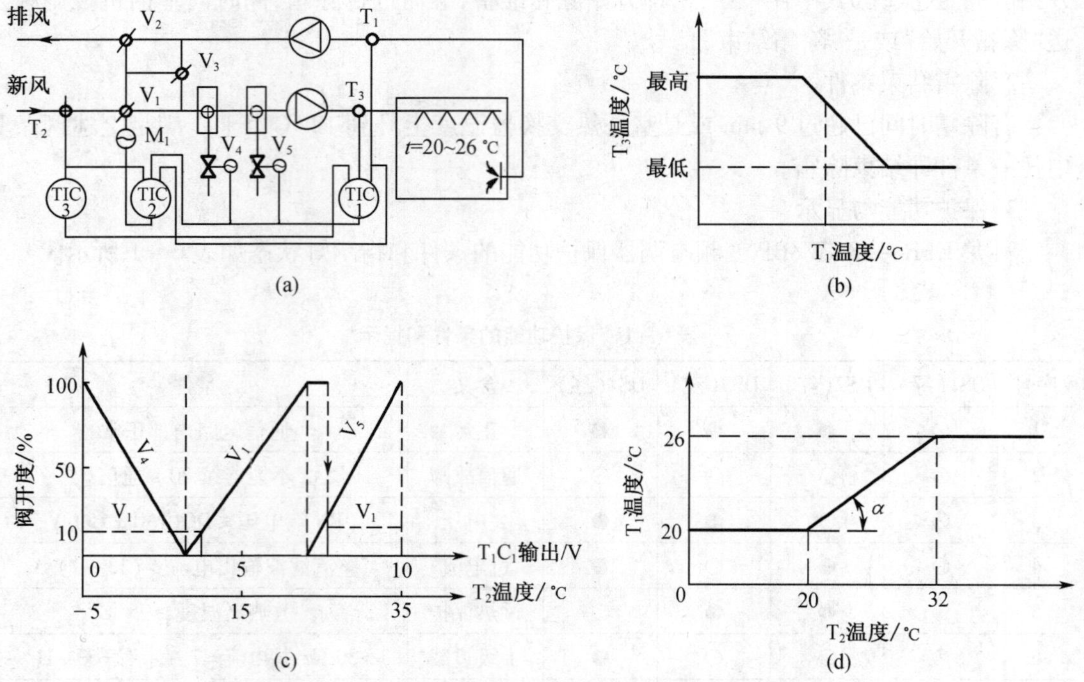

图 6－13　舒适性空调的完整控制

(a)完整的控制原理;(b)送风温度高低限控制;
(c)阀门开度调节示意图;(d)室内温度设定值随室外温度的自动调节

一、舒适性中央空调控制系统分析

本例介绍 RCU100SY2 螺杆式冷水机组中央空调制冷系统的集中控制。

1. 系统的控制要求

①制冷系统各设备的开、停机顺序。要使冷水机组启动后能正常运行,必须保证:ⓐ冷凝器散热良好。否则会因冷凝温度及对应的冷凝压力过高,使冷水机组高压保护器件动作而停车,甚至导致故障。ⓑ蒸发器中冷水应先循环流动。否则会因冷水温度偏低,导致冷水温度保护器件动作而停车;或因蒸发温度对应的蒸发压力过低,使冷水机组的低压保护器件动作而停车;甚至导致蒸发器中冷水结冰而损坏设备。因此,制冷系统各设备的开机顺序应为:冷却塔风机开→冷水机组开→冷却水泵开→冷水泵开→冷水机组开。反之,制冷系统各设备停机顺序为:制冷压缩机停→冷水机组用冷水泵停→冷却塔风机停→冷却水泵停。

②制冷系统各设备的联锁安全保护。制冷系统各设备的联锁安全保护,在电路设计上应保证:ⓐ只要冷却塔风机、冷却水泵和冷水泵未先启动,冷水机组就不能启动。ⓑ冷水泵启动后,应延时 1 min(不同类型冷水机组的延时长短不尽相同)冷水机组才启动。ⓒ冷水泵、冷却水泵、冷却塔风机三者中任一设备因故障而停机时,冷水机组应能自动停车。

③多套制冷系统的切换运行。中央空调制冷系统一般都设置两台或两台以上的冷水机组,相应配备有两台或两台以上的冷水泵、冷却水泵和冷却塔,而且冷水泵和冷却水泵往往都还设有备用泵。因此,控制电路设计,通常应做到使各制冷系统设备既能组成两套或两

套以上独立运行的制冷系统，又可以根据需要通过手动切换组合成新的系统（需与制冷系统冷水和冷却水系统的管路设计相配合）。

④制冷系统的运行监测。总控制台除设置制冷系统各设备的手动控制按钮外，还需要设置显示各设备正常运行和故障停机的红、绿指示灯，警铃等。监测电路的电压、电流的仪表可设置在控制台上，也可设置在配电屏上。

图 6－14 为舒适性中央空调系统用螺杆式冷水机组控制电路。

2. 压缩机电动机的启动与保护控制

RCU100SY_2螺杆式冷水机组主机的压缩机采用高、低压继电器，电机过热过流保护继电器，内部高温保护继电器，供油温度保护继电器，反相运转保护继电器，低水温保护继电器，空气开关等进行安全保护。在线路控制上，这些保护继电器的触点是串联的，只要上述之一的保护继电器出现故障，就会使得压缩机自动停机。

RCU100SY_2螺杆式冷水机组有两台压缩机电动机 M_1 和 M_2，每台电动机的额定功率为 29 kW。由于采用大于 5 kW 的三相异步电动机，因此必须采用降压启动方式，这里采用 Y－△降压启动方式，Y 接法时启动电流是△接法时正常运行电流的 1/3；并且当第一台压缩机电动机启动以后，第二台压缩机才能启动，启动间隔时间是由电子式时间继电器 KT_1（x，y，z）和 KT_2（x，y，z）分别控制的。

当压缩机电动机主电源开关 QS 闭合后，经过电源换相开关 SA，三相 380 V 交流电源分别接到 L_1，L_2，L_3端，零线 N 接到 X_2 端。三相交流电源经过保险丝 $FU_{1\sim3}$和 $FU_{4\sim6}$分别把三相电源接到反相运转保护继电器线圈 KR_1，KR_2的 R，S，T 端，接入 KR_1和 KR_2的目的是为了保证压缩机电机的正确转向。

在压缩机电机启动以前，220 V 交流电源经过 FU_4 接通了两台压缩机的滑油加热器 EH_1和 EH_2。它们是与供油温度保护继电器 ST_{12}，ST_{22}配合使用的，一般保持油箱内的油温在 110～140 ℃之间，使压缩机启动前润滑油先加热。

主机保护器件冷水低温保护继电器 ST_0，供油温度保护继电器 ST_{12}，ST_{22}，压缩机内部高温保护继电器 ST_{11}，ST_{21}，压缩机低压压力保护继电器 SP_{12}，SP_{22}，高压压力保护继电器 SP_{11}，SP_{21}，三相过流保护继电器 FR_1，FR_2等分别串入有关电路中。为了进行安全联锁控制，一般把它们的触点串联起来，只要上述之一保护继电器触点因相应故障断开，压缩机便会自动停机。

另外一种安全联锁控制是：只有当冷却水泵、冷水泵、冷却塔风机都投入正常运行的情况下，压缩机方能启动运行。这其中任一台设备出现故障，压缩机都会自动停机，以防发生事故。同样，这三个系统分别使用一个中间继电器，它们的触点在主控制回路中串联起来，从而保证了三个系统启动以后，压缩机电机才能启动。

当 QS（电源主开关）闭合后，其导通的控制回路是：单相 220 V 交流电源→FU_4→常闭停止按钮 SBP→接线柱①→KA_2的常闭触点（6 和 2）→ST_{21}→ST_{22}→SP_{21}→FR_2→KA_4常闭触点→KA_{21}线圈→接零。则 KA_{21}线圈带电，其常开触点 5 和 3 闭合自锁。

另一回路从①开始→KA_3常闭触点（5 和 1）→ST_{12}→ST_{11}→SP_{12}→SP_{11}→FR_1→KA_4常闭触点→中间继电器线圈 KA_{11}→接地。由于 KA_{11}线圈带电，其常开触点（5 和 3）闭合自锁。KA_{21}和 KA_{11}常开触点闭合时，上述两支路受 ST_0常闭触点 C，T 所控制。又由于 KA_{21}和 KA_{11}线圈带电，分别使其常闭触点（6 和 20）断开，而常开触点（6 和 4）闭合（见节点 E），便为两台压缩机启动做好了准备。

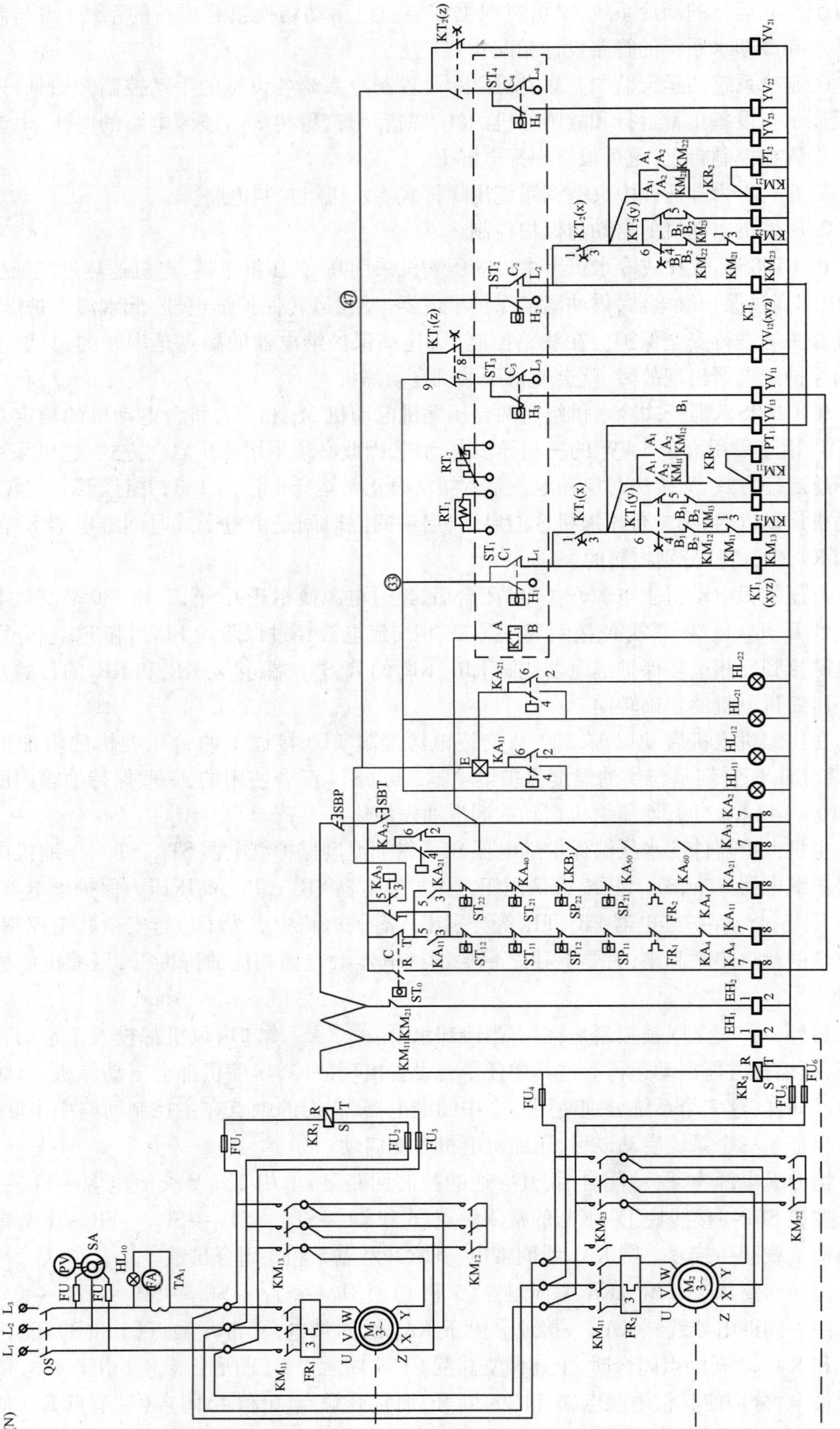

图6-14　螺杆式冷水机组控制电路

当按下启动按钮 SBT，如果冷却水泵、冷冻水泵、冷却塔风机已经启动并投入运行，则其中间继电器 KA_{40}，KA_{50}，KA_{60} 常开触点是闭合的，且靶式流量计在流量正常的情况下，LKB_1 常开触点也是闭合的，则如下控制回路做好启动主压缩机的准备：单相交流 220 V 电源→FU_4→SBP→SBT→KA_{40}→LKB_1→KA_{50}→KA_{60}→中间继电器 KA_3 线圈→接地。

因为启动按钮 SBT 被按下（闭合），则 KA_2 线圈带电，其常闭触点（6 和 2）断开，KA_3 线圈带电，其常闭触点（5 和 1）断开，常开触点（5 和 3）闭合，使得下面两条支路导通：

一条是：单相交流 220 V 电源→FU_4→SBP→①→KA3（5，3）→E 节点→KA_{11}（6，4）及 KA_{21}（6，4）→红灯（HL_{11} 和 HL_{21}）亮，表示两台压缩机投入启动。

另一条是：单相交流 220 V 电源→FU_4→SBP→SBT→虚线框内冷水电子温控器线圈 ST（A，B）→接地，使电子温控器处于工作状态。ST_1，ST_2，ST_3，ST_4 四个常闭触点由于压缩机处于启动状态，冷水温度还没有降低，它们此时是闭合状态。

压缩机启动过程是配合电子时间继电器 KT_1（x，y，z）和 KT_2（x，y，z）一起工作的，其启动导通的回路是：单相交流 220 V 电源→FU_4→SBP→KA3（5 和 3）→E 节点→KA11（6 和 4）→ $33^{\#}$→ST_1（C_1，L_1）→KT_1（x，y，z）线圈→接地。

电子时间继电器的三个触点 KT_1（x），KT_1（y），KT_1（z）的工作时间顺序是：线圈 KT_1（x，y，z）由于 KA_{11}（6 和 4）闭合后带电，KT_1（x）常开触点（1 和 3）延时 3min 闭合，待 KT_1（x）闭合后，KT_1（y）常闭触点（6 和 5）延时 5 s 打开，以便使第一台压缩机接成星形（Y 形）启动，在 KT_1（y）开始延时时，KT_1（z）常闭触点（9 和 8）延时 30 s 打开。

第一台压缩机电动机 M_1 接成星形（Y 形）启动的过程是：单相交流 220 V 电源接线柱 E →KA_{11}（6 和 4）→ $33^{\#}$→ST_1（C_1，L_1）→KT_1（x）（1 和 3）→KT_1（y）（6 和 5）→KM_{13} 常闭触点→KM_{12} 接触器线圈→接地。

由于 KM_{12} 线圈带电，使主回路中三相交流接触器 KM_{12} 主触头闭合，电动机三相绕组 x，y，z 连城一点（即接成 Y 形接法），而 KM_{12} 在控制回路中的常开触点（A_1 和 A_2）闭合，经 KR_1（三相电源缺相保护器）已经闭合的常开触点，接通 KM_{11} 三相接触器线圈。

由于 KM_{11} 线圈带电，其常开触点 A_1 和 A_2 闭合，使其自锁。在主回路中，KM_{11} 三相交流接触器主触头闭合 380 V 交流电源接通了 U，V，W 三相绕组，使电动机 M_1 在 Y 形接法下启动。经 5 s 启动时间，电动机不断加速，5 s 后，KT_1（y）常闭触点（6 和 5）断开，其常开触点（6 和 4）闭合，KM_{12} 线圈断电，其常闭触点 B_1，B_2 闭合使 KM_1 交流接触器线圈带电，于是主回路中三相交流接触器主触头在 KM_{12} 断开后，KM_{13} 触头闭合，电动机 M_1 从 Y 形接法转为△接法，进入正常运行状态。

启动时，由于 KT_1（z）常闭触点接通了启动电磁阀 YV_{11} 线圈，则 YV_{11} 线圈带电，它推动能量控制电磁阀 YV_{12} 滑块关闭回气通道，使压缩机电机能够空载启动。

从 KT_1（y）常闭触点（5 和 6）延时断开起，KT_1（z）常闭触点（9 和 8）同时延时 30 s 之后断开。30 s 后，KT_1（z）常闭触点（9 和 7）接通，YV_{11} 线圈断电，YV_{12} 能量控制电磁阀线圈由于 ST_3（C_3，H_3）是断开的，此时不带电，恢复阀门开度到最大值，这时电动机已进入△接法的正常运行状态。

同理，第二台压缩机电动机 M_2（Y－△）启动过程与第一台是基本一致的。所不同的是第二台电动机的电源是从 KA_{21} 的常开触点（6 和 4）引入的，经节点 47 到电子温控器常闭触点 ST_2（C_2，H_2）及 ST_4（C_4，H_4）而工作的。其通电时间是设定在第一台压缩机启动转入△形运行后才开始启动。即从 KT_1（x）延时闭合开始计算，KT_2（x）需要 4 min 才能闭合，进行

(Y－△)启动过程再转入正常运行。这样就保证了第一台压缩机开始启动后1 min,第二台压缩机才开始启动。

当第二台压缩机投入运行后,如果冷水温度没有降到设定温度(由电子温控器热敏电阻 RT_1 检测),则冷水温度控制器 $ST_1 \sim ST_4$ 仍处于常闭状态,两台压缩机继续制冷运行。

3. 螺杆式冷水机组的冷水温度控制

螺杆机的冷水温度控制是采用主机运行、停机控制方式与能量调节结合进行的。这种水温控制方式是通过控制冷水的回水温度来实现的,它采用热敏电阻 RT_1 作为温度传感器。其放置在蒸发器冷水回水入口处,由电子温控器去控制回水温度。图中 RT_2 是电子温控器的可变电阻,用以调定温控范围。利用 $ST_1 \sim ST_4$ 的触点通、断来控制主机的启停或是能量电磁阀的通、断,来实现温度控制。其控制过程如下:

从图6－14可以看出,当两台压缩机满负荷运行时,电子温控器 ST_1 的 C_1,L_1 接通,ST_2 的 C_2,L_2 接通,ST_3 的 C_3,L_3 接通,ST_4 的 C_4,L_4 接通,能量控制电磁阀线圈 YV_{12},YV_{22} 和启动电磁阀 YV_{11},YV_{21} 的线圈都是断电的,能量控制电磁阀开度最大。此时汽化后的工质被压缩机全部吸入,冷水回水温度为设计值12.22 ℃。

为保持在这温度下运行,压缩机需要做间歇性运转,才能使制冷机组的制冷量能够与热负荷保持平衡。为减少压缩机的启动次数,可结合采用能量调节控制。如果将两台压缩机满负荷运行时的能量控制率定为100%,则电子冷水温控器按顺序调控 $ST_1 \sim ST_4$ 各触点的通断状态,便可获得不同的能量控制率。

①如果空调房间热负荷减小,冷水温度下降4 ℃,则 ST_4 常闭触点 C_4,L_4 断开,常开触点 C_4,H_4 闭合,而 $ST_1 \sim ST_3$ 触点不变,这时,两台压缩机均处于运行状态,YV_{11} 和 YV_{12} 线圈均断电,第一台压缩机满负荷运行;第二台压缩机由于 ST_4 的常开触点 C_4,H_4 闭合,故能量控制电磁阀线圈 YV_{22} 带电,使能量控制电磁阀滑块动作,阀门开度减小,令回气通道只能通过回气介质的50%,于是两台机组的总能量控制率变成75%。

②当冷水温度再下降1 ℃(此时共下降5 ℃),电子温控器的 ST_1,ST_2 触点保持不变,前面 ST_4 已经使得 YV_{22} 处于带电状态,此时 ST_3 常闭触点 C_3,L_3 断开,常开触点 C_3,H_3 闭合。第一台压缩机的能量控制电磁阀 YV_{12} 从断电状态变为带电状态,阀门开度减小,只能通过50%的回气量。这样,两台压缩机均处于50%的能量控制下运行,总的能量控制率变成50%。

③如果冷水温度继续下降1 ℃(即共下降6 ℃),则电子温控器中 ST_2 的常闭触点 C_2,L_2 断开,常开触点 C_2,H_2 闭合,ST_1,ST_3,ST_4 的触点状态则保持与下降5 ℃时相同状态。此时,第二台压缩机的时间继电器线圈 KT_2(x,y,z)断电,使第二台压缩机主回路接触器 KM_{21},KM_{23} 全部断开,压缩机停机。第一台压缩机处于50%能量控制下运行,总的能量控制率再次下降为25%。

④若冷水温度再下降1 ℃(即共下降7 ℃),ST_1 的常闭触点 C_1,L_1 断开,常开触点 C_1,H_1 闭合,使第一台压缩机停机,ST_2,ST_3,ST_4 触点状态与下降6 ℃相同,此时两台压缩机都停机,总的能量控制率为0。

$RCU100SY_2$ 机组能量控制可按100%,75%,50%,25%,0共5个调节挡位。

4. 保护装置的功能

①冷水低温保护继电器。在图6－14中,ST_0 是冷水低温保护继电器。当冷水温度为5.5 ℃时,ST_0 的常开触点C,T闭合;当冷水温度下降到2.5 ℃时,ST_0 的触点C,T从闭合状

态断开，而常开触点 C，R 闭合。接通辅助继电器线圈 KA_4。于是 KA_4的常闭触点 5，1 及 6，2 断开，辅助继电器线圈 KA_{11}及 KA_{12}断电，KA_{21}，KA_{11}常开触点恢复断电状态（触点 6，4 断开）。这样，控制主回路的三相交流接触器线圈 $KM_{11,21}$，$KM_{12,22}$，$KM_{13,23}$均处于断电状态，使两台压缩机停止运行，防止冷水结冰。直到冷水温度回升后，压缩机再重新启动运行。

②高压开关与低压开关。图 6－14 中的 $SP_{11,21}$为高压压力保护继电器，$SP_{12,22}$为低压压力保护继电器。当冷凝器中冷却水中断，螺杆压缩机出口高压超过设定的压力时，$SP_{11,21}$常闭触点断开，使两台压缩机停止运行（$SP_{11,21}$的阻断压力为 2.2 MPa，接通压力为1.6 MPa），防止超高压而引起事故。当压缩机吸气压力减小到预置压力以下（预置阻断压力为 0.25 MPa，接通压力为 0.5 MPa）时，$SP_{12,22}$常闭触点断开，KA_{11}及 KA_{21}线圈断电，也使两台压缩机停止工作。

③三相快速高灵敏度过流继电器。图 6－14 控制回路中 FR_1为第一台压缩机的三相过流继电器。FR_2为第二台压缩机的过流继电器，它们的控制线圈分别串联在 L_1，L_2，L_3三相主回路中。RCU100SY_2螺杆机其过流继电器设定电流为 72 A，当超过此电流值时立即使 FR_1和 FR_2的常闭触点断开，KA_{11}及 KA_{21}继电器线圈断电，两台压缩机停止运行。

④内部高温保护继电器。$ST_{11,21}$为控制回路中两台压缩机电动机内部绕组高温保护继电器的常闭触点，其高温温度是由嵌入螺杆机组电动机绕组内的传感器传递的。当该电动机绕组温度为 93 ℃时，ST_{11}和 ST_{21}的常闭触点接通；当电动机绕组温度为 115 ℃以上时，这两个常闭触点断开，使两台压缩机停止运行，实现对压缩机电动机的保护。

⑤油加热器。图 6－14 中，EH_1和 EH_2分别为两台压缩机的油加热器，它浸渍在螺杆压缩机的油箱中。当压缩机停止运转后，油温降低到低于 110 ℃时，油的黏度太大会使压缩机难以启动，为此，使用油加热器。当油温低于 110 ℃时，接通加热，当油温升高到 140 ℃时，断开加热。为保证电动机能顺利启动，防止电动机损坏，在压缩机启动前，通过接触器的常闭触点 KM_{11}及 KM_{21}接通两个油加热器 EH_1和 EH_2，使油达到需要的预热温度；电动机启动后，KM_{11}及 KM_{21}断开，停止油加热器。油加热器的容量为 150 W。

⑥压缩机反转保护继电器。图 6－14 中的 KR_1和 KR_2为两台压缩机电动机的两台反转保护继电器，其中 R，S，T 三个引线分别接入 L_1，L_2，L_3三相电源线。这两个继电器可以检测出电源相线反接时，螺杆机逆向运转的错误。发现错相时，操作者只要将电源线中的任意两根线调换连接即可。

5. 制冷系统控制电路

上面介绍的是冷水机组的控制电路。下面以图 6－15 电路为例，介绍与冷水机组控制电路配合的冷水泵（M_2）、冷却水泵（M_1）和冷却塔风机（M_3）的控制电路。

（1）冷却水泵控制回路及其与冷水机组的联锁

本例中冷却水泵电动机（M_1）功率较大（超过 5 kW），采用抽头式自耦变压器 T_1利用其 55% 挡降压启动。

①启动。闭合自动空气开关 Q_1，电源经过熔断器 FU_1和 FU_2向控制变压器 TM_{12}供电，KM_{12}常闭触点使得冷却水泵电机（M_1）的电源指示灯 HL_{13}亮；按下冷却水泵（M_1）启动按钮 SBT_1，交流接触器线圈 KM_{13}得电，其与 SBT_1并联的常开辅助触点闭合（自锁），另一常开辅助触点闭合，使交流接触器线圈 KM_{12}及时间继电器 KT_1得电。这样，主电路中接触器 KM_{13}和 KM_{12}的主触点闭合，使电动机 M_1经过 T_1降压启动。同时，KM_{12}在控制回路中的常闭触点断开，使 HL_{13}指示灯熄灭，另一常开触点闭合，使水泵启动指示灯 HL_{12}点亮。

②正常运转。从按下启动按钮 SBT_1 开始，延时 8～10 s 后，时间继电器 KT_1 的常开触点闭合。中间继电器 KA_1 线圈得电，其两处常开触点闭合，两处常闭触点断开（一处常开触点的闭合是自锁功能，另一处触点闭合后，配合 KM_{13} 线圈失电，其常闭触点复位将使得运行接触器 KM_{11} 线圈和 KA_{40} 中间继电器线圈得电；而 KA_1 常闭触点的其中一路断开，使启动指示灯 HL_{12} 熄灭，另一路断开，使得 KM_{13} 线圈失电，KM_{13} 线圈控制的相关主、辅触点复位）。至此，主电路中启动接触器 KM_{13} 和 KM_{12} 的触点都断开，运行接触器 KM_{11} 主触点闭合，使冷却水泵电机进入全压运转状态。由于 KM_{11} 的常开辅助触点闭合，冷却水泵正常运行指示灯 HL_1 点亮。

（2）与冷水机组压缩机电机的联锁控制

由前面 KM_{11} 接触器得电，同时 KA_{40} 联锁控制继电器也得电，则在图 6－14 中的中间继电器 KA_3 线圈控制回路中 KA_{40} 的常开触点闭合，使冷水机组电机才有可能启动，如果冷却水泵停机，则其在图 6－15 中的接触器 KM_{11} 失电，KA_{40} 也失电，使得图 6－14 中的压缩机控制回路 KA_3 线圈失电，压缩机立即停机，实现联锁控制。

①停机。按下冷却水泵停止按钮 SBP_1，冷却水泵控制回路失电，接触器 KM_{11}，KM_{12} 和 KM_{13} 失电，它们的常开触点全部断开，M_1 电机停机。同时，KA_{40} 线圈失电，其常开触点断开使得冷水机组压缩机电机停机。

②过载保护。图 6－15 中的 FR_1 是冷却水泵过载保护热继电器。当水泵过载时，FR_1 常闭触点断开，使控制回路断电，水泵停机，同时也使得冷水机组停车。

（3）冷水泵（M_2）控制回路及其与冷水机组的联锁

由图 6－15 可见，冷水泵 M_2 的启动，转入运行，以及其与冷水机组的联锁（通过中间继电器 KA_{50}），控制回路的原理与冷却水泵（M_1）相同，请读者自行分析。

（4）冷却塔风机（M_3）的控制电路及其与冷水机组的联锁

本例中，冷却塔风机 M_3 电机功率小于 5 kW，故可以利用启动按钮 SBT_3 通过接触器 KM_{32} 直接启动。它是通过中间继电器 KA_{60} 与冷水机组进行联锁保护的，原理同前面冷却水泵电路。

二、空调末端装置局部控制

中央空调系统末端装置，如风机盘管空调器、新风机、非独立式风柜等，分散设置在各个空调房间或专用空调机房内，为调节方便，通常都是单机局部控制。空调末端装置的局部控制包括冷水管路的自动控制（采用电动阀）和风机控制。电动阀装在末端装置的回水管接口处，风机盘管的感温器和风机控制转换开关设置在空调房间内。非独立式风柜的感温器设置在空调房间回风区的适当位置或是回风管内，而包括风机控制的所有电气控制元件，监测仪表及各种信号仪表等则装在控制台（或控制柜）中，控制台位于空调房间或专用的空调机房内；新风机的感温器设置于新风机送风口处。

空调末端装置控制以江森（JOHSON）系统为例介绍：

1. 风机盘管控制

见图 6－16 双管式冷/热水风机盘管系统。夏季通冷水向室内供冷，冬季通热水向室内供暖。图 6－16 中，ST－1 内的温度控制器具有通/断两个工作位置，可装设于其温度需加以控制的场所内。温度控制器的通/断可控制 SV－1 电动阀的动作，使室内温度保持在所需的范围（温度控制器的恒定温度在 5～30 ℃范围内可调）。ST－1 内的组合转换开关是用以对风机及系统进行切换的手动开关。夏天运行时，选择开关应拨在“冷”挡，并对室内提

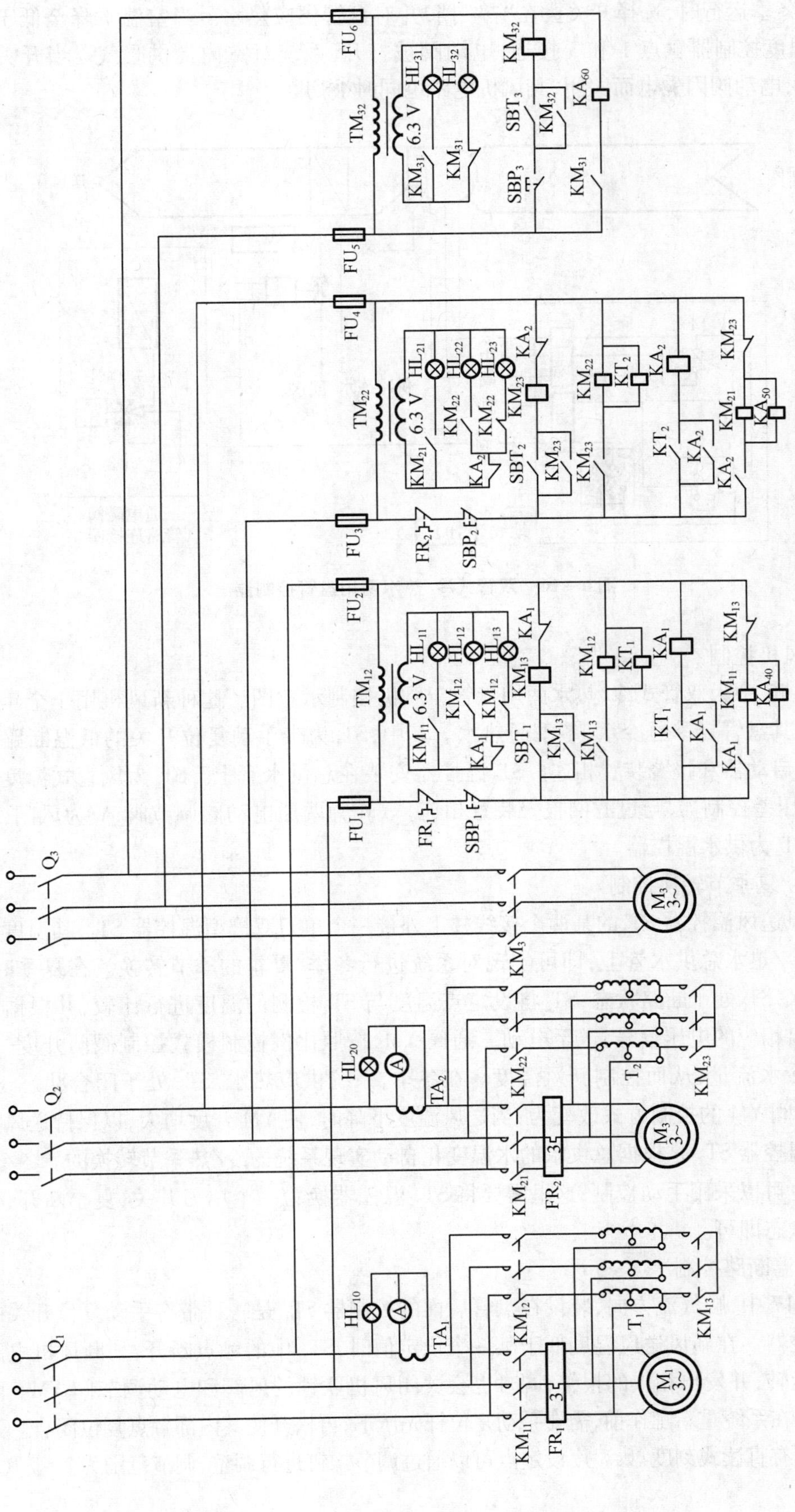

图6－15　螺杆式冷水机组用冷水泵、冷却水泵及冷却塔控制电路

供冷气。冬季运行时，选择开关拨在“热”挡，并对盘管供应热水。当室温下降至低于设定温度时，温度控制器触点 1 和 3 接通，电动阀被打开，系统对室内提供暖气。当开关拨在“off”挡时，电动阀因失电而关闭，其风机电路也同时被切断。

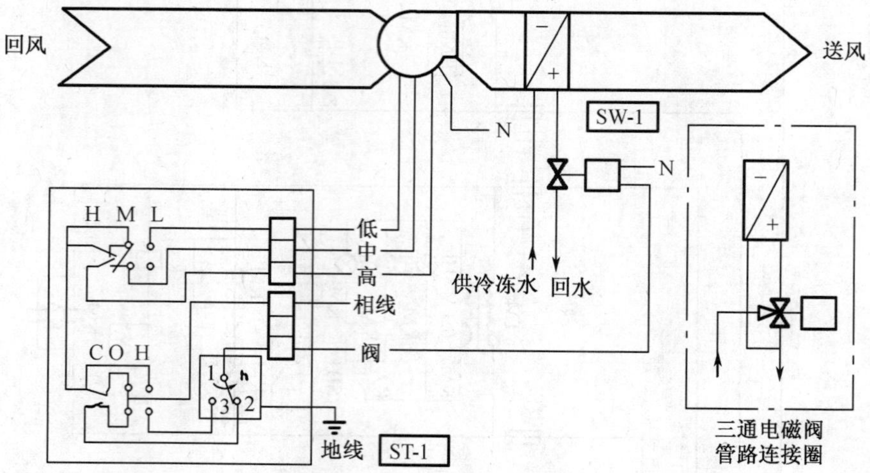

图 6－16　双管式冷/热水两用盘管控制器

2. 新风机控制

图 6－17 中为双管式冷/热水两用盘管新风机控制示意图。这种新风机用于全年空调处理新风，其盘管夏季通冷水，冬季通热水。其中，ST_1 为带手动复位开关的低温断路恒温器，与风机启动器和报警装置相连。ST_2 温控器安装在总供水管上。ST_3 为风管式温度控制器。SP 为压差控制器，与过滤网报警装置相连。YM 为两通电动阀调节阀，V 为风闸，与风机相连。ST_4 为供水温控器。

（1）冬/夏季节转换控制

在新风送风温控器 ST_4 的某两个接线柱上外接一个单刀双掷型温控器 ST_2，其温度传感器装设于冷/热水总供水管上，即可实现对系统进行冬季/夏季的季节转换。在夏季时，系统供应冷水，ST_2 处于断路状态，ST_4 将设定点温度与 ST_3 检测的温度进行比较，并根据比较的结果输出相应的电压信号，送至电动二通阀 YM，按照比例控制模式控制阀门开度，以改变盘管的冷水流量，从而控制新风温度。在冬季，系统供应热水，ST_2 处于闭合状态，这时 ST_4 对电动阀 YM 的控制方式改变为：当送风温度下降时，使 YM 开度增大，以保持送风温度的稳定。温控器 ST_2 是根据总供水的水温变化自动实现系统的冷/热季节转换的。冬/夏季节的转换也可以采用手动控制，这里需要将 ST_2 温控器换为一个单刀开关，夏季断开，冬季采用闭合状态即可。

（2）降温断路控制

图 6－17 中，顺气流方向，装设在盘管后面的控制器 ST_1 是一种带有手动复位开关的降温断路温控器。在新风送风温度低于某一个设定值时，ST_1 中的触点断开，切断风机电路使风机停止运转，并发出相应的报警，同时也会关闭风机联锁的风阀和电动调节阀 YM。降温断路温控器在系统重新工作前，需要手动复位杆先压下，再松开使其内部触点复位闭合。这种温控器设置有直读式刻度盘，温度设定点可以通过调节螺钉进行调整，调节范围为 2～7 ℃。

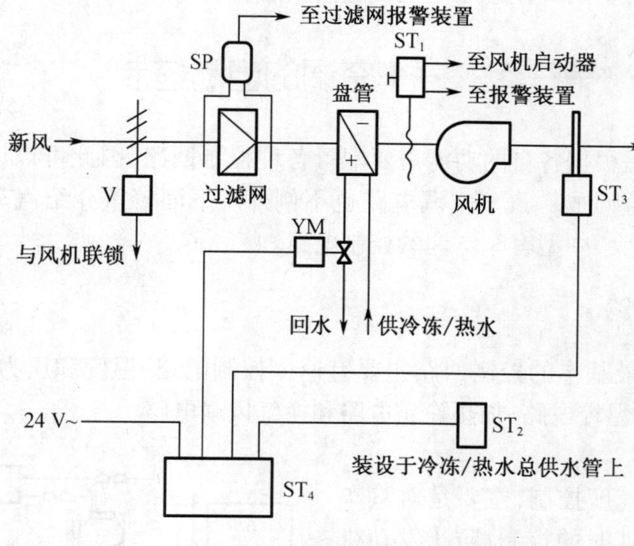

图 6－17　冷水/热水新风机控制

(3)冷水/热水压差旁路控制

中央空调冷水系统将各类空调末端装置连接起来，由置于中央机房的冷水机组向系统供应冷水。由于各空调末端装置水路均设有用于局部控制的电动二通阀 YM，其开度由空调负荷进行随时调控，这样系统总的冷水需求量总是处于不断的变化当中。当空调负荷减少时，部分电动二通阀将关闭或是开度减小，使系统回水量减小。若进入冷水机组的回水量低于额定值时，一方面会造成冷水温度过低导致机组低温保护停车，另一方面也会使冷水泵对系统的供水压力过高。因此，对于采用这类变流量的冷水系统，必须设法保证系统中冷水机组的回水量基本恒定。最简单的做法如图 6－18 所示(SP 为压差控制器，YV 为电动二通调节阀)，即在冷水系统总供水与总回水管路(或分水器与集水器)之间设置一个旁通管路，该旁通管路上安装由压差控制器 SP 调节开度的电动二通调节阀 YV。

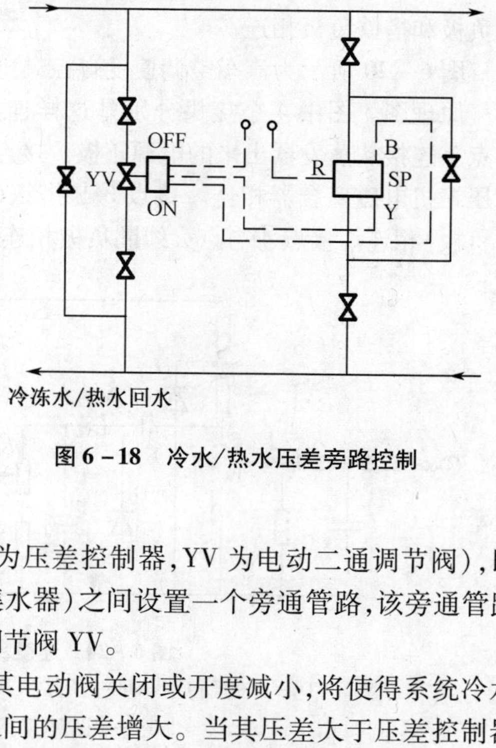

图 6－18　冷水/热水压差旁路控制

当空调负荷减小时，部分空调末端装置因其电动阀关闭或开度减小，将使得系统冷水供水总管压力上升，此时供水压力与回水压力之间的压差增大。当其压差大于压差控制器 SP 的设定值时，SP 中的浮动触点杆将触点(R，Y)接通，电动二通阀 YV 将逐渐开启，使部分供水直接旁通流入回水总管。这样就可以实现负荷下降，空调末端装置所需供水量减小时，冷水机组的回水量基本保持恒定。

压差控制器 SP 可通过其调节转轮对控制压差做多种设定，不同的系统设定值一般均不相同，应在系统初调时完成。旁通管的管径与系统的冷水流量以及旁通水量有关，一般在 DN50 ~ DN100 之间选择,并注意与电动二通阀接管管径一致。

第三节 汽车空调的自动控制

电器电路一般都是根据各自的功能需要配置各种控制回路,因此可以说电器电路是由各种控制回路关联组合而成。汽车空调电路也不例外。下面着重介绍汽车空调基本控制回路,轿车空调电路和大、中型客车空调的控制电路。

一、基本控制回路

汽车空调电路中最基本的控制回路主要有速度控制电路、温度和压力控制电路、温度和速度控制电路、自动温控电路、加热除霜电路和换气风扇电路。

1. 速度控制电路

作为汽车空调的速度控制,主要是对汽车发动机处于怠速和高速时的控制,防止发动机出现负荷过大和车厢内供冷量过剩。如图 6 – 19 所示,车速控制器上共有 4 个接头,分别与蒸发器、(压缩机驱动用)电磁离合器、点火线圈负极和搭铁负极相连。

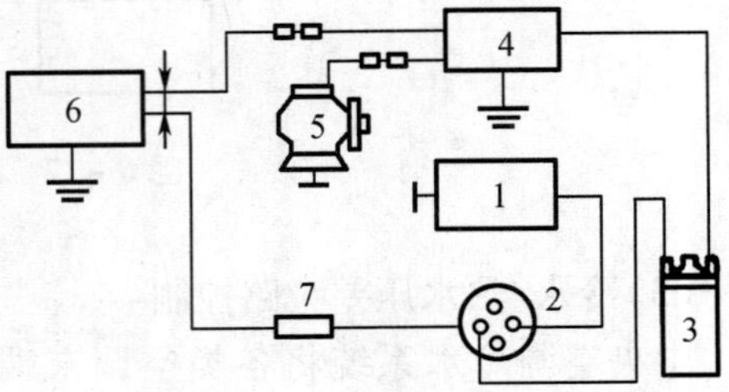

图 6 – 19 车速控制器安装图

1—蓄电池;2—点火开关;3—点火线圈;4—车速控制器;5—压缩机 – 电磁离合器;6—蒸发器;7—电阻器

图 6 – 20 所示为汽车空调速度自控继电器电气原理图。图中 4 个接头分别是这样连接:接点①连接从蒸发器出来的电源正极。接点②与压缩机电磁离合器相连。接点③与搭铁(电源负极)相连。接点④与点火线圈负极相连。

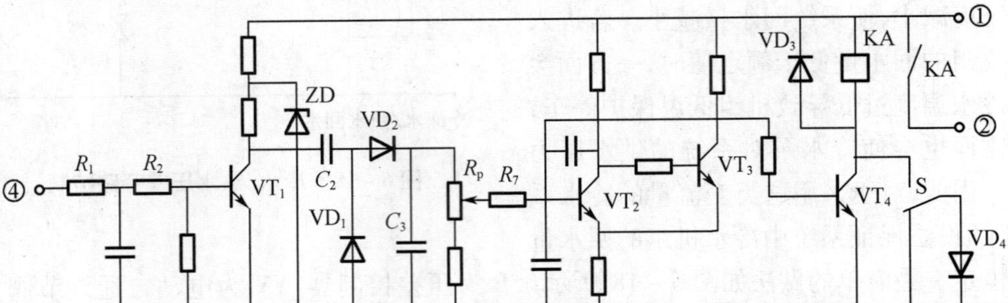

图 6 – 20 速度自控继电器电气原理图

VD_1, VD_2—二极管(IN41N48);VD_3, VD_4—二极管(IN4001);VT_1 ~ VT_3—二极管(9014);VT_4—三极管(9013);ZD—稳压管(2CW15)

系统运行时,电源电压先通过点火线圈低压绕组和 R_1, R_2 向 VT_1 提供一个正向偏置电压,又通过分电器触点的通断搭铁,使 VT_1 的基极产生一个脉冲电流,这样 VT_1 的集电极便得到了一个经放大了的交流信号,该信号通过二极管 VD_1, VD_2 和电容器 C_3 滤波整流后,便在可调电阻 R_P 上产生一个上正下负的直流电压,而这个电压将随发动机的转速变化而发生相应的变化。VT_1 和 VT_2 组成一个触发器,它的触发信号是经 R_7 在可变电阻 R_P 上获取得来。当调节 R_P 使发动机转速低于某一设定值时(如低于500 r/min),这个触发信号将会使 VT_2截止,VT_3导通,VT_4的输出也是截止,这样继电器 KA 断电,其动合触点 KA 断开,接点②断电,压缩机电磁离合器失电分离,空调压缩机停止运转;反之,当触发信号电压比设定值(500 r/min)高时,VT_1和 VT_2组成的触发器将会翻转,则 VT_2导通,VT_3截止,VT_4导通,使 KA 线圈得电,其常开触点闭合使电源电压经过接点②送到电磁离合器,压缩机再次投入运行。

由此可以看出,该速度自动控制继电器的功能就是为了实现压缩机跟随汽车发动机适当的转速而投入运行。这样就避免了发动机处于怠速时,功率不足,拖动不了空调压缩机而造成发动机熄火的故障。图中手动开关 S 是空调工作方式选择开关,分为“自动”和“手动”两挡。图示位置为“自动”工作档位。当开关 S 置于“手动”工作位时,继电器 KA 通过二极管直接连接到搭铁负极。这样,当空调系统一通电,KA 的触点就会闭合,使压缩机投入运行。此时空调工作与否不再受到发动机转速的限制。

2. 汽车空调的温度和压力控制电路

汽车空调温度的控制可以采用温控开关的形式进行控制。温控器中的温控开关的工作过程如图 6－21 所示。波纹管 2 和注满制冷剂 R12 或 CO_2的毛细管 1 相连,毛细管感温元件设置在蒸发器冷气通过的位置(或置于蒸发器的尾管部分),当蒸发器的温度变化,则毛细管感温包中的 R12 或 CO_2的温度也随之发生变化,使其压力产生相应变化。若是温度升高,则压力增大,便推动波纹管的膜片向左运动,则推动杠杆绕支点顺时针旋转,使触点 7 闭合,电磁离合器 9 线圈得电吸合,压缩机开始运行,制冷系统开始工作;当车厢内的温度下降,则毛细管中的压力下降,膜片向右移动,使杠杆绕支点逆时针旋转,当温度降到设定温度时,触点 7 断开,电磁离合器 9 线圈失电,压缩机停止制冷。图中的轴 3,凸轮 4,调节弹簧 5 和温度调节螺钉 6 均是温控器调节元件,该装置属于机械式。

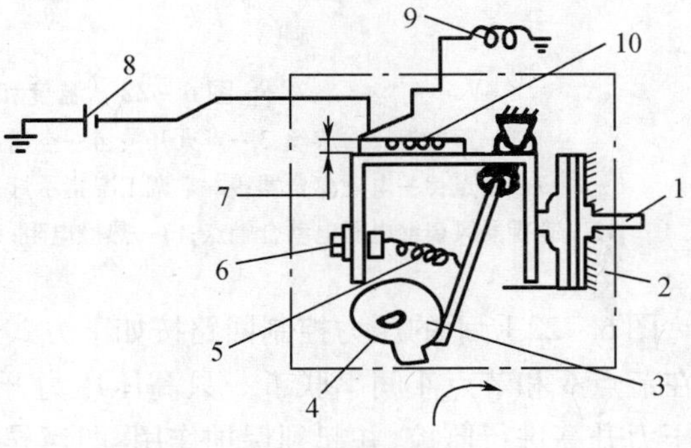

图 6－21　温度控制开关

1—毛细管;2—波纹管;3—轴;4—凸轮;5,10—调节弹簧;6—温度调节螺钉;7—触点;8—蓄电池;9—电磁离合器

温度控制也可以采用电子式控制方式。图 6－22 所示就是一种典型的汽车空调温度和压力控制电路。

它的温控回路以如下方式运行:当空调开关接通后,蓄电池 1 的电压经熔丝 2→点火开关 3→空调开关 4→节点 6→电阻 13→可调电阻 15→电阻 R_1→电阻 R_3 接到三极管 VT_1的基极上,VT_1导通后,VT_2,VT_3,VT_4也导通,节点 6 处的电源使线圈 6 得电,其常开触点 7 闭合,电磁离合器 8 得电吸合,则压缩机开始运转。

当车厢内的温度低于设定值时,热敏电阻 13 阻值升高,使得 VT_1的基极电位降低而翻转处于截止,这样 VT_2,VT_3,VT_4均被截止,电磁线圈 6 失电,其常开触点 7 断开,电磁离合器 8 分离,压缩机停止运行。

需要说明的是:热敏电阻 13 作为感温元件,设置在蒸发器冷剂出口处。可变电阻 14 是温度控制功能,用来设定车厢内需要的温度。

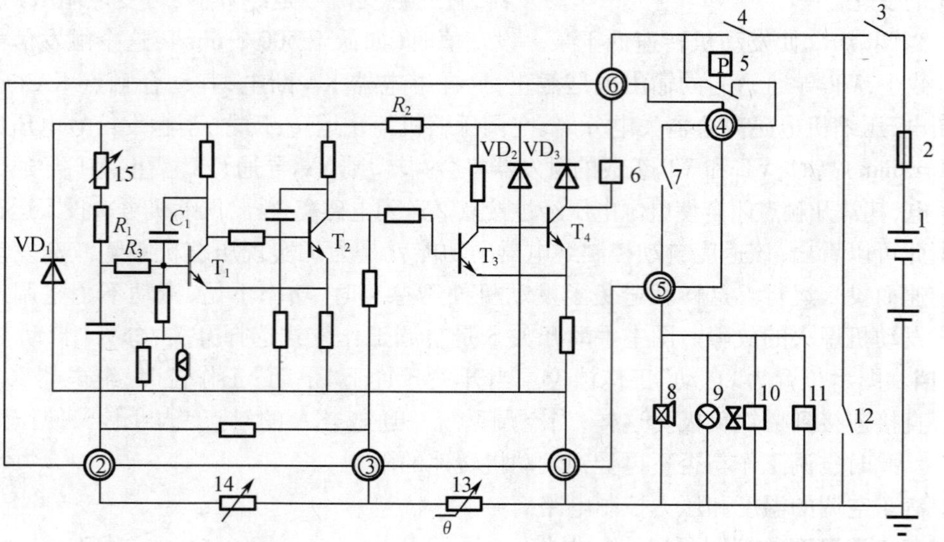

图 6-22　温度和压力控制电路

1—蓄电池；2—熔丝；3—点火开关；4—空调开关；5—高压压加重开关；6—电磁线圈；
7—触点；8—电磁离合器；9—空调工况指示灯；10—真空开关阀；11—冷凝器风扇继电器；
12—冷凝器风扇继电器电动合触点；13—热敏电阻；14，15—可变温度控制电阻器；①～⑥放大器接点

图 6-22 所示的压力控制回路按如下方式运行：节点 4 实际上并没有直接控制电路，而是在节点 6 和节点 4 间串联了一只高压压力开关 5，其目的是对压缩机在运行中出现的异常压力升高进行监控，并起到保护作用，即当异常压力升高到超过安全值时，压力开关 5 触点断开，则节点 5 处没有电源，从而使电磁离合器 8 失电断开，压缩机停止运行，同时空调运行指示灯 9 熄灭，并发出高压报警。

3. 温度、速度控制电路分析

汽车空调的温度和速度控制电路特点是，只有发动机转速在某一转速以上时，压缩机电路才能接通，从而达到温度、速度控制的目的。由于是电子调节，所以调节的温度更准确。

如图 6-23 所示温度和速度控制复合电路运行过程如下：

当鼓风机 M、冷气开关 S 和调速电阻开关 Q 接通后，温控电路便处于工作状态，使 $VT_1\downarrow\rightarrow VT_2\downarrow\rightarrow VT_3\uparrow$，继电器 KA_1 接通，指示灯 HL_2 接通，速度控制电路进入准备工作状态，当发动机处于设定的工作转速以上时（4 缸机为 800～1 500 r/min，6 缸机为 530～1 000 r/min），速度控制电路开始运行。图中 R_{P1} 是温度调节电位器，用来设定温度。R_{P2} 为速度接触电位器，以设定进入工作台的转速。C_3 为积分电位器，它的量值也决定着电路进入工作状态的对应转速。

其工作过程如下：当 $VT_5\uparrow\rightarrow VT_6\downarrow\rightarrow VT_7\uparrow$，继电器 KA_2 接通，压缩机离合器 M_1 吸合，系统开始制冷。

上述电路在怠速时，采用自动加速电路控制。自动加速电路由真空管、真空电磁阀、真空箱和加速拉杆等组成。如图 6-24 所示。

电路的工作通路是：当鼓风开关 S_N 处于 S_A，S_B，S_C 任一挡位，电动机 M_2 得电开始鼓风的同时，继电器 KA 得电，其常开辅助触点 KA 闭合，则电源经过该 KA 触点，恒温开关 3，压力开关 4，一方面使压缩机电磁离合器得电吸合，压缩机开始运行，另一方面使真空电磁阀 6 得电，增加真空箱中的真空度，从而将油门拉杆向加大油门方向移动，防止由于空调的负荷

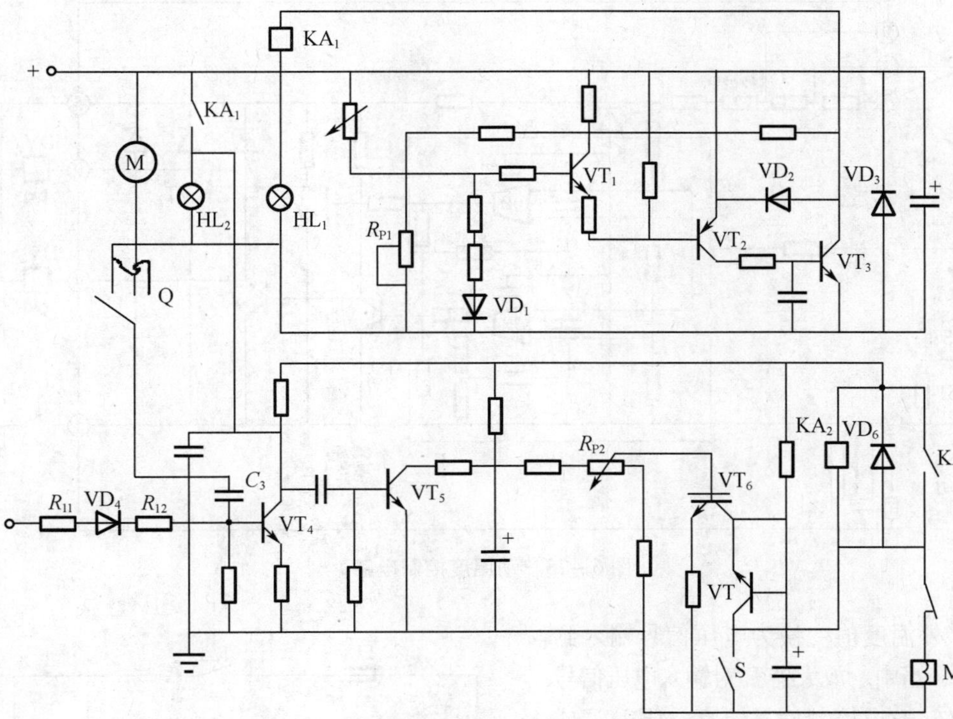

图 6-23　速度及电子恒温电路

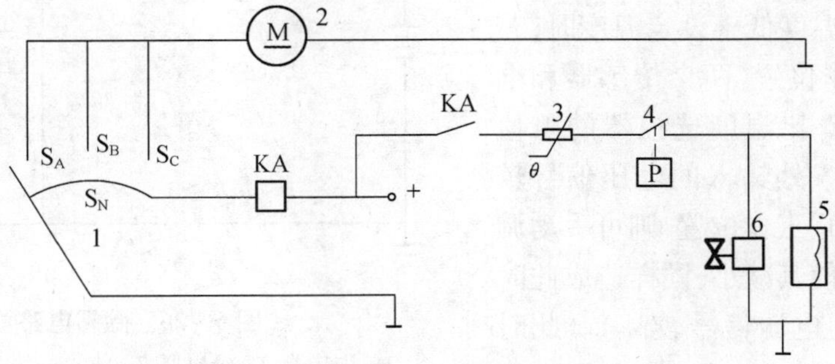

图 6-24　自动加速装置电路

1—鼓风开关和鼓风电机;2—鼓风电动机;3—恒温开关;
4—压力开关;5—压缩机电磁离合器;6—真空电磁阀

使发动机动力不足而熄火。

4. 自动温控电路

汽车空调的自动温控电路的特点是该系统能根据选定的温度范围,自动调节车厢内的温度。如图 6-25 和图 6-26 所示。

自动温控电路工作原理如下:该系统由车内温度传感器 ST_1、室外温度传感器 ST_2、电位器 R_{P2}、温度选控器可变电阻 R_{P1}、放大器 E、真空阀 DV_H、DH_C 以及真空驱动器组成。

温度传感器 ST_1 和 ST_2 将室内、室外的温度转换为对应的电阻值,与电位器 R_{P2} 串联后,再与温度选控电阻 R_{P1} 串联,形成等效电阻 R_1 和 R_2,用来将车内的温度选控器设定的温度值和所测量

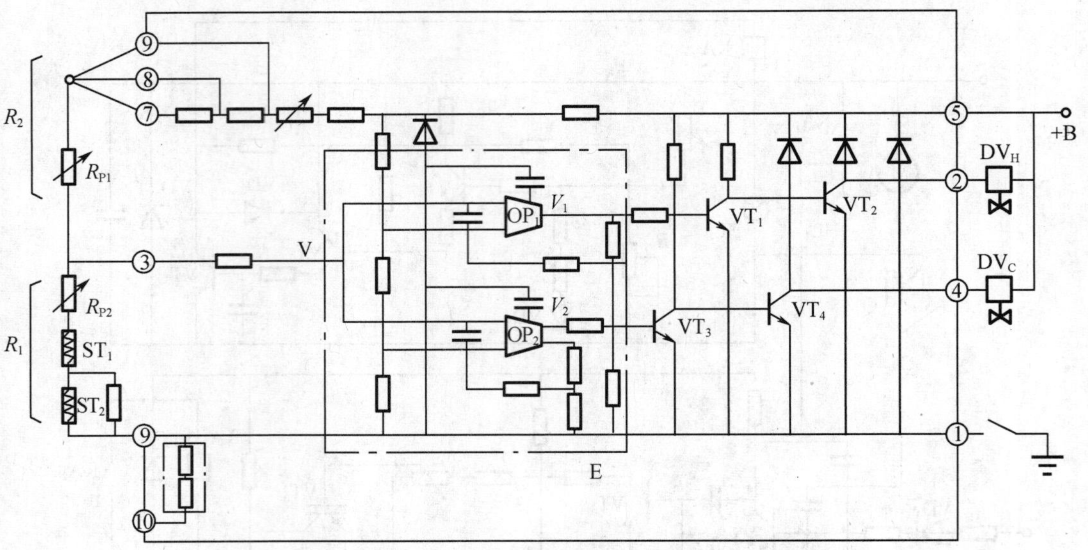

图 6－25　动温度控制电路

的车内、外温度值变换为电压信号输入到放大器 E 当中。放大器 E 对输入电压信号进行比较，输出控制信号给真空阀 DV_H 或 DV_C，以实现车内温度的升高或降低。

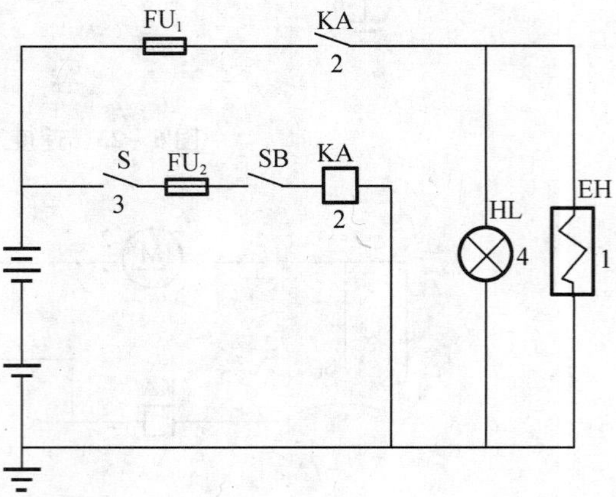

图 6－26　除霜电路

1—加热器；2—继电器；3—点火开关；4—警告灯

温度自控系统工作过程如下：

(1) 当车内温度低于设定温度时，若处于“自控”工作位置，两个传感器和电位器的总阻值 R_1 比温度选控器的阻值 R_2 大，此时节点 3 处输入的电压信号较高（若采用“手动”工作位置，则可手动调节可变电阻 R_2，使其减小，同样造成此时节点 3 处输入的电压信号较高）。此时在电路中 OP_1 无输出，VT_1 截止，VT_2 导通，DV_H 导通，其对应的真空驱动器动作使车内升温。OP_2 有输出，VT_3 导通，VT_4 截止，DV_C 截止，其对应的真空驱动器停止工作。

(2) 当车内温度高于设定温度时，无论是处于“手动”还是“自动”位置，工作过程与上述情况相反。OP_1 有电压 V_1 输出→VT_1 导通→VT_2 截止→DV_H 截止，其对应的真空驱动器停止工作；OP_2 无输出→VT_3 截止→VT_4 导通→DV_C 导通，其对应的真空驱动器动作使车内降温。

5. 加热除霜电路和换气风扇电路

当车厢内玻璃上有霜、雾时，除了可以采用加热器吹出热风对玻璃进行除霜、雾外，还可以采用电加热的方法清除霜、雾。在冬季，前挡风玻璃可用暖风机除霜、雾，而后车窗有时候暖风吹不到，这时候只有采用电热丝加热进行除霜、雾。如图 6－26 所示为除霜、雾的加热电路和运行方式。

加热器 1 由开关 S 通过继电器 2 控制，当开关 S 接通时，加热器 1 通电，警告灯 4 点亮，以提醒驾驶员在停车后关闭加热器，3 是点火开关。

汽车空调的换气风扇，用来做车内换气，被广泛用于各种空调旅游车。它装置在车顶，可用来取代篷顶风窗。换气风扇除了具有降温功能外，还有排除浊气、吸入新鲜空气的换气功能，即它具有自动通风、吸风、排风和循环四种功能。用以保证车厢内的空气新鲜，温度适宜，满足乘客的舒适性要求。

图 6－27 所示为换气风扇电路原理图。其运行原理如下：

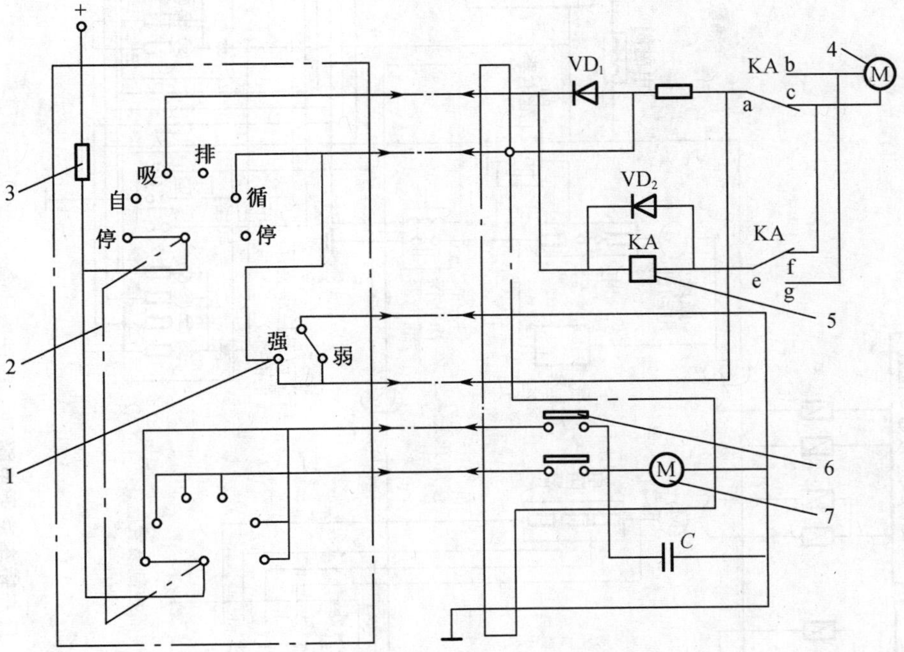

图 6－27　电动换气风扇电路

1—开关；2—同轴旋转开关；3—电阻；4—风扇电动机；
5—继电器；6—限位开关；7—气窗举升电动机

(1) 自动通风。当控制板上的同轴旋转开关 2 置于“开启”位置时，直流电流通过限位开关 6 被送至气窗举升电动机 7，使气窗阀门仍处于开启状态，这时车厢内、外气流通畅。

(2) 吸风。旋转开关 2 置于“吸风”位置，在自动阀门开启的同时，电流经继电器 5 的线圈，使触点 KA 的 a 与 b 闭合，电动机带动风扇逆时针运转，新鲜空气被吸入。

(3) 排风。旋转开关 2 置于“排风”位置，在自动阀门开启的同时，KA 继电器失电，使触点 KA 的 a 与 b 断开，a 与 c 闭合，另一处触点 KA 的 e 与 g 断开，e 与 f 闭合，风扇电动机顺时针旋转，使车厢内的污浊空气排出。

(4) 循环。旋转开关 2 置于“循环”位置，电流通过限位开关 6，此时联动板向下转动，使气窗阀门闭合，风扇逆时针运转，此时车内空气强制循环。

另外，这种装置还设置有强、弱两挡。即当波动开关 1 置于“强”挡时，电流不经过电阻 3，而直接通风扇电动机 4，这样风扇转速较快。反之，当开关置于“弱”挡时，电流需要经过电阻 3，然后接入风扇电机，电流减小，电机转速较慢，风量减弱，输出柔和风。

二、轿车空调电路

图 6－28 所示是日本丰田汽车的自动空调电路图。

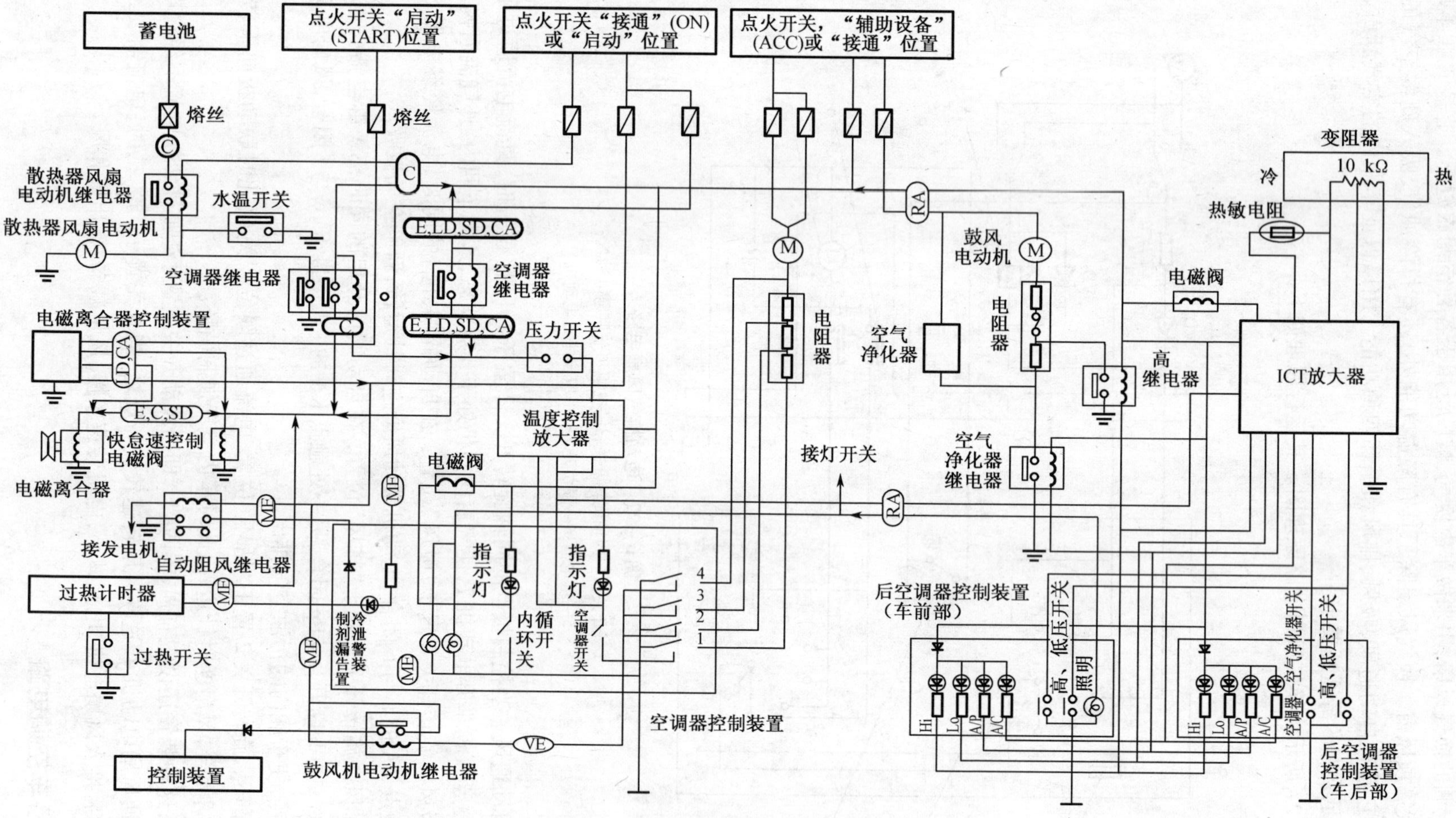

图6－28　日产轿车空调电路

Hi—高压；Lo—低压；A/P—空气净化器；A/C—空调

注：图 6－28 中电气图形符号与国标有所不同。它的特点是由集成块组成的空调放大器和控制开关协同控制。当进入“人工选择”状态后，空调电路便会自动控制温度，自动进行风量和出风口的选择。动力伺服系统均为前面介绍过的真空系统、真空电磁转换系统，控制风扇转速、风门开关、温度开关和水阀开关等。怠速时，电路能自动提高发动机的转速。高级轿车的空调是由电脑控制的，空调压缩机的离合器继电器由控制发动机的电脑和控制空调系统的电脑协同控制。平时离合器继电器接受空调电脑控制，但是当发动机需要输出最大功率，如超车、爬坡时，若此时发动机的储备功率用尽，发动机便会自动切除空调离合器电路。

三、大、中型客车空调的控制电路

大、中型客车空调的控制电路，有许多都采用微机（单片机）或集成电路来控制。由于大、中型客车空调的制冷量相对较大，需要控制的制冷参数较多，电路图中所控制的阀、开关也比较多。图 6－29 是日本三菱重工生产的独立空调的电路图。

它的副发动机是柴油机，用于驱动压缩机。对于乘坐 25～35 人的中型客车，用 2 缸柴油机 KEBO－32N 带动制冷量为 14 kW 的压缩机；对于乘坐 45～55 人的大型客车，则用 4 缸的柴油机 K4C－31N4 驱动 4F304MHB6 缸压缩机，制冷量为 24.5 kW。两者的控制电路是一样的，只不过 2 缸用 2 个预热塞，4 缸用 4 个预热塞。（注：预热塞是汽车点火系统中的一个重要配件，预热塞（glow plug）俗称电热塞，是一个辅助加热器，在柴油发动机启动过程中起辅助发火作用。）

图 6－30 是一种非独立式的大、中型客车空调系统电路图。非独立式与独立式的大、中型客车空调系统，其控制方式完全不同。独立式空调的操作和安全保护都是以控制副发动机的电路来实现，非独立式的大、中型客车空调系统是采用控制压缩机的方法来实现的。

非独立式的大、中型客车空调系统的工作原理为：当控制开关 S_1 在“1”挡时，主继电器 K_1 便接通，此时 $K_3\sim K_8$ 均不动作，蒸发器风扇电机呈两两串联形式，每只电机的输入电压只有电源电压的一半，通风为“慢”挡。

如果控制开关 S_1 在“2”挡，主继电器 K_1 接通，此时 $K_3\sim K_8$ 也接通，继电器的各触点闭合后，蒸发器风扇电动机呈两两串联，输入的电压与电源电压相同，通风为“高”挡。当 S_1 接通后，再接通开关 S_2 于空调挡时，主继电器 K_2 和 K_9 接通，冷凝器的 6 个电风扇运行，并且压缩机的电磁离合器 MK 电路接通，制冷系统开始工作。如果制冷系统压力过高或过低，以及压缩机过载或是对蒸发器进行除霜时，高低压开关、除霜开关和压缩机保护开关都会引起继电器 K_9 断开电磁离合器 MK 的电路，压缩机停止运行，以保护制冷系统不受损坏。此时，相应的故障报警灯也点亮。

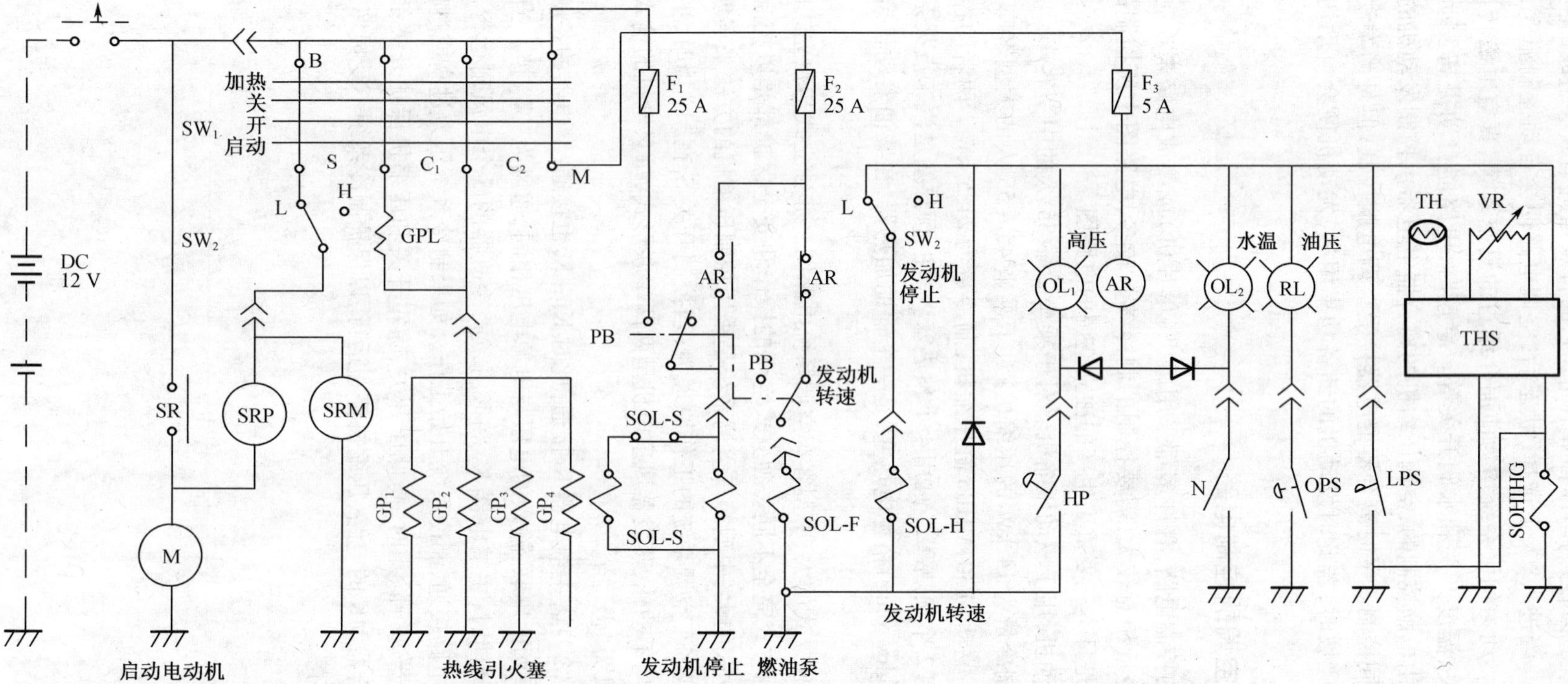

图6-29　日本三菱BS-400型空调电路

M—启动电动机；SRP.SRM—继电器(启动电动机)；GPL—热线引火塞指示灯；$GP_{1\text{-}3}$, $GP_{2\text{-}4}$—热线引火塞；F_1, F_2—熔丝；AR—继电器；SOL-S—发动机停止用电磁开关；SOL-F—燃油泵用电磁线圈；SOL-H—转速控制用电磁线圈；HP—高压压力开关；OPS—液压压力开关；OL_1—高压警告灯；OL_2—水温警告灯；RL—油压警告灯；SW_1—主开关；SW_2—高速-低速变速开关

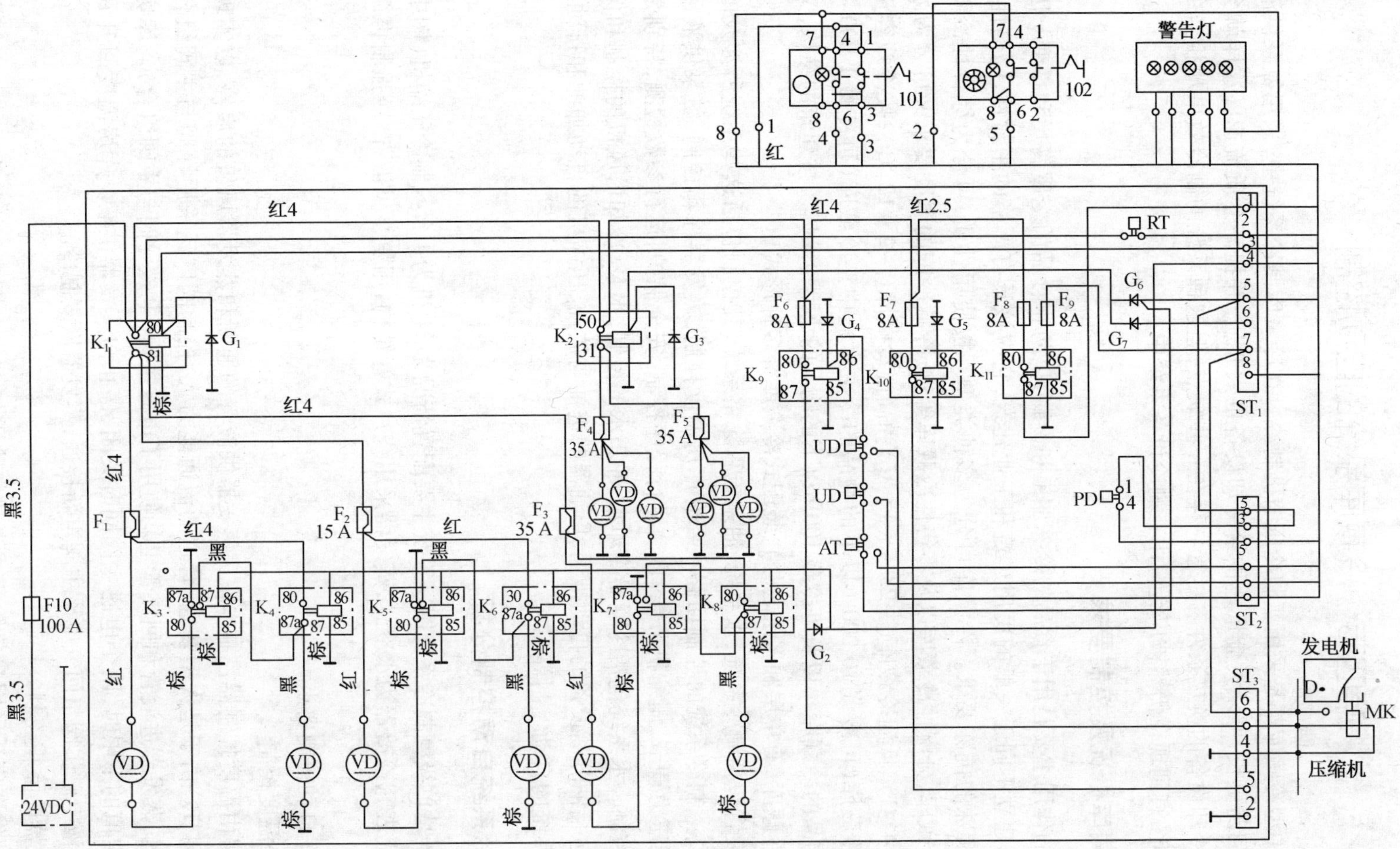

图6－30　非独立式客车空调电路

VD—蒸发电动机；UD—低压开关；K_1—主继电器24 V/30 A；P—压缩机保护开关；K_2—主电继器24 V/80 A；S_1—通风开关；
MK—电磁离合器；F_1~F_5—过流保护器；K_3~K_8—双触头继电器24 V/30 A；S_2—空调开关；RT—车内恒温器；F_6~F_9—熔断器8 A

第四节　冷藏库系统的自动控制

一般大中型冷藏库都是采用氨制冷压缩机制冷。在冷藏库制冷系统中,采用氨泵供液可以使供液回路更长,可以大流量地供给冷却设备也太介质,并提高介质流速。这样就会极大地改善冷却设备的换热条件。尽管它存在一些缺点,但这种系统的制冷效果却相当令人满意。因此,直到现在仍然被广泛应用在制冷设备系统中。

一、冷藏库概况及控制要求

冷藏库的作用主要是用于食品的冷冻加工和冷藏,以防止食品的变质腐烂和霉变。因此,冷藏库的建立不同于一般的民用建筑和工业建筑,它应该具有严格的密封性、隔热性、坚固性以及特殊的抗冻要求。冷藏库可分为多种类型。按使用性质,可分为综合性冷藏库、生产性冷藏库、分配性冷藏库以及零售性冷藏库等;按冷藏冷冻的温度要求又可分为冰库(-10~-4 ℃)、低温冷藏库(-23~-15 ℃)和高温冷藏库(-2~12 ℃);按冷藏容量可分为大型冷藏库(可冷藏 10 000 t 以下的物品的冷藏库)、中型冷藏库(可冷藏 1 000~10 000 t 的物品的冷藏库),以及可冷藏 100 t 以下的物品的小型冷藏库。按建筑的结构,又可分为土建冷藏库(有单层和多层之分)、装配式冷藏库等多种形式。

冷藏库装置包括制冷系统、水系统、油系统和除霜系统,其控制包括这些系统所涉及的自动控制回路。制冷系统的控制回路主要有库房温度控制,蒸发器除霜控制,氨泵供液回路控制,冷凝压力调节,压缩机节能、自动运行程序控制,安全保护,运行参数检测,特别是库温的遥测控制。水系统包括冷凝器冷却水,冲霜水的控制,水泵、冷却塔风机的控制和保护。油系统包括油分离设备的自动排油、集油器的进油与放油、压缩机的自动加油和排油,以及油处理系统的自动控制等。

二、制冷系统自动控制分析

图6-31 是单级氨制冷系统图。系统主要配置情况为:主机为4 台氨制冷压缩机(图中简化用一台代表),冷凝器为水冷式,蒸发器采用绕片式管结构,用氨泵供液,制冷强制再循环方式。

1. 冷藏库自动控制要点

(1)库房温度控制

每个库房由温度控制器控制本库房蒸发器供液管的通断和蒸发器风机的启停,以实现库温的双位调节。由于是大型装置,管道的流通能力大,控制阀广泛采用导阀与主阀组合的形式。这里,蒸发器进液管和回气管上均使用了电磁主阀(电磁导阀与主阀组合)。库房温度降至设定值的下限时,两个电磁主阀同时关闭,停止向蒸发器供液。库房温度回升到上限值时,进液电磁主阀与回气电磁主阀重新接通,蒸发器恢复制冷。

(2)蒸发器的除霜控制

氨冷库蒸发器广泛采用热气除霜或者热气除霜与水冲霜相结合的除霜方式。本例是冷风机型蒸发器,采用热气与冲水相结合的方式除霜。除霜时,停止蒸发器的制冷作用,将压缩机排出的热氨气通入蒸汽管内,管外再辅以水冲霜。利用排气的显热和凝结潜热以及水的热焓,使蒸发器表面的霜层融化,并被冲落到接水盘中。(图6-31 中未画出水冲霜系

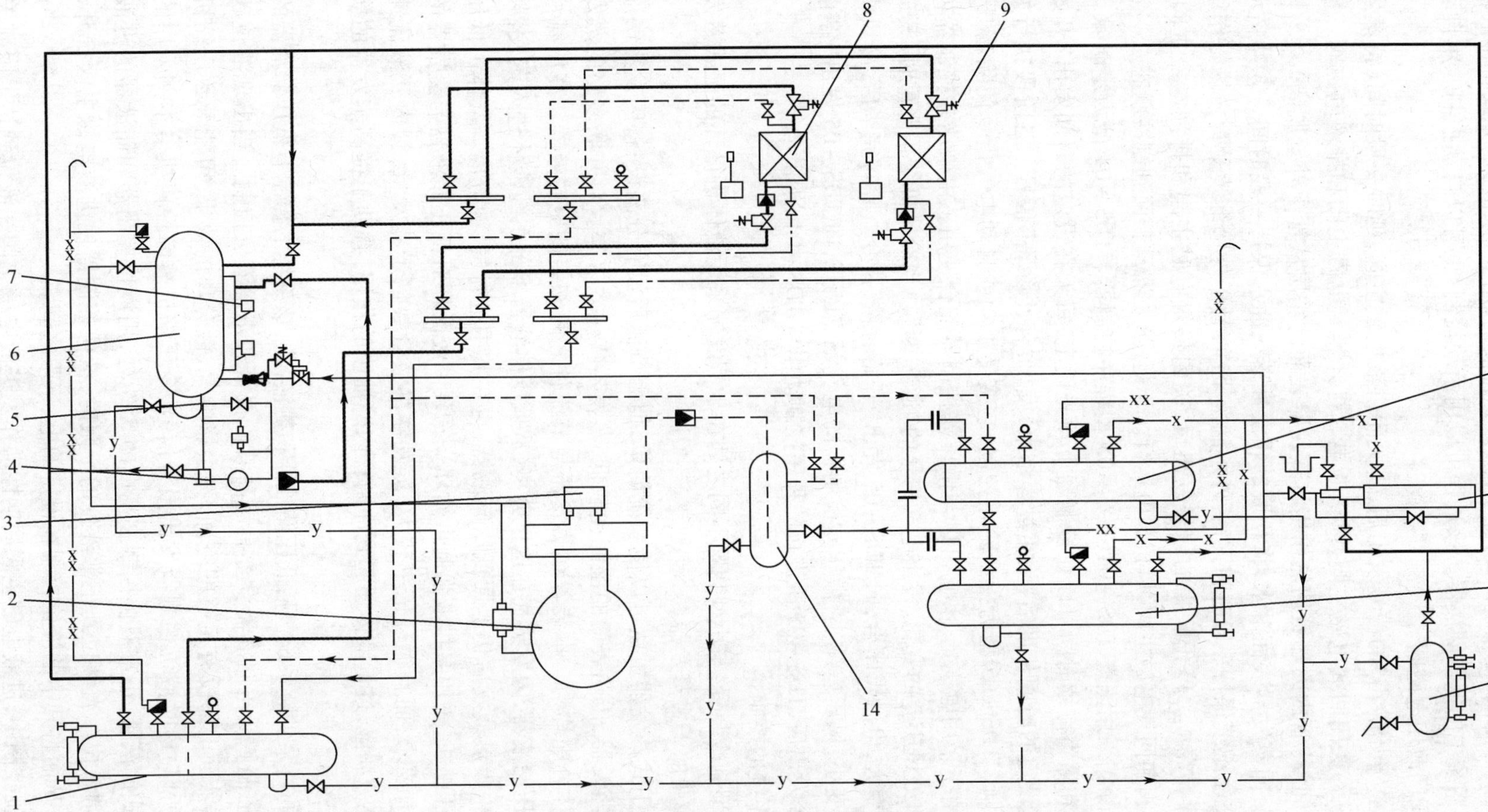

图6－31　单级氨制冷及控制系统图

1—排液桶；2—压缩机；3—高低压力控制器；4—氨泵；5—阀门；6—低压储液器；7—液位控制器；
8—蒸发器；9—库房温控器；10—冷凝器；11—空气分离器；12—高压储液器；13—集油器；14—油分离器

—— 低压氨气管；—— 氨液管；— — 平衡管；- - - 高压氨气管；— · —排液管；— y —油管；— x x —安全阀放空管；— x —空气管

统)。蒸发器管内凝结的氨液经排液阀流入排液桶,待排液桶中收集的氨液达到一定液位时,打开排液桶上的加压阀,使系统的高压气体进入到排液桶,用"气泵液"的方式将排液桶中的氨液压回到系统中的低压储液器。该过程可以用手动控制,也可以自动控制。用自动控制时,图中的阀门改用电磁阀。

除霜程序为:"开始除霜"的信号发出后,①关闭供液电磁主阀,延时一段时间(待蒸发器中的氨液抽空后)关闭回气电磁主阀,风机断电。打开热氨电磁主阀和排液电磁阀。该状态保持一段时间(待管内因热氨加热作用将蒸发器表面的霜层从管子外壁脱离)。②打开冲霜水电磁阀,向蒸发器表面淋水,将松脱的霜层冲落。冲水保持一段时间。③冲霜水电磁阀关闭,状态①继续保持一段时间,待管外水滴落干净,管子外壁继续受管内热氨作用而蒸干。至此,除霜完成。停止除霜的信号发出后,关闭热氨电磁主阀和排液电磁主阀。打开供液电磁主阀和回气电磁主阀,风机通电运行。于是,蒸发器重新回到制冷状态。

冷库蒸发器除霜采用国产 TDS－04,TDS－05 型程序控制器。TDS－04 型为定时除霜控制。除霜周期和除霜持续时间可以在控制器上预先设定,每天在设定的时间发出"开始除霜"信号,经过设定的时间长度后,除霜过程结束,发出"停止除霜"信号。各阶段执行如上所说的程序控制。TDS－05 型为指令除霜控制,它接受手动或自动电气指令使除霜"开始"或"结束"。由于采用电气指令,它可以与微压差控制器配合使用。由微压差控制器检测冷风机进、出口处风压差的变化,发出电气信号的"通""断"。当冷风机结霜严重时,其进出口处的风压差变大,电触点闭合,向 TDS－05 发出"开始除霜"指令。除霜完毕后,冷风机进出口处的风阻变小,风压差减小,微压差控制器的电气触点断开,向 TDS－05 发出"停止除霜"指令。指令发出后,TDS－05 所进行的程序控制动作与 TDS－04 的相同。

(3)泵供液系统的控制

本冷库为大型制冷装置,与小型装置不同之处在于蒸发器采用液体再循环的湿式蒸发器,而不是直接膨胀的干式蒸发器。

直接膨胀的干式蒸发器虽然可以使系统简单,但因节流后没有分离设备,闪发蒸气连同液体一道进入蒸发器,传热表面的湿润度较低,蒸发器传热效果差。对并联多路的蒸发器也难以保证液体分配均匀。本装置在蒸发器与节流件之间安装低压储液器。高压氨液节流后先进入低压储液器,闪发蒸气在这里分离,从低压储液器下部引纯液体进入蒸发器。制冷剂在蒸发器中吸热蒸发后仍返回低压储液器,再在其中进行气、液分离。气体由低压储液器上部引回压缩机,采用泵供液强制再循环。氨泵供液循环对低压储液器与蒸发器的相对安装位置没有要求,而且循环倍率较大,蒸发器供液量数倍于蒸发量,管内氨液流速高,不仅管内壁充分润湿,过量液体还起到冲刷管内壁油膜的作用,有助于提高蒸发器的换热强度。

图6－38 中的氨泵供液系统包括低压储液器和氨液泵。该系统的控制有低压储液器的液位控制和氨泵控制。低压储液器设置有超高液位报警和正常液位控制。当出现液位超高时,低压储液器液面上部没有足够的空间,将会影响气、液分离的效果,可能导致压缩机出现液击故障。所以,这时液位控制器发出报警信号,令压缩机故障性停机。本例采用的低压储液器为立式储液器,正常液位控制在高度的35%处,用液位控制器和储液器的进液电磁主阀控制正常液位。当液位到正常液位的下限时,液位控制器使进液电磁主阀打开,向储液器中输液,从而将其中的液位控制在设定的上、下限之间。

该液位的双位控制中,进液电磁主阀周期性动作。进液电磁主阀在液位到达上限时关闭,在下限时打开。为了保证正确地实现控制,进液流量的调整是很重要的。若冷库的降温过程一直在持续,那么在阀关闭时储液器中的液位将下降,阀打开时液位将上升。设供液电磁阀打开时的进液量(质量流量)为 q_{m2},氨液蒸发制冷的质量流量为 q_{m1},则

$$q_{m1} = Q_0/q_0 \tag{6-1}$$

式中　Q_0——制冷量,kW;

q_0——氨的单位质量制冷量,kJ/kg。

设电磁阀关闭,储液器停止进液的时间间隔为 $\Delta t_{关}$,则阀关闭器件低压储液器液位的下降量为 ΔH_1,则有

$$\Delta H_1 = \Delta t_{关} q_{m2}/S\rho \tag{6-2}$$

式中　ΔH_1——低压储液器液位的下降量,m;

S——低压储液器的内部横截面积,m^2;

ρ——氨液的密度,kg/m^3。

设电磁阀打开向低压储液器中供液的时间间隔为 $\Delta t_{开}$,则阀打开期间,低压储液器液面上升的变化量为 ΔH_2,则有

$$\Delta H_2 = \Delta t_{开}(q_{m1} - q_{m2})/S\rho \tag{6-3}$$

通常取电磁阀开、闭时间相等,即 $\Delta t_{开} = \Delta t_{关}$,允许液位的上升高度与下降高度相等,即 $\Delta H_2 = \Delta H_1$,故

$$q_{m1} = 2q_{m2} \tag{6-4}$$

可见,在泵供液系统中,低压储液器的进液流量必须大于液体蒸发的流量,才能实现控制要求。若进液流量 q_{m1} 过大,会使补充加液时间过短;若进液流量 q_{m1} 过小(接近或等于蒸发流量 q_{m2}),则电磁阀打开时间过长,甚至一直打开。这显然对电磁阀的工作是不合适的。为了便于调节进液量,并满足式(6-4)的流量分配,在进液电磁主阀后增设一只手动调节阀,通过手动调节,使电磁主阀开、关的时间间隔比例合适。

液位控制器的差动范围:对于立式低压储液器一般取 60 mm,对于高压卧式储液器,取 40 mm。手动调节阀调整低压储液器补充加液时间为 30~60 min。

氨泵的正常运行控制为:只要有库房需要降温,氨泵就启动运行;各库房都停止制冷时,氨泵停止运行。

氨泵设有泵压差保护。在泵启动 15 s 后,若泵进、出口压差达到设定值,则转入正常运行。如果 15 s 后压差不达标,则停泵。停泵 1 min 后,再次加压启动。过程为:打开加压阀,使高压气进入低压储液器,对低压储液器加压,同时启动氨泵。加压 15 s,关闭加压阀。若泵在 15 s 内压差能够建立起来,则加压启动成功,转入正常运行;若 15 s 内压差仍然没有建立起来,说明加压启动失败,控制系统判为故障,发出控制信号停泵,并发出警报,同时压缩机停机。运转中,若因故障导致氨泵压差不足,也会使氨泵停止运行,同样会被控制系统判为故障,启动停机程序。氨泵出口安装有止回阀,防止氨泵停机时氨液倒流。

低压储液器的饱和液体工质(氨液),经下部引出管到氨泵入口,该管路上设有过滤网。要注意的是:由于过滤网的阻力和管路传热等原因,很容易引起氨液出现闪蒸现象。泵入口带气会造成气蚀损坏,故在氨泵入口管上部接一根引气管,接到压缩机的吸气管上,利用压缩机的抽吸能力,将进泵前的液体中可能出现的闪蒸气体引入压缩机。

另外,当装置负荷下降,需要降温的库房数目减少时,蒸发器的供液电磁主阀将有一些处于关闭状态。这时氨泵的排出通路减少,会使泵的排出压力升高,泵的排压上升又会使

氨液工质的蒸发温度提高，影响其他仍然需要降温的库房制冷运行。为了消除这种影响，在氨泵排出管到低压储液器之间安装有一根旁通管路，并设有自动旁通阀。当氨泵的排出压力升高，超过设定值时，旁通阀自动打开，使一部分排出液体回流到储液器，以保证即使只剩下一个库房在制冷运行时，其蒸发压力都不会受流量变化而异常升高。

(4)冷凝压力调节

对于本例而言，制冷剂在系统循环中冷凝时放出的热量，一方面使冷却水的温度升高，即以显热的形式带走部分热量；另一方面，使冷凝器的温度和周围环境的空气温度之间的温差提高，加强散热效果。

本例采用调节冷却水流量的方法控制冷凝压力，系统中设有3台冷却水泵并联供水，如图6-32所示。

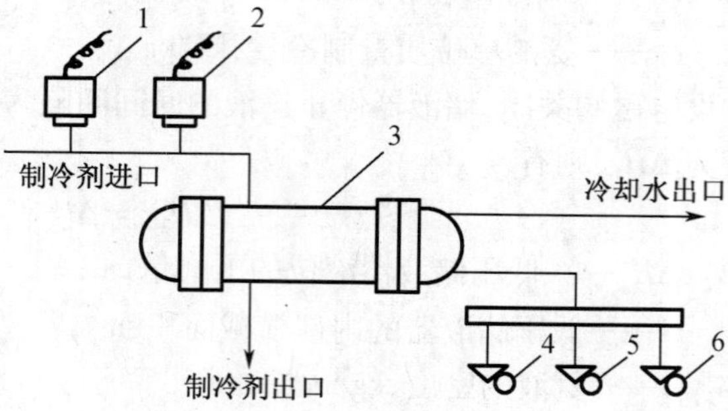

图6-32 用调节水泵运行台数控制冷凝压力

1,2—压力控制器;3—冷凝器;4,5,6—水泵

通过3台水泵的启、停控制，改变冷却水的流量，以调节冷凝压力。第一台水泵受库房温度控制器的控制，只要任意一个库房需要降温，其温控器便启动1号水泵运行，另外两台水泵受冷凝压力控制。采用两只压力控制器各控制一台水泵的启、停。控制值的设定见表6-3。

表6-3 压力控制器

控制参数		第2台水泵	第3台水泵
冷凝压力/MPa（表压力）	上限接通值	1.26(35 ℃)	1.37(38 ℃)
	下限断开值	1.10(31 ℃)	1.23(34.5 ℃)

(5)压缩机能量调节

本例中冷库配有4台氨制冷压缩机。分别是：1号机，412.5 A；2号机，812.5 A；3号机，812.5 A；4号机，412.5 A。其中，1号和4号机没有卸载机构，2号和3号机有卸载机构，均采用位式能量调节，按需要划分能级。最粗略的能级划分为4级(1,2,3,4号机依次投入运行，能级水平为1/6,1/2,5/6,1)。如果再对2号和3号机进行单级能量卸载调节(汽缸卸载)，则能级划分更加细致。最低能级受库房温度控制运行，即，只要有一个库房需要降温，温度控制器发出的信号就会控制压缩机启动，并以最低能级运行。以后各级能量的递增和递减视吸气压力的变化，采用低压控制器控制。这种利用压力控制器实现能量分级调节的控制方法在前面章节已有介绍。至于压缩机整机卸载启动的方法，则是在压缩机通电前，先令其吸排气旁通，压力差消失，实现压缩机不带负荷启动，以避免启动时，冲击电流过大。电动机启动后，便可切断旁通管，逐渐建立吸排压差，压缩机再投入正常运行。

(6)安全保护

压缩机设有高、低压保护，油压差保护，压缩机电动机电流过载保护。这些与前面几项中保护功能相类似，在此不做重复介绍。另外，氨压缩机为了避免排气温度过高，在汽缸头上设有冷却水套。压缩机必须在水套冷却水接通后才能启动运行，并在水套断水时停机。本例中采用“714 晶体管水流继电器”作为压缩机断水报警和停机保护控制器。断水时，继电器能立即发出报警，并延时一定时间后使压缩机停机。

低压储液器、排液桶、冷凝器和高压储液器这些压力容器还各自安装有安全阀，对容器起到超压保护作用。当容器超压时，安全阀打开，向大气排出氨气进行泄压。对于氨制冷系统，不凝性气体存在所产生的危害更甚于氟制冷系统，所以系统中设置了空气分离器自动排除不凝性气体，控制系统如图 6-33 所示。放空气器内装有蒸发盘管，它是利用设在回气管道上的（氨用）热力膨胀阀的感温包来控制进液量的。混合气体进入放空气器以后，氨气被冷凝成氨液，回流至储液桶中。当放空气器刚开始工作时，由于桶中的混合空气中所含有的氨蒸气将释放潜热而冷凝，对外加温使得放空气器中的温度较高。当放空气器工作一段时间后，混合空气中的氨蒸气逐渐减少，冷凝放热量减少，空气温度逐渐下降，当温度下降到温度控制器的设定值时，温控器发出信号，打开放空气器电磁阀，开始放出空气。空气放出后，系统中的混合气体再次补充进来，放空气器内的温度再次升高，温控器检测到设定的高温动作值时，发出信号使放空气电磁阀关闭，如此不断反复进行，可以实现持续性地排除不凝性气体的目的。放空气电磁阀与压缩机一起供电运行，从而实现当压缩机运行时，放空气器开始工作。

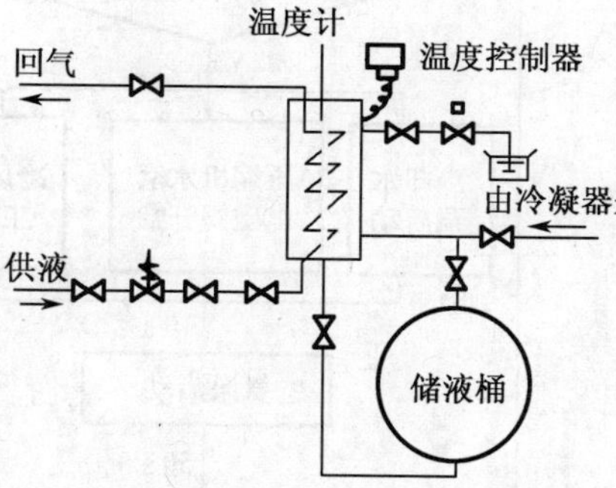

图 6-33　氨系统自动放空气的控制系统

其他保护还有水系统的水泵压差保护以及水池液位保护，其控制方法与氨泵系统中的泵压差和液位控制方法类似。

（7）自动运行程序

综合以上所述，装置工作时，压缩机的自动运行程序如框图 6-34 所示。

（8）库房温度巡回检测

各库房温度用铂电阻发信，采用温度巡回检测仪，在控制台上巡回遥测并显示各库内监测点温度值。

2. 典型冷藏库自控线路

图 6-35 为冷藏库自动控制电路展开图之一。图 6-36 为电路展开图之二。两张电路图中各电气元件的文字符号是重新编排的，如图 6-35 中的 KT_1，KT_2，…与图 6-43 中的 KT_1，KT_2，…并不是指同一个继电器，而是单独存在的。下面按投入自动运行前的准备、开机、运行和停机四个阶段加以分析说明。

（1）投入运行前的准备阶段

投入自动运行前，先按下 SBT_3 启动按钮，使失压保护继电器 KA_1 线圈得电并自锁，并给各自动检测仪表供电。仔细观察各仪表指示值是否正常，包括冷媒介质温度、压力、冷却水温度、油温、油位、高压排气温度、水流（是否流动）、轴承温度等。观察各手动阀门的位置是否符合自动运行要求，例如：与自动调节阀门并联的手动调节阀门应处于关闭位置等。在上述检查工作完成后，按下 SBT_2 按钮，使中间继电器 KA_3 线圈得电，通过它的常开辅助触点给自动调节做好准备。

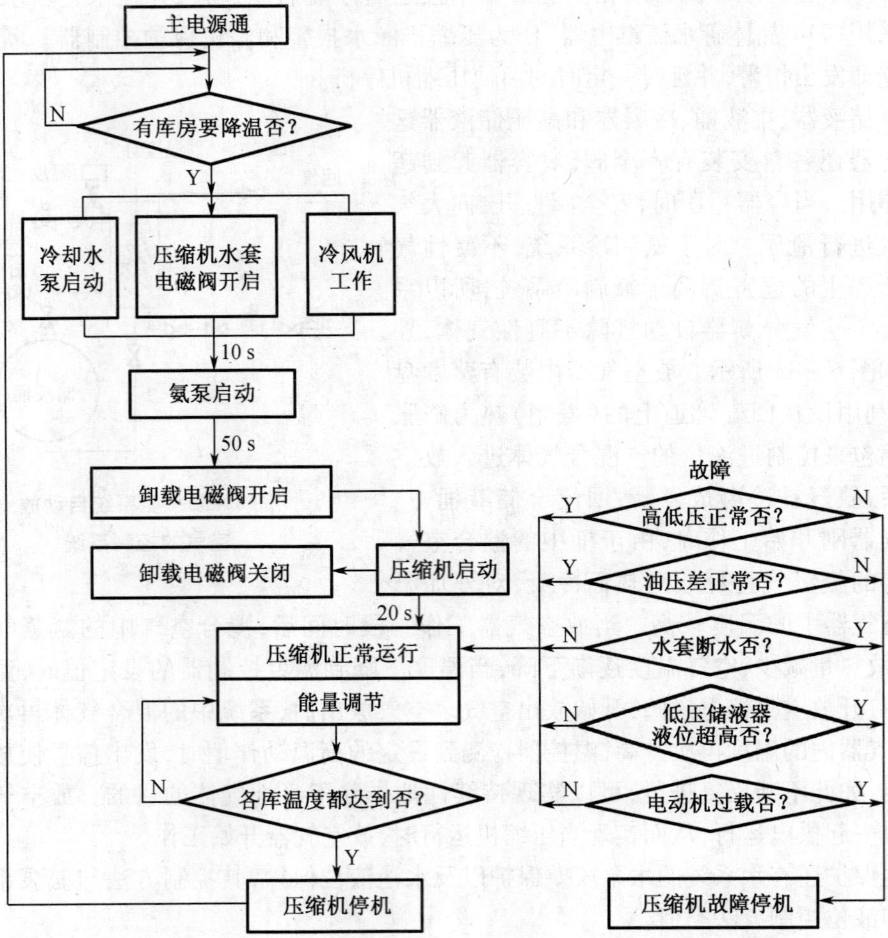

图 6-34　压缩机自动运行程序框图

(2)开机阶段

当制冷系统送来交流 220 V“需冷”信号 L 后，见图 6-35 中，时间继电器 KT_1 线圈得电，其常开延时闭合触点经延时后闭合。若此时蒸发器中冷媒介质温度等于或高于 8 ℃，XCT-112 仪表的 C，H 两触点闭合，KA_4 中间继电器线圈得电，其常开触点吸合，使 KM_1 主接触器线圈得电(若此时无故障或报警信号，则 KA_{10} 触点闭合)，由于此时是在导阀未关闭状态，KT_3 也闭合，这样氨压缩机便开始启动运行。本例中，由此型氨压缩机的构造决定此时是 1 号和 2 号缸投入工作。KM_1 的常开触点闭合，使时间继电器 KT_5 线圈得电，其常开延时闭合触点经过延时后闭合，使中间继电器 KA_2 线圈得电，KA_2 的常开触点闭合使 KM_2 线圈得电。这样，氨压缩机电动机启动过程中接入的频敏变阻器 R 被 KM_2 的触点旁通短接掉工作电源，此时氨压缩机电动机接成 Y 形运行。

见图 6-36，从氨压缩机开始启动，时间继电器 KT_6 便开始计时，在整定的 18 s 时刻，其常闭延时断开的触点断开。若此时润滑系统油压差未能达到油压差继电器 SP_1 的设定值，则 SP_1 触点不闭合，中间继电器 KA_8 线圈失电，其常开辅助触点断开，使故障继电器 KA_{10} 线圈失电，则氨压缩机不能启动，处于故障状态。如果滑油压差正常，则在 KT_6 的触点延时(18 s)断开之前，

油压差继电器 SP_1 触点闭合，使 KA_8 线圈保持有电，KA_8 常开触点闭合可以使 KA_{10} 线圈一直有电，即可使 KM_1 主接触器线圈保持吸合，氨压缩机可以正常启动。

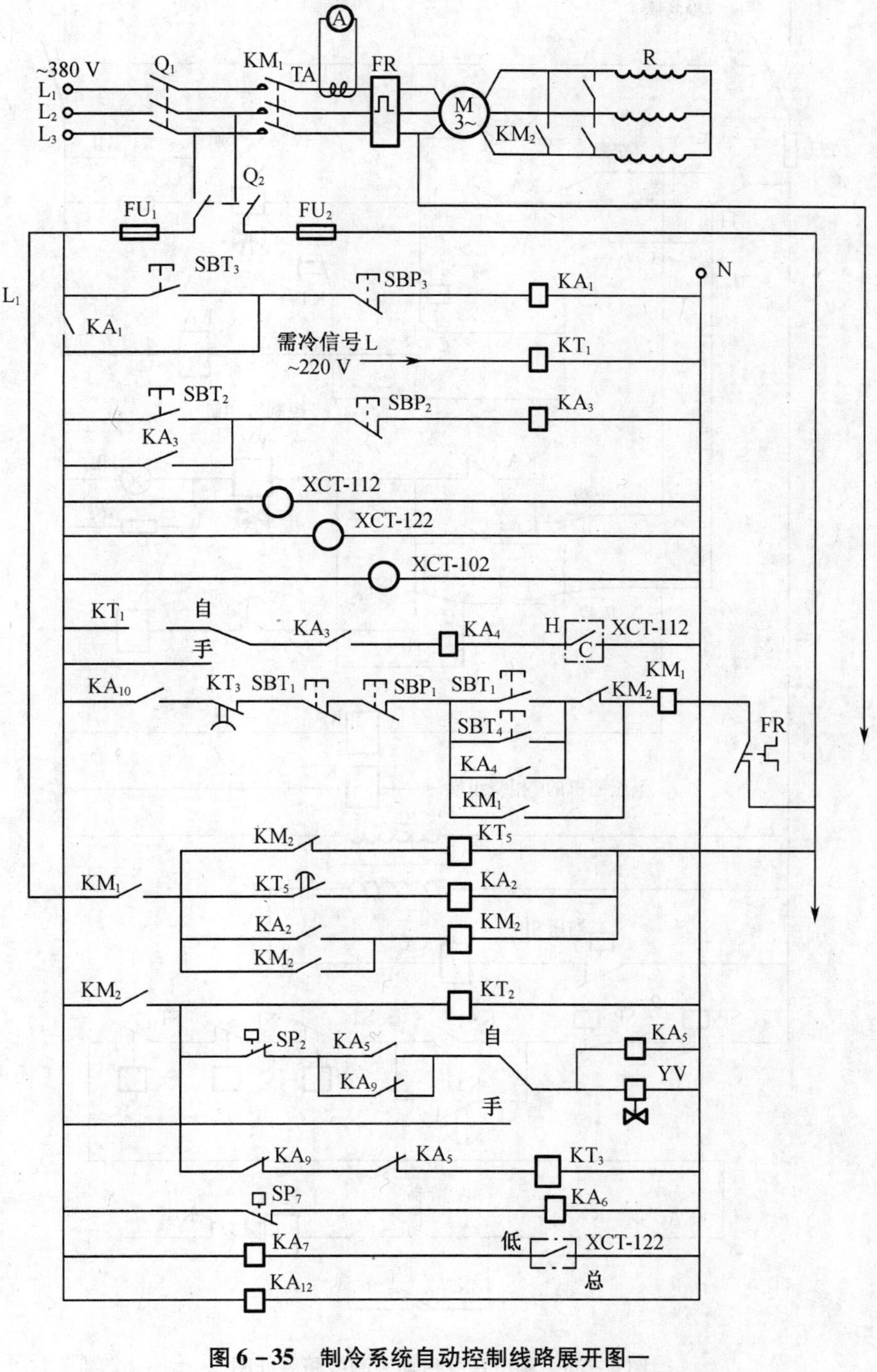

图 6-35　制冷系统自动控制线路展开图一

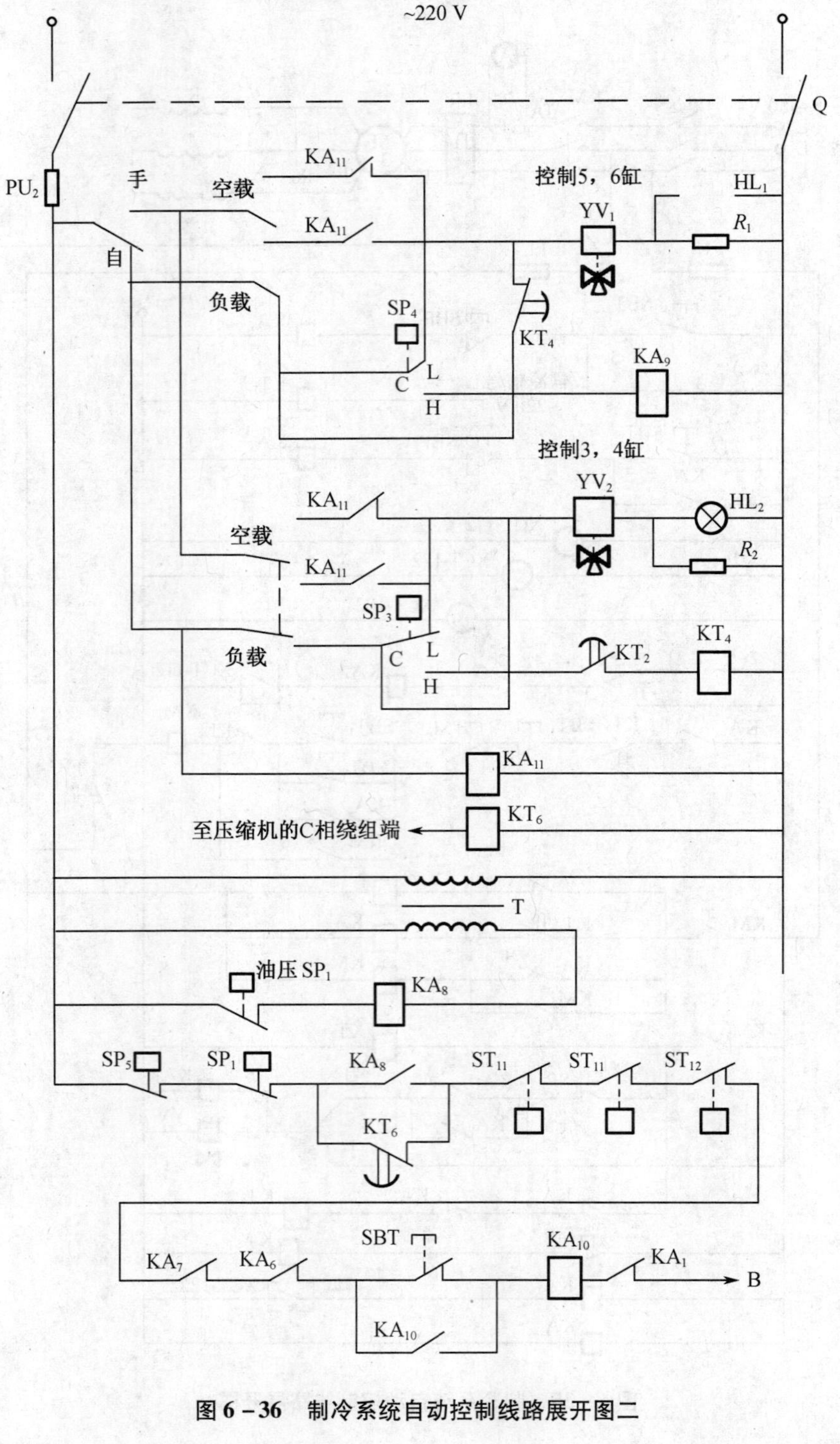

图 6－36　制冷系统自动控制线路展开图二

(3)运行阶段

氨压缩机启动并投入运行后,由时间继电器和控制3,4号缸卸载的压力继电器SP_3来决定3,4号缸的工作。具体过程是:时间继电器KT_2在氨压缩机启动成功后线圈得电并开始计时,它的常开延时闭合触点经延时4 min后闭合(见图6-36)。如此时吸气压力仍等于或高于3,4号缸的卸载压力设定值SP_3(高于SP_3上限值时,其C,H接通;反之,低于下限值时其C,L接通),则使控制3,4号缸的电磁阀YV_2线圈失电,通过油路系统使3,4号缸投入运行,即增缸加载运行。再经过4 min后,时间继电器KT_4的常闭延时断开触点断开,若此时吸气压力高于5号、6号缸的卸载设定压力值SP_4(高于SP_4上限值时,其C,H接通;反之,低于下限值时其C,L接通),则继续使控制5,6号缸的电磁阀YV_1线圈失电,通过油路系统使5,6号缸投入运行,即继续增缸加载运行。

随着吸气压力的降低,可以自动调缸。例如吸气压力降到低于SP_4下限值时其C,L接通,SP_4的C,H触点断开,使5,6号缸卸载。这样,通过设定适度的上下限幅差,可以避免调缸过于频繁。

(4)停机阶段

停机分长期停机、周期停机和事故停机三种情况。

长期停机是因冷库停止使用后而采取的停机操作。

周期停机是指冷库仍然需要制冷(即有“需冷”信号L)的情况下为适应负载要求而执行的停机。这种停机是通过时间继电器KT_3的触点通断来实现的。如:随着导阀、主阀的关闭,通过中间继电器KA_5、时间继电器KT_3使氨压缩机停止运行。之后,吸气压力和冷媒介质温度由于外界负荷的存在,重新上升到整定值SP_4时,KA_9中间继电器线圈失电,其常开触点断开,使时间继电器KT_3线圈失电,其常闭触点接通,且当冷媒介质温度等于或超过8 ℃时,氨压缩机将再次启动。

事故停机是由于运行中的各种故障,通过故障继电器KA_{10}来控制的。图6-36中,由于KA_{10}继电器线圈电路中串联着各种故障继电器触点,它们在正常情况下是闭合的,一旦出现故障则其相应的触点断开,使KA_{10}线圈失电,其常开触点断开使接触器KM_1线圈失电,氨压缩机停止运行。KA_{10}线圈的供电由氨压缩机的B相绕组取得(见图6-36中的B点),这样可以起到失压保护作用。

参考文献

[1] 林叶锦,徐善林. 船舶电气与自动化[M]. 大连:大连海事大学出版社,2012.
[2] 李世臣,徐善林. 船舶机舱自动化[M]. 大连:大连海事大学出版社,2012.
[3] 孙见君. 制冷与空调装置自动控制技术[M]. 北京:机械工业出版社,2004.
[4] 李建华. 制冷工艺设计[M]. 2 版. 北京:机械工业出版社,2015.
[5] 孙见君. 空调工程施工与运行管理[M]. 2 版. 机械工业出版社,2014.
[6] 金文,逯红杰. 制冷技术[M]. 2 版. 北京:机械工业出版社,2012.
[7] 孙见君. 制冷与空调装置自动控制技术[M]. 北京:高等教育出版社,2009.
[8] 赵殿礼,船舶电气设备与系统[M]. 大连:大连海事大学出版社,2009.
[9] 张春来,汤畴羽. 船舶电气[M]. 大连:大连海事大学出版社,2008.
[10] 王琪,乔红宇. 轮机自动化[M]. 哈尔滨:哈尔滨工程大学出版社,2012.